電子通信機器

工學博士 林承河 · 丘冀俊 共著

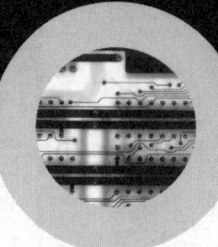

since1973 도서출판 +iT
성안당.com
www.cyber.co.kr / www.sungandang.com

머리말

　정보 통신과 인터넷의 발달에 힘입어 전자 통신 산업은 급격한 변화를 추구하면서 휴대폰, 디지털 TV, DMB 폰, 위성 방송 등을 눈으로 보고 귀로 듣는 것은 물론 해상, 육상, 항공에서의 각종 이동 통신 기기나 안전을 유도하는 전파 항법 장치 등에 이르기까지 전자 통신 분야의 학문을 이용하지 않는 것이 없다.

　이러한 전자 통신 기술은 고정 통신, 아날로그 통신으로부터 디지털 통신, 각종 이동체 통신과 위성 통신, 전파 항법 장치 등 그 취급 범위가 너무나 광범위하여 한정된 지면에서 통신의 전반을 다룬다는 것은 매우 곤란한 일이다.

　이러한 점을 바탕으로 본서는 대학 과정의 각종 전자 통신 기기에서 다루어야 할 기초 이론에서 응용에 이르기까지 실제적인 내용들을 체계화시킴으로써 전자 통신 분야를 공부하게 될 관련 분야 학생이나 실무에 종사하는 기술자들이 필요한 지식을 쉽게 이해하는 데 크게 도움이 되리라 본다.

　그러나 학문 자체가 급속히 변화하고 첨단 기술에 속하는 분야이므로 다소 미흡한 점이 있으리라 사료되며, 앞으로 독자들의 많은 충고와 조언을 들어 미비한 점을 보완하여 유익하면서 통신 산업의 발전에 부응할 수 있는 책이 될 수 있도록 노력할 것을 약속드린다.

　끝으로 본서를 서술하는데 있어서 국내외 많은 관련 서적의 저자 분들에게 깊이 감사드리며, 아울러 본서가 출간되기까지 많은 성원을 아끼지 않은 도서출판 성안당 이종춘 회장님 그리고 황철규 상무님 이하 임직원 여러분들께 진심으로 감사드린다.

저자 일동

차 례

제1장 전자 통신의 기초

제2장 변조 이론

제3장　AM 송신기

제4장 AM 수신기

제5장 SSB 송·수신기

제6장 FM 송신기

제7장 FM 수신기

제8장　전원 회로

제9장 이동 통신

제10장 위성 통신

제11장 전파 항법 장치

제12장 전송 이론과 전파

제 1 장 •••••

전자 통신의 기초

 전자 통신의 역사

통신은 인류 사회 활동의 소산으로, 어느 사람이 다른 사람에게 정보 또는 지식을 전달하는 수단이다. 즉, 사회 활동을 원만히 유지하는 데 필요한 정보를 전달하는 것이 통신의 역할인 것이다. 마치 사회의 신경 계통의 역할을 한다고 생각할 수 있다.

사회의 규모가 커지고 그 활동이 복잡해질수록 통신계에 대한 요구도 복잡, 고도화 되어 가고 있다. 원시사회에서는 몸짓, 간단한 언어, 눈짓 등 지극히 간단한 통신 수단만으로도 의사소통이 가능했지만 시대가 변천해 감에 따라 봉화, 깃발 등의 통신 방법을 거쳐 근대 사회에 이르러서는 그 요구도 복잡해져 우편·신문·잡지 또는 전신·전화·TV 등 각종 통신 수단이 등장하게 되었다.

처음으로 전기 현상을 이용해 전기 신호 형태를 정보로 전달했던 것은 모르스(Morse) 부호를 이용한 전신으로서 1834년에 시작되었다. 전신에서는 부호화된 문자를 보내는 것에 지나지 않았으나 1876년에 음성을 직접 전달하고자 하는 시도가 벨(Bell)에 의해 전화기가 발명되었고, 이어서 1894년에는 약 150야드의 공간을 무선으로 통신하는 데 성공한 이후 오늘날에 이르러 통신은 전 세계적으로 화려하게 전개되고 있는 통신망과 함께 새로운 무선 통신의 시대를 열어가고 있다.

이와 같은 전자 통신은 〈그림 1−1〉과 같이 짧은 기간 동안 눈부신 발전을 거듭해 왔다. 1910년대까지 전신, 전화, 화상 등 오늘날 전자 통신의 주요 부분이 모두 이 시대에 이루어졌으며, 특히 헤르츠(Hertz)에 의한 전자파 존재의 실험(1888), 마르코니(Marconi)에 의한 무선 통신(1896), 플레밍(Flemming)에 의한 2극 진공관의 발명(1904)은 위대한 업적이었다.

　　1920년 이후에는 AM 방송이, 1936년 이후에는 FM 방송이 실용화되었으며 TV도 1927년 이후 방송이 개시되었다. 또한 1938년 이후에는 PCM 통신 방식이 채택되었다. 1940년대에 들어서면서는 쇼클리(Shockley) 등에 의해 트랜지스터(1948)가 발명되었고 Neumann의 전자계산기(1946)도 등장하게 되었다.

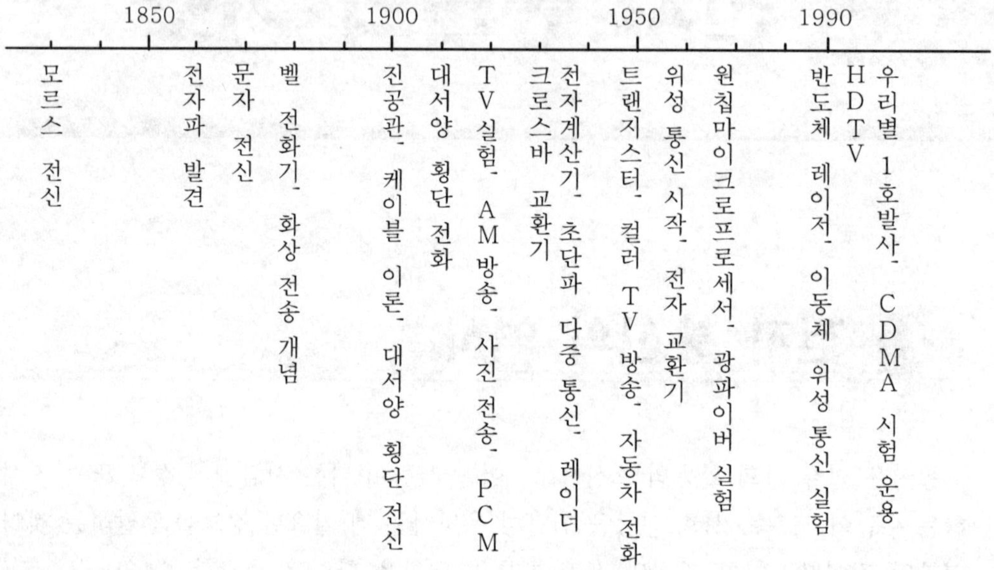

1850			1900					1950				1990	
모르스 전신	전자파 발견	문자 전신	벨 전화기·화상 전송 개념	진공관·케이블 이론·대서양 횡단 전신	대서양 횡단 전화	TV 실험·AM 방송·사진 전송·PCM	크로스바 교환기	전자계산기·초단파 다중 통신·레이더	트랜지스터·컬러 TV 방송·자동차 전화	위성 통신 시작·전자 교환기	원칩마이크로프로세서·광파이버 실험	반도체 레이저·이동체 위성 통신 실험	우리별 1호발사·CDMA 시험 운용 HDTV

<그림 1-1> 전자 통신의 역사

　　이것들은 소형, 경량의 통신 시스템 구성을 가능케 하였을 뿐만 아니라 정보 처리 능력을 향상시키게 되었다. 오늘날 통신과 그 기술은 정보화된 고도의 산업 기술 사회를 지향하는 데 있어 무엇보다도 지대한 영향을 미치게 되었다.

② 통신 시스템과 전기 통신

2.1 통신의 기본 형태와 샤논 모델

　　통신이라는 것은 정보의 전달이 그 본질이며, 통신 시스템은 한 지점에서 다른 지점으로 전하고자 하는 정보를 공통된 기호를 사용하여 전달할 수 있는 수단을 제공하는 시스템이다. 일반적으로 통신 시스템을 <그림 1-2>와 같은 모델로 표현한 것이 미국의 샤논(Claude Elwood Shannon : 1916년~)이다.

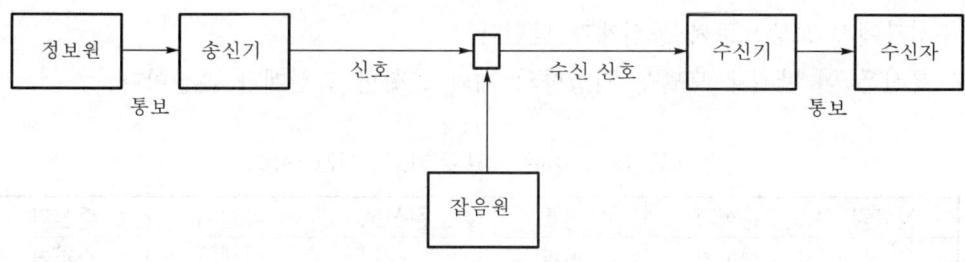

<그림 1-2> 샤논의 통신계 모델

 통신에는 우선, 전달해야 할 정보를 발생하는 **정보원**(information source)이 있어야 한다. 보내야 할 정보는 **통보**(message)라는 형태로 정보원으로부터 내보내진다. 즉, 정보원에서는 맨 처음 음성, 신호, 문자, 정지 화상, 동화상이 통보로서 시작되는데, 이것이 보통 전기 신호로 바뀌어 송신기에 보내어진다. **송신기**(transmitter)는 이 통보를 통신로를 통해 전송하기 편리한 형태의 **신호**(signal)로 변환시켜, 이것을 **통신로**(channel)로 내보낸다. 통신로는 그 신호를 전송하고 **수신기**(receiver)는 이것을 받아서 송신기와 반대의 변환을 행함으로써 원래의 통보를 복원하여 **수신자**(destination)에게 전달한다. 송·수신기는 보통 **변환기**(transducer)라고도 한다.

 통신로는 송신기로부터 내보내진 신호를 수신기까지 전송하는 역할을 하게 되는데 대부분의 경우 통신로에는 **잡음**(noise)이 존재하는데, 이것이 신호에 중첩된다. 그 때문에 수신기에 수신되는 신호는 송신기로부터 보내진 신호와는 어느 정도 차이가 나게 된다. 또, 어떤 경우에는 통신로에 비선형성이 존재하게 되는데, 그로 인해 수신 신호가 왜곡될 수도 있다. <그림 1-2>에 나타나는 잡음은 이들 신호에 방해가 되어 수신 신호를 왜곡시키는 원인을 모두 일괄한 것이라고 보면 된다.

 <표 1-1>과 같이 통신 시스템은 인간의 이목(耳目)으로 직접 견문할 수 있는 거리에서의 대인에 대한 전송이 아니라, 훨씬 먼 거리에 있는 수신자에게 전해진다. 그를 위해서는 공간 매질 중에서 발생하는 장애를 극복하고 지장없이 전송하기 위해 송·수신 간의 전파가 확실한 주파수에 중첩해서 전송되지 않으면 안 된다. 이것을 가능케 하는 장치가 송신기이다. 따라서 여기서의 송신기란 대표적인 장치로, 변조부·송신부·안테나·어스 등의 송신 설비 일체를 포함한다.

 공간에 방사된 신호파에는 전파 시에 공간으로부터 잡음이 혼입된다. 이것은 외부 잡음으로 자연 발생과 인공 잡음, 그리고 다른 혼신·장애가 포함된다. 이에 반해 송·수신계의 내부에서 발생하는 것으로 내부 잡음이 있다. 이들을 모두 포함해서 편의상 등가적으로 **잡음원**이라고 한다.

 <그림 1-2>의 샤논 모델도에는 통신로와 안테나를 표시하지 않고 <표 1-1>에 추가하였다. 수신 안테나를 경유해서 수신기에 들어간 변조파에서 정보를 취출하여 최종 목적인

수신자에게 보냄으로써 통신계가 닫힌다.

통신은 이 단위계 모델을 역방향의 계와 조합한 복신계가 본질이다.

<표 1-1> 샤논 모델로부터의 발전 내용

정보원	송신기	신호	통신로	수신기	수신자
음성	변조기	전파	공간	안테나	스피커
음향	다중화	광파	수중	수파기	수화기
화상	부호화	초음파	매체	복조기	디스플레이
문자	스크램블			복호기	인쇄
				오류 정정	
부호	잡음 대책화				구동
	송신부				
제어	안테나				제어
	방사기				

2.2 전기 통신

일반적으로 **통신**이란 여러 가지 정보를 상대방에게 전달하는 것으로, 그것은 상대방과 직접 음성으로 대화할 수 없는 거리에서의 정보 교환을 의미한다. 전기적 수단이 존재하지 않았던 시대에서의 통신에는 봉화, 수기 신호, 전령 등의 인력에 의한 수단이 주로 사용되었지만, 현대의 통신 수단으로는 주로 전기 통신(telecommunication, electronic communication)이 사용되고 있다.

전기 통신의 기본은 역시 전신(telegraph)과 전화(telephone)이다. 역사적인 과정으로 살펴보면 전신 쪽이 좀더 오래되었는데, 이는 모르스(S.F.Morse, 미국)가 1837년에 전신기를 발명한 때부터 비롯된다. 이 통신 방식은 잘 알려져 있듯이 모르스 부호 등의 부호를 사용하여 전신선을 통해 통신을 하는 것이다.

이 방식에 의한 획기적인 일은 1866년에 유럽과 미국 사이를 연결하는 대서양 해저 케이블(submarine cable) 부설을 들 수 있다.

전신은 통신 수단에 큰 변혁을 가져왔지만, 그 형태는 어디까지나 전신 부호(telegraphic code)라는 것을 매개로 한 통신이다. 따라서 부호가 아니라 음성 그 자체로 통신을 하고 싶다는 당연한 요구가 생기게 된 것이다. 이것에 대응한 것이 전화의 발명이다. 현재 실용되고 있는 전화기는 각종 기능을 가지고 있지만, 그 기본이 되는 전화기는 1876년 벨(A.G.Bell, 미국)에 의해 발명되었다.

상술한 전신과 전화에 의한 통신은 〈그림 1-3〉에 나타낸 바와 같이 주체가 되는 송신자와 객체가 되는 수신자 사이를 케이블이 연결하고 있으며, 전신은 부호를 전기 신호로 변환한 전류에 의해, 그리고 전화는 음성을 전기 신호로 변환한 전류의 흐름에 의해 이루어진다. 따라서 각각 그것을 유선 전신(wire telegraphy) 및 유선 전화(wire telephone)라 하며, 이렇게 케이블을 중개로 하는 통신을 **유선 통신**(communication through wire)이라고 총칭한다.

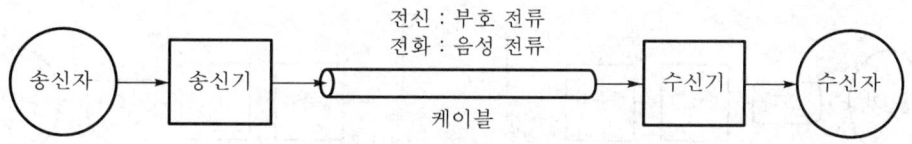

<그림 1-3> 유선 전신과 유선 전화

전신과 전화에 의한 정보 전달의 또 하나의 수단으로서 유용한 것이 전파이다. 전파는 〈그림 1-4〉와 같이 공간에 퍼져 나감으로써 정보를 운반하는데, 그때 전기적 에너지와 함께 자기적 에너지도 동시에 퍼져 나간다.

이런 의미에서 엄밀히는 **전자파**(electromagnetic wave)라고 해야 하지만, 그 중에서 상기의 전기 통신에 사용되는 것을 **전파**라 부르고 있다. 이 경우의 전신, 전화를 각각 **무선 전신**(radio telegraphy) 및 **무선 전화**(radio telephony)라 한다.

이들 방식에서는 유선 통신과 같이 전신 부호의 신호파 또는 음성 신호파를 그대로 공간에 방사해도 주파수가 낮기 때문에 곧 소멸해 버리고, 원거리에 위치하는 수신점에도 도달할 수 없다. 따라서 송신기에서 고주파를 발생하고, 여기에 〈그림 1-4〉에 나타낸 바와 같이 부호 신호나 음성 신호를 실어서 **안테나**(antenna)라 부르는 장치를 통해 전파로서 공간에 방사하는 것이다. 여기서 "실어서"라는 표현은 단지 중복시킨다는 의미가 아니라 고주파에 부호 신호나 음성 신호의 정보 내용을 포함시킨다고 하는 표현이 적절할 것이다. 이때 이 조작을 **변조**(modulation)라 하고, 또 이 경우의 고주파를 **반송파**(carrier wave)라 한다.

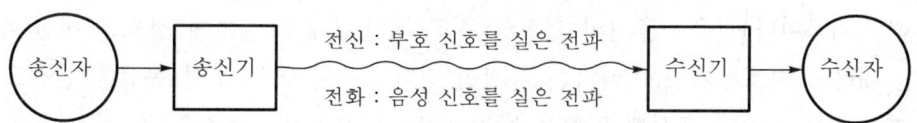

<그림 1-4> 무선 전신과 무선 전화

이렇게 송신 측에서 변조라는 조작을 하고 있으므로 수신기에서 수신한 경우에는 당연히 도달한 전파 속에서 희망하는 부호 신호 또는 음성 신호를 선별할 필요가 있다. 이 조작을 **복조**(demodulation)라 한다. 또 무선 전신 및 무선 전화 등을 총칭하여 무선 통신

(radio communication)이라 한다.

이제, 변조와 복조의 조작을 포함해서 〈그림 1-4〉를 좀더 상세히 표현하면 〈그림 1-5〉와 같다.

변조 방법에 따라서는 수신기의 경우 변조에서 사용한 반송파와 같은 주파수와 위상을 지닌 고주파의 발생을 필요로 한다. 이것을 **국부 반송파**(local carrier wave)라 하는데, 〈그림 1-5〉에서의 복조기에는 이것을 포함해서 생각하면 된다.

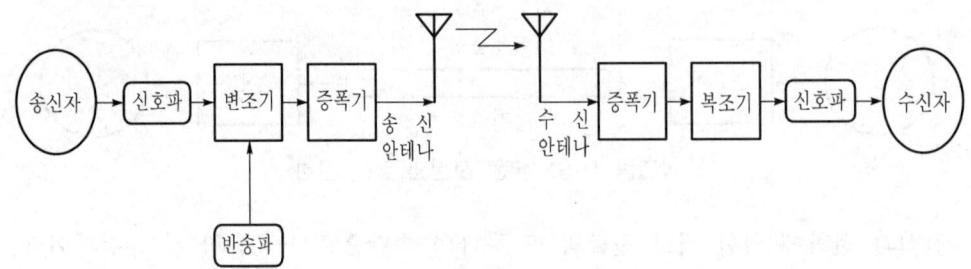

〈그림 1-5〉 무선 통신 방식의 개략도

3 전송로

전기 신호의 전송로는 크게 나누어 **유선 전송로**와 **무선 전송로**로 분류된다.

전송하는 정보가 전송로에 적합한 전기 신호나 전파, 광신호로 변환되면 전송로에 송출된다. 전송로로서 통신 케이블(평형 케이블이나 동축 케이블)이나 광섬유 케이블을 사용한 통신을 **유선 통신**이라 하고, 전송로가 공간에서 전파를 사용한 통신을 **무선 통신**이라 한다.

유선 통신은 통신 케이블이나 광섬유 케이블 등의 통신로 부설이나 유지 관리에 비용이 들지만 왜곡이나 잡음, 혼신의 영향이 적고 상대에게 확실하게 정보를 전할 수 있으며, 통신 내용도 보호하기 용이하다는 특징이 있다. 이에 대해 무선 통신은 전송로가 공간이기 때문에 잡음이나 혼신의 영향을 받기 쉬울 뿐 아니라, 통신의 질 저하나 통신 내용이 누설되기 쉽다는 결점이 있다. 그러나 항공기나 선박 등 이동체와의 이동 통신이나 위성 통신 등, 통신 케이블의 부설이 불가능한 곳에서도 통신할 수 있다는 큰 특징이 있다.

이와 같이 유선 통신과 무선 통신은 서로 경쟁적인 것이 아니고 서로의 장점을 이용하면서 서로 보충하며 공존해 가는 것을 알 수 있다.

4 아날로그와 디지털

4.1 아날로그량

전화가 발명된 후부터 현재와 같은 전화 교환망이 구성될 때까지 사용되어 온 신호는 아날로그 신호(analog signal)이다. 아날로그란 "유사의"라든가 "상사의"라는 의미를 지니고 있지만, 정보를 전송하기 위한 통신은 원래 인간의 음성을 전한다는 목적에서 시작된 것이므로, 아날로그 신호인 음성을 그대로 보내는 방식이 발달되어 온 것은 자연 발생적인 과정이다.

인간의 음성을 비롯하여 일반적으로 다루어지는 신호는 〈그림 1-6〉에 나타낸 바와 같이 일정 시간 내에 진폭이 연속적(continuous)으로 변화하는 것이다. 따라서 **아날로그량**이란 그 최대치와 최소치 사이의 모든 임의의 값을 취하는 것이라고 할 수 있다.

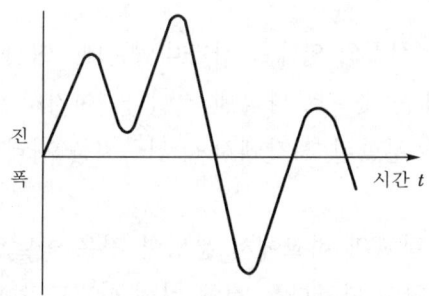

〈그림 1-6〉 아날로그 신호

길이가 연속적으로 변화하는 예로서 수은식 체온계라든가 적색 알코올 기둥에 의해 기온을 표시하는 한난계 등이 있고, 각도가 연속적으로 변화하는 것으로는 장침과 단침에 의한 시계가 있다. 후자의 경우는 시각을 표시하는 문자판 상의 숫자나 마크를 읽지 않아도 장침과 단침의 위치와 각도에 따라 시각을 판단하는 일이 가능하게 된다. 이것도 아날로그의 특징이라 할 수 있을 것이다.

4.2 디지털량

디지털(digital)의 어원은 손가락이라는 뜻을 지닌 라틴어의 "디직스"에 있으며, 아라비아어로는 이것을 디지트(digit)라 부른다. 즉, **디지털량**이란 손가락으로 곱아서 셀 수 있는 양을 말한다. 따라서 아날로그량과 같이 연속적인 것을 모두 센다는 것은 불가능하므

로 디지털량은 분명히 불연속의 띄엄띄엄되는 값을 취한다.

이러한 양은 이산적인(discrete) 양이라 부른다. 분까지 표시하는 디지털 시계를 예로 들면 10시 35분을 표시한 후에는 반드시 10시 36분을 표시하게 되고 그 사이의 값은 표시하지 않는다.

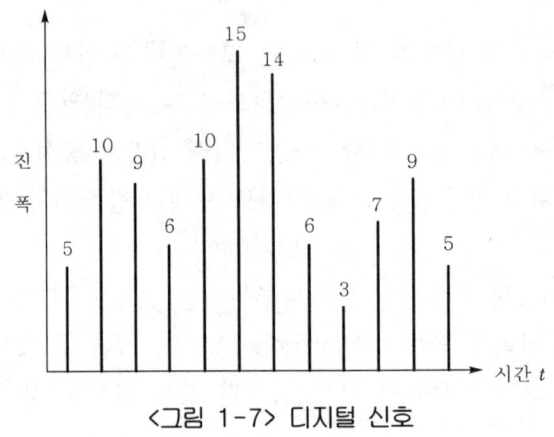

<그림 1-7> 디지털 신호

<그림 1-7>에 디지털 신호의 일례를 나타내었는데, 이것은 시간을 잘게 분할하여 각각의 시각에서 진폭의 상태를 숫자로 나타낸 것이다. 여기서 주의할 것은 <그림 1-6>에 나타낸 아날로그 신호에서 분할된 시각에서의 진폭치를 나타낸 것만으로는 디지털 신호가 될 수 없다는 것이다.

이상과 같이 아날로그량과의 비교에서 분명한 것은 아날로그량에서는 얼마든지 미세한 표현이 가능하지만 애매함이 따른다는 것에 비해 디지털량에서는 아날로그만큼 미세한 표현이 불가능하지만 그 대신 애매함이 없다는 것이다.

4.3 아날로그 전송에서 디지털 전송으로

19세기 중엽 모르스 부호를 고안한 모르스에 의해 전기 통신 시대의 문이 열려졌다고 해도 무방할 것이다. 그 부호의 단점과 그 3배의 길이를 지닌 장점을 조합시킴으로써 문자를 나타내고 정보를 상대방에게 전송하는 통신 방식이다. 장점과 단점, 다시 말해 점과 선의 2종류를 가지고 정보를 보내는 것이므로, 이것은 분명히 디지털 전송(digital transmission)인 것이다.

전신 다음에 나타난 전기 통신은 음파 파형을 그대로의 형태로 전기적 파형으로 변환하여 상대방에게 전송할 수 있도록 한 전화이다. 전화에 의한 통신은 분명 아날로그 전송(analog transmission)이다. 전신에서는 음성이나 문자를 그대로 보낸다는 것은 불가능

하며, 한번 부호로 바꾸어서 전송하고 받은 쪽에서 다시 원형으로 되돌려야 하는 것에 반해, 전화는 보내고자 하는 정보를 말하는 그대로 음성으로 상대방에게 전한다고 하는 요구를 만족시킨 것이라 할 수 있다. 전화의 발명은 긴 세월 동안의 아날로그 통신 시대를 누려 왔고, 그 이후에는 전파에 의한 무선 통신이나 방송의 발달을 가져왔다.

송신기로부터 송출된 신호가 통신로를 통과할 때에 통신로 자신의 특성에 따라 왜곡이 생기거나 전송 도중 혼입해서 들어오는 잡음에 의해 파형이 흐트러지게 된다. 따라서 아날로그 신호의 전송과 디지털 신호의 전송에서 하나의 특징적인 차이점은, 이러한 왜곡이나 잡음의 영향력의 차이이다.

5 전파의 성질과 분류

시간의 변화에 따라 방향과 크기가 주기적으로 변화하는 전기를 **교류**라 부르고, 전기적 변화의 1주기를 **주파**, 1초당 주파의 수를 **주파수**라고 하며, 단위로 Hz(헤르츠)를 사용한다. 전파법에서는 300만[MHz] 이하의 전자파를 **전파**(radio wave)라 부르고 있다. 전파는 광속과 같은 3×10^8[m/s]의 속도로 공간을 전파하고 전파 속도를 주파수로 나눈 1주파에 소요되는 전기적인 길이를 파장 λ(람다)로 표시한다. 전파는 자계(磁界)와 전계(電界)가 〈그림 1-8〉과 같이 직교하여 전파한다.

파장이 짧은 전파일수록 직진성을 가지며 빛의 성질에 가까운 것이 된다. 장파대의 전파에서는 지표파, 단파대의 전파에서는 주로 지표파와 전리층 반사파, 초단파대 이상인 주파수의 전파에서는 직접파와 대지 반사파가 사용된다.

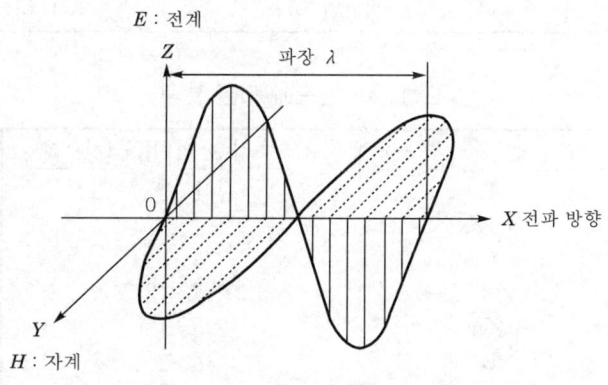

〈그림 1-8〉 전파의 자계와 전계

전파는 파장과 주파수에 대응하여 일정한 주파수 범위의 전파는 성질이 비슷하다. 〈표 1-2〉, 〈표 1-3〉, 〈표 1-4〉와 같이 주파수나 파장에 따라 분류되며 주파수대마다 약호나 파장에 의한 구분이 사용된다.

〈표 1-2〉 주파수대의 분류

약칭	명 칭	주파수 범위 [Hz]	주 용 도
VLF	Very Low Frequency	3k~30k	오메가, 해중 통신
LF	Low Frequency	30k~300k	데카, 로란 C, 기상 통보, 선박·항공기의 비컨
MF	Medium Frequency	300k~3000k	중파 방송, 로란 A, 선박 조난 통신, 선박·항공기의 비컨
HF	High Frequency	3M~30M	단파 방송, 국제 통신, 어업 무선, 표준 전파, 아마추어 무선
VHF	Very High Frequency	30M~300M	FM 방송, TV 방송, 무선 호출, 경찰·소방 무선, 코드리스 전화, 선박 전화
UHF	Ultra High Frequency	300M~3000M	TV 방송, 자동차·항공기 전화, 경찰 무선, TRS 육상 통신, 텔레터미널 시스템, 기상 위성
SHF	Super High Frequency	3G~30G	마이크로파 회선, 위성 방송, 위성 통신, 레이더
EHF	Extremely High Frequency	30G~300G	위성 통신, 밀리파 회선, 전파 천문, 레이더, 간이 무선, 우주 연구
—	Sub-EHF	300G~3000G	전파 천문, 우주 연구

〈표 1-3〉 파장에 의한 분류

호 칭	주파수 범위[Hz]	파장 범위[m]
장 파	100k 이하	3000 이상
중 파	100k~1500k	3000~200
중 단 파	1.5M~4M	200~75
단 파	4M~30M	75~10
초 단 파	30M~300M	10~1
극초단파	300M 이상	1 이하

〈표 1-4〉 밴드에 의한 분류

밴 드	주파수 범위[GHz]
L	1~2
S	2~4
C	4~8
X	8~12.5
Ku	12.5~18
K	18~26.5
Ka	26.5~40

무선 통신에 사용되는 전파의 주파수대는 〈표 1-2〉와 같이 국제적으로 정해져 있다. 주파수 f[Hz]와 파장 λ[m]의 관계는

$$f = \frac{c}{\lambda} \ (c \fallingdotseq 3 \times 10^8 \, [\text{m/s}])$$

로 표시되어 주파수가 높을수록 파장은 짧게 된다.

VLF대, LF대는 유도 무선 등의 특수 용도를 제외하고 일반 통신에는 거의 사용되지 않는다. MF대는 라디오 방송 외에 해상 이동 통신 등에도 사용되고 있다. HF대의 전파는 전리층 전파에 의해 원거리 전송을 할 수 있다는 것이 특징이다.

전송 특성은 약간 불안정하지만, 송·수신기가 간단하므로 단파 통신이나 이동 통신의 일부에 사용되고 있다. VHF대, UHF대에서는 전리층 반사가 줄어들고 전파의 도달 범위도 한정되지만 주파수가 높아 정보 전송 용량이 크기 때문에 텔레비전 방송, 고정 통신, 이동체 통신 등에 널리 활용되고 있다.

SHF대가 되면 전파의 전파 특성은 광에 가까워져서 도달 범위는 가시 거리 범위 내로 한정된다. 따라서 이동체 통신에는 맞지 않지만 대역이 넓고, 잡음도 작으므로 육상 고정 통신이나 위성 통신 등에 알맞다.

현재, 무선 통신으로서 가장 널리 사용되고 있는 마이크로파 통신은 주로 이 주파수대의 전파를 이용하고 있다. EHF대는 밀리파 통신 등, 앞으로 개발이 기대되고 있는 영역이다.

파장에 의한 구분을 〈표 1-3〉과 같이 부르는 경우가 일반적이다. 또한, 1~15[GHz] 부근의 주파수대를 **마이크로파**(파장이 짧다고 하는 의미를 갖는다)라 하며, 30[GHz]를 초과하면 파장이 밀리미터가 되므로 **밀리파**, 300[GHz]를 초과하면 **서브밀리파**라 한다. 그리고 15~30[GHz] 부근의 주파수는 **준밀리파**라 부르고 있다. 마이크로파 이상에서는 〈표 1-4〉와 같이 밴드로 구분하여 부르는 경우가 많다.

⑥ 통신 방식

송·수신기 사이의 각 통신 방식은 기본적으로 단향 통신 방식, 단신 방식, 복신 방식, 반복신 방식, 동보 통신 방식 등의 5종류로 분류할 수 있다.

6.1 단향 통신 방식

단향 통신(one way communication) **방식**은 통신 상대방에 대하여 송신만을 행하는 것으로, 〈그림 1-9〉와 같이 A국은 송신만, B국은 수신만을 행하고 있다.

이 방식은 무선 마이크로폰(wireless microphone)이나 무선 호출기(pocket bell) 등에 사용되고 있다.

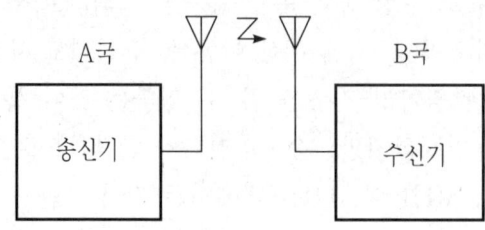

〈그림 1-9〉 단향 통신 방식

6.2 단신 방식

단신(simplex) **방식**은 〈그림 1-10〉과 같이 A국과 B국이 교대로 송신함으로써 통신을 행하는 것으로, 송·수신이 반드시 분리되어 있기 때문에 안테나 공용 장치가 불필요할 뿐만 아니라 전원의 소비 전력이 적다는 이점이 있다.

이 방식에서는 동일 주파수를 사용하는 것을 1주파 단신 방식, 송·수신에 각각 다른 주파수를 할당하는 것을 2주파 단신 방식이라고 한다.

1주파 단신 방식은 기지국이 분산되어 있는 경우에 유리하며, 간이 무선이나 개인용 무선에 사용되고 있다. 2주파 단신 방식은 기지국이 전파탑 등 1개의 안테나로 다수의 통신 시스템을 구성하는 경우에 유리하며, TRS 육상 이동 무선 통신 시스템 등에 사용되고 있다.

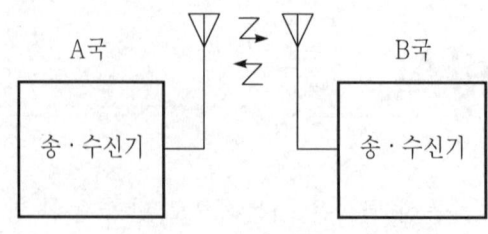

〈그림 1-10〉 단신 방식

6.3 복신 방식

복신(full duplex) 방식은 통신이 쌍방향으로 행해지는 것으로, 통화가 두절되어 곤란한 경우에 사용된다. 〈그림 1-11〉과 같이 A국, B국의 송·수신기는 항상 동작하고 있다. 주파수는 일반적으로 2주파 방식을 사용한다.

이 방식은 자동차 전화 등 일반 가입 전화망에 접속되는 통신이나 구급차 등의 중요한 통신에 사용되고 있다.

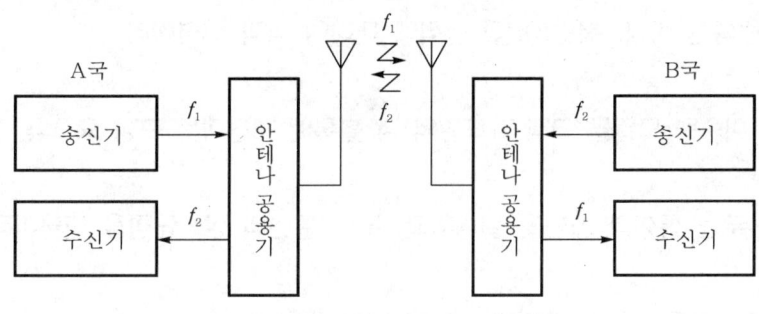

〈그림 1-11〉 복신 방식

6.4 반복신 방식

반복신(half duplex 또는 semi duplex) 방식은 통신의 한쪽은 단신 방식이고 다른 한쪽은 복신 방식으로 되어 있는 것으로, 복신 방식 측은 무통화 시에도 무변조 반송파를 송신하고 있다. FM(주파수 변조)의 경우 복신 측은 반송파를 수신할 수 없지만 FM 특유의 잡음을 발생시킨다. 그러나 단신 측은 항상 반송파를 수신할 수 있지만 FM 특유의 잡음을 발생시키지 않는다. 이 방식은 대도시의 택시 무전(call taxi) 등에 사용되고 있다.

6.5 동보 통신 방식

동보 통신(broadcast communication) 방식은 수신 설비가 둘 이상 있는 단향 통신에서 동일 내용을 동시에 통보하는 것을 말한다. 방송을 제외한 방화 행정 무선 등에서 통보만 행하는 것은 바로 이 방식에 의한 것이다.

대부분의 무선국은 이러한 5개의 방식에 해당되지만, 다양화되고 있는 무선국 중에는 이러한 방식에 적당하지 않는 경우도 있다. 그러한 경우에는 특수 통신 방식을 채용해야된다.

1 무선 통신의 기본적인 방식을 5가지 들고, 각각 설명하라.

2 단신 방식, 반복신 방식, 복신(이중) 방식에 대하여 각각 설명하라.

3 샤논의 통신 시스템 모델을 그리고 모델의 각 블록에 해당하는 구성 요소와 기능을 기술하라.

4 유선 통신과 무선 통신의 개념을 설명하고, 무선 통신의 장·단점을 기술하라.

5 아날로그와 디지털의 개념을 설명한 후 그 예를 들어라.

6 무선 통신에 사용되는 전파의 주파수대를 분류하라.

제 2 장 •••••

변조 이론

 변조의 개념

무선 통신에서는 전파(전자파)를 매체로 하여 신호(정보)를 멀리 떨어진 곳으로 전송하고 있다. 전파는 공기중에서나 진공중에서도 거의 감쇠되지 않고 전송된다.

이 전파에 신호를 싣는 것을 **변조**(modulation)라 하며, 변조된 전파로부터 원래의 신호를 검출하는 것을 **복조**(demodulation ; 검파)라 한다. 이 때 전파는 신호를 운반할 수 있기 때문에 **반송파**(carrier wave)라 하고, 신호는 **신호파**(signal wave) 또는 **변조파**(modulation wave)라 하며, 변조 후의 반송파를 **피변조파**(modulated wave)라 한다.

지금 반송파를 정현파로 생각하면 다음과 같이 표시된다.

$$v_c = V_c \sin (\omega_o t + \theta), \quad \omega_c = 2\pi f_c \tag{2.1}$$

여기서 V_c는 반송파의 진폭, f_c는 반송파의 주파수, ω_c는 반송파의 각 주파수, θ는 $\omega_c t$에 대한 위상차이다.

식 (2.1)에 의해 변조 방식은 기본적으로 다음과 같이 분류할 수 있다.

(1) **진폭 변조**(AM ; amplitude modulation)
신호파에 따라서 반송파의 진폭을 변화시킨다.

(2) **위상 변조**(PM ; phase modulation)
신호파에 따라서 반송파의 위상을 변화시킨다.

(3) 주파수 변조(FM ; frequency modulation)
신호파에 따라서 반송파의 주파수를 변화시킨다.

위에서 **PM**과 **FM**은 각각 반송파의 위상각이 변화하기 때문에 **각도 변조**(angle modulation)라 하고, 식 (2.1)에 나타낸 정현파 교류 대신 펄스를 변조한 **펄스 변조**(pulse modulation)가 있다.

한편 신호를 부호화 펄스로 한 디지털 통신에서는 진폭 변조를 **ASK**(amplitude shift keying), 위상 변조를 **PSK**(phase shift keying), 주파수 변조를 **FSK**(frequency shift keying)라고 한다.

2.1 DSB 방식

진폭 변조(AM)는 반송파의 진폭을 신호파에 비례하여 변화시키는 것으로서 단파대 이하의 통신, 방송 등에서 주로 사용된다.

〈그림 2-1〉(a)와 같이 진폭 V_c인 정현파의 반송파를 그림 (b)와 같이 진폭 V_s인 여현파의 신호로 AM하면 그림 (c)와 같은 피변조파가 얻어진다. 이 그림에서 알 수 있듯이 피변조파의 진폭은 반송파에 신호파를 부가한 것으로 최대값은 $V_c + V_s$, 최소값은 $V_c - V_s$가 된다.

이러한 진폭 변화의 정도를 **변조도**(modulation factor)라 하고, %로 표시하는 것이 일반적이며 다음과 같은 식으로 나타낸다.

$$m = \frac{V_s}{V_c} \tag{2.2}$$

한편 그림 (c)에서 실선의 움직임이 반송파의 변화를 나타내는데, 그것의 첨두치를 연결한 점선의 움직임(**포락선**(envelope)이라고 함)이 신호파의 변화이다. 이와 같이 피변조파의 포락선이 신호파형과 같으므로 수신 측에서 복조하기 위해서는 피변조파의 정(+) 측 또는 부(−) 측만을 취해도 그 중에는 신호파 성분이 포함된다.

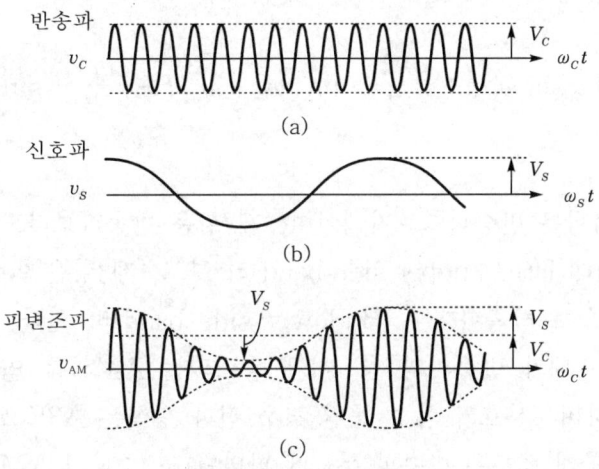

<그림 2-1> 진폭 변조 때의 파형

변조도 m의 값에 따라 피변조파의 변화는 <그림 2-2>와 같으며, 그림에서 $m=1$인 상태를 100[%] **변조** 또는 **완전 변조**라 하고, $m>1$인 상태를 **과변조**(over modulation) 라 한다. 이 때 $m>1$(100% 이상)이면 포락선이 원래의 신호파와 많이 달라져 신호에 일 그러짐이 발생하므로 m은 100[%] 이하로 동작시켜야 한다.

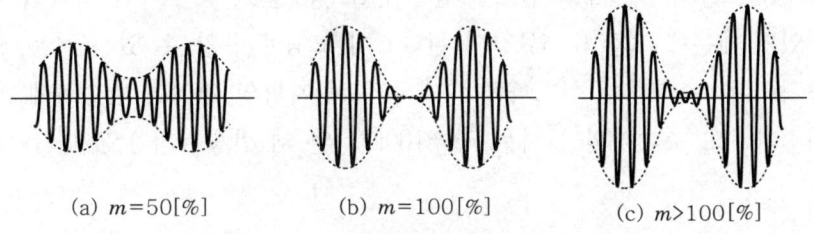

(a) $m=50[\%]$ (b) $m=100[\%]$ (c) $m>100[\%]$

<그림 2-2> 변조도에 따른 AM 파형

지금

반송파 : $v_c = V_c \sin \omega_c t$, $\omega_c = 2\pi f_c$ (f_c : 반송 주파수)

신호파 : $v_s = V_s \cos \omega_s t$, $\omega_s = 2\pi f_s$ (f_s : 신호 주파수)

일 때의 AM파를 수식으로 표현하면 피변조파 v_{AM}는

$$v_{AM} = (V_c + V_s \cos \omega_s t)\sin \omega_c t = V_c\left(1 + \frac{V_s}{V_c}\cos \omega_s t\right)\sin \omega_c t$$

$$= V_c(1 + m\cos \omega_s t)\sin \omega_c t \tag{2.3}$$

가 되며, 이 식을 **AM의 일반식**이라고 한다. 이 식을 전개하면

$$v_{AM} = V_c \sin \omega_c t + \frac{mV_c}{2}\sin(\omega_c + \omega_s)t + \frac{mV_c}{2}\sin(\omega_c - \omega_s)t \quad (2.4)$$

가 된다.

이 식에서 제1항은 반송파 그 자체이며, 제2항은 반송파보다도 신호 주파수만큼 높은 성분으로 **상측파대**(USB ; upper side band)라 하고, 제3항은 반송파보다도 신호 주파수만큼 낮은 성분으로 **하측파대**(LSB ; lower side band)라 한다.

이와 같이 측파대가 반송파의 상·하에 출력되는 AM파를 **양 측파대**(DSB ; double side band)라 하며, 신호가 음성 등인 경우 전파 형식은 A3E로 표시한다. 일반적으로 $f_s \ll f_c$이며, 측파대 성분은 반송파 부근에 나타난다. 중파의 AM 방송 등이 이 DSB 방식을 사용한다.

[1] 주파수 스펙트럼과 대역폭

식 (2.4)에 대한 파형의 주파수 성분을 알기 위해서 사용되는 주파수 스펙트럼(frequency spectrum)은 〈그림 2-3〉과 같으며, 그림에서 신호파가 단일 주파수(톤) 신호이면 그림 (a)와 같으나 실제의 신호파(음성 신호 등)인 경우는 여러 개의 주파수 성분을 포함하고 있기 때문에 그림 (b)와 같이 된다. 이 그림에서 알 수 있는 것은, 반송파는 항상 일정 출력이며, 측파대는 신호파에 비례하고, 신호파의 저역이 반송파에 가까울 때 고역은 떨어진다. 또 측파대의 높이는 $m = 100[\%]$일 때 반송파의 1/2이 되며 전력은 1/4이 된다.

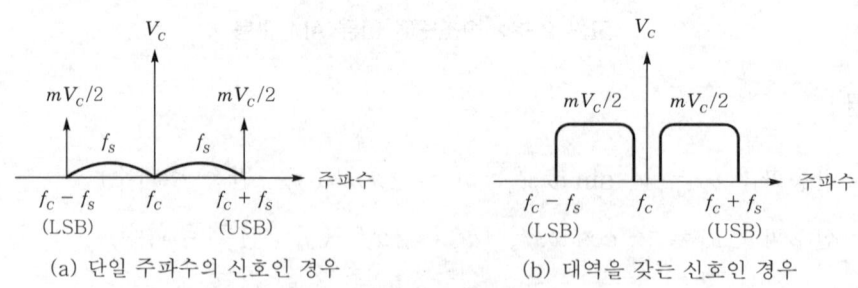

(a) 단일 주파수의 신호인 경우   (b) 대역을 갖는 신호인 경우

〈그림 2-3〉 AM(DSB)파의 주파수 스펙트럼

한편, 하측파대의 하한 주파수에서 상측파대의 상한 주파수까지를 **점유 주파수대**라 하며, 측파대 사이에서 피변조파가 점유하는 주파수 대역폭을 **점유 주파수 대역폭**(occupied frequency bandwidth) 또는 **점유 주파수 대폭**이라고 한다. 따라서 〈그림 2-3〉과 같은

AM파(DSB)의 점유 주파수 대역폭 BW는

$$BW = (f_c + f_s) - (f_c - f_s) = 2f_s \tag{2.5}$$

가 된다. 즉 AM파의 점유 주파수 대역폭은 신호파의 최고 주파수의 2배가 된다.

[2] AM의 전력

식 (2.4)의 AM파가 방사 저항 R인 안테나에서 방사될 때 각 주파수 성분에 대한 반송파 전력 P_c, 상측파대 전력 P_u, 하측파대 전력 P_l은 각각 다음과 같다.

$$P_c = \frac{(V_c/\sqrt{2})^2}{R} = \frac{V_c^{\,2}}{2R} \tag{2.6}$$

$$P_u = \left(\frac{mV_c/2}{\sqrt{2}}\right)^2 \cdot \frac{1}{R} = \frac{m^2 V_c^{\,2}}{8R} = \frac{m^2}{4} \cdot \frac{V_c^{\,2}}{2R} \tag{2.7}$$

$$P_l = \left(\frac{mV_c/2}{\sqrt{2}}\right)^2 \cdot \frac{1}{R} = \frac{m^2 V_c^{\,2}}{8R} = \frac{m^2}{4} \cdot \frac{V_c^{\,2}}{2R} \tag{2.8}$$

따라서 피변조파 전력 P는

$$P = P_c + P_u + P_l = \frac{V_c^{\,2}}{2R}\left(1 + \frac{m^2}{4} + \frac{m^2}{4}\right) = P_c\left(1 + \frac{m^2}{2}\right) \tag{2.9}$$

이 된다.

이 식에서 AM파의 변조도 $m=1$(100[%] 변조)일 때 피변조파 전력은 반송파 전력의 1.5배가 됨을 알 수 있다.

한편, 방사 저항 R인 안테나에 흐르는 반송파 전류를 I_c, 피변조파 전류를 I라고 하면 식 (2.9)에서

$$\frac{P}{P_c} = \frac{I^2 R}{I_c^{\,2} R} = 1 + \frac{m^2}{2}$$

이 되어, 다음과 같은 식이 각각 성립된다.

$$I = I_c \sqrt{1 + \frac{m^2}{2}} \tag{2.10}$$

$$m = \sqrt{2\left[\left(\frac{I}{I_c}\right)^2 - 1\right]} \tag{2.11}$$

예제 1 AM파가 $v_{AM} = (100 + 40\cos 2\pi \times 400t)\cos 2\pi \times 10^6 t$로 표시될 때 다음 물음에 답하라.

(1) 변조도(m)를 구하라.

(2) 각 전력 성분비를 구하라.

(3) 점유 주파수 대역폭(BW)을 구하라.

(4) 상측파대 주파수(f_u)를 구하라.

(5) 하측파대 주파수(f_L)를 구하라.

 풀이 (1) 변조도(m)는 식 (2.2)에서

$$m = \frac{V_s}{V_c} = \frac{40}{100} = 0.4 = 40[\%]$$

(2) 각 전력 성분비 $= 1 : \frac{m^2}{4} : \frac{m^2}{4} = 1 : \frac{0.4^2}{4} : \frac{0.4^2}{4} = 1 : 0.04 : 0.04$

(3) 점유 주파수 대역폭(BW)은 식 (2.5)에서

$$\mathrm{BW} = 2f_s = 2 \times 400 = 800\,[\mathrm{Hz}]$$

(4) $f_u = f_c + f_s = 10^6 + 400 = 1000.4\,[\mathrm{kHz}]$

(5) $f_L = f_c - f_s = 10^6 - 400 = 999.6\,[\mathrm{kHz}]$

예제 2 순시 반송파 전압이 100[V](실효값)이고 방사 저항이 50[Ω], 변조도가 0.4일 때 다음 물음에 답하라.

(1) 반송파 전력(P_c)은 얼마인가?

(2) 상측파대 전력(P_u)은 얼마인가?

(3) 피변조파 전력(P)은 얼마인가?

풀이 (1) $P_c = \dfrac{V^2}{R} = \dfrac{100^2}{50} = 200\,[\mathrm{W}]$

(2) 식 (2.9)에서

$$P = P_c\left(1 + \frac{m^2}{2}\right) = P_c + \frac{m^2}{2}P_c = P_c + \frac{m^2}{4}P_c + \frac{m^2}{4}P_c$$

이므로 상측파대 전력 P_u는 다음과 같다.

$$P_u = \frac{m^2}{4}P_c = \frac{0.4^2}{4} \times 200 = 8\,[\mathrm{W}]$$

(3) 식 (2.9)에서

$$P = P_c \left(1 + \frac{m^2}{2} \right) = 200 \times \left(1 + \frac{0.4^2}{2} \right) = 216\,[\,\text{W}\,]$$

> **예제 3** 무변조 시 안테나 전류가 2[A], 변조를 가한 경우 안테나 전류가 2.2[A]
> 로 증가하였다. 이 때의 변조도는 얼마인가? (단, 전류값은 실효치이다.)

✏️ **풀이** 식 (2.11)에서

$$m = \sqrt{ 2\left[\left(\frac{I}{I_c} \right)^2 - 1 \right] } = \sqrt{ 2\left[\left(\frac{2.2}{2} \right)^2 - 1 \right] } = 0.648 = 64.8\,[\,\%\,]$$

2.2 SSB 방식

[1] SSB 방식의 종류

일반적으로 DSB파에 대한 주파수 스펙트럼은 〈그림 2-3〉과 같이 반송파와 상·하측 파대로 구성되며, 신호 성분은 양쪽 측파대에만 존재하고 반송파에는 없다. 그러므로 상·하측파대는 같은 신호 성분이기 때문에 어느 한쪽의 측파대만으로도 통신이 가능하게 된다. 즉, 반송파와 다른 한쪽의 측파대는 필요없다는 것이다. 이 경우, 수신기 측에서는 피변조파로부터 원래의 신호를 검파하는 데 반송파를 필요로 하므로 발진기 등에 의해 반송파를 발생해야 한다.

이와 같이 상, 하 중 어느 한쪽의 측파대만으로 통신을 행하는 방식을 단측파대 통신 방식(SSB ; single side band)이라 하며, SSB 통신 방식에는 억압 반송파 SSB(J3E), 저감 반송파 SSB(R3E), 전반송파 SSB(H3E)가 있다.

(1) 억압 반송파 SSB

반송파 전력을 측파대 첨두 전력의 1/10000(−40[dB]) 이하로 억압하여 USB 또는 LSB의 어느 한쪽의 측파대만을 출력하는 SSB 방식으로, 전파 형식은 J3E로 표시한다. 억압 반송파 SSB의 주파수 스펙트럼은 〈그림 2-4〉와 같고, 일반식은 각각 다음과 같다.

USB의 경우,

$$v_{\text{USB (J3E)}} = \frac{mV_c}{2} \sin\,(\omega_c + \omega_s)\,t \tag{2.12}$$

LSB의 경우,

$$v_{\text{LSB(J3E)}} = \frac{mV_c}{2} \sin (\omega_c - \omega_s) t \qquad (2.13)$$

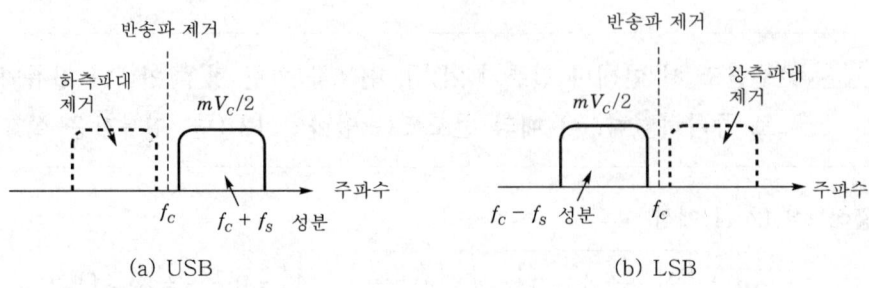

(a) USB

(b) LSB

<그림 2-4> 억압 반송파 SSB(J3E)

억압 반송파를 복조하기 위해서는 수신 측에 반송파에 상당하는 국부 발진기가 있어야 하며, 그 주파수를 검파기에 가해서 검파해야 한다. 이 국부 발진기의 주파수는 송신 측과 완전히 일치하지 않으면 일그러짐이 발생한다. 이 주파수 조정기를 **스피치 클라리파이어**(speech clarifier ; 동기 조정기)라고 한다.

(2) 저감 반송파 SSB

반송파 전력을 측파대 첨두 전력의 1/40~1/100(−16~−20[dB])로 저감시킨 SSB 방식으로, 전파 형식은 R3E로 표시한다. 저감 반송파 SSB의 주파수 스펙트럼은 〈그림 2-5〉와 같고, 일반식은 반송파의 저감률을 k로 하면 각각 다음과 같다.

USB의 경우,

$$v_{\text{USB(R3E)}} = k V_c \sin \omega_c t + \frac{mV_c}{2} \sin (\omega_c + \omega_s) t \qquad (2.14)$$

LSB의 경우,

$$v_{\text{LSB(R3E)}} = kV_c \sin \omega_c t + \frac{mV_c}{2} \sin (\omega_c - \omega_s) t \qquad (2.15)$$

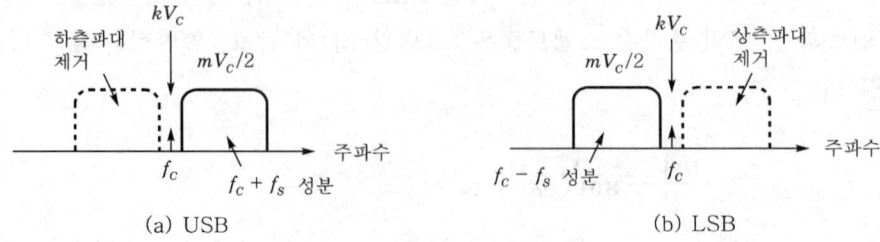

(a) USB

(b) LSB

<그림 2-5> 저감 반송파 SSB(R3E)

저감 반송파를 복조하기 위해서는 수신 측에서 저감되어 있는 반송파를 증폭하여 본래의 반송파 레벨로 하든가, 반송파에 상당하는 국부 발진기를 사용하여야 한다. 저감 반송파로 이 발진기에 동기를 취하는 방법으로 반송파를 만들어 검파 입력에 가함으로써 검파한다. 이 경우에는 동기 조정이 자동적으로 이루어진다.

(3) 전반송파 SSB

반송파를 전부 출력하는 SSB 방식으로, 전파 형식은 H3E로 표시한다. 전반송파 SSB의 주파수 스펙트럼은 〈그림 2-6〉과 같고, 일반식은 각각 다음과 같다.

USB의 경우,

$$v_{\text{USB(H3E)}} = V_c \sin \omega_c t + \frac{mV_c}{2} \sin (\omega_c + \omega_s) t \qquad (2.16)$$

LSB의 경우,

$$v_{\text{LSB(H3E)}} = V_c \sin \omega_c t + \frac{mV_c}{2} \sin (\omega_c - \omega_s) t \qquad (2.17)$$

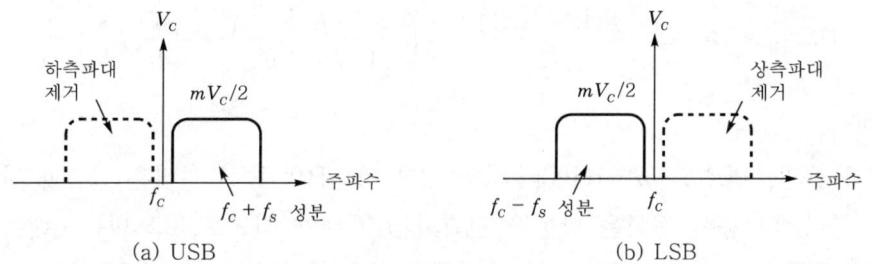

<그림 2-6> 전반송파 SSB(H3E)

이 방식은 일반 DSB 수신기로 수신할 수 있는 이점이 있는 반면, 전전력에 대한 반송파 전력의 비율이 크기 때문에 전력 효율이 나쁘다는 단점도 있다.

[2] DSB 방식과 SSB 방식의 비교

DSB(A3E) 방식과 SSB(J3E) 방식을 비교하면 다음과 같이 된다.

(1) 점유 주파수 대역폭과 잡음 전력의 비교

〈그림 2-3〉과 〈그림 2-4〉의 스펙트럼에서 신호파의 최저 주파수, 최고 주파수를 각각 f_{s1}, f_{s2}라고 하면 DSB와 SSB의 점유 주파수 대역폭 BW는 각각

$$BW_{(DSB)} = 2\,f_{s2} \tag{2.18}$$

$$BW_{(SSB)} = f_{s2} - f_{s1} \fallingdotseq f_{s2} \tag{2.19}$$

로 된다.

이들 식에서 SSB의 대역폭은 DSB의 1/2 이하가 되어, 주파수 이용 효율은 SSB가 좋다. 그러므로 SSB는 전리층 반사파를 이용하여 원거리 통신이 가능한 단파대(HF)에서 주로 사용되고 있다. 한편, 잡음 전력은 대역폭에 비례하기 때문에 SSB의 잡음 전력은 DSB의 1/2 이하로 된다.

(2) 송신 전력의 비교

반송파 전력을 P_c, 한쪽의 측파대 전력을 P_s, 부하(안테나)의 저항을 R이라 하면, DSB와 SSB의 평균 송신 전력(P)은 식 (2.4), 식 (2.12)에서

$$P_{(DSB)} = P_c + 2P_s = \frac{(V_c/\sqrt{2})^2}{R} + \frac{2(V_c/2\sqrt{2})^2}{R}$$

$$= \frac{V_c^2(1 + m^2/2)}{2R} = \left(1 + \frac{m^2}{2}\right)P_c \tag{2.20}$$

$$P_{(SSB)} = P_s = \frac{(mV_c/2\sqrt{2})^2}{R} = \left(\frac{m^2}{4}\right)\left(\frac{V_c^2}{2R}\right) = \frac{m^2}{4}P_c \tag{2.21}$$

가 된다.

예를 들면, 변조도 $m=1(100[\%])$인 경우, DSB의 송신 전력은 반송파 전력의 1.5배이고, SSB의 송신 전력은 반송파 전력의 0.25배가 되므로, 그 비는 6배이다. 그리고 $m=0$(무변조)인 경우, DSB의 송신 전력은 반송파 전력뿐이며, SSB의 송신 전력은 0이된다. 따라서 적은 송신 전력으로도 양질의 통신이 가능하다.

(3) 선택성 페이딩의 영향

주파수 차이에 의한 수신 전계 강도의 변동을 **선택성 페이딩**(selectivity fading)이라하며, 대역폭이 넓을수록 그 영향을 심하게 받는다. 따라서 DSB에 비하여 SSB의 대역폭은 1/2이므로, 그 영향도 거의 1/2 정도로 감소된다.

(4) S/N과 방식 이득

SSB가 DSB에 비하여 S/N(신호대 잡음 전력비)이 어느 정도 개선되는가를 방식 이득으로 살펴보면 다음과 같다.

① 두 방식의 평균 송신 전력이 같은 경우

송신 전력에 대한 수신 신호 출력은 측파대 전력에 비례하기 때문에 SSB에서는 전전력이 유효하지만 DSB에서는 반송파 전력에 상당하는 양이 무효하게 되므로, 그 비는

$$\frac{\text{SSB의 신호 출력}}{\text{DSB의 신호 출력}} = \frac{P_c(1+m^2/2)}{P_c\,m^2/2} = 1+\frac{2}{m^2} \tag{2.22}$$

와 같이 된다.

예를 들면 $m=1$인 경우에는 $1+2/m^2=3(4.8[\text{dB}])$으로 되어, 동일 평균 송신 전력에 대해 SSB 측이 S/N이 좋다.

잡음 전력에 대해서는 점유 주파수 대역폭이 DSB에 비해 SSB는 1/2 정도이므로 SSB의 잡음 전력도 1/2이 된다. 또한 선택성 페이딩의 영향도 잡음으로 생각할 수 있으므로, 선택성 페이딩에 의한 잡음 전력도 SSB 측이 DSB에 비해 1/2로 되어, 종합 잡음 전력은 1/4(S/N으로는 6[dB])로 된다.

따라서 방식 이득은 다음과 같다.

$$\text{방식 이득} = \frac{\text{SSB의 S/N}}{\text{DSB의 S/N}} = 3\times\frac{1}{1/4} = 12\,(10.8\,[\text{dB}]) \tag{2.23}$$

② 두 방식의 첨두 송신 전력이 같은 경우

송신 측의 첨두 전력이 동일한 전파를 수신하는 경우에는 수신 신호 출력의 진폭이 DSB에 비해 SSB는 2배가 되기 때문에 수신 전력은 4배(6[dB])가 된다. 잡음 전력은 앞 항과 같기 때문에 방식 이득은

$$\text{방식 이득} = \frac{\text{SSB의 S/N}}{\text{DSB의 S/N}} = 4\times\frac{1}{1/4} = 16\,(12\,[\text{dB}]) \tag{2.24}$$

와 같이 된다.

이상에서 살펴봤듯이 SSB의 S/N은 DSB의 S/N보다 최대 10.8~12[dB] 정도 양호하게 된다.

(5) SSB의 특징

DSB 통신 방식(A3E)에 비하여 SSB 통신 방식(J3E)의 특징은 다음과 같다.
① 점유 주파수 대역폭이 거의 1/2로 되므로 주파수 이용 효율이 높다.
② 적은 송신 전력으로 양질의 통신이 가능하다. 즉, 송신기의 소비 전력이 적다.
③ 선택성 페이딩의 영향 및 잡음의 영향이 적기 때문에 S/N이 개선된다.

④ 인접 채널과의 사이에서 생기는 비트가 적어진다.

⑤ 변조 시에만 송신되기 때문에 전력 효율이 좋다.

⑥ 변조 전력이 적기 때문에 변조기가 소형이다.

⑦ DSB 수신기로는 복조할 수 없기 때문에 비화성을 유지할 수 있다.

⑧ 다단 변조를 하기 때문에 송신 장치가 복잡하고, 복조 시에는 동기용 국부 발진기가 필요하기 때문에 수신 장치도 복잡하여 가격이 비싸다.

⑨ 동기가 정확하지 않으면 수신 일그러짐이 급격히 증가하므로 높은 주파수 안정도가 필요하다.

예제 4 SSB 통신 방식과 DSB 통신 방식을 각각 100[%] 변조시켜 비교했을 경우 다음 물음에 답하라.

(1) SSB파는 DSB파에 비하여 대역폭 면에서 얼마의 SN비 개선을 얻을 수 있는가?

(2) SSB파는 DSB파에 비하여 전력 면에서 얼마의 SN비 개선을 얻을 수 있는가?

(3) SSB파는 DSB파에 비하여 선택성 페이딩(fading)이 있을 때 얼마의 SN비 개선을 얻을 수 있는가?

(4) 선택성 페이딩이 있을 때 종합 SN비 개선도는 얼마인가?

 풀이 (1) SSB 방식에서는 수신기의 통과 대역폭을 DSB 방식의 1/2로 할 수 있으므로 잡음 출력도 1/2배 감소한다.

   ∴ $10 \log 2 = 3$[dB] 개선된다.

(2) DSB와 SSB 방식 양쪽의 평균 전력을 동일하게 하면 수신 측에서는 SSB 방식이 DSB 방식보다 3배(1/2 : 1/6)의 출력을 얻을 수 있다.

   ∴ $10 \log 3 = 4.8$[dB] 개선된다.

(3) 선택성 페이딩이 심할 때, 즉 페이딩이 있는 경우는 상·하측파대의 위상 관계가 변하므로 신호 출력이 절반으로 저하된다.

   ∴ $10 \log 2 = 3$[dB] 개선된다.

(4) 종합 SN비 개선도=3[dB](대역폭 관계)+4.8[dB](전력 관계)+3[dB](선택성 페이딩 관계)=10.8[dB]

③ 각도 변조

앞에서 설명한 바와 같이 반송파의 위상각이 신호파에 의하여 변화하는 것을 **각도 변조**(angle modulation)라고 한다. 각도 변조에는 위상 변조(PM ; phase modulation)와 주파수 변조(FM ; frequency modulation)가 있다.

3.1 PM의 원리

위상 변조(PM)는 〈그림 2-7〉과 같이 반송파의 위상을 신호파로 변화시키는 변조 방식이다.

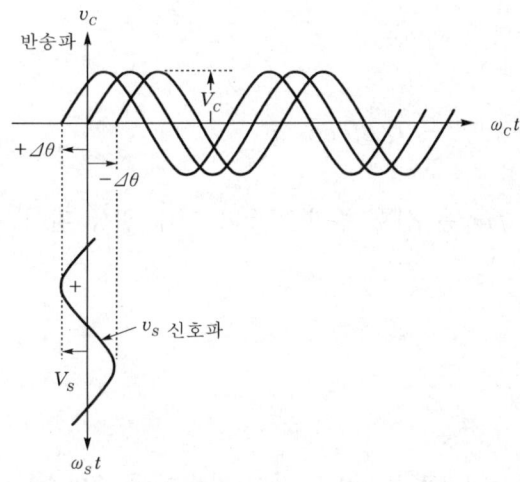

〈그림 2-7〉 PM의 원리

반송파 v_c 및 신호파 v_s를 각각

$$v_c = V_c \sin \omega_c t \, (\omega_c = 2\pi f_c, \ f_c \text{는 반송 주파수}) \tag{2.25}$$

$$v_s = V_s \sin \omega_s t \, (\omega_s = 2\pi f_s, \ f_s \text{는 신호 주파수}) \tag{2.26}$$

로 할 때, 반송파의 위상 $\omega_c t$을 신호파의 최대 진폭 V_s로 $\Delta\theta$만큼 변화시키면 피변조파의 위상 θ_{PM}은

$$\theta_{PM} = \omega_c t + \Delta\theta \sin \omega_s t$$

가 되므로, 피변조파는

$$v_{PM} = V_c \sin(\omega_c t + \Delta\theta \sin \omega_s t) \tag{2.27}$$

와 같이 표현할 수 있다. 이 식을 **PM의 일반식**이라고 한다.

여기서 $\Delta\theta$[rad]는 신호파의 최대 진폭일 때의 위상 변화이기 때문에 최대 위상 편이 (maximum phase deviation)가 되며, 이를 **위상 변조 지수**(phase modulation index) m_p라고 부른다. 따라서, 식 (2.27)의 일반식은

$$v_{PM} = V_c \sin(\omega_c t + m_p \sin \omega_s t) \tag{2.28}$$

와 같이 표현할 수도 있다. PM의 순시 각주파수를 구하면

$$\omega_{PM} = \frac{d}{dt}(\omega_c t + \Delta\theta \sin \omega_s t) = \omega_c + \omega_s \Delta\theta \cos \omega_s t \tag{2.29}$$

가 되므로, 순시 주파수 f_{PM}은

$$f_{PM} = \frac{\omega_{PM}}{2\pi} = f_c + f_s \Delta\theta \cos \omega_s t \tag{2.30}$$

로 된다. 이 식에서 f_{PM}은 신호 주파수 f_s와 최대 위상 편이 $\Delta\theta$(위상 변조 지수 m_p)의 곱에 비례한다.

3.2 FM의 원리

주파수 변조(FM)는 〈그림 2-8〉과 같이 반송파의 주파수를 신호파로 변화시키는 변조 방식이다.

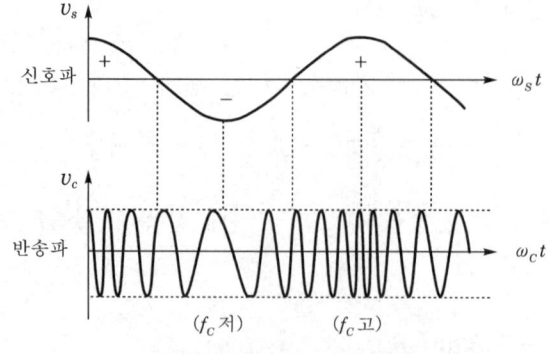

〈그림 2-8〉 FM파의 원리

반송파 v_c 및 신호파 v_s를 각각

$$v_c = V_c \sin \omega_c t \quad (\omega_c = 2\pi f_c) \tag{2.31}$$

$$v_s = V_s \cos \omega_s t \quad (\omega_s = 2\pi f_s) \tag{2.32}$$

라 할 때, 반송파의 주파수 f_c를 신호파에 대응해 변화시키면 피변조파의 주파수 f_{FM}은

$$f_{FM} = f_c + \Delta F \cos \omega_s t \tag{2.33}$$

가 된다.

여기서 ΔF는 신호파의 최대 진폭 V_s일 때의 주파수 편이로, **최대 주파수 편이**(maximum frequency deviation)라고 한다. 그러므로 각주파수 ω_{FM}은

$$\omega_{FM} = 2\pi f_{FM} = \omega_c + \Delta\omega \cos \omega_s t \quad (\Delta\omega = 2\pi\Delta F) \tag{2.34}$$

가 되므로, 순시 위상각 θ_{FM}은 다음과 같다.

$$\theta_{FM} = \int_0^t \omega_{FM}\, dt = \int_0^t (\omega_c + \Delta\omega \cos \omega_s t)\, dt$$

$$= \omega_c t + \frac{\Delta\omega}{\omega_s} \sin \omega_s t = \omega_c t + m_f \sin \omega_s t \tag{2.35}$$

여기서 $m_f = \Delta\omega/\omega_s = \Delta F/f_s$로서, **주파수 변조 지수**(frequency modulation index)라고 한다.

따라서, 피변조파 v_{FM}은

$$v_{FM} = V_c \sin(\omega_c t + m_f \sin \omega_s t) \tag{2.36}$$

와 같이 표현하며, 이 식을 **FM의 일반식**이라고 한다.

예제 5 FM파의 최대 주파수 편이가 20[kHz], 변조도가 0.5, 신호파의 주파수가 5[kHz]일 때의 변조 지수 m_f는 얼마인가?

풀이 $m_f = \dfrac{\Delta f}{f_s} = \dfrac{20}{5} = 4$

3.3 PM과 FM의 차이

PM과 FM파의 차이는 식 (2.28), (2.36)으로 나타내는 각각의 일반식에서 변조 지수 m_p, m_f 의 차이와 식 (2.26), (2.32)의 신호파에서 sin, cos의 차이를 말한다. 그러나 후자의 경우 신호파의 위상차가 $\pi/2$로 되어 있으나, 통신에서는 본질적인 문제가 되지는 않는다.

두 방식의 변조 지수 $m_p = \Delta\theta$, $m_f = \Delta F/f_s$에서 최대 위상 편이 $\Delta\theta$와 최대 주파수 편이 ΔF는 모두 신호파의 최대 진폭 V_s에 비례한다. 따라서 m_p와 m_f의 차이점은, m_p 는 신호 주파수 f_s에 무관하지만 m_f는 f_s에 반비례한다는 것이다.

또한, 순시 주파수에 대해서는 식 (2.30), (2.33)에 의해서 f_{PM}은 f_s에 비례하지만, f_{FM}은 f_s에 무관하다.

〈그림 2-9〉는 PM과 FM의 변조 특성을 나타낸 것으로, 신호파의 특정 주파수 f_s'에 서는 PM과 FM파가 같은 것으로 된다.

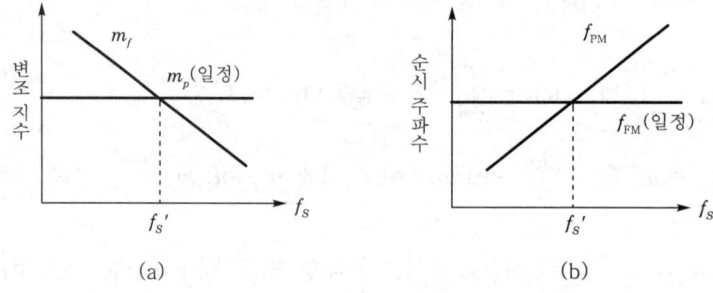

〈그림 2-9〉 PM과 FM의 변조 특성

식 (2.33)의 f_{FM}을 얻으려면 반송파의 발진 주파수를 신호파로 변화시켜야 하기 때문에 발진기는 자려 발진기를 사용해야 한다. 이와 같은 FM을 **직접 FM**이라고 한다.

이것과는 달리 위상 변조기의 신호파 입력에 f_s에 반비례하는 회로를 넣어 PM하면, PM의 변조 지수는 $m_p = \Delta\theta/f_s$가 되어 FM의 변조 지수 $m_f = \Delta F/f_s$와 등가가 되기 때문에 변조 출력은 등가적으로 FM이 된다. 이와 같은 FM을 **간접 FM** 또는 **등가 FM**이라 하고, f_s에 반비례하는 회로를 **전치 보상 회로**(pre-distortion circuit) 또는 **전치 왜곡 회로**라 한다.

일반적으로 직접 FM에서는 주파수 편이를 크게 할 수 있지만, 발진 주파수의 안정화를 위해서 자동 주파수 제어(AFC ; automatic frequency control) 회로가 필요하다. 반면에 간접 FM에서는 수정 발진기를 사용할 수 있기 때문에 주파수 안정도는 양호하지만, 보통 주파수 편이를 크게 할 수 없으므로, 변조 후에는 체배 단수를 크게 해야 한다.

직접 FM은 FM 방송이나 마이크로파 이상의 FM 송신기에 사용되었지만, 최근에는

PLL 회로 기술의 발전에 따라 주파수 안정도가 양호해져 VHF나 UHF대에서도 널리 이용되고 있다.

〈그림 2-10〉은 간접 FM의 기본 구성도이다. 여기서 전치 보상 회로는 적분 회로로, **1/f_s 회로**라고도 한다. 이와는 반대로 〈그림 2-11〉과 같이 FM의 변조 입력에 f_s에 비례하는 회로(미분 회로)를 넣어 변조하면, 변조 지수는 $m_f = \Delta F$로 되어 PM의 변조 지수 $m_p = \Delta\theta$와 등가가 되기 때문에 PM으로 변환할 수 있다.

이러한 변조 방식을 **간접 PM** 또는 **등가 PM**이라고 한다. 이 방식은 PLL에 의한 직접 FM과 IDC의 미분 회로에 의한 간접 PM으로 이동체 통신 등의 PM 송신기에 사용되고 있다.

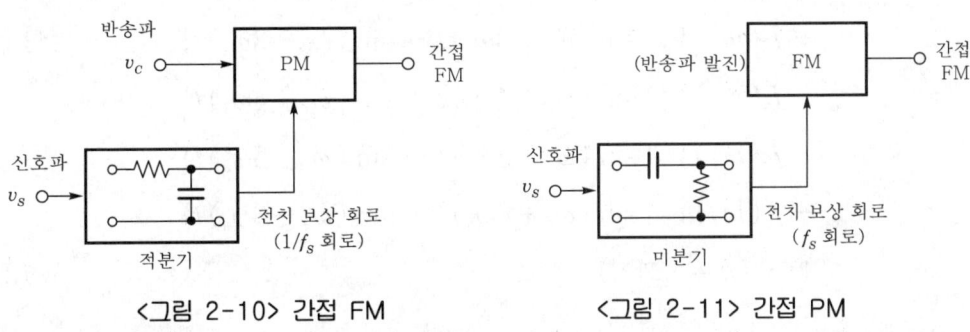

〈그림 2-10〉 간접 FM   〈그림 2-11〉 간접 PM

3.4 PM과 FM의 측파대와 점유 주파수 대역폭

PM과 FM의 측파대 분포로부터 점유 주파수 대역폭을 알 수 있는데, 앞 항에서 설명한 바와 같이 PM과 FM파의 차이점은 기본적으로 변조 지수의 차이에 의한 것이다. 여기서 FM의 일반식을 전개해 보면 다음과 같다.

$$v_{FM} = V_c \sin(\omega_c t + m_f \sin \omega_s t) = V_c\{\sin \omega_c t \cdot \cos(m_f \sin \omega_s t)$$
$$+ \cos \omega_c t \cdot \sin(m_f \sin \omega_s t)\} \qquad (2.37)$$

이때 제1종 베셀(Bessel) 함수(Jacobi의 공식)

$$\cos(m_f \sin \omega_s t) = J_0(m_f) + 2\sum_{n=1}^{\infty} J_{2n}(m_f)\cos 2n\,\omega_s t$$

$$\sin(m_f \sin \omega_s t) = 2\sum_{n=1}^{\infty} J_{2n-1}(m_f)\sin(2n-1)\,\omega_s t$$

를 이용하여 전개하면 다음과 같다.

$$
\begin{aligned}
v_{FM} = V_c \{ & J_0(m_f)\sin\omega_c t + 2J_2(m_f)\cos 2\omega_s t \cdot \sin\omega_c t \\
& + 2J_4(m_f)\cos 4\omega_s t \cdot \sin\omega_c t + 2J_6(m_f)\cos 6\omega_s t \cdot \sin\omega_c t + \cdots \\
& (n=\infty 까지) \\
& + 2J_1(m_f)\sin\omega_s t \cdot \cos\omega_c t + 2J_3(m_f) \cdot \sin 3\omega_s t \cdot \cos\omega_c t \\
& + 2J_5(m_f)\sin 5\omega_s t \cdot \cos\omega_c t + \cdots \quad (n=\infty 까지)\} \\
= & J_0(m_f)V_c \sin\omega_c t + J_1(m_f)V_c\{\sin(\omega_c+\omega_s)t - \sin(\omega_c-\omega_s)t\} \\
& + J_2(m_f)V_c\{\sin(\omega_c+2\omega_s)t + \sin(\omega_c-2\omega_s)t\} \\
& + J_3(m_f)V_c\{\sin(\omega_c+3\omega_s)t - \sin(\omega_c-3\omega_s)t\} \\
& + J_4(m_f)V_c\{\sin(\omega_c+4\omega_s)t + \sin(\omega_c-4\omega_s)t\} \\
& + J_5(m_f)V_c\{\sin(\omega_c+5\omega_s)t - \sin(\omega_c-5\omega_s)t\} \\
& + J_6(m_f)V_c\{\sin(\omega_c+6\omega_s)t + \sin(\omega_c-6\omega_s)t\} \\
& + \cdots \quad (n=\infty 까지)
\end{aligned}
\tag{2.38}
$$

여기서, $J_0(m_f)$, $J_1(m_f)$, $J_2(m_f)$, $\cdots$, $J_n(m_f)$는 〈그림 2-12〉에서 나타내는 베셀 함수값이다. 식 (2.38)에서 반송파의 각주파수를 중심으로 $\omega_c \pm \omega_s$, $\omega_c \pm 2\omega_s$, $\cdots$, $\omega_c \pm n\omega_s$와 같이 이론적으로 $n=\infty$까지 측파대가 넓어지게 되지만, $J_n(m_f)$는 그림과 같이 m_f에 대해서 정·부로 변화되지 않고 작아지므로, 실제로 무한대까지는 고려하지 않아도 된다. 그리고 f_s가 높아지면 측파대의 간격이 넓어지기 때문에 대역폭이 넓어지는 것처럼 생각할 수 있는데, $m_f = \Delta F / f_s$에서 f_s가 높아지면 m_f는 작아져서 고차의 측파대가 감소하므로 대역폭은 거의 변화하지 않는다.

전파법에서는 각도 변조의 점유 주파수 대역폭은 전 에너지의 99[%]를 포함하는 측파대까지로 규정하고, 이 범위에 들어오는 측파대의 개수가 많은 경우에는 다음 식으로 근사된다.

$$
\mathrm{BW} \fallingdotseq 2(f_s + \Delta F) = 2f_s(1 + m_f)
\tag{2.39}
$$

만일, $m_f \gg 1$인 경우에 점유 주파수 대역폭은

$$
\mathrm{BW} \fallingdotseq 2f_s m_f
\tag{2.40}
$$

로 된다.

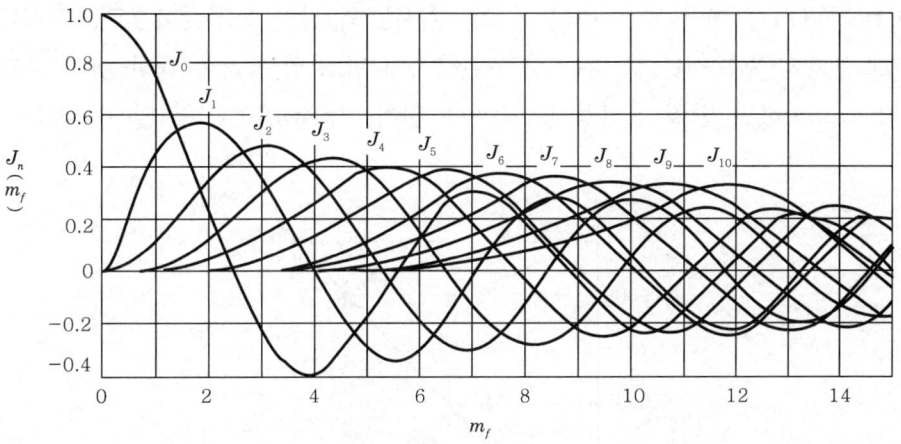

<그림 2-12> 제1종 베셀 함수 $J_n(m_f)$의 그래프

<그림 2-13>은 $m_f = 0.5$와 5인 경우에 측파대의 에너지 분포를 나타낸 것이다. 그림에서 m_f를 높게 하면 에너지 분포가 넓어지고, m_f를 낮게 하면 $\mathrm{BW}=2f_s$에 가깝게 되어 AM(DSB)의 측파대 분포와 비슷하게 된다.

일반적으로 m_f가 0.5 이하인 경우를 **협대역 FM**이라 하고, 그 이상인 경우를 **광대역 FM**이라 한다.

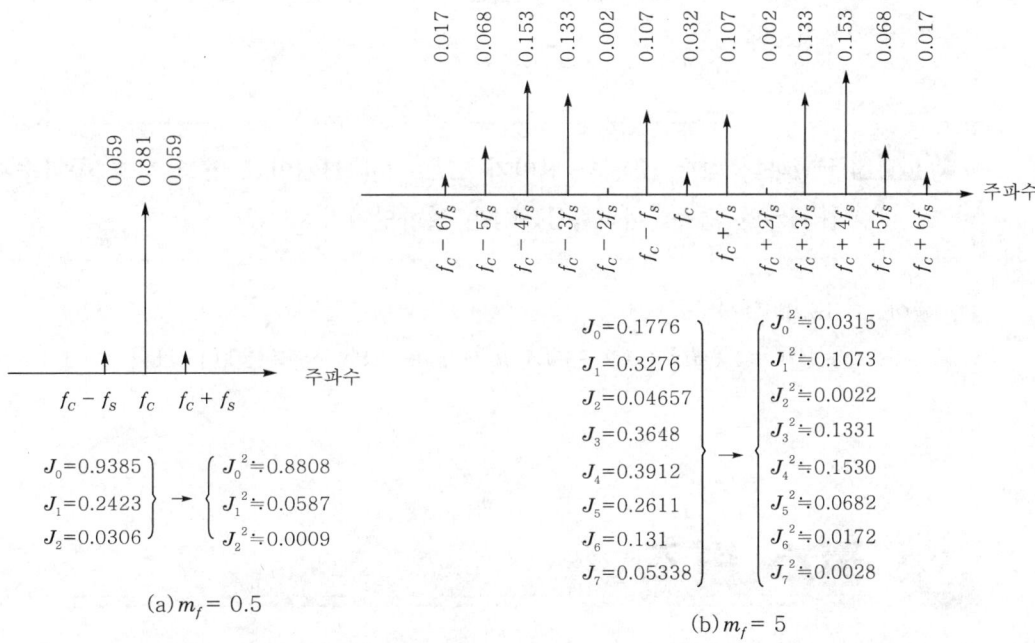

(a) $m_f = 0.5$

(b) $m_f = 5$

<그림 2-13> $m_f = 0.5$와 5인 측파대의 에너지 분포

또한, $J_0(m_f)=0$이 되는 m_f는 〈그림 2-12〉와 같이 특정값이므로, 스펙트럼 분석기 등으로 반송파(J_0)가 0으로 되는 것을 관측하여 변조 입력 v_s에 대한 m_f를 〈그림 2-14〉 와 같이 도시하면 변조 직선성 및 주파수 편이($\Delta f = m_f \cdot f_s$)를 알 수 있다.

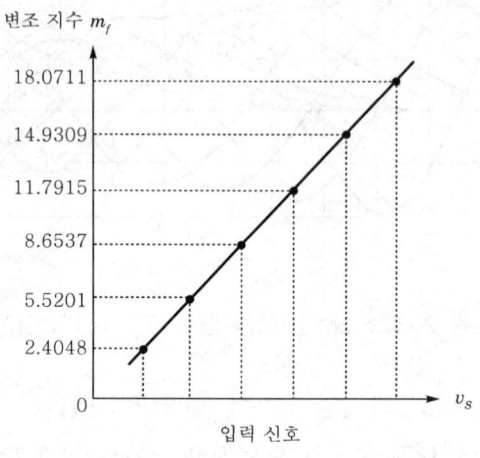

<그림 2-14> FM의 변조 직선성

PM인 경우에는 m_f를 m_p로 치환하면 되지만, m_p는 f_s에 무관하기 때문에 FM과 달라서 f_s가 높아지면 측파대의 간격이 넓어지고, 결과적으로 대역폭도 넓어지게 된다. 따라서 PM은 주파수 이용 효율 면에서 넓은 대역을 필요로 하는 마이크로파대 이상에서 사용하는 경우가 많다.

예제 6 FM파의 최대 주파수 편이가 $\Delta f = 95$[kHz]이고 변조 신호 주파수가 5 [kHz]인 경우, 대역폭(BW)은 얼마인가?

풀이 식 (2.39)에서

$$BW \fallingdotseq 2(\Delta F + f_s) = 2f_s(m_f + 1) = 2(95 + 5) = 200\,[\text{kHz}]$$

④ 펄스 변조

시분할 다중 통신 방식은 신호를 펄스(pulse)화하여 통신을 행하는 펄스 통신으로서 상당히 오래 전부터 사용되고 있는데, 특히 최근 들어 디지털 통신이 발전을 거듭함에 따라 부호화된 펄스(PCM ; 펄스 부호 변조) 통신 방식이 주로 사용되고 있다.

여기서는 PCM에 필요한 기본적인 사항에 대해서만 설명하고, 구체적인 사항은 생략하기로 한다.

4.1 펄스 파형과 성질

펄스의 대표적인 파형은 〈그림 2-15〉 (a)와 같이 구형파(rectangular wave ; 방형파), 정현파(sine wave ; 자승 여현파), 삼각파(triangular wave) 등이 있다. 이와 같은 펄스를 **직류 펄스**라 하고, 그림 (b)와 같이 진동하는 펄스를 **교류 펄스**라 한다.

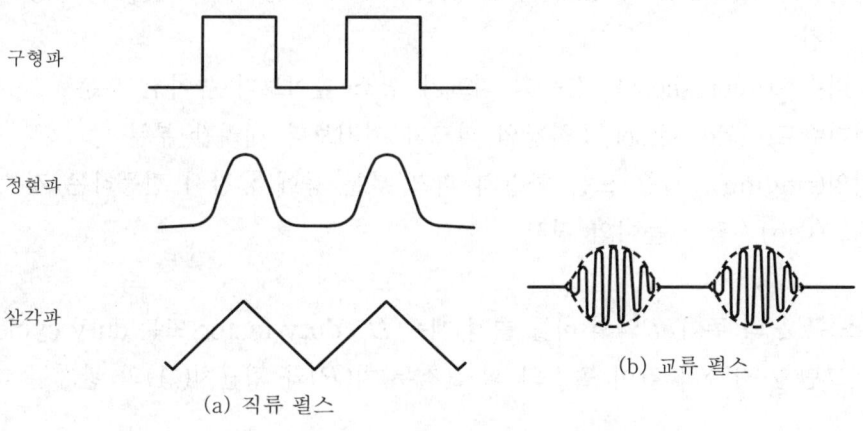

<그림 2-15> 대표적인 펄스 파형

직류 펄스는 베이스 밴드 신호(baseband signal ; 반송파를 포함하지 않은 기저 신호)를 펄스화할 때 사용되며, 직류 펄스로 반송파를 진폭 변조하면 교류 펄스를 얻을 수 있다. 또, 직류 펄스는 직류분과 기본파 및 많은 고조파를 포함하고 있기 때문에 주파수 대역이 넓어지지만 삼각파, 정현파, 구형파 순으로 고조파 함유율이 높기 때문에 이 순서대로 넓은 전송 대역을 필요로 한다.

그리고 전송 대역이 좁은 전송로로 구형파를 통과하면 펄스의 높이가 낮아짐과 동시에, 삼각파에 가까운 출력 파형으로 되어 전송로에서 구형파 펄스는 이상적인 파형이 이루어지지 않는다. 〈그림 2-16〉은 여러 가지 성질을 갖는 실제의 구형파 펄스를 나타내고, 다음과 같이 정의하고 있다.

① 상승 시간(t_r ; rise time) : 펄스의 상승부에서 10~90[%]까지의 소요 시간
② 하강 시간(t_h ; hole time) : 펄스의 하강부에서 90~10[%]까지의 소요 시간
③ 펄스 폭(τ ; pulse width) : 펄스 높이가 50[%]인 시간 폭

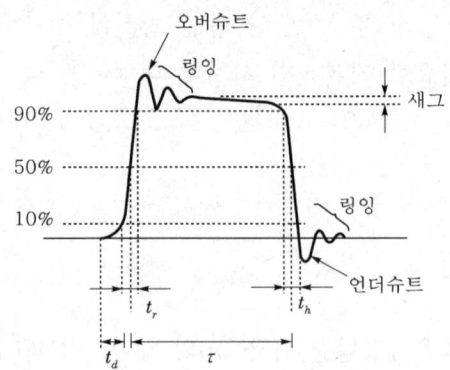

<그림 2-16> 여러 가지 성질를 갖는 펄스

④ 지연 시간(t_d ; delay time) : 펄스가 인가(트리거)된 때부터 10[%] 상승하기까지의 소요 시간

⑤ 오버슈트(over shoot) : 상승의 피크가 펄스 높이보다 높아진 부분

⑥ 언더슈트(under shoot) : 하강의 피크가 기저보다 내려간 부분

⑦ 링잉(ringing) : 상승 또는 하강의 피크 부분 등에서 감쇠 진동하는 것

⑧ 새그(sag) : 펄스 높이의 경사

펄스 폭 τ 와 주기 T 와의 비를 **충격 계수**(D ; duty factor 또는 duty cycle)라고 한다. 즉, <그림 2-17>과 같이 펄스의 피크(첨두)치(P)와 평균치(A)의 관계는 다음과 같다.

$$D = \frac{\tau}{T} = \frac{A}{P} \qquad (2.41)$$

D가 작고, P가 커서 측정할 수 없을 때 D와 A로부터 P를 구할 수 있다.

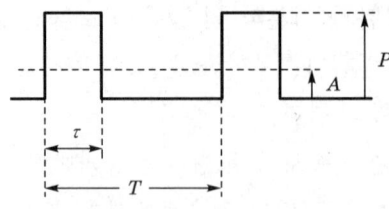

<그림 2-17> 주기성 펄스

예제 7 펄스 폭 20[μs], 펄스 반복 주파수 1000[Hz]인 펄스의 충격 계수(duty factor) D는 얼마인가?

풀이 식 (2.41)에서

$$D = \frac{\tau}{T} = \tau \cdot f = 20 \times 10^{-6} \times 1000 = 0.02$$

4.2 펄스의 주파수 스펙트럼

〈그림 2-18〉(a)와 같은 고립 펄스의 주파수 성분 $F(\omega)$는 펄스의 시간 함수를 $f(t)$로 하여 푸리에 적분으로 구할 수 있다.

$$F(\omega) = \int_{-\tau/2}^{\tau/2} Pe^{-j\omega t}\, dt = \tau \cdot P \frac{\sin{(\omega\tau/2)}}{\omega\tau/2} \tag{2.42}$$

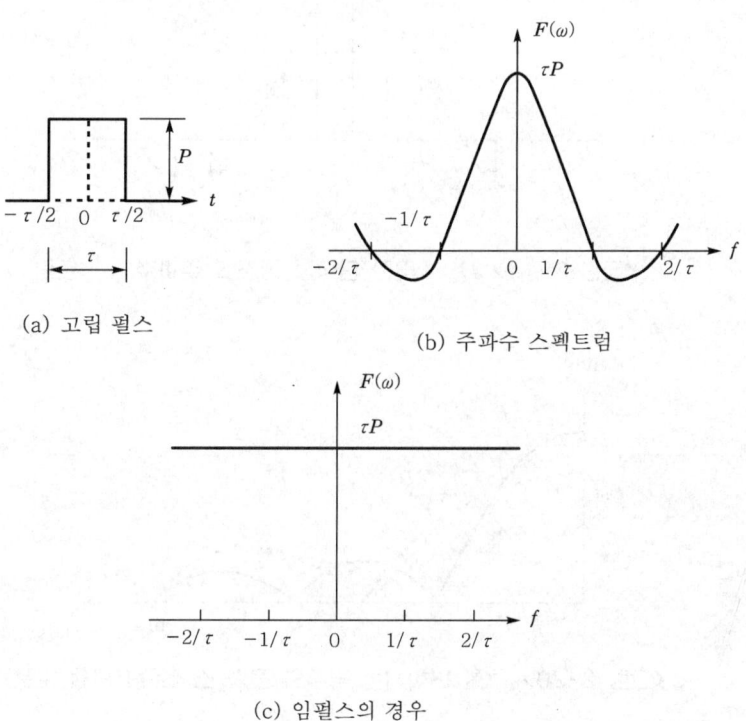

(a) 고립 펄스

(b) 주파수 스펙트럼

(c) 임펄스의 경우

〈그림 2-18〉 고립 펄스의 주파수 스펙트럼

식 (2.42)는 그림 (b)와 같은 연속된 주파수 스펙트럼으로 τ가 0에 접근한 것처럼 매우 좁은 펄스를 **임펄스**(impulse)라 하는데, 이 경우에는 그림 (c)와 같은 주파수 스펙트럼이 된다. 또한, 〈그림 2-17〉의 주기성 펄스인 경우의 주파수 성분은 푸리에 급수의 전개식에서 구할 수 있다. 이 파형은 우함수 파형이므로 직류분과 여현 성분으로 구성되고, 다음 식으로 표현된다.

$$f(t) = \frac{\tau}{T} P + \frac{\tau}{T} P \sum_{n=-\infty}^{\infty} \left(\frac{\sin x}{x} \right) \cos (n \omega_0 t) \qquad (2.43)$$

여기서, $\omega_0 = 2\pi / T = 2\pi f_0$, $x = n \omega_0 t/2$이고, n은 0을 제외한 상수이다. 식 (2.43)의 제1항은 직류분, 제2항은 n에 대응하여 특정한 주파수 성분만이 출력되는 선 스펙트럼을 나타낸다.

〈그림 2-19〉는 충격 계수 $D=1/3$인 경우 단극성 펄스의 주파수 스펙트럼을 나타내고, 〈그림 2-20〉은 D를 바꾼 경우의 전력 스펙트럼을 나타내고 있다. 그림에서 D가 작고, 즉 펄스 폭이 좁을수록 고차의 주파수 성분의 에너지가 크게 됨을 알 수 있다.

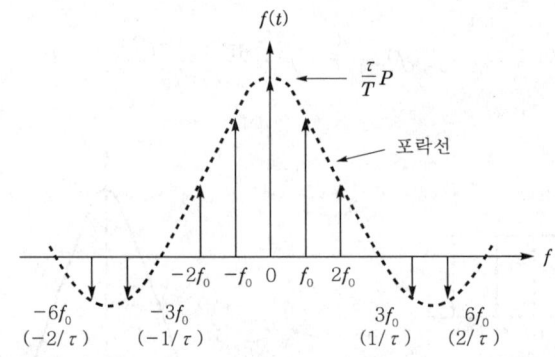

〈그림 2-19〉 $D=1/3$인 단극성 펄스의 주파수 스펙트럼

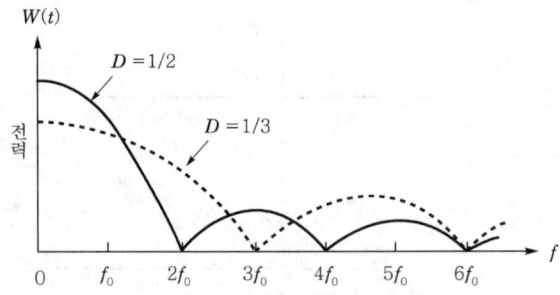

〈그림 2-20〉 D를 변화시킨 경우의 전력 스펙트럼(엔벨 로프)

4.3 표본화 정리

시간적으로 연속된 신호를 **아날로그 신호**(analog signal)라 하는데, 아날로그 신호를 펄스화하기 위해서는 적당한 시간 간격마다 그 때의 신호 데이터를 전송하는 방법이 실행된다. 이와 같은 단속된 신호의 추출 방법을 **표본화**(sampling)라고 한다.

　　표본화함으로써 펄스 사이에 빈 공간이 발생되고, 이 공간에 다른 표본화된 신호를 넣어 좁게 하는 것이 가능해진다. 이와 같은 방식의 통신이 시분할 다중 통신인 것이다.

　　〈그림 2-21〉과 같이 표본화 시간 Δt가 짧으면 표본화의 포락선(envelope)은 원래의 신호에 가까운 것으로 되지만, 펄스군은 증가하여 빈 시간이 짧아진다. 그러나 표본화 시간 Δt가 길면 원래의 신호로부터 떨어진 포락선 파형으로 되기 때문에 수신 측에서 원래의 신호로 재현하기가 어렵다. 뿐만 아니라 전송 시스템에서는 펄스 수가 많을수록 전송 대역이 넓어진다는 결점도 있다.

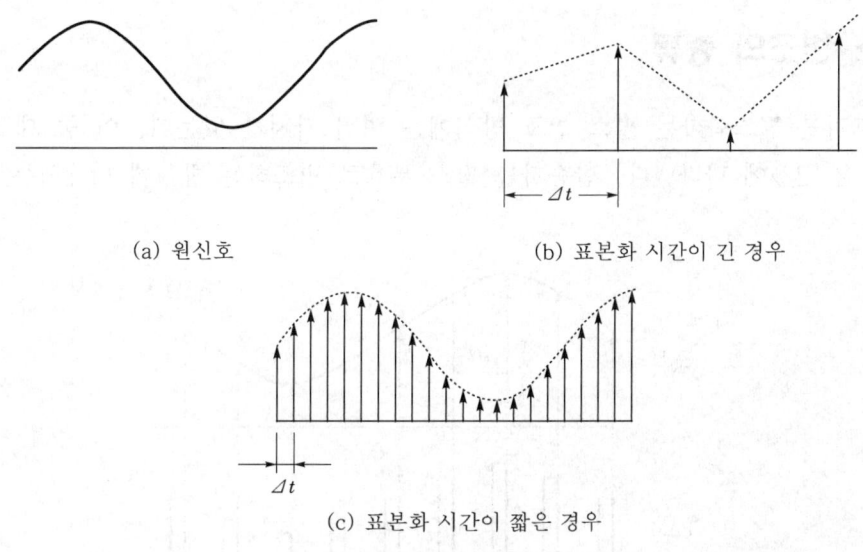

(a) 원신호　　　　　　　　　　　(b) 표본화 시간이 긴 경우

(c) 표본화 시간이 짧은 경우

〈그림 2-21〉 표본화 시간의 장단

　　이와 같은 문제점을 염두에 두고 표본화 시간의 최적치를 정하는 것을 **표본화 정리**(sampling theorem)라고 한다. 표본화 정리에 의하면 신호의 최고 주파수(f_m)의 2배 이상(주기 T_s에서는 1/2 이하)으로 표본화해서 전송하면 수신 측에서는 펄스군으로부터 원래의 신호를 재현할 수 있다는 것이다. 즉, 표본화 시간을 Δt라고 하면 다음 식을 만족해야 한다.

$$\Delta t \le \frac{T_s}{2} = \frac{1}{2f_m} \tag{2.44}$$

예제 8 최고 주파수가 4[kHz]인 신호파를 펄스 변조할 경우 표본화 주파수의 최저는 얼마인가? 또, 이때의 최대 표본화 주기를 구하라.

풀이 샤논(Shannon)의 표본화 정리 식 (2.44)에서

$$f_s \geq 2f_m = 2 \times 4 \times 10^3 = 8 \, [\text{kHz}]$$

이므로, 표본화 주파수 f_s의 최저는 8[kHz]이다.
또, 최대 표본화 주기 T_s는

$$T_s = \frac{1}{2f_m} = \frac{1}{f_s} = \frac{1}{8 \times 10^3} = 0.125 \, [\text{ms}]$$

4.4 펄스 변조의 종류

신호파를 펄스화하는 펄스 변조 방식에는 여러 가지가 있는데, 이 중 대표적인 것을 〈그림 2-22〉에 나타냈다. 반송파를 펄스 부호로 변조하는 방식에 대해서는 생략하기로 한다.

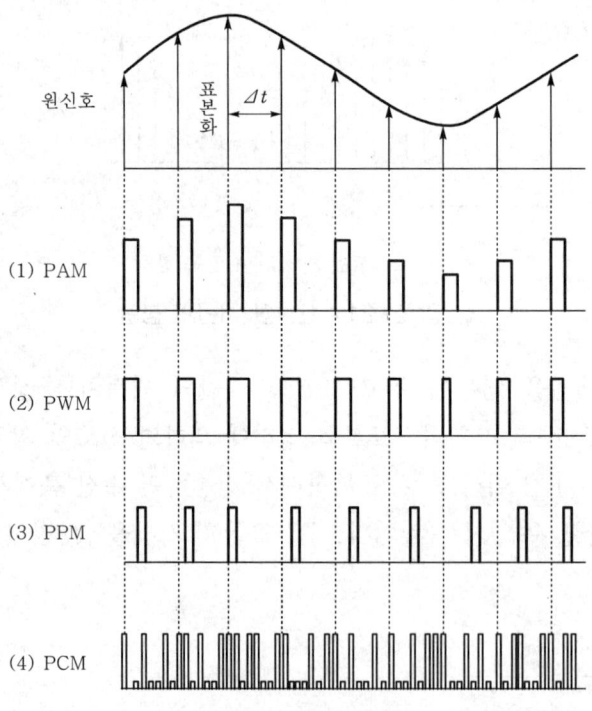

<그림 2-22> 대표적인 펄스 변조

① 펄스 진폭 변조(PAM ; Pulse Amplitude Modulation) : 신호의 진폭에 비례하여 펄스 높이를 변화시킨다.

② 펄스 폭 변조(PWM ; Pulse Width Modulation) : 신호의 진폭에 비례하여 펄스 폭을 변화시킨다.

③ 펄스 위치(위상) 변조(PPM ; Pulse Position Modulation 또는 Pulse Phase Modulation) : 신호의 진폭에 비례하여 펄스의 위치(위상)를 변화시킨다.

④ 펄스 수 변조(PNM ; Pulse Number Modulation) : 신호의 진폭에 비례하여 펄스 수를 변화시킨다.

⑤ 펄스 주파수 변조(PFM ; Pulse Frequency Modulation) : 신호의 진폭에 비례하여 펄스의 주파수를 변화시킨다.

⑥ 펄스 부호 변조(PCM ; Pulse Code Modulation) : 신호의 진폭에 대응한 부호 펄스를 출력한다.

4.5 펄스 부호 변조(PCM)

디지털 통신의 발전은 컴퓨터 기술의 IC, LSI, VLSI 등 반도체 소자의 진보와 디지털 회로 기술의 진보에 의한 요인이 크다. 디지털 통신에서 사용되는 펄스 변조에는 주로 PCM 방식이 사용된다.

[1] PCM의 원리

PCM은 〈그림 2-23〉과 같이 아날로그 신호의 레벨을 표본화 시간마다 미리 정해진 레벨에 가장 가까운 값에 근사시킨다. 이것을 **양자화**(quantization)라고 한다. 양자화 레벨에 대하여 부호(code)를 부가해 두고, 표본화 시간마다 그 부호에 상당하는 부호화 (coding) 펄스를 출력하는 것이 PCM의 원리이다.

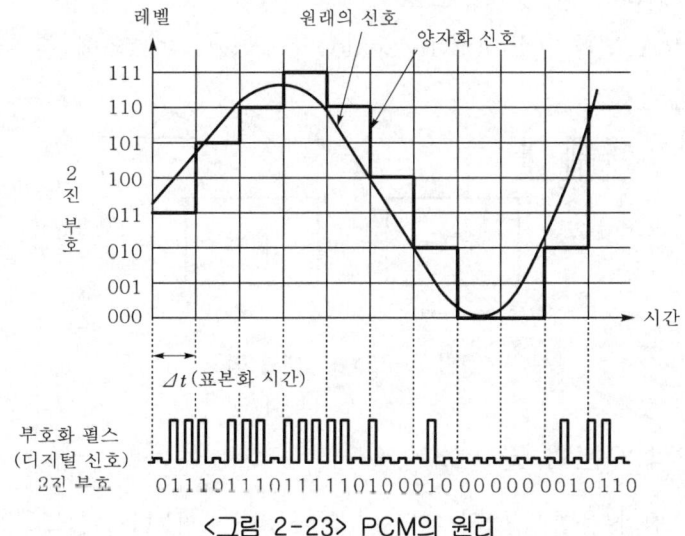

<그림 2-23> PCM의 원리

<그림 2-23>의 부호화 펄스에서는 이해하기 쉽도록 "0"의 위치를 짧은 펄스로 표현하고 있는데, 실제로는 "1"의 위치만 펄스가 출력된다.

PCM의 기본 구성은 <그림 2-24> (a)와 같지만, 실제로 부호화하는 데는 A/D 변환기(analog to digital converter)가 사용된다. A/D 변환기는 변환에 필요한 소요 시간이 필요하며 그 시간 내에 표본화된 신호 레벨이 유지(hold)되어야 하므로 그림 (b)와 같이 구성된다. 따라서 양자화와 부호화는 A/D 변환기에서 동시에 행해진다.

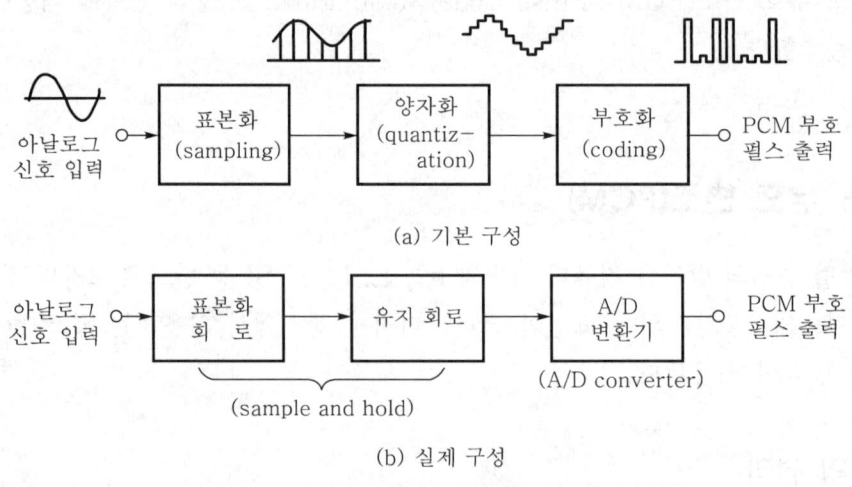

(a) 기본 구성

(b) 실제 구성

<그림 2-24> PCM의 구성

수신 측에서는 <그림 2-25>와 같이 PCM 부호화 펄스를 복호화(decoding)하여 각각의 부호에 대해 미리 정해진 전압을 발생시킴으로써 양자화 파형을 재현시킬 수 있다. 이 양자화 파형을 저역 필터(LPF : low pass filter)에 통과시키면 파형은 적분되어 매끄러운 연속 파형(원래의 신호 파형)으로 된다.

복호화는 D/A 변환기(digital to analog converter)에 의해 행해진다.

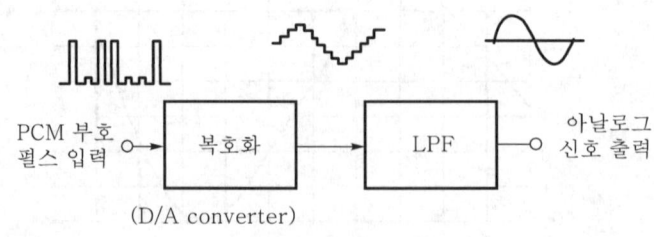

(D/A converter)

<그림 2-25> PCM의 복조

[2] 표본화 시간과 표본화 펄스

한 예로서, 전화 음성 신호의 대역은 300[Hz]~3.4[kHz]이므로 표본화 정리에 의해

표본화 주파수를 구할 경우 6.8[kHz] 이상이면 되지만 실용되는 표본화 주파수는 8[kHz]로 정해져 있다. 따라서 표본화 펄스의 수는 〈표 2-1〉과 같이 신호 주파수가 낮을수록 많아진다. 이 경우의 표본화 시간 Δt는

$$\Delta t = \frac{1}{8\,\text{kHz}} = 125\,[\mu\text{s}] \qquad (2.45)$$

로 된다. 또한 오디오용 CD(Compact Disk)와 위성 방송의 음성 신호 등과 비교한 것이 〈표 2-2〉이다.

<표 2-1> 표본화 펄스의 수

신호 주파수[Hz]	표본화 펄스[개/주기]
3.4k	2.4
3k	2.7
2k	4
1k	8
500	16
300	26.7

<표 2-2> 표본화 주파수와 시간의 비교

표본화 항목 / 용도	표본화 주파수 [kHz]	표본화 시간 [μs]
전화(300[Hz]~3.4[kHz])	8	125
CD(20[Hz]~20[kHz])	44.1	22.7
위성 방송(A모드 15[kHz])	32	31.3
위성 방송(B모드 20[kHz])	48	20.8

[3] 양자화

표본화에서는 시간적으로 신호를 추출하였지만 양자화에서는 진폭 방향에 신호를 규격화한다. 예를 들면 〈그림 2-26〉과 같이 입력 신호가 0.5[V] 이하이면 0[V], 0.5~1.5[V]이면 1[V], 1.5~2.5[V]이면 2[V]가 되도록 소수 이하를 사사 오입하여 입·출력 특성으로 한다.

이로써 연속적인 아날로그 신호는 불연속(계단 상태)적인 신호로 변환되어 부호화하는 데 알맞게 된다. 이 때, 입력 신호와 출력 양자화 신호의 차를 **양자화 오차**(quantization error)라 하는데, 이는 **양자화 잡음**(quantization noise)이라고도 한다.

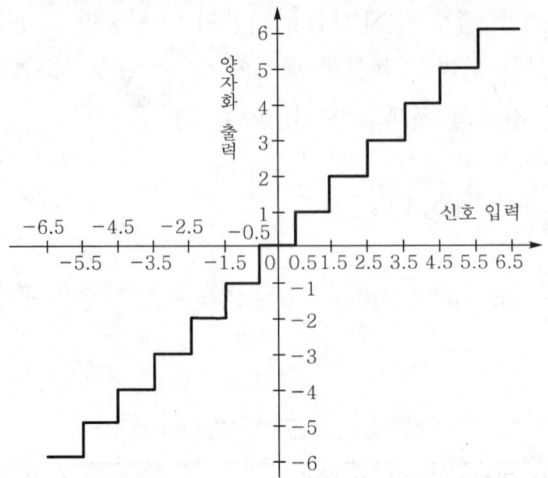

<그림 2-26> 양자화의 전달 특성

<그림 2-27>은 양자화 잡음을 추출한 것으로서, 양자화 스텝 폭(양자화 폭)을 Δ라고 할 경우 양자화 잡음의 피크는 $\pm\Delta/2$가 된다. 양자화 잡음에 대한 S/N(신호 대 잡음 전력의 비)을 구하면 다음과 같다.

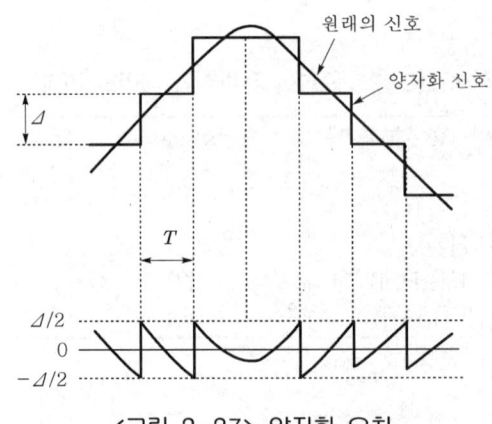

<그림 2-27> 양자화 오차

<그림 2-27>에서 양자화 잡음은 $\Delta/2$의 삼각파로 근사하여 생각할 수 있으므로 양자화 잡음의 실효치(rms) V_N은

$$V_N = \sqrt{\frac{1}{T} \int_0^T \left(\frac{\Delta/2}{T} t\right)^2 dt} = \sqrt{\frac{\Delta^2}{4T^3} \left[\frac{t^3}{3}\right]_0^T}$$

$$= \frac{\Delta}{2\sqrt{3}} \, [\text{V}] \tag{2.46}$$

가 된다. 그러므로 잡음 전력 N은 다음과 같이 된다.

$$N = kV_N{}^2 = k\frac{\varDelta^2}{12} \ [\text{W}] \ (k : 비례\ 상수) \tag{2.47}$$

한편, 진폭의 피크가 $\pm V$인 정현파의 신호 전력 S는 다음과 같다.

$$S = k\left(\frac{V}{\sqrt{2}}\right)^2 = k\frac{V^2}{2} \ [\text{W}] \tag{2.48}$$

따라서 S/N은

$$\frac{S}{N} = \frac{3}{2}\left(\frac{V}{\varDelta/2}\right)^2 = 6\left(\frac{V}{\varDelta}\right)^2 \tag{2.49}$$

로 된다. 여기서 $V/(\varDelta/2)$는 양자화 스텝 수이고, 양자화 스텝 수가 클수록(세밀하게 양자화될 수록) S/N은 향상된다. 양자화 스텝 수를 n비트로 하여 식 (2.49)의 S/N을 데시벨[dB]로 표시하면 다음과 같다.

$$\frac{S}{N} = 10 \log\left\{\frac{3}{2}(2^n)^2\right\} \fallingdotseq 6n + 1.8 \ [\text{dB}]$$

예를 들면, 8비트로 양자화한 전화에서는 $S/N \fallingdotseq 49.8[\text{dB}]$, 14비트로 양자화한 위성 방송(A모드)에서는 $S/N \fallingdotseq 85.8[\text{dB}]$, 16비트로 양자화한 위성 방송(B모드)에서는 $S/N \fallingdotseq 97.8\ [\text{dB}]$로 된다.

[4] 비직선 양자화와 압신

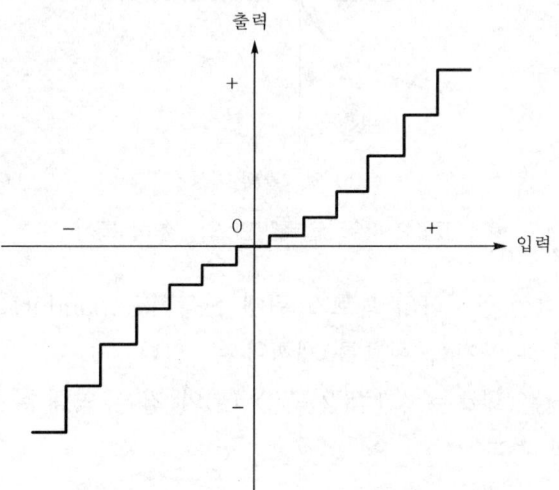

<그림 2-28> 비직선 양자화의 전달 특성

앞 항에서 설명한 바와 같이 진폭이 작은(소진폭) 음성 신호 등을 균일한 간격으로 양자화(**직선 양자화**라 함)하면 평균 진폭은 작아지고 S/N은 저하된다.

그러나 〈그림 2-28〉과 같이 대진폭에 대하여 소진폭에서는 상대적으로 양자화 스텝 수를 증가시켜 세밀하게 양자화하는 것을 **비직선 양자화**(nonlinear quantization)라고 한다. 이와 같이 비직선 양자화를 하면 모든 레벨의 신호에서도 거의 일정한 S/N을 얻을 수 있다.

이러한 방법은 입력 신호를 **압축기**(compressor)에 통과시킨 후에 균일 양자화를 하면 실질적으로는 비직선 양자화를 한 것으로 간주한다.

압축기로 사용되는 회로는 〈그림 2-29〉 (a)와 같은 대수 증폭기이며, 그 입·출력 특성은 그림 (b)와 같다.

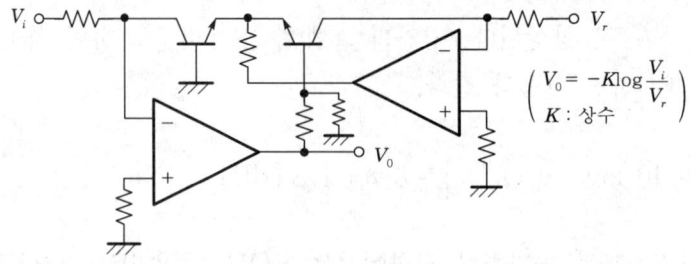

$$\left(\begin{array}{l} V_0 = -K \log \dfrac{V_i}{V_r} \\ K : 상수 \end{array} \right)$$

(a) 압축기(대수 증폭기)

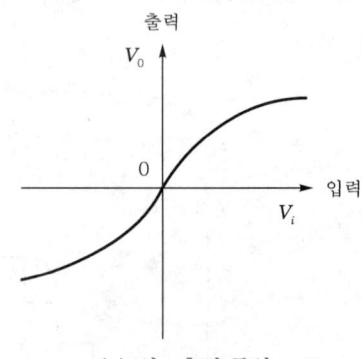

(b) 입·출력 특성

〈그림 2-29〉 압축기와 입·출력 특성

수신 측에서는 직선 양자화의 복호기 뒤에 **신장기**(expandor)를 넣어 압축된 신호를 신장시킴으로써 원래의 양자화 신호를 재현할 수 있다.

신장기로 사용되는 회로는 〈그림 2-30〉 (a)와 같은 역대수 증폭기이며, 그 입·출력 특성은 그림 (b)와 같다.

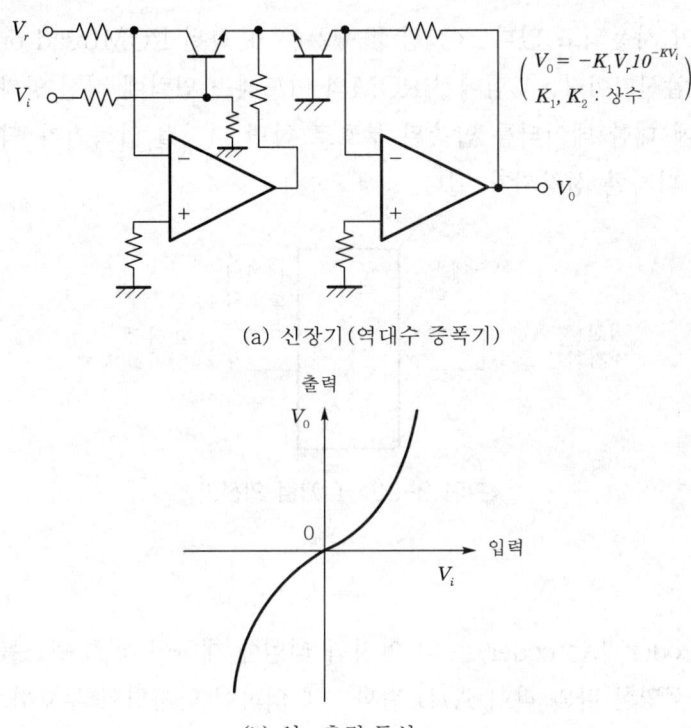

(a) 신장기(역대수 증폭기)

$$\left(\begin{array}{l} V_0 = -K_1 V_r 10^{-KV_i} \\ K_1, K_2 : \text{상수} \end{array} \right)$$

(b) 입·출력 특성

<그림 2-30> 신장기와 입·출력 특성

이와 같은 압축기와 신장기를 합하여 **압신기**(compandor)라 한다. 이들은 IC화되어 있으며, dB(decibel))에 대하여 직선적인 압신기로 하려면 〈그림 2-31〉과 같이 구성하면 된다.

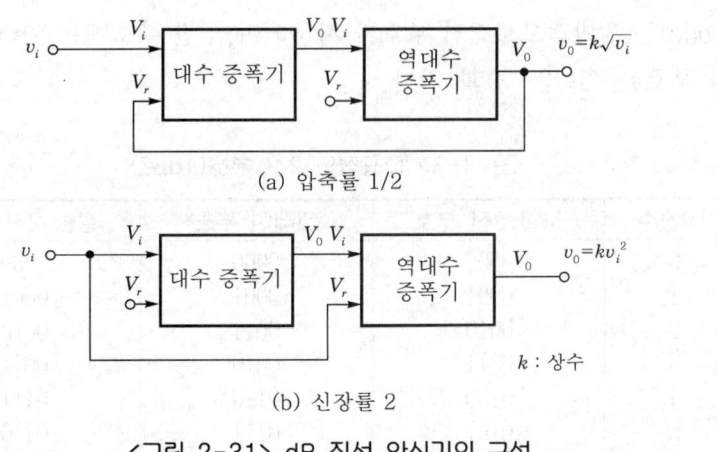

(a) 압축률 1/2

(b) 신장률 2

<그림 2-31> dB 직선 압신기의 구성

이러한 아날로그 압신기는 조정이 곤란하고, 온도 변화에 민감하여 입·출력 특성의 대칭성을 유지하기 어렵기 때문에 최근에는 부호기, 복호기에 비직선 특성을 갖는 디지털

압신기가 많이 사용되고 있다. 〈그림 2-32〉는 IC화된 ROM(read only memory)을 이용한 디지털 압신기이다. 그림에서 ROM의 어드레스 입력에 직선 양자화 부호를 가하고, 그 어드레스에 대한 데이터를 압축된 부호로 하면 디지털 압축기가 되고, 반대로 신장된 부호로 하면 디지털 신장기가 된다.

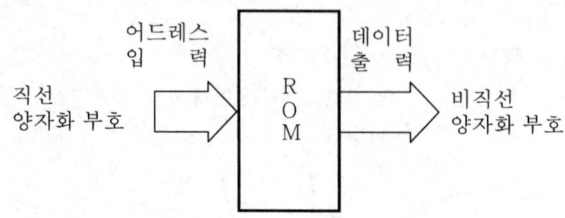

<그림 2-32> 디지털 압신기

[5] 부호기

부호기(encoder 또는 coder)는 각 양자화 레벨에 대하여 부호 펄스를 출력하지만, 실제로는 앞에서 설명한 바와 같이 A/D 변환기에 의하여 양자화와 부호화가 동시에 행하여진다. A/D 변환기에는 직렬형 A/D 변환기와 병렬형 A/D 변환기의 두 방식이 있지만, 디지털 통신에서는 직렬 부호 펄스가 사용되기 때문에 병렬형 A/D 변환기를 사용하는 경우에는 병·직렬 변환 회로를 부가해야만 한다. 여기서는 먼저 부호의 종류를 간단히 알아보고, 병렬형 A/D 변환기와 축차 비교형 A/D 변환기만 살펴보기로 한다.

(1) 부호의 종류

부호(code)는 일반적으로 2진 부호가 사용되며, 2진 부호에는 여러 가지가 있지만 대표적인 2진 부호는 〈표 2-3〉과 같다.

<표 2-3> 대표적인 2진 부호(4비트)

10진수	자연 2진 부호	그레이 부호	절반 2진 부호
0	0000	0000	0000
1	0001	0001	0001
2	0010	0011	0010
3	0011	0010	0011
4	0100	0110	0111
5	0101	0111	0110
6	0110	0101	0101
7	0111	0100	0100
8	1000	1100	0011
9	1001	1101	0010

자연 2진 부호(natural binary code)는 8421 부호(BCD 부호)로서 10진수 1자리를 2진수 4자리로 표시하여 컴퓨터 등에 널리 사용되며, 절반 2진 부호(folded binary code)는 3과 4의 상하에서 절반된 부호로 되어 사용된다.

그레이 부호(gray code)는 반전 2진 부호 또는 교번 2진 부호라고도 하며, 앞뒤의 비트가 반드시 1비트만 변화하도록 되어 있기 때문에 비트 오류가 있어도 그 변화에는 크지 않다는 장점이 있으므로, 입·출력 장치, A/D 변환기, 기타 주변 장치용 부호로 많이 사용되는데 특히 PCM 전송계의 부호로도 많이 사용되고 있다.

〈그림 2-33〉은 2진 부호와 그레이 부호의 상호 변환 방법을 나타낸 것이다. 그레이 부호로 변환하기 위해서는 그림 (a)와 같이 인접된 비트끼리 배타적 논리합 EX-OR (exclusive-OR)를 취하면 된다. 또한 2진 부호로 변환하는 데는 그림 (b)와 같이 상위에서 하위로 최초의 1이 있는 곳까지는 그대로 하고, 다음의 1은 0, 그 다음의 1은 1이 되도록 1이 있을 때마다 0과 1을 교대로 붙인다. 그리고 0은 그 앞의 변환 비트를 그대로 계속하도록 하면 된다.

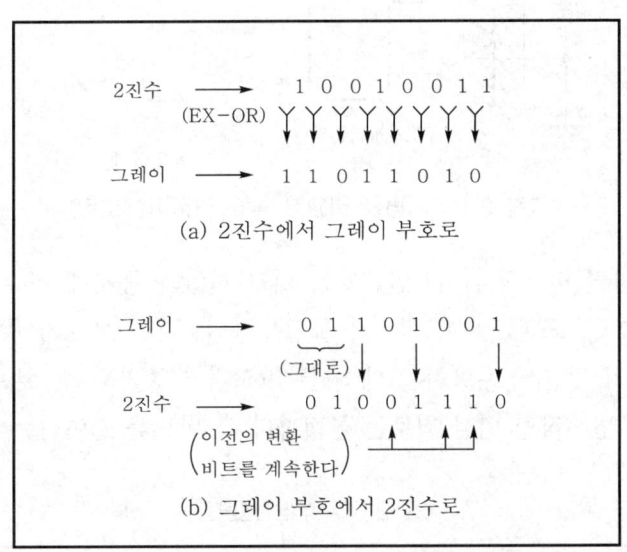

〈그림 2-33〉 2진/그레이 부호의 상호 변환 방법

(2) 병렬 비교형 A/D 변환기

〈그림 2-34〉는 병렬 비교형 A/D 변환기의 한 예를 나타낸 것이다. 그림은 8개의 양자화 스텝 수를 갖는 3비트 A/D 변환기이기 때문에 비교기(comparator)는 7개($C_0 \sim C_6$)로 구성되는데, 각 비교기에는 비교 전압(V_{ref})을 분압하여 인가되도록 하고, 입력 신호의 레벨이 각 비교기에 분압되어 있는 전압보다 큰 경우에는 비교기의 출력 부호가 "1"이 되

도록 한다. 이에 따라 최대 입력일 때는 비교기 출력이 모두 "1"로 되며, 입력이 없을 때는 "0"으로 된다. 이 출력은 부호 변환 회로를 통해서 〈표 2-4〉와 같이 2진 부호로 변환된다.

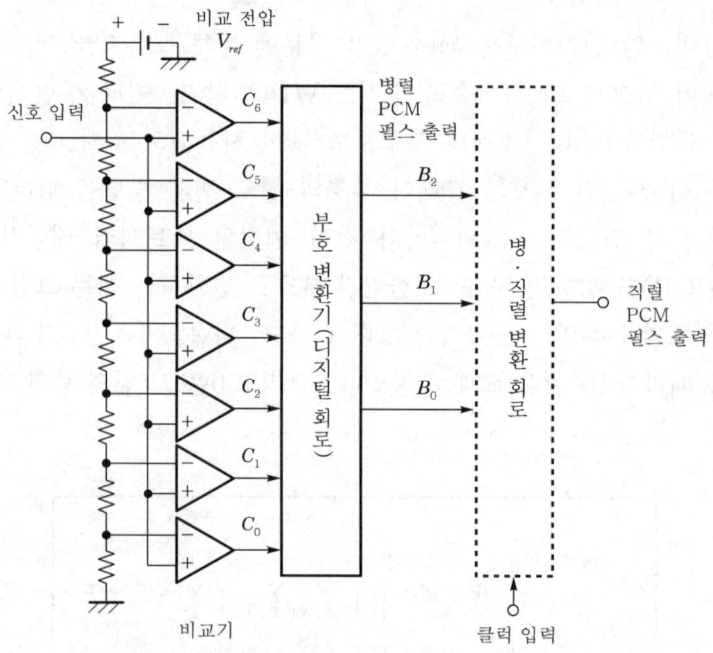

〈그림 2-34〉 병렬 비교형 A/D 변환기(3비트)

일반적으로 병렬 비교형 A/D 변환기는 비교 전압과 동시에 비교되므로 완전한 부호어를 생성할 수 있고, 표본·유지 회로가 불필요하며, 다른 부호기에 비해 고속으로 동작이 되지만 비트 수가 많은 경우에는 그에 따른 비교기가 증가되고, 부호 변환의 디지털 회로가 복잡해진다. 병·직렬 변환 회로는 클럭마다 각 비트를 출력하는 시프트 레지스터이다.

〈표 2-4〉 부호 변환표

입 력	비교기 출력							2진 부호		
	C_6	C_5	C_4	C_3	C_2	C_1	C_0	B_2	B_1	B_0
소	0	0	0	0	0	0	0	0	0	0
↑	0	0	0	0	0	0	1	0	0	1
	0	0	0	0	0	1	1	0	1	0
	0	0	0	0	1	1	1	0	1	1
	0	0	0	1	1	1	1	1	0	0
	0	0	1	1	1	1	1	1	0	1
↓	0	1	1	1	1	1	1	1	1	0
대	1	1	1	1	1	1	1	1	1	1

(3) 축차 비교형 A/D 변환기

축차 비교형 부호기(sequential-comparison coder)는 부호의 각 자리에 대한 하중(weight)을 차례로 바꾸어 입력 신호와 비교하고, 그 대소에 따라 "1", "0"의 부호 펄스를 출력하는 것으로서 **귀환형 부호기**(feedback coder)라고도 한다. 또한 축차 비교형 부호기는 직렬 부호 출력을 얻을 수 있을 뿐만 아니라 그 동작이 비교적 빠르고 정확하기 때문에 가장 많이 사용되고 있으며 IC화되어 있다.

〈그림 2-35〉 (a)는 축차 비교 A/D 변환기(8비트)의 구성도로서 256(0~255)개의 양자화 스텝 수를 갖는 부호기이다. 이 회로의 동작은 그림 (b)의 타이밍도에 나타낸 바와 같이 디지트 펄스의 선두 T_1에 의하여 입력 아날로그 신호를 표본화(sampling)하고 그 표본값을 유지(holding)한다. 동시에 플립플롭(flip-flop) FF_1만을 세트(set)하고 다른 FF는 리셋(reset)한다. 각 FF의 출력은 점선으로 나타낸 바와 같이 각 스위치를 세트할 때는 ON, 리셋할 때는 OFF시키도록 동작한다. 실제의 스위치는 트랜지스터나 FET 등의 전자 스위치(아날로그 스위치)로 구성된다.

이러한 스위치가 ON일 때는 각 비트의 하중에 상당하는 전류가 흐르게 된다. 그림에서는 제일 아래쪽이 2^0, 제일 위쪽이 2^7에 상당하는 전류가 흐르도록 각 저항을 선택하였으며, 이들의 전류 합은 I_2이다.

한편, 유지된 입력 신호에 비례한 전류 I_1과 I_2는 방향이 반대이므로 $I_1 > I_2$일 때는 비교기 출력이 "0", 반대일 때는 "1"로 된다. 비교기 출력이 "0"일 경우 다음 단의 NOT 게이트의 출력은 "1"로 되어 클럭 펄스를 출력한다. 즉, AND 게이트의 출력은 "1"로 된다. 그리고 비교기 출력이 "1"일 경우 다음 단의 NOT 게이트의 출력은 "0"이 되므로 출력 펄스는 나타나지 않는다. 즉, AND 게이트의 출력은 0이 된다.

지금 유지(holding) 값이 147에 상당하는 진폭이라면 우선 FF_1이 세트되어 SW_1이 ON되므로 128과 비교된다. 147>128, 즉 $I_1 > I_2$이므로 비교기 출력은 "0"이 되고 NOT 게이트 출력은 "1"로 되어 클럭 펄스가 통과한다. 즉, MSB(최상위 자리 ; most significant bit)의 출력 펄스가 된다. 또한 비교기 출력은 각 FF의 리셋 게이트로 귀환되기 때문에 다음의 T_2가 입력되어도 FF_1은 리셋되지 않고 FF_2가 세트되어 SW_1은 ON 상태를 계속 유지한다. 다음에는 128+64=192와 비교한다. 이것은 $I_2 > I_1 (192 > 147)$이므로 비교기 출력은 "1"로 되어 출력 펄스는 나타나지 않는다. 비교기에서 귀환된 "1"과 T_3의 펄스가 FF_2의 리셋 입력이 되어 SW_2는 원래의 상태로 되돌아간다.

같은 방법으로 T_3에서는 128+32=160, T_4에서는 128+16=144, T_5에서는 128+16+8=152, T_6에서는 128+16+4=148, T_7에서는 128+16+2=146, T_8에서는 128+16+2+1=147과 비교하여 147보다 크거나 같은 경우에는 출력 펄스가 나타나고, 작은 경우에는 출력 펄스가 나타나지 않게 되므로 출력 펄스는 10010011로 된다.

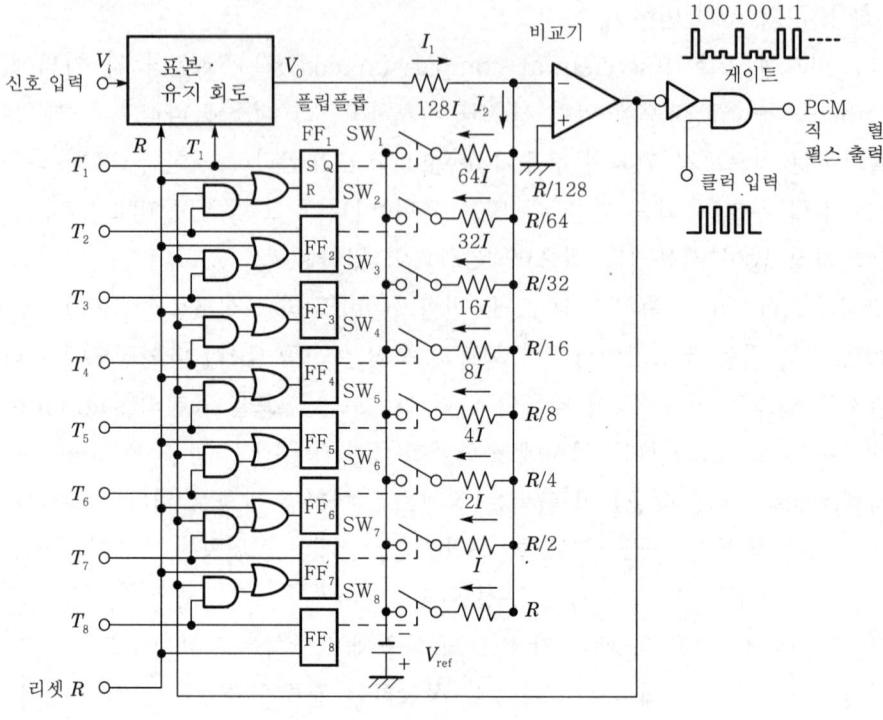

(a) 기본 회로(8비트)

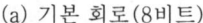

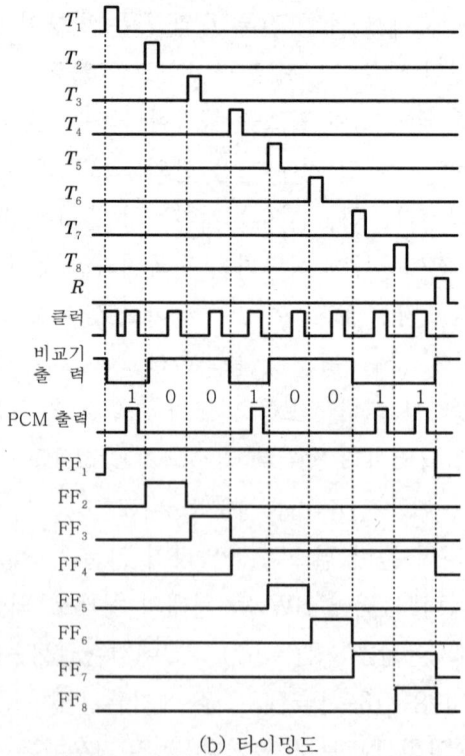

(b) 타이밍도

〈그림 2-35〉 축차 비교형 A/D 변환기

〈그림 2-36〉은 표본·유지 회로이다. 보통 SW(아날로그 스위치)가 ON되어 있으므로 유지 콘덴서(hold condensor) C는 입력 신호에 따라서 충·방전을 한다. A/D 변환 개시의 T_1 펄스에 의하여 $\overline{EOC}$ 신호가 출력되어 SW를 OFF시키고, 그 시점의 신호는 C에 유지되어 출력된다. $\overline{EOC}$ 신호는 A/D 변환 종료의 R펄스에 의하여 원래의 상태로 되돌아가고 SW는 다시 ON 상태로 된다.

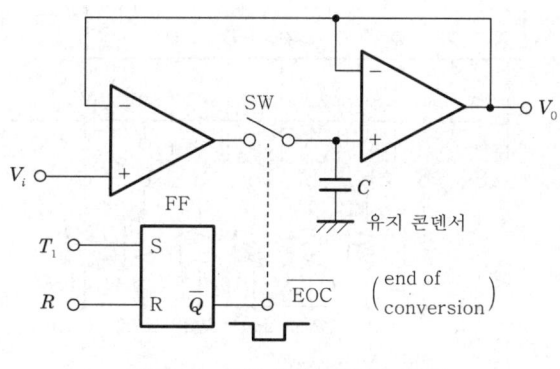

〈그림 2-36〉 표본·유지 회로

[6] 복호기

복호기(decoder)는 D/A 변환기로, 입력 부호에 대응하는 전압을 발생시킴으로써 양자화 파형을 얻는 회로이다. 복호기에는 하중 저항 전류 가산형, 전류(전압) 공급 사다리형 (R·2R 저항 래더 방식이라고도 한다) 등이 있으며, 부호기와 마찬가지로 IC화되어 있다. 여기서는 하중 R을 이용한 D/A 변환기라고도 하는 하중 저항 전류 가산형 복호기에 대해서만 살펴보기로 한다.

〈그림 2-37〉은 하중 저항 전류 가산형 D/A 변환기의 회로도이다. 직렬로 입력된 PCM 부호 펄스를 시프트 레지스터에 입력하고, 8비트 분이 입력된 시점에서 래치 회로 (flip-flop)에 의해 기억된다. 즉, 직·병렬 변환이 행해진다. 래치 출력은 그림과 같이 각 비트의 하중에 상당하는 전류 회로의 스위치를 "1"일 때는 ON, "0"일 때는 OFF시킨다. 이 스위치는 부호기에서 사용한 것과 마찬가지로 전자 스위치이다.

입력 펄스가 10010011인 경우에는 SW_1, SW_4, SW_7, SW_8이 ON되므로 128+16+2+1=147에 상당하는 전류가 증폭기에 입력되어 출력 전압이 얻어진다.

차례로 입력되는 PCM 부호에 의해 송신 측과 같은 양자화 파형으로 복호화된다. 이 파형은 LPF(저역 필터)를 통과함으로써 적분되어 원래의 아날로그 신호 파형으로 재현시킬 수 있다. 앞 항이 부호기와 복호기를 합해서 코덱(CODEC ; coder & decoder)이라고 부른다.

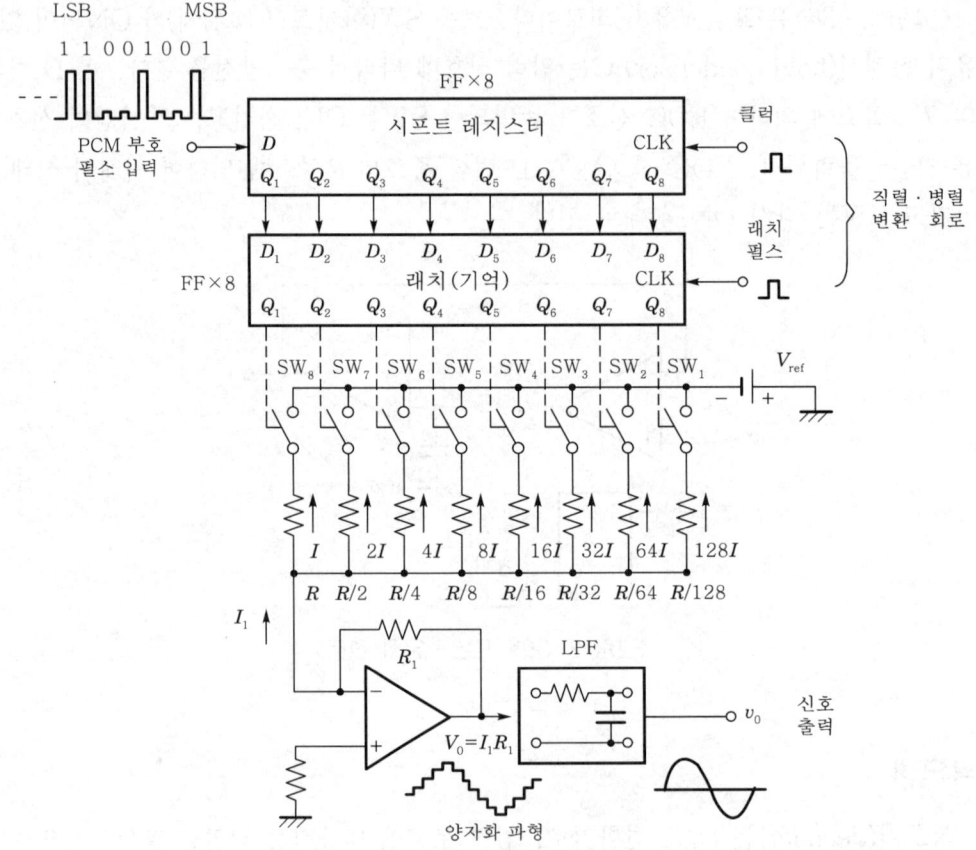

<그림 2-37> 하중 저항 전류 가산형 D/A 변환기

4.6 고효율 PCM 방식

[1] 차분 PCM(DPCM)

일반적인 PCM 방식은 <그림 2-38> (a)와 같이 입력 신호의 레벨 값을 그대로 부호화 하는 A/D 변환기이다. 즉, 신호의 최대 진폭을 최대 비트로 할당하는 것이다. 이러한 방식에서는 표본화할 때에 입력 신호를 절대 레벨로 하여 직접 부호화하기 때문에 응답 특성은 양호하지만, 신호가 음성과 같은 경우에는 평균적인 진폭 레벨은 최대 레벨보다 매우 낮기 때문에 효율이 떨어진다.

그러나 그림 (b)와 같이 앞의 표본화 레벨과 뒤의 표본화 레벨의 차에 해당되는 레벨을 부호화하면 절대 레벨을 부호화하는 것보다 비트 수가 작아지므로 효율이 좋아진다. 이와 같은 방식을 **차분 PCM**(DPCM ; differential PCM)이라고 한다.

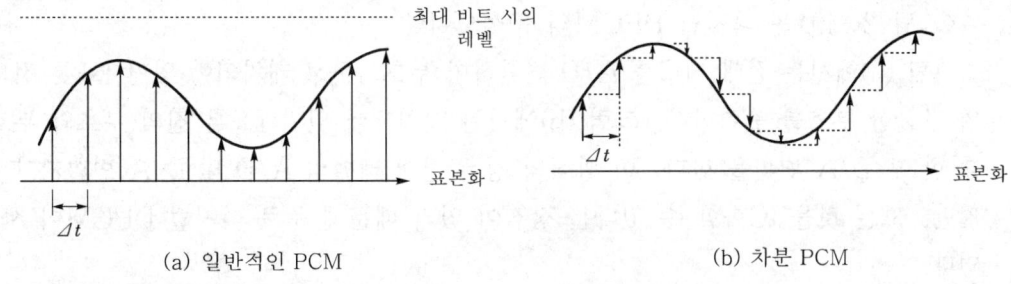

(a) 일반적인 PCM   (b) 차분 PCM

<그림 2-38> 일반적인 PCM과 차분 PCM

예를 들면 300[Hz]~3.4[kHz]인 음성 신호를 보통 8[kHz]로 표본화하고, 최대 8비트(2^8=256 스텝)의 분해능으로 부호화하면, 비트율(bit rate : 1초당 비트 수)은 일반적인 PCM에서는 8×8k=64[kbps], 차분 PCM에서는 일반 PCM의 1/2~1/4(6~7비트)로 가능하므로 48~56[kbps]이 되어 1~2비트 압축 효과가 있다.

<그림 2-39>는 아날로그 DPCM의 구성도를 나타낸 것으로서 그림 (a)는 1표본 전의 신호를 적분하여 유지시킨 채, 입력 신호와의 차를 부호화한다.

그림 (b)는 DPCM을 복조하여 1표본 전까지 적분한 복조 출력과 가산되므로 절대 레벨의 출력이 실행된다. 이와 같은 1표본 전까지의 적분기는 표본할 때의 예측치가 되므로 **예측기**라고 부른다.

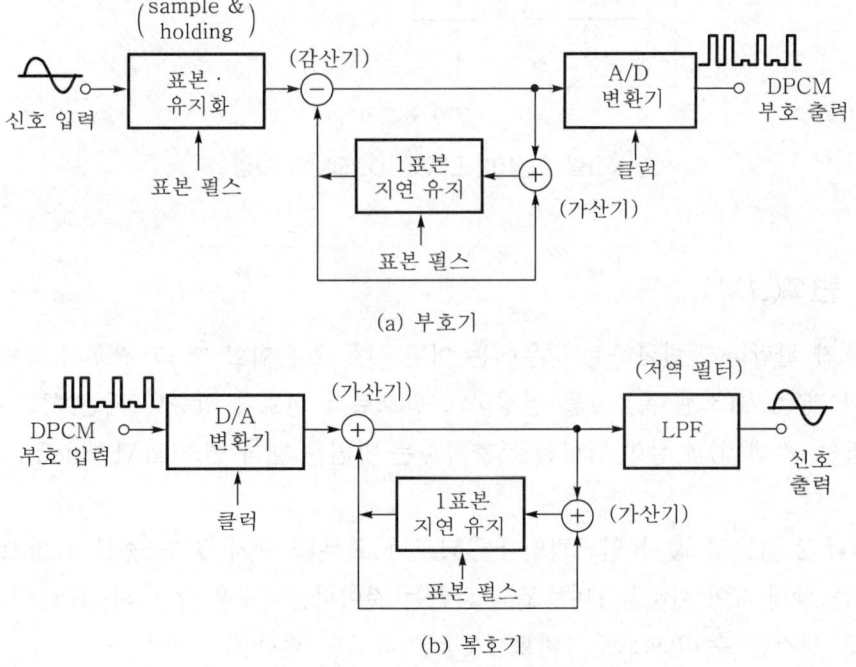

(a) 부호기

(b) 복호기

<그림 2-39> 아날로그 DPCM의 구성

〈그림 2-40〉은 디지털 DPCM의 구성도이다.

그림 (a)에서는 절대 레벨를 A/D 변환하여 부호화하고 래치되어 있던 1표본 전의 부호와 감산한 부호를 출력한다. 그림 (b)에서는 래치되어 있던 1표본 전의 부호와 부호 가산를 한 후 D/A 변환을 한다. 이 방식의 경우 절대 레벨의 A/D 및 D/A 변환기가 필요하지만, 모든 것을 IC화할 수 있다는 장점이 있기 때문에 주로 디지털 DPCM이 사용되고 있다.

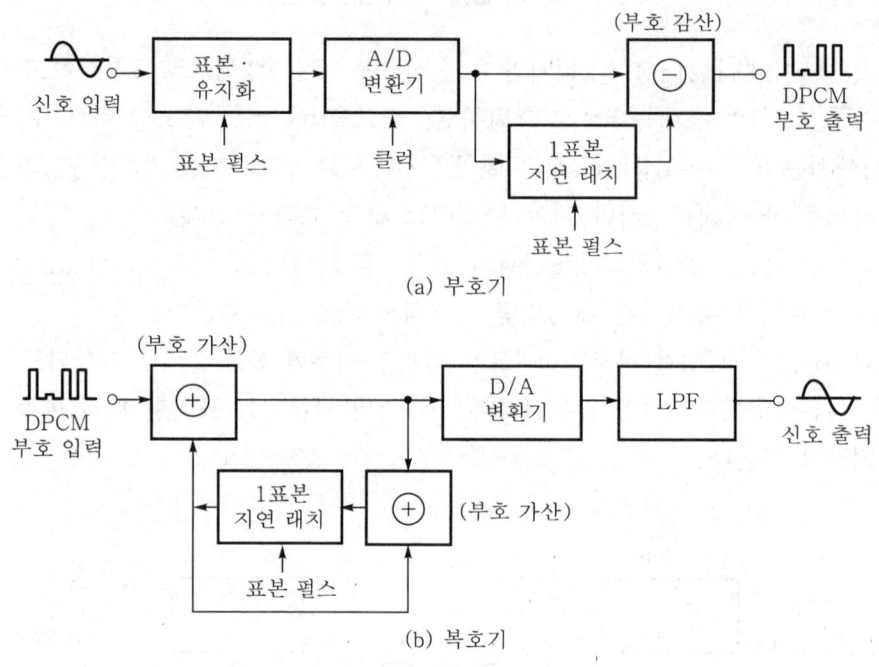

<그림 2-40> 디지털 DPCM의 구성

[2] 델타 변조(ΔM)

신호가 완만하게 변화하는 경우에는 어떤 것을 표본화할 때 그 전후의 레벨 차는 작다. 이러한 레벨 차(스텝 폭) Δ를 일정하게 함으로써 신호가 상승할 때는 "1", 하강할 때는 "0"(또는 그 반대)과 같이 방향을 부호화하는 방법을 **델타 변조**(ΔM ; delta modulation)라고 한다.

〈그림 2-41〉과 같이 일반적인 PCM보다 표본화 주기 T를 충분히 짧게 하고, 스텝 폭 Δ를 작게 하여 이것을 1비트로 변환하는 것이다. 이것은 앞 항의 DPCM을 1비트화한 것으로 생각할 수 있으므로 1비트 PCM이라고도 한다.

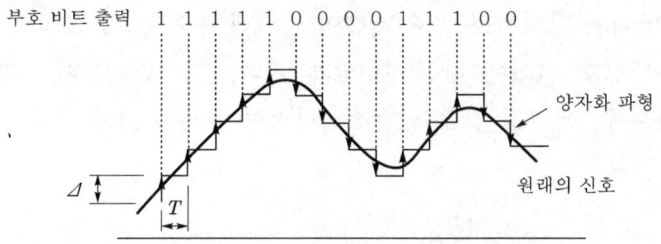

부호 비트 출력 1 1 1 1 1 0 0 0 0 1 1 1 0 0

양자화 파형

원래의 신호

$\varDelta$

T

<그림 2-41> 델타 변조 방식

　<그림 2-42>는 델타 변조 방식의 부호기, 복호기의 구성도이다. 그림 (a)에서는 입력 신호를 표본·유지한 레벨에서 1표본 전까지 $\pm\varDelta$폭을 적분한 레벨을 감산기에서 빼고, 그 차가 $\varDelta$폭보다 큰 경우는 "1", 작은 경우는 "0"의 부호를 출력한다. 적분기는 부호 "1", "0"에 대응하여 $+\varDelta$, $-\varDelta$폭을 적분한다. 그림 (b)에서는 그림 (a)의 적분기와 마찬가지로 $\varDelta M$의 부호 입력에 대응하여 $\pm\varDelta$폭을 적분하는 것만으로 신호 출력을 얻을 수 있다.

　이상과 같이 델타 변조 방식은 다른 방식에 비하여 매우 간단한 회로로 구성할 수 있다는 장점이 있다.

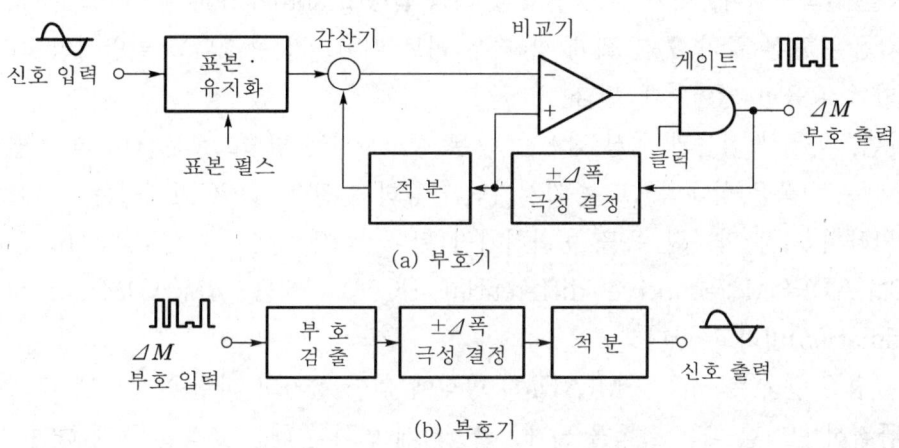

신호 입력

표본·유지화

표본 펄스

감산기

비교기

게이트

$\varDelta M$ 부호 출력

적분

$\pm\varDelta$폭 극성 결정

클럭

(a) 부호기

$\varDelta M$ 부호 입력

부호 검출

$\pm\varDelta$폭 극성 결정

적분

신호 출력

(b) 복호기

<그림 2-42> 델타 변조 방식의 구성

[3] 적응 차분 PCM(ADPCM)과 적응 $\varDelta M$(ADM)

　이미 설명한 바와 같이 DPCM 방식은 일반적인 PCM 방식에 비하여 비트 압축 효과가 있기 때문에 비트 레이트(bit rate ; 부호화 속도)가 작아도 동등한 통신의 품질을 얻을 수 있다는 장점이 있는 반면, 신호 레벨이 급격히 크게 변화되는 경우에는 충분한 응답을 얻을 수 없다는 단점이 있다.

또한 ΔM 방식에 대해서는 신호 레벨이 급격히 변화하고, Δ폭이 작은 경우에는 〈그림 2-43〉과 같이 신호 변화에 따를 수 없게 된다. 이러한 오차를 **과부하 잡음**(overload noise)이라 하는데, 과부하 잡음을 감소시키려면 Δ폭을 크게 하든가, 표본 주기 T를 짧게 하면 된다.

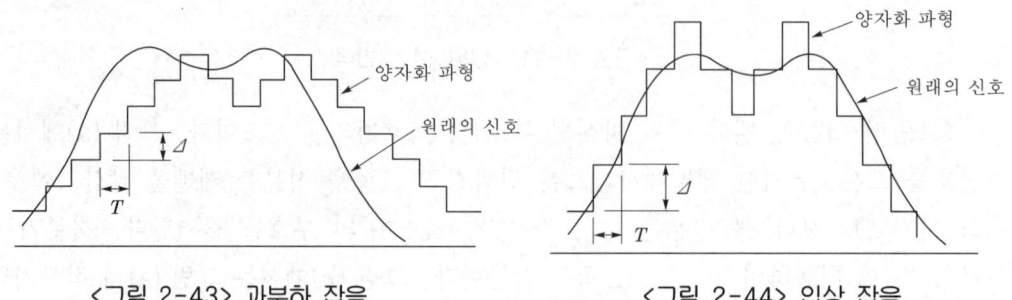

〈그림 2-43〉 과부하 잡음   〈그림 2-44〉 입상 잡음

〈그림 2-44〉는 Δ폭을 크게 한 경우로서 〈그림 2-43〉과 비교하면 응답 특성이 개선 (즉, 과부하 잡음이 감소)된 것을 알 수 있다. 그러나 그림과 같이 凹凸 부분이 크게 되어 잡음이 발생하게 된다. 이 잡음은 신호 레벨이 낮은 경우에 상대적으로 그 영향이 커져 S/N을 열화시킨다. 이와 같은 잡음을 **입상 잡음**(granular noise)이라고 한다. 그러나 입 상 잡음은 표본 주기 T를 짧게 할 경우 비트 레이트가 증가되고 일반적인 PCM과 차이 가 없어 효율이 떨어지게 된다.

한편, 과부하 잡음과 입상 잡음을 모두 감소시키는 방법으로는 신호의 레벨 변화가 큰 경우에는 Δ폭을 상대적으로 증가시키면 가능하게 된다. DPCM에서는 각 비트의 하중치 에 의하여 기준 양자화 폭을 변화시키면 된다. 이와 같은 DPCM과 ΔM을 각각 **적응 DPCM**(ADPCM ; adaptive differential PCM), **적응 ΔM**(ADM ; adaptive delta modulation)이라고 한다.

〈그림 2-45〉는 적응 ΔM(ADM) 방식에 의한 양자화 파형을 나타낸 것으로서, 신호 가 급격히 변화할 때는 Δ폭을 넓게, 완만하게 변화할 때는 Δ폭을 좁게 하여 원래의 신호 를 추적하고 있다.

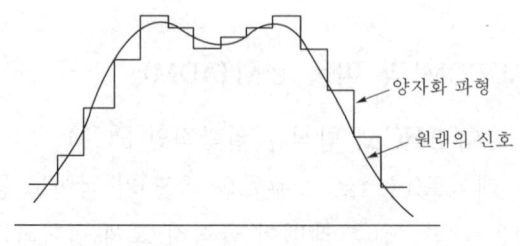

〈그림 2-45〉 ADM 방식

4.7 펄스 부호의 형식

〈표 2-5〉는 대표적인 펄스 부호의 형식을 나타낸 것으로, 신호를 펄스화하는 베이스밴드(baseband) 영역에서는 직류분이 적은 것이 적합하고, 반송파를 펄스화하는 무선주파수 영역에서는 고조파 함유율이 적은 것이 적합하다. 이밖에 NRZ와 RZ 부호의 형식을 조합시킨 것으로서 DMI(Differential Mode Inversion) 부호, CMI(Coded Mark Inversion) 부호, SP(Split Phase) 부호 등이 있다.

이들 부호는 직류분이 없는 (작은)부호이며 "0"의 부호가 계속되어도 타이밍을 취하기 쉽다.

이 부호들을 총칭하여 **바이페이즈**(biphase) **부호**라고도 하는데, 이 중 SP 부호는 유럽에서 **맨체스터**(manchestor) **부호** 또는 **다이펄스**(dipulse) **부호**라고도 한다.

<표 2-5> 펄스 부호의 형식과 특징

부호 형식		파 형	직류분	특 징
NRZ (non-return to zero)	유니폴러 (단극 : unipolar)	0 1 0 1 1 0 1	있음	펄스 폭은 펄스 간격(타임 슬롯)과 같고, RZ 형식보다 고조파 성분이 작기 때문에 반송파 펄스 변조에 적당하다.
	바이폴러 (양극 : bipolar)	0 1 0 1 1 0 1	없음	
RZ (return to zero)	유니폴러	0 1 0 1 1 0 1	있음 [NRZ] 보다 작다	펄스 폭은 타임 슬롯보다 좁고 반드시 0전위로 되돌아간다. 바이폴러 방식은 "0"에서도 펄스가 출력되므로 동기를 취하는 것이 쉽다.
	바이폴러	0 1 0 1 1 0 1	없음	
	AMI (alternate mark inversion)	0 1 0 1 1 0 1	없음	"1"을 교대로 극성을 바꾸는 방식으로 저주파 성분이나 직류분이 거의 없다. 베이스 밴드 전송에 적합하다. 일반적으로 이 방식을 바이폴러 부호라고도 한다.

〈표 2-6〉에 바이페이즈 부호의 기본 펄스 파형과 특징을 나타냈다.

<표 2-6> 바이페이즈 부호의 형식과 특징

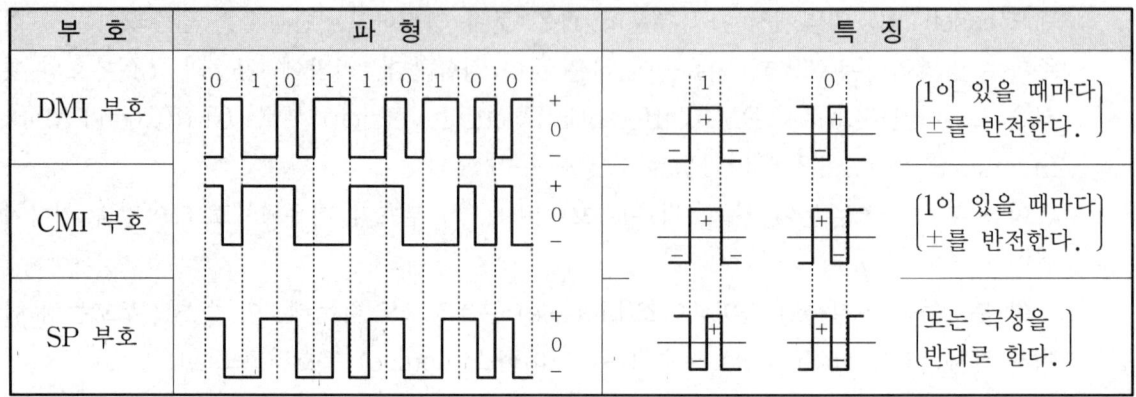

디지털 IC 회로에서는 가장 간단한 NRZ의 단극(unipolar)형 펄스의 취급이 용이하기 때문에 바이페이즈와 NRZ와의 변환도 널리 실행된다.

〈그림 2-46〉의 (a)는 NRZ에서 SP부호로, 그림 (b)는 그 반대로 변환하는 회로이며 배타적 논리합(EX-OR)만으로 간단히 구성할 수 있다.

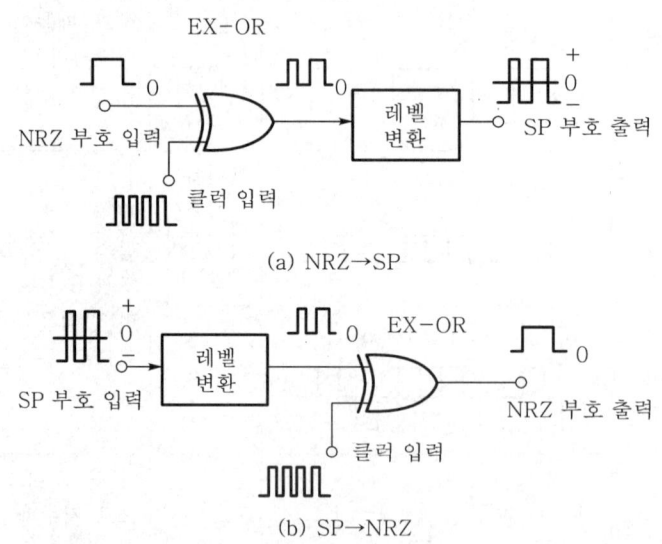

(a) NRZ→SP

(b) SP→NRZ

<그림 2-46> NRZ와 SP 부호의 상호 변환

5 전파 형식의 표시법

　무선국에서 발사되는 전파 형식은 주반송파의 변조 형식과 변조할 신호의 성질 및 전송 정보의 형식으로, 〈표 2-7〉, 〈표 2-8〉 및 〈표 2-9〉와 같이 분류하고 종합적으로 3종류의 기호로 표시하고 있다. 일반적으로 전파 형식의 표시 등에 대해서는 전파법 시행령에 규정되어 있다.

〈표 2-7〉 주반송파의 변조 형식

변　조　형　식	기　호
1. 무변조	N
2. 진폭 변조(부반송파가 각도 변조되는 경우도 포함한다)	
(1) 양측파대	A
(2) 전 반송파에 의한 단측파대	H
(3) 저감 반송파에 의한 단측파대	R
(4) 억압 반송파에 의한 단측파대	J
(5) 독립 측파대	B
(6) 잔류 측파대	C
3. 각도 변조	
(1) 주파수 변조	F
(2) 위상 변조	G
4. 동시에 또는 일정한 순서로 진폭 변조와 각도 변조를 행한 것	D
5. 펄스 변조	
(1) 무변조 펄스 열	P
(2) 변조 펄스 열	
㉮ 진폭 변조	K
㉯ 폭 변조 또는 시간 변조	L
㉰ 위치 변조 또는 위상 변조	M
㉱ 펄스 기간중에 반송파를 각도 변조한 것	Q
㉲ 위 펄스 변조의 조합 또는 다른 방법에 의한 것	V
6. 위에 해당되지 않는 것으로서 동시에 또는 일정한 순서로 진폭, 각도, 펄스 변조 중 2 이상을 조합시켜 행하는 것	W
7. 기타	X

<표 2-8> 주반송파를 변조시키는 신호의 성질

변조시키는 신호의 성질	기 호
1. 무변조 신호	0
2. 디지털 신호인 단일 채널	
(1) 변조를 위한 부반송파를 사용하지 않는 것	1
(2) 변조를 위한 부반송파를 사용하는 것	2
3. 아날로그 신호인 단일 채널	3
4. 디지털 신호인 2 이상의 채널	7
5. 아날로그 신호인 2 이상의 채널	8
6. 디지털 신호를 포함하는 1 이상의 채널에 아날로그 신호를 포함하는 1 이상의 채널과의 조합	9
7. 기타	X

<표 2-9> 전송 정보의 형식

정보의 형식	기 호
1. 무정보	N
2. 전신	
(1) 가청 수신용	A
(2) 자동 수신용	B
3. 팩시밀리	C
4. 데이터 전송, 원격 측정 또는 원격 지령	D
5. 전화(음향 방송을 포함한다)	E
6. 텔레비전(영상에 한한다)	F
7. 위 형식의 조합	W
8. 기타	X

모든 전파는 〈표 2-7〉, 〈표 2-8〉, 〈표 2-9〉와 같이 3종류의 기호로 조합하여 표시되는데, 그 대표적인 예는 다음과 같다.

① 반송파를 수동으로 키잉하는 전신 ·· A1A

② 반송파를 자동으로 키잉하는 전신 ·· A1B

③ 톤 신호를 수동으로 키잉하여 AM하는 전신 ································· A2A

④ 중파 방송 등, AM(DSB)에 의한 음성의 송신 ······························· A3E

⑤ FM 방송 등, FM에 의한 음성의 송신 ·· F3E

⑥ 억압 반송파의 SSB에 의한 음성의 송신 ·· J3E

⑦ 저감 반송파의 SSB에 의한 음성의 송신 ·· R3E

⑧ 전 반송파의 SSB에 의한 음성의 송신 ·· H3E

⑨ AM에 의한 전신과 전화의 복합 ··· A9W

⑩ 지상파의 텔레비전 방송(영상) ·· C3F
⑪ 위성 방송 ·· F9W
⑫ 레이더 등의 펄스 반송파 ·· P0N
⑬ 반송파를 직접 FM하는 팩시밀리 ··· F3C
⑭ 반송파를 FSK하는 데이터 통신 ··· F1D
⑮ 반송파를 PSK하는 데이터 통신 ··· G1D
⑯ 부반송파를 FSK하여 반송파를 FM하는 데이터 통신 ···························· F2D

연 습 문 제

1 AM파가 $v_{AM} = 100(1 + 0.8 \cos 2000\,t) \sin 10^6\,t$로 표시될 때 다음 물음에 답하라.

　(1) 측파대의 최대 진폭을 구하라.

　(2) 변조도를 구하라.

　(3) 상·하측파대의 주파수를 구하라.

　(4) 피변조파의 각 전력 성분비를 구하라.

2 AM 방식과 FM 방식을 간단히 비교하라.

3 SSB 통신 방식은 DSB 통신 방식에 비하여 수신기 출력에서의 SN비가 어느 정도 개선되는지를 설명하라. (단, DSB의 변조도는 100[%]이고, SSB와 DSB의 방사 전력의 평균값은 동일하다고 가정한다.)

4 SSB 방식과 DSB 방식의 차이점에 대하여 설명하라.

5 다음 FM 신호의 전송에 필요한 소요 주파수 대역폭을 구하라.

$$v(t) = 10 \cos\left(2 \times 10^7 \pi t + 20 \cos 1000\,\pi t\right)$$

6 직접 FM 방식과 간접 FM 방식의 차이점을 설명하라.

7 위상 변조기를 사용하여 등가적으로 FM파를 얻는 방법을 설명하라.

8 전치 보상기(전치 왜곡 회로)에 대하여 설명하라.

9 〈그림 2-47〉의 펄스 파형에서 각 부의 명칭과 레벨의 백분율을 나타내라.

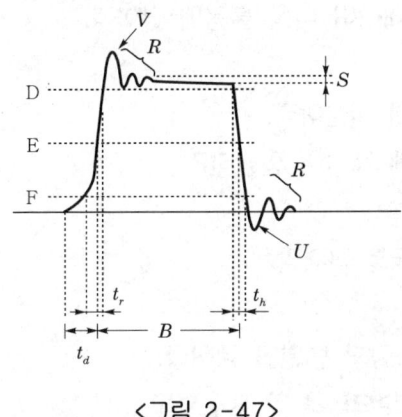

<그림 2-47>

10 <그림 2-48>은 펄스 변조의 개략을 도시한 것이다. 그림의 정현파로 변조한 경우, (1)~(4) 까지의 펄스 형상으로부터 펄스 변조의 종류를 들고, 각각의 변조 방식을 간단히 설명한 후 그 특징을 2가지씩 기술하라.

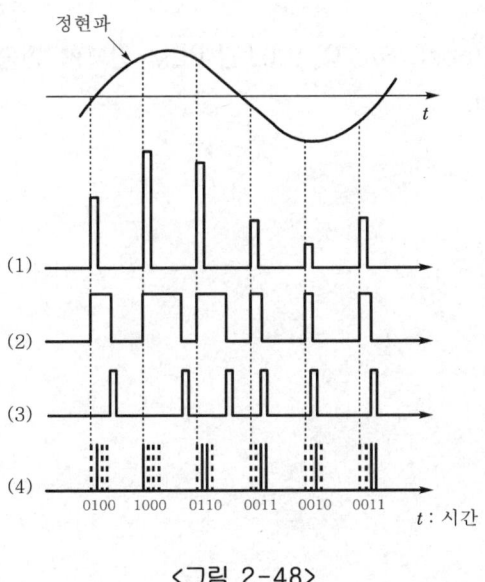

<그림 2-48>

11 표본화 주파수가 48[kHz]의 PCM 펄스에서 신호 주파수가 각각 8[kHz], 20[kHz]인 경우의 표본화 펄스 수 N[개/주기]을 구하고, 재현 가능한 최대 신호 주파수 f_m을 구하라.

12 12비트 A/D 변환기의 양자화 잡음에 의한 S/N[dB]를 구하라.

13 PCM의 A/D 변환 과정에 대하여 다음 물음에 답하라.

    (1) 3단계 과정이란?

    (2) 부호화에 대하여 간단히 기술하라.

    (3) 양자화와 양자화 잡음에 대하여 설명하라.

14 PCM 통신 시스템의 계통도를 그려라.

15 2진 부호와 그레이 부호의 상호 변환을 행하라.

    (1) 101011100101(2진 부호) → 그레이 부호

    (2) 011000110100(그레이 부호) → 2진 부호

16 고효율 PCM의 종류를 4가지 들고, 간단히 설명하라.

17 과부하 잡음과 입상 잡음에 대하여 설명하고, 이들을 경감하는 방법에 대하여 기술하라.

18 전송 용량(속도)이 64[kbps], S/N이 0.01인 PCM 신호를 전송하는 경우, 전송로의 필요한 주파수 대역폭을 구하라.

제 3 장 ●●●●●

AM 송신기

AM 송신기는 신호에 따라서 반송파(고주파 신호)의 진폭을 변화시켜 AM파를 만드는 것으로, DSB 송신기(전파 형식 A3E), AM 전신 송신기(전파 형식 A1A, A2A) 및 SSB 송신기(전파 형식 J3E, R3E, H3E)가 있다. DSB 송신기는 중파 방송, 단파 방송 및 VHF대의 전파에 의한 항공기와 관제소와의 통신 등에 사용되고 있으며, AM 전신 송신기와 SSB 송신기는 단파대에서의 선박 통신 등에 사용되고 있다.

 ## 송신기의 조건

송신기는 일반적으로 발진기(oscillator), 증폭기(amplifier), 변조기(modulator) 및 전원(power supply) 등으로 구성되며, 부속 장치로는 제어 장치, 보호 장치, 냉각 장치, 감시 장치, AFC 회로(FM 송신기), 정류 부귀환 등이 있는데, 이들 구성은 송신기의 종류나 규모에 따라 달라진다.

송신기는 전파 형식에 관계없이 다음과 같은 조건이 갖추어져야 한다.

① 발사 전파의 주파수 안정도가 높을 것
② 불요파인 스퓨리어스 발사가 적을 것
③ 점유 주파수 대역폭이 가능한 한 최소일 것
④ 일그러짐과 잡음의 발생이 적을 것
⑤ 출력 전력의 변동이 없을 것
⑥ 전력 효율이 높을 것
⑦ 고장이 적고, 조정 및 보수가 용이할 것

2 DSB 송신기의 구성

DSB 송신기의 구성도는 〈그림 3-1〉과 같다.

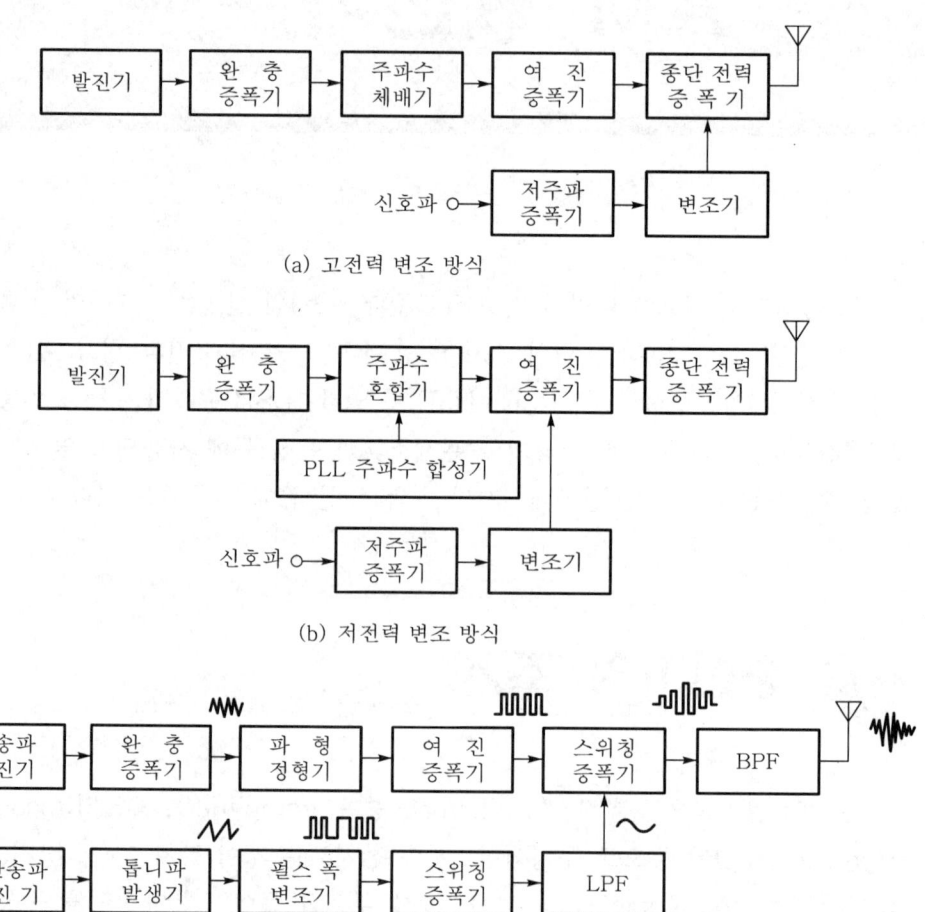

(a) 고전력 변조 방식

(b) 저전력 변조 방식

(c) PDM 방식

〈그림 3-1〉 DSB 송신기의 구성도

〈그림 3-1〉 (a)는 대표적인 DSB 송신기의 구성도로서, 종단 전력 증폭기에서 변조를 하기 때문에 **고전력 변조 방식**이라 하며, 주로 중파와 단파 라디오 방송에 사용되고 있다.

종단 전력 증폭기에서 컬렉터(또는 드레인) 변조를 하는 고전력 변조 방식은 일그러짐이 적고 효율이 높다는 장점이 있는 반면, 변조 전력이 커야 된다는 단점이 있다. 종단 전력

증폭기는 효율이 높은 C급 증폭기가 사용되고, 변조 전력은 효율이 높은 B급 증폭의 변조기에서 컬렉터(또는 드레인)에 공급된다.

〈그림 3-1〉(b)는 저전력 변조 방식의 구성도로서, 반송파 전력이 종단 전력 증폭기보다 낮은 여진 전력 증폭기에서 변조를 하기 때문에 **저전력 변조 방식**이라 하며, 보통 소형 또는 중형 송신기에 사용된다.

이 방식의 특징은 변조 전력이 적기 때문에 변조기의 음성 주파수 특성이 양호한 것을 설치할 수 있다는 이점이 있는 반면, 송신기의 종합 효율이 고전력 변조 방식에 비해 낮고 일그러짐이 발생되지 않도록 충분히 주의해야 한다는 어려움이 있다. 그렇기 때문에 종단 전력 증폭기는 일그러짐이 적은 직선 증폭기(보통 B급 푸시풀 증폭기)를 사용하여야 한다.

또한 피변조기(변조 전력이 공급되는 증폭기) 및 그 후단의 회로 조정이 어렵다. 이상과 같은 고전력 변조 방식과 저전력 변조 방식을 비교한 것이 〈표 3-1〉이다.

〈표 3-1〉 고전력 변조 방식과 저전력 변조 방식의 비교

변조 방식 항목	고전력 변조 방식	저전력 변조 방식
방법	최종 전력 증폭단에서 한다.	최종 전력 증폭단 이전에서 한다.
변조 전력	변조기가 커진다.	작아진다.
컬렉터 효율	C급 동작이므로 좋다.	B급 동작이므로 나쁘다.
변조 특성	일그러짐, 잡음 특성이 좋다.	나쁘다.
조정	비교적 용이하다.	어렵다.
종합 효율	높다.	낮다.
용도	대전력 송신기	소형 및 중형 송신기

〈그림 3-1〉(c)는 PDM(pulse duration modulation) 방식의 구성도로서, 100[kW] 정도까지의 중파 방송용 송신기에 사용된다. PDM은 펄스 증폭의 고효율성을 이용한 것으로, 전력 효율은 10[kW] 송신기에서 70[%] 정도이다.

신호파를 폭이 다른 펄스(PWM파)로 변환하여 펄스 증폭(스위칭 증폭 : D급 증폭)을 한 후 LPF에 가하면 진폭의 신호파가 되고, 반송파로 스위칭 증폭하면 PAM파를 얻을 수 있다. 이 PAM파를 BPF에 가하면 DSB파를 얻을 수 있다.

③ 각 부의 동작 원리

3.1 발진기

송신기의 발진기는 발사 주파수 또는 그 정수분의 1이 되는 주파수의 반송파를 발생시키는 부분으로, 고유 진동을 갖는 수동 소자와 증폭기 또는 부성 저항 특성을 지닌 능동 소자로 구성되어 있으며, 수동 소자는 발진 주파수를 결정하고 능동 소자는 발진을 지속시키는 역할을 한다.

일반적으로 송·수신기용 발진기의 조건은 다음과 같다.

① 주파수 안정도가 높을 것

② 전원 전압이나 온도 및 습도의 변화에 대하여 발진 출력이 일정할 것

③ 고조파 발생이 적을 것

④ 주파수의 미조정이 쉬울 것

⑤ 자려 발진기에서는 주파수 변화에 대한 발진 출력의 변화가 적을 것

위 ①의 조건은 무선설비규칙에 엄격히 규정되어 있으며, 여러 가지 방법으로 개선되고 있다. 즉, 높은 주파수 안정도가 요구되는 송신기에는 주로 수정 발진기나 PLL 주파수 합성기가 사용되고 있다. PLL 주파수 합성기는 수정 발진기와 같은 주파수 안정도를 유지하면서 상당량의 주파수를 얻을 수 있다는 특징을 갖기 때문에 최근 들어 많이 사용되고 있다. ③은 송·수신기의 스퓨리어스(spurious ; 불요 방사 등 목적 주파수 이외의 성분을 말한다)의 원인이 되기 때문에 가능한 한 발진 파형의 일그러짐이 적어야 한다. ⑤는 인덕턴스나 정전 용량 또는 저항 등을 교체하여 주파수 변화의 비를 적게 하거나 부귀환에 의하여 개선한다. ①과 ②에 대하여는 안정화 전원과 항온조를 사용함으로써 개선할 수 있다.

〈그림 3-2〉와 같이 귀환 증폭 회로에서 전압 증폭도를 A, 귀환 계수를 β라고 할 때 증폭도 A_f는 출력 전압 $v_0 = A(v_s + \beta v_0)$에서

$$A_f = \frac{v_0}{v_i} = \frac{A}{1 - \beta A} \qquad (3.1)$$

이다.

여기서 $|1 - \beta A| = 0$, 즉 $\beta A = 1$일 때 $A_f = \infty$가 되어 발진한다. 특히 $\beta A = 1$을 **바크하우젠(Barkhausen)의 발진 조건**이라 하고, $|\beta A| > 1$이면 발진 진폭이 증대하며 $|\beta A| < 1$이면 발진 진폭이 소멸한다.

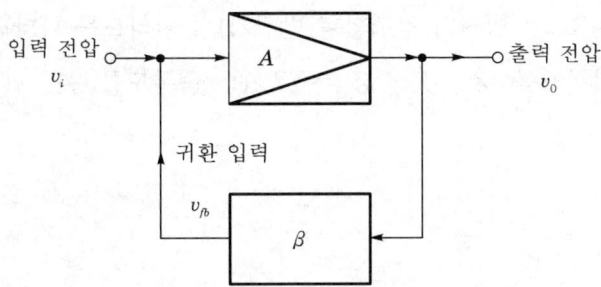

입력 전압
v_i

A

출력 전압
v_0

귀환 입력

v_{fb}

β

<그림 3-2> 귀환 발진기의 원리

발진기는 그 동작 원리에 따라 <그림 3-3>과 같이 분류된다.

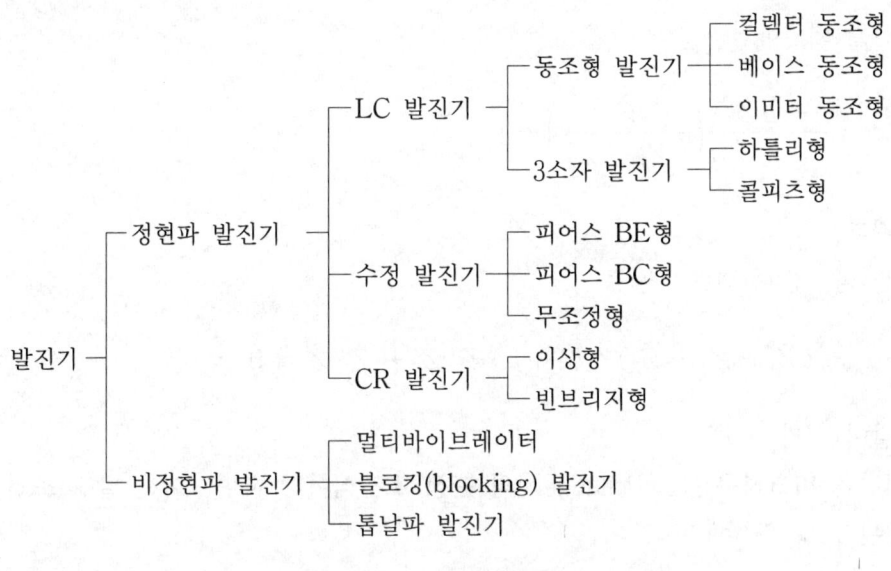

발진기
├ 정현파 발진기
│ ├ LC 발진기
│ │ ├ 동조형 발진기 ─┬ 컬렉터 동조형
│ │ │ ├ 베이스 동조형
│ │ │ └ 이미터 동조형
│ │ └ 3소자 발진기 ─┬ 하틀리형
│ │ └ 콜피츠형
│ ├ 수정 발진기 ─┬ 피어스 BE형
│ │ ├ 피어스 BC형
│ │ └ 무조정형
│ └ CR 발진기 ─┬ 이상형
│ └ 빈브리지형
└ 비정현파 발진기 ─┬ 멀티바이브레이터
 ├ 블로킹(blocking) 발진기
 └ 톱날파 발진기

<그림 3-3> 발진기의 분류

[1] 3소자 발진기

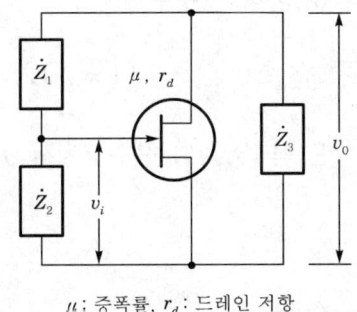

$\dot{Z}_1$

$\mu,\ r_d$

$\dot{Z}_3$

v_0

$\dot{Z}_2$

v_i

μ ; 증폭률, r_d : 드레인 저항

<그림 3-4> 정귀환형(3점 접속) 발진기

〈그림 3-4〉는 3소자 발진기(정귀환형 발진기)의 원리도를 나타낸 것이다. 그림에서 각 전극 사이의 임피던스를 $\dot{Z}_1$, $\dot{Z}_2$, $\dot{Z}_3$, 증폭기의 증폭도를 $\dot{A}$, 귀환율을 $\dot{\beta}$라고 하면 다음과 같다.

$$\dot{A} = \frac{v_0}{v_i} = \frac{-\mu\dot{Z}}{r_d + \dot{Z}} \tag{3.2}$$

$$\dot{\beta} = \frac{v_i}{v_0} = \frac{\dot{Z}_2}{\dot{Z}_1 + \dot{Z}_2} \tag{3.3}$$

여기서, $\dot{Z} = (\dot{Z}_1 + \dot{Z}_2)\dot{Z}_3 / (\dot{Z}_1 + \dot{Z}_2 + \dot{Z}_3)$이다. 발진 조건식 $\dot{A}\dot{\beta} = 1$에 식 (3.2)와 (3.3)을 대입하면

$$\left(\frac{-\mu\dot{Z}}{r_d + \dot{Z}}\right)\left(\frac{\dot{Z}_2}{\dot{Z}_1 + \dot{Z}_2}\right) = 1$$

이 된다.

이것을 정리하면

$$r_d(\dot{Z}_1 + \dot{Z}_2 + \dot{Z}_3) + (1+\mu)\dot{Z}_2\,\dot{Z}_3 + \dot{Z}_1\,\dot{Z}_3 = 0 \tag{3.4}$$

와 같이 된다.

이것을 **바크하우젠(Barkhausen)의 판정 조건식**이라 하며, 이는 발진 조건을 구할 때 사용된다.

여기서 각 임피던스 $\dot{Z}_1$, $\dot{Z}_2$, $\dot{Z}_3$의 순리액터스를 X_1, X_2, X_3라고 하면 식 (3.4)는

$$r_d(X_1 + X_2 + X_3) + (1+\mu)X_2\,X_3 + X_1\,X_3 = 0 \tag{3.5}$$

이 되어, 발진 조건식은 식 (3.5)의 실수부에서

$$(1+\mu)X_2\,X_3 + X_1\,X_3 = 0 \qquad \therefore (1+\mu)X_2 + X_1 = 0 \tag{3.6}$$

이 되고, 발진 주파수 조건식은 식 (3.5)의 허수부에서 $r_d(X_1 + X_2 + X_3) = 0$, $r_d \neq 0$ 이므로

$$X_1 + X_2 + X_3 = 0 \tag{3.7}$$

이 된다.

이 식의 X_1을 식 (3.6)에 대입하면 진폭 조건식은

$$(1+\mu)X_2 - X_2 - X_3 = 0 \qquad \therefore \ \mu = \frac{X_3}{X_2} \tag{3.8}$$

이 되며, μ(TR일 때 h_{fe})가 X_3/X_2 이상일 때 발진이 지속될 수 있음을 나타낸다. 즉 X_2와 X_3는 항상 같은 부호를 가진 리액턴스가 되어야 하며, X_1은 X_2, X_3와 반대의 리액턴스 성분을 가져야 하는데, 이것을 **3소자 발진 조건**이라고 한다.

따라서 식 (3.6)과 식 (3.7)에서 $\dot{Z}_1$이 유도성이면 $\dot{Z}_2$, $\dot{Z}_3$는 용량성, $\dot{Z}_1$이 용량성이면 $\dot{Z}_2$, $\dot{Z}_3$는 유도성이 되어야만 발진이 가능하게 됨을 알 수 있다.

(1) 하틀리 발진기

하틀리 발진기(Hartley oscillator)는 〈그림 3-5〉와 같은 구조이며 $X_1 = 1/j\omega C$, $X_2 = j\omega L_1$, $X_3 = j\omega L_2$ 이므로 발진 주파수 f는 식 (3.7)에서

$$\frac{1}{j\omega C} + j\omega L_1 + j\omega L_2 = 0 \ , \quad j\omega\left(L_1 + L_2 - \frac{1}{\omega^2 C}\right) = 0$$

$$\therefore \ f = \frac{1}{2\pi\sqrt{(L_1 + L_2)C}} \ [\text{Hz}] \tag{3.9}$$

가 되고, 진폭 조건은 식 (3.8)에서

$$\mu = \frac{j\omega L_2}{j\omega L_1} = \frac{L_2}{L_1} \tag{3.10}$$

가 된다.

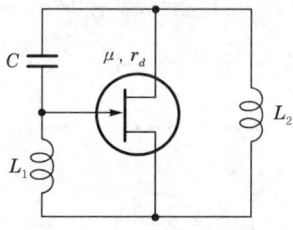

〈그림 3-5〉 하틀리 발진기

이 발진기의 특징은 콜피츠 발진기에 비하여 발진 출력이 크고, 코일을 가변하여 발진 진폭을 변화시킬 수 있으며, 콘덴서 C를 변화시켜 비교적 넓은 주파수 범위까지 안정된 출력을 얻을 수 있다는 것이다.

> **예제 1** <그림 3-5>의 하틀리 발진기에서 $L_1=500[\mu\text{H}]$, $L_2=100[\mu\text{H}]$이고 C $=600[\text{pF}]$일 때 발진 주파수(f)를 구하라.

풀이
$$f=\frac{1}{2\pi\sqrt{(L_1+L_2)C}}$$
$$=\frac{1}{2\pi\sqrt{(500+100)\times10^{-6}\times600\times10^{-12}}}\fallingdotseq265.4\,[\text{kHz}]$$

(2) 콜피츠 발진기

콜피츠 발진기(Colpitts oscillator)는 <그림 3-6>과 같이 하틀리 발진기에서 코일과 콘덴서가 바뀐 형태의 발진기이다. 그림에서 $X_1=j\omega L$, $X_2=1/j\omega C_1$, $X_3=1/j\omega C_2$이므로 발진 주파수 f는 식 (3.7)에서

$$j\omega L+\frac{1}{j\omega C_1}+\frac{1}{j\omega C_2}=0,\quad j\omega\left(L-\frac{1}{\omega^2 C_1}-\frac{1}{\omega^2 C_2}\right)=0$$

$$\therefore\ f=\frac{1}{2\pi}\sqrt{\frac{1}{L}\left(\frac{1}{C_1}+\frac{1}{C_2}\right)}=\frac{1}{2\pi\sqrt{L\left(\frac{C_1\cdot C_2}{C_1+C_2}\right)}}\,[\text{Hz}]\qquad(3.11)$$

가 되고, 진폭 조건은 식 (3.8)에서

$$\mu=\frac{1/j\omega C_2}{1/j\omega C_1}=\frac{C_1}{C_2}\qquad(3.12)$$

이 된다.

이 발진기의 특징은 고조파에 대한 임피던스가 매우 낮아 발진 주파수의 파형이 좋고, 코일의 인덕턴스를 작게 할 수 있기 때문에 하틀리 발진기보다 매우 높은 주파수를 얻을 수 있으나 가변주파 발진기로는 부적당하다는 것이다.

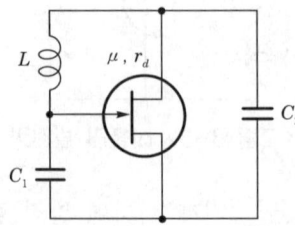

<그림 3-6> 콜피츠 발진기

예제 2 <그림 3-6>의 콜피츠 발진기에서 $C_1 = 200[pF]$, $C_2 = 100[pF]$이고 $L = 10[mH]$일 때 발진 주파수(f)는 얼마인가?

✏️**풀이** $f = \dfrac{1}{2\pi\sqrt{L\left(\dfrac{C_1 \cdot C_2}{C_1 + C_2}\right)}} = \dfrac{1}{2\pi\sqrt{10 \times 10^{-3} \times \dfrac{(200 \times 100) \times 10^{-24}}{(200 + 100) \times 10^{-12}}}}$

$\fallingdotseq 195.04[kHz]$

(3) 드레인 동조 발진기

드레인 동조 발진기는 <그림 3-7> (a)와 같이 드레인에 LC 동조 회로를 사용한 것으로, 드레인에 접속된 동조 회로에 발생된 교류 전압의 일부를 상호 인덕턴스 M과 인덕턴스 L_2를 통하여 게이트에 정귀환시키는 것으로 **반결합 발진기**라고도 하며, 그 등가 회로는 그림 (b)와 같다. 그림 (b)에서 게이트 전류는 매우 적기 때문에 $L_2 + M$은 생략할 수 있으므로 그림 (a)는 그림 (c)와 같이 된다.

그림 (c)에서 $X_1 = j\omega(L_1 + M)$, $X_2 = -j\omega M$, $X_3 = 1/j\omega C$ 이므로 발진 주파수는 식 (3.7)에서

$$j\omega(L_1 + M) - j\omega M + \dfrac{1}{j\omega C} = 0$$

$$\therefore f = \dfrac{1}{2\pi\sqrt{L_1 C}}\,[Hz] \tag{3.13}$$

가 되고, 진폭 조건은 식 (3.8)에서

$$\mu \geq \dfrac{1/j\omega C}{-j\omega M} = \dfrac{1}{\omega^2 MC} = \dfrac{L_1}{M}\ (\because\ \omega^2 L_1 C = 1) \tag{3.14}$$

이 된다.

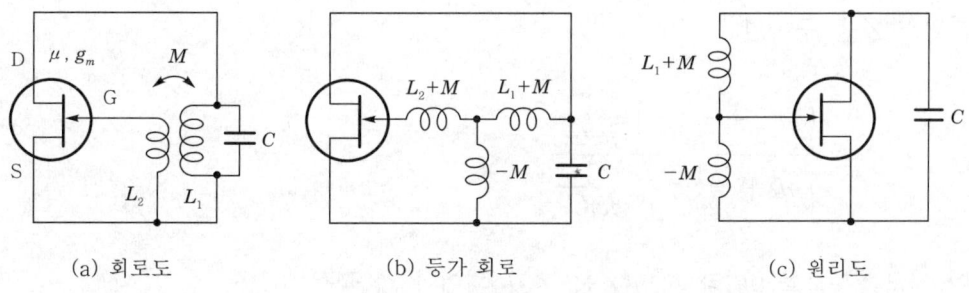

(a) 회로도　　(b) 등가 회로　　(c) 원리도

<그림 3-7> 드레인 동조 발진기

[2] 수정 발진기

수정 발진기(crystal oscillator)는 수정편의 압전 효과(piezo-electric effect)를 이용하여 안정도가 매우 높은 주파수를 발진시키는 회로이다.

여기서 수정 진동자(수정편, 수정 발진자)는 수정을 얇게 자른 수정편의 양면에 금속 전극을 붙인 것으로 기호는 〈그림 3-8〉 (a)와 같고, 등가 회로는 그림 (b)와 같으며 주파수 특성은 그림 (c)와 같다.

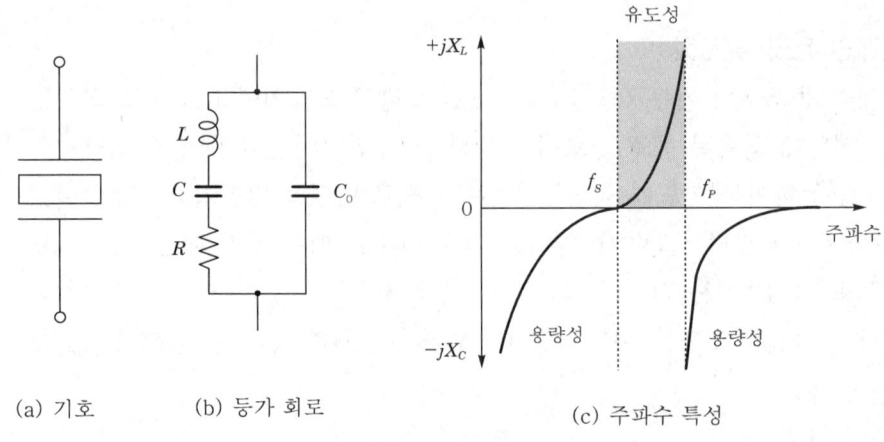

(a) 기호   (b) 등가 회로   (c) 주파수 특성

〈그림 3-8〉 수정 진동자

수정 발진기는 직렬 공진 주파수 f_s에 발진시키는 것과, f_s와 병렬 공진 주파수 f_p 사이의 주파수(유도성 범위)에 발진시키는 것의 두 가지 종류가 있다. 그림 (c)에서 수정편 자체만의 직렬 공진 주파수 f_s는 $\omega_s L = 1/\omega_s C$의 조건에서

$$f_s = \frac{1}{2\pi\sqrt{LC}}\,[\mathrm{Hz}] \tag{3.15}$$

이다.

또한 병렬 공진 주파수 f_p는 다음과 같이 구한다. 먼저 저항 R을 무시한 병렬 합성 임피던스 Z를 구하면

$$Z = \frac{\left(j\omega L + \dfrac{1}{j\omega C}\right)\dfrac{1}{j\omega C_0}}{j\omega L + \dfrac{1}{j\omega C} + \dfrac{1}{j\omega C_0}}$$

이 되고, 분모를 0이라 하면(Z는 ∞가 되어야 하므로)

$$j\omega L + \frac{1}{j\omega L} + \frac{1}{j\omega C_0} = 0, \quad j\omega\left(L - \frac{1}{\omega^2 C} - \frac{1}{\omega^2 C_0}\right) = 0$$

$$L = \frac{1}{\omega^2 C} + \frac{1}{\omega^2 C_0} = \frac{1}{\omega^2}\left(\frac{1}{C} + \frac{1}{C_0}\right)$$

$$\omega^2 = \frac{1}{L}\left(\frac{1}{C} + \frac{1}{C_0}\right) = (2\pi f_p)^2$$

$$\therefore f_p = \frac{1}{2\pi}\sqrt{\frac{1}{L}\left(\frac{1}{C} + \frac{1}{C_0}\right)} = \frac{1}{2\pi}\sqrt{\frac{1}{L}\left(\frac{C_0 + C}{CC_0}\right)}$$

$$= \frac{1}{2\pi\sqrt{L\left(\dfrac{C \cdot C_0}{C + C_0}\right)}} \, [\text{Hz}] \tag{3.16}$$

가 된다. 그러므로 유도성 범위 $f_p - f_s$는 다음과 같이 근사적으로 구할 수 있다.

$$\frac{f_p}{f_s} = \frac{\dfrac{1}{2\pi\sqrt{L\left(\dfrac{C \cdot C_0}{C + C_0}\right)}}}{\dfrac{1}{2\pi\sqrt{LC}}} = \frac{\sqrt{C}}{\sqrt{\dfrac{C \cdot C_0}{C + C_0}}} = \sqrt{\frac{C + C_0}{C_0}}$$

$$= \sqrt{1 + \frac{C}{C_0}} = \left(1 + \frac{C}{C_0}\right)^{1/2} \fallingdotseq 1 + \frac{C}{2C_0}$$

단, $C_0 \gg C$, $\dfrac{C}{C_0} \ll 1$

$$f_p = f_s\left(1 + \frac{C}{2C_0}\right)$$

$$\therefore f_p - f_s = \frac{C}{2C_0} f_s \tag{3.17}$$

따라서 수정 진동자는 f_s와 f_p 사이의 주파수 $(f_s < f < f_p)$일 때만 유도성이 되고, 그 폭은 $\dfrac{C}{2C_0} f_s$로 매우 좁기 때문에 안정된 발진이 가능하다.

한편, 수정 진동자의 Q(quality factor)는 다음과 같다.

$$Q = \frac{\omega_p L}{R} = \frac{2\pi f_p L}{R} = \frac{1}{2\pi f_p RC} = \frac{1}{R}\sqrt{\frac{L}{C}}$$

단, $f_s \fallingdotseq f_p$ \hfill (3.18)

즉, f_s와 f_p의 간격이 매우 좁기 때문에 Q의 값은 $10^4 \sim 10^6$ 정도로 매우 높고, 주파수 안정도가 높은 발진기를 얻을 수 있다.

예제 3 직렬 공진 주파수가 500[kHz]인 수정 진동자의 용량 $C=0.4$[pF], 홀더의 용량 $C_0=2.0$[pF]인 발진기의 수정 진동자가 유도성으로 되는 주파수 범위는 얼마인가?

풀이 식 (3.17)에서

$$f_p \fallingdotseq f_s\left(1+\frac{C}{2C_0}\right) = 500 \times \left(1+\frac{0.4}{2\times2.0}\right) = 550\,[\text{kHz}]$$

이므로, $f_s < f_0 < f_p$의 범위에서 안정한 발진을 계속 유지할 수 있으므로 유도성의 범위는 50[kHz]이다.

예제 4 어느 수정 진동자의 전기적 등가 정수는 $L=0.42$[H], $C=0.02$[pF], $R=60[\Omega]$, $C_0=4$[pF]이다. 이 진동자의 Q를 구하라.

풀이 식 (3.18)에서

$$Q=\frac{1}{R}\sqrt{\frac{L}{C}} = \frac{1}{60}\times\sqrt{\frac{0.42}{0.02\times10^{-12}}} \fallingdotseq 7.63\times10^4$$

(1) 피어스 BE형(Pierce BE type) 발진기

〈그림 3-9〉 (a)와 같이 수정 진동자 X를 트랜지스터(FET)의 베이스와 이미터(게이트와 소스) 사이에 접속한 것으로, 컬렉터에 있는 동조 회로(탱크 회로라고도 한다)의 C를 유도성이 되도록 조정하면 하틀리 발진 회로와 같이 동작하게 된다. 그림 (b)는 바리콘(variable condensor ; 가변 용량) C의 정전 용량에 대한 컬렉터 직류 전류 I_c의 변화를 나타낸 것으로, C점이 동조점이 되지만 A점에서 동작시키면 발진 강도가 약해지고 C점에서 동작시키면 발진 주파수가 불안정하기 때문에 C점보다 C의 용량이 약간 적은 B점 부근이 최량 조정점이 된다.

이러한 B점 부근은 발진 출력이 다소 약해지나 발진이 안정하며 수정 진동자를 흐르는 전류도 적어지고, 용량이 다소 변화해도 발진 주파수는 거의 변화하지 않는다.

이 발진기에서는 수정 진동자에 유해한 진동이 발생해도 동조 회로의 주파수 선택 작용에 의해 감쇠되고, 파형의 일그러짐도 적다.

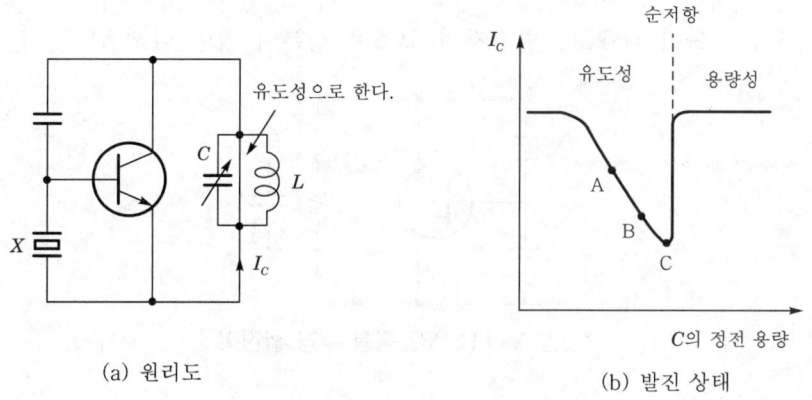

(a) 원리도   (b) 발진 상태

<그림 3-9> 피어스 BE형 발진기

(2) 피어스 BC형(Pierce BC type) 발진기

〈그림 3−10〉(a)와 같이 드레인과 게이트(베이스와 컬렉터) 사이에 수정 진동자 X를 접속한 것으로, 동조 회로를 용량성이 되도록 조정하면 콜피츠 발진 회로와 같은 동작을 하게 된다. 이 발진기의 조정 방법은 그림 (b)와 같이 C점이 동조점이 되지만 C점보다 C의 용량이 약간 많은 B점 부근을 최량 조정점으로 사용하면 발진 주파수의 안정을 기할 수 있다.

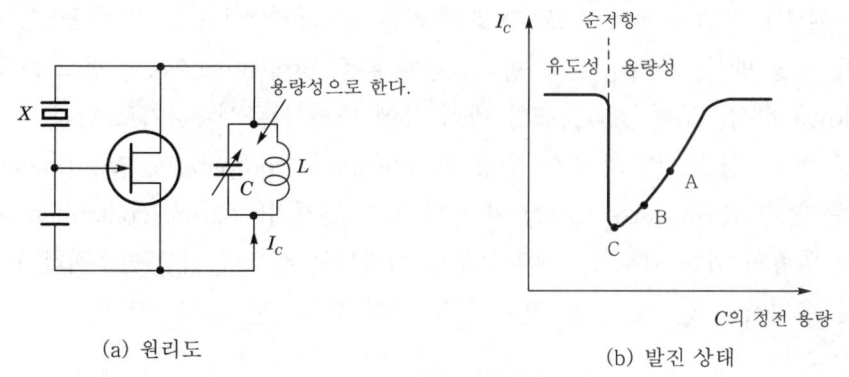

(a) 원리도   (b) 발진 상태

<그림 3-10> 피어스 BC형 발진기

(3) 무조정형 수정 발진기

〈그림 3−11〉과 같이 피어스 BC형 발진기에서 동조 회로 대신 저항과 콘덴서의 병렬 회로를 사용한 것을 **무조정형 수정 발신기**라고 한다.

이 발진기는 동조 회로의 조정에 의한 발진 주파수의 변동이 없기 때문에 발진 주파수의 안정도가 크고, 조정하는 부분이 없으므로 조정이 불필요하며, 특히 여러 개의 수정 진동자를 바꾸어 가면서 사용할 때 매우 편리하다. 그러나 동조 회로를 사용할 때보다 발진 출력이 적어 효율이 나쁘고, 발진자의 고조파 성분이 많이 발생된다는 단점이 있다.

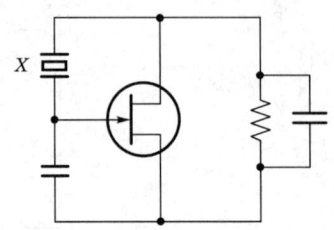

<그림 3-11> 무조정형 수정 발진기

[3] PLL 주파수 합성기

주파수가 안정된 다수의 채널이 필요한 경우에는 LC 발진기와 같은 가변 주파수 발진기(VFO ; variable frequency oscillator)나 채널 수에 상당하는 수정 진동자를 가진 수정 발진기를 사용하지만, 전자는 주파수 안정도 면에서, 후자는 수정 진동자의 전환이나 비용 등의 면에서 비실용적이다. 그러나 PLL 주파수 합성기(Phase Locked Loop frequency synthesizer)는 자려 발진기의 출력을 한 개의 안정된 수정 발진기의 출력으로 위상 로크(lock)하고, 분주비를 변화시킴으로써 다수의 채널을 얻을 수 있는 고안정도의 발진기로서 최근 송·수신기에 널리 사용되고 있다.

다음에 PLL(위상 동기 루프) 회로의 기본 원리를 살펴보고, 각종 PLL 주파수 합성기, 즉 직접 방식, 주파수 혼합 방식, 전치 분주 방식(prescaler), 펄스 스왈로우(pulse swallow) 방식, 체배 방식, 조합 방식 등에 대해서는 생략하기로 한다.

PLL은 <그림 3-12>와 같이 위상 비교기(phase comparator 또는 phase detector), 저역 통과 필터(low pass filter) 및 전압 제어 발진기(voltage controlled oscillator)로 구성된 일종의 귀환 회로로서 외부로부터 입력되는 신호의 위상을 추적하여 안정된 위상 관계를 유지하는 신호를 얻는 자동 위상 제어 회로라고 할 수 있다.

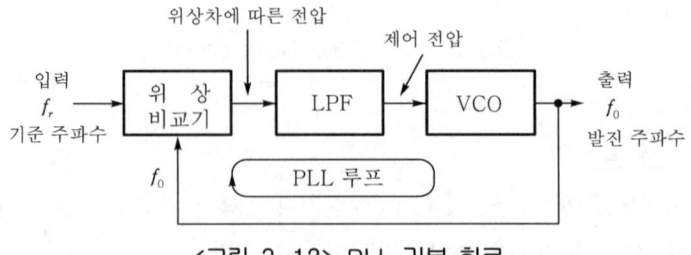

<그림 3-12> PLL 기본 회로

위상 비교기(phase comparator)는 기준 주파수 f_r과 발진 주파수 f_0의 위상을 비교하여 양자의 위상(디지털 방식의 위상 비교기에서는 주파수와 위상) 차에 대응한 전압을 발생시키는 것으로, **위상 검파기**(phase detector)라고도 한다. LPF는 위상 비교기의 출력에 포함되는 고주파 성분이나 잡음을 제거하고 VCO 제어 전압을 만든다.

VCO(voltage controlled oscillator)는 제어 전압의 변화에 따라 발진 주파수가 변화되는 자려 발진기로서 f_r과 f_0의 주파수와 위상이 항상 일치(동기, 로크)하도록 제어 전압에 의해 제어된다. PLL 회로가 로크하고 있을 때에는 $f_r = f_0$가 성립한다.

PLL 회로는 PLL 주파수 합성기 이외에 AM/FM의 검파나 모터의 회전수 제어 등에 널리 이용되고 있다.

[4] 발진 주파수의 변동 원인과 대책

자려 발진기와 수정 발진기의 발진 주파수는 여러 가지 원인에 의하여 변동된다. 주파수 변동이 크게 되면 통신에 지장을 초래할 뿐만 아니라 다른 무선국에 혼신을 주기 때문에 가능한 한 변동이 작은 것이 바람직하다. 이러한 한도는 무선설비규칙에 주파수 허용 편차라 하여 업무별로 규정되어 있다.

(1) 주위 온도의 변화

발진기의 주위 온도가 변화하면 인덕턴스, 정전 용량, 수정 진동자, 트랜지스터 등의 정수가 변화하기 때문에 발진 주파수가 변동한다. 대책으로는 온도 계수가 적은 부품을 사용하거나 수정 진동자 또는 발진기 전체를 항온조(constant temperature oven)에 넣어 사용하면 된다. 그 밖에 온도 계수가 서로 다른 소자를 조합하여 주파수 변동을 제거하는 방법도 있다.

(2) 전원 전압의 변동

전원 전압이 변동하면 트랜지스터의 각 파라미터가 변화하여 발진 주파수가 변동된다. 대책으로는 안정화 전원(정전압 회로 등)을 사용하거나 발진기 회로의 전원을 독립 전원으로 사용하면 된다.

(3) 부하의 변동

발진기의 다음 단에 있는 주파수 체배기, 여진 전력 증폭기, 종단 전력 증폭기의 조정 등에 의하여 발진 강도나 부하 임피던스가 변화하여 발진 주파수가 변동된다.

대책으로는 발진기와 다음 단을 소결합(loose coupling)하거나 발진기의 다음 단에 완충 증폭기(buffer amplifier)를 설치하면 된다.

(4) 부품의 불량

부품이 불량하거나 회로의 접속이 불량하면 발진 주파수가 변동되므로 양질의 부품을 사용하거나 회로 접속을 완벽하게 해야 한다.

(5) 동조점의 불안정

피어스형 수정 발진기에서 동조 회로의 공진 주파수와 수정 진동자의 주파수가 일치하면 발진 주파수가 변동되므로 발진 주파수는 동조점보다 약간 벗어난 곳으로 조정해서 안정되게 해야 한다.

(6) 진동과 충격

진동이나 충격에 의해 발진기 각 부의 정수가 변화하면 발진 주파수가 변동된다. 대책으로는 진동에 강한 구조로 하던가 진동 방지 장치를 사용하면 된다.

(7) 습도의 변화

습도가 변화하면 공기의 유전율이 변화하여 발진 주파수가 변동된다. 대책으로는 발진기를 진공 용기 내에 설치하면 된다.

3.2 완충 증폭기

완충 증폭기(buffer amplifier)는 발진기에서 고주파 출력을 얻고자 할 때 발진기 동조 회로의 코일에 부하를 직접 접속하면 부하의 변동에 따라 코일의 회로 정수가 변화되어 발진 주파수가 변동된다.

따라서 발진기 다음 단에 설치하여 뒤에 있는 증폭기나 전건 조작 등으로 인한 부하의 변동이 발진기에 영향이 미치지 않도록 하고, 발진기와 완충 증폭기는 소결합(loose coupling)한다. 그리고 발진기와 완충 증폭기의 전원은 독립된 전원에서 공급함으로써 전압 변동으로 인한 영향을 미연에 방지하고, 완충 증폭기는 증폭이 목적이 아니므로 효율이 낮은 A급 또는 AB급 증폭기로 안정되게 동작시킨다.

〈그림 3-13〉은 완충 증폭기 회로이다. 그림에서 결합 콘덴서 C_c는 소결합으로 하기 위해 소용량으로 하고, TR에 A급 바이어스가 걸리도록 R_1, R_2 및 R_3를 결정한다. C_1은 바이패스용이고, C_2와 R_4는 고주파 출력이 전원 전압(V_{cc})에 미치는 영향을 방지하기 위한 디커플링(de-coupling) 회로이다. L_1과 C_3로 구성된 동조 회로는 발진 주파수에 동조시켜 두고 L_2에 의하여 다음 단과 M 결합한다.

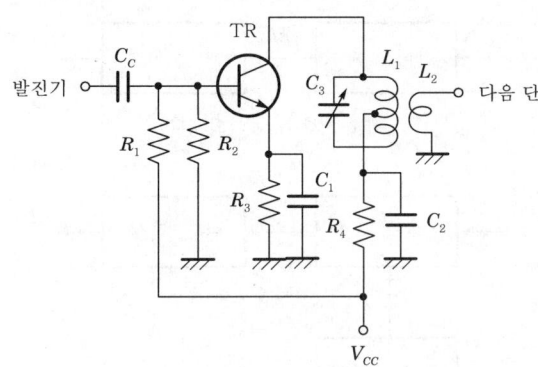

<그림 3-13> 완충 증폭기

3.3 주파수 체배기

주파수 체배기(frequency multiplier ; 체배 증폭기라고도 한다)는 일반적으로 완충 증폭기 다음 단에 설치하고, C급 증폭기나 바랙터(varactor) 다이오드 등에 의하여 주파수 체배(입력 주파수를 정수배로 하는 것)를 하고 있다.

최근에 단파용 송신기 등에서는 국부 발진기로 PLL 주파수 합성기가 많이 사용되고 있기 때문에 주파수 체배기를 사용하는 일은 줄어들었지만 FM 송신기, 마이크로파 송신기 등에서는 많이 사용되고 있다.

[1] 주파수 체배의 목적

주파수 체배기는 발진기의 발진 주파수나 FM파의 주파수 편이를 정수배로 할 때 사용된다. 그러나 수정 발진기에 사용되는 수정 진동자의 고유 주파수는 그 두께에 반비례하므로 높은 주파수에서는 두께가 너무 얇게 되어 사용하기가 곤란하다. 그러므로 높은 발진 주파수를 얻기 위해서는 <그림 3-14>와 같이 주파수 체배를 사용하거나 주파수 변환을 하면 된다.

그림 (a)는 비직선 회로에 반송파 f를 가하면 일그러짐이 발생하여 그 출력에는 f 이외에 $2f$, $3f$, …와 같은 고조파(harmonics)가 포함된다. 이들의 고조파에서 희망하는 주파수를 동조 회로에 의해 선택하면 주파수 체배를 할 수 있다. 즉, 동조 주파수를 $2f$로 하면 반송파 f의 2배인 주파수를 얻을 수 있다. 비직선 회로는 일그러짐을 발생시키기 위한 것으로, 보통 C급 증폭기가 사용되지만 마이크로파대에서는 바랙터(가변 용량) 다이오드가 사용된다.

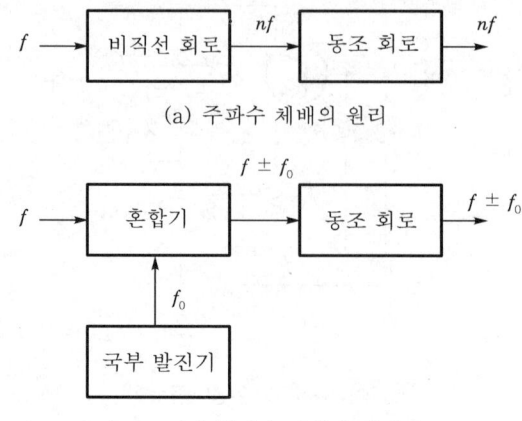

(a) 주파수 체배의 원리

(b) 주파수 변환의 원리

<그림 3-14> 주파수를 높이는 방법

그림 (b)는 2개의 주파수를 혼합기에 가하여 발생되는 합이나 차의 주파수를 동조 회로로 선택하는 방법이다. 혼합기의 출력은 $f+f_0$와 $f \sim f_0$(차)로서, 발사 주파수를 높게 하는 경우에는 $f+f_0$를, 낮게 하는 경우에는 $f \sim f_0$를 선택하면 된다. f_0는 임의이기 때문에 발사 주파수를 임의로 선택하는 것이 가능하지만 수정 발진기에서 만들어지기 때문에 주파수에 상한이 있다.

FM 송신기에서 그림 (a)의 경우는 변조 지수도 정수배로 되어 변조가 깊게 되고, AM 성분이 제거되기 때문에 일반적으로 사용되는 방법이다.

그러나 체배 증폭을 하면 발진 출력이 작아진다. 왜냐하면 기본파의 출력을 1이라 하면 제2 고조파의 출력은 0.65배, 제3 고조파의 출력은 0.4배 정도가 되어 고차의 고조파일수록 출력이 작아지기 때문이다. 이와 같은 이유로 체배기에서는 제2 고조파, 제3 고조파를 주로 사용하는데, 제2 고조파를 사용하는 경우를 더블러(doubler)라 하고, 제3 고조파를 사용하는 경우를 트리플러(trippler)라 한다. 한편 푸시풀(push pull) 증폭기로 동작시키면 우수 고조파는 상쇄되어 더블러는 사용할 수 없게 된다.

[2] 주파수 체배 회로

(1) C급 증폭기에 의한 체배

<그림 3-15>는 C급 증폭기에 의한 주파수 체배 회로를 나타낸 것이다. TR의 베이스에 접속된 R_B는 바이어스용 저항으로, 베이스 전류가 흐르면 바이어스 전압을 만들지만 2체배일 때는 동작각 $\theta_1 = 60°$, 3체배일 때는 동작각 $\theta_1 = 40°$가 되도록 R_B의 값을 결정한다. 동조 회로(C_2, L_1)는 2체배기에서는 2ω로, 3체배기에서는 3ω로 동조시켜야 하며, 스퓨리어스를 작게 하기 위해서 Q는 가능한 한 크게 해야 한다. C_1은 바이패스

(by-pass)용이고, RFC(Radio Frequency Choke coil ; 고주파 초크 코일)와 C_3는 디커플링(de-coupling)회로이다.

　C급 증폭기에 의한 주파수 체배는 컬렉터 효율 면에서 4체배 이상이 제한되고, 체배수가 큰 경우에는 체배기의 단수를 크게 해야 한다.

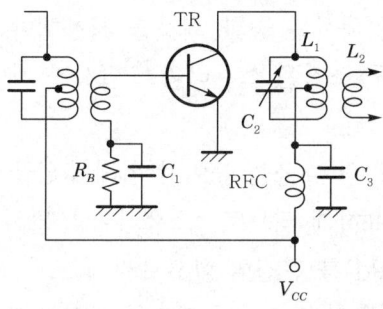

<그림 3-15> 주파수 체배 회로

(2) 바랙터 다이오드에 의한 체배

　바랙터 다이오드는 역바이어스 전압의 변화에 따라 정전 용량이 변화되는 가변 리액턴스 소자이다. 바랙터 다이오드의 용도로는 ① 전자 동조, ② 파라메트릭(parametric) 증폭, ③ 주파수 변환, ④ 주파수 체배, ⑤ 주파수 변조, ⑥ AFC(automatic frequency control) 회로 등이 있다.

　<그림 3-16>은 바랙터 다이오드를 사용한 주파수 체배 회로를 나타낸 것이다. 그림은 전류 여진형이라 하며, 비교적 낮은 차수의 체배에 적합하다. R_B는 바이어스용 저항이고, 아이들러(idler) 회로는 $n\omega$ 성분의 전류를 흘려 보냄으로써 일그러짐이 많은 전류 파형을 만들어 체배의 효율을 높이기 위해서 사용된다.

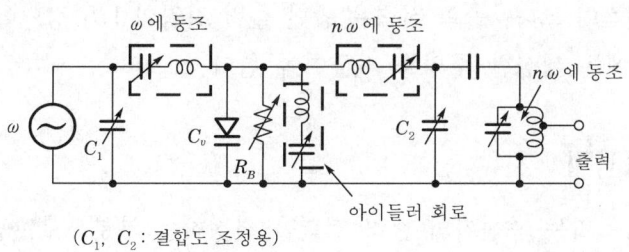

$(C_1, C_2 : 결합도 조정용)$

<그림 3-16> 바랙터 주파수 체배 회로

　그밖에 전압 여진형이 있는데, 이것은 과도한 여진 동작으로 한 번에 10~20체배도 가능하지만, 효율과 출력 전력 면에서는 전류 여진형이 우수하다.

3.4   여진 및 종단 전력 증폭기

전력 증폭기는 여진 및 종단 전력 증폭기로부터 고주파 입력을 강력하게 증폭시킴으로써 안테나에 고주파 전력을 공급하는 것이다. 트랜지스터의 베이스와 컬렉터 전극 사이의 용량 C_{bc}가 대출력 송신기에서는 고조파 회로의 증폭관에 사용되면 자기 발진이 생기게 된다. 이것을 방지하기 위해서는 중화 회로를 사용해야 한다.

특히 전력 증폭기의 요구 조건은 스퓨리어스 발사가 적어야 함은 물론 전력 효율도 좋아야 한다.

따라서 전력 증폭기는 전력 효율을 높이기 위해서 C급으로 동작시켜야 하며, C급을 사용하면 많은 고조파를 함유하게 되므로, 스퓨리어스 발사는 필연적으로 생기기 때문에 Q를 크게 하든가 차폐(shield)를 완전히 함으로써 고조파나 기생 진동 등의 방지 조치를 취해야 하고, 컬렉터의 LC 공진 회로에서 필요한 사인파 또는 피변조파를 만들어내야 한다.

이와 같은 목적의 LC 공진 회로를 **탱크**(tank) **회로**라고 한다. 체배 회로에서는 고조파를 얻는 것이 목적이지만, 탱크 회로는 피변조파를 재생해야 한다는 점에서 차이가 있다.

[1] 여진 전력 증폭기

여진 전력 증폭기(중간 전력 증폭기라고도 한다)는 종단 전력 증폭기를 여진하는 데 필요로 하는 충분한 전력까지 증폭시키기 위하여 사용되기 때문에 여진기(exciter, driver)라고도 한다. 효율을 높이기 위해서는 일반적으로 C급 증폭기가 사용되고 있지만, SSB에서는 AB급 또는 B급으로 동작시킨다. 회로의 구성에서는 주파수 체배기와 차이가 없지만, 동작상 다음과 같은 차이점이 있다.

① 입력과 출력이 동일 주파수이다. 따라서, 귀환에 의해 자기 발진이 생기기 쉽고 중화 (neutralization) 회로를 필요로 하는 경우도 있다.

② 취급하는 전력이 크다. 출력 전력은 종단 출력 전력의 1/5 정도이고, 열의 발생도 크기 때문에 방열에는 세심한 주의를 기울여야 한다.

[2] 종단 전력 증폭기

종단 전력 증폭기는 송신기의 출력 전력을 결정하는 부분으로, 필요한 출력 전력을 얻기 위해 사용된다. 취급하는 전력이 가장 클 뿐만 아니라 이 증폭기의 컬렉터 효율이 전기적 성능의 하나인 전력 효율을 좌우하기 때문에 가능한 한 컬렉터 효율이 높은 증폭기를 사용하는 것이 좋다.

전파 형식이 A1A, A2A나 고전력 변조의 A3E, F3E, G3E 등에서는 C급 동작,

J3E, R3E, H3E나 저전력 변조의 A3E 등에서는 AB급 또는 B급 동작의 전력 증폭기를 사용한다. 이 AB급, B급 증폭기는 직선 증폭기(linear amplifier)로서 C급 동작보다 일그러짐이 적다는 특징이 있다.

종단 전력 증폭기의 부하는 송신 안테나로서 임피던스 정합과 스퓨리어스 감소를 위해서 출력 결합 회로가 설치된다.

[3] 전력 증폭 회로

〈그림 3-17〉은 HF대 고전력 변조 방식에 의한 A3E 송신기에서 사용되는 여진 및 종단 전력 증폭 회로를 나타낸 것이다. 그림에서 TR_1과 TR_2는 모두 C급 증폭기(R_1과 R_2는 TR_1과 TR_2급 동작을 하도록 하는 바이어스용 저항이다)로 되어 있다.

TR_1에 변조 전력이 인가되는 저전력 변조 방식일 경우, TR_2는 피변조파를 충실히 증폭해야 하기 때문에 직선 증폭기가 되어야 한다. 이 경우 TR_2에는 베이스 전류를 흘려야 하므로, 정(+)의 바이어스를 인가해야 한다.

그림의 회로는 A1A, F3E 송신기에도 사용할 수 있으며, TR_2의 컬렉터에 접속된 회로는 출력(안테나) 결합 회로로서 입력 주파수에 동조(VC_2와 VC_3를 조정)를 취함과 동시에 안테나와의 임피던스 정합(VC_4를 조정)을 한다. 이 조정은 스퓨리어스나 출력 전력에 영향을 주기 때문에 주의해야 한다.

큰 출력 전력이 필요한 경우에는 동일 특성을 갖는 여러 개의 TR_2를 병렬로 접속하거나 여러 대의 송신기를 병렬로 접속하여 동작시킨다.

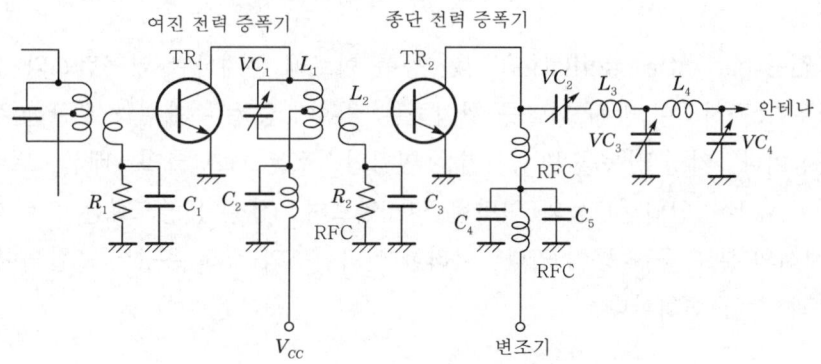

〈그림 3-17〉 여진 및 종단 전력 증폭 회로

[4] 증폭의 안정화

입·출력이 동일 주파수인 경우는 증폭이 불안정하게 되어 자기 발진이나 기생 진동이 생길 수 있기 때문에 중화 회로나 기생 진동 방지 회로를 사용하고 있다.

  자기 발진은 트랜지스터의 베이스와 컬렉터 사이의 극간 용량 C_0를 통하여 출력의 일부가 입력에 귀환되어 증폭 주파수와 가까운 주파수의 발진이 생기는 것으로, 주파수가 높아지면 C_0의 영향은 증대된다. 따라서, C_0에 의한 귀환 전압과 동진폭, 역위상의 전압을 가하여 C_0에 의한 귀환 전압을 상쇄시키면 자기 발진을 방지할 수 있다. 이것을 **중화**라 하며, 중화 회로는 〈그림 3-18〉(a)와 같다. 그림에서 C_N은 중화 콘덴서이며, 중화를 위한 평형 조건은 능동 소자의 영향을 무시할 경우 그림 (b)의 등가 회로에서

$$\left(\frac{1}{j\omega C_0}\right)j\omega L_2 = \left(\frac{1}{j\omega C_N}\right)j\omega L_1 \qquad \therefore \ C_N = \left(\frac{L_1}{L_2}\right)C_0 \tag{3.19}$$

가 된다.

  즉, C_N을 조정하여 평형을 이루게 함으로써 C_0의 영향을 줄이는 것이 중화 회로인 것이다.

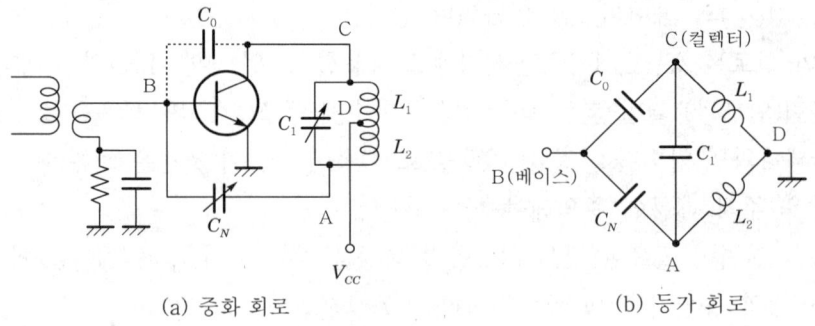

(a) 중화 회로   (b) 등가 회로

〈그림 3-18〉 중화 회로

  기생 진동(parasitic oscillation)이란 증폭 회로에 존재하는 인덕턴스와 정전 용량으로 공진 회로가 구성되어 발진 회로를 형성하는 경우에 증폭 주파수와 무관한 주파수로 발진하는 현상이다. 기생 진동을 발생시키는 인덕턴스로는 초크 코일, 배선, 트랜지스터의 리드선(lead wire ; 인입선) 등의 인덕턴스가 있으며, 정전 용량으로는 트랜지스터의 접합 용량, 배선의 분포 용량 등이 있다. 이러한 인덕턴스와 정전 용량이 조합되어 발진 주파수는 다음과 같이 변화한다.

(1) 낮은 주파수의 발진

  〈그림 3-19〉의 (a)에서 C_0와 초크 코일 RFC_1, RFC_2의 인덕턴스 L_1, L_2로 하틀리 발진 회로를 형성하는 경우에 발생되며, L_1과 L_2가 비교적 크기 때문에 발진 주파수가 낮아진다. 이를 방지하기 위해서는 $L_2/L_1(=h_{fe}$, 진폭 조건)를 크게 하든가 그림 (b)와 같이 L_1과 L_2에 병렬 또는 직렬로 저항을 넣어야 한다.

(2) 높은 주파수의 발진

〈그림 3-19〉의 (a)에서 C_0와 배선 또는 리드선에 의한 인덕턴스 L_3, L_4로 하틀리 발진 회로를 형성하는 경우에 발생되며, L_3와 L_4가 매우 적기 때문에 발진 주파수는 높아진다. 이를 방지하기 위해서는 L_4/L_3를 크게 하든가, 그림 (b)와 같이 기생 진동 방지 회로(L-R 병렬 회로)를 베이스와 컬렉터에 배선을 짧게 해서 접속해야 한다. 이 때 저항만으로도 효과를 기대할 수 있다.

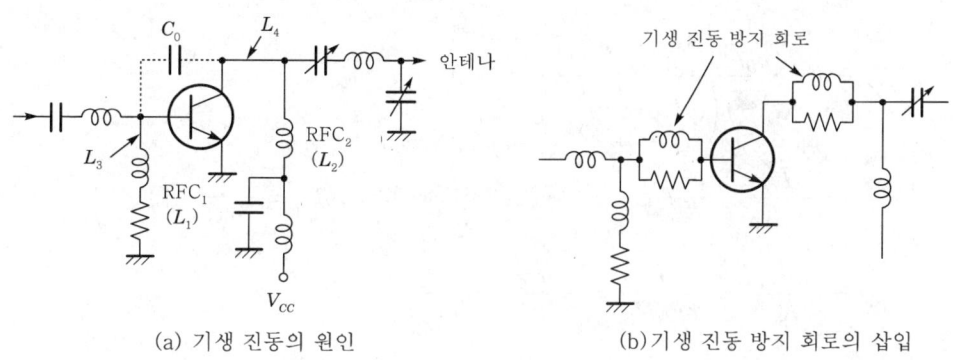

(a) 기생 진동의 원인   (b) 기생 진동 방지 회로의 삽입

〈그림 3-19〉 기생 진동의 원인과 방지책

이와 같이 기생 진동이 발생하면 발진 파형이 일그러지고 진폭을 변화시키며, 발사 전파에 잡음을 발생시켜 통신을 하는 데 지장을 주게 된다. 또한 주파수 대역폭이 넓게 되어 다른 통신에 혼신을 주고, 수신음이 탁해지며, 동조점이 일치하지 않는 경우도 있다.

[5] 출력 동조 회로(탱크 회로, 부하 회로)

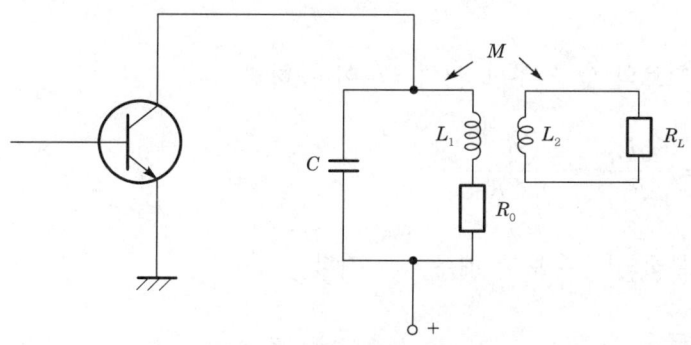

〈그림 3-20〉 부하의 결합

컬렉터의 공진 회로에 부하를 결합한 경우를 살펴보면 〈그림 3-20〉에서 $L_1 C$가 여진 주파수 f에 공진하고 있을 때 부하를 R_L, L_1과 L_2와의 상호 인덕턴스를 M이라 하면

1차 측 회로에 표시된 저항 R_0의 값은 코일 L_1의 직류 저항 r과 부하 회로에 의하여 치환되는 저항분 r_L(1차 측으로 반사된 임피던스)의 합이 된다.

(1) 무부하인 경우

무부하이거나 M이 매우 적은 소결합인 경우에는 $R_0 \fallingdotseq r$로 되기 때문에 부하 임피던스 Z_p와 회로의 Q는 각각 다음과 같이 된다.

$$Z_p = \frac{\dfrac{1}{j\omega C}(R_0 + j\omega L_1)}{R_0 + j\left(\omega L_1 - \dfrac{1}{\omega C}\right)}$$

$$= \frac{L_1}{CR_0} - j\omega L_1 \quad \left(\text{단, 공진 시에는 } \omega L_1 = \frac{1}{\omega C} \text{ 이므로}\right) \qquad (3.20)$$

$$Q = \frac{\omega L_1}{R_0} = \frac{1}{\omega C R_0} \fallingdotseq \frac{\omega L_1}{r} \fallingdotseq \frac{1}{\omega C r} \qquad (3.21)$$

이 경우, 회로의 Q를 무부하 시의 Q_0라고 한다.

(2) 부하가 접속된 경우

부하를 접속하고 밀결합(결합을 크게)하여 상호 인덕턴스 M을 크게 하면 공진 회로는 부하 회로의 임피던스의 영향을 받아서 상태가 변화한다. 이 때 R_0는 다음과 같이 공진 회로의 저항분 r_L을 포함한다. 즉,

$$R_0 = r + r_L = r + \frac{(\omega M)^2 R_L}{R_L{}^2 + (\omega L_2)^2} \qquad (3.22)$$

이 경우, 회로의 Q를 부하 시의 Q_L이라 하면

$$Q_L = \frac{\omega L_1}{R_0} = \frac{1}{\omega C R_0} \qquad (3.23)$$

로 되어, 무부하인 경우보다 매우 작아진다.

(3) 공진 회로의 효율

공진 회로에 주어지는 전력과 부하에 나타나는 전력의 비, 즉 공진 회로의 효율 η는 다음과 같이 정의된다.

$$\eta = \frac{Q_0 - Q_L}{Q_0} \times 100\,[\%] \tag{3.24}$$

여기서, Q_0는 무부하 시의 Q, Q_L은 부하 시의 Q이다.

보통 송신기에 사용되는 공진 회로는 $Q_0 = 150 \sim 300$, $Q_L = 10 \sim 20$ 정도가 된다. 공진 회로의 효율을 크게 하기 위해 Q_L을 적게 하면 송신기의 스퓨리어스 복사가 증가하여 전파의 질이 나빠지고, 반대로 Q_L을 크게 하면 공진 회로의 효율이 나빠져서 고주파 전력은 대부분 공진 회로의 열손실로 변환된다. 즉, 송신기가 부하(급전선이나 안테나)와의 정합이 잘 이루어지지 않으면 Q_L은 수십 정도로 증가하여 측파대의 감쇠가 증대되기 때문에 변조 특성에 영향을 준다.

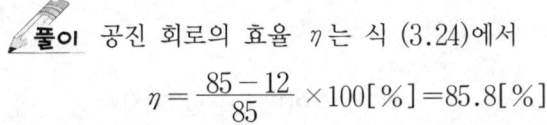

예제 5 무부하 시 증폭기 공진 회로의 Q가 85이고 부하를 걸었을 때의 실효 Q가 12라고 하면 이 공진 회로의 효율(η)은 얼마인가?

풀이 공진 회로의 효율 η는 식 (3.24)에서

$$\eta = \frac{85 - 12}{85} \times 100\,[\%] = 85.8\,[\%]$$

예제 6 송신기 출력관 입력 전압이 2000[V], 입력 전류가 100[mA]일 때 컬렉터 효율이 75[%]인 C급 증폭기가 있다. 부하에 공급되는 출력 전력은 얼마인가? (단, 컬렉터 회로의 Q가 무부하 시에는 100이고 부하 시에는 15이다.)

풀이 공진 회로의 효율 η는 식 (3.24)에서

$$\eta = \frac{100 - 15}{100} \times 100\,[\%] = 85\,[\%]$$

이므로,

출력 전력(P_0) = 입력 전력(P_i) × 컬렉터 효율(η_c) × 공진 효율(η)

　　　　　　 = 입력 전압(E_b) × 입력 전류(I_b) × η_c × η_p

　　　　　　 = $2000 \times 100 \times 10^{-3} \times 0.75 \times 0.85 = 127.5[\text{W}]$

3.5 결합 회로

신호원의 임피던스, 증폭기의 입·출력 임피던스 및 안테나의 임피던스는 일반적으로

다르기 때문에 송신기에서 고주파 에너지를 다음 단에 효과적으로 전송(전송 효율을 좋게 한다)하기 위해서는 각각의 임피던스를 정합시켜야 한다. 또한 송신기는 컬렉터 효율에 관계되기 때문에 증폭기는 B급 또는 C급으로 동작시켜야 한다. 따라서 출력에는 많은 고조파 성분이 포함되는데, 이것을 제거하기 위해서는 주파수 선택(필터) 작용이 필요하다(스퓨리어스를 작게 한다).

결합 회로에는 **입력 결합 회로**(신호원의 임피던스와 증폭기의 입력 임피던스의 정합용), **단간 결합 회로**(증폭기의 출력 임피던스와 다음 단 증폭기의 입력 임피던스의 정합용), **출력 결합 회로**(증폭기의 출력 임피던스와 안테나 임피던스의 정합용)가 있으며, 〈그림 3-21〉에 각 결합 회로의 배치도를 나타냈다.

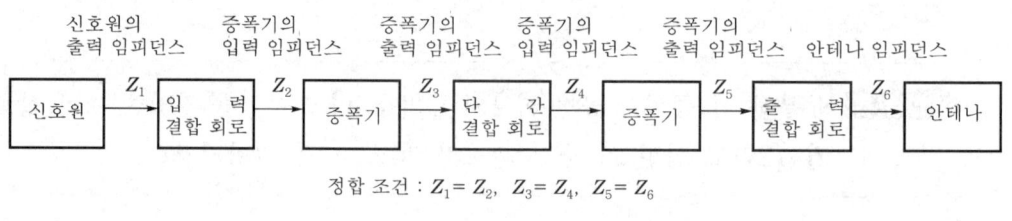

정합 조건 : $Z_1 = Z_2$, $Z_3 = Z_4$, $Z_5 = Z_6$

〈그림 3-21〉 결합 회로의 배치

〈그림 3-22〉는 각 결합 회로의 회로도를 나타낸 것이다. 결합 회로로는 용량 결합형, 유도 결합형, L형, T형, π형 및 이들을 종속 접속한 회로 등이 있으며, 주파수나 스퓨리어스 발사 강도의 허용치, 점유 주파수 대역폭 등을 고려하여 적당한 회로를 선택해야 한다.

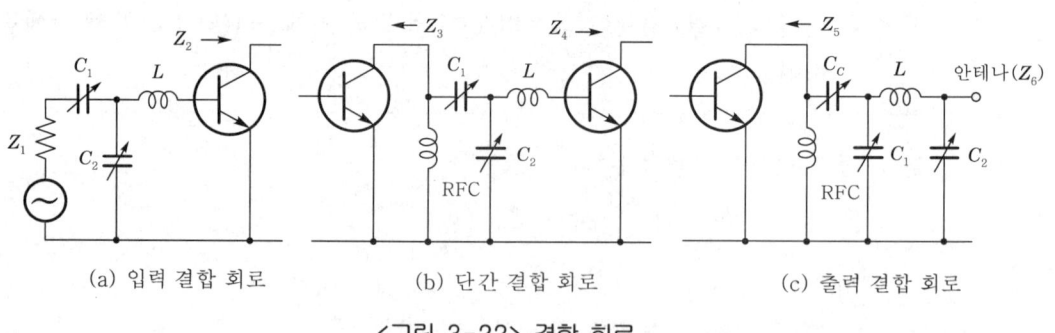

(a) 입력 결합 회로   (b) 단간 결합 회로   (c) 출력 결합 회로

〈그림 3-22〉 결합 회로

3.6 DSB 변조기

변조기는 신호파의 진폭에 따라 반송파의 진폭을 변화시키기 위해 사용되는 것으로, 변조 특성을 좌우하기 때문에 일그러짐, 직선성 및 잡음에는 충분히 주의해야 한다. 변조기

의 효율은 송신기의 전력 효율에 영향을 주기 때문에 고효율 변조 방식을 사용하는 경우가 많다.

[1] 변조 방식의 종류

신호 전력을 인가하는 피변조기의 전극에 따라 컬렉터(드레인, 플레이트) 변조, 베이스 (게이트, 그리드) 변조, 이미터(소스, 캐소드) 변조, 다이오드 변조 등이 있으며, 변조단 에 따라 저전력 변조, 고전력 변조, 미전력 변조(광의의 저전력 변조), 다단 컬렉터 변조 (각 단 증폭기의 컬렉터에 변조 전력을 동시에 인가하는 방법) 등이 있다.

한편, 변조 회로의 효율을 높이기 위한 고효율 변조 방식으로는 종단 B급 변조, 시렉스 (Chirex) 변조, PDM 방식, 도허티(Doherty) 증폭기 등이 있다. 이들 중 대표적인 것에 대하여 설명하기로 한다.

[2] 컬렉터 변조

(1) 원 리

〈그림 3-23〉 (a)는 컬렉터 변조의 원리도를 나타낸 것이다. 그림에서 트랜지스터를 C 급으로 동작시키고 컬렉터 전원 전압에 신호파 전력을 중첩함으로써 컬렉터 전류가 신호 파 진폭에 따라 변화한다. 이러한 컬렉터 전류에는 반송파, 상하측파대 및 고조파 등이 포함되어 있지만, 컬렉터에 접속된 동조 회로의 주파수 선택 작용에 의해 반송파와 상· 하측파대만을 추출하면 DSB파를 얻을 수 있다.

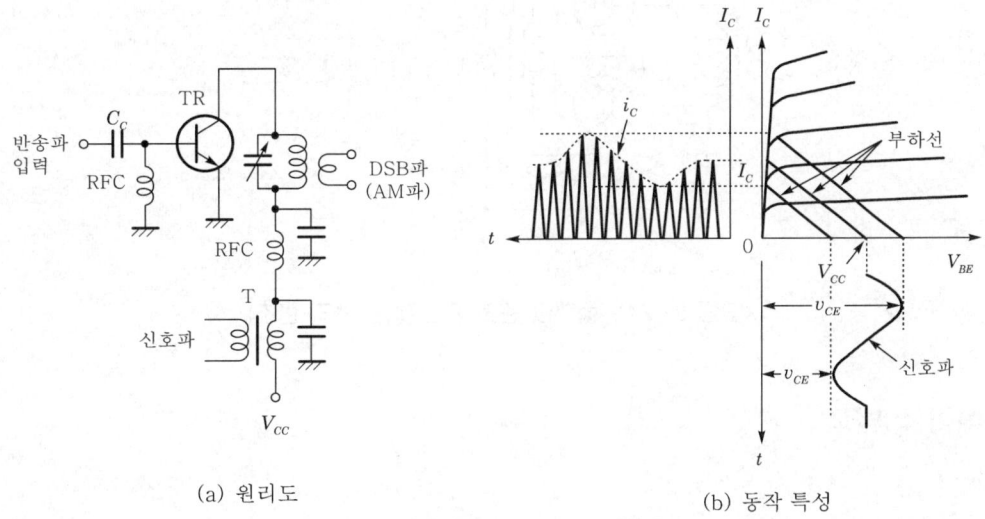

(a) 원리도   (b) 동작 특성

〈그림 3-23〉 컬렉터 변조의 원리도와 동작 특성

그림 (b)는 컬렉터 변조의 동작 특성을 나타낸 것이다. 컬렉터와 이미터 간 전압이 변화하면 그림과 같이 부하선이 이동하여 컬렉터 전류가 변화되고, 동조 회로 출력에 DSB 파가 얻어진다. 이 경우 베이스에는 충분한 진폭의 반송파를 인가해야 한다.

(2) 컬렉터 변조 회로

〈그림 3-24〉는 컬렉터 변조 회로의 한 예를 나타낸 것이다. 그림에서 TR_1은 피변조기로서 C급 동작, TR_2와 TR_3는 변조기로서 B급 푸시풀 증폭기이다. 또 Th는 서미스터로서 TR_2와 TR_3의 온도 상승에 의한 파괴를 방지하기 위하여 사용되며, T_1과 T_2는 각각 입력 및 출력 트랜스로 주파수 특성이 전송 대역에서 평탄한 것이 좋다.

컬렉터 변조는 깊은 변조가 가능하며, 직선성이 우수하고 일그러짐이 적기 때문에 대전력 중파 방송, 시민 라디오(생활 무전기), 항공 교통 관제소 등에 사용되고 있다. 변조기를 B급 푸시풀 증폭기로 동작시키는 것을 **종단 B급 변조**라 하는데, 이는 고효율 변조 방식의 하나이다. 또한, T_2를 초크 트랜스로 바꾼 것을 **하이싱(Heising) 변조**(또는 정전류 변조)라 하는데, 이는 간단한 송신기에 사용된다.

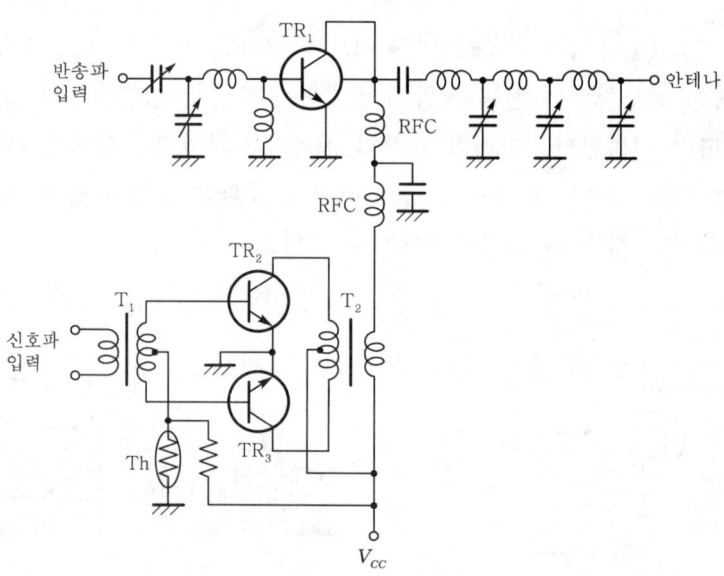

〈그림 3-24〉 컬렉터 변조 회로(종단 B급 변조)

[3] 베이스 변조

(1) 원 리

〈그림 3-25〉 (a)는 베이스 변조의 원리도를 나타낸 것이다. 그림과 같이 TR의 베이스에 반송파와 신호파를 동시에 가하여 비직선 증폭을 행하면 일그러진 컬렉터 전류를 얻을

수 있다. 이 전류 중에는 반송파, 상·하측파대 및 고조파 등이 포함되어 있기 때문에 컬렉터에 접속된 동조 회로에 의해 반송파와 상·하측파대만을 추출하면 DSB파를 얻을 수 있다. 그림 (b)는 베이스 변조의 동작 특성을 나타낸 것이다.

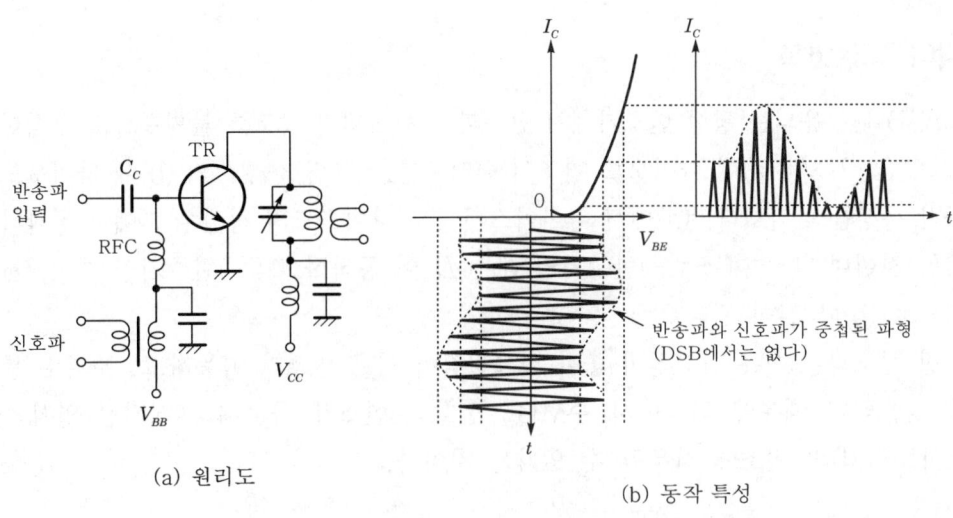

(a) 원리도

(b) 동작 특성

<그림 3-25> 베이스 변조의 원리도와 동작 특성

(2) 베이스 변조 회로

<그림 3-26>은 베이스 변조 회로의 한 예를 나타낸 것이다. TR_1은 피변조기로서 C급 증폭기이고, 반송파와 신호파를 중첩하여 베이스에 인가한다. TR_2는 변조기로서 일그러짐을 감소시키기 위하여 A급 증폭기로 동작시키고 있는데, B급 푸시풀 증폭기를 사용해도 된다.

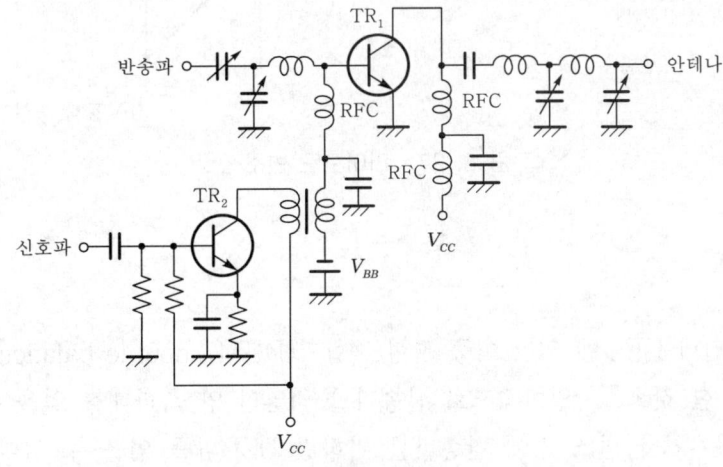

<그림 3-26> 베이스 변조 회로

베이스 변조는 전원 전압이나 바이어스 변동에 따라 특성이 변화하고 일그러짐이 커지기 때문에 조정하기는 곤란하지만, 변조 전력이 적고 변조 주파수 특성이 양호하다는 특징이 있다.

[4] 다이오드 변조

SSB에 사용되는 평형 변조기에서 반송파가 제거되지 않도록 불평형으로 구성한 것으로 〈그림 3−27〉의 (a)에 다이오드 변조의 원리도를, 〈그림 3−27〉의 (b)에 다이오드 변조의 동작 특성을 나타냈다. (a)에서 바이어스 V_A는 다이오드의 직선 부분에서 동작하도록 인가한 것이며, 반송파가 (+)반주기일 때는 D_1이 동작하고 (−)반주기일 때는 D_2가 동작하므로 (b)와 같이 된다.

이 변조의 특성은 직선성이 좋아 일그러짐이 적은 변조가 가능하고, 주파수 특성이 매우 양호하기 때문에 직류에서 수MHz 신호의 변조가 가능해 텔레비전 영상 신호(0∼4.5[MHz])의 변조에 사용될 수 있다는 것이다.

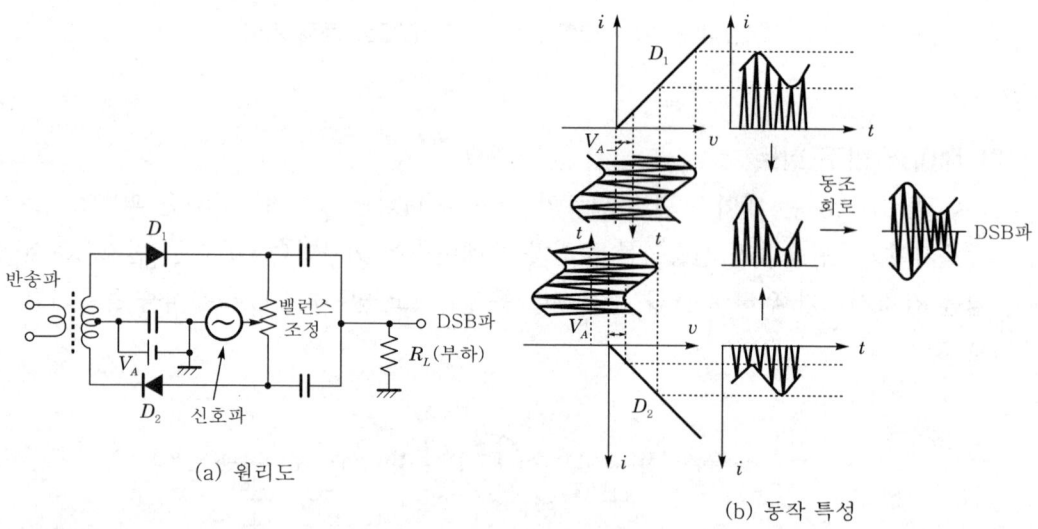

(a) 원리도

(b) 동작 특성

〈그림 3−27〉 다이오드 변조 회로

[5] 평형 변조

트랜지스터나 FET에 의한 이중 평형 혼합기(DBM ; double balanced mixer)의 비직선성을 이용한 것으로, 일반적으로 반송파를 억압한 양 측파대를 얻을 수 있지만 불평형으로 동작시키거나 변조 후에 반송파를 가하면 DSB파를 얻을 수 있다.

〈그림 3−28〉은 원칩 IC화된 DBM에 의한 변조기의 한 예를 나타낸 것이며, 반송파를

억압하지 않도록 신호파에 직류 오프셋을 걸어 준다.

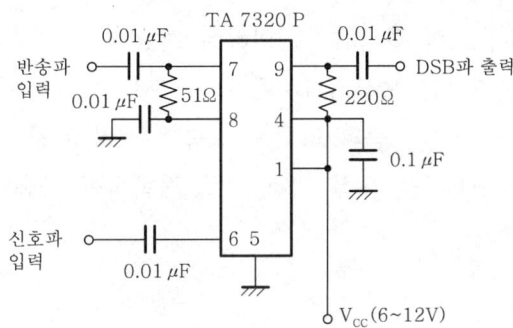

<그림 3-28> IC 평형 변조기

[6] 승산기에 의한 변조

반송파와 신호파의 곱을 만들어 사용하면 DSB파를 얻을 수 있다. 즉, 이것은 비직선 회로에 반송파와 신호파를 중첩하여 가하는 것과 등가이다. 〈그림 3-29〉는 IC화된 아날 로그 승산기에 의한 변조기의 한 예이다.

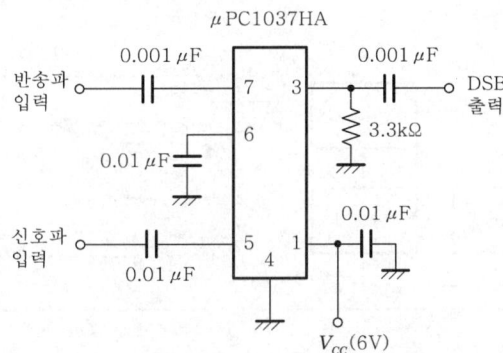

<그림 3-29> 승산기에 의한 변조기

[7] PDM 변조

앞에서 설명한 〈그림 3-1〉 (c)와 같이 $100 \sim 150[kHz]$의 부반송파를 삼각파 또는 톱날 파로 변환하여 신호파와 중첩시킨 후 일정한 레벨로 슬라이스하든가, 톱날파와 신호파를 비교기(전압 비교기)에 가하면 PDM파(PWM파)를 얻을 수 있다. 이러한 PDM파를 D 급(스위칭) 증폭한 후 LPF를 통과시키면 큰 진폭의 신호파가 된다.

한편, 반송파 발진기의 출력을 파형 정형 회로에서 구형파로 변환하고, 이것으로 피변

조기에서 신호파를 스위칭 증폭하면 PAM파를 얻을 수 있다. 이 PAM파를 BPF에 통과시킴으로써 DSB파가 얻어진다.

부반송파의 주파수는 표본화 정리에 의하여 최고 신호 주파수의 2배 이상으로 되어야 한다. 피변조기와 변조기는 모두 D급 증폭기이므로 고효율이고, 출력 10[kW]에서 70[%] 정도를 얻을 수 있으며, 중파 라디오 방송기에 자주 사용되고 있다. 여기에 사용된 D급 증폭기는 MOS-FET를 수십 개 병렬로 접속하여 사용한다.

[8] 정류 부귀환

DSB 송신기의 변조 특성(왜율, 잡음량 등)을 개선하기 위해서는 일반적으로 변조기에 국부 부귀환을 인가해야 하는데, 이것으로는 변조기 자체의 특성만 개선시킬 수 있다. 그러나 정류 부귀환(envelope feedback)은 DSB파의 일부를 직선 검파기로 검파하여 얻어지는 신호파를 변조기에 귀환시킴으로써 변조기와 피변조기의 특성을 개선시킬 수 있는 것이다.

〈그림 3-30〉에 정류 부귀환의 구성도를 나타냈다. 이때 직선 검파기에서 발생되는 일그러짐은 최소한이어야 하며, 신호 주파수의 변화에 의한 위상 회전으로 정귀환이 되지 않도록 주의해야 한다.

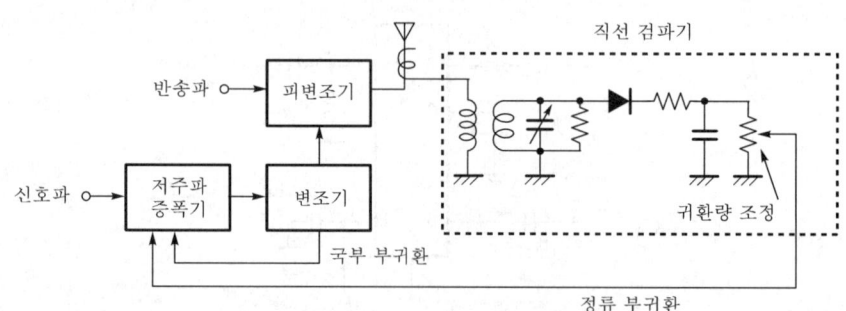

<그림 3-30> 정류 부귀환

4 송신기의 부속 회로

송신기를 동작시키려면 회로의 보호나 송신기 자체의 제어 및 조정을 위한 각종 부속 회로가 필요하다.

4.1 보안 회로(Preservation of Safe Circuit)

송신기는 고압을 사용하게 되므로 인명에 대한 보안 대책이 필요하다. 송신기 캐비닛 (cabinet)의 문을 닫을 때는 송신기에 양극 전원이 접속되어 정상 동작을 할 수 있도록 하고, 열릴 때는 개폐기나 계전기(relay) 등이 자동으로 열려 고압 회로가 끊어지도록 되어 있는 도어 스위치(door switch) 등의 회로나 송신기 외상을 접지한다든가 위험한 고압부는 동작중에 절대로 신체의 일부나 손 같은 부분이 닿지 않는 구조로 해야 한다. 즉, 고압을 사용하는 기기에는 절연 차폐, 접지된 금속 차폐체 내에 수용하여야 한다.

4.2 보호 회로(Protection Circuit)

[1] 과부하 계전기(over-load relay)

송신기의 동작이 정상 상태에서 벗어나든가 고장을 일으켜 과전류가 흐르면 기기가 파손될 우려가 있으므로 과부하 계전기를 놓으면 부하로 인해 어느 정도 이상의 전류가 흐를 때는 계전기가 동작하여 전원의 전자 개폐기가 열림으로써 과부하로부터 정류기를 자동으로 차단시켜 보호하는 것이다.

[2] 시한 계전기(time-limit relay)

계전기에 부속된 개폐기를 닫고 나서, 또는 동작을 시키고 나서 일정한 시간이 경과한 다음 계전기가 동작하여 제2의 개폐기를 자동으로 동작시키는 계전기이다. 예를 들면, 진공관용 송신기를 사용할 경우 히터 전원(A 전원)을 넣고 나서 일정한 시간이 경과한 후 양극 전원(B 전원)이 동작하도록 동작 시간의 지연을 위하여 사용하는 계전기이다.

[3] 퓨즈(fuse)

전원 계통에서 외부의 돌발적인 충격으로 인해 발생할지도 모르는 기기의 손상을 방지하기 위해 필요한 것이다. 또한 내부의 단락(short)으로 인한 과전류를 방지하기 위해서도 필요하다.

[4] 전자 개폐기(magnetic switch)

송신기의 전원을 넣었을 때는 푸시버튼(push-button)만 누르면 자동적으로 동작이 되도록 한 스위치로, 전자석의 작용을 이용한다.

[5] 수량 또는 풍량 계전기

냉각시키기 위한 수량이나 풍량이 충분할 때 동작시켜 가열되도록 하는 계전기이다.

[6] 부족 전압 계전기

그리드 바이어스 전압 등이 규정값이 되었을 때 계전기가 동작하여 양극 전압이 걸리도록 하는 계전기이다. 그렇지 못한 경우는 진공관이 파손될 염려가 있다.

[7] 부족 전류 계전기(최소 전류 계전기)

증폭기의 그리드 여진 전력이 부족하여 그리드 전류가 부족할 때 또는 최소한의 전류도 흐르지 못할 때 작동하는 계전기로, 규정값 이하의 전력일 때 동작하게 되어 있다.

4.3 제어 회로(Control Circuit)

일반적으로 통신 기기는 단향 통신 방식이 많이 사용되므로 송·수신 교환 장치 (break-in relay)를 필요로 하게 된다. 또한 대형 송신기에서 송신기와 조작부가 떨어져 있을 때 전원의 ON·OFF를 행하든가 원격 제어(remote control) 장치를 사용하게 된다. 이들은 주로 계전기를 사용하는데, 주파수 전환 장치, 전력 저하 장치 등도 제어 회로에 해당된다.

4.4 감시, 경보 회로(Watch, Alarm Circuit)

송신기가 동작하고 있을 때 정상적으로 동작을 하고 있는지를 감시한다든지, 내부에 고장이 생겼을 때 보호 장치가 동작함으로써 전원 회로를 차단함은 물론 동시에 경보 신호기를 동작시킴으로써 고장을 알리는 회로를 말한다.

감시 회로에는 파일럿 램프(pilot lamp)나 각종 미터(meter)류에 의한 것이 있고, 경보 회로에는 감시용 미터 계전기를 사용한 버저나 벨 또는 적색 램프 등이 있으며 무전압 계전기(no-voltage relay)도 경보 회로에 포함된다.

4.5 시험, 조정 회로(Experiment, Regulating Circuit)

송신기의 점검이나 고장 수리 후에 시험해 보기 위하여 사용되는 의사 안테나 회로와 송신 출력관을 보호하기 위하여 시험중에는 양극 전압을 내리도록 하는 보호 회로 및 각 부의 전압이나 전류를 간단히 점검할 수 있도록 한 체크 단자(check terminal) 등의 회로를 말한다.

4.6 냉각 설비

부속 회로에는 위에 기술한 것 이외에도 대형 송신기에는 냉각 설비로서 공랭 장치, 수냉 장치 및 증기 냉각 방식도 중요한 부속 설비가 된다.

5 AM 전신 송신기

AM 전신 통신 방식은 모르스(Morse) 부호로 반송파를 단속함으로써 행하는 통신 방식이며, 비교적 소전력으로 원거리 통신이 가능하기 때문에 A1A파는 선박국과 해안국 등의 통신에 이용되고 있다.

AM 전신의 전파 형식은 청각 수신의 경우에는 A1A와 A2A(자동 수신에서는 A1B와 A2B)가 있는데, A1A 송신기는 A3E 송신기에서 변조기 대신 전건 조작 회로가 필요하고, A2A 송신기는 변조기와 전건 조작 회로가 필요하다. A2A에서는 피변조파를 단속하는 방법과 톤(tone) 신호를 단속하는 방법이 있는데, 전자는 선박국이나 해안국 등에, 후자는 무선표지국 등에 사용된다.

5.1 A1A파와 A2A파

A1A파는 발진기에서 얻어진 반송파를 전건(key) K로 단속하여 얻어지므로 피변조파는 〈그림 3-31〉의 (c)와 같은 진폭 변조파로 된다. 이것은 DSB 송신기에서 신호파 대신 (a)의 같은 전신 파형을 이용하여 100[%] 변조를 행한 깃으로 생각힐 수 있다.

전건을 제어하여 전파를 발사하는 것을 **마크**(mark), 전건을 열어서 전파를 발사하지 않는 상태를 **스페이스**(space)라고 한다. 이 마크와 스페이스의 조합을 수동 전건 또는 키보드 등에 의해서 송신한다.

A2A파는 〈그림 3-32〉와 같이 마크 시의 포락선이 톤 신호에 의하여 변조되는 것으로, 스페이스 시에 전파가 발사되지 않는 A2A파(그림 (d))와 반송파가 발사되는 A2A파 (그림 (e))가 있다. 이것은 모두 수신기 출력에 톤 신호의 단속음이 나타나므로 비트 주파 발진기(BFO ; beat frequency oscillator)가 불필요하며, DSB 수신기로 수신할 수 있다는 이점이 있다.

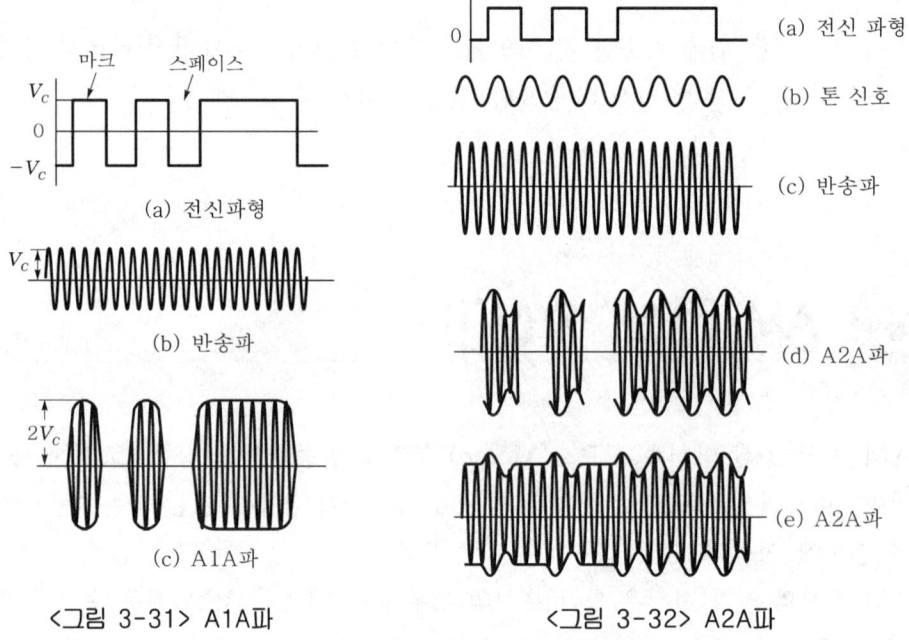

〈그림 3-31〉 A1A파   〈그림 3-32〉 A2A파

5.2 송신기의 구성

[1] A1A 송신기의 구성

〈그림 3-33〉은 중·단파대에서 사용되는 A1A 송신기의 구성도를 나타낸 것이다. 반송파의 전건 조작을 **키잉**(keying)이라 하고, 키잉하는 곳은 반송파를 단속할 수 있는 곳이면 어느 부분이든 상관없다. 그러나 키잉하는 부분에 따라 다음과 같은 현상이 발생되므로 가장 좋은 키잉 단을 선정해야 한다.

① 발진기를 키잉하면 주파수 안정도 및 발진 동작 시간이 문제가 된다.

② 발진기 후단에서 키잉하면 스페이스 시에 발진기 출력이 스퓨리어스로 될 수 있다.

③ 고전력단에서 키잉하면 큰 접점 전류 또는 고전압을 단속하므로 접점의 수명이나 위험도가 문제가 된다.

　일반적으로 저전력단에서 키잉된 A1A파는 포락선이 일정하므로 후단의 증폭기는 효율이 높은 C급 증폭기를 사용할 수 있다.

　〈그림 3-33〉의 A1A 송신기 구성도에서 발진기, 완충 증폭기, 여진 전력 증폭기 및 종단 전력 증폭기의 동작 등에 대해서는 DSB 송신기와 동일하므로 생략한다.

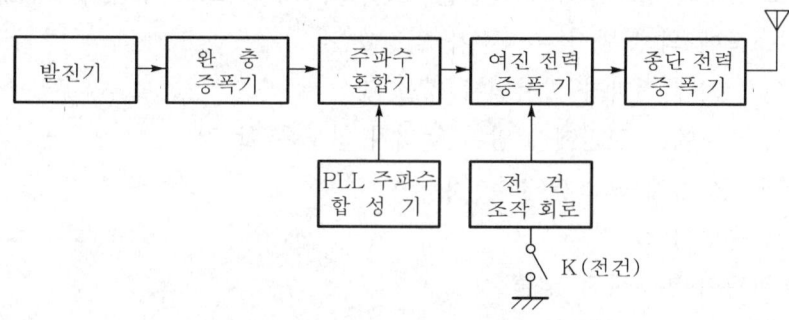

〈그림 3-33〉 A1A 송신기의 구성도

[2] A2A 송신기의 구성

　〈그림 3-34〉는 피변조파를 단속하는 중·단파용 A2A 송신기의 구성도를 나타낸 것이다. A2A파를 발생시키려면 톤 신호에 의해 변조된 피변조파를 키잉하면 된다. 키잉은 전건 조작 회로를 이용하여 행하는 것으로 어느 단이든 가능하다. 톤 신호에 의한 변조는 여진 전력 증폭기나 종단 전력 증폭기에서 행하는 것이 일반적이며, 변조 방식은 이미 설명한 DSB 변조 방식을 사용하면 된다.

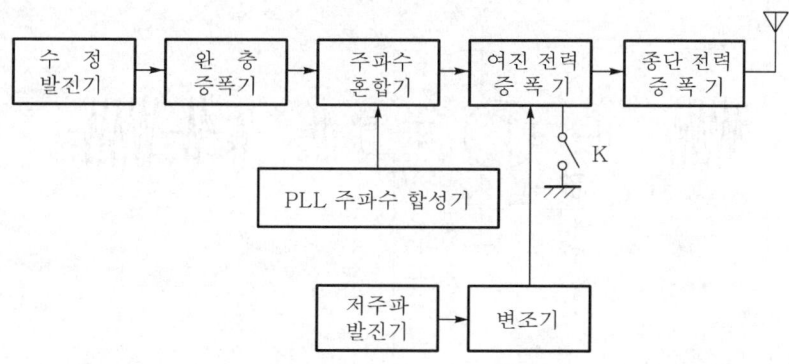

〈그림 3-34〉 A2A 송신기의 구성도

　무선설비규칙에서는 톤 신호 주파수는 선박국에서 450[Hz] 이상, 무선 표지국에서 1020[Hz], 변조도는 선박국에서 70[%] 이상, 무선 표지국에서 80[%] 이상으로 규정하고 있다.

[3] 전건 조작 회로

(1) 전건 조작의 조건

　일반적으로 전건 조작 회로에 필요한 조건은 다음과 같다.

① 통신 속도를 빠르게 할 것
② 고속도 통신에서도 동작이 확실할 것(마크, 스페이스가 누락되지 않을 것)
③ 전건 조작에 의해 발사 주파수가 일정할 것
④ 스페이스 시에 전파가 발사되지 않을 것
⑤ 스페이스 시에는 전건에 고압이 걸리지 않도록 할 것
⑥ 키 클릭 등 장애 요소가 없을 것
⑦ 접점의 수명이 길 것
⑧ 이상 파형이 발생하지 않을 것
⑨ 취급이 용이하고 안전할 것

(2) 전건 조작 회로의 종류

　다음에 대표적인 전건 조작 회로에 대해서 설명한다.

① 컬렉터 제어 방식

　〈그림 3-35〉와 같이 증폭기(또는 발진기)의 컬렉터에 전건 또는 릴레이(relay ; 계전기)를 삽입하여 컬렉터 전류를 모르스 부호에 따라 단속하는 방법으로, 소전력용이다. 고전력단에서는 전건에 고전압이 걸리고 대전류가 흘러 불꽃(spark)에 의한 접점 불량이 발생되므로 릴레이를 사용한다. 그림에서 전건에 병렬로 들어 있는 C와 R은 불꽃 소거용이다.

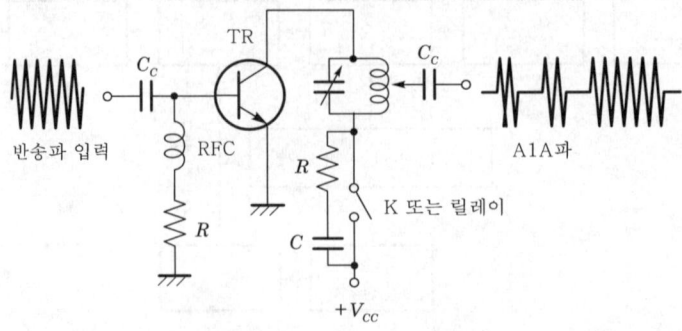

〈그림 3-35〉 컬렉터 제어 방식

② 이미터 제어 방식

　〈그림 3-36〉과 같이 증폭기(또는 발진기)의 이미터에 전건 또는 릴레이를 삽입하여 이미터 전류를·단속하는 방법으로, 대전력용이다. 전건을 개방시키면 접점에 고압이 발생되므로 안전성 및 접점 수명 면에서 전건 대신 릴레이를 이용하거나 트랜지스터의 내부 저항의 변화를 이용하는 경우도 있다.

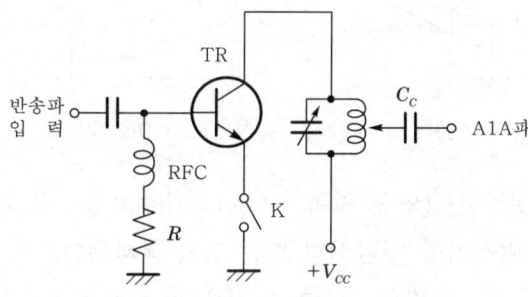

〈그림 3-36〉 이미터 제어 방식

③ 베이스 제어 방식

　〈그림 3-37〉과 같이 증폭기의 베이스에 전건 또는 릴레이를 삽입하여 베이스 전류를 단속하는 방법이다. 그림에서 전건 K를 베이스에 삽입할 때 C급 바이어스가 걸리도록 R_1을 선정하고, K를 개방했을 때 컬렉터 전류가 0이 되도록 V_{BB}를 결정한다. 이 방식은 K의 접점 전류도 작고 대전력의 제어가 가능하므로 자주 사용된다.

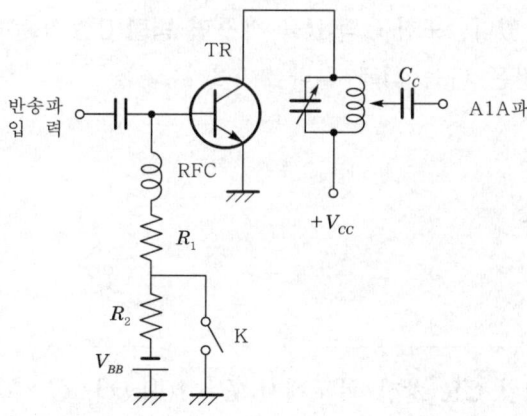

〈그림 3-37〉 베이스 제어 방식

[4] 톤 발진기

　톤 발진기는 여러 가지 종류의 정현파 발진기를 사용해도 되지만, 일그러짐이 적고 발진 주파수가 안정된 것을 사용하는 것이 좋다. 일반적으로는 CR 발진기가 사용되며, CR

발진기로는 이상형, 터만(Terman)형 및 빈 브리지(Wien bridge)형 등이 있는데 여기서는 이상형에 관해서만 설명한다.

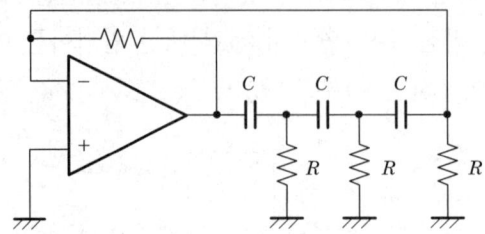

<그림 3-38> 톤 발진기(CR 이상형)

<그림 3-38>은 OP 앰프(연산 증폭기 ; operational amplifier)를 이용한 CR 발진 회로의 한 예이다. 이 발진기를 **병렬 R형** 또는 **고역 통과형**이라고 한다. 이 회로에서는 CR에 의한 이상 회로의 입·출력의 위상차가 180°가 되는 주파수 f로 발진하고, 발진 조건은 이득을 A라 할 경우

$$A = 29(\fallingdotseq 29.2\,[\mathrm{dB}]) \tag{3.25}$$

$$f = \frac{1}{2\pi\sqrt{6}\,CR} \tag{3.26}$$

로 된다.

발진 주파수는 C와 R로 결정되어 R을 가변 저항, 또는 C를 바리콘으로 하면 발진 주파수를 변화시킬 수 있다. 또한 C와 R을 바꾸면 **병렬 C형** 또는 **저역 통과형**이라고 한다. 이 경우의 발진 조건은 다음 식과 같다.

$$A = 29 \tag{3.27}$$

$$f = \frac{\sqrt{6}}{2\pi CR} \tag{3.28}$$

예제 7 병렬 R형 CR 발진 회로에서 $R = 10[\mathrm{k\Omega}]$, $C = 0.001[\mu\mathrm{F}]$일 때의 발진 주파수를 구하라.

풀이 병렬 R형 CR 발진 회로의 발진 주파수는 식 (3.26)에 의해

$$f = \frac{1}{2\pi\sqrt{6}\,RC} = \frac{1}{2\pi\sqrt{6} \times 10 \times 10^3 \times 0.01 \times 10^{-6}} \fallingdotseq 6.5[\mathrm{kHz}]$$

5.3 통신 속도

[1] 보(baud)

모르스 부호는 단점과 장점(단점의 3배의 길이) 및 스페이스로 구성되며, 문자에 따라 그 구성이 달라지므로 통신 속도를 나타내는 데 적절하지는 않다. 이 때문에 가장 짧은 구성 단위인 1단점이 전송되는 시간 τ[초]의 역수를 통신 속도(b)로 정의하고 있다. 즉

$$b = \frac{1}{\tau} \quad [\text{단위는 baud}] \tag{3.29}$$

로 되는데, 이것은 1초 동안에 전송할 수 있는 단점의 수를 나타낸다.

〈그림 3-39〉에서 단점과 스페이스의 합이 주기 T이므로 반복 주파수를 f_p라고 하면

$$T = 2\tau = \frac{1}{f_p}, \qquad f_p = \frac{1}{2\tau} = \frac{b}{2} \tag{3.30}$$

가 된다.

이와 같은 단점의 연속된 신호를 **도트 신호**(dot signal)라고 하는데, 이는 상당히 높은 주파수 성분을 포함하고 있다. 따라서 도트 신호의 반복 주파수 f_p는 통신 속도 b의 1/2 이다.

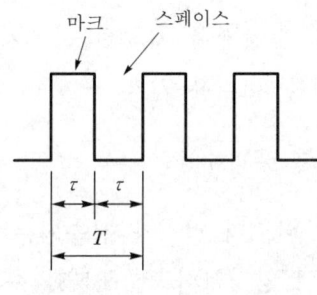

〈그림 3-39〉 도트 신호

통신 속도는 1문자당 단점의 수(구성 단위의 수) n에 1초당 문자 수 l을 곱한 것이므로

$$b = n \cdot l \quad [\text{baud}] \tag{3.31}$$

로 표현된다,

여기서 n은 문자에 따라 다르기 때문에 실제 통신에서 통계적으로 구한 것을 이용한다. 즉, 한글인 경우에는 8.0, 구문인 경우에는 8.0~8.5이다.

l의 값은 1분당 문자 수 L을 이용하는 것이 일반적이기 때문에

$$b = \frac{n \cdot L}{60} \ [\text{baud}] \tag{3.32}$$

로 된다.

예를 들어, 한글에서 통신 속도가 25[baud]일 경우 식 (3.32)로부터 $25 = 8.0 \times L/60$이 되므로

$$L = \frac{25 \times 60}{8.0} \fallingdotseq 188 \ [\text{문자}/\text{분}]$$

을 의미한다.

A1A파 및 A2A파의 점유 주파수 대역폭 BW는 b를 이용하여 나타내면

$$BW = 2 \times 21 f_b = 21 \cdot b \quad \text{(A1A)} \tag{3.33}$$

$$BW = 2 f_q + 3b \qquad \text{(A2A, 〈그림 3−32 (d)〉)} \tag{3.34}$$

로 된다.

여기서, f_q는 가청 주파수이다. 식 (3.33), (3.34)에서 통신 속도 b가 빨라지면 대역폭 BW가 넓어진다.

[2] 비트율

비트율(bit rate)은 디지털 통신에서 사용되는 통신 속도이며, 단위는 bps(bit per second) 또는 b/s를 사용한다. 비트율 R은

$$R = (\text{비트 수}) \times (\text{표본화 주파수}) \tag{3.35}$$

로 표시되고, 1초 동안에 몇 비트의 펄스가 전송되는가를 나타낸다.

예를 들면, 신호를 16비트로 양자화하고, 표본화 주파수를 48[kHz]로 하면 비트율은 식 (3.35)에서 $R = 16 \times 48 \times 10^3 = 768,000[\text{bps}] = 768[\text{kbps}]$로 된다. 실제로는 비트 에러율(error rate)을 감소시키기 위하여 정보 비트 이외에 용장 비트(에러 정정 부호)를 부가하므로 비트율은 768[kbps]보다 증가하게 된다.

PCM−PSK 방식에서는 통신 속도 b와 비트율 R의 관계는 $b = R/N$이 된다. 여기서 N은 2^N치 PSK를 나타낸다. 따라서 2PSK(2치 PSK)에서는 $N=1$이므로 $b=R$이 되지만, 고밀도 PSK에서는 이들이 일치하지 않는다. 위의 예를 8PSK(8치 PSK)로 행하면 $N=3$이므로 $b = 768\text{k}/3 = 256[\text{kbaud}]$가 된다.

1 AM 송신기의 기본 구성도를 그리고, 그 동작 원리를 설명하라.

2 <그림 3-40>과 같은 4단 체배 증폭기를 가진 VHF 송신기가 있다. 주파수 체배를 필요로 하는 이유와 이 송신기의 송신 주파수가 162[MHz]일 때 X-tal의 발진 주파수와 체배 과정을 설명하라. (단, X-tal은 4.5[MHz]에 있다.)

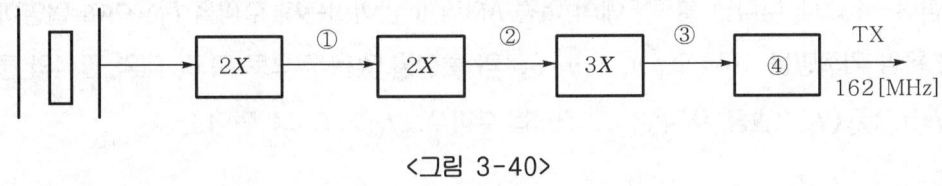

<그림 3-40>

3 <그림 3-41>에 나타낸 하틀리 발진 회로는 어떠한 위상 관계로 발진하는가를 간단히 설명하라. 또 콘덴서 C_1과 C_2, 저항 R_1과 R_2의 역할에 대하여 기술하라.

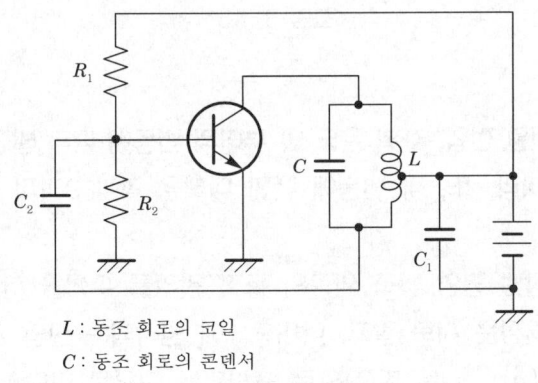

L : 동조 회로의 코일
C : 동조 회로의 콘덴서

<그림 3-41>

4 <그림 3-42>는 수정 진동자를 등가 회로로 바꾸어 나타낸 발진 회로이다. 이 발진 회로와 수정 진동자의 공진 주파수와 임피던스의 관계를 도시하고, 발진하는 발진 주파수의 범위를 설명하라. 또, 이 발진 회로의 주파수 변동을 작게 하기 위한 방법을 3가지 열거하라.

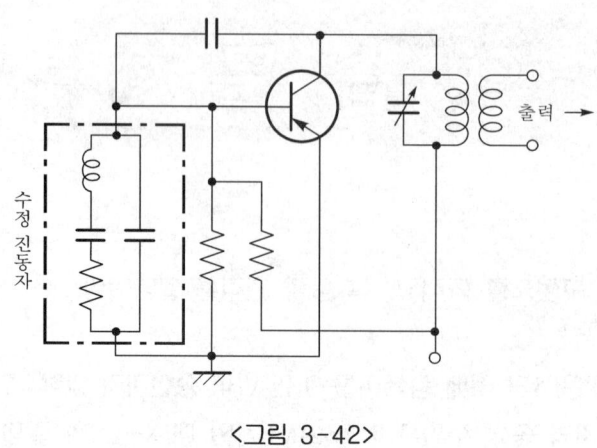

<그림 3-42>

5 <그림 3-43>에 나타낸 블록도에서 어떤 AM파가 얻어지는지 수식을 사용하여 설명하라. (단, 제곱 특성 회로망은 $v_0 = a_1 v_i + a_2 v_i^2$의 특성을 갖는 것으로 하고, 대역 필터의 통과 대역은 $f_c \pm 2f_s (f_c$: 반송 주파수, f_s : 신호 주파수, $f_c \gg f_s$)로 한다.)

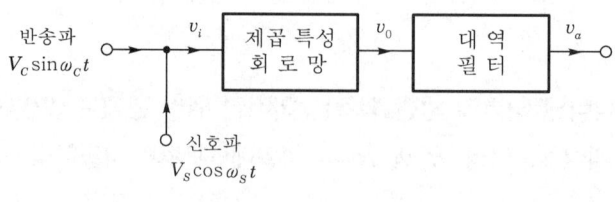

<그림 3-43>

6 수정 발진 회로에서 전원 전압, 주위 온도 및 부하의 변동에 따라 발진 주파수가 변동하는 이유를 각각 간단히 설명하라. 또, 각 변동에 대한 대책을 각각 3가지 들어라.

7 <그림 3-44>에 나타낸 평형 변조 회로의 동작 원리를 수식을 사용하여 설명하라. (단, 다이오드 D_1과 D_2의 특성은 서로 같고, 다이오드에 인가되는 전압 v와 그 출력 전류 i의 관계는 $i = a_1 v_1 + a_2 v^2 (a_1, a_1$는 정수)으로 표시되는 것으로 한다.)

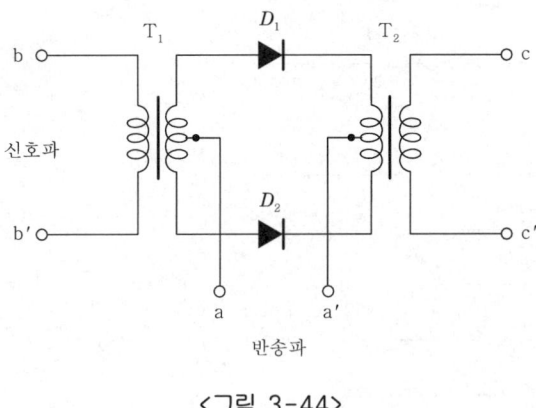

<그림 3-44>

8 무선 송신기에서 수정 발진부의 발진 주파수를 안정하게 유지하기 위한 구체적인 방법을 5가지만 열거하라.

9 PLL 방식을 설명하고, 이 방식에 응용되는 장비들을 열거하라.

10 완충 증폭기와 주파수 체배기를 비교하여 설명하라.

11 무선 송신기의 고주파 전력 증폭기에 있어서 다음 물음에 답하라.
(1) 전압 이용률, 전류 이용률 및 컬렉터 효율을 식을 이용하여 설명하라.
(2) 일반적으로 C급 증폭기가 사용되는데, 출력 전압에 일그러짐이 적은 이유를 설명하라.

12 종단 전력 증폭기 회로를 설명하라.

13 송신기에 설치되는 보호 회로에 대하여 설명하라.

14 양질의 통신을 행하기 위한 무선 전신 송신기의 전건 조작에서 요구되는 사항을 기술하라.

15 AM 전신 송신기에서 전신 파형의 이상 현상을 예를 들고, 그 방지책을 설명하라.

16 한글에서 통신 속도가 24[baud]인 경우 1분당 전송되는 문자의 수를 구하라.

MEMO

전자통신기기

제 4 장 •••••

AM 수신기

1 수신기의 조건

    수신기(receiver)는 공간을 전파해 오는 수많은 전파를 안테나에 유기시켜 그 중에서 희망하는 전파만을 선택한 후 증폭, 검파(복조)하여 원래의 신호로 재생시키는 장치이다.

    수신기는 일반적으로 감도(sensitivity), 선택도(selectivity), 충실도(fidelity) 및 안정도(stability)가 좋아야 하고, 잡음(noise)이나 왜곡(distortion)이 적어야 하며, 구조가 견고하고 취급이 용이하여야 한다. 즉, 수신기의 일반적인 조건을 정리하면 다음과 같다.

① 도래 전파가 미약한 경우에도 수신할 수 있도록 감도가 우수할 것

② 타 통신의 혼신 방해를 받지 않기 위하여 선택도가 충분히 높을 것

③ 안정도가 좋을 것

④ 페이딩에 대한 대책이 충분할 것

⑤ 잡음이 가능한 한 적을 것

⑥ 전화인 경우에는 충실도가 좋을 것

⑦ 구조가 견고하고 취급이 간단할 것

2 수신기의 구성

    수신기는 일반적으로 회로 방식에 따라 스트레이트(straight) 방식과 슈퍼헤테로다인(super-heterodyne) 방식이 있다.

스트레이트 방식은 희망파를 고주파 증폭기(고주파 증폭기가 없는 경우도 있다)로 증폭한 후, 그대로 검파하여 증폭함으로써 신호파를 얻는 방식이다. 이 방식은 구성이 간단하지만 감도, 선택도 및 안정도가 좋지 않기 때문에 현재는 거의 사용되지 않는다.

한편, 1920년 Armstrong에 의해 발명된 슈퍼헤테로다인 방식은 희망파를 증폭한 후, 중간 주파수로 주파수 변환하여 증폭한 후 검파하고 증폭하는 방식이다. 이 방식은 감도, 선택도 및 안정도가 우수하기 때문에 현재는 거의 이 방식을 사용하고 있다.

2.1 슈퍼헤테로다인 수신기의 구성

싱글 슈퍼헤테로다인(single super-heterodyne) 수신기는 〈그림 4-1〉과 같이 주파수 변환기(frequency converter)를 1개 사용하여 희망파를 일정한 중간 주파수로 변환하는 방식으로, 다음과 같이 구성되어 있다.

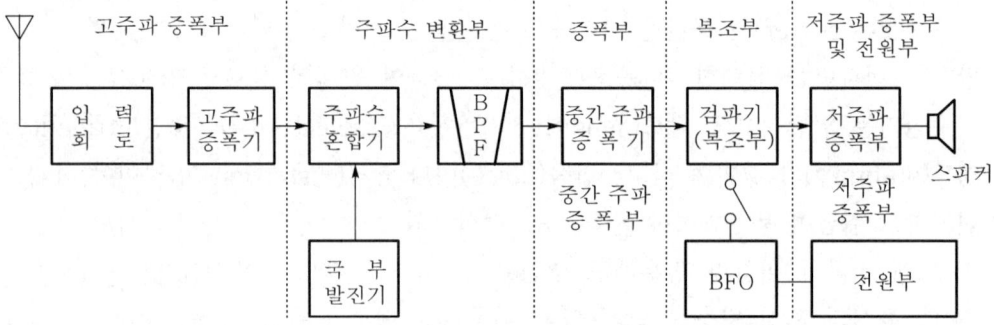

〈그림 4-1〉 싱글 슈퍼헤테로다인 수신기의 구성도

[1] 고주파 증폭부

고주파 증폭부는 입력 회로와 고주파 증폭기로 구성되며, 수신 가능한 전파의 최저 전계 강도를 결정한다.

(1) 입력 회로

수신 안테나와 고주파 증폭기의 임피던스 정합(impedance matching)을 하는 부분으로, 희망파를 선택하는 동조 회로 또는 BPF이다. 임피던스 정합 작용으로 반사파(정재파) 발생을 방지하여 고주파 증폭기에 최대 전력을 전달하고, 불요파 수신을 방지하여 SN비를 개선한다.

(2) 고주파 증폭기(RF ; radio frequency amplifier)

미약한 전파를 저잡음 증폭기로 증폭하여 수신 감도를 향상시키고, 수신기 전체의 SN 비를 결정하는 전치 증폭기(pre-amplifier)의 역할을 한다. 또, 고주파 증폭기의 동조 회로의 Q를 크게 함으로써 영상 주파수 선택도를 개선하고, 국부 발진기에서 나오는 불요파가 수신 안테나를 통하여 복사되는 것을 방지하는 완충 증폭기의 역할을 겸하고 있다.

[2] 주파수 변환부(frequency converter)

무선 주파수의 신호 입력을 주파수가 낮은 중간 주파수(IF ; intermediate frequency)로 변환하여 안정된 증폭과 주파수 선택 작용을 용이하게 하는 부분으로, 주파수 혼합기, 국부 발진기 및 BPF로 구성되며, 슈퍼헤테로다인 수신기에만 있는 특유의 부분이다.

(1) 주파수 혼합기(MIX ; frequency mixer)

희망파와 국부 발진파를 혼합하여 합 또는 차의 주파수(이것을 **중간 주파수**라 한다)를 만들어 내는 회로로, 저잡음이어야 한다.

(2) 국부 발진기(LO ; local oscillator)

중간 주파수를 만들기 위한 반송파(무선 주파) 발진기로서 안정성이 요구된다. 일반적으로 주파수 혼합기와 국부 발진기를 **주파수 변환기**라고 한다.

(3) 대역 통과 필터(BPF ; band pass filter)

최근 슈퍼헤테로다인 수신기에서 주파수 선택도를 높이기 위해 많이 사용되고 있으며 통과 대역 외에서는 예리한 차단 특성이 필요하다.

[3] 중간 주파 증폭부

중간 주파수로 변환된 신호를 증폭하는 부분으로, 수신기 전체의 이득을 대부분 차지하고 있으며, 근접 주파수 선택도를 향상시키는 부분이다.

중간 주파 증폭기(IF ; intermediate frequency amplifier)는 주파수 선택도를 개선하기 위하여 동조 회로가 사용되는데, 이는 여러 단 종속 접속으로 구성된다.

[4] 복조부

중간 주파수에서 가청 주파수인 원래의 신호를 얻는 부분으로, 검파기와 비트 주파수 발진기로 구성된다.

(1) 검파기(DET ; detector)

중간 주파에서 원래의 신호파를 얻는 회로로, 전화나 A2A파의 전신인 경우 복조부를 단순히 검파기라고도 한다. 검파기는 일그러짐이 적은 것이 좋다.

(2) 비트 주파수 발진기(BFO ; beat frequency oscillator)

SSB파나 A1A파를 검파할 때에 필요한 반송파 발진기로서 안정된 것이 좋다.

[5] 저주파 증폭부

저주파 증폭기(AF ; audio frequency amplifier)는 스피커, 수화기 등을 구동시킬 수 있는 레벨까지 신호파를 증폭하는 부분으로, 다단으로 구성되며 일그러짐이 적은 것이 좋다.

[6] 전원부

수신기의 각 부와 보조 회로의 동작에 필요한 전력을 공급하는 부분이다.

한편, 이중 슈퍼헤테로다인(double super-heterodyne) 수신기는 〈그림 4-2〉와 같이 주파수 변환기를 2개 사용하여 두 종류의 중간 주파수로 변환하는 방식이다. 이 수신기에서 주파수 변환을 하면 영상 주파수 방해(혼신)가 발생되지만, 이 방해는 중간 주파수를 높게 하면 감소시킬 수 있으나 근접 주파수 선택도가 저하된다. 따라서 제1 주파수 변환기에서 높은 중간 주파수를 만들고, 제2 주파수 변환기에서 낮은 중간 주파수를 만들어 영상 주파수 선택도와 근접 주파수 선택도를 모두 개선한 이중 슈퍼헤테로다인 수신기가 많이 사용되고 있다.

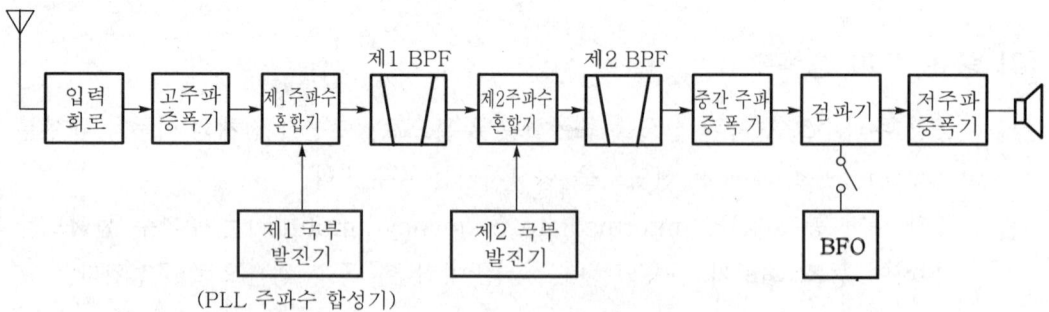

〈그림 4-2〉 이중 슈퍼헤테로다인 수신기의 구성도

이중 슈퍼헤테로다인 수신기에는 제1 국부 발진 주파수를 가변으로 하고 제2 국부 발진 주파수를 고정하는 방식, 제1 국부 발진 주파수를 고정으로 하고 제2 국부 발진 주파수를

가변으로 하는 방식, 제1 국부 발진 주파수를 가변(PLL 주파수 합성기 사용)으로 하고 제2 국부 발진 주파수를 고정하는 방식 등이 있으나, 현재는 세 번째의 방식이 주로 사용되고 있다.

2.2 슈퍼헤테로다인 방식의 특징

슈퍼헤테로다인 방식은 스트레이트 방식에 비하여 다음과 같은 특징을 갖는다.

① **근접 주파수 선택도가 양호하다** : 주파수 변환기를 사용하여 희망파를 일정한 중간 주파수로 변환함과 동시에 차단 특성이 우수한 BPF를 사용하기 때문에 근접 주파수 선택도가 양호해진다.

② **수신 주파수에 의한 대역폭의 변화가 없고, 임의의 대역폭을 얻을 수 있다** : 중간 주파수가 일정하기 때문에 수신 주파수에 의한 대역폭의 변화가 없으며, 전파 형식마다 BPF를 전환할 수 있기 때문에 필요한 대역폭을 얻을 수 있다.

③ **감도가 양호하다** : 저잡음 고주파 증폭기를 사용하고, 낮은 중간 주파수를 사용하므로 안정된 고이득 증폭이 가능하기 때문에 감도가 양호하다.

④ **수신기의 출력 변화가 적다** : 수신 전계 강도가 변화하더라도 AGC 회로의 사용으로 수신기의 출력 변화가 적다.

⑤ **영상 주파수 방해를 받는다** : 주파수 변환에 의해 발생되는 것으로, 슈퍼헤테로다인 방식에서만 발생되는 특유의 방해이다. 영상 주파수(image frequency) f_{im}은 희망파 f_r에서 중간 주파수 f_i의 2배 차이를 갖는 주파수로, 상측 헤테로다인 방식에서는 $f_{im}=f_r+2f_i$, 하측 헤테로다인 방식에서는 $f_{im}=f_r-2f_i$ 로 된다.

⑥ **주파수 변환에 따르는 혼신 방해와 잡음이 많다** : 스퓨리어스 리스폰스(spurious response)에 의한 혼신 방해나 변환 잡음이 많다.

예제 1 우리나라에서 표준 방송에 사용되는 슈퍼헤테로다인 수신기에 대하여 다음 물음에 답하라.

(1) IF(중간 주파수)가 455[kHz]이고 1100[MHz]의 방송을 수신하고자 할 때 국부 발진 주파수는 얼마인가?

(2) 이 방송에 수신이 방해되는 영상 주파수는 얼마인가?

(3) 영상 주파수의 혼신을 방지하기 위한 대책을 열거하라.

 풀이 (1) 국부 발진 주파수(f_l)＝수신 주파수(f_r)±중간 주파수(f_i)에서 우리나라의 표준
방송은 상측 헤테로다인 방식이므로

$$국부 발진 주파수(f_l)=1100[\text{kHz}]+455[\text{kHz}]=1555[\text{kHz}]$$

(2) 영상 주파수(f_{im})＝수신 주파수(f_r)±2×중간 주파수(f_i)에서

$$f_{im}=1100[\text{kHz}]+2\times455[\text{kHz}]=2010[\text{kHz}]$$

(3) ① 고주파 증폭단을 부가한다.

② 고주파 증폭단은 그대로 두고 동조 회로의 Q를 크게 한다.

③ 특정한 영상 주파수에 대한 트랩(trap) 회로를 입력 회로에 삽입한다.

④ 중간 주파수를 높게 함으로써 영상 주파수에 의한 혼신을 감소시킨다.

⑤ 고주파 증폭부와 주파수 변환부의 설계에 세심한 주의를 한다.

③ 수신기 각 회로의 원리와 동작

3.1 입력 회로

수신기의 입력 회로는 다음과 같은 목적으로 사용된다.

① 수신 안테나의 임피던스와 고주파 증폭기의 입력 임피던스를 정합시킴으로써 수신 효율을 높게 한다.

② 주파수 선택성에 의하여 희망파만을 선택하고, 혼변조, 상호 변조, 영상 주파수 및 스퓨리어스 리스폰스에 의한 방해를 경감한다. 그러나 근접 주파수 방해에 대해서는 거의 효과가 없다.

③ 안테나에 들어오는 외부 잡음을 감소시킨다(연속성 잡음인 경우의 잡음 전력은 등가 잡음 대역폭에 비례한다).

④ 부차적으로 복사되는 전파를 주파수 선택 작용에 의하여 감쇠시킨다.

〈그림 4-3〉은 수신기 입력 회로를 나타낸 것이다. 이 그림의 (a)는 안테나 임피던스 Z_A보다 증폭기의 입력 임피던스 Z_i가 큰 경우에 사용되는 회로로, Z_i가 큰 FET 증폭기에 적합하다.

그림의 (b)는 댐핑 다운(damping down)하여 임피던스를 저하시킨 회로로, 바이폴러 트랜지스터의 낮은 입력 임피던스와 정합이 이루어지도록 하였으며, 코일의 중간 탭을 조정하여 댐핑 다운에 의해 동조 회로의 Q가 저하되는 것을 방지할 수 있다. 그림 (c)는 전파 수신기에서 사용되는 BPF로, 수신 대역마다 여러 개의 BPF를 다이오드 스위칭으로 전환한다.

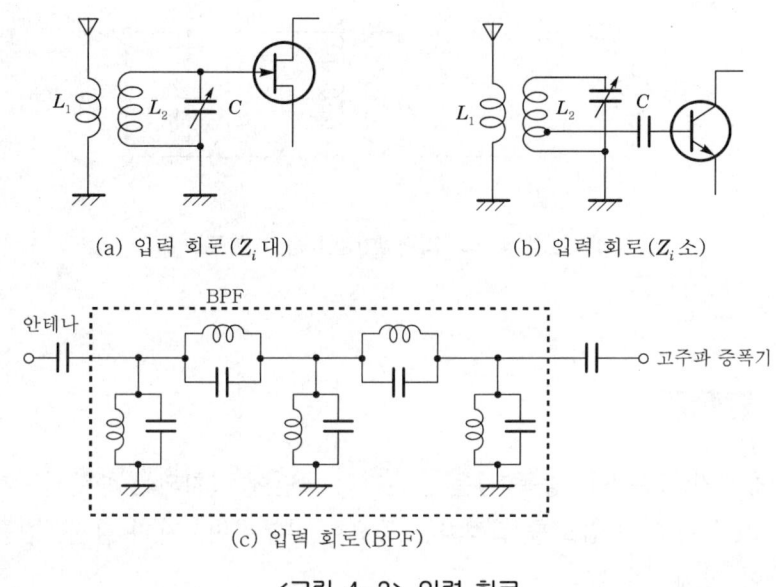

(a) 입력 회로(Z_i 대)   (b) 입력 회로(Z_i 소)

(c) 입력 회로(BPF)

〈그림 4-3〉 입력 회로

〈그림 4-4〉는 〈그림 4-3〉 (a)의 등가 회로를 나타낸 것이다. 안테나는 실효 인덕턴스 L_a, 실효 용량 C_a, 실효 저항 R_a 및 유기 전압 $v_a (=Eh_e,\ E$: 전계 강도, h_e : 실효고)로 구성되는 등가 회로로 표시된다.

v_a에 의해 L_1에 흐르는 전류 i_1에 의하여 L_2에 발생되는 전압 v_2는 $v_2 = \omega M i_1$으로 되고, v_2에 의해 2차 측 동조 회로에 흐르는 전류 i_2는 $i_2 = v_2 / \sqrt{r^2 + (\omega L_2 - 1/\omega C)^2}$ 으로 된다. 동조 시에는 $\omega L_2 = 1/\omega C$ 로 되기 때문에 $i_2 = v_2 / r$로 되어, C 양단 전압 v_0의 크기는

$$v_0 = i_2 \left(\frac{1}{\omega C} \right) = \frac{v_2}{\omega C r} = Q v_2 \tag{4.1}$$

로 된다.

즉, L_2에 발생되는 전압의 Q배에 해당되는 전압을 얻을 수 있게 된다. 그리고 v_0/v_a를 **승압비**라 한다. 이 승압비는 식 (4.1)에서 Q에 비례하기 때문에 될 수 있는 한 Q가 큰 동조 회로를 사용해야 한다.

실용 회로에서는 1차 회로의 영향으로 인해 r이 증가되어 Q가 저하됨과 동시에 리액턴스도 변화하여 동조 주파수가 벗어나게 된다. 또, 1차 측과 2차 측의 임피던스를 정합시

키면 잡음 지수가 최소로 되지 않기 때문에 SN비를 최대로 하는 경우에는 임피던스 정합 조건에서 약간 벗어나도록 해야 한다. 이것을 **SN비 정합**이라고 한다.

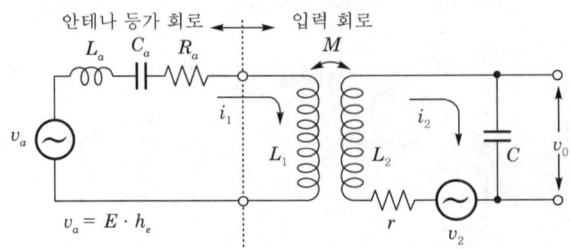

<그림 4-4> 입력 회로의 등가 회로

3.2 고주파 증폭기

고주파 증폭기(또는 RF 증폭기)는 수신기의 초단에 설치되는 증폭기로서, 취급하는 주파수가 높고, 수신기의 감도를 결정하는 중요한 부분이며, 자기 발진, 잡음, 비직선성 등을 고려하여 설계해야 한다.

[1] 고주파 증폭기의 설치 목적

고주파 증폭기를 설치하는 목적은 다음과 같다.

(1) 잡음 제한 감도의 개선

잡음 제한 감도(noise limited sensitivity)는 규정된 SN비에서 규정 출력을 얻을 수 있는 경우의 최소 수신 입력 레벨로, 고주파 증폭기의 SN비가 나쁘면 주파수 변환 후에 이득을 아무리 높여도 감도는 개선되지 않기 때문에 고주파 증폭기에는 저잡음 증폭기가 필요하다. 특히 주파수가 높은 영역에서는 GaAs-FET나 고전자 이동도 트랜지스터 (HEMT) 등이 사용된다.

<그림 4-5>에서 TR_1이 없는 경우, TR_2의 출력에 있어서 잡음은 TR_2의 등가 잡음 저항 R_{eq2}로부터 발생되지만 TR_2의 전단에 TR_1(고주파 증폭기)을 설치하는 경우에는 R_{eq2}가 TR_1의 입력 측에 존재한다고 간주하여 R_{eq2}를 TR_1의 입력 측으로 환산하면 그 값은 R_{eq2}/G_v^{2}로 표시되므로 TR_1의 입력 측에서 잡음 저항 R_n은

$$R_n = R_{eq1} + \frac{R_{eq2}}{G_v^{2}} \tag{4.2}$$

와 같이 된다.

즉, TR$_2$ 출력의 잡음 전력은 R_n에 비례한다. 또, 식 (4.2)는 주파수 혼합기에서 발생되는 잡음 전력이 전단에 고주파 증폭기를 설치함으로써 전압 이득의 제곱만큼 전체 잡음 전력에 대한 비율이 적어진다는 것을 의미한다. 전압 이득 G_v를 충분히 크게 하면, $R_n \fallingdotseq R_{eq1}$으로 되고 TR$_2$ 출력에서의 잡음 전력은 거의 R_{eq1}에 의해서 결정된다. 실제로는 TR$_1$의 입력 측에 동조 회로가 접속되어 있고, 이 동조 회로의 임피던스가 잡음을 발생하기 때문에 동조 회로에서 발생되는 잡음을 R_n에 부가하여야 한다. 그러므로 R_{eq1}이 작은 (잡음 지수가 작은) 증폭 소자를 사용하면 고감도 수신기를 얻을 수 있다.

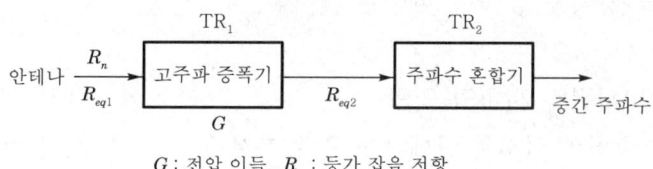

G : 전압 이득, R_{eq} : 등가 잡음 저항

<그림 4-5> 잡음 제한 감도의 개선

(2) 영상 주파수 선택도의 개선

고주파 증폭기를 설치하면 동조 회로도 증가하기 때문에 선택도가 향상되고 영상 주파수도 감쇠된다. 영상 주파수가 도래하면 희망파와 함께 중간 주파수로 변환되기 때문에 중간 주파 증폭단에서 선택도를 향상시켜도 방해에 대한 효과는 없으므로, 주파수 혼합기의 전단에서 동조 회로의 주파수 선택성을 이용하여 영상 주파수를 감쇠시켜야만 한다. 따라서 동조 회로를 증가시키는(선택도 Q를 크게 하는) 것은 영상 주파수 방해에 대하여 개선 효과가 크다.

(3) 2신호(실효) 선택도의 개선

혼변조, 상호 변조에 의한 방해는 주파수 혼합기 이전 동조 회로의 주파수 선택도를 향상시킴으로써 경감할 수 있기 때문에 고주파 증폭기를 설치하면 2신호 선택도는 향상된다. 그러나 선택도가 나쁜 고주파 증폭기를 설치하면 방해파의 진폭이 커지므로 주파수 혼합기의 비직선성에 의하여 혼변조나 상호 변조가 발생하게 된다. 상용 수신기에는 고주파 증폭기를 설치하지 않은 것도 있다(직접 변환 ; direct conversion이라고도 한다). 이 경우, 잡음 지수와 2신호 선택도의 특성은 주파수 혼합기에서 결정된다. 또, 고주파 증폭기를 설치하더라도 너무 큰 이득이 얻어지지 않도록 해야 한다.

따라서 다음과 같은 점을 고려하여 고주파 증폭기를 설계하면 2신호 선택도의 개선 효과가 커진다.

① 전단의 동조 회로는 주파수 혼합기보다 선택도가 양호한(Q가 높은) 것을 사용한다.

② 혼변조, 상호 변조는 고주파 증폭기 또는 주파수 혼합기의 비직선성에 의한 일그러짐 중에서 주로 3차, 5차 등 기수차의 일그러짐에 의해 발생되기 때문에 FET 등과 같이 전달 특성이 제곱 특성에 가까운 소자나 직선 범위가 넓은 소자를 사용한다.

③ 고주파 증폭기단의 이득은 가능한 한 최소로 한다.

④ 수신기 입력에 BPF(수정 필터, SAW 필터, 동축 필터, 유전체 필터 등)를 설치한다.

이상을 요약하면 직선 범위가 넓은 소자를 사용하고, 충분한 선택도를 가져야 하며, 이득을 그다지 크게 하지 않아야 한다는 것이다.

(4) 부차적으로 복사되는 전파의 억압

국부 발진기 출력의 일부는 안테나를 통해 복사될 수 있지만, 높은 임피던스를 갖는 고주파 증폭기를 사용함으로써 억압된다.

[2] 고주파 증폭기의 이득과 주파수 특성

여기서는 단일 동조 증폭기로 구성된 고주파 증폭 회로에 대하여 설명하기로 한다.

〈그림 4-6〉은 단일 동조 증폭기의 원리도와 등가 회로를 나타낸 것이다. (b)의 등가 회로에서 R, L 및 C의 합성 임피던스 Z는

$$Z = \frac{1}{\frac{1}{R} + \frac{1}{j\omega L} + j\omega C} \tag{4.3}$$

이 되므로, 출력 전압 v_0는

$$v_0 = -g_m v_g Z = \frac{-g_m v_g R}{1 + \frac{R}{j\omega L} + j\omega CR}$$

$$= \frac{-g_m v_g R}{1 + j\omega_0 CR \left(\frac{\omega}{\omega_0} - \frac{1}{\omega\omega_0 LC} \right)} \tag{4.4}$$

이 된다.

여기서 ω_0는 동조 각 주파수이다. 그리고 $\omega_0 CR = Q$, $(\omega - \omega_0)/\omega_0 = \delta$(이조도)라고 하면 $\omega = \omega_0(1+\delta)$, $\omega_0^2 LC = 1$ 이므로 식 (4.4)는

$$v_0 = \frac{-g_m v_g R}{1 + jQ\{(1+\delta) - (1+\delta)^{-1}\}} \fallingdotseq \frac{-g_m v_g R}{1 + j2\delta Q} \tag{4.5}$$

이 된다.

따라서 전압 증폭도(전압 이득) $\dot{A}$는

$$\dot{A} = \frac{v_0}{v_g} \fallingdotseq \frac{-g_m R}{1 + j2\delta Q} \tag{4.6}$$

이 된다.

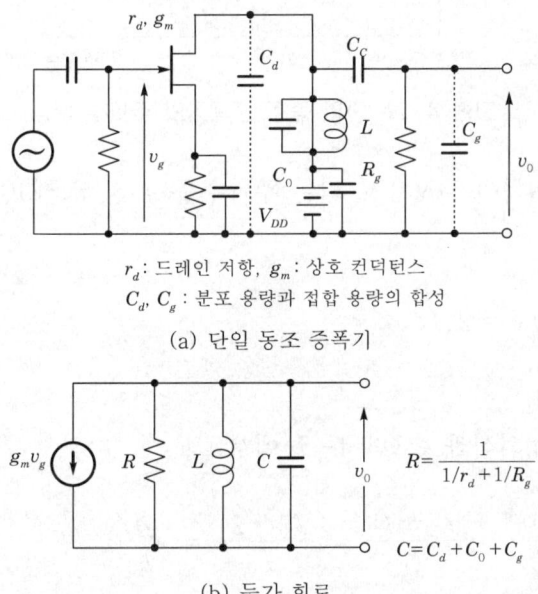

r_d: 드레인 저항, g_m: 상호 컨덕턴스
C_d, C_g: 분포 용량과 접합 용량의 합성

(a) 단일 동조 증폭기

$R = \dfrac{1}{1/r_d + 1/R_g}$

$C = C_d + C_0 + C_g$

(b) 등가 회로

〈그림 4-6〉 고주파 증폭기

이번에는 주파수 특성을 구해 보자. 동조 시에는 $\delta = 0$이기 때문에, 식 (4.6)에서 전압 증폭도 $\dot{A}_0$는

$$\dot{A}_0 = -g_m R \tag{4.7}$$

로 되므로, 상대 이득 $\dot{A}/\dot{A}_0$는

$$\frac{\dot{A}}{\dot{A}_0} = \frac{1}{1 + j2\delta Q}, \qquad \left| \frac{\dot{A}}{\dot{A}_0} \right| = \frac{1}{\sqrt{1 + (2\delta Q)^2}} \tag{4.8}$$

이 된다.

주파수에 대한 $|\dot{A}/\dot{A}_0|$를 그래프로 나타내면 〈그림 4-7〉과 같이 된다.

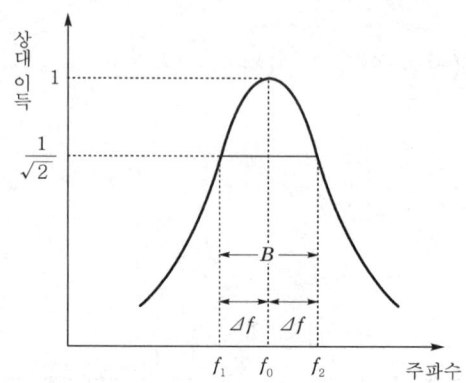

〈그림 4-7〉 단일 동조 증폭기의 주파수 특성

그림에서 상대 이득이 $1/\sqrt{2}$로 되는 주파수를 f_1, f_2라고 하면 대역폭(반치폭이라고도 한다) B는

$$B = f_2 - f_1 = 2\Delta f \tag{4.9}$$

가 된다.

또한 이조도는 정의식과 〈그림 4-7〉에서

$$\delta = \frac{\omega - \omega_0}{\omega_0} = \frac{f_2 - f_0}{f_0} = \frac{f_0 - f_1}{f_0} = \frac{\Delta f}{f_0} \tag{4.10}$$

가 되고, 식 (4.8)에서 $1/\sqrt{1+4\delta^2 Q^2} = 1/\sqrt{2}$이므로 $\delta = 1/2Q$이 된다. 따라서

$$\frac{\Delta f}{f_0} = \frac{1}{2Q}, \qquad f_0 = 2\Delta f Q = BQ \qquad \therefore \ B = \frac{f_0}{Q} \tag{4.11}$$

가 된다.

대역폭은 동조 주파수가 낮을수록, Q가 클수록 좁아진다.

예제 2 공진 주파수 f_0가 5000[kHz]인 병렬 공진 회로에서 Q가 50일 때 대역폭은 얼마인가?

✏️**풀이** 식 (4.11)에서

$$B = \frac{f_0}{Q} = \frac{5000 \times 10^3}{50} = 100 \, [\text{kHz}]$$

[3] 고주파 증폭 소자의 조건

고주파 증폭기에 사용되는 소자는 가능한 한 다음과 같은 조건이 만족되어야 한다.

① 저잡음일 것(잡음 지수가 작을 것)

② 전달 특성(입·출력 특성)이 직선적일 것

③ 접합 용량과 확산 용량이 작을 것. 입력 및 출력 용량이 크면 임피던스가 저하되어 동조 회로의 Q가 낮아지기 때문에 선택도가 나쁘거나 이득이 저하된다. 또한, 입·출력 사이의 용량(귀환 용량)이 크면 밀러 효과(Miller effect)의 영향으로 동작이 불안정하게 되고, 등가적으로 입력 용량이 증가한다.

④ 상호 컨덕턴스와 전류 증폭률이 클 것

⑤ 차단 주파수(f_α, f_T)가 높고, 컬렉터 접합 용량 C_{0b}, 베이스 분포 저항 $r_{bb'}$가 작을 것. 고주파에서는 C_{0b}, $r_{bb'}$에 따라 주파수 특성과 위상 특성이 열화된다. 또한 트랜지스터의 양호도는 $f_\alpha / C_{0b} \cdot r_{bb'}$에 비례한다.

이 외에도 2신호 특성의 개선을 위하여 순방향 AGC 회로를 부가하는 것이 용이한 소자가 적합하다.

[4] 고주파 증폭 회로

〈그림 4-8〉은 HF~UHF대의 이동체 통신에서 사용되는 회로이다. 이 회로에서 사용된 증폭 소자는 듀얼 게이트(dual gate) MOS-FET로 G_1에는 희망파를, G_2에는 AGC 전압을 인가한다.

MOS-FET는 귀환 용량이 대단히 작고 VHF대 이상의 주파수에서도 안정된 증폭이 가능하다. 또 입·출력 임피던스가 높고 전달 특성이 거의 제곱 특성으로 되기 때문에 동조 회로의 Q를 거의 저하시키지 않으면서 우수한 2신호 특성을 갖으므로 많이 사용되고 있다.

그리고 다이오드 $D_1 \sim D_4$는 큰 진폭의 신호가 입력되는 경우에 FET가 파괴되는 것을 방지하기 위한 보호 회로이고, C_1, C_2 및 L_1은 입력 회로로 희망파에 대한 동조 작용은 물론 급전선과의 정합 작용을 겸하고 있다.

C_4와 L_2도 동조 회로로 전단의 동조 회로와 C_3로 결합되어 정전 결합형 복동조 회로를

구성하기 때문에 선택도가 양호하다.

드레인에 접속된 동조 회로도 L_3와 C_5, L_4와 C_7은 C_6으로 결합되어 정전 결합형 복동조 회로로 되기 때문에 선택도가 양호하다.

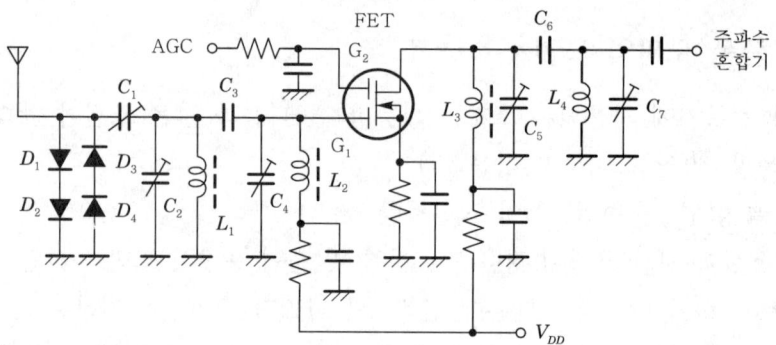

<그림 4-8> 고주파 증폭 회로(이동체 통신용)

<그림 4-9>는 전파 수신기에 사용되고 있는 회로로, 2신호 선택도를 개선하기 위하여 직선 동작 영역이 넓은 중전력용 트랜지스터를 사용하여 푸시풀 증폭기로 구성한 것이다. 그리고 잡음 지수가 작고 차단 주파수가 높은 트랜지스터를 사용하면 고감도 수신기를 얻을 수 있다.

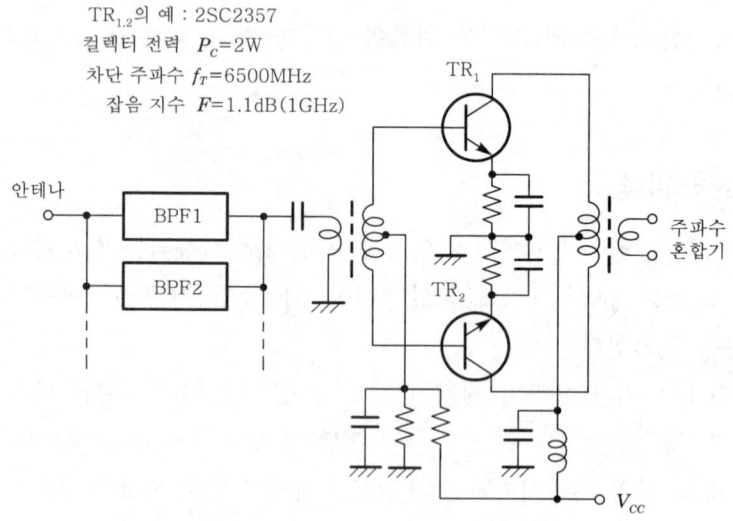

<그림 4-9> 전파 수신기의 입력 회로

입력 회로에는 각 주파수대마다 BPF를 사용하면 수신 주파수에 대응하여 다이오드 스위칭에 의해 자동적으로 전환할 수 있다. <그림 4-10>은 입력 회로의 한 예를 나타낸 것이다.

밴드(주파수대) 전환에 필요한 정보는 부호 "0"이 단자 P_1에 가해진다고 할 경우 다이오드 D_1에 순방향 바이어스가 걸리므로 D_1은 도통하여 BPF_1이 고주파 증폭 회로에 접속된다. 이 때 P_2, …에는 부호 "1"에 해당하는 전압이 걸리고 다이오드 D_2, …가 차단 상태로 되어 각 BPF_2, …는 고주파 증폭 회로와 접속되지 않는다.

수신 주파수가 변화되므로 그 위의 밴드에 들어오면 P_2에 "0"이 자동적으로 가해져서 BPF_2가 고주파 증폭 회로에 접속된다. BPF의 전환에 필요한 정보는 PLL 주파수 합성기의 프로그래머블 카운터(programmable counter)의 주파수 정보를 부호로 변환하여 만들어진다.

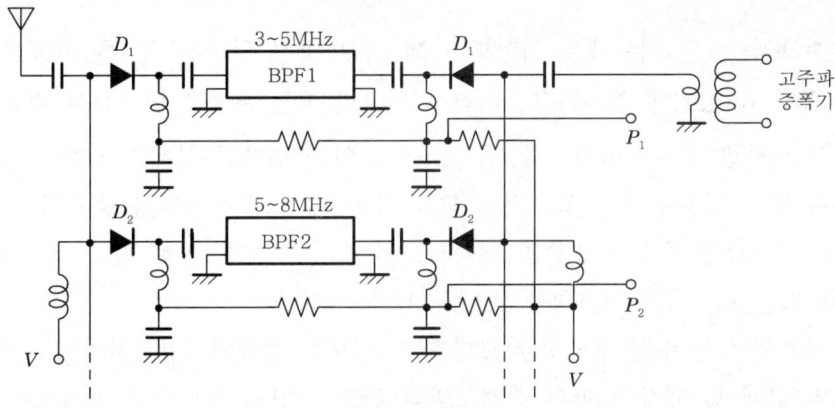

<그림 4-10> 입력 회로의 전환 방법

〈그림 4-11〉은 캐스코드(cascode) 증폭기를 이용한 고주파 증폭 회로로, 소스(source) 접지형과 게이트(gate) 접지형을 종속 접속한 것이다. 이 회로는 입·출력에서 귀환이 적기 때문에 VHF대 이상에서도 안정된 증폭이 가능하고 저잡음이다. 또한 FET에는 소자 내부에서 캐스코드 접속된 것이 있어, 고주파 증폭기용으로 적당하다.

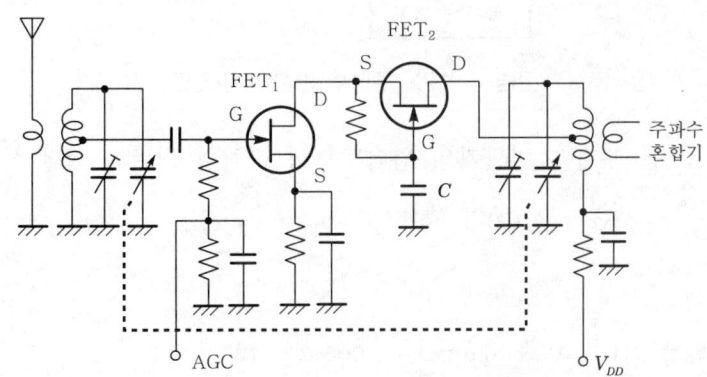

<그림 4-11> 캐스코드 증폭기

3.3 주파수 변환기

주파수 변환은 희망파의 주파수 스펙트럼 분포를 변화시키지 않고, 중심 주파수만을 변화시키는 것이다. 그러나 주파수 체배는 중심 주파수와 스펙트럼 분포를 모두 변화시킨다는 점에서 주파수 변환과 차이가 있다.

주파수 변환의 목적은 희망파를 일정 주파수의 중간 주파수로 변환하여 증폭을 용이하게 함과 동시에 필요한 대역폭을 얻는 것이다.

[1] 주파수 변환의 원리

주파수 변환을 행하는 데는 희망파 f_r과 국부 발진 주파수 f_{LO}를 비직선 회로(주파수 혼합기 또는 mixer)에 인가하고, 비직선 회로의 제곱 특성을 이용하여 비트(f_r과 f_{LO}와의 차)를 만들면 된다. 이때 3차, 5차, … 등의 홀수차 특성은 필요하지 않다. 이 비트 주파수가 중간 주파수 f_i이고, 다음 단의 중간 주파 증폭기에서 증폭된다.

〈그림 4-12〉는 주파수 변환의 원리도로서 중간 주파수 f_i는 $f_{LO} - f_r = f_i$ (상측 헤테로다인) 또는 $f_r - f_{LO} = f_i$ (하측 헤테로다인)로 된다.

일반적으로 f_i는 수신 주파수 f_r보다 낮게 되도록 설계되지만, 전파 수신기에서는 국부 발진기의 설계 및 영상 주파수 선택도와의 관계로 인해 제1 중간 주파수를 f_r보다 훨씬 높게 선택(up-conversion이라 한다)하고, 제2 중간 주파수를 f_r보다 낮게 하여 이득 및 근접 주파수 선택도를 양호하게 한다.

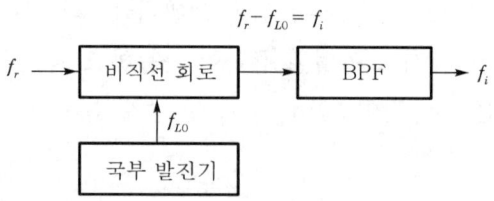

〈그림 4-12〉 주파수 변환의 원리도

〈그림 4-13〉은 주파수 변환기의 원리도로서 비직선 회로의 전달 특성 $i = a_0 + a_1 v + a_2 v^2 (a_0,\ a_1,\ a_2 : 상수)$라 하고, $v_1 = V_1 \cos \omega_1 t,\ v_{LO} = V_{LO} \cos \omega_{LO} t$라 하면

$$i = a_0 + a_1 (V_1 \cos \omega_1 t + V_{LO} \cos \omega_{LO} t)$$
$$+ a_2 (V_1 \cos \omega_1 t + V_{LO} \cos \omega_{LO} t)^2$$

$$= a_0 + \frac{a_2}{2}(V_1{}^2 + V_{LO}{}^2) + a_1 V_1 \cos \omega_1 t + a_1 V_{LO} \cos \omega_{LO} t$$

$$+ \frac{a_2}{2}(V_1{}^2 \cos 2\omega_1 t + V_{LO}{}^2 \cos 2\omega_{LO} t)$$

$$+ a_2 V_1 V_{LO} \cos(\omega_1 + \omega_{LO})t + a_2 V_1 V_{LO} \cos(\omega_1 - \omega_{LO})t \quad (4.12)$$

로 된다.

이들 주파수 중에서 중간 주파수 ($\omega_1 \sim \omega_{LO}$)만을 BPF로 선택하면 된다. 이와 같은 방법으로 중간 주파수 f_i를 얻는 것은 두 신호의 곱을 만드는 것이기 때문에 주파수 혼합기(mixer)는 승산기를 사용해도 된다.

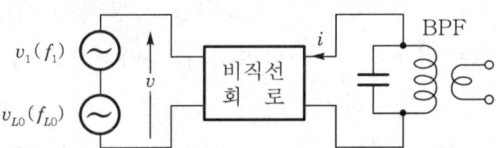

<그림 4-13> 주파수 변환기의 원리도

[2] 변환 컨덕턴스와 변환 이득

〈그림 4-14〉의 (b)에서 i_i를 드레인 전류 중의 중간 주파 성분, v_i를 중간 주파 전압, Z_i를 BPF의 임피던스, g_c를 변환 컨덕턴스, A_c를 변환 이득(conversion gain)이라고 하면

$$g_c = \frac{\partial i_i}{\partial v_1} \tag{4.13}$$

$$A_c = \frac{v_i}{v_1} = \frac{r_d Z_i g_c v_1}{(r_d + Z_i)v_1} \fallingdotseq g_c Z_i \quad (\because r_d > Z_i) \tag{4.14}$$

가 된다.

여기서, g_c는 국부 발진 전압 V_{LO}에 따라서 변화하고, 특정한 V_{LO}에서 최대로 되지만 상호 컨덕턴스 g_m보다는 작다. 변환 이득 A_c는 주파수 변환기의 이득을 나타내는 것으로 클수록 좋다. 다이오드로 구성된 믹서는 증폭 작용이 없기 때문에 $A_c < 1$로 되는데, 이것을 변환 손실이라고 한다. g_c와 A_c가 최대로 되는 경우의 V_{LO}를 최적 헤테로다인 전압이라고 한다. 바이폴러 트랜지스터를 사용한 믹서에서는 (중간 주파 출력 전력)/(희망파 입력 전력)을 **변환 이득**으로 정의하며, 이 값은 V_{LO}와 컬렉터 전류에 의하여 변화된다.

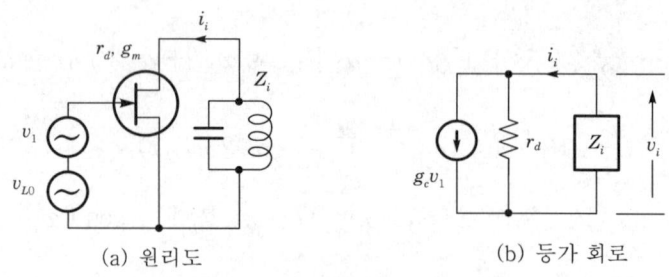

(a) 원리도　　　　　　　(b) 등가 회로

〈그림 4-14〉 변환 컨덕턴스와 변환 이득

[3] 주파수 변환 회로의 종류

　　믹서와 국부 발진기를 독립시킨 트랜지스터를 사용하는 경우와 1개의 트랜지스터로 믹서와 발진기를 겸용하는 경우에 따라 타려식과 자려식으로 구분된다. 자려식은 1개의 트랜지스터로 주파수 변환이 가능하기 때문에 소자가 적게 사용된다는 이점이 있지만, 최적 헤테로다인 전압을 얻기가 어렵고, 주파수 안정도를 높일 수가 없으며, 인입 현상을 적게 하기가 어려울 뿐만 아니라 믹서의 최적 바이어스 등을 얻기도 어렵기 때문에 간단한 AM 라디오에서만 사용되고 있다. 반면에 타려식은 최적 헤테로다인 전압, 높은 주파수 안정도, 인입 현상의 감소, 믹서의 최적 바이어스 등을 얻기가 쉽기 때문에 대부분의 수신기에서 널리 사용되고 있다.

　　또한, 국부 발진 전압을 믹서의 어느 전극에 인가하는(주입하는)가에 따라서 베이스(게이트) 주입형, 이미터(소스) 주입형, 컬렉터(드레인) 주입형이 있다.

　　〈그림 4-15〉는 각 주입형의 원리도를 나타낸 것이다. 베이스(게이트) 주입형은 주입 전압이 작아도 되지만 인입 현상(진폭이 큰 희망파가 입력된 경우 희망파 주파수에 국부 발진 주파수가 인입되어 비트 주파수가 "0"이 되는 현상)이 발생하기 쉽다. 이미터(소스) 주입형은 베이스 주입형보다 큰 주입 전압을 필요로 하지만 인입 현상은 적다. 컬렉터(드레인) 주입형은 거의 사용되지 않는다.

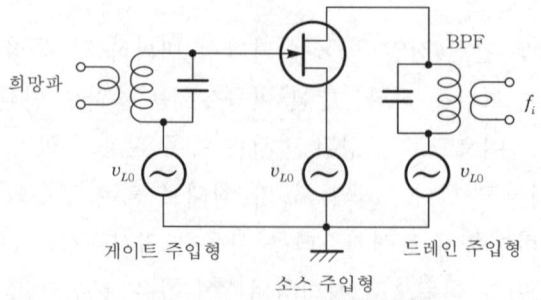

게이트 주입형　　　　소스 주입형　　　　드레인 주입형

〈그림 4-15〉 각 주입형의 원리

믹서는 어느 소자를 사용하는가에 따라서 ① 트랜지스터나 FET를 사용하는 방법, ② 다이오드를 사용하는 방법, ③ 트랜지스터나 FET로 구성된 평형형 믹서를 사용하는 방법, ④ 다이오드에 의한 이중 평형형 믹서(DBM)를 사용하는 방법, ⑤ 승산기(IC, OP-Amp 등)를 사용하는 방법 등으로 분류할 수 있다.

[4] 주파수 혼합 회로

여기서는 대부분의 수신기에 사용되고 있는 타려식에 대해서만 설명하기로 한다.

(1) FET를 사용한 믹서

〈그림 4-16〉은 듀얼 게이트 MOS-FET를 사용한 주파수 혼합 회로이다. 게이트 G_1에는 희망파, 게이트 G_2에는 소용량 콘덴서 C_0를 통해 국부 발진 전압을 인가할 경우 FET의 비직선 증폭 특성에 의하여 양자의 비트가 발생되는데, 이것이 중간 주파 f_i로 된다. 그리고 드레인에 접속된 BPF로 f_i를 얻는다. 이 회로는 일종의 게이트 주입형으로 변환 이득이 크고, 2신호 특성이 우수하며, 변환 잡음과 안테나에서 복사되는 불요파(spurious)가 적다는 이점이 있기 때문에 널리 사용되고 있다.

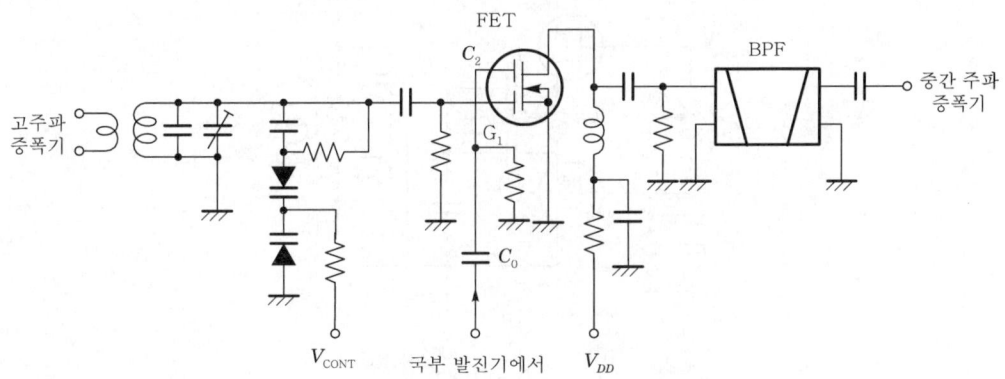

〈그림 4-16〉 FET를 사용한 믹서

(2) 다이오드를 사용한 믹서

〈그림 4-17〉은 다이오드를 사용한 주파수 혼합 회로이다. 다이오드 D의 비직선성을 이용하기 때문에 MF대에서 SHF대까지 사용할 수 있으며 잡음도 적다. 다이오드 D는 변환 특성이 우수한 쇼트키 다이오드(Schottky diode)가 일반적으로 사용되지만, 증폭 작용이 없기 때문에 변환 손실이 있다. 그리고 국부 발진 전압은 L_4와 L_5의 M 결합에 의해 D에 인가된다.

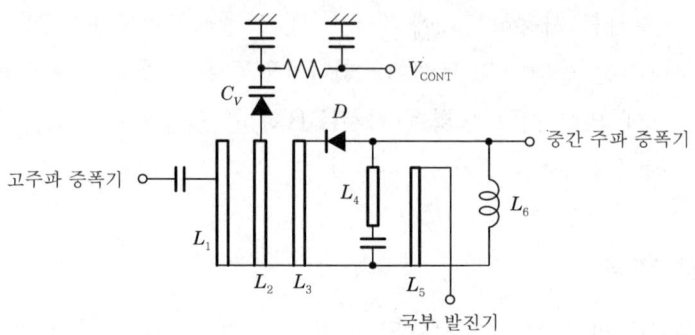

<그림 4-17> 다이오드를 사용한 믹서

(3) FET로 구성된 평형형 믹서

〈그림 4-18〉은 접합형 FET를 평형형으로 접속한 것으로 국부 발진 전압은 C_0를 통하여 각 FET의 소스에 인가하는 소스 주입형이며, HF대에서 사용되는 주파수 혼합 회로이다. 평형형 믹서의 특징은 출력 측에 국부 발진 전압이 발생하지 않는다는 것이지만, FET_1, FET_2는 특성이 같은 것을 사용하고, VR에 의하여 평형이 되도록 해야 된다.

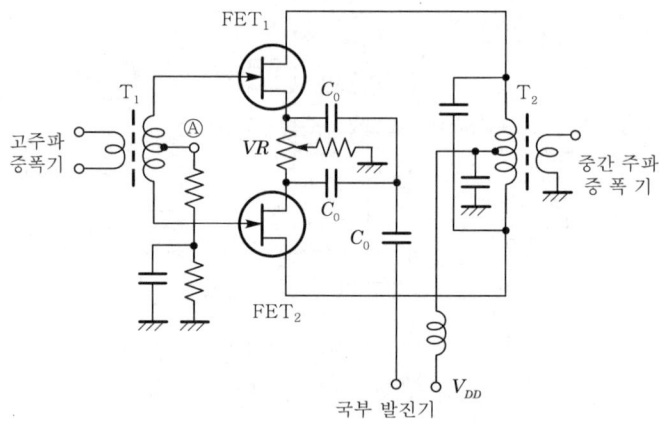

<그림 4-18> FET로 구성된 평형형 믹서

제1 중간 주파수는 $60 \sim 100[\text{MHz}]$ 정도로 선정한다. 그리고 믹서에서의 2신호 특성과 잡음 지수를 개선하기 위하여 믹서용 소자는 직선성이 양호하고 저잡음인 것이어야 한다. 그림의 회로는 국부 발진 전압을 Ⓐ점에 인가하여 게이트 주입형으로 사용할 수 있으며, FET 평형형 믹서는 하나의 칩(one chip)으로 IC화된 것도 있다.

(4) 다이오드 DBM을 사용한 믹서

다이오드 또는 능동 소자로 구성된 이중 평형 혼합기를 DBM이라고 하지만, 일반적으

로는 다이오드 4개로 구성된 것을 DBM이라고 하는 경우가 많다. 어떤 형태이든 DBM은 모두 승산기로 동작하기 때문에 주파수 혼합, 진폭 변조(AM), SSB파의 검파 등에 사용할 수 있다.

또한 능동 소자로 구성된 IC에 의한 DBM은 대부분 바이폴러 트랜지스터에 의한 차동 증폭 회로로 되어 있기 때문에, UHF대까지 사용할 수 있는 것도 있다.

〈그림 4-19〉는 다이오드 DBM을 사용한 주파수 혼합 회로이다. 다이오드 DBM은 특성이 동일한 4개의 쇼트키 다이오드와 RF 광대역 트랜스가 1개의 케이스에 봉합된 것으로 4[GHz] 정도까지 동작할 수 있다.

DBM에는 3개의 단자(그림에서 Ⓐ, Ⓑ, Ⓒ)가 있으며, Ⓐ에는 희망파, Ⓑ에는 국부 발진 전압, Ⓒ에는 IF용 BPF를 접속하여 사용하지만, 각 단자는 서로 바꾸어 사용할 수도 있다. 또한 각 단자의 임피던스는 50[Ω]으로 되어 있기 때문에 임피던스 정합을 취해야 한다. 다이오드 DBM은 증폭 작용이 없기 때문에 5~8[dB]의 변환 손실을 갖지만, 희망파와 국부 발진파가 IF 출력단에 나타나지 않고, 한쪽의 입력이 다른 한쪽의 입력에 나타나지 않는 격리된 회로로 동작한다는 특징을 가지고 있다.

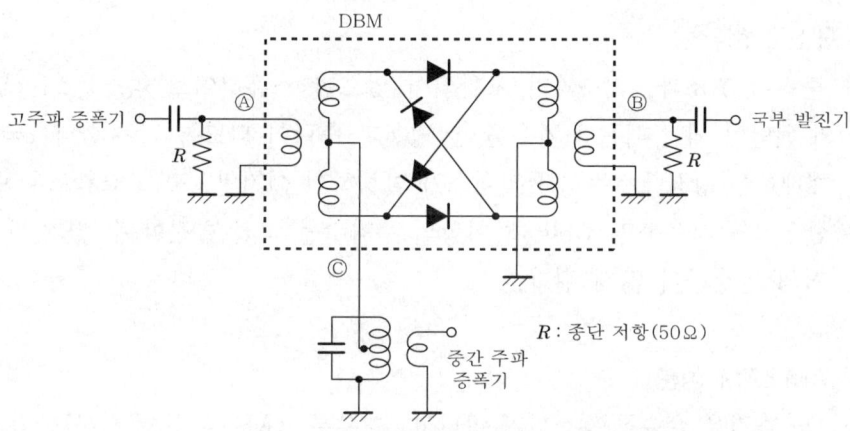

〈그림 4-19〉 다이오드 DBM을 사용한 믹서

3.4 국부 발진기

[1] 국부 발진기의 조건

송·수신기에 사용되는 발진기의 일반적인 조건은 이미 설명하였으므로 여기서는 수신기용 국부 발진기에서 필요로 하는 조건에 대하여 설명하기로 한다.

(1) 주파수 안정도

수신기 성능의 하나로 주파수 안정도를 들 수 있는데, 이것은 국부 발진기의 주파수 안정도에 의해 좌우되기 때문에 국부 발진기에는 높은 주파수 안정도가 요구된다. 안정도가 나쁘면 측파대의 일부가 제거되어 일그러짐이 발생하거나 A1A파의 수신에서는 톤(tone)이 변화되고, SSB파의 수신에서는 명료도가 저하된다. 현재는 PLL 주파수 합성기를 사용하고 있기 때문에 안정도가 많이 개선되고 있다.

(2) 최적 헤테로다인 전압

변환 이득이 최대로 되는 최적 헤테로다인 전압은 수신 주파수대에 따라 안정되게 공급될 수 있어야 한다. 최적 헤테로다인 전압은 주입 전극, 믹서의 종류, 사용되는 소자에 따라 다르므로 전압이 작은 경우에는 증폭하고, 큰 경우에는 결합도를 조정하여 최적치가 되도록 한다.

일반적으로 발진 출력을 크게 하면 주파수 안정도가 나쁘게 되는 경향이 있고, 발진 출력이 외부로 누설되는 양도 증대되기 때문에 주의해야 된다.

(3) 고 · 저조파 함유량

발진 출력에 고조파, 저조파가 포함되어 있으면 스퓨리어스 리스폰스(spurious response)의 원인이 되기 때문에 가능한 한 정현파 출력이 되도록 해야 한다. 국부 발진기의 출력을 체배하는 방식에서는 스퓨리어스가 발생하기 쉽지만, 펄스 스왈로우 방식의 PLL 주파수 합성기를 사용하면 VHF대 이상의 주파수를 직접 발진할 수 있기 때문에 스퓨리어스는 거의 발생하지 않게 된다.

(4) 잔류 AM · FM 성분

발진기의 출력은 순수한 정현파가 아니고, 대부분 AM이나 FM 성분 등의 잡음이 포함되어 있기 때문에 C/N(반송파 전력 대 잡음 전력비)이 나쁘다. 이것은 직류 전원에 포함된 리플(ripple)이나 잡음에 의하여 발진 출력이 AM되거나, 능동 소자의 출력 용량이 변화하여 발진 출력이 FM된다.

VCO(전압 제어 발진기)를 사용하는 경우에는 가변 용량 다이오드의 용량이 변화하므로 발진 출력은 FM된다.

이러한 잡음이 포함된 발진 출력을 사용하면 협대역 전송 시의 감도 억압 효과가 발생되어 검파 출력의 S/N이 저하되고, 데이터 전송 시의 오류가 발생하는 등의 수신 성능을 저하시키므로 능동 소자는 잡음 지수가 적은 것을 사용하고, PLL 주파수 합성기에는 스텝(step) 주파수를 너무 작게 설계하면 안 된다.

[2] 국부 발진 회로

수신기에서 사용되는 국부 발진기로는 일반적으로 PLL 주파수 합성기나 수정 발진기 (스폿 수신용)가 있다. 그리고 인덕턴스와 가변 용량을 사용한 VFO(가변 주파 발진기)는 간단한 중파 라디오에서만 사용되고, 인덕턴스와 가변 용량 다이오드를 사용한 VFO는 텔레비전의 동조기(tuner) 등에 사용되고 있다.

다음에 대표적인 국부 발진 회로에 대하여 설명하기로 한다.

(1) 전자 동조기용 VCO

〈그림 4-20〉은 텔레비전 수신기용 국부 발진기의 회로를 나타낸 것이다. 발진 회로는 변형 클랩형이고, 발진 주파수는 C_1, C_2, C_3, C_4, C_t 및 L로 결정되며, 채널 (channel)마다 가변 용량 다이오드에 역바이어스를 인가하여 C_t를 변화시켜 발진 주파수 를 변화시킨다. 그리고 S_1, S_2, …는 기억부, 선국 전압 발생부 등으로 구성되는 채널 선택 회로의 일부분으로, 채널 선택 스위치나 리모컨으로 전환된다. 이러한 VCO는 텔레 비전 이외에도 사용할 수 있다.

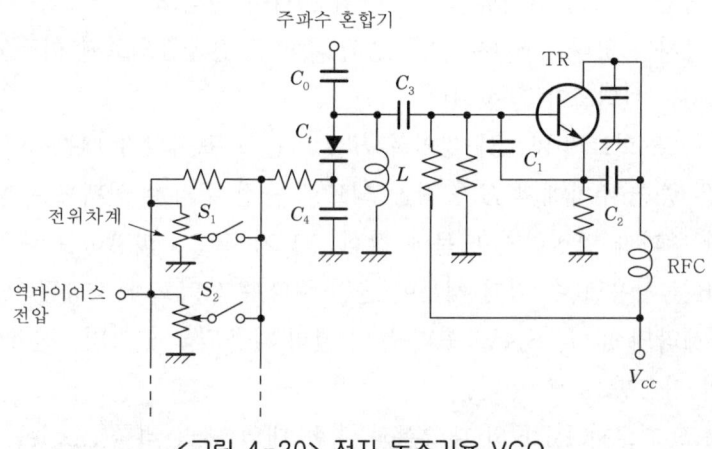

〈그림 4-20〉 전자 동조기용 VCO

(2) PLL 주파수 합성기

현재의 수신기에 사용되는 국부 발진기는 PLL 주파수 합성기가 주로 사용되고 있다.

3.5 중간 주파 증폭기

중간 주파 증폭기는 주파수 변환기에서 출력된 중간 주파를 고이득 증폭하는 부분으로, 수신기의 종합 이득, 근접 주파수 선택도 및 전기적 충실도와 관계된다.

[1] 중간 주파 증폭기의 설치 목적

중간 주파 증폭기(IF)를 설치하는 목적은 다음과 같다.

(1) 이득의 향상

수신기는 미약한 전파를 충분히 증폭하므로 검파 일그러짐을 적게 하기 위하여 이득이 큰 것이 바람직하다. 안정되게 고이득의 증폭을 행하는 데는 주파수가 낮을수록 용이하기 때문에, 희망파보다 낮은 일정 주파수의 중간 주파가 유리하다. 일반적으로 높은 주파수를 고이득 증폭하면 밀러(Miller) 효과의 영향이나 귀환으로 발진하는 등, 증폭기의 동작이 불안정하게 된다. 이러한 현상은 주파수가 높을수록 현저하게 나타난다. 중간 주파수에서도 단일 동조 증폭기를 종속 접속하면 증폭 소자의 접합 용량 등에 의하여 입·출력이 결합되어 후트-퀸(Huth-Kühn) 발진 회로(2개의 동조 회로를 갖는 발진 회로를 말한다)를 형성하여 발진하는 경우도 있기 때문에 이득에는 한계가 있다.

(2) 근접 주파수 선택도의 개선

희망파를 중간 주파로 변환함으로써 근접 주파수 선택도가 향상되는데, 그 이유는 다음과 같이 두 가지가 있다. 하나는 낮은 중간 주파로 변환함으로써 이조도가 증가되기 때문에 근접 주파수 선택도가 향상된다.

즉, 단일 동조 회로의 3[dB] 대역폭 $B=f_0/Q$로 표시되기 때문에 Q가 동일한 경우라면 f_0가 낮은 중간 주파에서 B가 작게 되므로 근접 주파수 선택도는 향상된다. 또, 다른 하나는 중간 주파가 일정하기 때문에 감쇠 경도가 크고, 희망하는 대역폭을 갖는 우수한 특성의 BPF를 사용할 수 있기 때문에 근접 주파수 선택도가 향상된다. 이러한 BPF로는 수정 필터, 세라믹 필터, SAW 필터 등이 널리 사용되고 있으며, 전파 형식에 따라 BPF를 교체하여 사용할 수도 있다.

그리고 동조 회로와 BPF의 대역폭과 전송 대역 내의 리플(ripple, 손실 편차)은 전기적 충실도에 관계되기 때문에 희망파의 측파대가 제거되지 않도록 해야 하며 동시에 리플이 작은 것을 사용해야 한다.

[2] 중간 주파수의 선정

중간 주파수(f_i)는 다음과 같은 특성을 고려하여 결정해야 한다.

(1) 영상 주파수 선택도

중간 주파수 f_i가 높을수록 개선된다. 희망파 f_r에 대한 영상 주파수는 f_r+2f_i 또는

$f_r - 2f_i$ 로 되기 때문에 f_i 가 높을수록 희망파와 영상 주파수 사이의 주파수 차가 커지게 되므로 동조 회로에 의한 감쇠가 증가되기 때문이다.

(2) 전기적 충실도

중간 주파수 f_i 가 높을수록 양호해진다. 충실도는 대역폭을 넓게 하여 희망파의 전체 스펙트럼을 통과시키면 개선된다. 이것은 대역폭 $B = f_0/Q(f_0 = f_i)$ 이므로 f_i 가 높으면 B 가 증가하기 때문이다.

(3) 지연 특성

중간 주파수가 높을수록 양호해진다. 지연 특성이 평탄하지 않는 경우에는 위상 일그러짐이 발생한다. 이것은 점유 주파수 대역폭이 넓을수록 BPF의 대역폭이 좁고 감쇠 경도가 클수록 많이 발생된다.

(4) 인입 현상

중간 주파수가 높을수록 개선된다. 즉, 중간 주파수가 높을수록 희망파와 국부 발진 주파수의 차가 커지기 때문에 인입 현상의 발생 확률이 적어진다.

(5) 근접 주파수 선택도

중간 주파수가 낮을수록 개선된다. 즉, 중간 주파수가 낮으면 이조도가 커지고 대역폭이 감소되기 때문이다.

(6) 이득 및 안정도

중간 주파수가 낮을수록 안정된 고이득의 증폭이 가능하다. 즉, 중간 주파수가 낮을수록 밀러 효과나 접합 용량의 영향이 감소되기 때문이다.

이상과 같이 (1)~(4)는 중간 주파수 f_i 가 높을수록 개선되고, (5)~(6)은 f_i 가 낮을수록 개선되므로, 이러한 모든 특성을 만족시키기는 곤란하지만, 이중 수퍼헤테로다인 방식과 같이 제1 중간 주파수를 높게, 제2 중간 주파수를 낮게 하면 위의 여러 특성을 개선할 수 있다.

또한, 그 밖에 중간 주파수를 선정하는 경우에는 무선표지(radio beacon)국이나 해안국의 주파수와 일치하지 않도록 선정해야 한다.

이상의 것을 고려하여 중간 주파수는 중파 방송 455[kHz], FM 방송 10.7[MHz], 지상파 텔레비전 58.75[MHz], 레이더 30 또는 60[MHz], 위성 방송 1[GHz], 전파 수신기의 제1 중간 주파수를 $60 \sim 90[\text{MHz}]$ 정도, 제2 중간 주파수를 $455[\text{kHz}]$, 자동차 전화의 제1 중간 주파수를 $90[\text{MHz}]$, 제2 중간 주파수를 $455[\text{kHz}]$, 개인용 무선 전화기의 제1 중간 주파수를 $58[\text{MHz}]$, 제2 중간 주파수를 $450[\text{kHz}]$ 정도로 선택하고 있다.

[3] 중간 주파 증폭기의 이득과 주파수 특성

중간 주파 증폭기(IF)로는 단일 동조 증폭기, 복동조 증폭기, 스태거(stagger) 증폭기 등이 사용되고 있는데, 전파 형식과 주파수 등에 의해 어떤 회로를 사용할지가 결정된다.

(1) 단일 동조 증폭기의 종속 접속

〈그림 4-21〉과 같이 단일 동조 증폭기를 n단 종속 접속한 경우의 이득은 각 증폭단의 특성이 모두 동일하다고 할 경우 1단의 이득을 n제곱하여 구할 수 있다. 이때의 이득 A^n은

$$A^n = \left[\frac{A_0}{\sqrt{1 + (2\delta Q)^2}} \right]^n = A_0{}^n \{1 + (2\delta Q)^2\}^{-n/2} \tag{4.15}$$

가 된다.

여기서 δ은 1단의 이조도, A_0는 동조 주파수의 이득, Q는 동조 회로의 첨예도이다. 식 (4.15)로부터 상대 이득을 구하면

$$\frac{A^n}{A_0{}^n} = \{1 + (2\delta Q)^2\}^{-n/2} \tag{4.16}$$

가 된다. 따라서 종합 대역폭 B_n은 상대 이득이 $1/\sqrt{2}$로 될 때의 주파수 폭이므로, $\delta = \delta_n$ (δ_n은 n단의 이조도)이라고 하면 식 (4.16)으로부터 다음과 같이 하면 된다.

$$\{1 + (2\delta_n Q)^2\}^{-n/2} = 2^{-1/2} \qquad \therefore \quad 2\delta_n Q = \sqrt{2^{1/n} - 1} \tag{4.17}$$

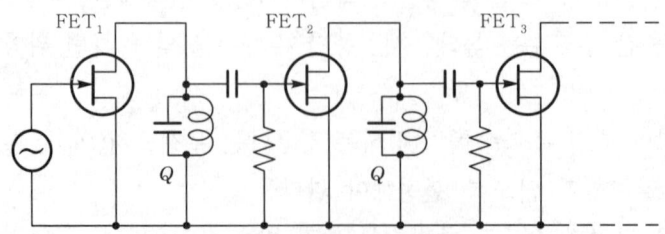

〈그림 4-21〉 단일 동조 증폭기의 종속 접속

여기서, $\delta_n = \Delta f_n / f_0$ (Δf_n은 상대 이득이 $1/\sqrt{2}$로 될 때의 주파수와 f_0의 차)이기 때문에 n단의 대역폭 B_n은 1단의 대역폭을 $B(=f_0/Q)$라고 하면

$$B_n = 2\Delta f_n = B\sqrt{2^{1/n}-1} \tag{4.18}$$

가 된다.

식 (4.18)에서 n에 대한 B_n/B의 값을 구하면 〈표 4-1〉과 같다.

〈표 4-1〉 n단 종속 접속 증폭기의 대역폭 변화

n	1	2	3	4	5	6	7	8	9	10
B_n/B	1.000	0.643	0.513	0.435	0.387	0.350	0.323	0.301	0.283	0.268

다음에 $n=1$, 2 및 3의 감쇠 경도(attenuation slope)를 $Q=50$, $\delta=0.1$ 및 $\delta=0.2$인 경우에 $|A_0/A|^n$을 구하면 〈표 4-2〉와 같다.

〈표 4-2〉 n단 종속 접속 증폭기의 감쇠 경도($Q=50$, $\delta=0.1$, 0.2)

n	1		2		3	
δ	0.1	0.2	0.1	0.2	0.1	0.2
$|A_0/A|^n$	10.0	20.0	101.0	401.0	1015.0	8030.0
감쇠 경도	6[dB/oct]		12[dB/oct]		18[dB/oct]	

〈표 4-2〉에서 증폭단 수를 1단씩 증가할 때마다 감쇠 경도는 6[dB]씩 증가한다.

(2) 복동조 증폭기

복동조 증폭기는 단일 동조 증폭기보다 대역폭을 넓게 취할 수 있고, 대역 이외의 이득을 급격히 감소(감쇠 경도가 크다)시킬 수 있기 때문에 선택도를 향상시킬 수 있으므로 단일 동조 회로와 함께 많이 사용되고 있다.

〈그림 4-22〉 (a)는 복동조 증폭기의 원리도를, 그림 (b)는 등가 회로를 나타낸 것이다. 드레인 저항 r_d는 매우 크기 때문에 생략하면, 그림 (b)에서 v_0는

$$v_0 = i_2 \left(\frac{1}{j\omega C_2} \right) = \frac{-jMg_m v_g}{\omega C_1 C_2 \{ \dot{Z}_1 \dot{Z}_2 + (\omega M)^2 \}} \tag{4.19}$$

가 된다.

여기서 $\dot{Z}_1 = r_1 + j(\omega L_1 - 1/\omega C_1)$, $\dot{Z}_2 = r_2 + j(\omega L_2 - 1/\omega C_2)$이다. 따라서 복동조 증폭기의 전압 이득 $\dot{A}\,(= v_0/v_g)$은

$$\dot{A} = \frac{-jMg_m}{\omega C_1 C_2 \{ \dot{Z}_1 \dot{Z}_2 + (\omega M)^2 \}} \tag{4.20}$$

이 된다.

여기서, L_1, C_1 및 L_2, C_2의 동조 주파수를 ω_0, 1차 및 2차 회로의 Q를 각각 $Q_1 = \omega_0 L_1/r_1$, $Q_2 = \omega_0 L_2/r_2$, 이조도를 δ라고 하면 식 (4.20)은 다음과 같이 된다.

$$\dot{A} = -j\frac{Mg_m}{\omega C_1 C_2} \cdot \frac{1}{r_1 r_2 (1 + j2\delta Q_1)(1 + j2\delta Q_2) + (\omega M)^2} \tag{4.21}$$

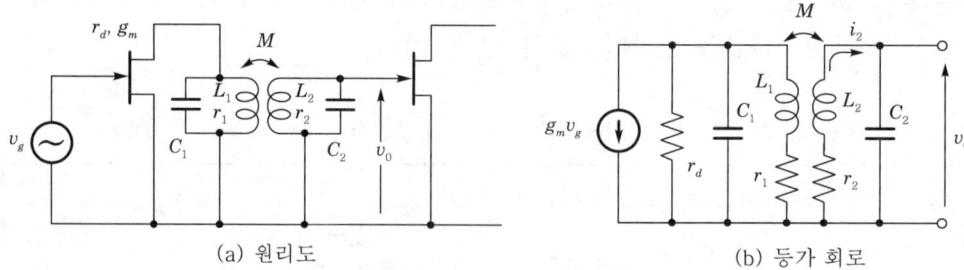

(a) 원리도 (b) 등가 회로

<그림 4-22> 복동조 증폭기

여기서 결합 지수를

$$S = \frac{\omega_0 M}{\sqrt{r_1 r_2}} = k\sqrt{Q_1 Q_2} \quad \left(k = \frac{M}{\sqrt{L_1 L_2}} \,:\, 결합\ 계수 \right) \tag{4.22}$$

와 같이 정의하면, 식 (4.21)은 다음과 같이 된다.

$$\dot{A} = \frac{-jg_m S Q_1 Q_2 \sqrt{r_1 r_2}}{1 + S^2 - 4\delta^2 Q_1 Q_2 + j2\delta(Q_1 + Q_2)} \tag{4.23}$$

동조 시의 이득 $\dot{A}_0$는 동조 시의 이조도 $\delta = 0$이므로 식 (4.23)에서

$$\dot{A}_0 = \frac{-jg_m S Q_1 Q_2 \sqrt{r_1 r_2}}{1 + S^2} \tag{4.24}$$

가 된다.

따라서 식 (4.23)과 식 (4.24)에서 상대 이득은

$$\frac{\dot{A}}{\dot{A}_0} = \frac{1+S^2}{1+S^2-4\delta^2 Q_1 Q_2 + j2\delta(Q_1+Q_2)}$$

$$\therefore \left| \frac{\dot{A}}{\dot{A}_0} \right| = \frac{1+S^2}{\sqrt{(1+S^2-4\delta^2 Q_1 Q_2)^2 + 4\delta^2(Q_1+Q_2)^2}} \tag{4.25}$$

가 된다.

① 임계 결합 : 식 (4.22)의 결합 지수 $S = k\sqrt{Q_1 Q_2} = 1$인 경우를 **임계 결합**(critical coupling)이라고 하며, 이 때의 결합 계수는 $k = 1/\sqrt{Q_1 Q_2} \equiv k_c$(임계 결합 계수라고 한다)이다. 동조 시의 이득 $\dot{A}_{oc}$는 식 (4.24)에서

$$\dot{A}_{oc} = \frac{-jg_m Q_1 Q_2 \sqrt{r_1 r_2}}{2}, \quad |\dot{A}_{oc}| = \frac{g_m Q_1 Q_2 \sqrt{r_1 r_2}}{2} \tag{4.26}$$

로 되며 주파수 특성은 단봉 특성이 된다.

대역폭 B_c는 식 (4.25)에서 $Q_1 = Q_2 = Q$ 라고 하면 $|\dot{A}/\dot{A}_0| = 1/\sqrt{1+4\delta^4 Q^4}$ $= 1/\sqrt{2}$ 에서 구할 수 있다. 즉, $\delta = 1/\sqrt{2}Q$ 에서

$$B_c = 2\varDelta f = 2f_0 \delta = \frac{2f_0}{\sqrt{2}Q} = \frac{\sqrt{2}f_0}{Q} \tag{4.27}$$

로 되어, 대역폭은 단일 동조 증폭기의 $\sqrt{2}$ 배가 된다.

② 밀결합 : 결합 지수 $S = k\sqrt{Q_1 Q_2} > 1$인 경우를 **밀결합**(over coupling)이라고 하며, 이 때의 결합 계수는 $k = S/\sqrt{Q_1 Q_2} > k_c$이다.

극대점에서의 이득은 $d|\dot{A}|/d\delta = 0$에서 구한 δ를 식 (4.23)에 대입해서 구하면

$$\dot{A} = \frac{-jg_m S Q_1 Q_2 \sqrt{r_1 r_2}}{2(1 \pm j\sqrt{S^2-1})}, \quad |\dot{A}| = \frac{1}{2} g_m Q_1 Q_2 \sqrt{r_1 r_2} \tag{4.28}$$

가 된다.

이 값은 임계 결합의 이득과 같고 S와 무관하다. 식 (4.28)에서 극대점이 2개인 쌍봉 특성이 됨을 알 수 있다.

동조점($\delta = 0$)에서 극소(쌍봉의 골짜기)가 되고, 이 때의 이득은 식 (4.24)와 같이

주어진다.

다음에 쌍봉 대역폭 B_B(2개의 극대점 사이의 주파수 대역폭)는 $d\,|\dot{A}|/d\delta = 0$에서 구한 δ에 $Q_1 = Q_2 = Q$의 조건을 대입해서 구하면

$$B_B = \frac{f_0 \sqrt{S^2 - 1}}{Q} \tag{4.29}$$

가 된다.

또한 3점 대역폭 B_3는 식 (4.25)에서 $|\dot{A}/\dot{A}_0| = 1$의 조건으로 구한 값에 $Q_1 = Q_2 = Q$와 $\delta = \delta_3$의 조건을 대입하면,

$$8\delta_3{}^2 Q^2 (1 - S^2 + 2\delta_3{}^2 Q^2) = 0 \qquad \therefore \; \delta_3 = \frac{\sqrt{S^2 - 1}}{\sqrt{2}\,Q} \tag{4.30}$$

가 된다.

또한 $\delta_3 = \Delta f_3 / f_0$에서 $\Delta f_3 = f_0 \cdot \delta_3 = f_0 \sqrt{S^2 - 1}/\sqrt{2}\,Q$로 되기 때문에 다음 식으로 나타낼 수 있다.

$$B_3 = 2\Delta f_3 = \frac{\sqrt{2}\,f_0 \sqrt{S^2 - 1}}{Q} \tag{4.31}$$

③ 소결합 : 결합 지수 $S = k\sqrt{Q_1 Q_2} < 1$인 경우를 **소결합**(under coupling)이라고 하며, 이때의 결합 계수는 $k = S/\sqrt{Q_1 Q_2} < k_c$이다.

이득은 식 (4.23)과 같고, $\delta = 0$에서 최대로 되기 때문에 단봉 특성을 나타낸다. 그러므로 이득 $\dot{A}_u$는

$$\dot{A}_u = \frac{-j\,g_m S Q_1 Q_2 \sqrt{r_1 r_2}}{1 + S^2}$$

$$\therefore \; |\dot{A}_u| = \frac{g_m S Q_1 Q_2 \sqrt{r_1 r_2}}{1 + S^2} \tag{4.32}$$

로 되며, 임계 결합과 밀결합의 최대 이득보다 작은 값으로 된다.

〈그림 4-23〉은 이상의 관계를 나타내는 복동조 증폭기의 주파수 특성 곡선이다.

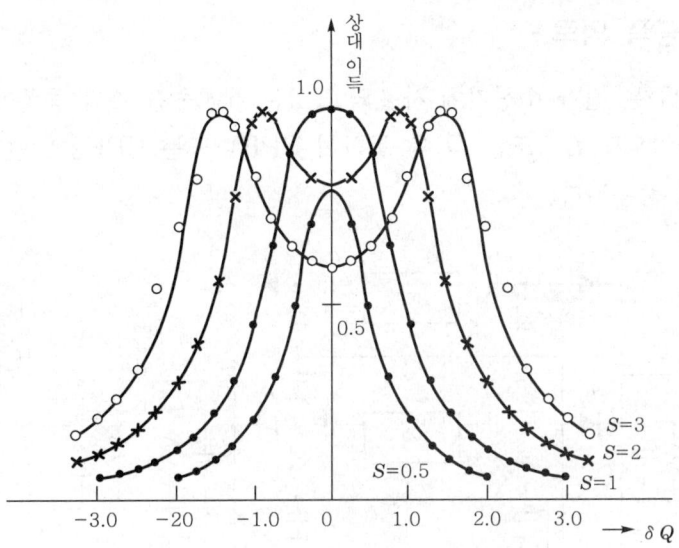

<그림 4-23> 복동조 증폭기의 주파수 특성

(3) 스태거 동조 증폭기

스태거(stagger) **동조 증폭기**는 단일 동조 증폭기를 2단 이상 종속 접속하고, 각 단의 동조 주파수를 조금씩 다르게 조정하여 종합 주파수 특성을 광대역으로 한 것이다.

〈그림 4-24〉는 스태거 동조 증폭기의 주파수 특성을 나타낸 것이다. 2단 스태거에서는 이조 주파수를 Δf라 할 때 각 단의 동조 주파수를 $f_0 + \Delta f$, $f_0 - \Delta f$로 하고 Q를 동일하게 한다. 3단 스태거에서는 각 단의 동조 주파수를 $f_0 + \Delta f$, $f_0 - \Delta f$, f_0로 하고 Q를 동일하게 한다. 따라서 스태거 동조 증폭기는 GB적(gain band width product)이 매우 크다는 특징을 가지고 있으며, 점유 주파수 대역폭이 넓은 텔레비전, 레이더, 마이크로파 다중 통신용 수신기 등에 사용된다.

현재는 진폭 특성과 위상 특성이 우수한 SAW 필터를 사용한 고이득 증폭기가 스태거 동조 증폭기 대신 많이 사용되고 있다.

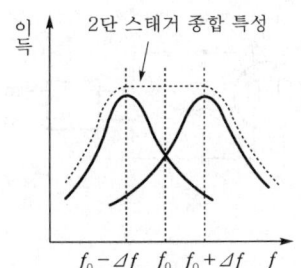
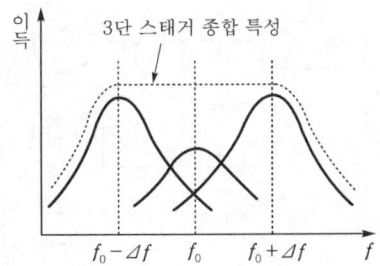

<그림 4-24> 스태거 동조 증폭기의 주파수 특성

[4] 중간 주파 증폭 회로

〈그림 4-25〉는 전파 수신기에 사용되고 있는 제2 중간 주파 증폭기의 회로도이다. 믹서 출력이 다이오드 D_1 또는 D_2를 통하여 BPF1 또는 BPF2에 인가되어 대역 제한된 후 FET에서 증폭된다.

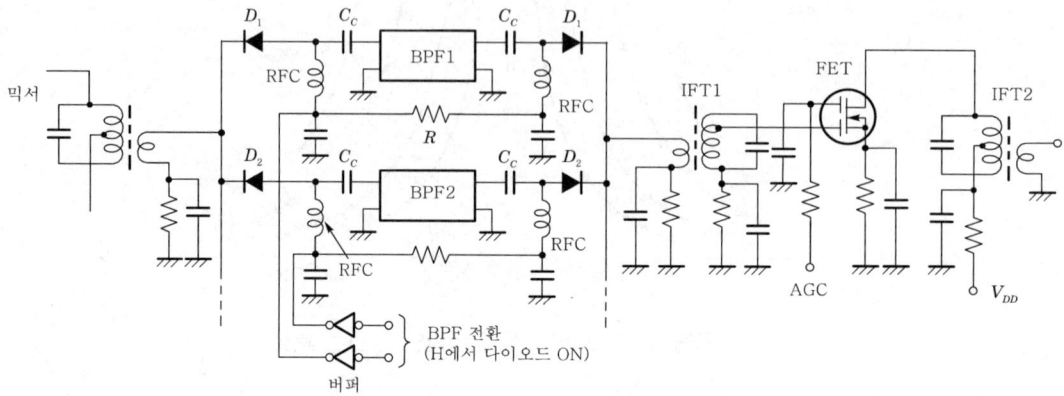

〈그림 4-25〉 전파 수신기의 중간 주파 증폭 회로

수신기의 대역폭은 BPF1, BPF2에 의하여 결정되기 때문에, 대역폭이 다른 여러 개의 BPF를 설치하여 전파 형식에 따라 전환해서 사용해야 한다. 즉, 점유 주파수 대역폭이 A1A인 경우에는 0.5[kHz], A3E인 경우에는 6[kHz], SSB(J3E, R3E, H3E)인 경우에는 3[kHz]의 BPF 등으로 전환하여 사용한다.

BPF의 전환 방법은 〈그림 4-10〉의 방식과 동일하다. 중간 주파 증폭기로는 듀얼 게이트 MOS-FET를 사용하고 게이트 G_2에는 이득을 제어하기 위한 AGC 전압을 인가한다. C_C는 결합 콘덴서, RFC는 초크 코일이다. 여기서 사용되는 동조 증폭기 대신 RC 결합 증폭기를 사용할 수도 있다.

〈그림 4-26〉은 컬러 텔레비전 수신기의 영상 중간 주파 증폭기의 회로도이다.

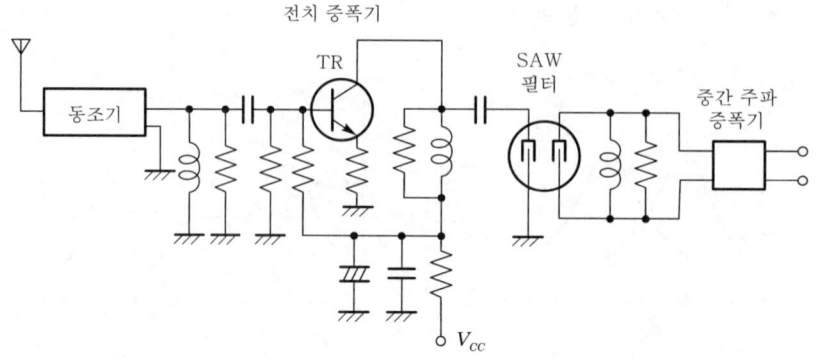

〈그림 4-26〉 텔레비전 수신기의 영상 중간 주파 증폭 회로

영상 중간 주파수는 58.75[MHz]이고, 광대역(6[MHz])이기 때문에 이전에는 스태거 동조 증폭기가 사용되었지만 현재는 SAW 필터와 IC에 의한 고이득 증폭기를 사용하는 경우가 많다. 영상 중간 주파 증폭기의 주파수 특성은 화질(해상도)에 관계되므로, 우수한 특성을 가진 SAW 필터를 사용하면 고화질화가 가능해진다.

〈그림 4-27〉은 이동체 통신용 중간 주파 증폭기의 구성도이다. 제1 믹서의 출력은 BPF1에서 대역 제한된 후, 제2 믹서에서 455[kHz] 또는 10.7[MHz]로 변환되고, BPF2에서 대역 제한된 후에 증폭된다. 제2 믹서, 수정 발진기(X-tal OSC), 중간 주파 증폭기(IF), 리미터, FM 검파기 및 레벨 검출기는 모놀리딕 IC화되므로 소형, 저소비 전력이 된다. 자동차 전화인 경우에는 채널 간격이 12.5[kHz]이기 때문에 BPF2에는 우수한 차단 특성이 겸비되어야 한다.

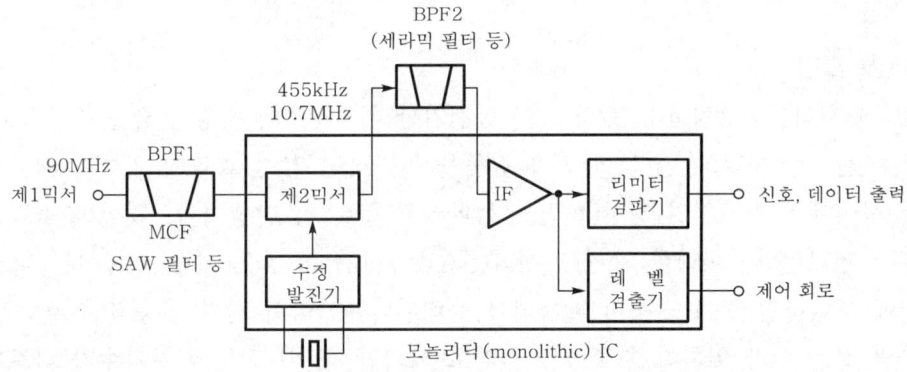

〈그림 4-27〉 이동체 통신용 중간 주파 증폭기의 구성도

[5] BPF

최근에는 LC 동조 회로 이외에 BPF가 많이 사용되고 있다. BPF에는 수정 필터, 메커니컬 필터(mechanical filter), 세라믹 필터, SAW 필터 등이 사용되고 있다. 이들 중 수정 필터와 메커니컬 필터에 대해서는 SSB 송신기에서 설명하기로 하고, 여기서는 세라믹 필터와 SAW 필터에 대하여 설명한다.

(1) 세라믹 필터

〈그림 4-28〉의 (a)는 세라믹 필터(ceramic filter)의 원리도이다. 이것은 세라믹의 압전 효과를 이용한 것으로, 그림과 같이 세라믹에 전극을 설치하여 전기 신호를 인가하면 필터의 재질, 치수, 형상 등에 의해 정해지는 고유의 기계적 진동을 발생한다. 이 때 한쪽의 전극에서 전기 신호를 빼낼 경우 대역 통과(band pass) 특성을 얻을 수 있다.

이러한 세라믹 필터는 온도 특성과 차단 특성이 우수할 뿐만 아니라 소형, 경량이며 무조정이라는 특징을 가지고 있다. 그림 (b)는 세라믹 필터의 사용 예이다.

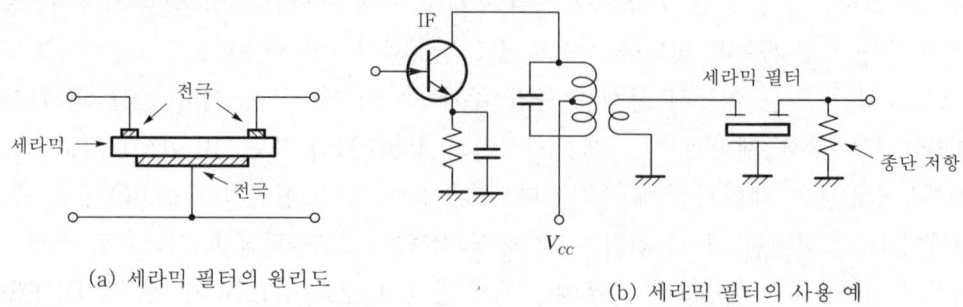

(a) 세라믹 필터의 원리도 (b) 세라믹 필터의 사용 예

<그림 4-28> 세라믹 필터

(2) SAW 필터

SAW 필터는 <그림 4-29>와 같이 압전기판 위에 2조의 빗형 전극을 증착하고, 한쪽의 전극(여진 전극이라고 한다)에 전기 진동을 인가하면 압전 효과에 의하여 서로 마주보는 전극 사이에서 기계적인 진동(표면 탄성파라고 한다)이 발생되어, 빗살과 직각 방향으로 좌우에 전파된다. 이러한 표면 탄성파(SAW ; surface acoustic wave)는 다른 한쪽의 전극에 도달하면 전기 진동이 발생되어 출력된다. 따라서 전기 진동의 주파수와 표면 탄성파의 진동 수가 일치하면 출력은 최대로 되지만, 전기 진동의 주파수가 다르면 출력은 저하되고, 어떤 주파수 이상 벗어나면 출력은 0이 되기 때문에 SAW 필터는 BPF의 특성을 얻을 수 있다.

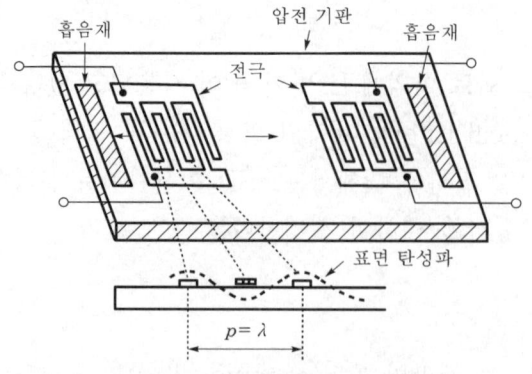

<그림 4-29> SAW 필터의 구조

표면 탄성파의 진동 수를 f, 파장을 λ, 전파 속도를 v라고 하면 $f = v / \lambda$의 관계가 성립된다. 여기서 λ는 빗형 전극의 간격(피치) p와 압전율, 탄성 상수 및 전극의 형상

등에 의해 결정되며, $\lambda = p$가 되도록 한다.

압전기판의 재료로는 수정, LiTaO₃, LiNbO₃ 등의 단결정이나 세라믹이 사용되며, 전극의 재료로는 ZnO가 사용된다.

SAW 필터는 우수한 주파수 특성(진폭 특성)과 위상 특성, 소형·경량, 무조정, 저삽입 손실, 고신뢰성, 양산성 등의 많은 장점을 갖고 있어 최근 들어 상당히 많이 사용되고 있다.

표면 탄성파 소자로는 SAW 필터와 SAW 공진자가 있다. SAW 필터의 용도로는 텔레비전 수상기의 영상 중간 주파용 BPF, 레이더의 BPF, 잔류 측파대(VSB)용 필터, 위성 방송용 BPF, 자동차 전화의 RF 및 IF용 BPF 등이 있다.

SAW 공진자는 수정 진동자와 같은 기계적 진동을 이용한 공진자로서 수정 진동자를 이용한 수정 필터와 같은 SAW 공진자형 필터나 SAW 발진기를 만들 수 있다. SAW 공진자의 용도로는 CATV, VTR의 RF 모듈레이터(modulator) 등의 발진기, 개인용 (personal) 무선이나 코드리스(cordless) 전화의 VCO 등이 있고, SAW 공진자 필터는 무선 호출기(삐삐) 등의 RF용 BPF가 있다.

이와 같이 SAW 소자는 상당히 높은 주파수(~1.1[GHz] 정도)의 필터, 발진기를 구성할 수 있다는 특징을 갖고 있다.

예제 3 고주파 증폭기의 이득이 30[dB], 변환 이득이 −3[dB]인 슈퍼헤테로다인 수신기의 입력에 50[μV]의 고주파 전압을 걸어 검파기의 입력단에서 0.5[V]를 얻었다면 중간 주파 증폭기의 이득은 얼마인가?

풀이 총 이득$= 20 \log_{10} \dfrac{0.5}{50 \times 10^{-6}} = 80 \, [\mathrm{dB}]$이므로

중간 주파 증폭기의 이득=총 이득−(고주파 증폭 이득+변환 이득)
$$=80-(30-3)=53 \, [\mathrm{dB}]$$

3.6 검파기

피변조파에서 원래의 신호파를 검출해 내는 조작을 **검파**(detection)라고 하며, 넓은 의미로는 **복조**라고도 한다.

이러한 목적으로 사용되는 장치를 **검파기** 또는 **복조기**(demodulator)라고 한다. AM 검파기를 동작상으로 분류하면, 비직선 소자의 제곱 특성을 이용한 제곱 검파와 피변조파

를 검파 소자의 직선 부분에 인가하여 정류하는 직선 검파로 나눌 수 있다. 검파 소자로는 다이오드, 트랜지스터, FET, IC(승산기나 차동 증폭기) 등이 있다.

검파기에 필요한 조건은 다음과 같다.

① 일그러짐이 적을 것

② 검파기 입력 저항에 의하여 동조 회로의 Q가 저하(부하 효과라고 한다)되지 않도록 입력 저항이 클 것

③ 주파수 특성이 양호할 것

④ 회로가 간단할 것

[1] 다이오드 검파기

〈그림 4-30〉은 다이오드 검파기의 한 예를 나타낸 것이다.

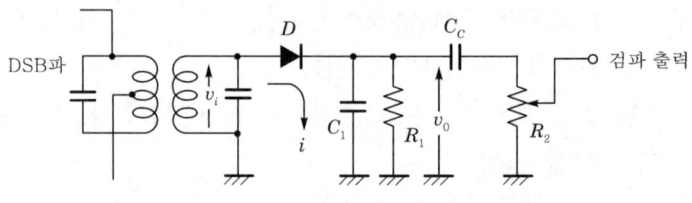

〈그림 4-30〉 다이오드 검파기

(1) 직선 검파

그림에서 정(+)의 반주기 동안 다이오드 D가 도통되어 C_1에 충전되고, 부(-)의 반주기 동안 다이오드 D가 차단되어 C_1의 전하가 R_1을 통해 방전됨으로써 R_1의 양단에 전압이 발생한다.

이러한 경우 시상수(time constant) $\tau = C_1 R_1$을 적당히 선정하면 R_1, C_1의 양단에는 항상 일정한 직류 전압이 발생되고, 이 전압은 D에 대하여 역바이어스 V_{DC}로 되기 때문에 〈그림 4-31〉 (a)의 동작 특성과 같이 동작점이 부(-) 쪽으로 이동한다.

따라서 DSB파의 진폭과 V_{DC}의 차인 전압에 대응한 전류 i가 D를 통하여 C_1에 충전된다. 입력 DSB파의 진폭이 충분히 큰 경우에는 C_1의 양단 전압 v_0는 i에 비례하고, DSB파의 포락선(envelope)의 변화와 같은 파형이 되므로 일그러짐이 적다. 이것을 **직선 검파**라고 하며 많이 사용되고 있다.

V_{DC}는 수신 전계의 강약에 따라 변화하기 때문에 AGC에 이용된다. 이러한 검파기를 **포락선 검파기**라고도 한다.

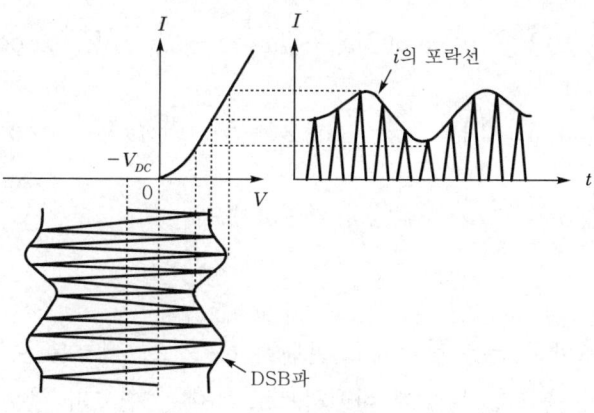

(a) 직선 검파의 동작 특성

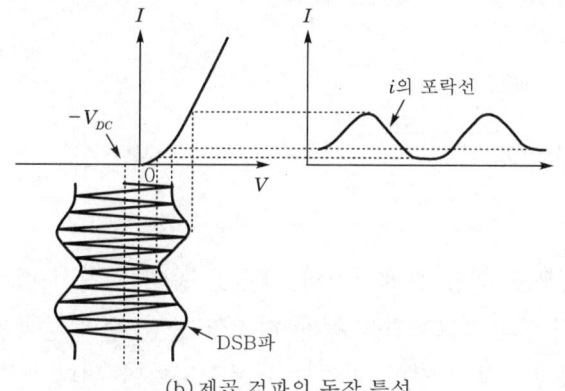

(b) 제곱 검파의 동작 특성

<그림 4-31> 다이오드 검파기의 동작 특성

(2) 제곱 검파

입력 DSB파의 진폭이 작으면 〈그림 4−31〉 (b)와 같이 특성 곡선의 하부 만곡부에서 동작하기 때문에 입력 전압의 제곱에 비례하는 제곱 검파가 된다.

여기서, 다이오드의 특성을 $i = a_1 v_i + a_2 v_i^2 (a_1, a_2 : 상수)$, DSB파의 입력 전압을 $v_i = V_c (1 + m \cos \omega_s t) \sin \omega_c t$ 라고 하면

$$i = a_1 V_c (1 + m \cos \omega_s t) \sin \omega_c t + a_2 V_c^2 (1 + m \cos \omega_s t)^2 \sin^2 \omega_c t$$

$$= \frac{1}{2} a_2 V_c^2 \left(1 + \frac{m^2}{2}\right) + a_2 V_c^2 m \cos \omega_s t + \frac{1}{4} a_2 V_c^2 m^2 \cos 2\omega_s t$$

$$\quad + \frac{1}{2} a_1 V_c m \sin(\omega_c - \omega_s) t + a_1 V_c \sin \omega_c t$$

$$\quad + \frac{1}{2} a_1 V_c m \sin(\omega_c + \omega_s) t$$

$$-\frac{1}{8}\,a_2\,V_c{}^2\,m^2\cos\,(2\omega_c-2\omega_s)\,t-\frac{1}{2}\,a_2\,V_c{}^2\,m\cos\,(2\omega_c-\omega_s)\,t$$

$$-\frac{1}{2}\,a_2\,V_c{}^2\!\left(1+\frac{m^2}{2}\right)\cos 2\omega_c\,t-\frac{1}{2}\,a_2\,V_c{}^2\,m\cos\,(2\omega_c+\omega_s)\,t$$

$$-\frac{1}{8}\,a_2\,V_c{}^2\,m^2\cos\,(2\omega_c+2\omega_s)\,t \tag{4.33}$$

가 된다.

이 식에서 고조파 성분은 바이패스 콘덴서 C_1으로, 직류분은 결합 콘덴서 C_C로 제거되기 때문에 검파 출력 v_0는 i에 비례하므로 v_0에는 신호파 성분 ω_s와 신호파의 제2 고조파 성분 $2\omega_s$만으로 나타낸다. 이때 신호파의 제2 고조파 성분은 일그러짐이 발생되므로 왜율은

$$D=\frac{a_2\,V_c{}^2\,m^2/4}{a_2\,V_c{}^2\,m}=\frac{m}{4} \tag{4.34}$$

이 된다.

검파기로는 다이오드 외에 트랜지스터, FET 등의 비직선 특성(제곱 특성) 영역을 이용할 수도 있다. 검파의 일그러짐을 적게 하려면 중간 주파 증폭기로 충분히 증폭하여 제곱 검파를 하지 않고, 직선 검파 영역으로 동작시키면 된다.

(3) 평균치 검파

평균치 검파는 〈그림 4-30〉의 포락선 검파기에서 콘덴서 C_1을 제거한 것이며, R_1의 양단에는 DSB파의 반파 평균 전압이 발생된다. 그리고 R_1의 양단에는 콘덴서가 없어 포락선 검파기에서 시상수 $\tau=0$인 경우와 같게 되므로 출력 v_0는 v_i의 $1/\pi$로 저하된다. 따라서 검파 효율은 저하되지만 v_0의 파형은 포락선과 같은 파형으로 되기 때문에 일그러짐은 적어진다.

> **예제 4** 변조도 60[%]의 진폭 변조(AM)파를 제곱 검파했을 때 나타나는 신호파 출력의 왜곡(D)은 얼마인가?

✏️ **풀이** 제곱 검파에서의 왜율 D는 식 (4.34)에서

$$D=\frac{m}{4}=\frac{0.6}{4}=0.15=15[\%]$$

[2] 트랜지스터(FET) 검파기

〈그림 4-32〉는 트랜지스터 검파기(트랜지스터를 이용한 검파 회로)의 회로도를 나타낸 것이다. 이것은 트랜지스터(FET)의 비직선성을 이용한 제곱 검파이다. 그리고 비직선 증폭을 행하고 있기 때문에 검파 출력은 크지만, 일그러짐이 커지므로 거의 사용되지 않는다.

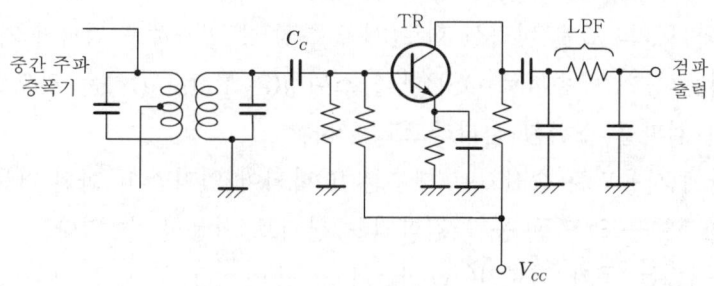

〈그림 4-32〉 트랜지스터 검파기

[3] 동기 검파기

동기 검파는 DSB파의 반송파에 동기된 동기 반송파와 DSB파의 곱을 만들어 검파하는 방법으로, 원리도는 〈그림 4-33〉과 같다. 동기 반송파는 DSB파의 반송파 주파수 및 위상에 동기(lock)하는 PLL 회로에서 만들어진다.

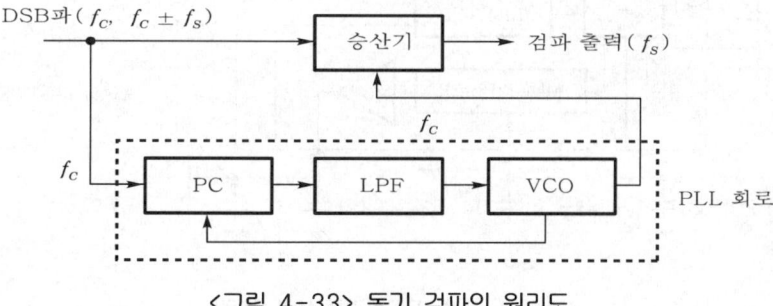

〈그림 4-33〉 동기 검파의 원리도

피변조파를 $v_i = V_c(1 + m \cos \omega_s t) \sin \omega_c t$, 동기 반송파를 $v_{sy} = V_{sy} \sin \omega_c t$ 라 하고 양자를 승산기에 인가하면, 그 출력 i 는

$$i = a\,v_i\,v_{sy} = aV_c V_{sy}(1 + m \cos \omega_s t) \sin^2 \omega_c t$$

$$= a \left[\frac{V_c V_{sy}}{2} + \frac{mV_c V_{sy}}{2} \cos \omega_s t \quad \frac{V_c V_{sy}}{2} \cos 2\omega_c t \right.$$

151

$$-\frac{mV_c V_{sy}}{4} \cos(2\omega_c + \omega_s)t$$

$$-\frac{mV_c V_{sy}}{4} \cos(2\omega_c - \omega_s)t\bigg] \quad (a : \text{비례 상수}) \qquad (4.35)$$

가 된다.

식 (4.35)에서 제2항은 신호파 성분으로 검파 출력이 된다. 그리고 두 신호의 곱을 만드는 대신 v_i와 V_{sy}의 합을 비직선 회로(제곱 특성)에 인가해도 검파가 가능하다. 즉, 곱을 만드는 조작은 동기 반송파로 DSB파를 스위칭(switching)하는 것으로 간주할 수 있기 때문에 동기 검파를 **스위칭 검파**라고도 한다.

동기 검파에 사용되는 승산기는 대부분 IC화되어 있지만 IC화된 차동 증폭기, DBM, 다이오드 DBM 등도 모두 동기 검파의 승산기로 사용할 수 있다.

〈그림 4-34〉는 동기 검파기(synchronous detector)의 회로도이다. 이 회로의 IC는 PLL 회로와 승산기가 하나의 칩(chip)으로 구성되어 있기 때문에 회로 구성이 간단하다. VCO의 발진 주파수는 가변 콘덴서 VC로 변화시켜 중간 주파수가 되도록 조정한다.

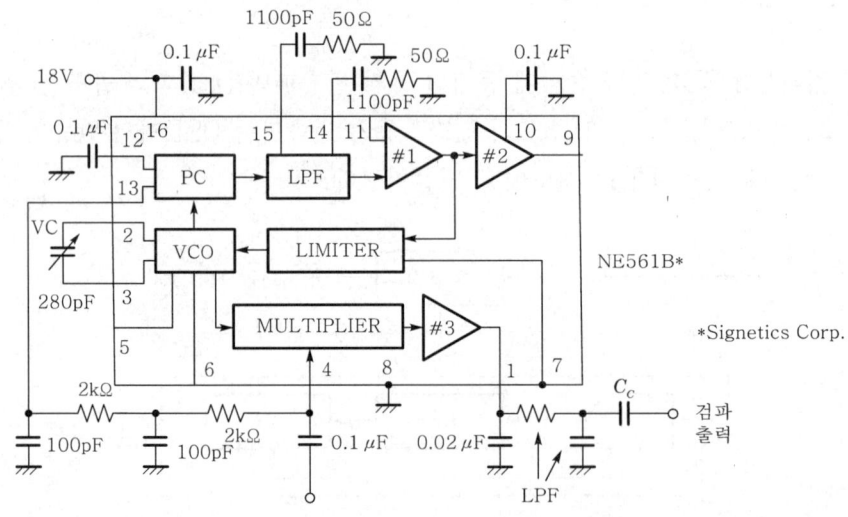

〈그림 4-34〉 동기 검파기의 회로도

[4] 이상적인 다이오드 검파기

일반적인 다이오드를 사용한 포락선 검파기는 피변조파 진폭이 작게 되면 제곱 검파로 되어 일그러짐이 커진다. 이것을 개선하려면 연산 증폭기와 다이오드에 의한 이상적인 다이오드(ideal diode)를 구성하여 직선 검파를 행하면 된다.

〈그림 4-35〉는 전파 수신기에 사용되고 있는 이상적인 다이오드 검파기의 회로도이다. 이 회로의 주요 부분인 연산 증폭기(LM 6361)와 다이오드(D_1과 D_2)의 동작 원리를 〈그림 4-36〉을 사용하여 설명하기로 한다.

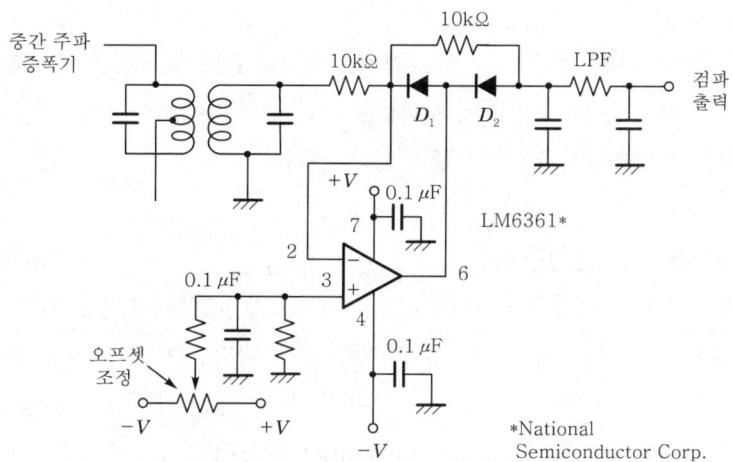

〈그림 4-35〉 이상적인 다이오드 검파 회로

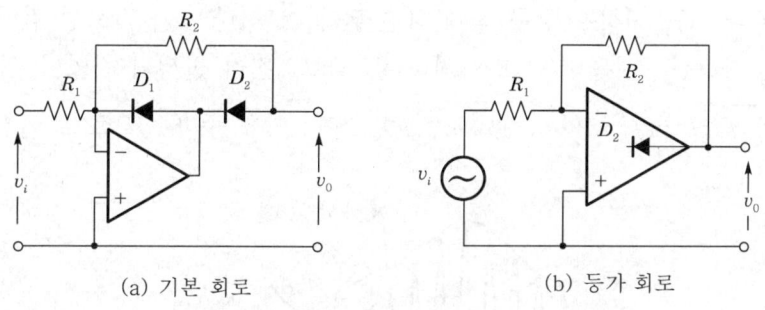

(a) 기본 회로   (b) 등가 회로

〈그림 4-36〉 이상적인 다이오드의 회로

이상적인 다이오드는 연산 증폭기의 귀환 회로(feedback loop)에 다이오드를 넣어 다이오드의 직선성을 개선한 것이다. 그림 (a)에서 v_i가 부(−)인 경우에는 연산 증폭기의 출력은 정(+)이 되기 때문에 D_1이 ON, D_2가 OFF로 되어 연산 증폭기의 출력은 잘리게 된다. 그리고 반전 입력 단자는 가상 접지이기 때문에 v_0는 0이 된다. 다음으로 v_i가 정(+)인 경우에는 D_2가 ON, D_1이 OFF로 되어 연산 증폭기의 출력은 D_2를 통해 R_2에 접속되기 때문에 D_2는 그림 (b)와 같이 연산 증폭기의 내부에 존재하는 것과 등가로 된다. 이 때의 출력 $v_0 = (-R_2/R_1)\,v_i$로 되고, $R_1 = R_2$로 선택하면 $v_0 = -v_i$로 되어 v_0는 v_i에 비례하며 위상은 반전된다.

DSB파의 수파수(중간 주파수)가 높은 경우에는 고속의 연산 증폭기를 사용해야 한다.

[5] 검파 일그러짐

AM 검파기에서 발생되는 일그러짐은 다음과 같은 것들이 있다.

(1) 비직선 일그러짐

주로 제곱 검파 시에 발생되는 일그러짐으로, 변조도가 $100[\%]$인 파를 제곱 검파하면 왜율은 $25[\%]$(식 (4.34) 참조)가 된다. 포락선 검파기에서는 일그러짐을 적게 하기 위하여 중간 주파 증폭단에서 충분히 증폭해야 한다.

(2) 다이애거널 클리핑 일그러짐

포락선 검파기에서 시상수 $\tau = C_1 R_1$이 너무 크면 C_1의 방전에 의한 단자 전압의 하강 경사가 DSB파 포락선의 하강 경사보다 완만하게 된다. 이것은 검파 출력이 포락선의 변화에 따르지 못함을 의미하므로 일그러짐이 발생된다. 이와 같은 원인으로 발생되는 일그러짐을 **다이애거널 클리핑**(diagonal clipping) **일그러짐**이라고 한다. 이 모양을 〈그림 4-37〉에 나타냈다.

이러한 일그러짐을 없애기 위해서는 방전 시의 하강 경사를 포락선의 하강 경사보다 크게 하면 된다. 즉, 시상수 τ를 적게 하면 된다. 그러나 τ가 작으면 검파 효율이 저하되므로 τ는 가능한 한 큰 것이 바람직하다. 일그러짐이 발생되지 않기 위한 τ의 한계는 $\tau \leq \sqrt{1-m^2}/2\pi f_m m$ (m ; 변조도, f_m ; 최고 신호 주파수)으로 주어진다.

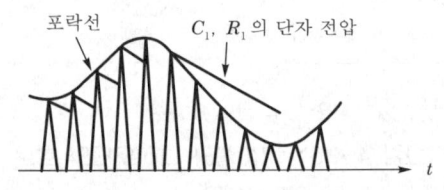

〈그림 4-37〉 다이애거널 클리핑 일그러짐

(3) 네거티브 피크 클리핑 일그러짐

다이오드 회로에서 교류 부하가 직류 부하보다 작은 경우에 포락선의 부$(-)$의 첨두 부분이 절단되는 현상이 발생되어 일그러짐으로 된다. 이와 같은 원인으로 발생되는 일그러짐을 **네거티브 피크 클리핑**(negative peak clipping) **일그러짐**이라고 한다.

이미 설명한 〈그림 4-30〉에서 직류에 대한 부하 저항 $R_{DC}=R_1$, 교류에 대한 부하 저항 $R_{AC}=R_1 R_2/(R_1+R_2)$이므로, 직류 및 교류 부하선은 〈그림 4-38〉과 같이 된다. 여기서, $R_{DC} > R_{AC}$이므로 교류 부하선의 경사는 직류 부하선의 경사보다 크게 되고,

각 부하선의 교점 P가 동작점이 되며, P점은 DSB파의 반송파 레벨과 일치한다.

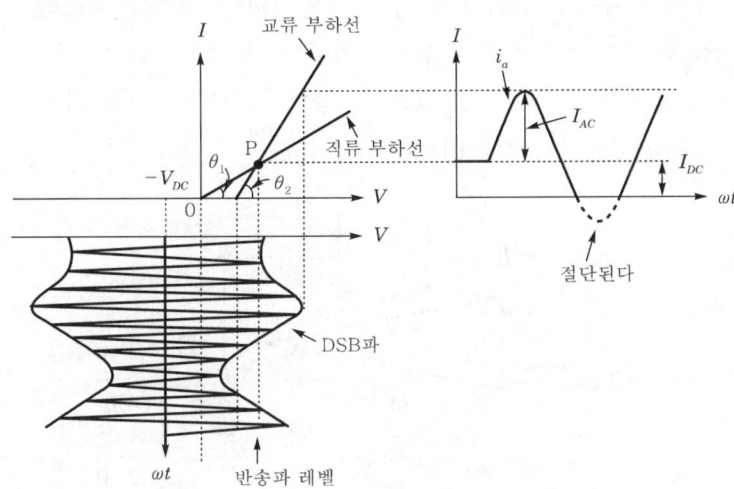

<그림 4-38> 네거티브 피크 클리핑 일그러짐

그림에서 $\theta_1=\tan^{-1}(1/R_1)$, $\theta_2=\tan^{-1}\{(R_1+R_2)/R_1R_2\}$로 되기 때문에 R_2가 작을 수록 θ_2가 커지므로 부$(-)$의 첨두치가 크게 클리핑된다.

변조도는 $m=I_{AC}R_{AC}/I_{DC}R_{DC}$가 되므로, 클리핑이 발생되지 않도록 하기 위해서는 $I_{DC}\geq I_{AC}$와 같이 되어야 한다.

즉, $m\leq R_{AC}/R_{DC}$가 일그러짐을 발생시키지 않는 조건이 되는 것이다. 실제의 회로에 서는 다음 단(저주파 증폭기)의 입력 임피던스가 R_2에 병렬로 접속되기 때문에, 이 임피 던스도 크게 해야 한다.

(4) 동기 일그러짐

동기 검파에 있어서 동기 반송파의 주파수와 위상이 DSB파의 반송파 주파수와 위상이 일치하지 않는 경우나 SSB파의 싱크로다인 검파에서 반송파의 진폭이 작은 경우에 발생 되는 일그러짐이다.

3.7 저주파 증폭기

저주파 증폭기는 검파기에서 얻어진 신호파를 전압 증폭 및 전력 증폭하여 스피커 (speaker) 또는 헤드폰(headphone) 등을 구동하기 위한 오디오(audio) 회로로, 부귀환을 걸어 일그러짐이 적은 A급 증폭기나 B급 푸시풀 증폭기가 사용된다. 저주파 출력은 1~ 2[W] 정도면 충분하고, 주파수 특성은 전파 형식에 따라 음성 통신에서는 300~3400

[Hz], 중파 방송에서는 50~7500[Hz], FM 방송에서는 50~15000[Hz] 정도면 된다. 주파수 특성이 광대역이면 잡음량이 많아지기 때문에 대역을 제한하는 경우도 있다.

〈그림 4-39〉는 수신기용 저주파 증폭기의 회로도이다. 이 회로에서는 $V_{CC}=12[V]$에서 저주파 출력 2.2[W]를 얻을 수 있으며, 전력 증폭부는 상보 대칭형 SEPP(complementary single ended push pull) 회로(B급)이다.

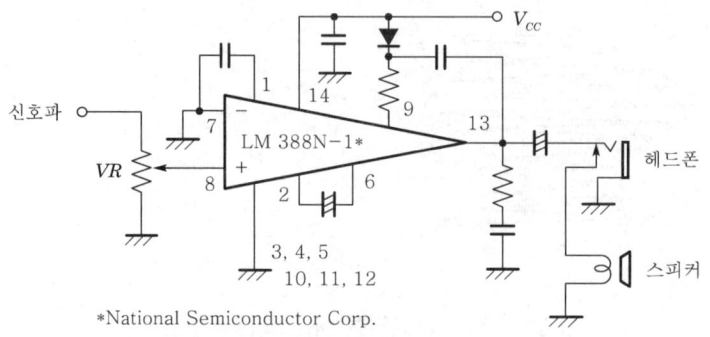

*National Semiconductor Corp.

〈그림 4-39〉 저주파 증폭 회로

수신기의 성능을 향상시키고 안정되게 동작시키기 위해서는 여러 가지 부속 회로(또는 보조 회로)가 필요하다. 이번에는 AM 수신기에서 사용되는 대표적인 부속 회로에 대하여 설명한다.

4.1 AGC 회로

무선 통신에서는 여러 가지 원인에 의해 수신 전계 강도가 변동한다.

AGC(automatic gain control ; 자동 이득 제어) 회로는 이와 같은 변동에 대응하여 증폭기(RF, IF)의 이득을 제어함으로써 수신기의 출력을 일정하게 하기 위해 사용되며, 또 진폭이 큰 입력에 의해 발생되는 혼변조와 상호 변조를 방지하기 위해 사용된다.

증폭기의 이득을 제어하려면 검파기 출력을 정류한 직류 전압의 변화를 이용해야 한다. 바이폴러 트랜지스터 증폭기에서는 컬렉터 전류의 변화에 의해 전력 이득이 변화하는 것을 이용하고, FET 증폭기에서는 게이트 전압의 변화에 의해 상호 컨덕턴스 g_m이 변화하는 것을 이용하면 된다.

AGC를 동작시키는 방법으로는 다이오드의 순방향 전류의 변화에 의한 동작 저항의 변화를 감쇠기로 사용하는 방법(PIN 다이오드가 사용된다)과 FET의 드레인·소스 간의 저항 변화를 이용하는 방법이 있다.

AGC에는 증폭기의 동작점, 동작 방향의 차이 및 목적에 따라 다음과 같은 여러 가지 방식이 있다.

[1] 순방향 AGC

순방향(forward) AGC는 바이폴러 트랜지스터의 컬렉터 전류가 증가하면 전력 이득이 저하하는 특성을 이용하여 이득을 제어하는 방식으로, 제어를 위한 전력이 크기 때문에 전지로 구동하는 수신기에는 적절하지 않지만 입·출력의 직선성이 좋고, 2신호 특성이 우수하기 때문에 자주 사용된다.

〈그림 4-40〉은 증폭형의 순방향 AGC 회로도이다. 순방향 AGC에서는 큰 제어 전력이 필요하기 때문에 연산 증폭기에서 C_2 양단의 AGC 전압을 증폭하여 TR(IF)의 베이스에 인가한다.

진폭이 큰 입력에서는 AGC 전압이 부(−)로 증가되고, 이것을 연산 증폭기에서 반전 증폭하여 정(+)으로 하면 베이스 전압도 높아진다. 따라서 컬렉터 전류가 증가하여 전력 이득이 저하된다. 일반 증폭용 트랜지스터를 사용할 경우 〈그림 4-41〉의 점선과 같이 순방향 AGC는 별로 효과적이지 않지만, 실선과 같은 순방향 AGC용 트랜지스터를 이용하면 효과가 크다.

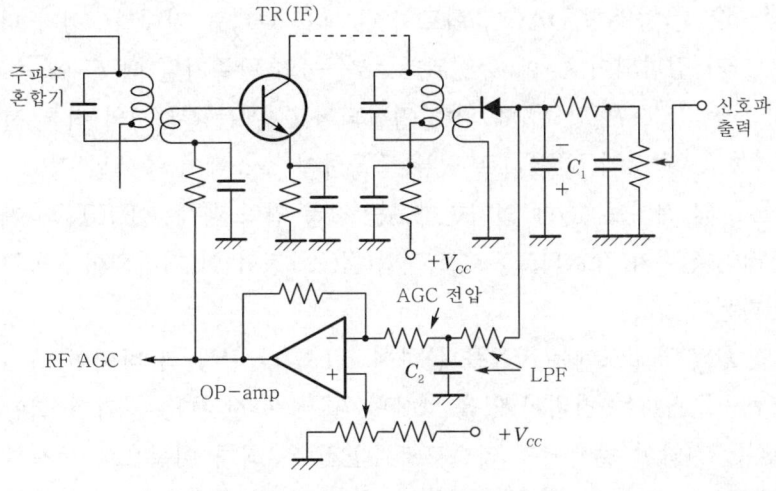

〈그림 4-40〉 순방향 AGC 회로

[2] 역방향 AGC

역방향(reverse) AGC는 〈그림 4-41〉(a), (b)의 특성으로 볼 때 바이폴러 트랜지스터 또는 FET의 컬렉터(드레인) 전류가 감소하면 전력 이득이 저하하는 부분을 이용하여 제어를 행하는 방식으로, 제어를 위한 전력이 작아도 되기 때문에 전지 구동의 수신기에 많이 이용된다. 이 방식은 입·출력의 직선성도 나쁘고, 2신호 특성도 순방향 AGC보다 좋지 않다.

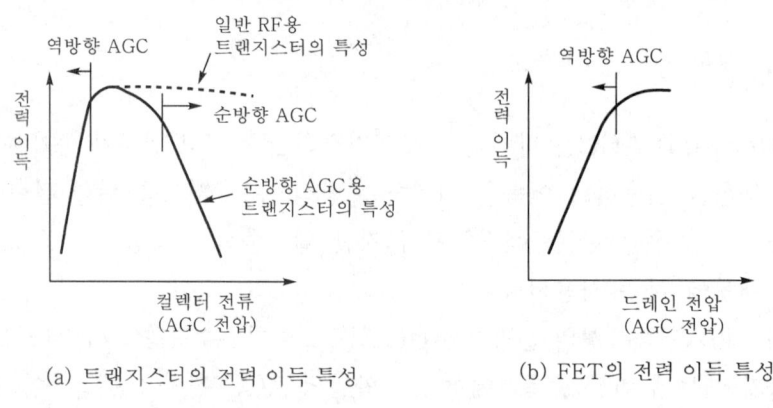

(a) 트랜지스터의 전력 이득 특성   (b) FET의 전력 이득 특성

〈그림 4-41〉 증폭 소자의 전력 이득 특성

[3] 지연 AGC

지연 AGC(DAGC ; delayed AGC)는 수신 전계 강도가 어떤 값 이하로 되면 AGC가 동작되지 않고 최대 이득이 얻어지도록 하고, 수신 전계 강도가 어떤 값 이상으로 되면 AGC가 동작하도록 하여 어떤 값 이상의 출력은 얻어지지 않도록 하는 것이다.

〈그림 4-42〉는 증폭형 DAGC 회로의 한 예를 나타낸 것이다. 검파 다이오드 D에 의해 중간 주파가 검파되어 C_1에 충전된다. 부(-)의 반주기일 때 C_1에 충전된 전하가 R_1을 통하여 방전되고, R_2와 C_2에 의해 평활되어 C_2에는 부(-)의 직류 전압이 발생한다. 이 전압을 AGC 증폭기(FET$_2$)로 직류 증폭하여 소스에서 증폭된 정(+)의 직류 전압을 꺼내어 FET$_1$의 게이트 G_2에 인가한다. 큰 진폭 입력 시에는 FET$_2$의 게이트 전압이 감소하여 드레인 전류가 감소되고, 소스 전압(AGC 전압)이 저하되어 FET$_1$(RF 증폭기)의 이득이 저하된다.

다이오드 D의 캐소드에는 VR을 통하여 정(+)의 전압(역 바이어스)이 인가되기 때문에 이 전압을 초과하는 입력이 있을 때에만 C_1에 충전된다. 따라서 희망파 입력이 작을 때에는 AGC 전압이 발생되지 않으므로 FET$_1$은 최대 이득으로 동작한다.

한편, AGC가 동작하도록 하는 레벨 설정은 VR을 변화시켜 행한다.

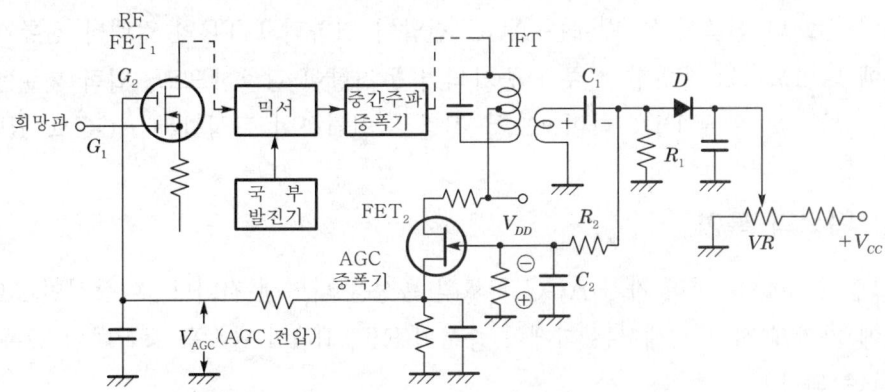

<그림 4-42> 역방향 AGC 회로(증폭형 DAGC)

이상의 AGC 회로는 전파 형식과 업무의 종류에 따라 최적의 것이 선정되지만, 중파 라디오를 제외하고는 대부분 AGC 전압을 증폭해서 공급하는 증폭형과 중간 주파 증폭기와 함께 하나의 칩으로 IC화된 것이 주를 이룬다. 또한 AGC 증폭기로 연산 증폭기를 사용하는 경우도 있다.

[4] 가변 감쇠 회로에 의한 AGC

일반적으로 수신기의 초단에 AGC를 인가하여 이루어지지만, 입력 회로에 PIN 다이오드를 사용한 가변 감쇠 회로를 부가하여 AGC의 효과를 높일 수 있다. 이것을 **가변 감쇠 회로에 의한 AGC**라고 한다.

<그림 4-43>은 PIN 다이오드에 의한 AGC 회로의 한 예이다. PIN 다이오드는 순방향 전류에 대하여 동저항이 직선적으로 변화하기 때문에 이 동저항을 L_1에 병렬로 삽입하여 분류형 가변 감쇠기로 동작하도록 한다.

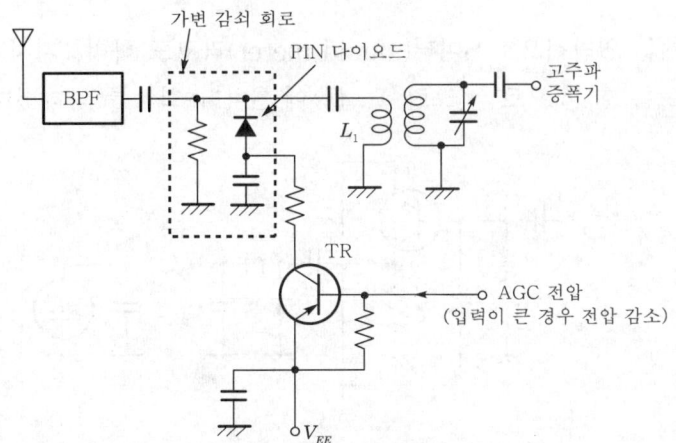

<그림 4-43> PIN 다이오드에 의한 AGC 회로

입력 신호의 진폭이 클 때에는 AGC 전압이 저하되고 TR의 컬렉터 전류가 증가하기 때문에 다이오드의 순방향 전류가 증가되어 동저항이 감소하므로, 입력 회로에서 감쇠량이 커진다. 그 밖에 PIN 다이오드를 직렬로 연결하여 구성하는 AGC도 있다.

[5] AGC 회로의 특성

〈그림 4-44〉는 여러 가지 AGC 회로의 특성을 나타낸 것이다. 이상적인 AGC 회로의 특성에 가깝게 하기 위해서는 피제어 증폭기(RF, IF)의 단수를 증가하여 증폭형 DAGC로 하면 된다.

수신기의 AGC 특성은 '수신기 입력 $10[\mu V] \sim 300[mV]$에 대하여 저주파 출력 레벨의 편차 $10[dB]$ 이하'와 같이 표현할 수 있다.

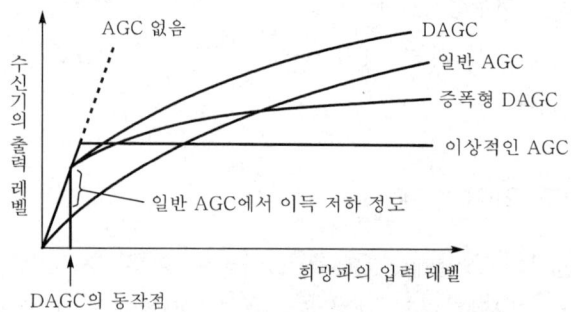

〈그림 4-44〉 여러 가지 AGC 회로의 특성

4.2 동조 지시계

동조 지시계는 일반적으로 S미터(signal meter)라고도 하며, 지시가 최대일 때 최적의 동조점이 되도록 한 것으로, 〈그림 4-45〉에 S미터 회로를 나타냈다.

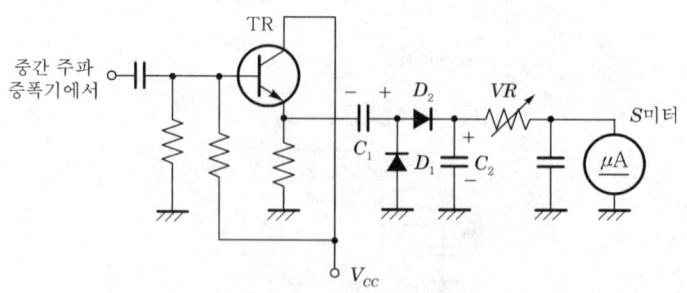

〈그림 4-45〉 S미터 회로

4. 수신기의 부속 회로

그림에서 TR은 이미터 폴로워(소스 폴로워)형 증폭기로서 중간 주파 신호를 증폭하고, 배전압 회로(D_1, D_2, C_1 및 C_2)로 정류하여 직류 전압을 만든다. 이 전압을 감도 조정기(VR)를 통하여 S미터(직류 전류계)에 인가한다. 최근에는 디지털 지시계도 많이 사용되고 있다.

4.3 잡음 억제 회로

수신기의 출력에 나타나는 잡음에는 내부 잡음과 외부 잡음이 있다. 내부 잡음은 저잡음 소자의 사용으로 매우 작게 할 수 있다. 외부 잡음에는 자연 잡음과 인공 잡음이 있지만, 통신을 저해하거나 S/N을 극단적으로 감소시키는 잡음은 대부분 인공 잡음이다. 고주파 이용 설비, 가전 제품, 자동차의 점화기, OA(office automation) 기기(OA 기기 등에서 발생하는 잡음을 전자 smoke라고 한다) 등으로부터 발생되는 인공 잡음의 에너지는 비교적 크다. 이와 같은 잡음을 억제하는 회로를 **잡음 억제 회로**(noise suppressor)라고 하며, 다음과 같은 것들이 있다.

① ANL(automatic noise limiter) 회로
② 잡음 엘리미네이터(noise eliminator, noise blanker, noise silencer)
③ 리미터(limiter)
④ 스켈치(squelch) 회로, 뮤팅(muting) 회로
⑤ 잡음 리듀서(noise reducer)

위의 ①과 ②는 주로 AM 수신기에 사용되는 회로로, 펄스성 잡음을 억제한다. ③과 ④는 FM 수신기에서 사용된다. ⑤는 통화중에 순간적으로 발생되는 잡음을 억제하는 회로로서 신호파에 중첩된 잡음에 대한 효과는 없으며, DSB 수신기에 사용된다. 여기서는 AM 수신기에 사용되는 ANL 회로와 잡음 엘리미네이터에 대하여 설명한다.

[1] ANL 회로

변조 포락선에 중첩된 펄스성 잡음은 펄스 폭이 매우 좁고, 진폭이 크다는 것을 이용하여, 펄스성 잡음이 발생되는 기간에 대하여 신호파 출력을 차단하는 것이 ANL 회로의 원리이다. ANL 회로는 직렬형과 병렬형이 있는데, 일반적으로 직렬형은 전화용 수신기에, 병렬형은 전신용 수신기에 사용된다. 여기서는 직렬형에 대하여 살펴본다.

〈그림 4-46〉은 직렬형 ANL 회로의 한 예를 나타낸 것이다. 그림에서 D_1, C_1, R_1 및 R_2는 포락선 검파기를 구성한다. 신호파와 직류분은 검파에 의해 A-C 사이에 생기

는데, 이것이 R_1과 R_2로 분압되어 B점에도 발생된다. 스위치 S를 OFF로 하면 신호파가 그대로 출력되어 잡음은 차단되지 않는다.

D_2, R_3, R_4 및 C_2는 ANL용으로 잡음이 없을 경우 B점은 D점보다 전위가 높기 때문에 D_2가 ON되고, 스위치 S를 ON으로 하면 B점의 신호파가 D_2를 통하여 출력된다. 이 때, C_2R_3의 시상수를 크게 하면 E점에는 일정한 전압이 발생된다. 잡음이 들어오면 포락선보다 진폭이 크기 때문에 A − C 사이의 전압은 순간적으로 올라가 B점의 전압이 낮게 된다.

따라서 D_2가 OFF로 되어 신호파와 잡음은 출력에 나타나지 않게 된다. 시상수는 $C_1(R_1+R_2)=0.1[\text{ms}]$, $C_2R_3=0.05[\text{s}]$ 정도로 선정한다.

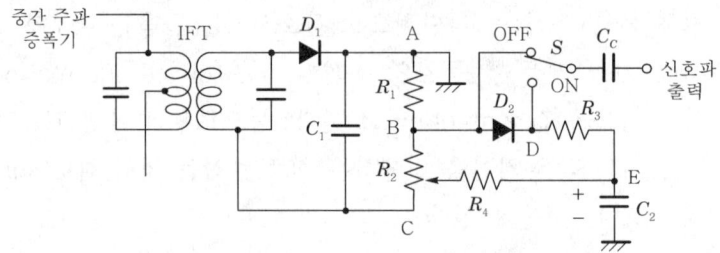

<그림 4-46> 직렬형 ANL 회로

[2] 잡음 엘리미네이터

이는 펄스성 잡음이 중첩된 피변조파로부터 펄스에 동기된 게이트 펄스를 만들고, 게이트 회로(스위칭 회로)에 의해 게이트 펄스 기간만큼 절단하는 것으로서, 펄스성 잡음을 제거하는 것이다.

<그림 4−47>은 잡음 엘리미네이터의 원리도를, <그림 4−48>은 각 부의 파형을 나타낸 것이다.

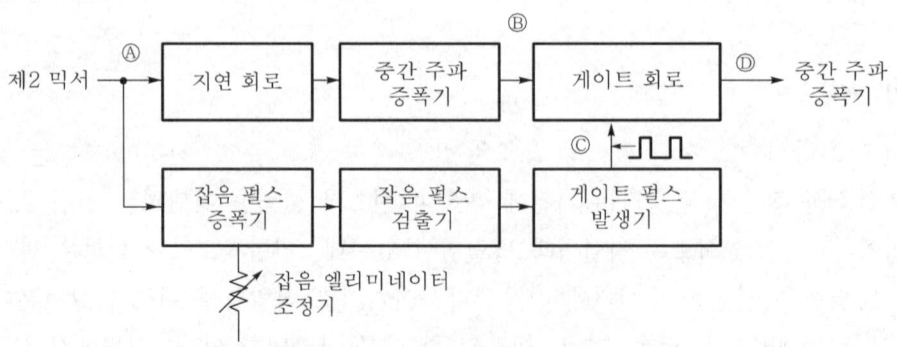

<그림 4-47> 잡음 엘리미네이터의 원리도

펄스성 잡음이 중첩된 제2 중간 주파 Ⓐ는 잡음 펄스 증폭기에서 증폭된 후, 잡음 펄스 검출기에서 검출된 잡음 펄스는 게이트 펄스 발생기를 구동하여 Ⓒ와 같은 게이트 펄스를 만든다. 한편 Ⓐ의 파는 지연, 증폭된 Ⓑ의 파로된 후 게이트 회로에서 Ⓒ에 의해 스위칭되어 잡음 펄스가 제거된 Ⓓ의 출력으로 된다. 게이트 회로로는 다이오드 스위칭, 트랜지스터의 바이어스 제어, 중간 주파 신호의 분류 등이 이용된다.

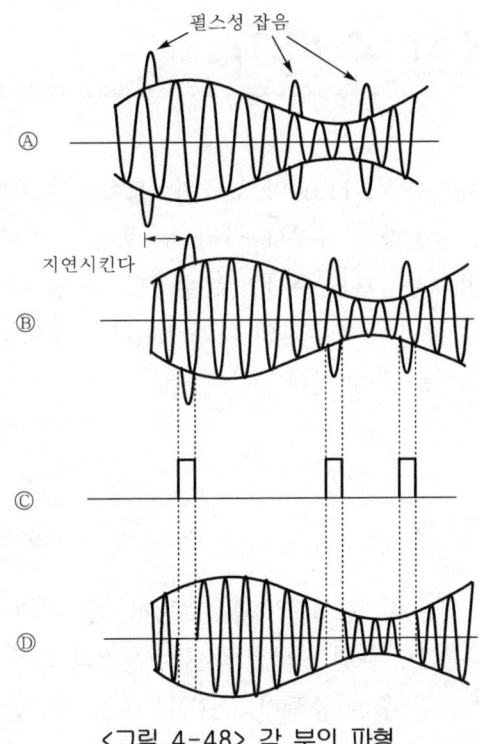

<그림 4-48> 각 부의 파형

<그림 4-49>는 다이오드를 사용한 평형형 게이트(balanced gate) 회로의 한 예를 나타낸 것이다. 그림에서 D_1과 D_2는 부(−)의 게이트 펄스에서 차단되어 중간 주파가 출력되지 않는다.

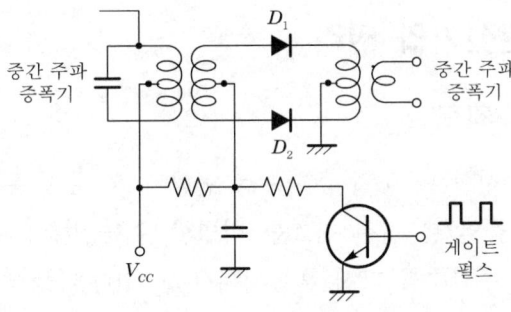

<그림 4-49> 평형형 게이트 회로

잡음 펄스 증폭기, 게이트 회로 등은 IC를 사용함으로써 간단히 할 수 있으며, 잡음 엘리미네이터는 대역폭이 좁은 BPF 앞에 삽입하는 것이 효과적이다.

5 AM 전신 수신기

AM 전신에는 A1A, A2A, H2A가 있으며, 모르스 부호에 의해 진폭 변조된 것이다. A2A는 스페이스에서 반송파의 유무에 따라 두 종류가 있다. H2A는 전반송파 SSB의 일종이다. A2A 및 H2A는 DSB 수신기로 수신할 수 있지만, A1A파는 DSB 수신기로 수신할 수 없기 때문에 중간 주파수와의 차가 1[kHz] 정도인 반송파 발진기(BFO)를 설치하여 헤테로다인 검파를 해야 한다.

5.1 A1A 수신기의 구성

A1A용 수신기의 구성은 〈그림 4-1〉과 〈그림 4-2〉와 거의 유사하며, A1A를 수신할 때에는 BFO의 스위치를 ON하면 된다. DSB 수신기와 다른 점은 A1A파의 점유 주파수 대역폭이 좁기 때문에 중간 주파 증폭기의 BPF 대역폭이 좁고, 스페이스 시에 반송파가 발사되지 않기 때문에 특수한 AGC 회로가 있어야 한다. 전파 수신기는 1대로 A1A, A2A, A3E 및 SSB를 전환하여 수신할 수 있는 것이 많고, BPF나 AGC도 전환할 수 있는 것이 많다.

5.2 비트 주파수 발진기의 원리

(1) A1A 수신용 검파 회로

A1A 전신파를 수신할 때 중간 주파수로 변환된 A1A 반송파를 다이오드 검파하면 스피커에서 클릭음만 들릴 뿐 전신 신호를 식별할 수가 없다. 그러므로 변환 증폭된 중간 주파수에 국부 발진 주파수를 다시 혼합시켜 100~1000[Hz]의 가청 비트 주파수로 만들면 A1A 전파의 수신이 가능해진다.

이 때의 국부 발진기를 비트 주파수 발진기(BFO ; beat frequency oscillator)라고 하며, 중간 주파수보다 0~20[kHz] 정도 높게 설정되어 있다(〈그림 4-50〉 참조).

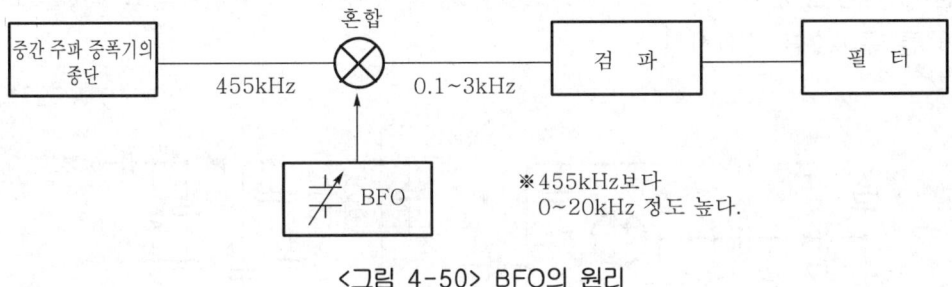

〈그림 4-50〉 BFO의 원리

(2) 헤테로다인 검파기

헤테로다인 검파는 중간 주파와 반송파를 비직선 회로에 가함으로써 두 성분의 차에 해당하는 주파수를 만드는 것으로, 일종의 주파수 변환이다. 〈그림 4-51〉은 헤테로다인 검파기의 원리도를 나타낸 것이다.

중간 주파수를 f_i, BFO의 출력을 $f_i \pm f_s$라고 하면 검파기의 출력은 $f_i - (f_i - f_s) = f_s$ 또는 $(f_i + f_s) - f_i = f_s$로 되고, f_s를 600~1500[Hz] 정도가 되도록 설정하면 송신 측에서 보낸 모르스 부호에 해당하는 f_s의 단속음을 얻을 수 있다. 헤테로다인 검파기(비직선 회로)는 DSB 검파기로 변환되지 않는다.

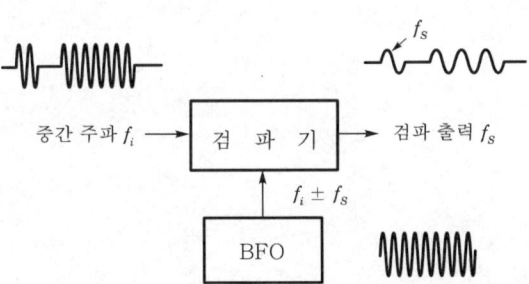

〈그림 4-51〉 헤테로다인 검파기의 원리도

(3) 비트 주파수 발진기

BFO에 요구되는 사항은 수신기의 국부 발진기의 경우와 거의 유사하지만, 주파수 안정도가 나쁘면 톤 주파수(f_b)가 변화되어 수신이 곤란하게 된다. 이를 위해 일반적으로는 주파수 안정도가 좋은 전압 제어 수정 발진기(VCXO)를 사용하여, 가변 용량 다이오드의 전압을 변화시켜 발진 주파수를 변화시키고 있으며, PLL 회로를 사용하는 경우도 있다.

〈그림 4-52〉는 VCXO를 사용한 비트 주파수 발진 회로의 한 예를 나타낸 것이다. 그림에서 X는 $f_i \pm f_b$의 수정 진동자이며, 완충 증폭 후 C_c를 통해 다이오드 검파기에 인가된다. 가변 용량 다이오드 D_V에는 VR을 통해 역바이어스가 인가되고 VR을 조정함으로써 톤 주파수를 변화시킨다.

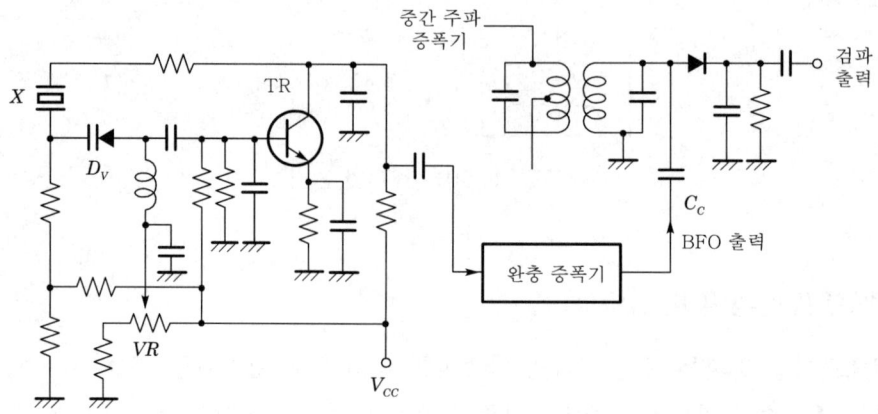

〈그림 4-52〉 비트 주파수 발진 회로(BFO)

1 슈퍼헤테로다인 수신기의 블록도를 그리고 설명하라.

2 단파 AM용 슈퍼헤테로다인 수신기에서 고주파 증폭부와 중간 주파 증폭부에 대하여 각각의 역할을 설명하라.

3 슈퍼헤테로다인 수신기에서 영상 주파수 방해를 설명하고, 이 방해를 경감하는 방법을 3가지 열거하라.

4 복동조 결합 회로를 사용한 중간 주파 증폭기에서 동조 회로의 결합이 소밀에 따라 대역폭이 어떻게 변화하는가를 설명하라.

5 슈퍼헤테로다인 수신기에서 중간 주파 증폭부의 통과 대역폭을 넓히는 방법을 2가지 들고 각각 설명하라.

6 슈퍼헤테로다인 수신기의 중간 주파수 선정 시 고려해야 할 사항을 3가지 들고 설명하라.

7 슈퍼헤테로다인 수신기의 선택도를 향상시키기 위해 사용되는 방법을 4가지 들고 간단히 설명하라.

8 광대역 수신기에서 사용되는 스태거 동조 증폭기를 설명하고, 그 특징을 기술하라.

9 각종 수신기에서 많이 사용되는 SAW(표면 탄성파) 필터의 회로도를 그린 후, 그 동작 원리를 설명하고 특징을 기술하라.

10 〈그림 4-53〉은 B급 푸시풀 증폭기의 회로도를 나타낸 것이다. 이 회로에서 트랜지스터 1개당 최대 컬렉터 손실 $P_{cl\,max}$ 는, 이 증폭기의 최대 출력이 거의 20[%]로 되는 것을 수식을 이용하여 구하라. (단, 이 증폭기는 이상적인 동작을 하는 것으로 하고, 입력 신호는 단일 정현파로 한다.)

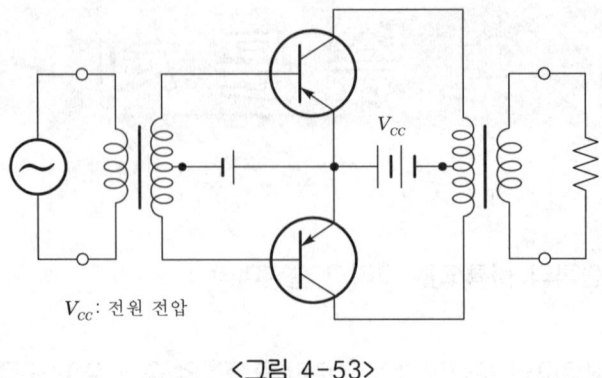

V_{CC}: 전원 전압

<그림 4-53>

11 $v = V_c (1 + m \sin \omega_s t) \sin \omega_c t$로 나타내는 변조파 전압을 제곱 검파한 경우의 검파 전류 중에 포함되는 가청 주파 성분의 왜율을 구하라. (단, ω_s는 신호파의 각주파수, ω_c는 반송파의 각주파수, m은 변조도이다.)

12 J3E용 수신기의 구성도를 그리고 신호파를 재현하는 과정을 주파수 스펙트럼을 이용하여 설명하라.

13 $v_1 = V_1 \cos \omega_1 t$와 $v_2 = V_2 \cos \omega_2 t$를 합성하여 직선 검파한 경우 $V_1 \gg V_2$이고, $\omega_1 \sim \omega_2 \ll \omega_1$, $\omega_1 \sim \omega_2 \ll \omega_2$이면 각주파수 $\omega_1 \sim \omega_2$의 출력 성분의 진폭은 V_1에 무관함을 증명하라.

14 슈퍼헤테로다인 수신기에서 A1A 전파를 수신하는 도중 수화기에서 클릭음밖에 들리지 않았다. 그 이유를 간단히 설명하라.

15 비트 주파수 발진기(BFO)의 사용 목적을 설명하라.

제 5 장 ●●●●●
SSB 송·수신기

SSB 송신기

진폭 변조에서 이미 설명한 바와 같이 SSB 통신 방식은 어느 한쪽의 측파대를 사용해서 행하는 통신 방식으로, 점유 주파수 대역폭이 DSB파의 거의 1/2이기 때문에 전파의 유효 이용이 가능할 뿐만 아니라 송신 전력의 절약도 가능하다는 이점이 있다.

1.1 SSB파의 발생

SSB파를 발생하는 데는 〈그림 5-1〉에 나타낸 바와 같이 DSB파(A3E)에서 BPF (band-pass filter)로 희망하는 측파대를 분리하면 되지만 그림의 점선과 같은 예리한 차단 특성을 갖는 BPF는 거의 제작이 불가능하다. 그러므로 일반적으로는 필터(filter)법, 이상법 및 웨버(Weaver)법 등으로 SSB파를 얻는다. 이것들은 모두 억압 반송파 양 측파대를 만드는 평형 변조기, 링(ring) 변조기, DBM(double balanced mixer) 등을 필요로 한다.

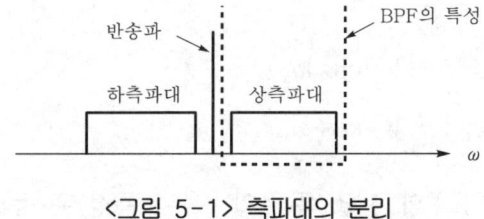

〈그림 5-1〉 측파대의 분리

[1] 평형 변조기

여기에는 트랜지스터나 FET 등의 능동 소자를 사용하는 경우와 다이오드를 2개 사용하는 경우 및 다이오드를 4개 사용하는 링 변조기(이중 평형 변조기), IC에 의한 DBM 등이 있는데, 여기서는 대표적인 것에 대하여 설명한다.

(1) FET 평형 변조기

FET 평형 변조기는 FET를 사용해서 구성한 평형 변조기(BM ; balanced modulator)로, 〈그림 5-2〉에 원리도를 나타냈다. 회로의 동작은 특성이 같은 2개의 FET에 반송파와 신호파를 중첩하여 인가하고 비직선 증폭을 한 후 합성하면 반송파가 제거된 고주파용 변압기 T_3의 2차 측에 $(\omega_c + \omega_s)$와 $(\omega_c - \omega_s)$의 성분이 출력된다. 즉, 상·하측파대가 만들어지는 것으로, 이 때 2개의 FET는 곱셈기로서 동작한다.

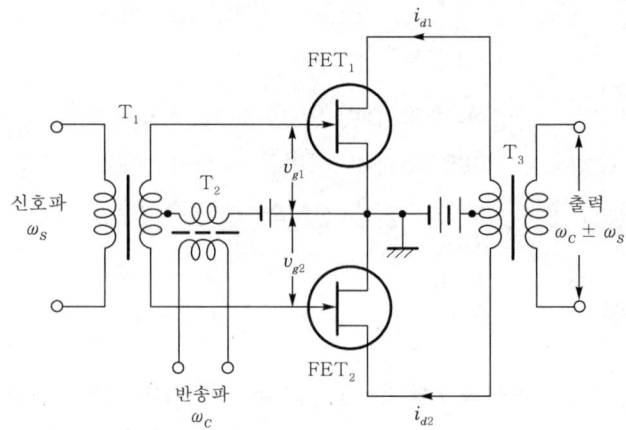

<그림 5-2> FET 평형 변조기

그림에서 신호파는 T_1을 통하여 각 FET의 게이트에 서로 역위상으로 인가되고 반송파는 각 게이트에 동위상으로 인가된다.

지금 반송파를 $V_c \sin \omega_c t$, 신호파를 $V_s \cos \omega_s t$라 하면 각 게이트의 입력 전압 v_{g1}, v_{g2}는 각각

$$v_{g1} = V_c \sin \omega_c t + V_s \cos \omega_s t,$$

$$v_{g2} = V_c \sin \omega_c t - V_s \cos \omega_s t \tag{5.1}$$

가 된다. 그리고 두 FET의 전달 특성(입·출력 특성)은 동일하게

$$i_d = a_0 + a_1 v_g + a_2 v_g^2 \quad (a_0, \ a_1, \ a_2 \text{는 비례 상수}) \tag{5.2}$$

로 할 경우, 각각의 드레인 전류 i_{d1}, i_{d2}는 다음과 같이 된다.

$$i_{d1} = a_0 + a_1(V_c \sin \omega_c t + V_s \cos \omega_s t) + a_2(V_c \sin \omega_c t + V_s \cos \omega_s t)^2$$

$$= a_0 + a_1 V_c \sin \omega_c t + a_1 V_s \cos \omega_s t + a_2 V_c^2 \sin^2 \omega_c t + a_2 V_s^2 \cos^2 \omega_s t$$

$$+ 2a_2 V_c V_s \sin \omega_c t \cos \omega_s t \qquad (5.3)$$

$$i_{d2} = a_0 + a_1(V_c \sin \omega_c t - V_s \cos \omega_s t) + a_2(V_c \sin \omega_c t - V_s \cos \omega_s t)^2$$

$$= a_0 + a_1 V_c \sin \omega_c t - a_1 V_s \cos \omega_s t + a_2 V_c^2 \sin^2 \omega_c t + a_2 V_s^2 \cos^2 \omega_s t$$

$$- 2a_2 V_c V_s \sin \omega_c t \cos \omega_s t \qquad (5.4)$$

고주파용 변압기 T_3의 2차 측 코일에 발생되는 출력 전압 v_0는 각 드레인 전류의 차에 비례하지만, 직류 성분과 저주파 성분은 전달되지 않기 때문에

$$v_0 = k(i_{d1} - i_{d2}) \quad (k : \text{비례 상수})$$

$$= 2ka_2\{V_c V_s \sin(\omega_c + \omega_s)t + V_c V_s \sin(\omega_c - \omega_s)t\} \qquad (5.5)$$

로 되어, 평형 변조기의 출력은 $V_c \sin \omega_c t$와 $V_s \cos \omega_s t$의 곱에 비례하므로 평형 변조 회로는 곱셈기로 동작하고 있다는 것을 알 수 있으며, 이때 반송파가 억압된 상·하측 파대만 얻어진다. 즉, 억압 반송파 DSB파가 얻어진다.

(2) 링 변조기

〈그림 5-3〉과 같이 특성이 같은 4개의 다이오드를 링(ring) 모양으로 접속하고 다이오드의 비직선성을 이용하여 억압 반송파 양 측파대를 만드는 변조기를 **링 변조기**라고 하며, T_2의 1차 측에서 신호파($\cos \omega_s t$) 성분이 제거되어 출력에 신호파 성분도 생기지 않기 때문에 **이중 평형 변조기**라고도 한다. 한편, 변압기는 완전히 평형을 이루어야 하고 각 정류 소자의 특성이 완전히 일치하여야 한다.

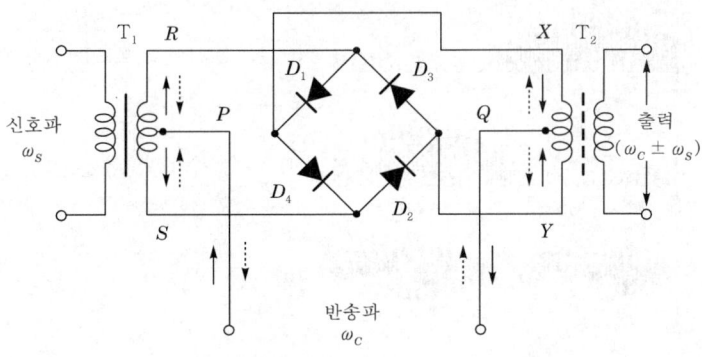

〈그림 5-3〉 링 변조기

　그림에서 반송파 입력 단자에 반송파만 인가되면 반송파의 (+)반주기 동안은 변압기 T_1의 중심점에서 D_1과 D_2를 통하여 T_2의 중심점으로 전류가 흐르지만, 양 전류는 크기가 같고 방향이 반대이기 때문에 서로 상쇄되어 T_2의 2차 측에는 전압이 발생되지 않는다. 반송파의 (−)반주기 동안은 T_2의 중심점에서 D_3와 D_4를 통하여 T_1의 중심점으로 전류가 흐르지만, T_2를 흐르는 전류는 크기가 같고 방향이 반대이기 때문에 T_2의 2차 측에는 전압이 발생되지 않는다. 따라서 반송파 성분은 출력 측에 발생되지 않는다.

　또한 신호파 입력 단자에 신호파만 인가되면 신호파의 (+)반주기 동안은 T_1의 R점이 (+), S점이 (−)가 되어 D_1과 D_4에 의해 단락되고, 신호파의 (−) 반주기 동안은 T_1의 R점이 (−), S점이 (+)가 되어 D_2와 D_3에 의해 단락되므로 T_2의 2차 측에 전압을 발생시키지 못한다.

　그런 다음 반송파와 신호파를 모두 인가하면 R−Q 및 S−Q 사이의 전압은 반송파와 신호파가 중첩되어 각각의 파형은 〈그림 5−4〉의 (c) 및 (d)와 같이 된다.

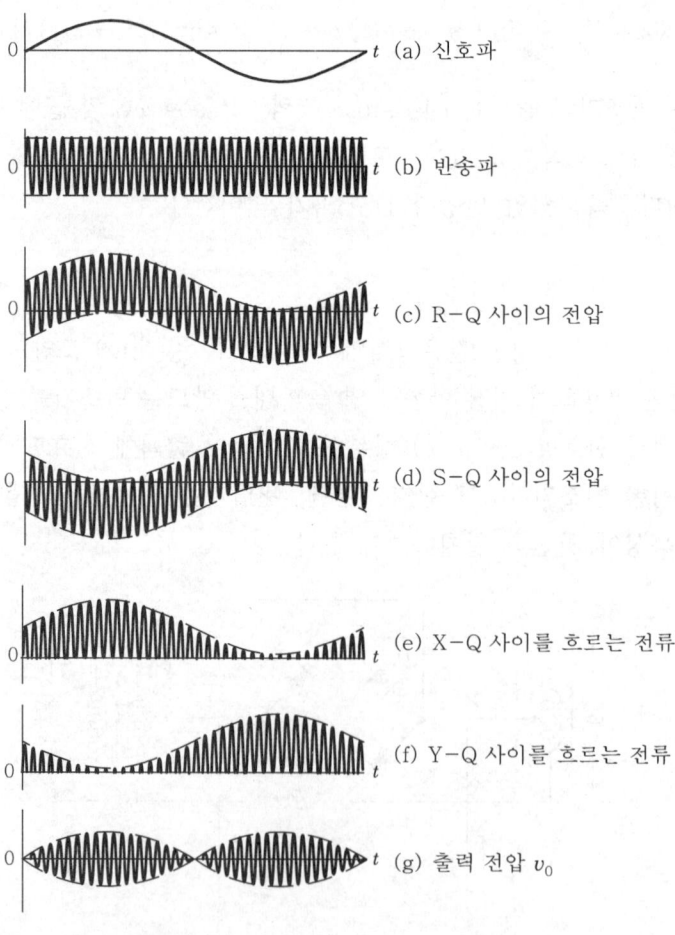

〈그림 5−4〉 링 변조기 각 부의 파형

또한 그림 (c)의 전압은 D_1에 의해, 그림 (d)의 전압은 D_2에 의해 반파 정류되므로 X–Q 및 Y–Q 사이에 흐르는 전류 파형은 각각 그림 (e) 및 (f)와 같다. 이러한 (e), (f)의 파형이 T_2에서 합성되어 그림 (g)와 같은 억압 반송파 양 측파대의 파형이 만들어진다. 링 변조기는 DBM으로 하여 시판되는 제품을 사용할 수 있다.

(3) IC 평형 변조기

집적 회로(IC ; integrated circuit)를 사용하여 구성한 평형 변조기를 **IC 평형 변조기**라고 하며, 〈그림 5-5〉는 원칩 IC화된 DBM을 이용하여 구성한 IC 평형 변조기이다. 그림의 IC 내에는 회로의 평형을 이루기 위하여 바이어스 회로가 내장되어 있기 때문에 반송파 출력이 최소가 되도록 외부에서 조정할 수 있고, 반송파 억압비는 50[dB] 정도 얻을 수 있다. DBM에서 반송파와 신호파의 곱을 만드는 데는 차동 증폭기가 사용된다.

또한 IC 평형 변조기는 소형, 경량, 저전압(9~12[V] 정도)으로 동작하여 소비 전력(130~300[mW] 정도)이 적고, 고이득을 얻을 수 있으며 가격이 저렴하다. 반면, IC는 온도에 의한 특성 변화가 비교적 크기 때문에 반송파 억압비가 적어지지 않도록 주의해야 하며, 동작 상한 온도도 고려할 필요가 있다. 또한 변조 전력이 적어도 되지만 증폭 작용이 없어 출력이 적고, 반도체이기 때문에 주위 온도를 적당히 유지할 필요가 있으며 역방향 사용도 가능하다.

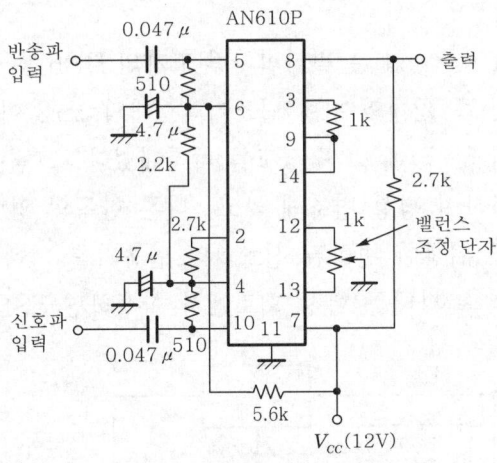

〈그림 5-5〉 IC 평형 변조기

[2] 필터법

평형 변조기나 링 변조기(DBM)를 이용하여 얻어진 상·하측파대에서 BPF를 사용하여 필요한 측파대만을 분리해 내는 방법을 **필터법**이라고 한다.

〈그림 5-6〉은 필터법에 의한 SSB 변조기의 구성도이다. 반송파(국부 발진기의 출력)와 신호파를 평형 변조기(BM)에 가하면 억압 반송파 양 측파대가 얻어지는데, 여기에는 상측파대(USB)와 하측파대(LSB)가 포함되므로 희망하는 한쪽의 측파대를 차단 특성이 양호한 BPF에 통과시키면 SSB파를 얻을 수 있다. 이 때 얻어지는 파는 억압 반송파 SSB(J3E)이며, 전반송파 SSB(H3E)나 저감 반송파 SSB(R3E)는 J3E파에 국부 발진기의 출력을 부가함으로써 얻을 수 있다.

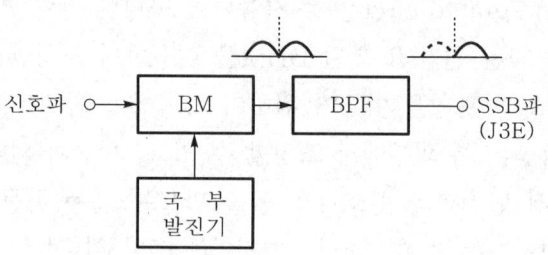

<그림 5-6> 필터법에 의한 SSB 변조기

평형 변조기는 반송파 출력이 최소가 되도록 조정하는 것이 중요하다. 필터법은 스퓨리어스 복사가 적고 조정도 용이하기 때문에 현재 가장 많이 사용되고 있는 방식이지만, 측파대 분리용 BPF가 비교적 고가이고, 반송 주파수가 한정된다는 단점이 있다.

[3] 이상법

이상법(phase shift method)은 필터법처럼 고가의 BPF를 사용하지 않고 SSB파를 얻을 수 있는 방법이다. 즉, 2개의 평형 변조기와 2개의 $\pi/2$ 이상기를 이용하여 SSB파를 얻는 방식으로, 〈그림 5-7〉에 그 구성도를 나타내었다. 그림에서 한쪽의 평형 변조기에 신호파와 반송파를 가하여 평형 변조해 놓고, 다른 한쪽의 평형 변조기에는 이상 회로에 의하여 각각 $\pi/2$만큼 위상이 변화된 신호파와 반송파를 가하여 평형 변조된다. 이러한 2개의 억압 반송파 양 측파대를 합성 회로에서 합성하면 SSB파를 얻을 수 있다.

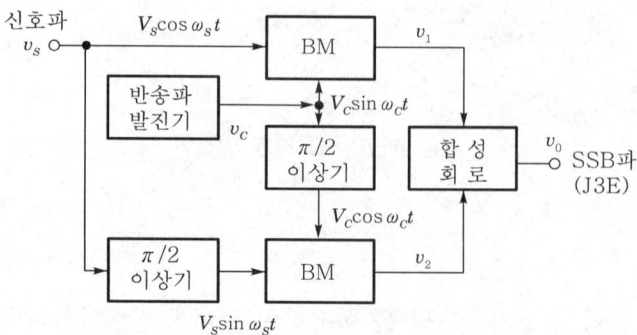

<그림 5-7> 이상법에 의한 SSB 변조기

반송파를 $v_c = V_c \sin \omega_c t$, 신호파를 $v_s = V_s \cos \omega_s t$라고 하면 한쪽의 평형 변조기 출력 v_1은

$$v_1 = k v_c v_s = k V_c V_s \sin \omega_c t \cos \omega_s t \quad (k : \text{비례 상수})$$

$$= \frac{k}{2} V_c V_s \{ \sin(\omega_c + \omega_s) t + \sin(\omega_c - \omega_s) t \} \tag{5.6}$$

로 되고, 다른 한쪽의 평형 변조기 출력 v_2는

$$v_2 = k V_c V_s \cos \omega_c t \sin \omega_s t$$

$$= \frac{k}{2} V_c V_s \{ \sin(\omega_c + \omega_s) t - \sin(\omega_c - \omega_s) t \} \tag{5.7}$$

로 된다.

따라서 양자의 합성 출력 v_0는

$$v_0 = v_1 + v_2 = k V_c V_s \sin(\omega_c + \omega_s) t \quad (\text{상측파대}) \tag{5.8}$$

로 되어 SSB파를 얻을 수 있다.

여기서 v_1과 v_2의 차를 구하면 하측파대를 얻을 수 있다. 이러한 이상법에서는 2개의 $\pi/2$ 이상 회로가 사용되며, 원리적으로는 $\pi/2$ 진상(lead)이거나 $\pi/2$ 지상(lag)의 것이 사용된다.

신호파용 이상 회로는 광대역(300~3400[Hz])에서 모든 주파수 성분에 대하여 균일하게 $\pi/2$만큼 이상을 시켜야 하는데, 아날로그 회로에서는 완전한 설계가 곤란하다. 또한 2개의 평형 변조기의 밸런스(balance) 조정과 진폭 조정이 곤란할 뿐만 아니라 스퓨리어스 감쇠량을 크게 할 수도 없기 때문에 불요파 제거가 곤란하다는 결점이 있지만, 최근에는 신호파를 A/D 변환한 후 $\pi/2$ 이상을 할 수 있기 때문에 $\pi/2$ 이상 하는 디지털 이상기를 사용함으로써 양호한 특성을 얻을 수 있게 되었다.

이상법에서는 반송 주파수를 임의로 할 수 있기 때문에, 직접 희망 주파수의 SSB파를 얻을 수 있다는 이점이 있다.

[4] 웨버법

웨버(Weaver)법은 필터법과 이상법을 조합하여 필요한 SSB파를 얻는 방법으로, **제3의 방법**이라고도 한다. 즉, 필터법에서의 BPF와 이상법에서의 신호파용 $\pi/2$ 이상 회로를 사용하지 않고 SSB파를 얻는 방식으로, 〈그림 5-8〉에 그 구성도를 나타내었다.

그림에서 신호파를 $V_s \cos \omega_s t$, 평형 변조기 BM1 및 BM2에 인가되는 반송파를 각각 $2V_{c1} \cos \omega_{c1} t$, $2V_{c1} \sin \omega_{c1} t$라고 하면 BM1의 출력 v_1은

$$
\begin{aligned}
v_1 &= 2k_1 V_{c1} V_s \cos \omega_s t \cdot \cos \omega_{c1} t \quad (k_1은 \text{ 비례 상수}) \\
&= k_1 V_{c1} V_s \{\cos (\omega_{c1} + \omega_s)t + \cos (\omega_{c1} - \omega_s)t\}
\end{aligned} \tag{5.9}
$$

로 되고, BM2의 출력 v_2는

$$
\begin{aligned}
v_2 &= 2k_1 V_{c1} V_s \cos \omega_s t \cdot \sin \omega_{c1} t \\
&= k_1 V_{c1} V_s \{\sin (\omega_{c1} + \omega_s)t + \sin (\omega_{c1} - \omega_s)t\}
\end{aligned} \tag{5.10}
$$

로 된다.

LPF에 의하여 v_1과 v_2의 제2항만 추출하면 출력 v_1'와 v_2'는 각각

$$
\begin{aligned}
v_1' &= k_1 V_{c1} V_s \cos (\omega_{c1} - \omega_s)t, \\
v_2' &= k_1 V_{c1} V_s \sin (\omega_{c1} - \omega_s)t
\end{aligned} \tag{5.11}
$$

로 된다.

또한 평형 변조기 BM3와 BM4에 인가되는 반송파를 각각 $2V_{c2} \cos \omega_{c2} t$, $2V_{c2} \sin \omega_{c2} t$라고 하면, BM3와 BM4의 출력 v_1''와 v_2''는

$$
\begin{aligned}
v_1'' &= 2k_1 k_2 V_{c1} V_{c2} V_s \cos (\omega_{c1} - \omega_s)t \cdot \cos \omega_{c2} t \quad (k_2는 \text{ 비례 상수}) \\
&= k_1 k_2 V_{c1} V_{c2} V_s \{\cos (\omega_{c2} + \omega_{c1} - \omega_s)t + \cos (\omega_{c2} - \omega_{c1} + \omega_s)t\}
\end{aligned} \tag{5.12}
$$

$$
\begin{aligned}
v_2'' &= 2k_1 k_2 V_{c1} V_{c2} V_s \sin (\omega_{c1} - \omega_s)t \cdot \cos \omega_{c2} t \quad (k_2는 \text{ 비례 상수}) \\
&= k_1 k_2 V_{c1} V_{c2} V_s \{\cos (\omega_{c2} - \omega_{c1} + \omega_s)t - \cos (\omega_{c2} + \omega_{c1} - \omega_s)t\}
\end{aligned} \tag{5.13}
$$

로 된다.

따라서 합성 출력 v_0는

$$
v_0 = v_1'' + v_2'' = 2k_1 k_2 V_{c1} V_{c2} V_s \cos \{(\omega_{c2} - \omega_{c1}) + \omega_s\}t \tag{5.14}
$$

로 된다.

여기서 $(\omega_{c2} - \omega_{c1})$을 반송파로 하면 상측파대를 얻을 수 있고 v_1''와 v_2''의 차를 출력으로 하면 하측파대를 얻을 수 있다. 이 방법은 4개의 평형 변조기의 밸런스 조정 및 합성 시의 진폭과 위상의 조정이 정확하게 되지 않으면 스퓨리어스가 발생되고 회로의 조정과 회로의 구성도 복잡하기 때문에 거의 사용되지 않고 있다.

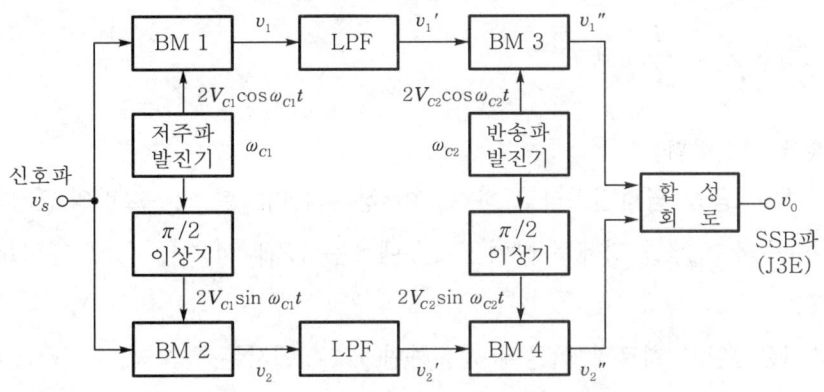

<그림 5-8> 웨버법에 의한 SSB 변조기

[5] SSB용 필터

SSB파를 만들기 위한 어느 방법이든 불요 측파대와 반송파를 제거하기 위해서는 필터를 사용해야 한다. 평형 변조기만을 가지고 반송파를 완전히 억제시키는 것은 사실상 곤란하며, 보통 희망 측파대에 대한 감쇠비는 5~16[dB] 정도가 된다.

이상법에 의한 경우에도 불요파의 감쇠비가 30[dB] 정도이므로 당연히 출력 측에 필터를 설치하게 되는 것이다.

필터법에서 사용되고 있는 BPF는 희망하는 한쪽의 측파대만을 분리해 내야 하기 때문에 차단 특성이 예리한 것이 좋다. 이러한 SSB용 필터는 다음과 같은 조건을 만족해야 한다.

① 온도 변화에 따른 중심 주파수의 변화가 작을 것
② 삽입 손실이 작을 것
③ 통과 대역 내의 손실 편차가 작을 것
④ 중심 주파수가 높을 것
⑤ 소형, 경량이면서 가격이 저렴할 것

SSB용 필터로는 다음과 같은 것들이 있지만, 현재는 수정 필터가 주로 사용되고 있다.

(1) LC 필터

LC 필터는 코일 L과 콘덴서 C에 의한 공진 회로를 종속 접속한 필터이며, 현재 100 [MHz] 정도까지의 필터를 만들 수 있다.

LC 필터의 설계로는 4단자 회로망(circuit network) 이론이 사용되고 있으며, 미국인 O. Zobel이 고안한 정 K형 필터가 있다.

<그림 5-9> (a)에서

$$\dot{Z}_1 \cdot \dot{Z}_2 = \frac{L_1}{C_2} = R^2 \tag{5.15}$$

의 관계가 성립한다.

이 때 R을 **공칭 임피던스**라고 하며, 이 경우의 리액턴스는 그림의 (b)와 같이 변화하고, 공진 주파수 f_c를 경계로 하여 $f < f_c$에서는 $|\dot{Z}_1| < |\dot{Z}_2|$, $f > f_c$에서는 $|\dot{Z}_1| > |\dot{Z}_2|$로 된다.

이 조건은 4단자 회로망 이론에 적용하면 $f < f_c$에서는 통과역, $f > f_c$에서는 감쇠역이 되므로 f_c를 차단 주파수로 하는 저역 필터(LPF ; low-pass filter)임을 알 수 있다. 이 경우의 L_1, C_2의 값은

$$L_1 = \frac{R}{2\pi f_c} \; [\mathrm{H}], \quad C_2 = \frac{1}{2\pi f_c R} \; [\mathrm{F}] \tag{5.16}$$

로 된다.

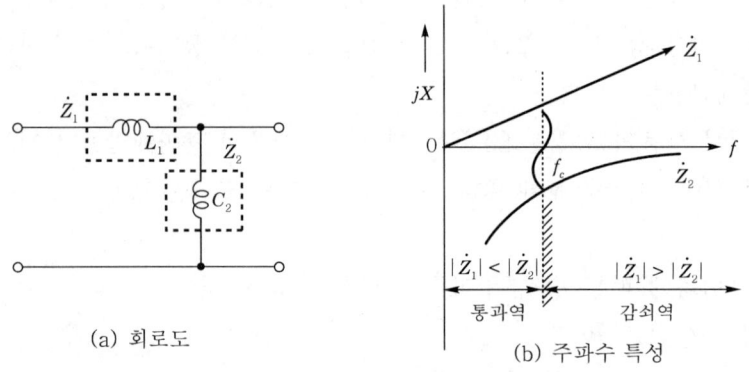

(a) 회로도

(b) 주파수 특성

<그림 5-9> LPF(정 K형 필터)

같은 원리로서 L과 C의 위치를 바꾸어 〈그림 5-10〉 (a)와 같이 놓으면 그림의 (b)와 같은 특성이 생겨 $f > f_c$에서는 통과역, $f < f_c$에서는 감쇠역이 되어 f_c를 차단 주파수로 하는 고역 필터(HPF ; high-pass filter)가 된다.

한편, 4단자 회로망의 직렬에 LC 직렬 공진 회로를 넣고 병렬에 같은 공진 주파수를 갖는 병렬 공진 회로를 넣으면 그 공진 주파수만은 잘 통과하므로 대역 필터가 되고, 이것을 바꾸어 직렬에 병렬 공진 회로를 넣고 병렬에 직렬 공진 회로를 넣으면 그 공진 주파수는 통과할 수 없으므로 대역 소거 필터(BSF ; band-stop filter)가 된다. 이와 같은 기본 원리를 이용하여 LPF나 HPF에도 직렬 또는 병렬 공진 회로를 넣어 차단 특성을 예리하게 만드는 것이 실용화되고 있다.

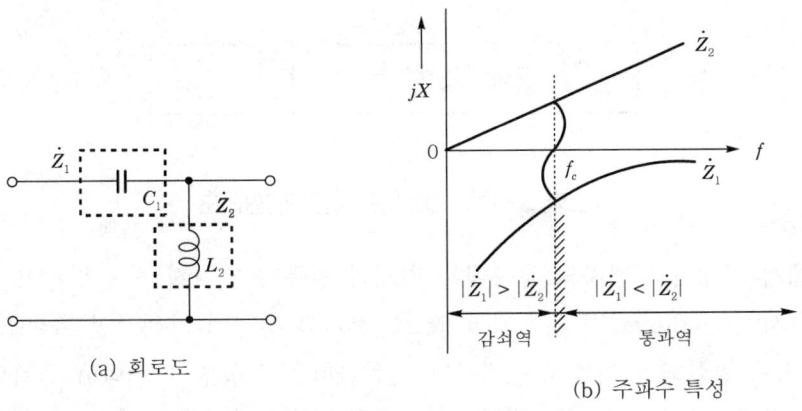

(a) 회로도

(b) 주파수 특성

<그림 5-10> HPF(정 K형 필터)

LC 필터의 특징으로는 LC 소자의 값이 저렴해 구입하기 용이할 뿐만 아니라 필터 특성의 조정이 간단하며 LPF, HPF, BPF, BSF 등 여러 종류를 만들 수 있다는 장점이 있으나 회로의 Q(대략 200~300)가 낮으며 삽입 손실이 비교적 크고 온도에 의한 주파수 특성의 변화가 심하며 저주파용은 형태가 커지게 된다는 단점이 있다. 따라서 메커니컬 필터나 수정 필터에 비하여 특성이 나쁘기 때문에 현재는 거의 사용되지 않는다.

예제 1 <그림 5-9>와 같은 정 K형 저역 필터에서 공칭 임피던스 $R[\Omega]$과 차단 주파수 $f_c[kHz]$는 각각 얼마인가? (단, $L=1[mH]$, $C=1[\mu F]$이다.)

풀이 공칭 임피던스 R은 $R^2 = \dot{Z}_1 \cdot \dot{Z}_2 = j\omega L \cdot \dfrac{1}{j\omega C} = \dfrac{L}{C}$ 이므로

$$\therefore R = \sqrt{\frac{L}{C}} = \sqrt{\frac{1 \times 10^{-3}}{1 \times 10^{-6}}} = \sqrt{10^3} \approx 31.6 \, [\Omega]$$

이고, 차단 주파수 f_c는 다음과 같다.

$$f_c = \frac{1}{\pi\sqrt{LC}} = \frac{1}{3.14\sqrt{1 \times 10^{-3} \times 1 \times 10^{-6}}} \approx 10 \, [kHz]$$

(2) 메커니컬 필터

메커니컬(mechanical) 필터는 금속편의 기계적인 공진 현상을 이용한 BPF로, 공진(진동) 시의 Q가 매우 높기 때문에(Q는 2000 이상) 삽입 손실이 작고 차단 특성이 예리해진다.

또한 기계적 공진자에 온도 계수가 작은 니켈 합금을 사용하면 온도 변화에 대한 중심 주파수의 변화를 줄일 수 있다. <그림 5-11>에 그 원리도를 나타내었다.

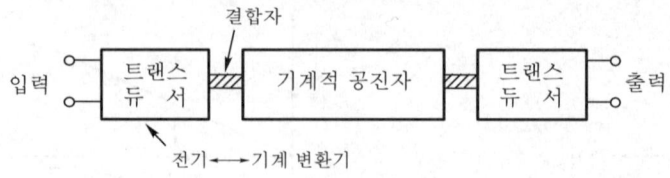

<그림 5-11> 메커니컬 필터의 원리도

그림에서 기계적 공진자의 양쪽에는 기계적 진동과 전기적 진동의 상호 변환을 행하는 트랜스듀서(transducer)가 접속되어 있고, 전기적 진동이 가해지면 트랜스듀서에서 기계적 진동으로 변환되어 기계적 공진자가 진동한다. 이 공진자에 의해 선택도 특성을 얻은 후 다시 전기적 진동으로 변환된다. 트랜스듀서에는 수정편과 같은 전왜형(전기 왜곡형)과 자왜성 재료를 이용한 자왜형(자기 왜곡형)이 있다.

메커니컬 필터는 기계적 진동을 이용하기 때문에 중심 주파수를 높게 할 수 없으며 1[MHz] 정도가 한계이다.

(3) 수정 필터

수정 필터(crystal filter)는 수정 진동자의 Q가 매우 높다는 점을 이용한 필터로, 그 기본 회로를 <그림 5-12> (a)에 나타내었다.

그림 (a)의 Z_1, Z_2 중에서 어느 한쪽 또는 양쪽에 수정 진동자를 사용함으로써 그림 (b)와 같이 각종 필터를 만들 수 있다. 그림의 (a)와 같은 반격자(half lattice) 회로에서는 충분한 특성을 얻을 수 없기 때문에 반격자 회로를 종속 접속하거나 그림 (c)와 같은 전격자(full lattice) 회로를 사용하는 경우가 많다.

수정 필터는 삽입 손실이 적고 중심 주파수를 높일 수 있으며, 온도 특성 및 차단 특성이 우수하기 때문에 많이 사용된다.

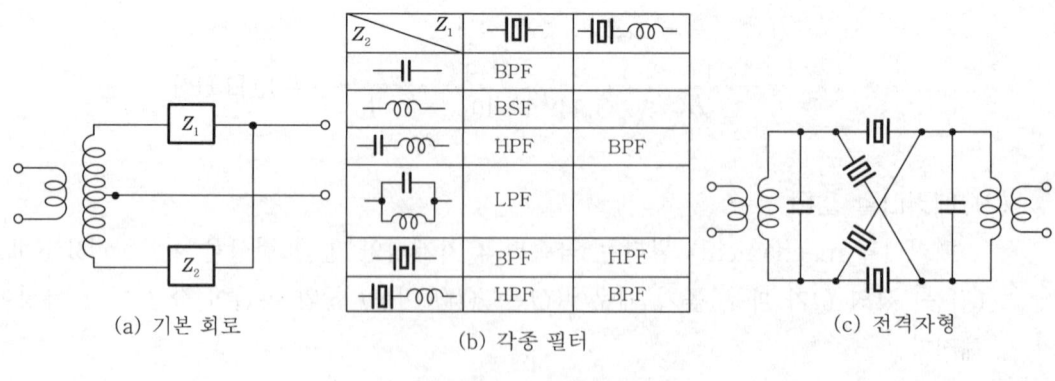

(a) 기본 회로   (b) 각종 필터   (c) 전격자형

<그림 5-12> 수정 필터

1.2 SSB 송신기의 구성

〈그림 5-13〉은 필터법에 의한 SSB 송신기의 구성도이다. 그림에서 평형 변조하여 얻어진 억압 반송파 양 측파대($f_{01} \pm f_s$)로부터 BPF1(수정 필터)에 의해 하측파대($f_{i1} = f_{01} - f_s$)만을 선택한다. 이것과 VHF대의 주파수인 f_{02}를 혼합해서 얻어지는 합과 차의 성분 중에서 BPF2(수정 필터)에 의한 합의 성분 ($f_{i2} = f_{02} + (f_{01} - f_s)$)만을 선택한다. 희망하는 다수의 채널에 해당하는 발사 주파수를 얻기 위하여 PLL 주파수 합성기를 사용하여 $f_{0L} \sim f_{0H}$를 만들어 앞 단의 SSB파와 혼합해 차의 성분만을 선택한다. 이것을 일그러짐이 적은 여진 증폭기와 직선 증폭기로 증폭하여 필요한 출력 전력을 얻는다.

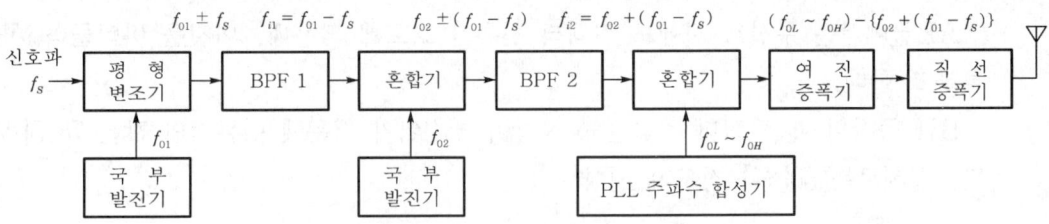

<그림 5-13> SSB 송신기의 구성도

이러한 동작 과정을, 수치로 예를 들어 발사 주파수 및 측파대를 살펴보기로 하자.

$f_{01} = 456.5[\text{kHz}]$, $f_s = 1.5[\text{kHz}]$, $f_{i1} = 455[\text{kHz}]$, $f_{02} = 60[\text{MHz}]$,
$f_{i2} = 60.455[\text{MHz}]$, $f_{0L} \sim f_{0H} = 62.055 \sim 90.4549[\text{MHz}]$, 스텝 주파수가 100[Hz]라면

$f_{01} - f_s = 455[\text{kHz}] = f_{i1}(\text{LSB})$,
$f_{02} + (f_{01} - f_s) = 60.455[\text{MHz}] = f_{i2}(\text{LSB})$,
$(f_{0L} \sim f_{0H}) - f_{i2} = 1.6 \sim 29.9999[\text{MHz}](\text{USB})$

로 되고, 100[Hz] 스텝에서 약 284,000개의 채널을 얻을 수 있다.

PLL 주파수 합성기를 사용함으로써 주파수 설정 및 메모리가 용이하기 때문에 운용 주파수나 조난 주파수 등으로 주파수 변환이 신속하고 정확하게 이루어질 수 있도록 되어 있다. SSB파의 증폭은 일그러짐을 방지하기 위하여 직선 증폭기(A급이 이상적이나 실제로는 B급을 주로 사용한다)를 사용한다.

여진 증폭기와 직선 증폭기는 광대역(1.5~30[MHz])으로 구성되어, 동조 조작이 불필요하고, 최종단 증폭기까지 반도체 소자(10[W]~10[kW] 정도의 출력을 얻을 수 있다)로 구성이 가능하며, 유지 및 보수도 용이하게 되어 있다.

측파대의 전환은 f_{01}에 의하여 행해지고, 혼합기는 4개의 다이오드로 구성되는 DBM을 사용하면 간단하다.

[1] 직선 증폭기

SSB파는 AM파이기 때문에 포락선의 파형이 변형되지 않도록 증폭해야만 한다. 따라서, C급 증폭기를 사용할 수 없기 때문에 직선 증폭기가 사용된다. 〈그림 5-14〉는 SSB 송신기에 사용되는 직선 증폭기의 회로도를 나타낸 것이다. 그림에서 다이오드 D는 온도 보상용이며, VR_1은 증폭기의 동작을 AB급 또는 B급으로 동작시키기 위한 바이어스 조정용이다.

AB급에서는 무신호 시에도 컬렉터 전류가 흐르게 되는데, 이것을 **아이들러(idler) 전류**라고 한다.

B급 동작일 때 컬렉터 효율은 동작각이 $\pi/2$이기 때문에 이론적인 값은 78.5[%]이지만, 실제로는 50[%] 정도가 된다.

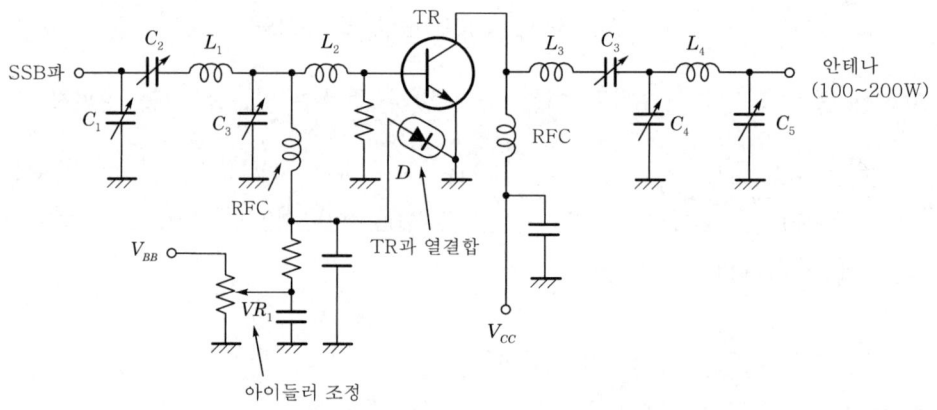

〈그림 5-14〉 직선 증폭기의 회로

[2] 주파수 체배와 주파수 변환

$v = (V_c\, m/2) \sin(\omega_c + \omega_s)\, t$ 로 주어지는 SSB파를 2체배하면 주파수 체배기의 출력 i는

$$i = a_1 v + a_2 v^2 \quad (a_1,\ a_2 : \text{비례 상수})$$

$$= a_1 (V_c\, m/2) \sin(\omega_c + \omega_s)\, t + a_2 V_c{}^2 m^2/8$$

$$- a_2 (V_c{}^2 m^2/8) \cos(2\omega_c + 2\omega_s)\, t \tag{5.17}$$

로 되어, 2체배된 파는 위 식의 제3항이 된다. 이 때 신호파 ω_s도 2체배로 되기 때문에 어떤 신호파는 얻을 수 없는 경우도 있다.

위와 같이 주어진 SSB파를 국부 발진 주파수 $V_0 \cos \omega_0 t$를 사용하여 주파수 변환을 하면, 혼합기(mixer)의 출력 i는

$$i = (V_c\, m/2)\sin(\omega_c + \omega_s)\,t \cdot V_0 \cos \omega_0 t$$

$$= (V_c\, V_0\, m/4)\,[\,\sin\{\omega_0 + (\omega_c + \omega_s)\}\,t - \sin\{\omega_0 - (\omega_c + \omega_s)\}\,t\,] \quad (5.18)$$

로 되어 반송 주파수만 $(\omega_0 + \omega_c)$와 $(\omega_0 - \omega_c)$로 변환될 뿐, 신호 주파수 ω_s는 변환되지 않음을 알 수 있다.

이와 같이 SSB에서 주파수를 변환하고자 할 때에는 체배를 사용하지 않고, 항상 주파수 변환으로만 해야 한다.

[3] 전파 형식의 전환 방법

SSB 방식의 전파 형식에는 J3E, R3E, H3E가 있는데, 이들을 구분하는 것은 반송파와 관련된 것이다.

즉, 반송파 전력이 측파대 첨두 전력의 1/10000(−40[dB]) 이하일 때를 J3E, 1/40∼1/100(−16∼−20[dB])일 때를 R3E, 완전한 반송파 전력을 송신할 때를 H3E라고 하기 때문에 이들의 상호 전환 방법을 〈그림 5−15〉에 나타내었다.

그림에서 변조에 사용된 반송파를 증폭하여 R_3와 R_4에서 레벨을 조정해 J3E파에 인가하면 H3E파를 얻을 수 있다. 마찬가지로 R_1과 R_2에서 H3E 파의 반송파 레벨보다 16∼20[dB] 낮게 되도록 조정하여 J3E파에 인가하면 R3E파를 얻을 수 있다.

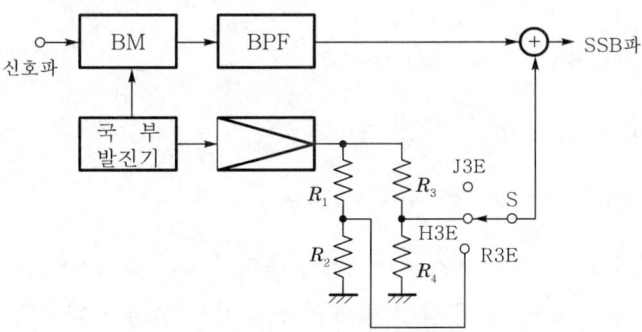

〈그림 5−15〉 J3E, H3E, R3E의 전환 방법

② SSB 수신기

SSB파에는 진폭 변조에서 설명한 바와 같이 J3E, R3E, H3E가 있으며, 이들 중에서 H3E파는 DSB 수신기로 수신할 수 있지만, J3E파와 R3E파는 검파할 때 BFO를 필요로 한다.

2.1 SSB 수신기의 구성

SSB 수신기의 구성은 〈그림 4-1〉, 〈그림 4-2〉와 거의 유사하며, BFO의 스위치를 ON으로 하면 수신할 수 있다. DSB 수신기와 다른 점은 중간 주파 증폭기의 BPF 대역폭이 약 1/2이며, J3E파는 반송파가 발사되지 않기 때문에 충전 시상수가 짧고 방전 시상수가 긴 AGC 회로가 필요하고, 국부 발진기의 주파수가 조금만 변화해도 명료도가 크게 저하되기 때문에 높은 주파수 안정도가 요구된다는 점 등이다.

국부 발진기의 주파수 안정도는 수정을 사용해도 한계가 있기 때문에 송·수신 간의 동기를 위한 스피치 클라리파이어(speech clarifier)를 설치하여 주파수의 변동에 대처해야 한다.

SSB를 사용하는 단일 통신로의 무선국 수신 장치에 사용되는 국부 발진기의 주파수 안정도는 무선설비규칙 제95조에 규정되어 있다. 즉, 13[MHz] 이하에서는 ($\pm$)20[Hz] 이하, 13[MHz] 이상에서는 ($\pm$)50[Hz] 이하로 규정되어 있으며, 린콤펙스 통신의 경우 선박국에서는 ($\pm$)5[Hz] 이하, 해안국에서는 ($\pm$)2[Hz] 이하이다.

2.2 SSB 검파기

[1] SSB 검파의 원리

SSB파(J3E)를 $v_1 = V_1 \cos(\omega_c + \omega_s)t$, 반송파를 $v_0 = V_0 \cos \omega_c t$ 라 하고, 이들의 합성파 v를 직선 검파하면 제4장 주파수 변환의 원리에서 설명한 바와 같이 신호파 ω_s를 얻을 수 있다. 즉,

$$v = v_1 + v_0 \fallingdotseq V_0 \{1 + (V_1/V_0) \cos \omega_s t\} \cos (\omega_c t + \theta) \tag{5.19}$$

는 V_1/V_0을 변조도로 하는 DSB파이며, J3E파에 동기 반송파를 중첩함으로써 얻을 수 있다.

이와 같은 검파는 헤테로다인 검파의 일종으로 **싱크로다인**(synchrodyne ; 호모다인) **검파**라고 하며, 그 모양은 〈그림 5-16〉에 나타내었다. 여기서 중요한 것은 SSB파의 진폭에 비하여 동기 반송파의 진폭을 충분히 크게($V_1 \ll V_0$) 해야 한다는 것인데, 이것이 만족되지 않으면 일그러짐이 크게 된다. 뿐만 아니라 SSB파와 동기 반송파의 주파수를 일치시켜야 한다.

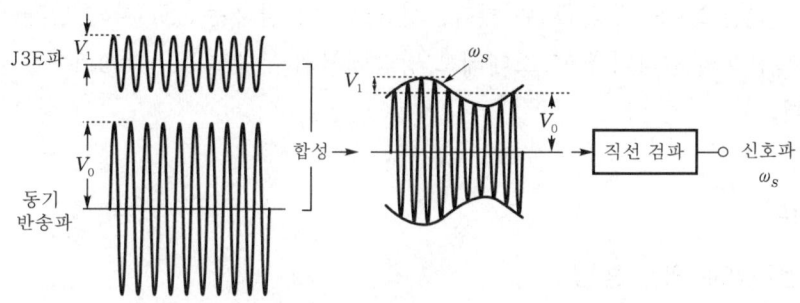

〈그림 5-16〉 SSB파의 검파 원리

제곱 검파 회로에 SSB파와 동기 반송파를 인가하면 DSB파의 제곱 검파와 마찬가지로 검파가 가능하다. 제곱 검파에 대한 상세한 것은 AM 수신기의 주파수 변환기 및 AM 검파기의 제곱 검파 항에서 설명하였지만, 이 경우의 검파기는 **승적 검파기**(product detector)이다.

〈그림 5-17〉은 SSB 승적 검파기의 구성도를 나타낸 것이다. 그림에서 SSB파를 $V_1 \cos(\omega_c + \omega_s)t$, 국부 발진파를 $V_0 \cos \omega_c t$ 라 하고, 비직선 회로의 입·출력 특성을 $i = av^2$(a : 비례 상수)이라 하면 출력 i는

$$
\begin{aligned}
i &= a\{ V_1 \cos (\omega_c + \omega_s)t + V_0 \cos \omega_c t\}^2 \\
&= \frac{a}{2}(V_1{}^2 + V_0{}^2) + \frac{a}{2}V_1{}^2 \cos(2\omega_c + 2\omega_s)t \\
&\quad + \frac{a}{2}V_0{}^2 \cos 2\omega_c t + aV_1 V_0 \cos(2\omega_c + \omega_s)t + aV_1 V_0 \cos \omega_s t
\end{aligned}
$$

$$(5.20)$$

로 된다.

위의 식 (5.20)에서 제2, 3, 4항은 LPF로, 제1항은 결합 콘덴서로 제거하면 신호파 $aV_1 V_0 \cos \omega_s t$를 얻을 수 있다.

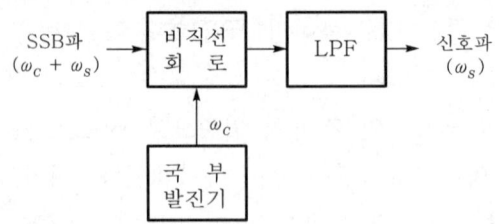

<그림 5-17> SSB 승적 검파기의 구성도

어느 경우에나 $(\omega_c + \omega_s)$와 ω_c와의 차 ω_s를 얻을 수 있기 때문에 SSB의 검파는 일종의 주파수 변환으로도 생각할 수 있다. 싱크로다인 검파는 SSB파의 검파 외에 컬러 TV의 반송 색신호의 검파나 FM 스테레오 방송에서의 부채널(sub-channel) 검파 등에 이용되고 있다.

[2] 검파 회로

(1) 직선 검파기에 의한 방법

이것은 소위 싱크로다인 검파로서, <그림 5-18>에 그 회로의 한 예를 나타내었다. 연산 증폭기를 이용한 이상적인 다이오드(제4장 AM 수신기에서 이상적인 다이오드 검파기 참조)에 충분한 진폭의 동기 반송파를 인가하면 일그러짐이 적은 검파를 할 수 있다.

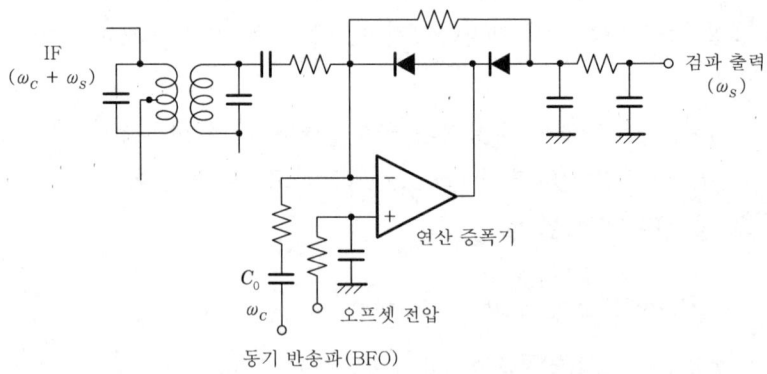

<그림 5-18> 싱크로다인 검파기 회로

(2) 승적 검파기

<그림 5-19>에 승적 검파기 회로의 한 예를 나타내었다. 듀얼 게이트(dual gate) MOS-FET를 이용하여 G_1에는 SSB파를, G_2에는 동기 반송파를 인가하고 비직선 증폭(헤테로다인 검파)을 행함으로써, 두 주파수 차의 성분(신호파)을 얻는다. 그리고 불요 주파수 성분은 LPF에서 제거된다.

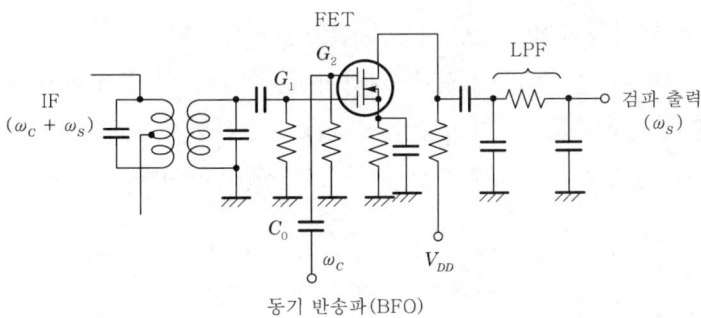

<그림 5-19> 승적 검파기 회로

(3) 링 검파기

SSB 변조기로 많이 사용되는 링(ring) 변조기를 이용하여 두 주파수 차의 성분(신호파)을 얻을 수 있다는 점을 이용한 것이다. <그림 5-20>에 링 검파기 회로의 한 예를 나타내었다.

이것은 다이오드의 비직선성이나 스위칭 작용을 이용한 것이며, 트랜시버(tranceiver ; transmitter and receiver의 약자)에서는 변조와 검파에 겸용해서 사용되는 경우가 많다. 링 검파기는 소형·경량으로 전원도 불필요하지만 온도에 의해 특성(balance)이 변화되기 쉽다.

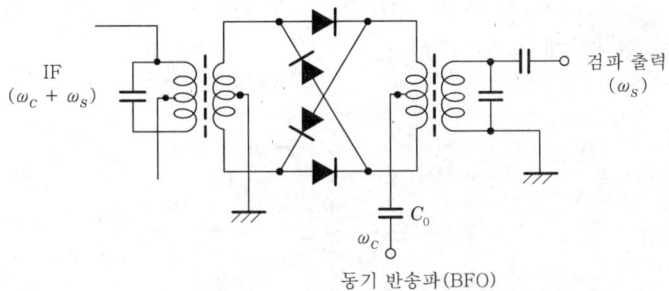

<그림 5-20> 링 검파기

[3] 스피치 클라리파이어

SSB 통신에서는 자국 송신기와 상대국 수신기의 반송 주파수를 일치(동기)시키는 것이 바람직하지만, 완전하게 일치시키는 것은 상당히 어렵기 때문에, 실제의 통신에서는 이러한 주파수 차를 최소화시키는 조작(**동기 조정**이라고 한다)을 행하고 있다. 동기 조정을 행하기 위해서는 제2 국부 발진기로 VCXO를 사용하여 VCXO 회로 내에 있는 가변 용량 다이오드의 역바이어스 전압을 변화시키는 방법을 사용해야 한다. 이와 같은 동기 조정기를 **스피치 클라리파이어**(speech clarifier)라고 한다.

SSB 트랜시버에서는 동기 조정을 위하여 1.5[kHz]의 톤(tone) 발진기를 설치해 두고, 상대국에서 1.5[kHz]로 변조시킨 전파를 수신하면서 1.5[kHz]의 톤 발진기 출력을 가청 주파(AF) 증폭기에 인가함으로써 0비트(zero beat)가 되도록 스피치 클라리파이어를 조정한다.

[4] SSB용 AGC 회로

AGC 회로에 대해서는 제4장 AM 수신기의 부속 회로에서 설명하였지만, SSB에서는 반송파가 없기 때문에 특수한 AGC 회로를 필요로 한다.

〈그림 5-21〉에 SSB용 AGC 회로의 한 예를 나타내었다. 무변조 상태에서는 신호 입력이 없어 AGC 전압을 만들 수 없기 때문에 증폭기는 최대 이득으로 동작하여 잡음이 최대로 되므로, 무변조 상태에서도 AGC는 동작해야 한다. 변조된 상태에서는 AGC 전압이 동시에 발생되므로, 이 전압이 장시간 유지되어야 무변조 상태에 대처할 수 있다. 따라서 LPF의 충전 시상수는 작게 하고, 방전 시상수는 크게 해야 한다. 그림에서 C_1, D_1, D_2, C_2는 배전압 정류 회로로 동작하고, D_1과 D_2의 동저항은 매우 작기 때문에 C_2로 충전되는 충전 시상수도 매우 작아지는 것이다.

C_2의 전압은 FET로 직류 증폭시킨 후 소스에 출력된 전압을 AGC 전압으로 사용한다. 또한 C_2의 전하는 R_1을 통하여 방전되므로 R_1을 크게 하면 방전 시상수도 커지므로 원하는 회로가 동작하게 되는 것이다.

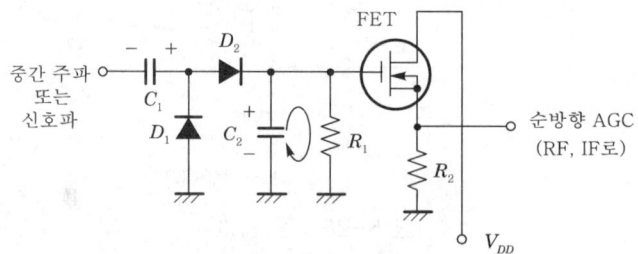

〈그림 5-21〉 SSB용 AGC 회로

[5] SSB 트랜시버

트랜시버는 기기를 소형·경량화하여 조작성을 향상시키고, 제조 원가를 낮춤으로써 저렴한 가격으로 구입할 수 있기 때문에 특정한 부분은 송·수신 공용으로 하는 경우가 많다.

〈그림 5-22〉에 SSB 트랜시버 구성도의 한 예를 나타내었다. 그림에서 실선으로 나타낸 화살표는 송신 시, 점선으로 나타낸 화살표는 수신 시의 경로이며, 송·수신 공용인 것은 그림의 중간에 배치된 부분(AF OSC, LO1, BPF1, LO2, BPF2, PLL 주파수 합성기)이다.

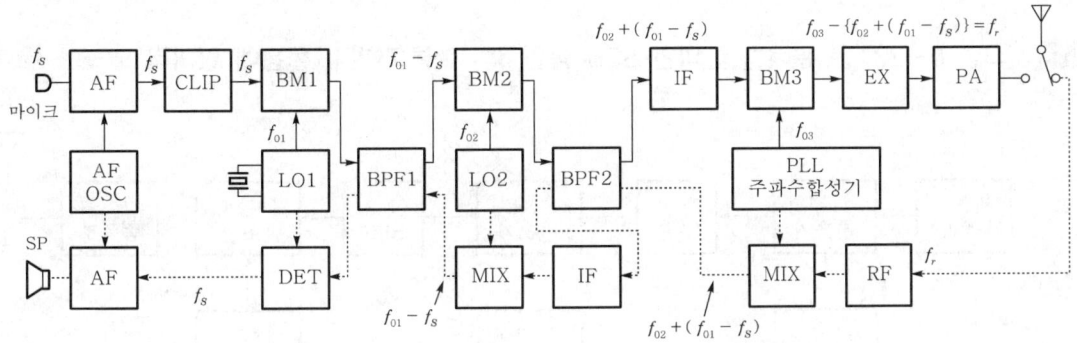

AF OSC : 톤 발진기, BM : 평형 변조기, CLIP : 클리퍼, EX : 여진 증폭기
스피치 클라리파이어는 LO2에 포함되어 있다.
AF : 가청 주파 증폭기, DET : 검파기, MIX : 믹서, IF : 중간 주파 증폭기
RF : 무선 주파 증폭기, PA : 전력 증폭기

〈그림 5-22〉 SSB 트랜시버의 구성도

다음에 주파수의 예를 살펴보기로 하자.

그림에서 $f_{01} = 456.5$[kHz], $f_{02} = 90$[MHz], $f_{03} = 91.455 \sim 120.455$[MHz]로 하면, 발사 및 수신 주파수 f_r은 $1 \sim 30$[MHz]인 상측파대가 발사된다. SSB에 대한 주파수 표시는 반송 주파수를 사용하여 나타내기 때문에 반송 주파수는 f_r보다 1.4[kHz] 낮게 된다.

만일, 하측파대로의 전환은 $f_{01} = 453.5$[kHz]로 하면 가능해진다. 그림에서 수신 시에는 LO1을 BFO로 동작하게 하고, BM1에 링 변조기를 사용하면 BM1은 링 검파기로 되어 송·수신 공용으로 할 수 있다. 또한 톤 발진기를 단속하면 H2A파를 발사할 수도 있다.

1 <그림 5-23>은 필터법에 의한 SSB 송신기의 계통도이다. 물음에 답하라.

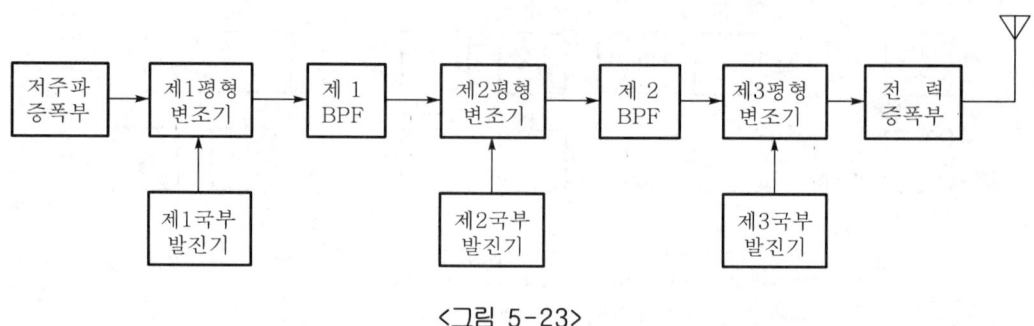

<그림 5-23>

(1) 몇 단계 변조인가?

(2) 음성 신호 주파수 대역폭을 4[kHz], 제1 국부 발진 주파수를 15[kHz]라고 할 때 상측파대를 사용하려면 제1 BPF의 통과 주파수 대역은 얼마인가?

(3) 제2 국부 발진 주파수가 455[kHz]일 때 하측파대를 사용하려면 제2 BPF의 통과 주파수 대역은 얼마인가?

(4) 송신기의 할당 주파수가 2183[kHz]인 상측파대 SSB 무전기에서 제3 국부 발진 주파수는 얼마인가?

(5) BPF가 주로 많이 사용되는 필터는 무엇인가?

(6) 제3 BPF를 사용하지 않는 이유는 무엇인가?

(7) DSB에 대한 SSB의 장점을 5가지만 열거하라.

(8) DSB에 대한 SSB의 단점을 들어라.

(9) 계통도에서 다단 변조를 하는 이유는 무엇인가?

2 SSB 단파 송신기의 필터법에 의한 블록도와 특징 및 장·단점을 기술하라.

3 링(ring) 변조기의 회로도를 그리고, 그 동작 원리를 설명하라.

4 SSB 통신 기기에 대한 다음 물음에 답하라.

(1) 송신기의 계통도를 그려라.(단, 필터법)

(2) 동작 과정을 설명하라.

(3) SSB 통신 기기의 장·단점을 구분해서 각각 기술하라.

5 <그림 5-24>와 같은 고역 필터에 대하여 다음 물음에 답하라.

(1) 공칭 임피던스를 구하라.

(2) 필터의 차단 주파수를 구하라.

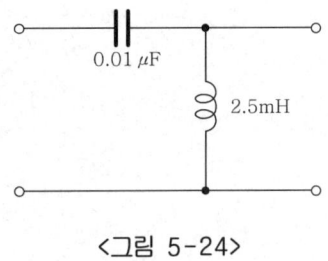

<그림 5-24>

6 SSB 수신기의 구성도를 그리고 그 동작 과정을 설명하라.

7 SSB 수신기에서 동기 조정 회로(speech clarifier)를 사용하는 목적을 기술하라.

MEMO

電子通信機器

제6장 ●●●●●

FM 송신기

FM파를 얻기 위한 변조 방식에는 제2장(각도 변조)에서 설명한 바와 같이 직접 FM 방식과 간접 FM(PM에 의한 등가 FM) 방식이 있다. 종래의 직접 FM 방식은 FM 방송과 마이크로파대의 FM 통신에 주로 사용되었으며, 간접 FM 방식은 그 밖의 FM 송신기에 사용되었지만, PLL 기술이 발전함에 따라 현재는 직접 FM 방식이 주로 이용되고 있다.

 ## FM 송신기의 구성

FM 송신기는 음성 신호를 주파수 변조하여 송출시키는 장치로서, 구성 회로 중 발진기, 주파수 체배기, 전력 증폭기 등은 AM 송신기와 같지만 회로 구성상 AM 송신기와는 다음과 같은 차이점을 갖는다.

① 변조를 발진기 또는 그 다음 단의 저전력단에서 행한다.

② FM파를 증폭하므로 체배부, 전력 증폭부 등은 광대역 특성을 갖는다.

③ 측파대 등으로 점유 주파수 대역폭이 넓기 때문에 초단파대 이상에서 사용되며, 체배 단수가 많아진다.

1.1 직접 FM 송신기

〈그림 6-1〉은 가변 리액턴스 소자를 사용한 직접 FM 송신기의 기본 구성도를 나타낸 것이다. **직접 FM 방식**이란 자려 발진기에 가변 리액턴스 소자(가변 용량 다이오드, 리액

턴스 트랜지스터 등)를 접속하고, 신호파에 따라 가변 리액턴스 소자의 용량 또는 인덕턴 스를 변화시킴으로써 발진 주파수를 직접 변화시키는 방법이다. 이 방식은 주파수 편이를 크게 할 수 있지만, 자려 발진기를 사용하기 때문에 중심 주파수의 안정도가 좋지 않아 AFC 회로나 APC 회로가 필요하다.

수정 발진기를 사용한 직접 FM 방식으로는 FMQ(frequency modulated quartz) 변 조와 VCXO(voltage controlled crystal oscillator ; 전압 제어 수정 발진기)에 의한 변 조가 있는데, 후자는 수정 진동자와 직렬로 가변 리액턴스 소자를 연결하여 구성한 것으 로, 가변 리액턴스 소자의 리액턴스를 변화시킴으로써 FM하는 것이기 때문에 중심 주파 수는 안정되지만 주파수 편이는 크게 할 수 없다.

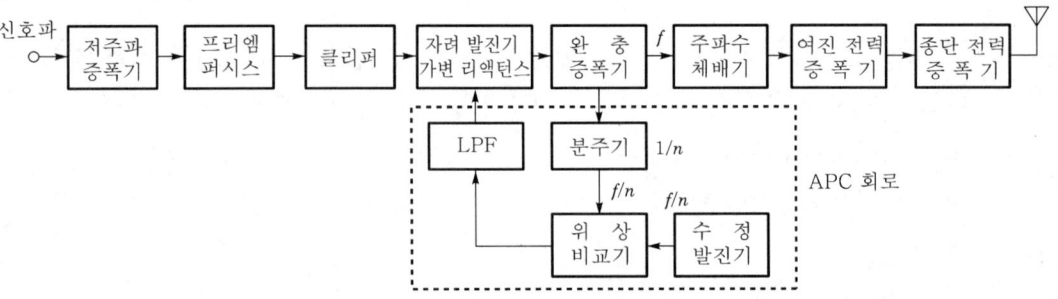

<그림 6-1> 가변 리액턴스 소자를 사용한 직접 FM 송신기의 구성도

1.2 간접 FM 송신기

간접 FM 방식은 제2장(각도 변조)에서 설명한 바와 같이 전치 보상 회로($1/f_s$ 회로) 를 통과한 신호파를 PM 변조기에 인가하여 FM파를 얻는 방법으로, 다음과 같은 특징 이 있다.

① 수정 발진기를 사용하기 때문에 주파수 안정도가 높아 AFC 회로가 필요하지 않으며, 기기도 간단하다.

② 깊은 변조를 할 수 없기 때문에(±1[rad] 정도까지) 필요한 주파수 편이를 얻기 위해서 는 체배 단수를 증가시켜야 하므로 스퓨리어스가 많아진다.

③ PM에서 FM을 얻는 방법으로 전치 보상기(pre-distortor) 회로가 필요하다.

<그림 6-2>는 위상 변조기를 사용한 간접 FM 송신기의 기본 구성도를 나타낸 것이 다. 그림에서 수정 발진기의 출력은 완충 증폭기, 주파수 체배기를 통하여 위상 변조기에 인가된다.

한편, 신호파를 IDC 회로($1/f_s$ 회로도 포함된다)를 통하여 위상 변조기에 인가하면 FM파를 얻을 수 있다. 이때 FM파는 주파수 편이가 작기 때문에 필요한 주파수 편이를 얻을 수 있을 때까지 체배해야 된다.

여진 전력 증폭기와 종단 전력 증폭기로는 효율이 높은 C급 증폭기가 사용되며 필요한 전력을 얻을 수 있을 때까지 증폭해야 된다. IDC 회로는 FM파의 점유 주파수 대역폭이 규정치를 넘지 않도록 하기 위한 회로이며, 다음에 상세히 설명하기로 한다.

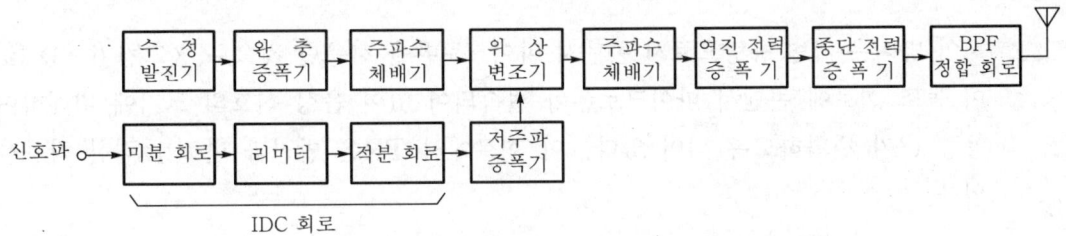

<그림 6-2> 위상 변조기를 사용한 간접 FM 송신기의 구성도

② FM 회로

FM 회로는 <표 6-1>과 같이 변조 방식에 따라 직접 FM 회로와 간접 FM 회로의 2종류로 분류된다.

<표 6-1> FM 회로의 분류

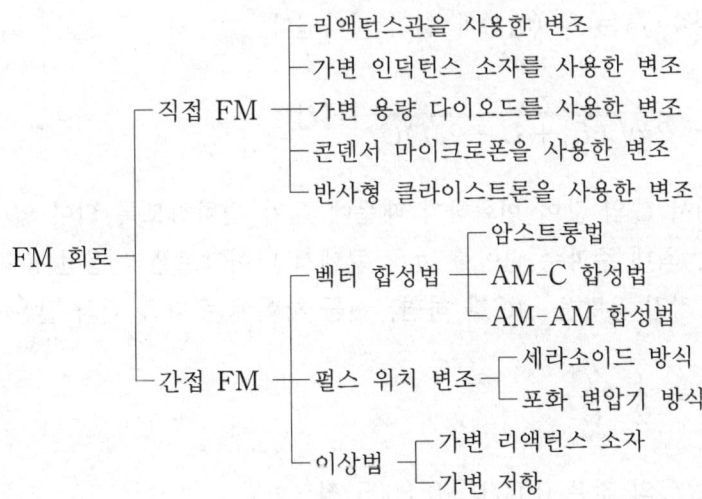

2.1 직접 FM 회로

직접 FM 방식에는 가변 용량을 사용하는 방식과 리액턴스 트랜지스터를 사용하는 방식이 있으며, VCXO(Voltage controlled crystal oscillator) 또는 PLL 회로를 이용한 변조도 있다.

[1] 콘덴서 마이크로폰을 사용한 FM 회로

이 방식은 가변 용량으로서 콘덴서 마이크로폰을 사용한 것으로, 〈그림 6-3〉(a)와 같이 동조 회로에 콘덴서 마이크로폰이 접속되어 있어 음성 신호의 크기에 비례하여 정전 용량 C가 변화하도록 되어 있다. 이 회로에서 TR은 발진과 변조를 겸한 작용을 하고 있다.

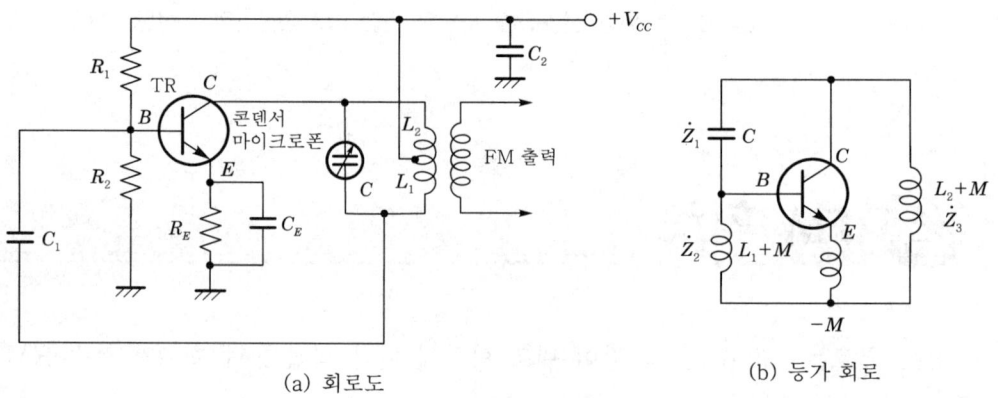

(a) 회로도　　　　(b) 등가 회로

〈그림 6-3〉 콘덴서 마이크로폰을 사용한 FM 회로

그림에서 TR은 〈그림 6-3〉(b)와 같이 하틀리형으로 되어 있으며, 이 LC 발진 회로의 발진 주파수 f_0는 식 (6.1)과 같이 나타낸다.

$$f_0 = \frac{1}{2\pi\sqrt{(L_1 + L_2 + 2M)C}} \ [\text{Hz}] \tag{6.1}$$

식 (6.1)에서 C의 값이 변화하기 때문에 f_0가 변화하도록 되어 있다. 여기서 반송파 주파수를 f_c, 최대 주파수 편이를 Δf, 콘덴서 마이크로폰의 정전 용량을 C, 음성 신호로 변화하는 정전 용량을 ΔC라 하면, 이들 사이에는 다음 식과 같은 관계가 성립한다.

$$\frac{\Delta f}{f_c} = \frac{1}{2}\frac{\Delta C}{C} \tag{6.2}$$

보통, $\Delta C / C$의 값은 0.0001~0.0005 정도이다.

이 방식은 가청 주파에서 단파대까지 발진이 가능하고 음성 증폭기 없이 송신기를 구성할 수 있기 때문에 회로적으로는 간단하다. 그러나 발진 주파수의 안정도는 수정 발진기보다는 떨어지기 때문에 AFC 회로가 필요하다.

예제 1 주파수 40[MHz]의 반송파를 음성 신호 주파수 1[kHz]로 FM 변조했을 때 $\Delta C/C$가 0.0003이었다. 최대 주파수 편이 Δf, 변조 지수 m_f, 점유 주파수 대역폭 BW를 구하라.

풀이 식 (6.2)로부터 Δf를 구하고, $m_f = \Delta f/f_s$에 의해 m_f를 구한다. 그런 다음 BW는 m_f의 값에 의해 $BW = 2(m_f+1)f_s$로 구한다. 즉,

Δf는 $\dfrac{\Delta f}{f_c} = \dfrac{1}{2}\dfrac{\Delta C}{C}$에서

$$\Delta f = \frac{1}{2} \times 0.0003 \times 40 \times 10^6 = 20 \times 3 \times 10^2 = 6\,[\text{kHz}]\text{이고}$$

$$m_f = \frac{\Delta f}{f_s} = \frac{6 \times 10^3}{1 \times 10^3} = 6\text{이며}$$

$$BW = 2(m_f+1)f_s = 2(6+1) \times 1 \times 10^3 = 14\,[\text{kHz}]\text{이다.}$$

[2] 가변 용량 다이오드를 사용한 FM 회로

가변 용량 다이오드(voltage variable capacitance diode ; VVC diode 또는 varactor diode)는 PN 접합에 역바이어스 전압을 가하면 캐리어가 존재하지 않는 공핍층이 접합부 부근에 생기기 때문에 공핍층을 절연체로 하는 일종의 콘덴서가 형성되고, 공핍층의 폭이 역바이어스 전압에 따라 변화되어 정전 용량이 변화하는 전압 제어 가변 콘덴서로 동작하게 된다.

〈그림 6-4〉는 가변 용량 다이오드의 등가 회로이다. 그림 (a)에서 L은 리드선의 인덕턴스, C_j는 접합 용량(전압으로 변화), r_d는 동저항, C_c는 패키지에 의한 용량이다.

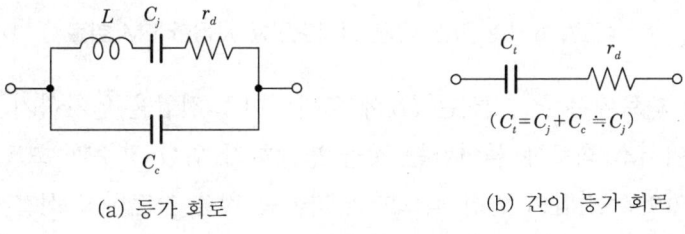

(a) 등가 회로   (b) 간이 등가 회로

〈그림 6-4〉 가변 용량 다이오드의 등가 회로

L은 아주 작기 때문에 생략하여 그림 (b)와 같이 간이 등가 회로로 나타낼 수 있다. 여기서 C_t를 단자 간 용량이라고 하며, $C_t \fallingdotseq C_j$이다. r_d는 역바이어스 전압의 크기에 따라 변화되어 잡음 발생의 원인이 되지만 성능 지수인 Q(quality factor)나 차단 주파수 f_c에 관계하기 때문에 작은 것이 바람직하다.

이 때 r_d의 값은 일반적으로 $0.3 \sim 4[\Omega]$ 정도이다. 가변 용량 다이오드의 Q, f_c 및 C_j는 다음 식으로 주어진다.

$$Q = \frac{1}{2\pi f C_j \, r_d} , \quad f_c = \frac{1}{2\pi C_j \, r_d} , \quad C_j = \frac{C_0}{\left(1 - \dfrac{V}{V_d}\right)^n} \tag{6.3}$$

여기서 C_0는 0바이어스의 접합 용량, V는 바이어스 전압, V_d는 확산 전위, n은 접합부의 불순물 분포에 의해 정해지는 상수이며, n은 경사 접합에서 1/3, 계단 접합에서 1/2 정도, 초계단 접합에서 $1/2 \sim 7$ 정도이다.

따라서 용도에 따라 최적의 n을 갖는 소자를 선정하면 된다. Q의 값은 역바이어스 전압에 의해 변화하고 일반적으로 $10 \sim 500$ 정도이다. 또한 Q는 주파수에 의해 변화하고 주파수가 높을수록 작게 된다. 단자 간 용량비 $C_{t\,max}/C_{t\,min}$는 $1.3 \sim 28$ 정도이며, 전자 동조식 중파 라디오에서는 15 정도의 것이 사용된다.

〈그림 6-5〉(a)는 가변 용량 다이오드(그림에서 D_v)를 사용한 직접 FM 회로의 예로, TR, L_0, C_0, C_1, C_2로 구성된 클랩(clapp) 발진기에서 C_0에 병렬로 신호파 전압에 따라 용량이 변화하는 가변 용량 다이오드를 부가함으로써 FM파를 얻을 수 있다.

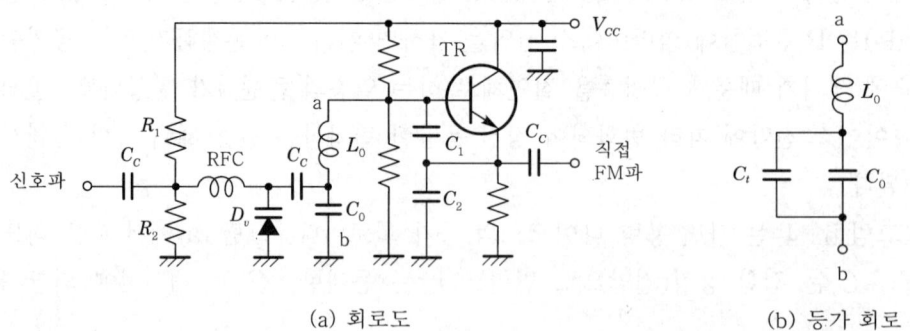

(a) 회로도　　　　　　　　　(b) 등가 회로

〈그림 6-5〉 가변 용량 다이오드를 사용한 FM 회로

그림 (a)의 회로에서 R_1, R_2는 D_v에 역바이어스 전압을 인가하기 위한 저항, RFC는 고주파가 바이어스 회로에 들어가는 것을 방지하기 위한 고주파 초크 코일, C_c는 D_v에 인가된 역바이어스 전압이 발진 회로에 인가되는 것을 차단하고 신호파에 대해 작은 리액턴스를 갖는 결합 콘덴서로서 C_t보다 훨씬 큰 용량을 필요로 한다. 이러한 경우에 그림

(a)의 단자 $a-b$ 사이의 회로는 그림 (b)와 같은 등가 회로로 되며, D_v의 정전 용량을 C_t라고 하면 이 때의 발진 주파수 f_0는

$$f_0 \fallingdotseq \frac{1}{2\pi\sqrt{L_0(C_0 + C_t)}} \qquad\qquad (6.4)$$

로 되고, C_t를 신호파에 따라 변화시키면 f_0가 변화하여 FM파가 된다. 여기서 역바이어스 전압에 대하여 $(C_0 + C_t)^2$으로 변화하는 가변 용량 다이오드를 사용하면 직선성이 우수한 FM 변조기가 가능하다.

[3] VCO를 사용한 FM 회로

자려 발진기와 가변 용량 다이오드를 조합시킨 것은 VCO(전압 제어 발진기)와 같은 기능을 하기 때문에 PLL 회로에 사용되는 IC화된 VCO를 사용하여 직접 FM을 얻을 수 있다. 〈그림 6-6〉은 이러한 경우의 회로 예를 나타낸 것이다.

MC 1648은 ECL(emitter coupled logic) 발진기로서 최대 225[MHz]까지 동작하고, 중심 주파수는 L_0와 가변 용량 다이오드 D_v의 용량 C_t에 의해 거의 결정된다.

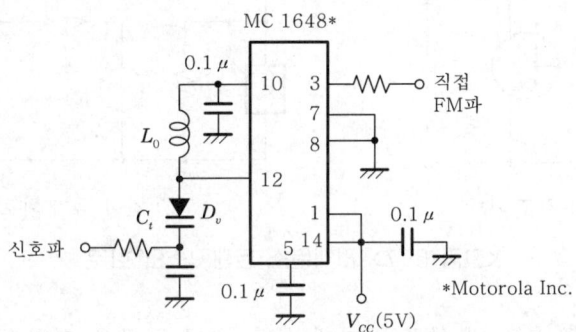

〈그림 6-6〉 VCO를 사용한 FM 회로

[4] 리액턴스 트랜지스터(FET)를 사용한 FM 회로

앞 항의 가변 용량 다이오드 대신 다음에 설명하는 리액턴스 트랜지스터(또는 FET)를 사용해도 FM파를 얻을 수 있다.

(1) 리액턴스 트랜지스터

〈그림 6-7〉 (a)는 리액턴스 트랜지스터의 기본 회로이며, 그림 (b)는 그림 (a)에 대한 간이 등가 회로이다. 그림 (b)에서 각 지로에 흐르는 전류와 단자 $a-b$ 사이의 임피던스

$\dot{Z}$를 각각 구하면

$$i = \frac{v_{ce}}{\dot{Z}_1 + (h_{ie} // \dot{Z}_2)} \quad (//는 \ 병렬)$$

$$i_b = \frac{i\dot{Z}_2}{h_{ie} + \dot{Z}_2}, \quad i_c = h_{fe} i_b, \quad \dot{Z} = \frac{v_{ce}}{i_0} \tag{6.5}$$

로 된다.

여기서 $\dot{Z}_2 \ll \dot{Z}_1$, $\dot{Z}_2 \ll h_{ie}$, $i \ll i_c$가 되도록 정하면 다음과 같이 된다.

$$\dot{Z} \fallingdotseq \frac{v_{ce}}{i_c} = \frac{(h_{ie} + \dot{Z}_2)\{\dot{Z}_1 + (h_{ie} // \dot{Z}_2)\}}{h_{fe}\dot{Z}_2}$$

$$= \frac{h_{ie}(\dot{Z}_1 + \dot{Z}_2) + \dot{Z}_1\dot{Z}_2}{h_{fe}\dot{Z}_2} \fallingdotseq \frac{h_{ie}\dot{Z}_1}{h_{fe}\dot{Z}_2} \tag{6.6}$$

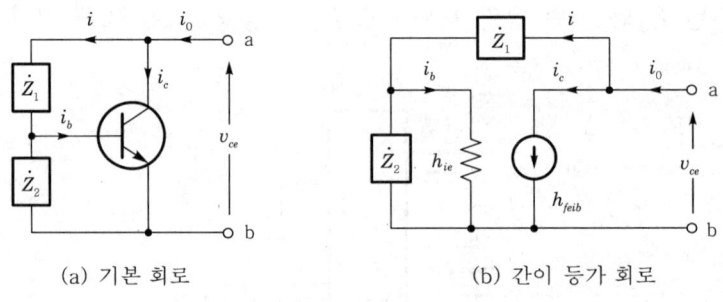

(a) 기본 회로   (b) 간이 등가 회로

<그림 6-7> 리액턴스 트랜지스터 회로

식 (6.6)에서 $\dot{Z}_1$, $\dot{Z}_2$의 한쪽을 리액턴스, 다른 한쪽을 저항으로 하면 $\dot{Z}$는 리액턴스로 동작하고, 신호파를 베이스에 인가하면 h_{ie}/h_{fe}가 변화하여 등가 리액턴스도 변화한다. <그림 6-8> (a), (b)에서의 임피던스는 식 (6.6)에 의해 각각 구하면

$$\dot{Z} \fallingdotseq \frac{h_{ie}}{h_{fe}} \frac{R}{(1/j\omega C)} = \frac{j\omega h_{ie} C R}{h_{fe}} \tag{6.7}$$

$$\dot{Z} \fallingdotseq \frac{h_{ie}}{h_{fe}} \frac{(1/j\omega C)}{R} = \frac{1}{j\omega h_{fe} C R / h_{ie}} \tag{6.8}$$

로 되어, 그림 (a)는 유도성 트랜지스터 회로, 그림 (b)는 용량성 트랜지스터 회로로 된다.

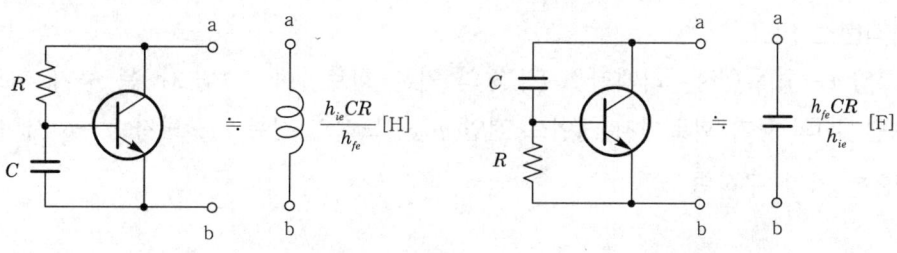

(a) 유도성 트랜지스터 회로   (b) 용량성 트랜지스터 회로

<그림 6-8> CR에 의한 리액턴스 트랜지스터 회로

<그림 6-9> (a)는 리액턴스 트랜지스터를 사용한 FM 회로로서 TR_1, C, R로 용량성 리액턴스를 형성하고 있으며, 신호파 v_s의 진폭 변화에 따라 그 값이 변화하도록 되어 있다. TR_2는 <그림 6-9> (b)와 같이 베이스 접지의 콜피츠형 발진기로 되어 있으며, 그 발진 주파수가 신호파 v_s의 진폭에 따라 편이하도록 되어 있다.

따라서 변성기 T의 2차 측에서 FM파를 얻을 수 있다. 이 방식은 깊은 주파수 변조를 용이하게 할 수 있지만, 발진기의 발진 주파수 안정도가 수정 발진기와 비교해 뒤떨어지기 때문에 중심 주파수를 안정되게 하기 위해서는 AFC 회로가 필요하다.

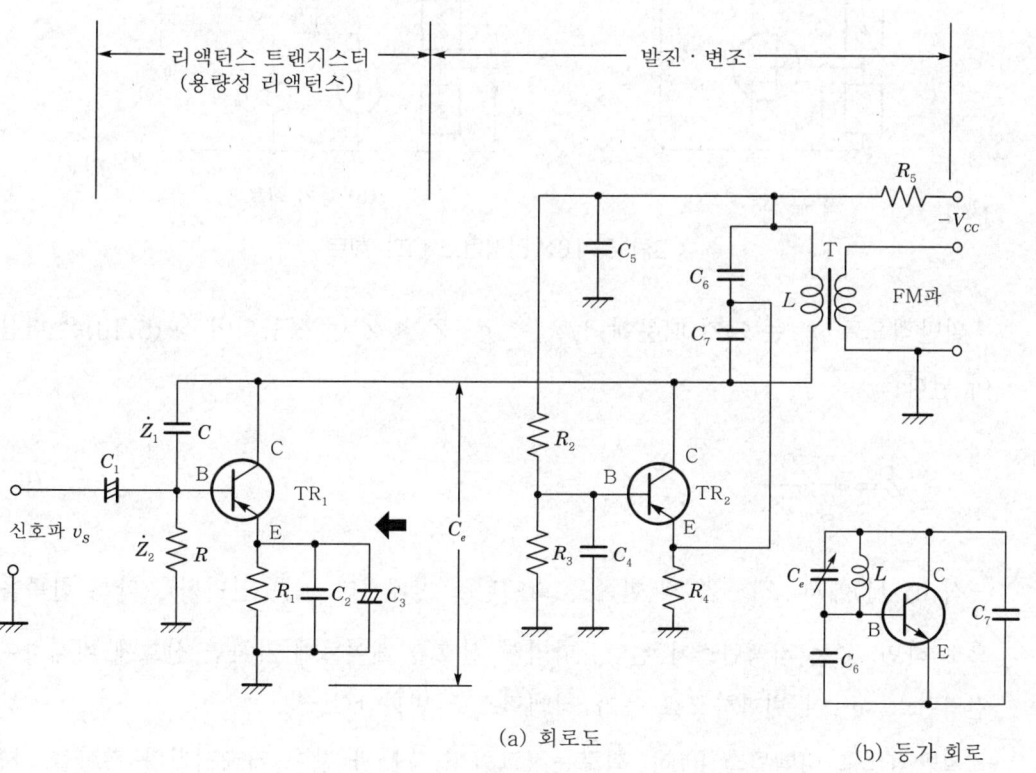

(a) 회로도

(b) 등가 회로

<그림 6-9> 리액턴스 트랜지스터를 사용한 FM 회로

(2) 리액턴스 FET

〈그림 6-10〉 (a)는 리액턴스 FET의 기본 회로이며, 그림 (b)는 등가 회로이다.

그림 (b)의 등가 회로에서 게이트 전압 v_{gs}, 드레인 전류 i_d, 단자 $a-b$ 사이의 임피던스 $\dot{Z}$를 각각 구하면

$$v_{gs} = \frac{v_{ds} \dot{Z}_2}{\dot{Z}_1 + \dot{Z}_2}, \quad i_d = g_m v_{gs} + \frac{v_{ds}}{r_d}, \quad \dot{Z} = \frac{v_{ds}}{i_o} \tag{6.9}$$

가 된다.

여기서 $\dot{Z}_2 \ll \dot{Z}_1$, $i \ll i_d$가 되도록 정하면

$$\dot{Z} \fallingdotseq \frac{v_{ds}}{i_d} = \frac{1}{g_m \dot{Z}_2 / \dot{Z}_1 + 1/r_d} \tag{6.10}$$

이 된다.

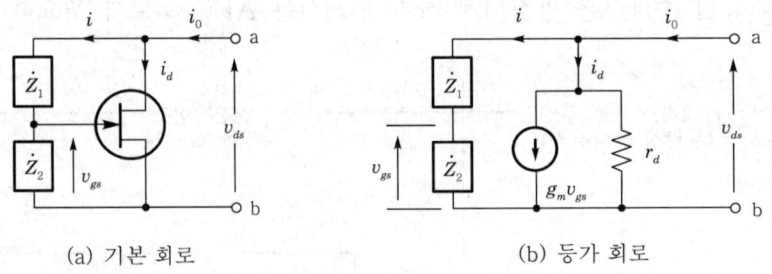

(a) 기본 회로   (b) 등가 회로

〈그림 6-10〉 리액턴스 FET 회로

일반적으로 r_d는 크기 때문에 $1/r_d \ll g_m \dot{Z}_2 \ll \dot{Z}_1$이 성립되어 식 (6.10)은 다음과 같이 된다.

$$\dot{Z} \fallingdotseq \frac{\dot{Z}_1}{g_m \dot{Z}_2} \tag{6.11}$$

식 (6.11)에서 $\dot{Z}_1$, $\dot{Z}_2$의 한쪽을 리액턴스(커패시터 또는 인덕터), 다른 한쪽을 저항으로 하면 $\dot{Z}$는 리액턴스가 된다. 따라서 신호를 게이트에 가하면 신호에 비례하여 상호 컨덕턴스 g_m이 변화하므로 등가 리액턴스도 변화한다.

일반적으로 리액턴스 FET 회로는 〈그림 6-11〉과 같이 커패시터와 저항을 사용해서 구성된다. 그림 (a)에서 단자 $a-b$ 사이의 임피던스는

$$\dot{Z} \fallingdotseq \frac{R}{g_m / j\omega C} = \frac{j\omega CR}{g_m} \qquad (6.12)$$

로 되어, 등가적으로 인덕턴스가 된다.

이러한 회로를 **유도성 FET**라고 하며, 등가 인덕턴스는 $CR/g_m[\text{H}]$가 된다. 마찬가지로 그림 (b)에서 임피던스는

$$\dot{Z} \fallingdotseq \frac{1/j\omega C}{g_m R} = \frac{1}{j\omega\, g_m CR} \qquad (6.13)$$

로 되어, 등가적으로 커패시터가 된다.

이러한 회로를 **용량성 FET**라고 하며, 등가 커패시터는 $g_m CR[\text{F}]$이 된다.

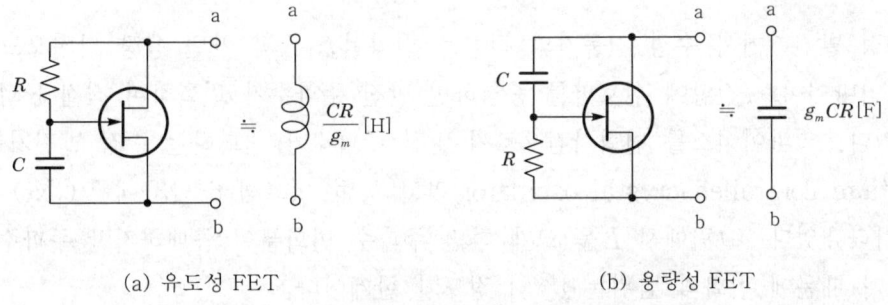

(a) 유도성 FET   (b) 용량성 FET

<그림 6-11> CR에 의한 리액턴스 FET 회로

(3) 푸시풀 리액턴스 트랜지스터(FET)

푸시풀 리액턴스 트랜지스터(FET)는 리액턴스 트랜지스터 또는 리액턴스 FET를 푸시풀로 구성한 것을 말한다. 〈그림 6-12〉는 리액턴스 FET를 사용한 것으로, 유도성 FET와 용량성 FET를 병렬로 접속한 회로이다. 그림과 같이 FET_1에는 $+\Delta v$, FET_2에는 $-\Delta v$를 인가하면 FET_1의 g_m의 변화분은 $+\Delta g_m$, FET_2의 g_m의 변화분은 $-\Delta g_m$이 되어 등가 리액턴스의 변화분은 각각

$$\Delta C = CR \cdot \Delta g_m, \quad \Delta L = \frac{CR}{-\Delta g_m} \qquad (6.14)$$

로 된다.

그러므로 ΔC와 ΔL이 모두 증가하게 되므로, 리액턴스의 변화분은 리액턴스 FET 하나를 사용한 경우보다 크게 된다. 따라서 단자 $a-b$에 자려 발진기의 동조 회로를 접속하여 직접 FM을 하는 경우에는 하나의 리액턴스 FET를 사용하는 것보다 주파수 편이가

커진다. 또한 전원 전압이 변동하면 g_m이 변화되어 등가 리액턴스도 변화되지만, 리액턴스의 변화분은 서로 상쇄되어 중심 주파수는 변화되지 않는다.

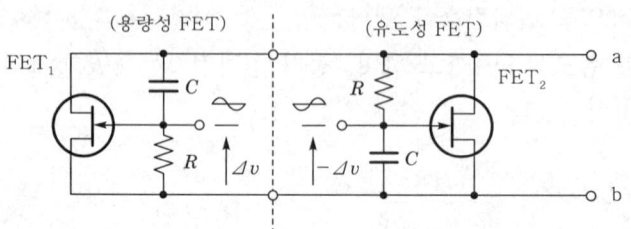

〈그림 6-12〉 푸시풀 리액턴스 FET 회로

[5] VCXO에 의한 FM 회로

수정 발진기에서 수정 진동자와 직렬로 인덕턴스 L과 가변 용량 다이오드를 삽입하고, 역바이어스 전압에 신호파를 중첩하면 발진 주파수가 변화하여 직접 FM파를 얻을 수 있다. 역바이어스를 변화시킴으로써 발진 주파수가 변화하는 수정 발진기를 VCXO (voltage controlled crystal oscillator)라고 하며, 〈그림 6-13〉에 VCXO 회로의 예를 나타내었다. 그림에서 L을 크게 하면 주파수 변화분이 증대하지만 주파수 안정도가 나쁘기 때문에 변화의 범위는 1[%] 정도가 한계이다.

이와 같이 큰 주파수 편이를 얻을 수는 없지만 협대역 FM을 채택하고 있는 각종 이동체 통신에는 일반적으로 사용되고 있다.

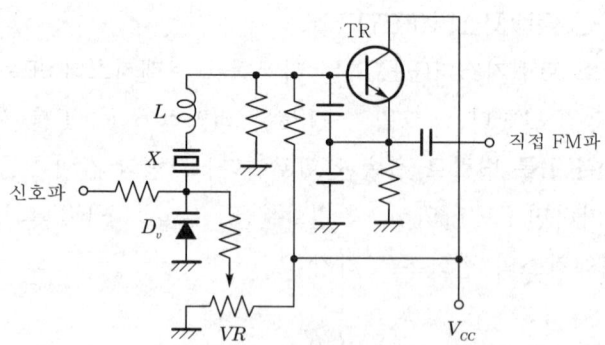

〈그림 6-13〉 VCXO에 의한 FM 회로

[6] PLL을 이용한 FM 회로

제3장 AM 송신기에서 설명한 PLL 회로에서 VCO의 제어 전압(LPF의 출력)에 〈그림 6-14〉 (a)와 같이 신호파를 중첩하면 VCO의 발진 주파수가 변화되어 직접 FM파를

얻을 수 있다. 이것은 믹서를 이용하여 UHF대의 FM파를 얻을 때 중간 주파수대에서 변조기로 많이 사용된다.

예를 들면, 자동차 전화나 개인용 무선 등에 사용된다. 〈그림 6-14〉 (a)는 PLL 변조기의 계통도를, (b)는 그 사용 예를 나타낸 것이다.

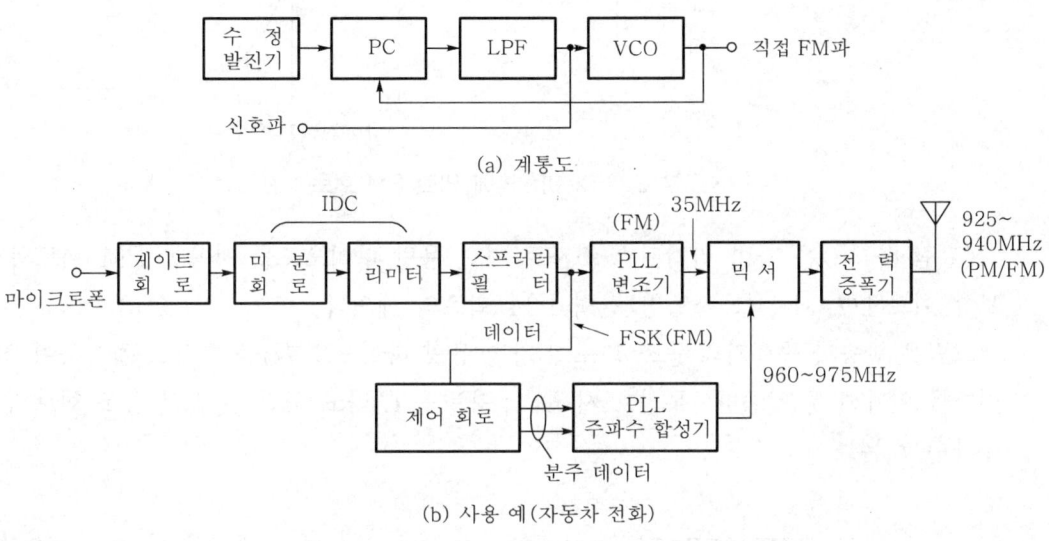

(a) 계통도

(b) 사용 예(자동차 전화)

〈그림 6-14〉 PLL을 이용한 FM 회로

2.2 간접 FM 회로

간접 FM에 사용되는 PM 회로는 대표적으로 이상법, 벡터 합성법(암스트롱법, AM -C 합성법, AM-AM 합성법), 브리지형 위상 변조법 등이 있는데, 어느 경우에도 전치 보상 회로를 통과한 신호파를 위상 변조함으로써 간접 FM파를 얻을 수 있으며, 주파수 안정도가 높다는 것이 특징이다.

[1] 이상법(리액턴스 변화법)에 의한 간접 FM 회로

〈그림 6-15〉 (a)는 이상법의 원리도를 나타낸 것이다. 저전력 증폭단의 증폭기 동조 회로에 그림 (a)와 같이 가변 리액턴스 소자(가변 용량 다이오드, 리액턴스 트랜지스터 또는 FET, 콘덴서 마이크로폰 등)를 접속하여 무신호 시의 주파수에 동조되도록 조정해 둔다. 신호파에 의해 가변 리액턴스 소자의 리액턴스를 변화시키면 동조 회로는 동조점을 경계로 하여 유도성과 용량성으로 변화하게 되므로 출력 전압은 그림 (b)와 같이 위상이 빨라지거나 늦어지게 된다. 즉, 위상 변조가 된다.

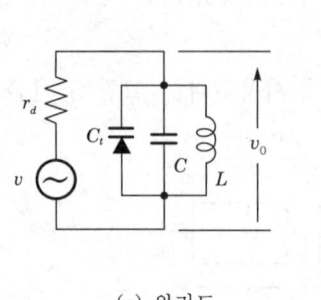
(a) 원리도

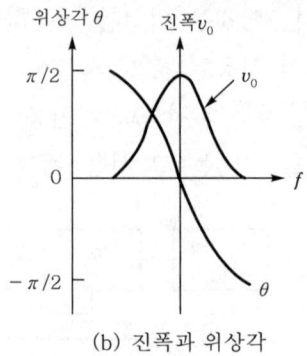
(b) 진폭과 위상각

<그림 6-15> 이상법에 의한 PM 회로

〈그림 6-16〉은 가변 리액턴스 소자로 가변 용량 다이오드를 사용한 PM 회로와 전치 보상 회로($1/f_s$ 회로)를 조합한 간접 FM 회로의 예이다.

그림은 반송파 증폭기의 동조 회로에 가변 용량 다이오드 D_v를 병렬로 접속하여 역바이어스를 인가해 둔 것이다. 무신호 시 D_v의 용량을 C_t라고 하면 첫째 단 동조 회로의 동조 주파수 f_0는

$$f_0 \doteqdot \frac{1}{2\pi\sqrt{L(C+C_t)}} \tag{6.15}$$

로 되어, 증폭기의 입력 반송파 주파수와 일치한다.

전치 보상 회로를 통과한 신호파를 D_v에 가하면 C_t가 변화되어, 동조 회로의 양단에 간접 FM파가 출력된다. 그림과 같이 동조 회로를 n단 종속 접속하여 신호파를 각 D_v에 동시에 가하면 n배의 주파수 편이를 얻을 수 있으며, D_v 대신 리액턴스 트랜지스터(또는 FET)를 사용해도 된다.

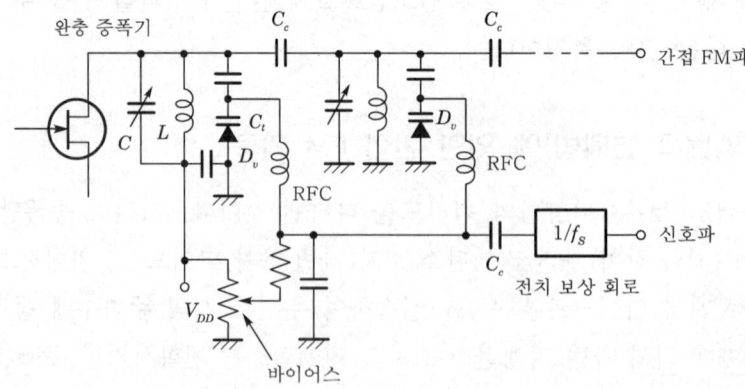

<그림 6-16> 이상법에 의한 간접 FM 회로

[2] 벡터 합성법에 의한 간접 FM 회로

벡터 합성에는 양 측파대와 반송파의 합성, AM파와 반송파의 합성, AM파와 AM파의 합성 등이 있으며, 다음에 구체적인 예를 들었다.

(1) 암스트롱법

이 방식은 암스트롱(E.H.Armstrong)이 발명하여 최초로 FM 통신 방식이 실용화되었을 때에 사용되었던 것으로, 그 구성도는 〈그림 6-17〉과 같다. 그림 (a)에서 평형 변조하여 얻어진 반송파가 억압된 양 측파대와 $\pi/2$ 이상된 반송파를 합성하면 그림 (b)와 같이 PM파를 얻을 수 있다. 그리고 전치 보상 회로를 통과한 신호파로 변조를 하면 간접 FM파를 얻을 수 있다. 이 방식은 변조도를 깊게 하면 일그러짐이 증가되고, 회로의 조정이 곤란하기 때문에 거의 사용되지 않는다.

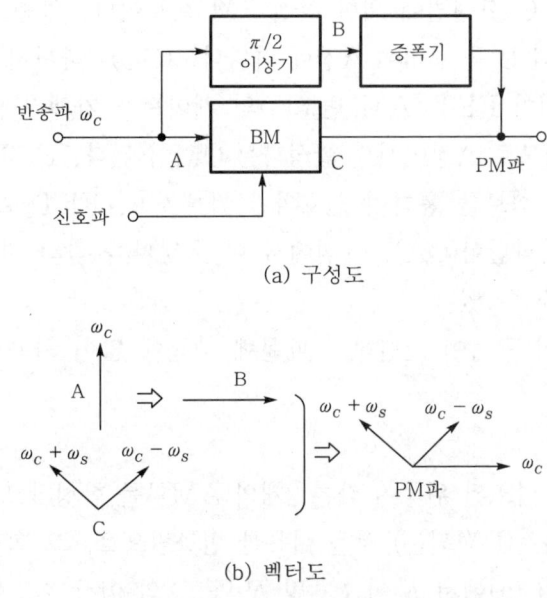

(a) 구성도

(b) 벡터도

〈그림 6-17〉 암스트롱법에 의한 PM

(2) AM-C 합성법

이것은 AM파와 반송파를 합성함으로써 PM파(간접 FM파)를 얻는 방법이다. 〈그림 6-18〉 (a)의 벡터도에서 무신호 시 AM파 OA와 반송파 OC와의 합성파를 OM이라 하고, 신호파에 대응하는 AM파를 OA_1, OA_2로 변화시킬 경우 합성파는 OM_1, OM_2로 변화되어 OM에 대해 $\pm\theta$만큼 위상이 변화된 PM파를 얻을 수 있다. 전치 보상 회로를 통과한 신호파를 변조하면 FM파를 얻을 수 있다.

207

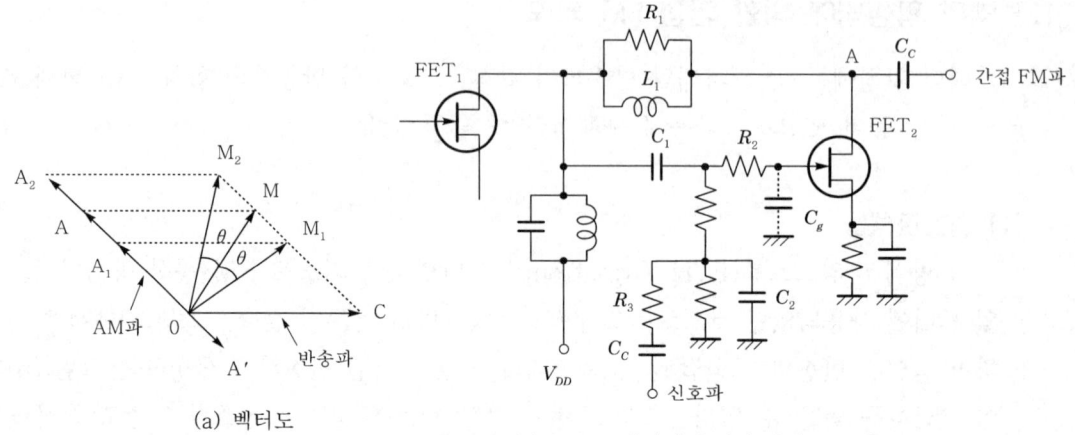

(a) 벡터도

(b) AM−C합성법에 의한 간접 FM 회로

<그림 6-18> AM-C 합성법

그림 (b)는 AM-C 합성법에 의한 간접 FM 회로이다. 완충 증폭기 FET_1의 출력(반송파)의 일부는 R_1과 L_1을 통하여 A점에 나타나고(OC), 나머지 반송파는 C_1, R_2, C_g에 의해 위상이 지연되어 FET_2(AM 변조기)의 게이트에 가해진다(OA). 따라서 FET_2의 출력은 OM으로 되므로 A점에서의 합성파는 OM이 된다. FET_2의 게이트에는 C_2, R_3에 의한 전치 보상 회로를 통하여 신호파가 가해지고, FET_2로 게이트 변조된 후 위상반전하여 A점에 나타난다(OA). A점에서 이 AM파와 앞의 반송파가 합성되기 때문에 간접 FM파를 얻을 수 있다.

이 방식은 회로의 구성이 간단하기 때문에 최근에 많이 사용되고 있다.

(3) AM-AM 합성법

이것은 신호파로 변조된 위상이 다른 2개의 AM파를 합성함으로써 합성파의 위상이 신호파에 따라 변화하는(PM되는) 것을 이용한 변조법으로, 그 회로도와 벡터도는 〈그림 6−19〉와 같다. 그림 (a)에서 R_1과 C_1 및 R_2와 C_2의 이상 회로에서 φ의 위상차를 갖는 2개의 반송파를 만들어 FET_1 및 FET_2 게이트에 인가한다. 이때 A점에서 합성 벡터는 OM이 된다. 그리고 트랜스 T에 의해 동진폭·역위상의 신호파를 만들어 FET_1과 FET_2의 각 게이트에 인가하여 게이트 변조하면 A점에 2개의 AM파가 나온다. 이때 A점에서의 합성 벡터는 OM_2가 된다.

따라서 FET_1의 AM파의 진폭이 OA_1일 때 FET_2의 AM파의 진폭이 OB_1이 되도록 하고, OA_2일 때 OB_2가 되도록 하면 합성파는 OM을 중심으로 하여 OM_1과 OM_2로 변환되어 $\pm\theta$만큼의 위상이 변화되는 PM파를 얻을 수 있다. 이 방식은 AM-C 합성법에 비해 위상 변화가 크지만 진폭 변화(AM 성분)는 작게 된다.

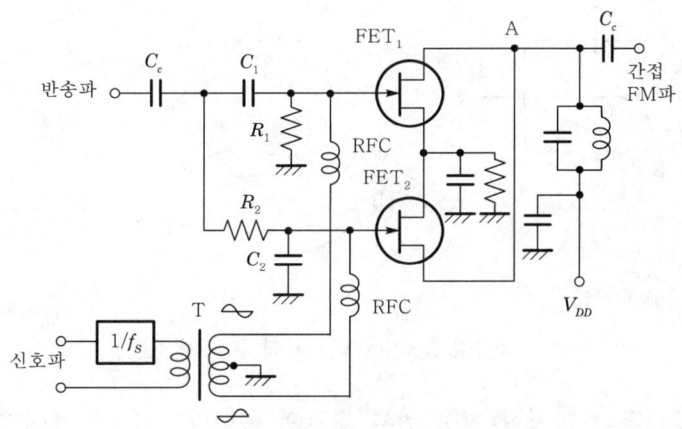

(a) AM−AM 합성법에 의한 간접 FM 회로

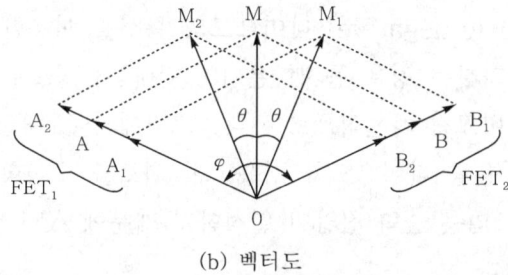

(b) 벡터도

〈그림 6-19〉 AM-AM 합성법

[3] 브리지형 위상 변조법

이것은 L, C 및 R을 사용하여 브리지(bridge) 회로를 구성한 후 신호파에 따라 C나 R의 값을 변화시킴으로써 브리지 출력 전압의 위상이 변화되는 것을 이용한 변조법이다.

〈그림 6-20〉은 브리지형 위상 변조법의 기본 회로와 벡터도이다. 그림 (a)에서 고주파 트랜스 T에 C와 R을 연결하여 브리지 회로를 구성하고, AB 간에 반송파 v_1을 인가하면 C와 R에 전류 i가 흘러 전압 강하 v_C와 v_R이 발생한다.

v_C와 v_R의 벡터 합은 v_1이 되고, C 또는 R의 변화에 관계없이 v_C와 v_R은 항상 $\pi/2$의 위상차가 있기 때문에 E점은 v_1을 지름으로 하는 원주상을 이동하게 된다. 브리지 회로의 출력은 DE 사이의 전압이 되기 때문에 $v_1/2$이 되고, 신호파에 대응하여 C 또는 R을 변화시키면 E점은 E_1, E_2와 같이 원주상을 이동하게 되므로 위상이 변화된다.

따라서 신호파에 따라 R을 변화시키는 경우에는 다이오드의 동저항 변화를 이용하면 되고, C를 변화시키는 경우에는 가변 용량 다이오드의 용량 변화를 이용하면 된다.

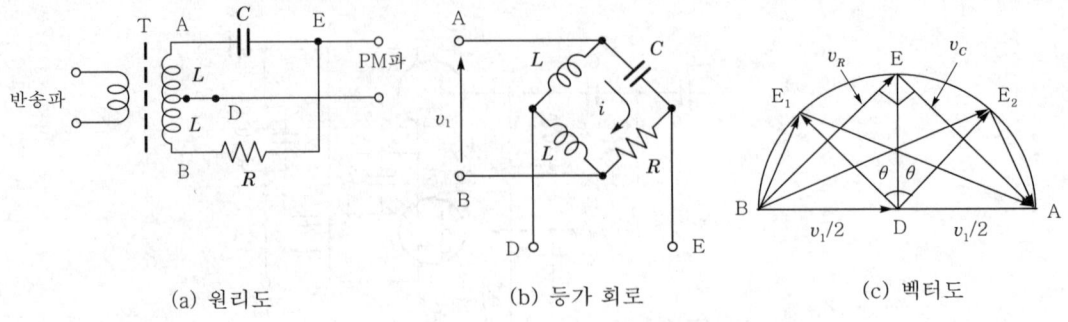

| (a) 원리도 | (b) 등가 회로 | (c) 벡터도 |

<그림 6-20> 브리지형 위상 변조법

<그림 6-21>은 브리지형 위상 변조 회로의 예이다. 이것은 신호파에 따라 저항 R을 변화시키는 방법으로, 순방향 전류에 대한 동저항의 변화가 크고 접합 용량이 적다는 PIN(positive intrinsic negative) 다이오드의 특성을 이용한 것이다. 즉, 순방향 전류가 0~10[mA]로 변화하는 경우 동저항은 10^4~10[Ω] 정도로 변화되고, 전류의 변화에 대한 저항의 변화는 비교적 직선적으로 된다. 그림에서 C 대신 저항 R을 사용하고 PIN 다이오드 대신 가변 용량 다이오드를 사용하여 회로를 구성할 수도 있다.

브리지형 위상 변조법은 출력 전압이 일정하기 때문에 AM 성분이 포함되지 않은 간접 FM파를 얻을 수 있다.

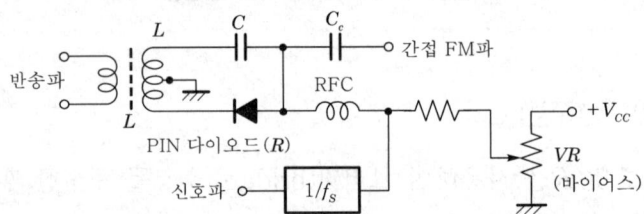

<그림 6-21> PIN 다이오드를 사용한 브리지형 PM 회로

[4] 세라소이드 변조법

<그림 6-22>는 세라소이드(serrasoid) 변조법을 사용한 간접 FM 방식의 구성도이다. 그림과 같이 100~200[kHz]의 수정 발진기의 출력을 정형, 미분하여 트리거 펄스를 만든다(A). 이 펄스로 톱니파 발생기를 제어하여 일정 주기의 톱니파를 만든다(B). 톱니파의 직선성은 피변조파의 일그러짐에 관계되기 때문에 직선성이 우수한 톱니파 발생기가 필요하다. 변조기에서는 이러한 톱니파와 전치 보상 회로를 통과한 신호파를 중첩하여 일정한 레벨로 슬라이스(slice)하면 PWM(펄스 폭 변조)파로 되고(C), 이것을 미분하면 PPM파로 된다(D). 이 PPM파를 동조 증폭기로 증폭하면 간접 FM파를 얻을 수 있다.

　　세라소이드 변조법의 특징은 톱니파의 직선 부분을 이용하여 변조하기 때문에 깊은 변조를 할 수 있고, 주파수 안정도가 높으며, 최대 위상 편이를 약 1.5~2[rad]으로 할 수 있으므로 벡터 합성법에 비하여 체배 단수가 적어도 된다. 즉, 이 방식은 주파수 편이량이 크고, 일그러짐이 적다. 그러나 발진 주파수가 높아지면 직선성이 좋은 톱니파를 얻기가 곤란하고, 스퓨리어스가 발생하기 쉽다.

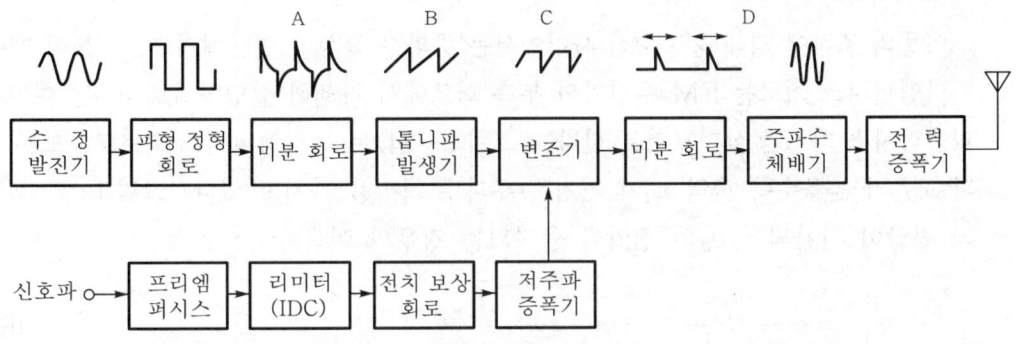

<그림 6-22> 세라소이드 변조법을 사용한 간접 FM 방식의 구성도

3 FM 송신기의 부속 회로

3.1 프리엠퍼시스 회로

　　신호파의 주파수 분포는 <그림 6-23> (a)와 같이 고역(높은 주파수)일수록 레벨이 작아진다. 또한, FM 통신 방식의 경우 잡음 출력 특성은 그림 (b)와 같이 신호 주파수 f_s에 비례하여 잡음 출력이 증가한다(삼각 잡음으로 된다).

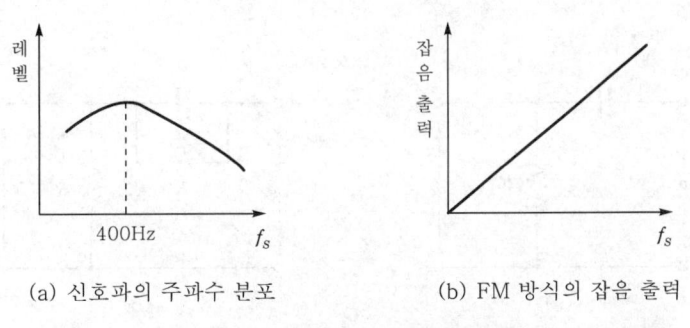

　(a) 신호파의 주파수 분포　　　　　(b) FM 방식의 잡음 출력

<그림 6-23> 신호파의 주파수 분포와 FM 방식의 잡음 출력

따라서 고역일수록 S/N이 저하되고 FM의 고충실도 전송은 곤란하게 된다. 따라서 변조하기 전에 신호파의 특정 주파수(예를 들면 1[kHz]) 이상의 주파수에서는 레벨을 강하게 해야 한다. 이것을 **프리엠퍼시스**(pre-emphasis)라고 한다.

한편 수신 측에서 고역이 강조된 FM파를 그대로 수신해서 출력하면 부자연스러운 신호가 얻어지기 때문에 검파한 후 고역을 약하게 해야 한다. 이것을 **디엠퍼시스**(de-emphasis)라고 한다.

이들의 조작에 의해 송·수신 사이에서는 주파수 특성이 평탄해지고, S/N이 개선된다.

디엠퍼시스 회로는 FM 수신기의 부속 회로에서 자세히 설명하기로 하고, 여기서는 프리엠퍼시스 회로만 살펴보기로 한다. 〈그림 6-24〉는 프리엠퍼시스 회로로, 모두 신호 주파수 f_s가 높을수록 출력 v_0가 커지는 주파수 특성을 가지고 있다. 그림 (a)의 회로에 v_i의 전압이 인가되어 v_0의 전압이 출력되는 경우의 이득 v_0/v_i는

$$\frac{v_0}{v_i} = \frac{R}{R + \dfrac{1}{j\omega C}} = \frac{1}{1 + \dfrac{1}{j\omega RC}} \tag{6.16}$$

이 되므로

$$\left| \frac{v_0}{v_i} \right| = \sqrt{\frac{1}{1 + \left(\dfrac{\omega_0}{\omega}\right)^2}} \tag{6.17}$$

와 같이 된다.

여기서 $\omega_0 = 1/RC$, $\omega_0/\omega \gg 1$ 이라고 하면

$$\left| \frac{v_0}{v_i} \right| \fallingdotseq \frac{\omega}{\omega_0} = 2\pi f_s RC \quad (\text{단},\ \omega = 2\pi f_s) \tag{6.18}$$

로 되어, 전압 이득은 주파수 f_s에 비례하므로 고역일수록 강조하게 된다(RC 고역 통과 미분 회로).

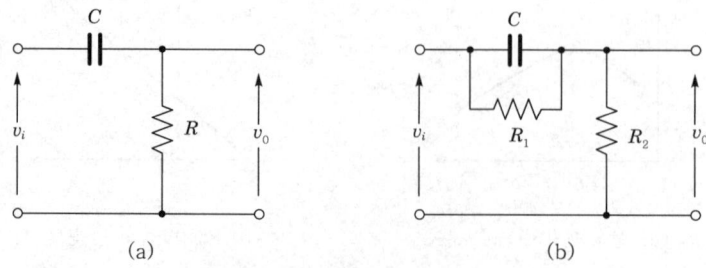

〈그림 6-24〉 프리엠퍼시스 회로

그림 (b)는 그림 (a)의 특성을 개선하기 위하여 R_1을 접속한 것으로, 회로의 출력 전압 v_0는

$$v_0 = v_i \frac{R_2}{1/(1/R_1 + j\omega C) + R_2} = v_i \frac{R_2 + j\omega CR_1 R_2}{(R_1 + R_2) + j\omega CR_1 R_2} \qquad (6.19)$$

로 된다.

여기서, $\tau = CR_1$이라 하고 전달 함수를 구하면

$$\frac{v_0}{v_i} = \frac{R_2 + j\omega\tau R_2}{(R_1 + R_2) + j\omega\tau R_2} \qquad (6.20)$$

가 된다.

위 식을 $\omega = 0$일 때의 전달 함수 $(v_0/v_i)_{\omega=0}$과 비교하면

$$F(\omega) = \frac{v_0/v_i}{(v_0/v_i)_{\omega=0}} = \frac{1 + j\omega\tau}{1 + j\omega\tau R_2/(R_1 + R_2)} \qquad (6.21)$$

로 된다.

여기서 $\omega\tau R_2/(R_1 + R_2) \ll 1$이라고 하면

$$|F(\omega)| \fallingdotseq \sqrt{1 + (\omega\tau)^2} \qquad (6.22)$$

로 되고, 주파수 특성은 〈그림 6-25〉와 같이 된다.

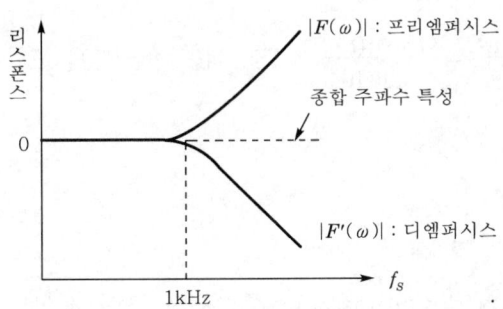

〈그림 6-25〉 프리엠퍼시스와 디엠퍼시스의 특성

각 업무별 프리엠퍼시스의 특성을 다음과 같이 규정하고 있다.

① 지상파 텔레비전 방송의 음성 : 시상수 75[μs]

② FM 방송 : 시상수 50[μs]

③ 위성 방송의 음성 : 전달 함수가 1/50[μs]에서 영점, 1/15[μs]에서 극을 갖는 프리엠

퍼시스

④ 위성 방송의 영상(FM) : 전달 함수가 $1/0.8508[\mu s]$에서 영점, $1/0.1819[\mu s]$에서 극을 갖는 프리엠퍼시스

예제 2 <그림 6-24> (a)와 같은 프리엠퍼시스 회로에서 시상수가 $200[\mu s]$인 경우 100[Hz]의 정현파를 가했을 때의 입력 전압 v_i와 출력 전압 v_0의 비 (v_0/v_i)를 구하라.

풀이 시상수 $\tau = CR = 200[\mu s]$이므로

$$\omega_0 = \frac{1}{CR} = \frac{1}{200 \times 10^{-6}} = 5\,[\text{kHz}]\text{이다.}$$

또, 100[Hz]일 때 $\omega = 2\pi f = 2 \times 3.14 \times 100 = 628\,[\text{Hz}] = 0.628\,[\text{kHz}]$이다.

따라서 식 (6.17)에 의해 다음과 같이 구할 수 있다.

$$\frac{v_0}{v_i} = \sqrt{\frac{1}{1 + \left(\dfrac{5}{0.628}\right)^2}} = 0.124$$

예제 3 <그림 6-24> (b)와 같은 프리엠퍼시스 회로에 시상수가 $75[\mu s]$가 되도록 하려면 C의 값을 얼마로 하면 되는가? (단, $R_1 = 100[\text{k}\Omega]$이다.)

풀이 시상수 $\tau = CR_1\,[\text{sec}]$에서

$$C = \frac{\tau}{R_1} = \frac{75 \times 10^{-6}}{100 \times 10^3} = 750 \times 10^{-12} = 750\,[\text{pF}]$$

3.2 IDC 회로

IDC(instantaneous deviation control ; 순시 편이 제어) 회로는 각도 변조에서 송신 전력 스펙트럼의 확산을 일정치 이하로 제한하기 위한 것으로, 그 구성은 FM계(직접 FM과 간접 FM)와 PM계(직접 PM과 간접 PM)의 송신기에서 각각 다르게 구성된다. FM의 순시 주파수는 식 (2.33)과 같이 최대 주파수 편이(ΔF)에 비례하지만, ΔF는 신호의 최대 진폭 V_s에 비례하기 때문에 순시 주파수 편이를 일정치 이하로 제한하려면 신호의 진폭만큼 제한하면 된다.

PM의 순시 주파수는 식 (2.30)과 같이 최대 위상 편이 $\Delta\theta$(=변조 지수 m_p)와 신호 주파수 f_s의 곱에 비례하지만, $\Delta\theta$는 ΔF와 마찬가지로 V_s에 비례한다. 그러므로 PM의 순시 주파수 편이를 일정치 이하로 제한하려면 V_s와 f_s의 곱을 제한해야만 한다.

〈그림 6−26〉은 PM계 IDC 회로의 기본 구성과 각 부의 동작 특성을 나타낸 것이다. 그림 (a)에서 신호를 미분 회로에 가하여 f_s에 비례하도록 고역을 강조한다(ⓐ). 그런 다음 리미터(진폭 제한기)를 이용해 일정 레벨 이하로 제한한다(ⓑ). 일정 레벨 이하로 제한된 리미터의 출력을 적분 회로에 가해 f_s에 반비례하도록 함으로써 처음의 주파수 특성과 일치시킨다(ⓒ).

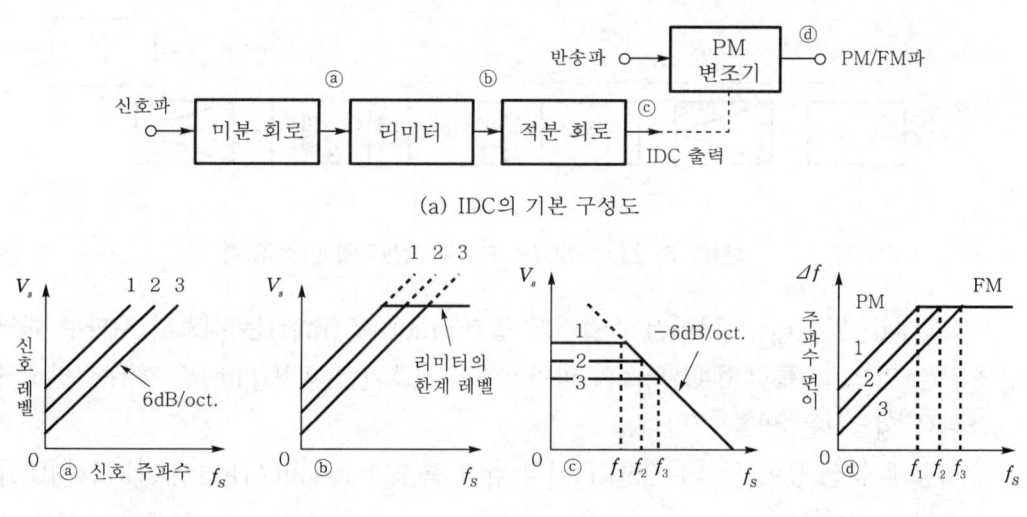

(a) IDC의 기본 구성도

(1 : 레벨 대, 2 : 레벨 중, 3 : 레벨 소)

(b) 각 부의 동작 특성

〈그림 6-26〉 PM계 IDC의 구성과 특성

이상의 동작 특성을 그림 (b)의 레벨도에서 보면 그림 ⓐ에서는 V_s의 크기를 1(대), 2(중), 3(소)으로 하여 6[dB/oct](20[dB/dec])로 미분하고, 그림 ⓑ에서는 일정 레벨로 제한하며, 그림 ⓒ에서는 −6[dB/oct]로 적분한다. 이 결과, 그림 ⓒ와 같이 V_s가 클 때에는 f_s가 낮은 f_1, V_s가 작을 때에는 f_s가 높은 f_3로 제한되어 ($V_s \cdot f_s$)가 각각 일정치 이하로 유지된다.

이 출력으로 PM을 행하면 그림 ⓓ와 같이 Δf는 f_s가 높아져도 일정치로 제한되기 때문에 f_s와는 관계가 없다. 이것은 V_s가 제한되기까지는 PM이지만, 리미터가 한계 레벨 이상에서는 FM된다는 것을 의미한다. 신호가 리미터에서 제한되고 있는 상태에서는 미분이 되지 않는 것이므로 이러한 경우의 적분 회로는 제2장 각도 변조에서 설명한 전치 보상 회로의 동작을 실행하여 PM은 간섭 FM이 된다.

〈그림 6-27〉은 FM계와 PM계 송신기의 변조 입력에 대한 구성도를 나타낸 것으로, FM계의 IDC 회로는 리미터만으로 구성되고, PM계에서는 지금까지 설명한 IDC의 구성을 따른다. FM계 송신기가 간접 FM의 경우에는 전치 보상 회로를 사용해야 한다.

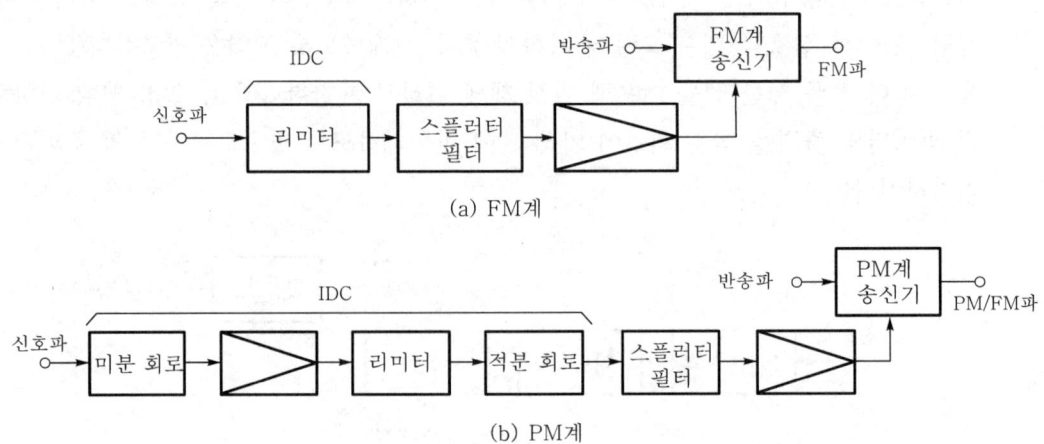

(a) FM계

(b) PM계

〈그림 6-27〉 FM계와 PM계 송신기의 변조 입력

〈그림 6-27〉 (a), (b)에서 스플러터 필터(splutter filter)는 신호의 주파수 대역을 제한하는 것으로, 특히 IDC 회로의 리미터에서 신호가 클리프(clip)된 경우에 발생하는 고조파를 억압하는 역할도 한다.

이동체 통신 등에서는 3~15[kHz]의 감쇠 특성이 $K \log(f\,[\text{kHz}]/3[\text{kHz}])[\text{dB}]$ 이상 요구되고 있다.

여기서 K는 비례 상수로, 주파수 편이가 ±2.5[kHz]일 때에는 $K=80$, ±5[kHz]일 때에는 $K=60$, ±10[kHz]일 때에는 $K=40$이다.

〈그림 6-27〉 (b)의 PM계 IDC 회로에서 적분 회로를 제거하고, PM계 송신기를 FM계 송신기로 대체하면 〈그림 6-28〉과 같이 간접 PM이 되지만, 리미터의 한계 레벨 이상에서는 미분 동작을 하지 않기 때문에 FM파가 출력된다.

이와 같은 구성은 **엠퍼시스 부가 FM** 또는 **간접 PM**이라고 하며, 이동체 통신의 PM 방식에 사용되고 있다.

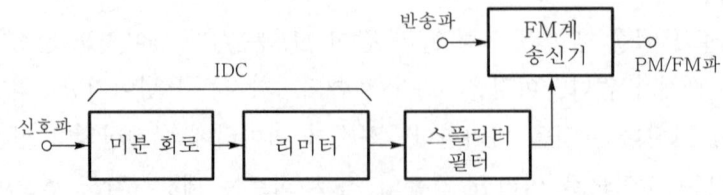

< 그림 6-28> 엠퍼시스 부가 FM 송신기의 변조 입력

〈그림 6-29〉는 PM계 IDC 회로를 나타낸 것이다. 신호파는 C_1과 R_1의 미분기에서 6[dB/oct]로 미분한 후 증폭기 A_1에서 증폭되어 D_1과 D_2의 직렬형 리미터 회로에 가한다. 바이어스 전압 V_B에 의하여 리미터 D_1과 D_2는 항상 ON되어 있기 때문에 신호 레벨이 작을 경우에는 신호가 리미터를 통과하지만, 신호 레벨이 정(+)의 값으로 증가하게 되면 I_1은 감소되고, 어떤 레벨 이상이 되면 I_1은 0으로 된다. 즉, D_1이 OFF되어 신호는 차단된다. D_1의 순방향 전압을 무시하면 이 때의 전압 $V_A \fallingdotseq V_B R_4/(R_3+R_4)$가 리미터의 한계 레벨이 된다.

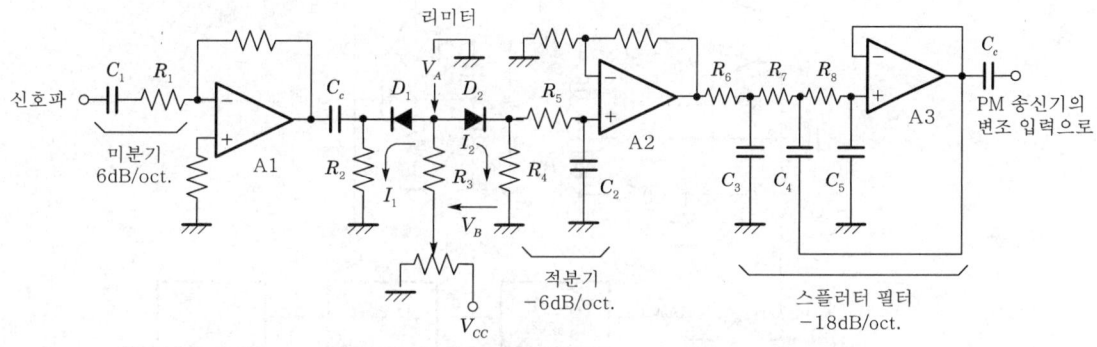

〈그림 6-29〉 PM계 송신기의 IDC 회로와 스플러터 필터 회로

한편, 신호 레벨이 부(−)의 값으로 커지게 되면 I_1이 증가하고 V_A와 I_2는 감소한다. I_2가 0인 경우에는 D_2가 OFF되어 신호는 차단된다. 그러므로 부(−)의 리미터 한계 레벨은 $V_A \fallingdotseq 0$이 되는 진폭이 되어 $V_{OFF}=V_B R_2/R_3$가 된다. 따라서 $R_2=R_4$, $R_4 \ll R_3$가 되도록 R_2, R_3, R_4를 선정하면 정과 부에서 모두 $V_B R_2/R_3$로 진폭이 거의 제한된다.

리미터를 통과한 신호는 C_2와 R_5의 적분기에서 −6[dB/oct]로 적분한 후 증폭기 A_2에서 증폭되어 $C_3 \sim C_5$, $R_6 \sim R_8$ 및 A_3로 구성된 −18[dB/oct]의 감쇠 특성을 갖는 스플러터 필터에 입력된다. 이 때 고조파가 제거되고 대역폭이 제한된 신호파가 출력된다.

3.3 주파수 안정화 회로

자려 발진기를 사용하는 직접 FM 방식은 중심 주파수의 안정도가 나쁘고, 전원 전압, 온도·습도 등의 변화에 의하여 주파수가 변동한다. 이러한 중심 주파수를 안정되게 하는 것을 **주파수 안정 회로**라고 하는데, 이에는 PLL 회로, AFC 회로 및 APC(automatic phase control) 회로가 있다. 여기서는 FM 방송 등에서 많이 사용되고 있는 APC 회로에 대하여 설명하기로 한다.

〈그림 6-30〉은 APC 회로를 나타낸 것으로, 가변 용량 다이오드 D_v를 사용한 자려

발진기의 발진 주파수 f를 완충 증폭기에서 분할하여 분주비가 $1/n$인 분주기에 입력하면 출력 주파수는 f/n가 된다.

분주기의 출력과 같은 수정 발진기의 출력을 위상 비교기(위상 검파기)에 가하여 양자의 위상을 비교한다. 양자에 위상의 차이가 있으면 위상 비교기에서 전압이 발생하기 때문에 이것을 LPF에서 적분하고, 변조용 가변 리액턴스 소자에 가하여 중심 주파수를 안정화시켜야 한다.

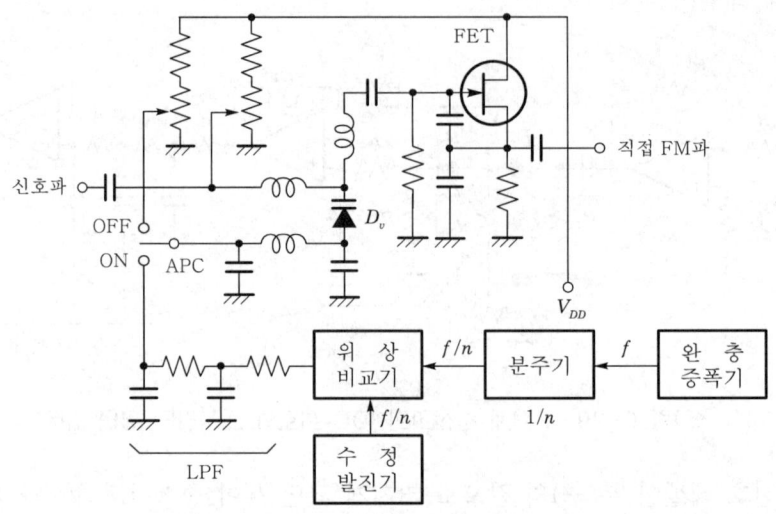

<그림 6-30> APC 회로

여기에서 분주기를 사용하는 이유는 다음과 같다.

FM 방송에서 최대 주파수 편이를 $\Delta F=75[kHz]$, 최저 신호 주파수를 50[Hz], 체배수를 12로 하면, 변조 지수는 $m_f=(75\times10^3/12)/50=125$로 된다. 이 때 측파대의 분포는 50[Hz]의 간격으로 반송파의 상하에 약 125개가 발생되고, 각 측파대의 간격도 좁아지게 된다. 그러므로 반송파(중심 주파수)만을 추출하여 수정 발진 주파수와 위상 비교를 한다는 것은 대단히 곤란한 일이 된다. 그러나 분주기로 분주하면 m_f가 작아지는 원리를 이용해 $m_f/n(n : 분주비)$로 할 경우 측파대는 $125/n$로 작아지고, 동시에 진폭은 커지기 때문에 위상 비교는 용이하게 된다.

APC 회로는 정위형이므로 전원을 OFF로 하면 처음의 상태로 되돌아가기 때문에, 기동 시 APC는 오차가 발생된다는 결점이 있긴 하지만, 장치가 간단하므로 많이 사용되고 있다.

④ FS 송신기

4.1 FS 통신 방식의 개요

　　FS(frequency shift ; 주파수 편이)는 마크(mark)와 스페이스(space)로 구성된 전신 부호를 주파수 변조하는 일종의 FM(2진 정보를 FM하는 것)이다. 이 방식은 A1A 방식에 비하여 FM 방식의 장점을 갖음과 동시에 통신 속도가 대단히 빠름에도 불구하고 주파수 편이가 그다지 크지 않는 범위에서는 점유 주파수 대역폭이 A1A파보다 작다고 하는 이점이 있다. 이 때문에 디지털 신호(1과 0, 마크와 스페이스, 흑과 백)에 의한 인쇄 전신, 중간조를 포함하지 않는 모사 전신 등의 전송에 주로 사용되고 있다. 전파 형식은 F1B이다. 디지털 통신 등에서는 가청 주파수(저주파)의 부반송파(sub-carrier)를 부호로써 FS화한 후, 주반송파를 PM하기도 한다. FS 통신은 2치의 FSK(frequency shift keying)이며, 변조 지수가 0.5 이하인 것을 MSK(minimun shift keying)라고 한다.

[1] FS 방식

　　FS 방식은 〈그림 6-31〉 (a)와 같은 전신 부호(디지털 신호)의 마크와 스페이스에 대응하여, 그림 (b)와 같이 중심 주파수를 정(+) 또는 부(-)의 방향으로 일정 값 Δf만큼 편이시킨 그림 (c)와 같은 FS파를 이용한다.

　　주파수 편이량 $2\Delta f$(FS에서는 $2\Delta f$를 주파수 편이량 또는 편이 주파수라고도 한다)는 CCIR(국제무선통신자문위원회)의 권고에 의하여 200, 400 또는 500[Hz] 중에서 선정하도록 되어 있다.

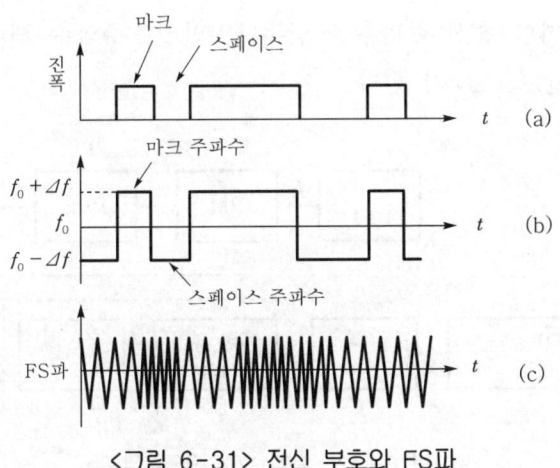

〈그림 6-31〉 전신 부호와 FS파

[2] FS 통신 방식의 특징

FS 통신 방식은 A1A 통신 방식과 비교해 다음과 같은 특징이 있다.

① FM 통신 방식이기 때문에 S/N이 양호하다. 그러나 수신 전계가 한계 레벨 이하의 약전계에서는 A1A 방식보다 나쁘다.

② 점유 주파수 대역폭은 FM 방식임에도 불구하고 A1A파보다 작게 된다. 그러므로 단파대에서도 사용되며, 고속도 인쇄 전신 통신 및 다중 통신에 적합하다.

③ 탈자나 오자율이 작다. 이것은 리미터로 페이딩의 영향을 작게 할 수 있고, 스페이스 때에도 전파가 발사되어 AGC를 유효하게 동작시킬 수 있기 때문이다.

④ 적은 전력으로도 양질의 통신이 가능하다.

4.2 FS 송신기

〈그림 6-32〉는 FS 송신기의 구성도를 나타낸 것이다. 그림에서 신호 극성 반전 회로는 마크 주파수를 높은 쪽($f_0 + \Delta f$)으로 할 것인가, 낮은 쪽($f_0 - \Delta f$)으로 할 것인가를 선택하는 회로이다.

파형 정형 회로는 전신 부호의 진폭을 일정하게 함으로써 편이 주파수를 규정값으로 유지하고, 점유 주파수 대역폭을 제한하기 위하여 사용된다. VCXO는 전신 부호에 대응하여 발진 주파수가 $f_1 \pm \Delta f$만큼 변화하지만, Δf의 값은 f_1의 1[%] 정도만 변화시킬 수 있기 때문에 Δf의 값에 따라 f_1을 높게 하는 경우도 있다. f_1은 평형 변조 후에 측파대의 분리를 쉽게 하기 위하여 200[kHz] 정도로 선정하면 된다. VCXO의 주파수 $f_1 \pm \Delta f$와 수정 발진기의 주파수 f_2를 평형 변조기(BM)에 가하면 $f_2 \pm (f_1 \pm \Delta f)$가 발생되지만, 그림에서는 $f_2 - (f_1 \pm \Delta f) = (f_2 - f_1) \pm \Delta f$를 BPF로 꺼낸다. BPF의 출력을 주파수 변환 또는 주파수 체배하여 송신 주파수를 얻는다. 만일, 주파수 체배수를 n으로 하면 송신 주파수는 $n(f_2 - f_1) \pm n\Delta f$가 된다.

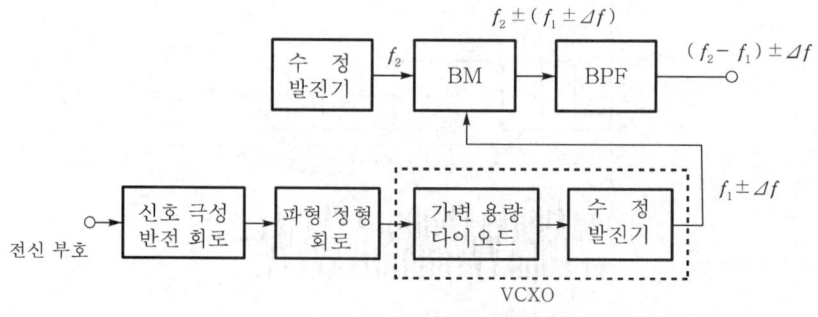

〈그림 6-32〉 FS 송신기의 구성도

[1] FS 변조기

　　〈그림 6-33〉은 FS 변조기 회로를 예로 들어 나타낸 것이다. 그림에서 TR은 스위칭 트랜지스터이고, VR_1은 Δf의 값을 변화시키기 위하여 사용된 것이며, VR_2는 중심 주파수 f_1의 조정용이다. TR의 컬렉터 전압의 변화는 Δf의 변화가 되기 때문에 전원 전압 V_{CC}는 매우 안정화되어야 한다.

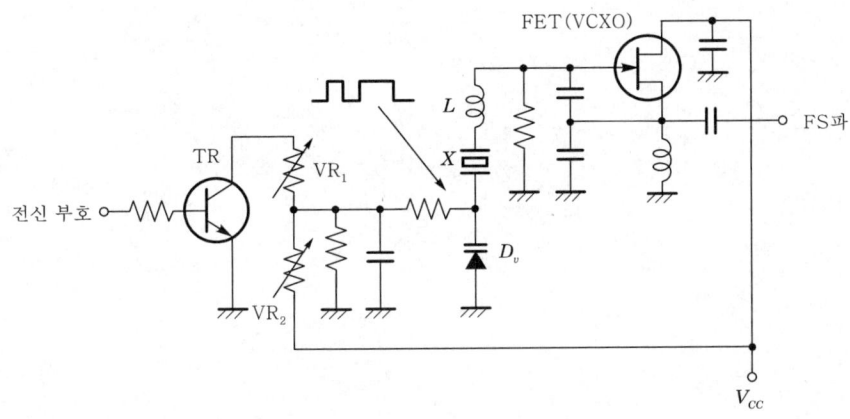

〈그림 6-33〉 FS 변조기

[2] FS 송신기의 특징

① FS 송신기가 일반 송신기와 다른 점은 FS 전건 장치를 필요로 한다는 것이다. 주파수 체배 증폭기, 전력 증폭기 등은 일반 송신기와 같으므로 이 송신기에 FS 전건 장치를 부가하면 FS 송신기로 사용할 수 있다.

② 신호 파형에 왜곡을 발생하지 않는다. A1 전신의 경우에는 전건 회로에서 이상적인 파형이 얻어져도 C급 증폭을 하면 파형의 상승부와 하강부가 다시 급준하게 되고, 전원 정류기 평활 회로의 과도 현상으로 클릭(click) 음이 발생하며, 전건 속도가 매우 빨라지면 마크의 폭이 좁아지기 때문에 여러 가지 파형 왜곡이 생기지만, FS 방식의 경우에는 입력 신호를 정형하여 진폭의 변화를 주파수 편이의 변화로 변환하므로 파형 왜곡은 발생하지 않는다.

③ FS 송신기의 경우에는 마크 때나 스페이스 때나 항상 일정한 출력을 내므로 전원의 부하는 항상 일정하다. 따라서 평활 회로의 과도 현상에 대한 특별한 조치를 할 필요가 없다.

④ A1 방식에 비하여 FS 방식은 적은 전력으로도 양질의 통신이 가능하다.

⑤ 높은 주파수 안정도를 필요로 한다. 출력에서 주파수의 안성도는 수정 발진기의

200[kHz]인 LC 발진기의 양자와 관계되므로 전부 항온조에 수용할 필요가 있다. 또 리액턴스관의 상호 컨덕턴스가 변화하여 주파수 편이를 변동시킨다든가, 정형 회로의 동작점의 변동에 따라 주파수 편이를 변동시키기 때문에 전원 전압을 안정하게 할 필요가 있다. 또한 송신기 동작중 중심 주파수의 변동 및 주파수 편이의 변동은 항상 감시해야 하고, 조절을 필요로 하기 때문에 FS 감시 장치를 별도로 구비해야 한다.

1 FM 송신기의 구성도를 그리고 각 부의 기능을 설명하라. (단, 리액턴스 소자를 사용하는 FM 송신기이다.)

2 FM 송신기의 구성을 AM 송신기와 비교하여 다른 점을 들고, 그 각각에 대하여 설명하라.

3 <그림 6-34>와 같은 세라소이드 간접 FM 송신기에 대해 다음 물음에 답하라.

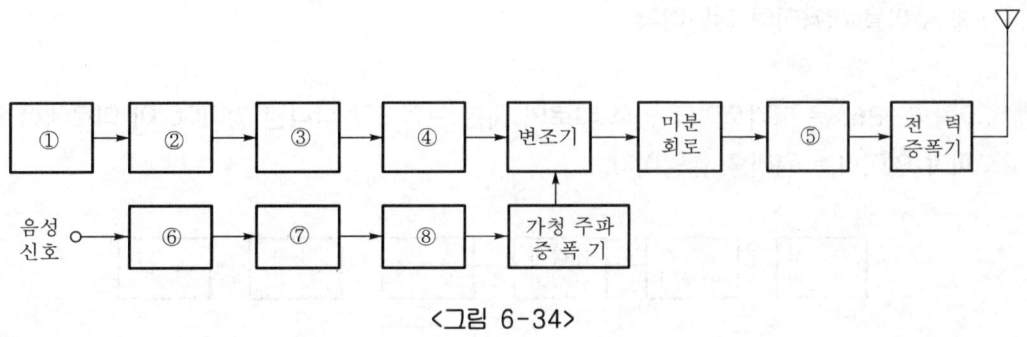

<그림 6-34>

(1) 구성도의 빈 칸을 채워라.
(2) 각 부의 기능을 설명하라.
(3) 세라소이드 방식의 특징을 3가지 이상 기술하라.

4 세라소이드 간접 FM 송신 방식에 대한 블록도를 그리고 각 기능을 설명하라.

5 <그림 6-35>에 나타낸 가변 용량 다이오드 D를 사용한 FM 회로의 동작을 설명하고, 이 회로의 특징을 기술하라.

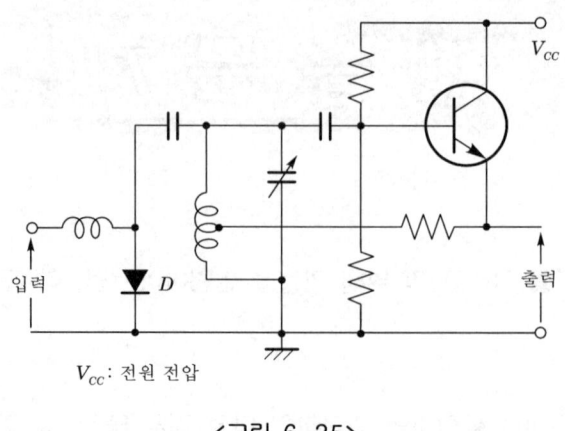

V_{CC}: 전원 전압

<그림 6-35>

6 FM 송신기에서 주파수 체배와 주파수 변환을 행하면 큰 변조 지수를 얻을 수 있다는 원리에 대해 수식을 사용하여 설명하라.

7 <그림 6-36>은 세라소이드 변조 회로의 기본 구성도를 나타낸 것이다. 이 회로에서 위상 변조파가 얻어지는 원리를 설명하라.

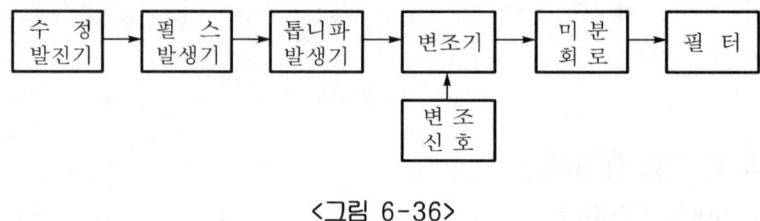

<그림 6-36>

8 이동체 통신용 송신기에 많이 사용되고 있는 PLL 변조기에 대하여 원리도를 나타내고, 그 동작을 설명하라.

9 FM 무선 전화 송신기에서 IDC 회로와 변조기 사이에 스플러터 필터(splutter filter)를 설치하는 이유와 그 특성의 개요를 간단히 설명하라.

10 <그림 6-37>은 PM 송신기에 사용되는 IDC 회로의 구성을 나타낸 것이다. 이 회로를 설치하는 목적과 동작의 개요를 기술하라.

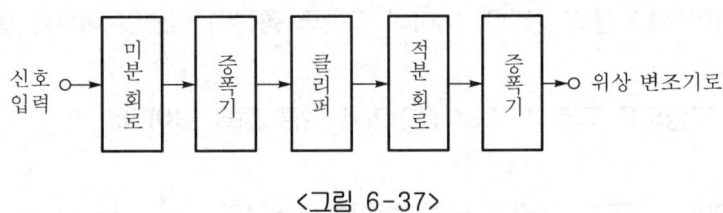

<그림 6-37>

11 PM파는 옥타브마다 6[dB]의 프리엠퍼시스가 얻어진 FM파에 상당하는 것을 수식을 사용하여 설명하라.

12 다음은 무선 송신기에 관한 것이다. 다음 물음에 답하라.
  (1) 프리엠퍼시스와 디엠퍼시스 회로를 사용하는 목적과 동작에 대하여 기본 회로도를 그려서 각각 설명하라.
  (2) <그림 6-38>에서 Q를 구하라.

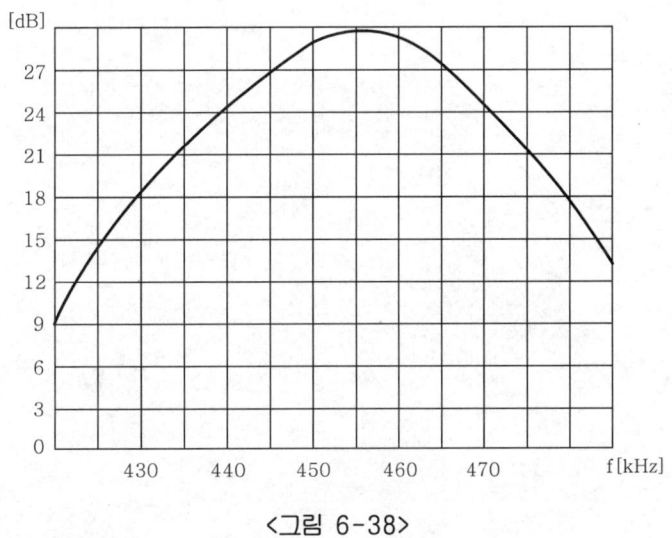

<그림 6-38>

  (3) 선택도를 높이려면 Q와 대역폭을 어떻게 해야 하는가?

13 FM 송신기에서 프리엠퍼시스 회로를 사용하는 이유를 설명하라.

14 FS 통신 방식과 FM 통신 방식의 유사점과 차이점을 들어라.

15 FS 통신 방식의 원리를 설명하고, A1A 방식(진폭 변조 전신)에 비하여 우수한 점을 들어라.

16 FS 통신 방식이 A1A 통신 방식에 비하여 고속도 통신에 적합한 이유를 설명하라.

17 FS 송신기의 구성도를 그리고, A1A 송신기와 다른 점을 들어라.

18 FS 전건 장치의 구성도를 그리고 동작 원리를 설명하라.

전자통신기기

제 7 장 ●●●●●

FM 수신기

FM 통신 방식은 제2장 각도 변조에서 설명한 것처럼 넓은 점유 주파수 대역폭을 필요로 하고, 약전계 통신에는 적합하지 않다는 등의 결점을 갖지만, 일그러짐이 적고 S/N이 양호하다는 등의 장점을 갖기 때문에 이동체 통신이나 방송 등에 많이 사용되고 있다.

FM 통신은 VHF대 이상의 주파수에서 행해지며, 수신기는 대부분 슈퍼헤테로다인 방식이다. AM 수신기에 비하여 주파수가 높고 복잡하지만 IC를 이용함으로써 소형, 경량화되었다.

AM 수신기와 공통 부분에 대해서는 제4장에서 설명하였기 때문에 본 장에서는 간단히 FM 전용 회로를 중심으로 설명하고자 한다.

 FM 수신기의 구성

〈그림 7-1〉은 FM 수신기의 기본 구성도를 나타낸 것이다. 그림 (a)는 싱글 슈퍼헤테로다인(single super-heterodyne) 방식이고, 그림 (b)는 이중 슈퍼헤테로다인(double super-heterodyne) 방식이다. 일반적으로는 이중 슈퍼헤테로다인 방식이 주로 사용되고 있다.

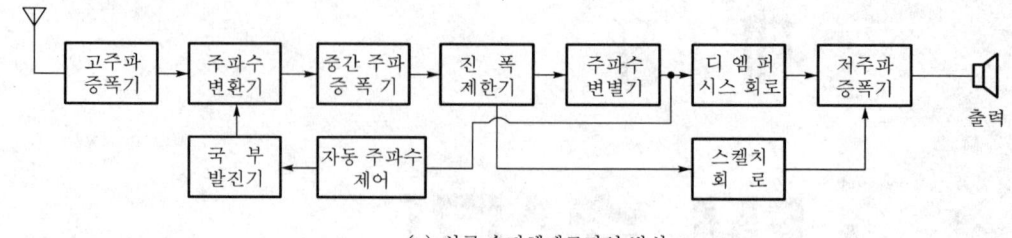

(a) 싱글 슈퍼헤테로다인 방식

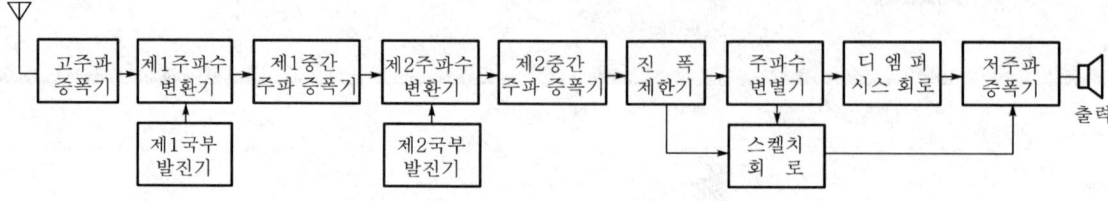

(b) 이중 슈퍼헤테로다인 방식

<그림 7-1> FM 수신기의 기본 구성도

FM 수신기는 AM 수신기에 비해 다음과 같은 점에서 회로 구성상의 차이가 있다.

[1] 진폭 제한기(limiter)

수신기의 입력이 되는 FM 전파는 잡음이나 혼신 등으로 인해 원래의 FM파 이외에 AM 성분이 포함되어 있다. 이것을 그대로 주파수 변별기로 복조하면 잡음이나 일그러짐이 생기므로 수신 전파의 주파수 성분만을 제거하고 일정한 진폭의 FM파를 얻기 위하여 리미터 회로를 주파수 변별기 앞단에 둔다. 따라서 진폭 제한기는 페이딩이나 잡음 등에 의해 발생된 진폭 변화를 제거하기 위한 회로인 것이다.

[2] 주파수 변별기(frequency discriminator)

FM파는 전파의 진폭이 일정하며 그 주파수가 신호에 따라 증감되므로 보통 검파기를 사용해서 복조해도 신호파를 얻지는 못한다. 따라서 주파수 변별기는 주파수 변화를 진폭 변화로 변환시키는 것으로, 일그러짐이 적고 직선성이 양호한 것이 좋다. 이 회로에는 포스터-실리(Foster-Seeley)형이나 비(Ratio)형 주파수 변별기가 사용되는데, IC화된 것이 주로 사용된다.

[3] 스켈치(squelch) 회로 또는 뮤팅(muting) 회로

FM 수신기는 수신 입력이 없거나 약하게 되면 큰 잡음을 발생한다. 이러한 잡음 출력을 자동적으로 억제시키는 회로이다. 이 회로는 증폭기의 바이어스를 바꾸는 방식과 릴레

이를 사용해서 기계적으로 출력을 차단시키는 방식 등이 있다.

[4] 디엠퍼시스(de-emphasis) 회로

제6장 FM 송신기의 부속 회로에서 설명한 것처럼 FM 통신에서는 S/N을 개선하기 위하여, 송신 측에서는 프리엠퍼시스(pre-emphasis) 회로를 사용해 신호파의 고역을 강조함으로써 변조를 행한다. 수신 측에서는 주파수 특성을 평탄하게 하기 위하여 디엠퍼시스 회로를 사용한다.

이상의 것을 제외한 나머지 부분의 회로 구성은 AM(DSB) 수신기와 동일하지만, 사용하는 주파수가 높고, 점유 주파수 대역폭이 넓다. 또한 이동체 통신에서는 수신 전계 강도의 변화가 크고, 등간격의 주파수 할당이 행하여지며, 채널 전환이 짧은 시간 내에 이루어져야 한다.

FM 방송에서는 고충실도가 요구된다는 점 등을 감안해 다음과 같은 사항을 고려해야 한다. 주파수가 높아지면 증폭기의 이득은 저하되고 잡음이 커지는 경향이 있기 때문에 고주파 증폭기에 사용되는 소자 선택 시 충분한 주의가 필요하다. 이동체 통신에서는 감쇠 경도가 큰 중간 주파 증폭기를 필요로 할 뿐만 아니라 상호 변조의 영향이 크기 때문에 우수한 2신호 특성이 요구된다. 채널 전환에는 PLL 주파수 합성기를 사용하면 된다. 그리고 FM 방송에서는 점유 주파수 대역폭이 넓기 때문에 충분한 대역폭과 낮은 일그러짐, 저잡음 등의 조건이 만족되어야 한다.

 각 부의 동작 원리와 특성

2.1 고주파 증폭부

고주파 증폭부의 설치 목적은 AM 수신기와 같으며 FM 수신기에 있어서는 높은 주파수를 사용하므로 특히 주의를 요한다. 일반적으로 FM 수신기의 고주파 증폭 회로에서 공진 회로의 Q는 동조 회로에서는 너무 높게 할 수 없으므로 동축형(또는 공동형) 공진 회로를 사용하여 Q를 높게 설정함으로써 선택도를 향상시키고 있다.

한편, 고주파 증폭기는 항상 사용되는 것으로, 주로 잡음 지수를 감소시키는 데 사용된다. 그런데 FM에서는 넓은 대역폭을 사용하기 때문에 잡음 지수가 더욱 문제시 되고,

수신기를 안테나에 정합시키는 것도 문제가 된다. 이 두 가지 조건 중 후자의 것을 해결하기 위하여 게이트 또는 베이스 접지나 캐스코드(cascode) 증폭기가 주로 사용된다.

〈그림 7-2〉는 FM 방송용 수신기에 사용되는 고주파 증폭 회로의 예이다. 그림은 입력 측 동조 회로 L_2, C_2에 병렬로 부가한 가변 용량 다이오드에 의하여 88~108[MHz]에서 동조가 되도록 한 전자 동조 회로를 사용하고 있다. 출력 측 동조 회로도 입력 측 동조 회로와 같은 형태이다. 동조 회로에서 동조는 가변 용량 다이오드의 바이어스 전압 V_{COUNT}를 변화시켜 행하든가, PLL 주파수 합성기에서 전압 제어 발진기(VCO)의 제어 전압을 이용해 행할 수 있다.

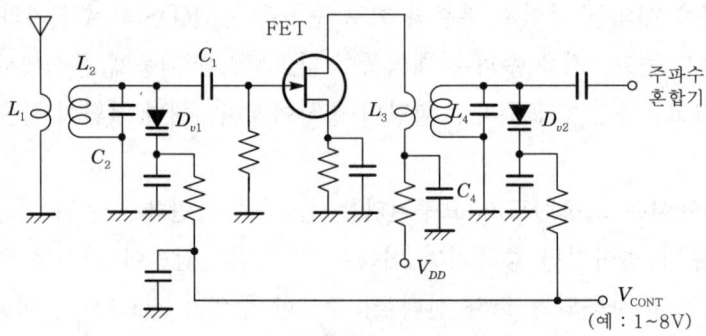

〈그림 7-2〉 고주파 증폭 회로(FM 방송용)

2.2 주파수 변환부

국부 발진기는 수신 주파수의 안정을 도모하기 위하여 수신 주파수가 일정할 경우에는 수정 발진기를 사용해서 필요한 주파수까지 체배를 하여 수신 주파수와 함께 혼합관에 넣어 중간 주파수를 만든다. 국부 발진기는 체배 단수를 적게 하기 위하여 오버 톤(over tone) 수정을 사용하는 경우가 많다. 또한 FM 방송용 수신기나 TV 음성 수신부와 같이 광대역을 수신해야 하는 경우에는 국부 발진기로서 LC 발진기가 흔히 사용된다.

현재 수신기에 사용되는 국부 발진기로는 제4장에서 설명한 PLL 주파수 합성기가 많이 사용되고 있다.

〈그림 7-3〉은 FM 방송용 수신기의 국부 발진기 구성도이다. 중간 주파수를 10.7[MHz]로 하면 국부 발진 주파수는 77.3~97.3[MHz]이다.

스텝 주파수를 100[kHz], 전치 분주기의 분주비를 4로 하면, 기준 주파수는 25[kHz]로 하면 된다. 전치 분주기의 출력은 19.325~24.325[MHz]이므로 가변 분주기의 분주비는 $N=(19.325\sim24.325)\times10^6/25\times10^3=773\sim973$이 된다.

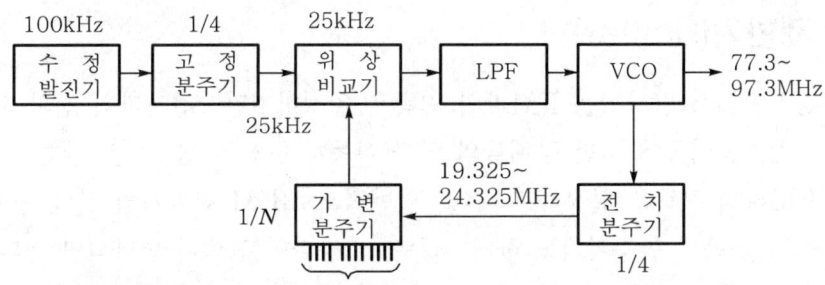

<그림 7-3> PLL 주파수 합성기(FM 방송용)

2.3 중간 주파 증폭부

FM 수신기의 중간 주파 증폭기는 희망하는 선택도와 증폭 이득을 얻기 위해 사용하는 것으로, 비교적 수신 주파수가 높으므로 제1 중간 주파수는 일반적으로 10.7[MHz] 또는 15[MHz]가 주로 사용되고, 제2 중간 주파수는 455[kHz]가 주로 사용된다. 동조 회로는 광대역을 필요로 하므로 복동조 회로 또는 단동조 회로를 몇 개 종속 접속한 것이 사용되는데, 단 둘이 종속 접속될 경우 대역폭이 축소되는 경우를 염두에 두어야 한다. 또한 급준한 선택 특성을 얻기 위해서는 메커니컬 필터 또는 크리스털(X-tal) 필터 등 대역 필터가 사용된다.

<그림 7-4>는 세라믹 필터(ceramic filter)와 차동 증폭기(IC)로 구성된 FM 방송용 중간 주파 증폭기의 회로도이다. 중간 주파수는 10.7[MHz]이고, IC의 이득은 약 30[dB], 세라믹 필터의 삽입 손실은 15[dB] 정도이기 때문에 필요한 이득(예를 들면 100[dB])이 얻어질 때까지 그림의 회로를 여러 단 종속 접속해야 한다. 특히 FM용에서는 BPF의 지연 특성을 고려하여야 한다.

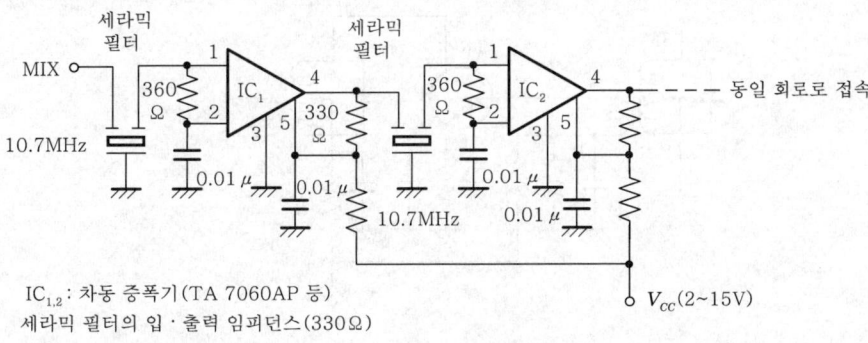

$IC_{1,2}$: 차동 증폭기(TA 7060AP 등)
세라믹 필터의 입·출력 임피던스(330Ω)

<그림 7-4> FM 방송용 중간 주파 증폭기

2.4 진폭 제한기(Limiter)

　FM 송신기에서 발사되는 FM파의 진폭은 일정하지만, 전자파의 전파 과정에서 페이딩, 외부 잡음, 이동에 의한 장해물의 영향(이동체 통신인 경우) 및 간섭 등으로 인해 수신되는 FM파의 진폭은 일정하지 않다. 일반적으로 FM 검파기의 검파 출력은 주파수의 함수이지만, 진폭의 함수이기도 하기 때문에 희망파의 진폭이 변화되면 검파 출력에는 일그러짐이나 잡음으로 나타난다. 이것을 방지하기 위하여 검파기 앞단에 진폭 변화를 제거하는 리미터를 설치해야 한다. 리미터를 사용함으로써 펄스성 잡음이나 진폭 변동이 작게 되어 통신의 질을 향상시킬 수 있다.

[1] 진폭 제한 방법

　리미터가 효과적으로 동작하기 위해서는 충분한 크기의 진폭이 입력되어야 하기 때문에 리미터 앞단의 중간 주파 증폭기에서 충분히 증폭되어야 한다. 진폭을 제한하기 위한 방법으로는 다음과 같은 것들이 있다.

① 트랜지스터, FET의 포화 특성과 차단 특성을 이용하는 방법
② 다이오드 리미터를 이용하는 방법
③ 차동 증폭기를 이용하는 방법
④ 이상적인 다이오드(OP-amp와 다이오드)를 이용하는 방법

[2] 리미터 회로

(1) 트랜지스터 리미터

　〈그림 7-5〉는 트랜지스터 리미터 회로의 한 예를 나타낸 것이다. TR은 진폭 제한용 트랜지스터로, 일반적인 증폭기에 비하여 컬렉터 전압을 낮게 설정함으로써 소진폭 입력으로 컬렉터 전류가 포화하도록 되어 있다.

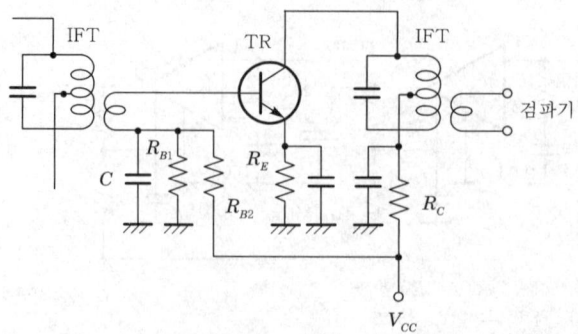

〈그림 7-5〉 트랜지스터 리미터 회로

그리고 베이스 전류에 의한 바이어스 전압의 변화를 작게 설정함으로써 컬렉터 전류의 변화도 작게 제한하고 있다. 이렇게 하기 위해 그림의 R_{B1}은 저저항으로 하고 R_E를 크게 선택하거나 컬렉터에 저항 R_C를 접속해야 한다.

(2) 다이오드 리미터

다이오드 리미터는 다이오드의 스위칭 특성을 이용한 것으로, 직렬형과 병렬형이 있으며, 직렬형은 〈그림 6-29〉에서 이용한 회로와 동일하고 〈그림 7-6〉 (a)에 다시 나타내었다.

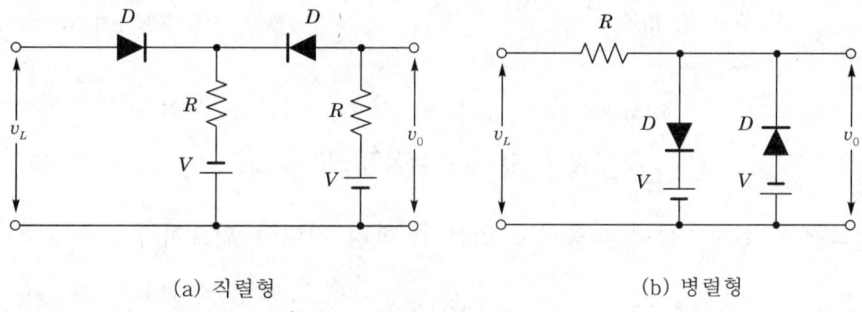

(a) 직렬형   (b) 병렬형

〈그림 7-6〉 다이오드 리미터 회로

병렬형은 〈그림 7-6〉 (b)와 같이 서로 반대 방향에 바이어스된 2개의 다이오드를 병렬 접속한 것으로서, 입력이 V보다 작을 때는 D_1, D_2가 OFF 상태이므로 신호파는 그대로 트랜지스터의 입력으로 통과하고 V보다 큰 입력이 들어오면 다이오드는 그 커진 양만큼 도통하여 흐르므로 트랜지스터에는 V보다 큰 입력은 들어오지 않는다. 그러므로 입력 레벨은 V로서 제한된다.

(3) 차동 증폭기 리미터

〈그림 7-7〉 (a)는 동일 특성의 트랜지스터로 구성되는 차동 증폭기 리미터 회로의 원리도를 나타낸 것이다. 그림에서 신호파는 두 트랜지스터의 베이스인 B-B′ 사이에 인가되고, 출력은 두 트랜지스터의 컬렉터인 C-C′ 사이에서 얻는다.

TR_1과 TR_2 컬렉터 전류를 각각 i_{c1}과 i_{c2}라고 하면 $i_{c1}+i_{c2} \fallingdotseq I$이고, I를 일정 전류로 하면 $i_{c1}+i_{c2}$는 그림 (b)와 같이 항상 일정하게 된다. 그리고 차동 입력이 0인 경우에는 $i_{c1}=i_{c2}=I/2$, 차동 입력이 정(+)인 경우에는 $i_{c1}>i_{c2}$로 된다. 또한 차동 입력의 극성에 따라 i_{c1}이 0이면 $i_{c2}=I$로 되고 그 이상은 증가하지 않으며, i_{c2}가 0이면 $i_{c1}=I$로 되고 그 이상은 증가하지 않는다. 이 때문에 큰 진폭의 입력에 대해서도 최대값 I로 제한되므로 출력 전압이 제한된다.

　그림의 회로에서 R_1, R_2, D 및 TR_3는 정전류 회로이다. 그림 (b)는 차동 입력 대 컬렉터 전류 특성을 나타낸 것이다.

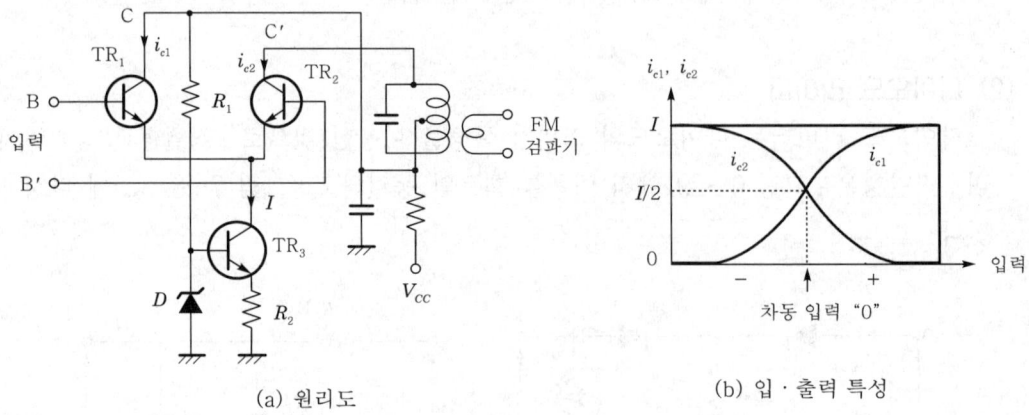

(a) 원리도　　　　　　　　　(b) 입·출력 특성

<그림 7-7> 차동 증폭기 리미터 회로

　<그림 7-8>은 실제 사용되고 있는 IC화된 리미터 회로이다.

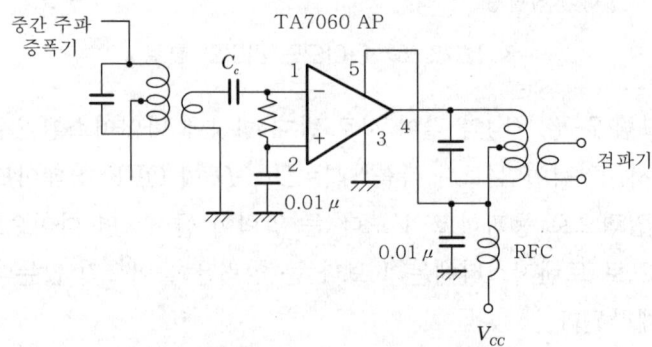

<그림 7-8> IC 리미터 회로

2.5 FM 검파기

　FM 검파기는 **FM 변별기**(discriminator)라고도 하며, 넓은 의미로는 **FM 복조기**(de-modulator)라고도 한다.

[1] FM 검파기의 분류

　FM 검파기는 원리에 따라서 다음과 같이 분류할 수 있다.

① 주파수 변화를 진폭 변화로 변환하여 AM 검파하는 방법으로, 이 방법에는 경사

(slope)형 검파기, 복동조형(stagger 동조형, travis형) 검파기, 포스터－실리(Foster -Seeley)형 검파기, 비(ratio) 검파기, C 결합형(wais형) 검파기 등이 있다.

② 주파수 변화를 위상 변화로 변환함으로써 위상 변화량에 비례하는 전압을 얻는 방법으로, 이 방법은 이상기(지연 회로)와 승산기 또는 디지털 회로로 폭이 다른 구형파를 만든 후 LPF에서 평균화하여 신호파를 얻어내는 것이다. 이 방법에는 쿼드래처(quadrature) 검파기, 게이티드 빔(gated beam) 검파기, AND 게이트(일종의 승산기)를 이용한 검파기, 플립플롭(flip-flop)을 이용한 검파기, EOR(Exclusive OR) 게이트를 이용한 검파기 등이 있다.

③ FM파를 펄스화하여 펄스 수에 비례하는 전압을 얻는 방법으로, 이 방법에는 펄스 카운터(계수형) 검파기가 있다.

④ 주파수 변화에 따라 변화되는 VCO의 제어 신호를 얻는 방법으로, 이 방법에는 PLL 검파기가 있다.

⑤ 미분 회로를 통과시킨 후 포락선 검파하는 방법으로, 주파수 변화를 진폭 변화로 변환하는 조작은 FM파의 시간 미분이라고도 할 수 있다. 즉, FM파를 v라고 하면 dv/dt는 AM파로 되는 것을 의미한다. 이러한 AM파를 포락선 검파하면 신호파를 얻을 수 있다. 위 ①과 ⑤의 방법은 이러한 원리에 해당한다.

　PM파는 미분한 후에 포락선 검파하고, 이것을 적분함으로써 검파할 수 있다.

[2] 복동조형 검파기

　〈그림 7-9〉 (a)는 복동조형 FM 검파기의 회로도를, (b)는 주파수대 진폭 특성을 나타낸 것이다. 동조 주파수가 FM파의 반송 주파수보다 높은 LC 동조 회로의 경사부 특성을 이용한 경사형 검파기는 동조 곡선의 비직선성에 기인하는 일그러짐이 발생된다. 경사형 검파기의 일그러짐은 다음과 같은 방법으로 개선할 수 있다. 즉, 그림 (a)와 같이 동조 주파수가 다른 2개의 경사형 검파기를 사용하여 검파 출력을 차동적으로 합성하는 방식을 **복동조형 검파기**라고 한다. 검파 출력을 차동적으로 합성함으로써 그림 (b)와 같이 동조 곡선의 비직선성이 상쇄되어 직선성이 양호하게 됨과 동시에 직선 범위가 넓어지므로 일그러짐은 적어진다.

　그림의 회로에서 L_1과 C_1은 FM파의 중심 주파수 f_1에, L_2와 C_2는 $f_2=f_1+\Delta f$에, L_3와 C_3는 $f_3=f_1-\Delta f$에 각각 동조되어 있고, 1차 측 L_1과 2차 측 L_2, L_3는 유도 결합되어 있다. 2차 측의 각 동조 회로에 발생된 AM파는 D_1, C_4, R_1와 D_2, C_5, R_2에 의해 포락선 검파되어 차동적으로 합성된다. 그러므로 이 특성도 S자형의 검파 특성을 갖게 되어 FM파를 검파할 수 있다.

복동조형 검파기는 광대역 특성이 요구되는 경우에 많이 사용된다.

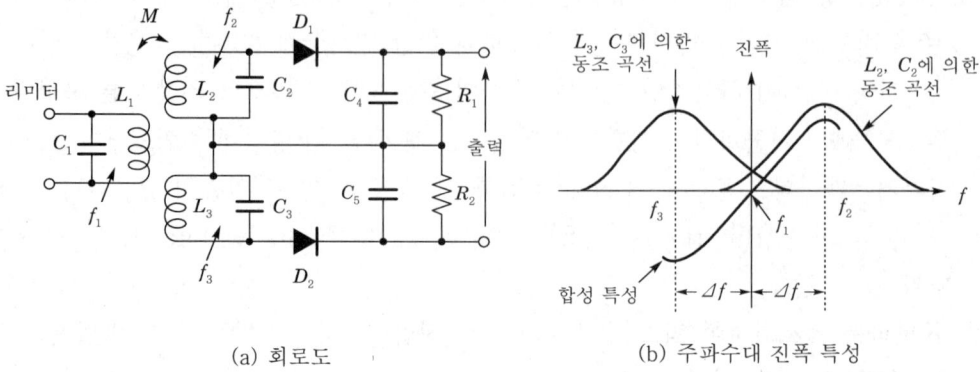

(a) 회로도   (b) 주파수대 진폭 특성

<그림 7-9> 복동조형 검파기

[3] 포스터-실리 검파기

포스터-실리 검파기는 포스터(Foster)와 실리(Seeley)에 의해 고안된 것으로, 가장 대표적인 FM 검파기라고 할 수 있으며, <그림 7-10> (a)에 포스터-실리 검파기 회로도를 나타내었다.

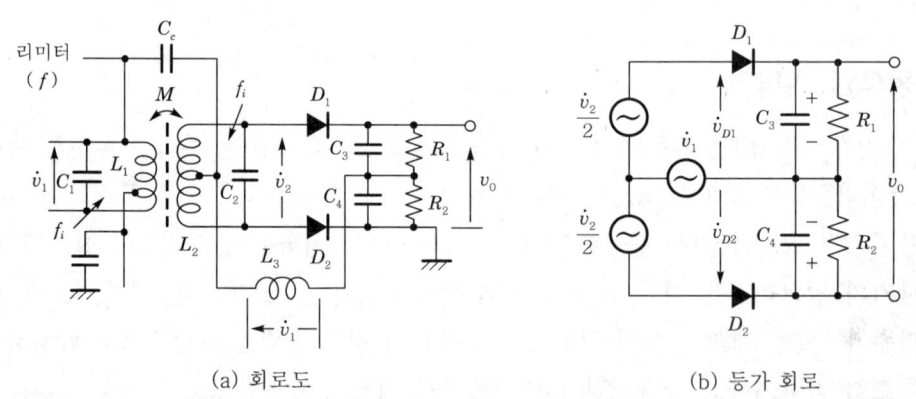

(a) 회로도   (b) 등가 회로

<그림 7-10> 포스터-실리 검파기

그림에서 L_1과 L_2는 유도 결합되어 있으며, L_2의 중점에 C_c를 통하여 1차 측 전압 $\dot{v}_1$이 인가되기 때문에 등가 회로는 그림 (b)와 같이 된다. 1차 측 L_1, C_1 및 2차 측 L_2, C_2의 동조 회로는 중간(중심) 주파수 f_i에 동조되어 있으며, 1차 측 전압 $\dot{v}_1$과 2차 측 전압 $\dot{v}_2$는 FM파의 중심 주파에서 $\pi/2$의 위상차가 있다. L_3는 고주파에서는 개방, 신호 주파수에서는 단락 상태로 선정된다.

입력 주파수가 f_i에서 벗어나는 것에 대응하여 $\dot{v}_1$과 $\dot{v}_2$의 위상차는 $\pi/2$에서 벗어나기 때문에 D_1와 D_2에 가해지는 전압이 달라져 출력 단자에서 신호파 전압이 얻어진다. 그림에서 D_1, C_3, R_1 및 D_2, C_4, R_2는 포락선 검파기로 양자가 차동적으로 접속되어 있다. 이 검파기는 2개의 동조 회로와 C_c에 의하여 주파수 변화를 진폭 변화(AM파)로 변환하여 AM 검파하는 방식이다.

〈그림 7-11〉은 FM파의 주파수 변화에 대한 D_1와 D_2에 가해지는 전압의 벡터도이다. 그림 (a)는 입력 주파수 f가 f_i와 같은 경우로, $\dot{v}_1$과 $\dot{v}_2$는 $\pi/2$의 위상차를 갖기 때문에 $|\dot{v}_{D1}|=|\dot{v}_{D2}|$로 되어 출력은 0이 된다. 그림 (b)는 $f>f_i$인 경우로 $\dot{v}_1$과 $\dot{v}_2$의 위상차가 $\pi/2$에서 벗어나기 때문에 $|\dot{v}_{D1}|>|\dot{v}_{D2}|$로 되어 정(+)의 출력이 얻어진다(유도성). 그림 (c)는 $f<f_i$인 경우로, $\dot{v}_1$과 $\dot{v}_2$는 위상차가 $\pi/2$에서 벗어나기 때문에 $|\dot{v}_{D1}|<|\dot{v}_{D2}|$로 되어 부(−)의 출력이 얻어진다(용량성).

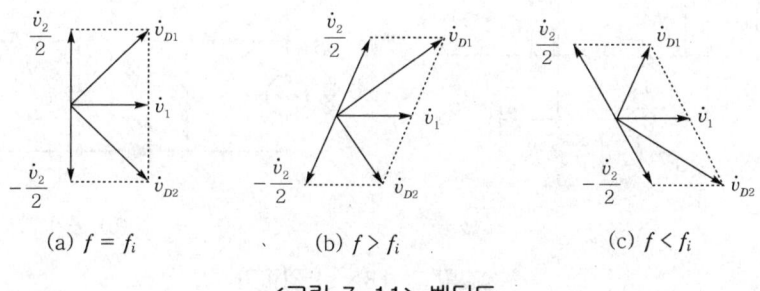

(a) $f = f_i$ (b) $f > f_i$ (c) $f < f_i$

〈그림 7-11〉 벡터도

〈그림 7-12〉는 이 검파기에서 중심 주파수를 변화시켰을 때의 출력 전압을 나타낸 것으로, S자 특성 곡선이 된다. 이 경우 특성의 직선 부분을 FM파의 주파수 대역보다 넓게 잡아야 한다. 그리고 FM파의 진폭 $\dot{v}_1$이 변화하면 $\dot{v}_{01}$과 $\dot{v}_{02}$가 함께 변화하여 출력이 변화되므로 $\dot{v}_1$은 항상 일정해야 한다.

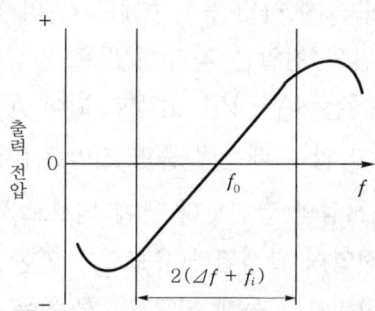

〈그림 7-12〉 포스터-실리 검파기의 S자 특성 곡선

포스터-실리 검파기는 다음에 설명하는 비 검파기에 비하여 복조 감도가 양호하지만 진폭을 제한시키는 작용이 없기 때문에 FM에서는 진폭 제한 회로를 사용해야 한다.

[4] 비(ratio) 검파기

비 검파기는 FM 수신기에서 복조기로 많이 사용되는 것으로 **포스터-실리 검파기**의 **개량형**이라고도 한다. 〈그림 7-13〉(a)는 비 검파기 회로의 예를 나타낸 것이다. 비 검파기는 포스터-실리 검파기와 크게 다르지 않지만, 출력부의 회로 구성에 차이가 있다. 즉, 주파수-진폭 변환 회로는 포스터-실리 검파기와 동일하지만, 한쪽 다이오드의 방향이 역으로 되어 있고 대용량 콘덴서 C_3가 접속되어 있다는 점이 다르다.

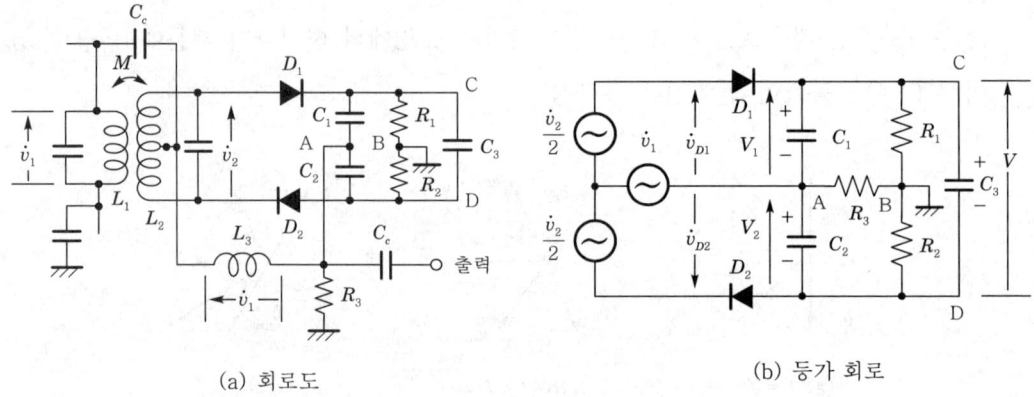

(a) 회로도 (b) 등가 회로

〈그림 7-13〉 비 검파기

그림 (a)에서 L_3는 L_1과 밀결합되어 있고 L_3에 발생하는 전압 $\dot{v}_1$을 2차 측 코일 L_2의 중점에 가한 것으로 되므로 등가 회로는 그림 (b)와 같다.

그림 (b)의 등가 회로에서 D_1, C_1, R_1, R_3 및 D_2, C_2, R_2, R_3는 포락선 검파기이며, C_1과 C_2에는 $\dot{v}_{D1}$ 및 $\dot{v}_{D2}$의 파고 값에 비례하는 전압 V_1과 V_2로 충전된다. 이 전압은 C_3에도 충전되어 C-D 간에 $V_1+V_2=V$가 발생되고, (R_1+R_2) C_3의 시상수를 신호파의 주기에 비하여 충분히 크게 하면 동작중에도 C_3의 전압은 거의 일정하게 유지된다. $R_1=R_2$이면 R_1과 R_2 양단의 전압은 각각 $V/2$로 일정하게 된다.

다음으로, $f=f_i$인 경우에는 $V_1=V_2=V/2$로 되어 A-B 간의 전위차는 0이 되므로, R_3에서 전압 강하는 생기지 않기 때문에 출력 전압은 0이 된다. $f>f_i$인 경우에는 $V_1>V_2$로 되어 A점의 전위는 B점의 전위보다 낮게 되므로, R_3에는 B→A의 방향으로 전류가 흘러 부(−)의 출력 전압이 발생된다(유도성). 또한 $f<f_i$인 경우에는 $V_1<V_2$로 되어 A점의 전위는 B점의 전위보다 높게 되므로, R_3에는 A→B의 방향으로 전류가 흘러 정(+)의 출력 전압이 발생된다(용량성).

비 검파기는 FM파에 순간적인 진폭의 변화가 있어도 시상수가 충분히 크기 때문에 V는 일정하며 $V_1 + V_2$도 일정하므로 A점의 전위는 변화하지 않는다. 이 때문에 R_3에 전류가 흐르지 않고 출력 전압은 변화하지 않는다. 즉, 진폭 제한 작용을 하기 때문에 전단의 리미터를 간단화할 수 있다.

비 검파기의 특징은 검파 출력은 적으나 콘덴서 C_3가 대용량이기 때문에 입력단의 충격적인 변화가 출력에 나타나기 어려울 뿐만 아니라, 감도가 둔하여 진폭 제한기의 역할도 겸하기 때문에 리미터의 단수를 적게 할 수 있다. 그러므로 비 검파기는 가정용 TV 수상기의 음성 회로나 FM 라디오 등에 많이 사용된다.

[5] 쿼드래처(quadrature) 검파기

〈그림 7-14〉(a)는 쿼드래처 검파기의 구성도를, (b)는 벡터도를 나타낸 것이다. 그림과 같이 FM파 v_1과 $\pi/2$ 이상기를 통과하여 $\pi/2$만큼 이상된 FM파 v_2와의 곱을 만들어 신호파를 추출하는 방법을 **쿼드래처 검파** 또는 **프로덕트**(product) **검파**라고 한다.

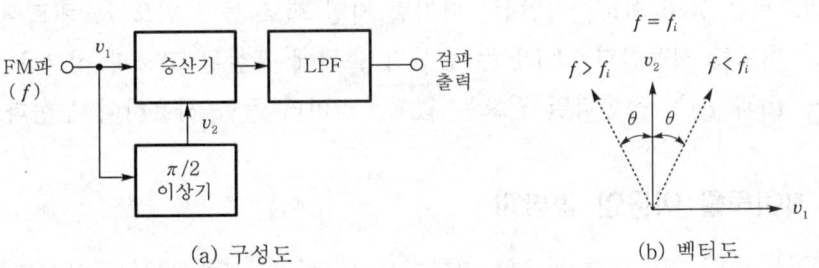

(a) 구성도   (b) 벡터도

〈그림 7-14〉 쿼드래처 검파기

다음에, 수식을 사용하여 설명하고자 한다.

수신된 FM파를 $v_1 = V_1 \sin(\omega_c t + m_f \sin \omega_s t)$, $\pi/2$ 이상기로 이상된 FM파를 $v_2 = V_2 \sin(\omega_c t + m_f \sin \omega_s t + \pi/2 + k\Delta\omega \cos \omega_s t)$라고 하면, v_1과 v_2와의 곱은

$$v_1 \cdot v_2 = V_1 V_2 \sin(\omega_c t + m_f \sin \omega_s t) \sin(\omega_c t + m_f \sin \omega_s t + \pi/2 + k\Delta\omega \cos \omega_s t)$$

$$= \frac{1}{2} V_1 V_2 \{ \cos(\pi/2 + k\Delta\omega \cos \omega_s t) - \cos(2\omega_c t + 2m_f \sin \omega_s t + \pi/2 + k\Delta\omega \cos \omega_s t) \} \tag{7.1}$$

가 된다.

여기서 k는 비례 상수, $\Delta\omega$는 중심 각 주파수에서 편이되는 양이다. LPF를 사용하

여 식 (7.1)의 2ω 성분을 제거하면 출력 v_0는

$$v_0 = \frac{a}{2} V_1 V_2 \cos\left(\frac{\pi}{2} + k\Delta\omega\cos\omega_s t\right)$$

$$= -\frac{a}{2} V_1 V_2 \sin(k\Delta\omega\cos\omega_s t) \qquad (7.2)$$

로 된다.

여기서 a는 비례 상수이다. 이 식에서 $k\Delta\omega$를 매우 작은 것으로 하면

$$v_0 \fallingdotseq -\frac{a}{2} V_1 V_2 k\Delta\omega\cos\omega_s t \qquad (7.3)$$

를 얻을 수 있게 된다. 따라서 $\Delta\omega\cos\omega_s t$에 비례하는 출력인 신호파를 얻을 수 있다.

이상기는 그림 (b)와 같이 중심 주파수에서 $\pi/2$, 중심 주파수의 상하에서 $\pi/2$를 중심으로 위상의 변화가 직선적이고, 주파수대 진폭 특성이 평탄해야 일그러짐이 작게 된다. 이상 회로로는 동조 회로, 지연선, 디지털 지연 회로 등이 있으나, 쿼드래처 검파기에서는 동조 회로를 사용한다. LPF는 승산기 출력에 포함된 고조파 성분을 제거하기 위한 것이다. v_1과 v_2는 정현파일 필요는 없고, 리미터 등을 사용하여 구형파로 해도 된다.

[6] AND 게이트를 이용한 검파기

AND(논리곱) 게이트를 이용한 검파기는 〈그림 7-15〉(a)에는 구성도를, 그림 (b)에는 각 부의 파형을 나타내었다.

그림 (a)와 같이 FM파를 리미터에 인가하여 그림 (b)의 A와 같은 구형파로 변환하여 AND 게이트에 인가하는 한편, $\pi/2$ 이상기를 통과한 그림 B와 같은 FM파를 AND 게이트에 인가한다. 이 때 2개의 입력은 논리 레벨(logic level)로 변환되어야 한다. AND 게이트의 출력은 두 입력이 모두 "1"일 때에만 "1"로 되기 때문에 그림 C와 같이 폭이 다른 펄스가 발생된다. 이것을 LPF에 가함으로써 그림 D와 같은 신호 출력을 얻을 수 있다.

〈그림 7-15〉(a)에서 AND 게이트의 부분을 플립플롭(flip-flop ; 쌍안정 멀티바이브레이터)이나 EOR(Exclusive OR ; 배타적 논리합) 게이트로 해도 FM파를 검파할 수 있다. 〈그림 7-16〉은 플립플롭을 이용한 검파기의 동작 파형이다. 플립플롭은 그림 A와 같이 구형파로 변환된 펄스의 상승에서 세트(set)되고, $\pi/2$만큼 이상된 그림 B와 같은 펄스의 상승에서 리셋(reset)되기 때문에 그림 C와 같이 펄스 폭이 다른 펄스를 얻을 수 있다. 또 이것을 LPF에 가하면 그림 D와 같은 신호파 출력을 얻을 수 있다.

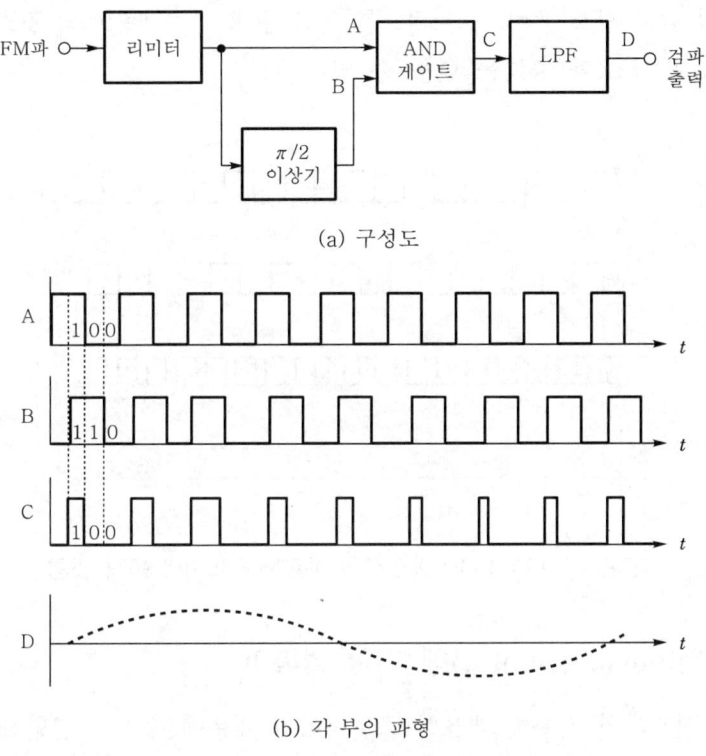

(a) 구성도

(b) 각 부의 파형

<그림 7-15> AND 게이트를 이용한 검파기

플립플롭의 출력 C에 대한 논리식은 $C = A \cdot \overline{B}$로 주어지므로, B입력을 반전($\overline{B}$)함으로써 A입력과의 곱을 만드는 것이 되어, 결과적으로는 승산기에 의한 검파로 생각할 수 있다.

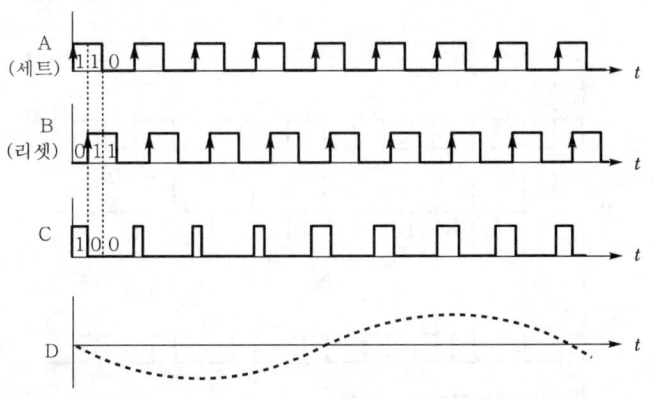

<그림 7-16> 플립플롭을 이용한 검파기의 동작 파형

<그림 7-17>은 EOR 게이트를 이용한 검파기의 동작 파형이다. EOR 게이트의 논리식은 $C = \overline{A}B + A\overline{B}$로 주어지기 때문에 A, B 어느 한쪽이 "1"일 때에만 C가 "1"로 되므

로 그림 C와 같이 펄스 폭이 다른 펄스를 얻을 수 있고, 그림 C의 펄스를 LPF에 가하면 그림 D와 같은 신호파 출력을 얻을 수 있다.

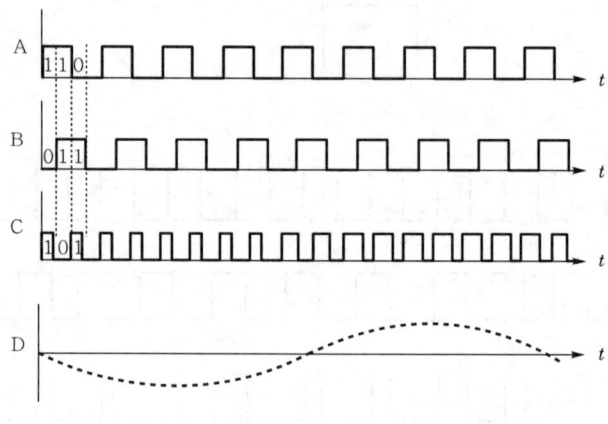

<그림 7-17> EOR 게이트를 이용한 검파기의 동작 파형

[7] 펄스 카운터(pulse counter)에 의한 검파기

FM파는 신호파의 진폭에 대응한 소밀파이기 때문에 펄스로 변환하면 주기가 다른 펄스 열을 얻을 수 있으며, 이것을 LPF에 가함으로써 신호파를 얻을 수 있다. 이러한 원리에 의한 검파 방식을 **펄스 카운터에 의한 검파기**라고 하며, 그 구성도는 〈그림 7-18〉 (a)와 같고, 각부의 동작 파형은 그림 (b)와 같이 된다.

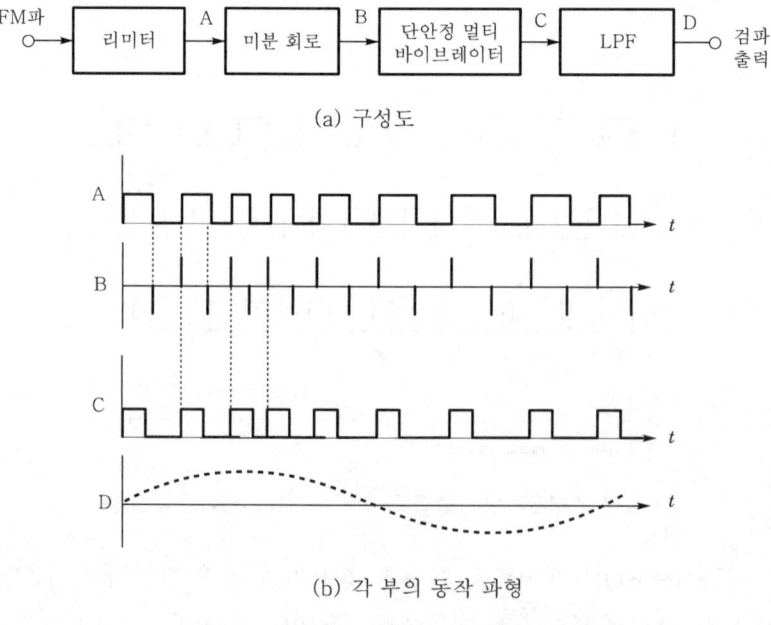

(a) 구성도

(b) 각 부의 동작 파형

<그림 7-18> 펄스 카운터에 의한 검파기

리미터에서 FM파를 그림 (b)의 A와 같은 구형파로 변환하여 미분하면 그림 (b)의 B와 같은 파를 얻을 수 있다. 이것을 단안정 멀티바이브레이터에 가하면 그림 (b)의 C와 같이 펄스 폭이 일정한 펄스 열을 얻을 수 있다.

펄스 폭은 멀티바이브레이터의 사상수로 결정되며, 펄스 폭이 클수록 출력도 커진다. 그림 (b)의 C와 같은 펄스를 LPF에 가하여 적분하면 그림 (b)의 D와 같은 신호파를 얻을 수 있다.

이 검파기는 초광대역이고 직선성이 양호하며, IC화가 가능하고 조정이 불필요하다는 장점이 있는 반면, 검파 감도가 낮다는 단점이 있다. 이 단점을 해결하기 위해 FM파의 중심 주파수를 낮게 변환하여(주파수 체배의 역) 펄스 폭을 크게 해야 한다(분주를 하면 주파수 편이가 작아진다).

[8] PLL 검파기

〈그림 7-19〉와 같이 PLL 회로의 위상 비교기에 가하는 기준 주파수 대신 FM파를 가하면 VCO는 FM파의 주파수 변화에 추종하여 발진 주파수가 변화한다. 이때 LPF의 출력, 즉 VCO의 제어 전압은 신호파 출력이 된다.

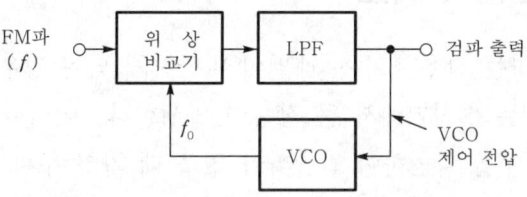

〈그림 7-19〉 PLL 검파기

그림에서 FM파의 주파수 f와 VCO의 출력 f_0를 위상 비교기에 가하면 $f = f_0$일 때 동기(lock)되지만, f는 FM파이므로 주파수가 변화된다. 이 때 f_0는 f에 추종하여 변화되므로 $f_0 + \Delta f$가 되면 위상 비교기에서 Δf에 대응하는 전압을 발생하여 f_0가 $f_0 + \Delta f$가 되도록 VCO를 제어한다.

이와 같이 f가 변화할 때에 VCO 제어 전압이 만들어지므로 f_0는 f를 추종해 간다. 따라서 VCO 제어 전압은 신호파 전압에 해당된다. 단, 이 제어 전압이 감소되도록 PLL이 동작하므로 직류분은 재생되지 않는다. 이 검파기는 송신 주파수가 변동해도 항상 중심 주파수를 중심으로 검파되기 때문에 일그러짐이 적게 발생한다.

PLL 검파기는 복잡하지만 중간 주파 증폭기, 리미터, AGC 회로 등과 함께 원칩 IC화되어 있으므로 조정이 불필요하고, S/N도 양호하기 때문에 현재 많이 사용되고 있다.

③ FM 수신기의 부속 회로

3.1 AGC 회로

　AGC의 목적, 회로 및 동작에 대해서는 제4장 AM 수신기에서 설명하였다. FM 수신기는 리미터가 있기 때문에 희망파 입력의 변화에 관계없이 검파기의 입력은 일정하게 된다. 즉, FM에서는 수신기의 입력과 검파기의 입력은 비례하지 않는다. 이 때문에 FM 수신기에서는 중간 주파 증폭기단에 있어서 AGC는 필요하지 않지만 큰 진폭의 신호가 입력되는 경우에 수신기의 초단에서 발생되는 상호 변조 등을 방지하기 위해서 고주파 증폭기에만 AGC를 부가한다.

　AGC 전압은 수신기 입력과 출력이 비례하고 출력이 큰 부분, 즉 중간 주파 증폭기에서 꺼내면 된다. AGC의 부가 방법과 회로 등은 AM 수신기와 동일하다.

3.2 뮤팅 회로와 스켈치 회로

　송·수신을 전환하는 경우나 수신 레벨이 미약하게 되는 경우 또는 수신하고자 하는 국을 선택하는 도중에는 수신기에서 큰 잡음이 발생한다. 이러한 경우 자동으로 중간 주파 증폭단 반송파의 유무를 확인하여 반송파가 없을 때 가청 주파 증폭기 또는 중간 주파 증폭기를 차단하는 방식을 **뮤팅**(muting)이라고 한다. 반면에 검파 출력의 잡음 유무를 확인하여 잡음이 있을 때 가청 주파 증폭기를 차단하는 방식을 **스켈치**(squelch)라고 한다.

　뮤팅 회로는 〈그림 7−20〉 (a)와 같이 중간 주파 증폭기에서 반송파를 꺼내어 증폭한 후 정류하여 직류 전압을 만든다. 이 전압으로 뮤팅 제어 회로(스위칭 회로)를 구동하여 중간 주파 증폭기의 동작을 제어한다.

　스켈치 회로는 〈그림 7−20〉 (b)와 같이 검파기 출력의 일부를 증폭한 후 정류하여 직류 전압을 만든다. 이 전압으로 스켈치 제어 회로를 구동하여 가청 주파 증폭기의 동작을 제어한다.

　〈그림 7−21〉은 뮤팅 기본 회로를 나타낸 것이지만, 실제로는 IC화된 회로가 많다. 회로에서 $TR_1 \sim TR_3$는 IF(중간 주파 증폭기)이고, TR_4는 반송파의 증폭기이며, TR_5와 TR_6는 뮤팅 제어 회로이다. 희망파 입력이 있는 경우에는 TR_1의 컬렉터에서 추출한 신호를 TR_4에서 증폭한 후 D_1, D_2, C_1, C_2로 구성된 배전압 정류 회로에서 정류하여 C_2의 양단에 그림과 같은 극성의 직류 전압을 만든다.

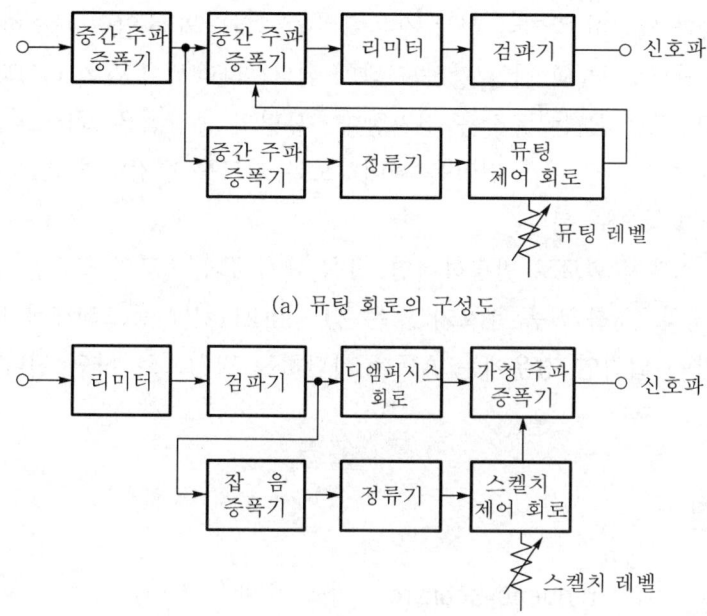

(a) 뮤팅 회로의 구성도

(b) 스켈치 회로의 구성도

<그림 7-20> 뮤팅 회로와 스켈치 회로의 구성도

이 때 TR_5의 컬렉터 전류는 증가하여 R_1의 전압 강하가 크게 되어 스위칭용 트랜지스터 TR_6이 OFF된다. 따라서 R_2의 전압 강하가 작게 되므로 TR_3의 베이스에는 정상적인 바이어스 전압이 걸려 증폭된다.

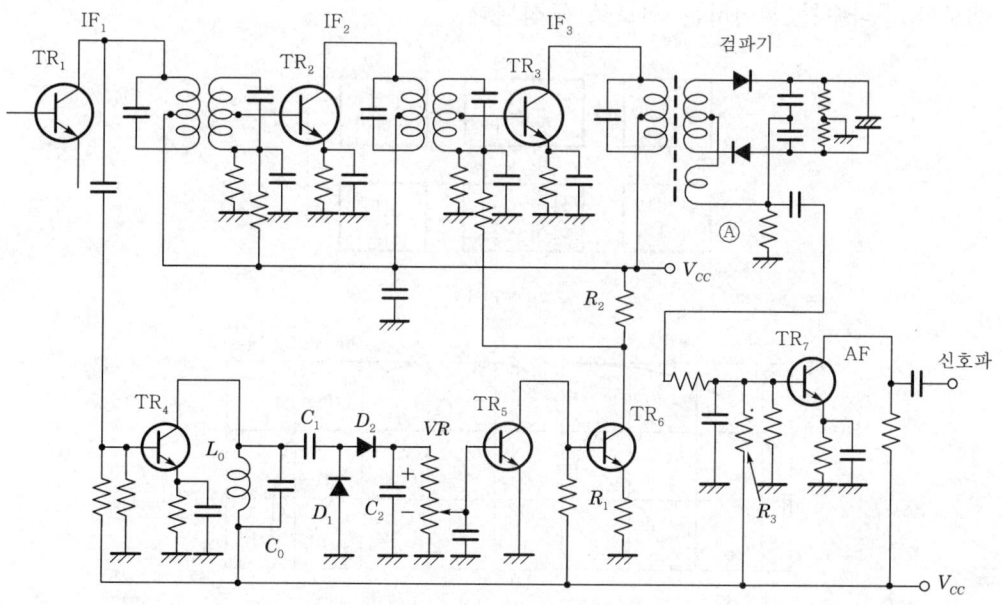

<그림 7-21> 뮤팅 기본 회로

한편, 희망파 입력이 작거나 없는 경우에는 C_2 양단의 전압이 감소하여 TR_5의 컬렉터 전류가 작게 되므로 R_1의 전압 강하도 작게 된다. 따라서 TR_6가 ON되어 R_2의 전압 강하가 크게 되므로 TR_3는 동작을 정지한다. 뮤팅의 동작점은 VR로 조정할 수 있으며, TR_3 대신 TR_7의 바이어스 전압을 제어하도록 회로를 변경하면 AF(가청 주파 증폭기)를 차단하는 방식으로 된다.

이 회로를 스켈치 회로로 변경하려면, TR_4에서 TR_1으로의 접속을 검파기의 ④점으로 변경하고, L_0와 C_0를 잡음 분포가 많은 20~40[kHz]에 동조되도록 변경함으로써 일정치 이상의 잡음 입력인 경우에는 AF를 차단하는 방식으로 하면 된다.

3.3 AFC 회로

AFC(automatic frequency control ; 자동 주파수 제어) 회로는 국부 발진 주파수가 변동할 때 자동적으로 원래의 주파수로 환원시키기 위하여 사용되는 회로로서, 송·수신기 어느 쪽에도 사용이 가능하다.

현재는 PLL 주파수 합성기가 사용되고 있기 때문에 AFC 회로를 설치하지 않은 수신기가 많다. 이에 대해서는 아래에 간단히 설명한다.

최근의 AFC 회로는 주파수를 변환하기 위한 국부 발진기의 주파수 변동을 자동적으로 적게 하기 위한 것으로, 〈그림 7-22〉(a)에 나타낸 바와 같이 주파수 변동을 검출하는 회로와 주파수를 제어하는 회로로 구성된다.

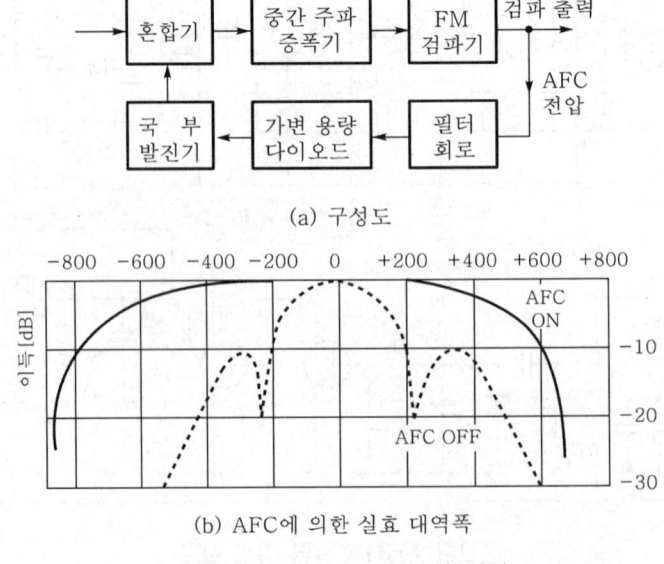

(a) 구성도

(b) AFC에 의한 실효 대역폭

〈그림 7-22〉 AFC 회로의 원리

FM 검파 회로는 중심 주파수(10.7[MHz])로부터 주파수 변화에 비례하는 전압을 발생하므로, 국부 발진 주파수가 변화되면 중간 주파수도 변동되어 FM 검파 출력에서 주파수 변화에 비례한 제어 전압을 얻을 수 있다. 이 전압이 필터 회로를 거쳐 국부 발진 회로의 발진용 공진 콘덴서 용량의 일부가 들어 있는 가변 용량 다이오드에 가함으로써 국부 발진 주파수를 제어한다.

3.4 디엠퍼시스 회로

송신 측의 고역 강조 회로인 프리엠퍼시스와 반대의 특성을 갖는 회로를 사용하여 원래의 신호로 환원시키기 위해 사용되는 회로를 **디엠퍼시스**(de-emphasis) **회로**라고 한다.

〈그림 7-23〉은 디엠퍼시스 회로로, 모두 신호 주파수 f_s에 반비례하여 출력 전압 v_0가 감소되는 주파수 특성을 가지고 있다.

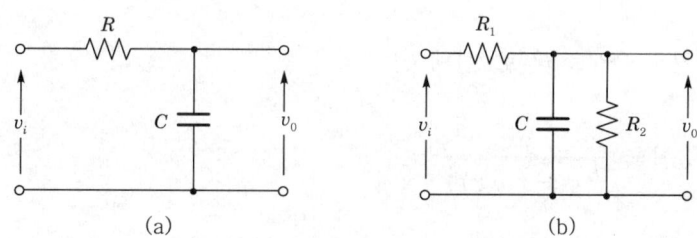

(a) (b)

〈그림 7-23〉 디엠퍼시스 회로

그림 (a)의 회로에서 v_i의 전압이 인가되어 v_0의 전압이 출력되는 경우의 이득 v_0/v_i는

$$\frac{v_0}{v_i} = \frac{\dfrac{1}{j\omega C}}{R + \dfrac{1}{j\omega C}} = \frac{1}{1 + j\omega RC} = \frac{1}{1 + j2\pi fRC} \tag{7.4}$$

이 되므로

$$\left|\frac{v_0}{v_i}\right| = \sqrt{\frac{1}{1 + \left(\dfrac{\omega}{\omega_0}\right)^2}} \tag{7.5}$$

이 된다.

여기서 $\omega_0 = 1/RC$, $\omega/\omega_0 \gg 1$이라고 하면

$$\left| \frac{v_0}{v_i} \right| \fallingdotseq \frac{\omega_0}{\omega} = 2\pi f_s RC \quad (\text{단}, \quad \omega = 2\pi f_s) \qquad (7.6)$$

로 되어, 전압 이득은 주파수 f_s에 반비례하므로 고역일수록 감소하게 된다(RC 저역 통과 적분 회로).

그림 (b)는 그림 (a)의 특성을 개선하기 위하여 R_2를 접속한 것으로, 회로의 출력 전압 v_0는

$$v_0 = v_i \frac{1/(j\omega C + 1/R_2)}{R_1 + 1/(j\omega C + 1/R_2)} \qquad (7.7)$$

로 된다. 여기서 $\tau = CR_2$로 하고 전달 함수를 구하면

$$F'(\omega) = \frac{v_0/v_i}{(v_0/v_i)_{\omega=0}} = \frac{1}{1 + j\omega\tau R_1/(R_1 + R_2)} \qquad (7.8)$$

로 된다. 여기서 $R_1 \gg R_2$로 선택하면

$$|F'(\omega)| \fallingdotseq \frac{1}{\sqrt{1 + (\omega\tau)^2}} \qquad (7.9)$$

로 되고, 주파수 특성은 〈그림 6-25〉와 같이 프리엠퍼시스 특성과는 반대의 특성이 된다. 따라서 송·수신 사이의 종합 특성을 고려하면 식 (6.22)와 (7.9)로부터

$$|F(\omega)| \cdot |F'(\omega)| = 1 \qquad (7.10)$$

이 되므로, 주파수 특성은 〈그림 6-25〉의 점선과 같이 평탄하게 된다.

④ FM 수신기의 특징

① 수신기에서 진폭 제한기를 사용하므로 잡음이 제거되어 S/N이 좋다.
② IDC 부가 등으로 깊은 변조에서 일그러짐이 없어 음질이 좋다(고충실도가 얻어진다).
③ 수신 측의 진폭 제한기, AGC 작용으로 페이딩의 영향이 적다.
④ 수신하는 경우 혼신이 있으면 신호가 강한 부분만을 우세하게 꺼낼 수 있다(장·단점이

된다).

⑤ 수신파 분포가 많아 점유 주파수 대역폭이 넓다.

⑥ 송 · 수신기가 복잡해진다.

⑦ 점유 주파수 대역폭이 넓으므로 초단파대 이상에서 사용된다.

⑧ FM파는 진폭이 일정하여 이 변조파를 C급으로 동작시키고 저전력 변조를 행하므로 소비 전력이 감소된다.

⑨ 스켈치 회로가 있어 입력 신호가 없거나 적을 때 내부 잡음을 억제시킨다.

⑩ 수신 전계의 변동이 심한 이동 무선에 적합하다.

5 FS 수신기

FS 수신기는 고주파 증폭기에서 리미터까지의 구성은 FM 수신기와 같지만, 검파기 이후의 구성과 중간 주파 증폭기단의 대역폭은 FM 수신기와 다르다. 여기서는 FS용 검파기와 그 후단에 대해서만 설명하기로 한다.

5.1 FM 검파기를 사용하는 방법

FS파는 일종의 FM파이므로 일반적인 FM 검파기로 검파할 수 있다. 〈그림 7-24〉는 이러한 방법에 의한 FS 검파기의 구성도를 나타낸 것이다. 그림에서 FS파를 FM 검파기에 가하여 전신 부호를 꺼낸 후, 필요에 따라 마크, 스페이스의 극성을 반전하는 신호 극성 반전기에 가하고 직류 리미터를 통해 전신 부호를 얻는 방법이다.

직류 리미터는 S/N의 개선, 전신 부호의 진폭 제한 및 전신 파형의 정형을 위하여 사용되며 톤 키어나 프린터의 동작을 확실하게 한다. 전신 부호를 원거리로 전송하는 경우에는 전송 선로의 주파수 특성이 문제가 되기 때문에 톤 신호(가령 1.5[kHz]의 가청 주파수)를 전신 부호로 키잉(keying)하여 전송한다.

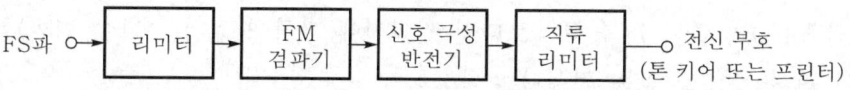

〈그림 7-24〉 FM 검파기를 사용하는 방법

이와 같은 전건 조작 회로를 **톤 키어**(tone keyer)라고 하며, 그 구성도는 〈그림 7-25〉
와 같다.

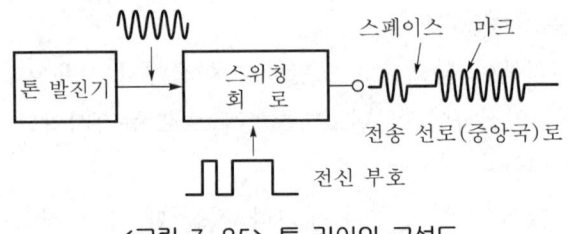

<그림 7-25> 톤 키어의 구성도

5.2 2개의 필터를 사용하는 방법

2개의 필터를 사용하는 방법의 구성도는 〈그림 7-26〉과 같다. 그림에서 마크 및 스페
이스의 주파수는 각각 $f_1 + \Delta F$ 및 $f_1 - \Delta F$이며, 이것들의 중심 주파수를 갖는 2개의
BPF에서 마크와 스페이스를 별도로 꺼내어 AM 검파(정류)한 후 합성하는 방법이다. 이
방법은 편이 주파수 ΔF가 다를 경우 BPF를 변경해야만 하고, 고속도의 통신에는 적합
하지 않다는 결점을 가지고 있기 때문에 현재는 거의 사용되지 않는다.

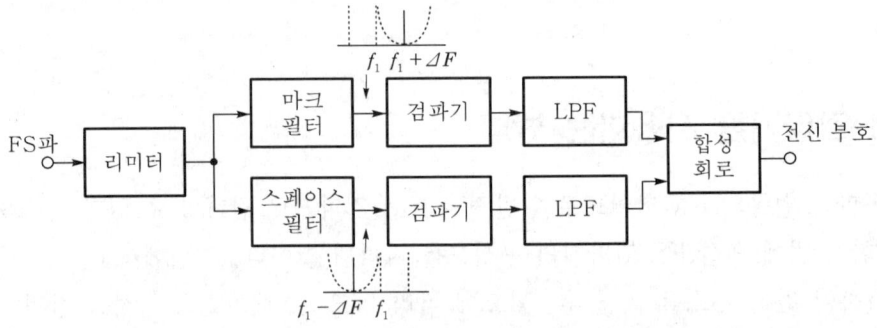

<그림 7-26> 2개의 필터를 사용하는 방법

5.3 헤테로다인 검파에 의한 방법

헤테로다인 검파에 의한 방법의 구성도는 〈그림 7-27〉과 같다. 이 방법은 FS파($f_1 \pm$
ΔF)와 BFO의 출력 f_0를 헤테로다인 검파기에 가하여 검파(주파수 변환)한 후 LPF를
통하여 전신 부호를 얻는 것이다.

그림에서 FS파($f_1 \pm \Delta F$)와 BFO의 출력 f_0를 헤테로다인 검파기에 가하면 ($f_1 \pm \Delta F$)

$-f_0 = (f_1 - f_0) \pm \varDelta F$인 차의 주파수(비트 주파수)가 발생된다. 이 때, 예를 들어 $(f_1 - f_0) = 1500[\text{Hz}]$가 되도록 f_0를 선정하고 $\varDelta F = 200[\text{Hz}]$이면 마크 주파수는 $1700[\text{Hz}]$, 스페이스 주파수는 $1300[\text{Hz}]$가 되기 때문에 어느 한쪽만을 꺼내어 정류할 경우 전신 부호를 얻을 수 있다.

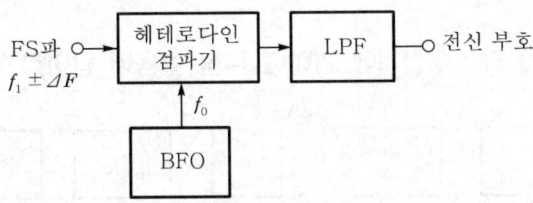

<그림 7- 27> 헤테로다인 검파에 의한 방법

1 <그림 7-28>과 같은 FM 수신기에 관하여 다음 물음에 답하라.

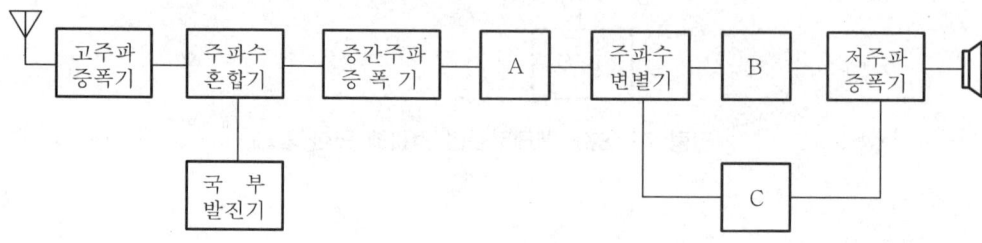

<그림 7-28>

(1) 빈 칸을 채워 구성도를 완성시켜라.

(2) 동작 과정을 간단히 설명하라.

(3) DSB, SSB 수신기와 다른 점을 기술하라.

(4) FM 방송 수신을 목적으로 하는 것과 같이 광대역을 수신하고자 할 때 국부 발진은 어떤 발진기를 사용하는 것이 유리한가?

(5) 주파수 변환기에서 많이 사용되는 발진기는 어떤 것인가?

2 FM 수신기에서 사용되는 반도체 특성을 이용한 진폭 제한기(리미터)의 방식을 3가지 들어라.

3 Foster-Seeley형 주파수 변별기의 회로를 그리고 그 회로의 동작 원리를 설명하라.

4 FM 수신기에 사용되는 스켈치 회로의 필요성과 목적을 설명하고, 잡음 스켈치 방식과 반송파 스켈치 방식의 동작 원리와 특징에 대해서도 각각 기술하라.

5 FM 수신기에서 사용되는 AGC 회로에 대하여 양 측파대용 AM 수신기에 사용되는 AGC 회로와 비교하여 다른 점을 설명하라. 또, 트랜지스터 FM 수신기의 순방향과 역방향 AGC 회로의 동작 원리와 특징을 각각 기술하라.

6 광대역 FM 수신기에 사용되는 고감도 수신 방식의 개요를 기술하라. 또, 이 방식에서 부귀환 위상 검파 방식의 구성도를 그리고 동작 원리를 설명하라.

7 한계 레벨(threshold level)이 −105[dBm]이고, 잡음 등가 대역폭이 100[kHz]인 FM 수신기
의 내부에서 발생되는 잡음 전력을 입력 측으로 환산해서 구하는 수식을 유도하여 계산하라.
(단, dBm는 1[mW]를 기준으로 하는 dB 값이며 볼츠만 상수는 $k = 1.38 \times 10^{-23}$[J/K]이고,
실온은 17[℃]로 한다.)

8 주파수 변별기를 사용한 FS 수신기의 구성도를 그리고, 그 동작 과정을 간단히 설명하라.

9 FS 수신기의 구성도를 그리고, 그 동작 과정을 설명하라.

10 FS 수신기 중 헤테로다인 검파 방식을 이용한 수신 방법을 설명하라.

MEMO

제8장 ●●●●●

전원 회로

전원 회로는 모든 통신 장비에 필수적인 기본 회로로서, 교류를 직류로 변환하는 정류 회로와 출력 전압을 일정하게 유지시켜 주는 정전압 전원 회로 및 직접 직류를 얻을 수 있는 건전지나 축전지, 전력 변환 장치(inverter, converter) 등이 있다.

 정류 회로

1.1 정류 회로의 특성

[1] 맥동률(ripple 함유율)

맥동률(ripple factor, γ)은 직류 출력에 얼마만큼의 맥동분(ripple)이 남아 있는가를 나타내는 것으로, 정류된 직류의 질을 알아보는 요소이다.

$$\gamma = \frac{\text{출력 교류 전압(맥동분)의 실효값}(V_{rms})}{\text{출력 직류 전압의 평균값}(V_{dc})} \times 100[\%]$$

$$= \sqrt{\left(\frac{I_{rms}}{I_{dc}}\right)^2 - 1} \times 100[\%] \qquad (8.1)$$

여기서, I_{dc}는 직류 출력 전류, I_{rms}는 출력 전류의 실효값이다.

> **예제 1** 직류 출력 전압이 250[V]이고, 출력중에 포함되어 있는 교류 전압의 실효값이 5[V]라면 맥동률은 얼마인가?

풀이 맥동률 γ는 식 (8.1)에 의해

$$\gamma = \frac{5}{250} = 0.02$$

[2] 전압 변동률

전압 변동률(voltage regulation, ε)은 무부하일 때 변압기 내부의 코일이나 정류용 다이오드에는 전류가 흐르지 않아 전압 강하가 생기지 않으므로 출력 단자에는 전원 전압이 그대로 유지되지만, 부하를 접속하면 이 두 요소에도 전류가 흐르면서 그 내부 저항에 의한 전압 강하가 생기므로 부하 양단의 전압은 감소한다. 즉, 부하의 유무에 따라 출력 전압이 변동하는 정도를 나타내는 것이 전압 변동률이다. 또, 코일이나 다이오드의 순방향 저항이 부하 저항에 비하여 상대적으로 크면 전압 변동률도 증가되므로, 이들 두 저항 요소들의 크기를 비교하는 것이라고 할 수 있다.

$$\varepsilon = \frac{\text{무부하 시의 출력 전압}(V_0) - \text{부하 시의 출력 전압}(V_L)}{\text{부하 시의 출력 전압}(V_L)} \times 100[\%] \tag{8.2}$$

> **예제 2** 어느 정류 회로에서 전 부하 시의 출력 전압이 300[V], 무부하 시의 출력 전압이 420[V]일 때의 전압 변동률은 얼마인가?

풀이 전압 변동률 ε는 식 (8.2)에 의해

$$\varepsilon = \frac{420 - 300}{300} \times 100[\%] = 40[\%]$$

[3] 정류 효율

정류 효율(efficiency of rectification, η)은 입력 교류 전력에 대한 출력 직류 전력의 비로서, 교류가 직류로 변환되는 과정에서 η값이 클수록 손실은 적다는 것을 의미한다.

$$\eta = \frac{\text{직류 출력 전력}(P_{dc})}{\text{교류 입력 전력}(P_{ac})} \times 100[\%] \tag{8.3}$$

[4] 변압기 이용률

변압기 이용률은 정류 회로에 사용된 변압기가 그의 용량(정격 출력)이 얼마나 유효하게 활용되었는가를 나타내는 것으로, 정류된 출력이 크면 k의 값도 커진다.

$$k = \frac{\text{직류 출력의 전력 평균값 [W]}}{\text{변압기 1차와 2차 용량의 평균값 [VA]}} \times 100[\%] \tag{8.4}$$

[5] 최대 역전압

다이오드에 걸리는 역방향 전압의 최대값을 **최대 역전압**(PIV ; peak inverse voltage) 또는 **첨두 역전압**이라고 한다.

1.2 정류 회로의 종류

[1] 단상 반파 정류 회로

반파 정류 회로(half-wave rectifier circuit)는 정류 소자인 다이오드를 사용하여 정 (+)의 반주기 동안만 출력을 얻는 정류 회로이다. 즉, 〈그림 8-1〉(a)에서 전원 변압기의 2차 측에 유도된 교류 전압을 다이오드로 정류하는 것으로서, 점 a의 전위가 점 b보다 높을 때 다이오드 D는 통전하여 교류 전압(+)의 반주기 동안 입력에 비례하는 전류가 부하 저항 R_L에 흐른다. 반대로 점 b의 전위가 높을 때에는 D가 매우 큰 임피던스 상태가 되므로, 부(−)의 반주기 동안 전류는 거의 흐르지 않는다.

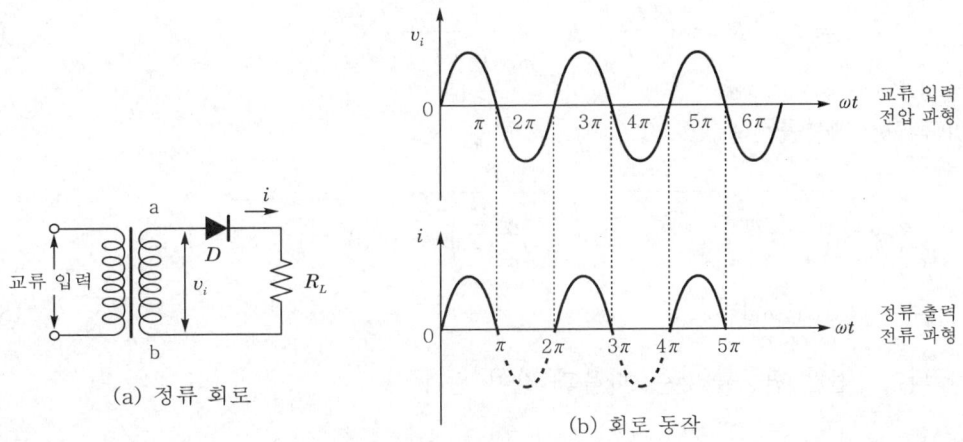

(a) 정류 회로

(b) 회로 동작

〈그림 8-1〉 단상 반파 정류 회로

지금 D에 가해지는 전압을 $v_i = V_m \sin \omega t$ (V_m은 최대값)라고 하면, 전류 i는

$$i = \frac{V_m}{r_f + R_L} \sin \omega t \quad (r_f 는 \ D의 \ 순방향 \ 저항이다.) \tag{8.5}$$

가 된다. 이 때 정류 전류의 평균값 I_{dc}는 그림 (b)에서

$$I_{dc} = \frac{1}{2\pi} \int_0^{\pi} id(\omega t) = \frac{1}{2\pi} \int_0^{\pi} \frac{V_m}{r_f + R_L} \sin \omega t d(\omega t)$$

$$= \frac{V_m}{2\pi(r_f + R_L)} [-\cos \omega t]_0^{\pi} = \frac{V_m}{2\pi(r_f + R_L)} [1 - (-1)]$$

$$= \frac{V_m}{\pi(r_f + R_L)} \tag{8.6}$$

이고, 전류의 최대값 I_m은

$$I_m = \frac{V_m}{r_f + R_L} \tag{8.7}$$

이므로, 이 식을 (8.6)에 대입하면

$$I_{dc} = \frac{I_m}{\pi} \tag{8.8}$$

이다. 위의 파라미터로부터 직류 출력 전력 P_{dc}는

$$P_{dc} = I_{dc}^{\ 2} R_L = \left(\frac{I_m}{\pi}\right)^2 R_L = \frac{V_m^{\ 2} R_L}{\pi^2(r_f + R_L)^2} \tag{8.9}$$

이 되고, 맥동률 γ는

$$\gamma = \sqrt{\frac{I_{rms}^{\ 2} - I_{dc}^{\ 2}}{I_{dc}^{\ 2}}} = \sqrt{\left(\frac{I_m/2}{I_m/\pi}\right)^2 - 1} = \sqrt{\frac{\pi^2}{4} - 1} = 1.21$$

$$= 121[\%] \tag{8.10}$$

가 되며, 전압 변동률 ε는 다음과 같이 된다.

$$\varepsilon = \frac{V_0 - V_L}{V_L} = \frac{I_L(R_L + r_f) - I_L R_L}{I_L R_L} = \frac{r_f}{R_L} \times 100[\%] \tag{8.11}$$

여기서, r_f는 전원의 내부 저항으로 변압기 코일과 다이오드의 순방향 저항이고, R_L은 부하 저항이다. 또, ε의 식은 어떤 정류 방식의 경우에도 식 (8.11)과 같이 표현된다. 또한 정류 효율 η는 다음과 같이 된다.

$$\eta = \frac{P_{dc}}{P_i} = \frac{I_{dc}^2 R_L}{I_{rms}^2 (R_L + r_f)} = \frac{(I_m/\pi)^2}{(I_m/2)^2 (1 + r_f/R_L)} = \frac{4/\pi^2}{(1 + r_f/R_L)}$$

$$= \frac{40.6}{(1 + r_f/R_L)} \, [\%] \tag{8.12}$$

즉, 반파 정류 회로의 최대 효율은 40.6[%]이고, $r_f = R_L$일 때 출력은 최대이며 이 때의 효율은 20.3[%]이다.

따라서 반파 정류 회로의 특징은 회로의 구성이 간단하다는 장점은 있으나, 맥동률이 크고(121[%]), 전원 전압의 이용률이 나쁘며(최대 정류 효율 40.6[%]), 전원 트랜스의 철심이 직류 자화에 의해 포화되기 쉽다. 한편, 맥동 주파수는 전원 주파수와 같고 소용량인 것에만 사용된다.

예제 3 <그림 8-1>과 같은 반파 정류 회로에서 $v_i = 110[V]$(실효값), $R_L = 2[k\Omega]$, $r_f = 20[\Omega]$일 때 정류 효율은 얼마인가? (단, r_f는 다이오드의 순방향 저항이다.)

풀이 정류 효율 η는 식 (8.12)에 의해

$$\eta = \frac{40.6}{1 + 20/2000} \, [\%] = 40.2[\%]$$

[2] 단상 전파 정류 회로

2개의 반파 정류 회로를 같은 부하에 대해 동작시키면 다이오드는 각각 반주기마다 교대로 통전되는 회로를 **전파 정류 회로**(full wave rectifier circuit)라고 하며, <그림 8-2> (a)와 같이 중간 탭형과 브리지형이 있다.

이 때 전류의 평균값 I_{dc}는

$$I_{dc} = \frac{1}{\pi} \int_0^\pi i d(\omega t) = \frac{1}{\pi} \int_0^\pi I_m \sin \omega t \, d(\omega t) = \frac{I_m}{\pi} [-\cos \omega t]_0^\pi$$

$$= \frac{2}{\pi} I_m = \frac{2}{\pi} \frac{V_m}{r_f + R_L} \quad (r_f : \text{다이오드의 내부 저항}) \tag{8.13}$$

이므로, 직류 출력 전력 P_{dc}는 다음과 같이 된다.

$$P_{dc} = I_{dc}{}^2 R_L = \left(\frac{2}{\pi} I_m\right)^2 R_L = \left[\frac{2V_m}{(R_L + r_f)\pi}\right]^2 R_L$$

$$= \frac{4V_m{}^2 R_L}{\pi^2 (r_f + R_L)^2} \tag{8.14}$$

따라서, 전파 정류 회로인 경우에는 반파 정류 회로에 비하여 정류 전류는 2배, 전력은 4배로 증가함을 알 수 있다.

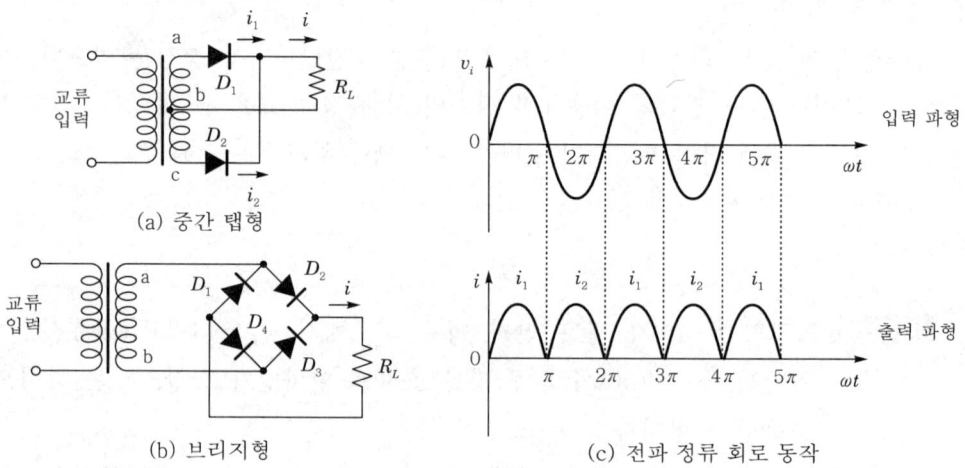

(a) 중간 탭형

교류 입력

D_1

D_2

R_L

(b) 브리지형

교류 입력

(c) 전파 정류 회로 동작

입력 파형

출력 파형

<그림 8-2> 단상 전파 정류 회로

(1) 중간 탭형 전파 정류 회로

〈그림 8-2〉 (a)에서 정현파 정(+)의 반주기 동안은 D_1이, 부(−)의 반주기 동안은 D_2가 통전되어 부하 저항 R_L에는 〈그림 8-2〉 (c)와 같은 파형의 전류가 흐르게 된다.

한편, 식 (8.1)에서 정의된 맥동률 γ는

$$\gamma = \sqrt{\left(\frac{I_m/\sqrt{2}}{2 \cdot I_m/\pi}\right)^2 - 1} = 0.483 \tag{8.15}$$

이 된다. 또한 정류 효율 η는 다음과 같다.

$$\eta = \frac{\text{직류 출력}(P_{dc})}{\text{교류 입력}(P_i)} \times 100[\%] = \frac{R_L \cdot I_{dc}{}^2}{(r_f + R_L) I_{rms}{}^2} \times 100$$

$$= \frac{R_L \cdot \left(\dfrac{2}{\pi} I_m\right)^2}{(r_f + R_L)\left(\dfrac{I_m}{\sqrt{2}}\right)^2} \times 100 = \frac{81.2}{1 + \dfrac{r_f}{R_L}} \, [\%] \tag{8.16}$$

즉, 정류 효율은 반파 정류 회로의 2배이며, 이론적으로 $r_f = 0$일 때 최대 81.2[%]이 된다.

예제 4 권선비가 $1:5$인 전원 변압기를 사용하여 1차 측 입력을 AC 115[V]를 가하고 단상 전파 정류시킬 때의 출력 전압의 평균값은 약 얼마인가?

풀이 전파 정류의 평균값은 $V_{dc} = \dfrac{2V_m}{\pi}$ 에서

$$V_{dc} = \frac{2 \times 115 \times 5 \times \sqrt{2}}{\pi} \fallingdotseq 517.8 \, [V]$$

(2) 브리지형 전파 정류 회로

〈그림 8-2〉(b)에서 a쪽이 (+)전위일 때는 D_2, D_4가 통전되고, b쪽이 (+)전위일 때는 D_1, D_3가 통전되어 〈그림 8-2〉(c)와 같이 부하 저항 R_L에는 같은 방향의 전류가 흐른다. 이와 같이 전파 정류 회로는 소형 변압기가 사용되고 변압기의 2차 측에서 양방향으로 전류가 흐르므로 변압기 이용률이 높아지며, 교류분도 적기 때문에 전원 회로에 많이 사용된다.

브리지 정류 회로는 중간 탭형에 비하여 변압기 2차 코일에 중간 탭이 필요하지 않고, 사용된 각 다이오드의 역내 전압(peak inverse voltage)이 출력 최대 전압 V_m밖에 안 되므로(중간 탭형은 $2V_m$), 고전압 정류 회로에 적합하다. 최근에는 브리지 다이오드가 많이 나와 있어, 이 소자 하나로 브리지형 전파 정류 회로를 구성할 수 있다. 또한 정류 효율이나 변압기 이용률도 브리지형이 우수하지만, 많은 다이오드가 필요하므로 값이 비싸다.

[3] 배전압 정류 회로

배전압 정류 회로는 입력 교류 전압에 비해 높은 출력 직류 전압을 얻고자 할 때, 또는 변압기를 사용하지 않고 상용 전원으로 배 이상의 직류 전압을 얻고자 할 때 사용할 수 있디. 이와 같은 배전압 정류 회로의 특징은 다음과 같다.

① 승압 변압기가 필요하지 않다.

② 높은 전압을 얻을 수 있다.

③ 큰 부하 전류를 흘릴 수 없다.

④ 큰 용량의 콘덴서를 사용하지 않으면 전압 변동률이 다소 나빠진다. 즉, 부하 저항의 변화에 따라 직류 출력 전압이 변한다.

⑤ 각 다이오드에 대한 PIV는 $2V_m$이다.

⑥ 맥동 주파수는 전파 정류형은 전원 주파수의 2배, 반파 정류형은 같다.

(1) 반파 정류형 배전압 정류 회로

〈그림 8-3〉 (a)에서 b쪽의 전위가 (+)이면 D_1이 통전하여 C_1의 최대 전압 $V_m = \sqrt{2}\,V$까지 충전된다. 다음에 (−)의 반주기일 때는 a쪽이 높아지므로, G_1의 충전 전압과 직렬로 되어 두 전압이 합해져서, D_2를 통해 C_2는 $2V_m = 2\sqrt{2}\,V$까지 충전된다. 따라서 C_2는 C_1보다 2배의 내압이 필요하고, D_1, D_2의 역내 전압은 각각 $2V_m$ 이상이어야 한다. 이것의 출력 파형은 그림 (b)와 같다.

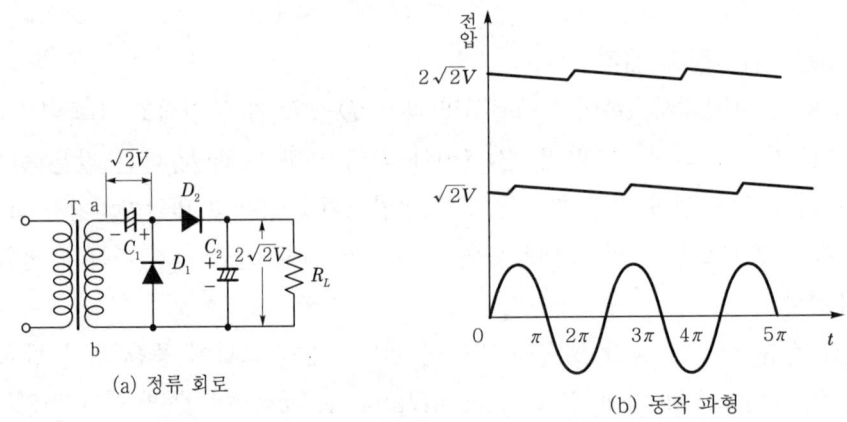

(a) 정류 회로

(b) 동작 파형

〈그림 8-3〉 반파 정류형 배전압 정류 회로와 파형

(2) 전파 정류형 배전압 정류 회로

〈그림 8-4〉 (a)에서 a쪽이 (+)일 때는 D_1이 통전하여 C_1은 $\sqrt{2}\,V$로 충전된다. 다음에 b쪽이 (+)로 되면 D_2가 통전하여 C_2도 $\sqrt{2}\,V$로 충전된다. 따라서, 부하 저항 R_L에는 C_1과 C_2의 전압이 합해진 $2\sqrt{2}\,V$의 전압이 나타난다. 이것의 출력 파형은 그림 (b)와 같다.

C_1과 C_2의 용량은 직렬이므로 같은 것이 좋고, D_1과 D_2의 역내 전압은 각각 $2V_m = 2\sqrt{2}\,V$ 이상이어야 한다.

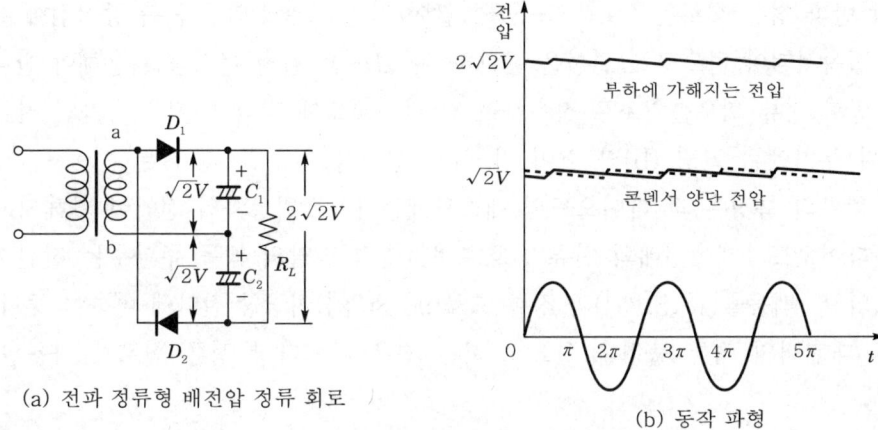

(a) 전파 정류형 배전압 정류 회로

(b) 동작 파형

<그림 8-4> 전파 정류형 배전압 정류 회로와 파형

[4] 3상 정류 회로

3상 정류 회로는 단상 정류 회로인 경우보다 맥동률이 작기 때문에 대전력용 직류 전원을 얻기 위한 정류 회로이다.

(1) 3상 반파 정류 회로

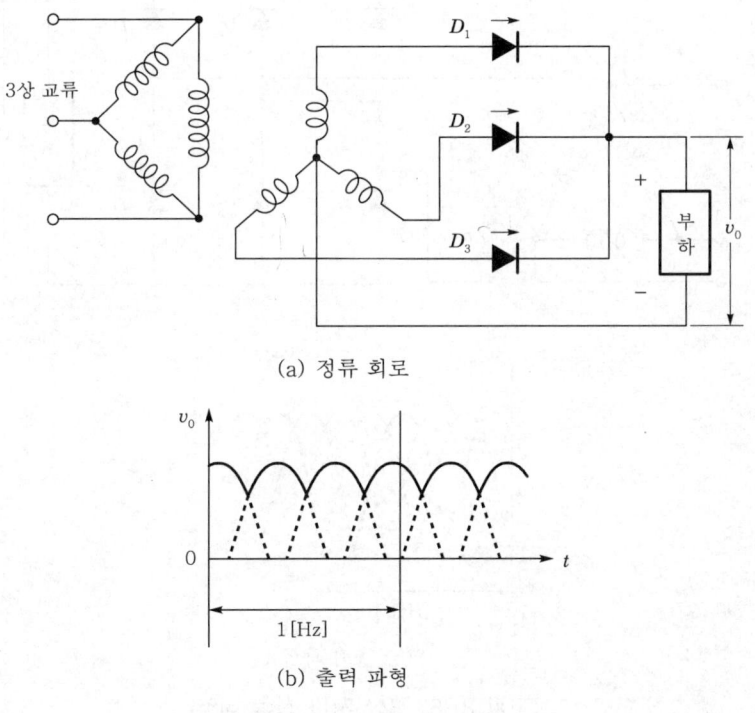

(a) 정류 회로

(b) 출력 파형

<그림 8-5> 3상 반파 정류 회로

3상 반파 정류 회로는 〈그림 8−5〉와 같이 전원 트랜스의 2차 측 중심점에 부하의 (−) 측을 접속시켜야 하므로 △결선은 곤란하며, $\varDelta - Y$ 결선 형식을 이용해야 한다. 이 것은 단상 반파 정류 회로를 3조로 접속하여 각 다이오드에 각각 120° 위상차인 전압이 가해짐으로써 부하에는 그림 (b)와 같이 각 상의 전압을 합성한 것이 된다.

이 회로의 특징은 각 다이오드의 애노드에는 120° 위상차의 전압이 가해지고, 부하 전류는 다이오드 1개에 3배의 전류가 흐르며, 출력 전압의 맥동 주파수는 전원 주파수의 3배가 되고, 맥동률(18.3[%])과 정류 효율(96.8[%])이 3상 전파에 비하여 좋지 않다는 것이다. 대전력의 직류 출력을 필요로 하는 경우에는 다상 정류 회로가 사용된다.

(2) 3상 전파 정류 회로

3상 전파 정류 회로는 〈그림 8−6〉과 같이 다이오드 6개를 단상 브리지 접속 모양으로 구성한 것이며, 대전력 송신기의 전원에 사용된다.

동작 원리는 어느 순간 m_1 상에 (+) 입력 전압이 가해진 경우 정류 전류는 D_1을 통하여 부하로 흐른 후 D_5와 D_6으로 분류하여 m_2와 m_3 상을 지나 m_1 상에 돌아온다. 다이오드 2개가 동시에 동작하여 부하와 직렬로 되며, 부하에는 3상 반파의 2배인 출력 정류 전류가 흐른다.

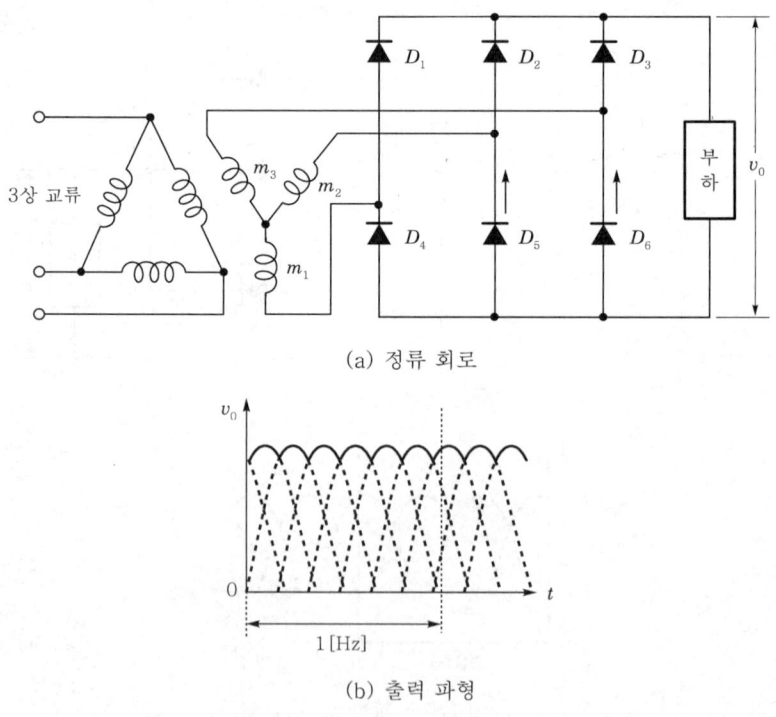

(a) 정류 회로

(b) 출력 파형

〈그림 8-6〉 3상 전파 정류 회로

이 회로의 특징은 출력 정류 전류가 크고, 출력 정류 전압의 맥동 주파수가 전원 주파수의 6배가 되며, 맥동률(4.2[%])과 정류 효율(99.8[%])이 매우 좋다는 것이다.

[5] 평활 회로

교류 전압을 정류기만으로 정류하면 출력에는 상당량의 교류 성분이 포함되어 있기 때문에 무선 기기의 전원으로 사용할 수 없게 된다. 그러므로 대용량의 콘덴서 C나 초크 코일 L을 이용해서 교류(맥동 ; ripple) 성분을 제거하고, 직류분만을 얻기 위해 사용되는 회로를 **평활 회로**(smoothing circuit) 또는 일종의 **저역 필터**(LPF) **회로**라고 한다.

실제로, 평활 회로를 사용하면 맥동을 줄일 수는 있으나 0으로 만들 수는 없기 때문에 사용되는 기기에 따라 허용 맥동률을 규정하고 있다.

평활 회로에는 콘덴서 입력형(condenser input-type)과 초크 입력형(choke input-type)이 있다.

(1) 콘덴서 입력형 평활 회로

콘덴서 입력형 평활 회로는 〈그림 8-7〉과 같이 정류기의 바로 뒤에 부하와 병렬로 콘덴서 C를 접속한 회로로서, 정류기의 애노드 측이 (+) 전위가 되어 애노드 전류가 흐를 때는 C_1, C_2가 충전되고, 다음 반주기 동안은 정류기에 전류가 흐르지 않으므로 C_1, C_2가 방전하게 된다. 한편, 초크 코일 L은 전류의 변화를 방해하므로 더욱더 평활이 좋아진다.

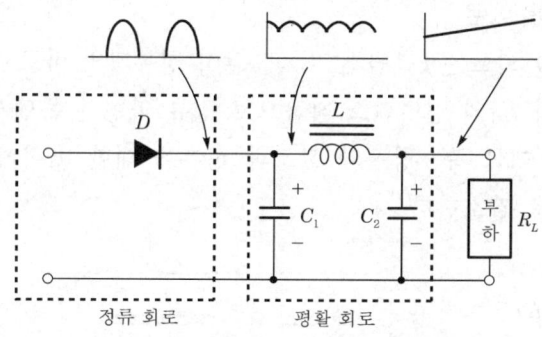

정류 회로　　　　　평활 회로

〈그림 8-7〉 콘덴서 입력형 평활 회로

이 회로의 출력은 거의 직류에 가까워지나 리플이 포함되어 있으며, C_1만 있을 경우 맥동률 γ는

$$\gamma = \frac{T}{2\sqrt{3}\,R_L C} \quad (\text{단, } T\text{는 콘덴서가 충전되는 주기})　　　(8.17)$$

가 되어, 맥동률은 R_L 또는 C가 증가할수록 감소되기 때문에 용량이 큰 콘덴서를 사용하여 맥동률을 낮게 해야 한다. 그리고 C_1, C_2, L이 있을 경우 맥동률 γ는

$$\gamma = \sqrt{2} \cdot \frac{X_{C1}}{R_L} \cdot \frac{X_{C2}}{X_L} \tag{8.18}$$

가 되고, 전원 주파수가 60[Hz]이면

$$\gamma = \sqrt{2}\,\frac{3300}{C_1 C_2 L R_1} \tag{8.19}$$

이 된다.

또한, 부하에 큰 전류를 사용하지 않을 경우 인덕턴스 L 대신 저항 R를 사용한다면 맥동률 γ는

$$\gamma = \sqrt{2}\,\frac{X_{C1} X_{C2}}{R R_L} \tag{8.20}$$

가 된다.

이 회로의 특징은 부하가 클 때 맥동률이 적고 출력 전압이 높다는 장점이 있으나, 전압 변동률이 나쁘고 다이오드에 흐르는 전류가 날카로운 펄스 모양이라는 단점이 있다. 일반적으로 소전력 수신기용에 많이 사용된다.

(2) 초크 입력형 평활 회로

초크 입력형 평활 회로는 〈그림 8-8〉과 같이 정류기의 바로 뒤에 초크 코일 L이 직렬로 접속된 회로로서 L_1의 인덕턴스 작용으로 정류 파형은 콘덴서 입력형보다 평탄해지고 C_1, C_2는 직류에 대한 충·방전과 고조파 성분에 대한 바이패스(bypass) 역할을 하게 되어 맥동률은 더욱 감소한다.

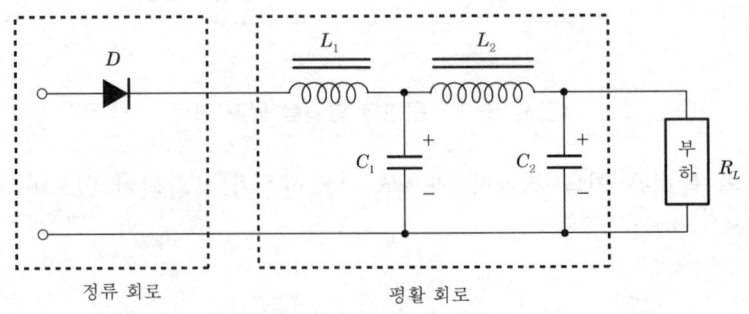

〈그림 8-8〉 초크 입력형 평활 회로

즉, 정류 전압이 L_1에 걸리면 코일이 역전압에 의해 전압이 상승하여 전류는 감소하고 전압이 저하되면 전류는 증가하게 되므로 정류기에는 충격 전류가 흐르지 않고 부하에는 거의 직류에 가까운 정류 전압이 얻어진다. 또한 입력 측에 L_1을 연결하여 내부 저항이 낮은 정류기를 사용할 때 과전류나 역전압의 발생 등을 방지할 수 있다.

한편, 초크 입력형 평활 회로의 맥동률 γ는 L_1만이 있을 경우

$$\gamma = \frac{1}{3\sqrt{2}} \cdot \frac{R_L}{\omega L} \tag{8.21}$$

로 되어, 맥동률이 인덕턴스에 반비례하고 부하 저항 R_L이 작을수록, 즉 부하 전류가 클수록 맥동률은 작아진다.

또한, L_1과 C_1만 있을 경우 맥동률 γ는

$$\gamma = \frac{\sqrt{2}}{3} \cdot \frac{X_{C1}}{X_{L1}} = \frac{\sqrt{2}}{3\omega^2 LC} \tag{8.22}$$

로 되어 부하 저항 R_L에는 무관하고, L_2와 C_2가 연속될 경우에는

$$\gamma = \frac{\sqrt{2}}{3} \cdot \frac{X_{C1}}{X_{L1}} \cdot \frac{X_{C2}}{X_{L2}} \tag{8.23}$$

로 된다.

이 회로의 특징은 맥동률이 작고 전압 변동률은 좋으나, 초크 코일 L_1에 의한 전압 강하로 출력 전압이 저하된다는 단점이 있으며, 대전력 송신기에 적합하다.

콘덴서 입력형과 초크 입력형을 비교하면 〈표 8-1〉과 같다.

〈표 8-1〉 콘덴서 입력형과 초크 입력형의 비교

항 목	콘덴서 입력형	초크 입력형
1. 첨두 정류 전류	매우 크다.	별로 크지 않다.
2. 출력 직류 전압	입력 교류의 첨두치와 거의 같다.	콘덴서 입력형보다 낮다.
3. 전압 변동률	별로 좋지 않다.	콘덴서 입력형보다 좋다.
4. 첨두 역전압	상당히 높다.	콘덴서 입력형보다 낮다.
5. 맥동률	부하 저항이 클수록 좋다.	부하 저항이 작을수록 좋다.
6. 부하 전류의 크기	대전류에는 곤란하다.	대전류에 적합하다.
7. 사용 정류기	주로 2극관(반도체 정류기)	어느 것에나 사용할 수 있다.
8. 적용 정류 회로	모든 회로 방식에 사용(주로 단상에 사용)된다.	단상 반파, 배전압 이외의 방식에 사용된다.
9. 가격	싸다.	비싸다.

 **정전압 전원 회로**

일반적인 직류 출력 전압이 변동되는 주요 원인은 다음과 같다.
① 부하의 변동에 따른 직류 출력 전류의 변화
② 교류 입력 전압의 변동에 따른 정류된 직류 전압의 변동
③ 온도에 의한 회로 소자의 특성 변화

이러한 원인들에 의한 직류 출력 전압의 변동을 제거하는 데는 그 것들의 원인 자체를 제거하는 것이 좋으나 실제로는 쉽지가 않다. 따라서 〈그림 8-9〉와 같이 정류 회로의 종단에 전압 안정 회로를 접속하여 직류 전압의 변화를 보상해 주는 방법을 이용하게 된다. 이렇게 전압 안정 회로를 포함한 정류 회로의 장치를 **정전압 전원**이라고 한다.

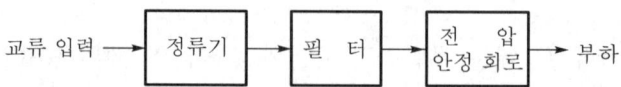

<그림 8-9> 전압 안정 회로를 가진 정전압 전원의 구성도

직류 출력 전압 V_0는 입력 전압 V_i, 부하 전류 I_L과 온도 T의 함수이다. 즉,

$$V_0 = f(V_i, \ I_L, \ T) \tag{8.24}$$

$$\Delta V_0 = \frac{\partial V_0}{\partial V_i} \Delta V_i + \frac{\partial V_0}{\partial I_L} \Delta I_L + \frac{\partial V_0}{\partial T} \Delta T \tag{8.25}$$

여기서

$$\frac{\Delta V_0}{\Delta V_i} \bigg| \begin{array}{l} \Delta I_L = 0 \\ \Delta T = 0 \end{array} = S_V, \quad \frac{-\Delta V_0}{\Delta I_L} \bigg| \begin{array}{l} \Delta V_i = 0, \\ \Delta T = 0 \end{array} \quad \frac{\Delta V_0}{\Delta T} \bigg| \begin{array}{l} \Delta V_i = 0 \\ \Delta I_L = 0 \end{array} = S_T$$

이며, S_V를 **전압 안정 계수**, R_0를 **출력 저항**, S_T를 **온도 안정 계수**라고 한다. 그러므로 식 (8.25)를

$$\Delta V_0 = S_v \Delta V_0 - R_0 \Delta I_L + S_T \Delta T \tag{8.26}$$

와 같이 나타낼 수 있다. 따라서 안정화 회로는 식 (8.26)의 계수, 즉 S_V, R_0, S_T를 되도록 작게 하여 설계한다.

2.1 직렬형 정전압 회로

직렬형 정전압 회로는 정전압 전원 회로에서 가장 널리 사용되는 회로로, 제어용 트랜지스터가 부하와 직렬로 접속되어 있다. 〈그림 8-10〉 (a)는 직렬형 정전압 회로의 구성도이고, (b)는 기본 회로도이다.

검출부는 출력 전압의 일부를 검출하여 기준 전압과 비교해 차신호를 증폭한 다음 제어부에 보내고 출력이 일정하게 유지되도록 제어한다. 그림 (b)에서 V_S가 변동하거나 R_L이 변동하여 V_0가 증가하면 TR의 이미터와 베이스 사이의 전위차(역바이어스)가 커진다. 따라서 TR의 이미터와 컬렉터 사이의 내부 저항이 증가하여 V_0의 증가분을 억제시킴으로써 출력 전압을 일정하게 유지한다.

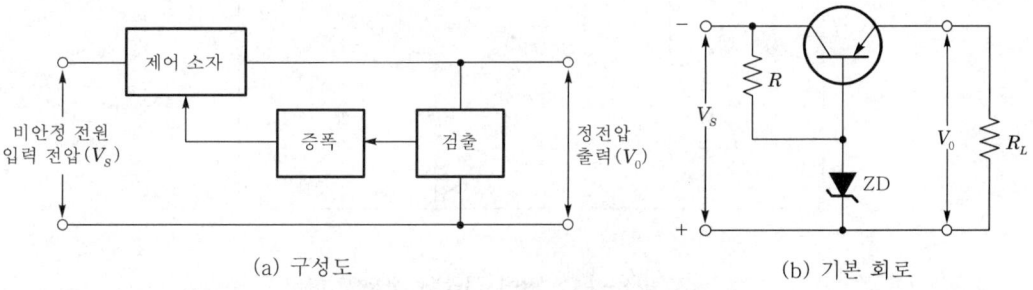

(a) 구성도   (b) 기본 회로

〈그림 8-10〉 직렬형 정전압 회로

직렬형 정전압 회로의 특징은 다음과 같다.
① 효율이 좋다.
② 출력 전압의 넓은 범위에서 쉽게 설계될 수 있다.
③ 증폭단을 증가시킴으로써 출력 저항 및 전압 안정 계수를 매우 작게 할 수 있다.

〈그림 8-11〉은 출력 전압을 가변할 수 있는 직렬형 정전압 회로이다. 이 회로에서 출력 전압 V_0의 일부인 검출 전압 $V_D = R_2 V_0/(R_1 + R_2)$를 기준 전압 V_Z와 비교하여 그 차전압 $V_D - V_Z$를 Q_2로 한번 증폭하여 Q_1의 베이스에 가한다. 입력 전압 V_S가 증가하면 V_0도 증가한다. 그러면 이 미소한 증가분이 Q_2의 베이스에 가해져 Q_2의 V_{BE2}가 증가하여 Q_2의 컬렉터 전류가 크게 증가하므로 R_3에 흐르는 전류를 크게 하면 R_3 양단의 전압 강하(Q_1의 $V_{CB1} \approx V_{CE1}$)는 커진다.

그리고 Q_1의 베이스 전압이 내려가고 베이스 전류가 감소하므로 Q_1의 내부 저항이 증가한다. 즉, 출력 전압 V_0의 미소한 변화가 Q_1의 V_{BC}에 큰 변화를 초래하고 Q_1의 컬렉터 전압을 증감시켜서 V_0의 변화를 완전히 보상한다. 따라서 V_S의 변화는 V_{CE1}의 증가로시 나타나며 출력 전압은 일정하게 유시된다. 이 회로의 직류 출력 전압은

$$V_0 = V_Z + V_{BE2} + \frac{R_1}{R_1 + R_2} V_0$$

$$\therefore \quad V_0 = (V_Z + V_{BE2})\left(1 + \frac{R_1}{R_2}\right) \tag{8.27}$$

이 된다.

이 출력 전압은 가변 저항(R_1/R_2)의 비로 조정할 수 있다.

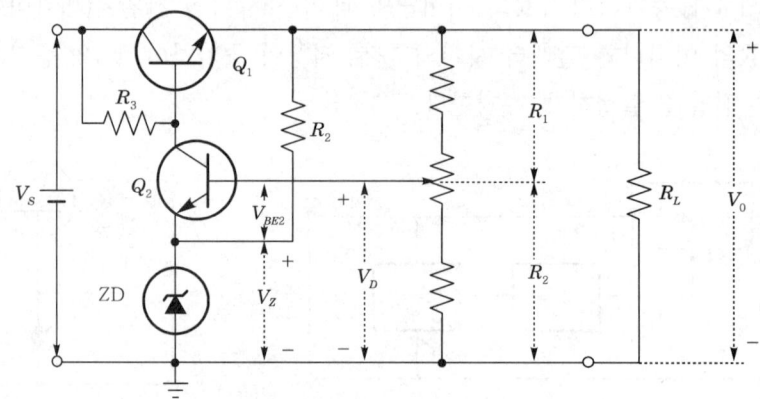

<그림 8-11> 가변 직렬형 정전압 회로

2.2 병렬형 정전압 회로

병렬형 정전압 회로는 제어용 트랜지스터(가변 임피던스) 소자를 부하와 병렬로 접속한
것이다.

<그림 8-12> (a)는 병렬형 정전압 회로의 구성도이고, (b)는 기본 회로도이다. 그림
(b)의 회로에서 R_2는 제너 다이오드 ZD를 적당한 동작점에 바이어스하기 위한 저항이고,
R_1은 직렬 안정 저항 및 출력 전압의 변동분을 분담하여 보상하는 저항이다.

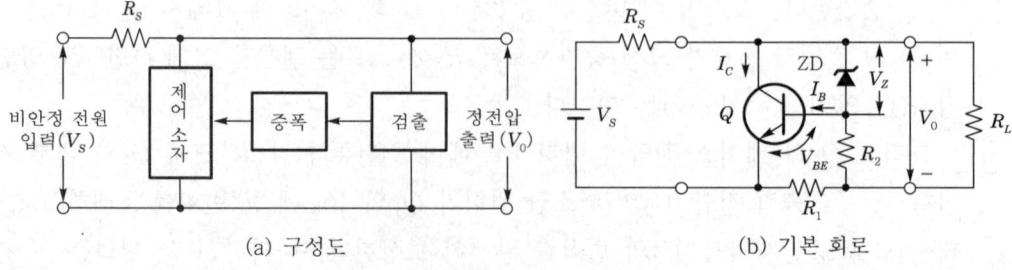

(a) 구성도　　　　　　　　(b) 기본 회로

<그림 8-12> 병렬형 정전압 회로

이 회로의 출력 전압 V_0는 $V_Z + V_{BE}$로서 주어지며 가변할 수 없다. 또한 전원 전압 V_s 또는 부하 R_L의 변동에 의해 출력 전압 V_0가 감소하면 베이스와 컬렉터 사이의 전압 V_{BC}는 ZD에 의해 일정하게 유지된다. 이 때 베이스와 이미터 사이의 전압 V_{BE}(순방향 바이어스)가 감소되어 베이스 전류 I_B가 감소한다. 따라서 이미터 전류 I_E가 감소되고 R_1의 전압도 감소되어 V_0의 감소가 보상되므로 V_0는 일정하게 유지된다.

병렬형 정전압 회로의 장점은 출력 단자가 단락(short)되어도 트랜지스터에 과전류가 흐르지 않아 파괴되는 일이 없다는 것이다. 그러나 다음과 같은 단점이 있다.

① 효율이 나쁘다.

② 출력 전압은 트랜지스터의 내압을 넘지 못한다.

③ 출력 전압이 고정되어 있다.

④ 부하의 변동폭을 크게 할 수 없다.

〈그림 8-13〉은 출력 전압을 가변할 수 있는 병렬형 정전압 회로이다. 그림에서 저항 R_1, R_2를 흐르는 전류가 Q_1의 베이스 전류에 비하여 훨씬 크다고 가정하면, 베이스 전압은 $R_2 V_0 / (R_1 + R_2)$이므로

$$\frac{R_2}{R_1 + R_2} V_0 = V_{BE} + V_Z \qquad\qquad (8.28)$$

의 관계식이 성립된다. 따라서 출력 전압 V_0는

$$V_0 = \frac{R_1 + R_2}{R_2} (V_{BE} + V_Z) \qquad\qquad (8.29)$$

이므로, 가변 저항 V_R의 가변 접점의 위치를 변화시키면 출력 전압을 변화시킬 수 있다. 이 때 다이오드는 기준 전압(reference voltage)을 결정하고, 다이오드를 흐르는 전류는 Q_1의 이미터 전류이다.

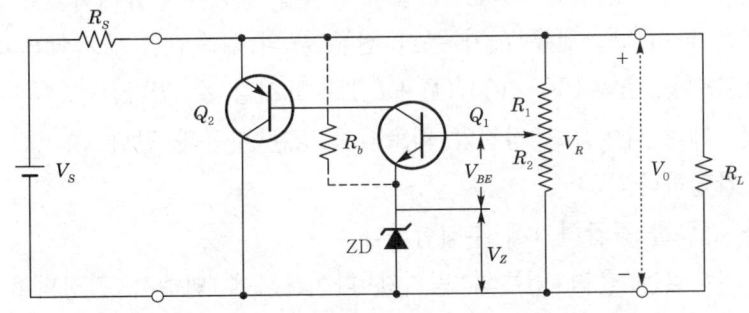

〈그림 8-13〉 가변 병렬형 정전압 회로

그리고 전압 변동에 따라 이 전류가 변화하여 기준 전압 V_Z가 변화될 우려가 있다. 그러므로 저항 R_b를 접속하여 다이오드 전류가 Q_1의 이미터 전류보다 훨씬 크게 되도록 하는 것이 바람직하다.

2.3 제너 다이오드 정전압 회로

제너 다이오드(zener diode ; 정전압 다이오드)를 이용한 정전압 회로는 〈그림 8-14〉와 같이 제너 다이오드(ZD)의 정전압 특성을 이용한 가장 간단한 정전압 회로이다.

이 회로의 동작 원리는 ZD의 역방향 영역(정전압 특성 영역)에서 동작할 때 다이오드 전류 I_Z에 관계없이 다이오드 전압 V_Z를 일정하게 유지한다. 입력 전압 V_S가 증가하면 I_S가 증가하여 I_Z와 I_L이 증가한다. 그러나 다이오드의 단자 전압은 일정하므로 I_L이 증가되지는 않는다. 이것은 I_S의 증가가 전부 I_Z의 증가로 된다는 것을 의미한다. 즉, 다이오드의 입력 전압의 증가에 따르는 전류의 증가를 흡수함으로써 출력 전류를 일정하게 유지시키는 역할을 한다는 것이다. 따라서 입력 전압의 변화는 다이오드의 동작점을 변화시킬 뿐, 출력 전압에는 아무런 영향을 주지 않는다.

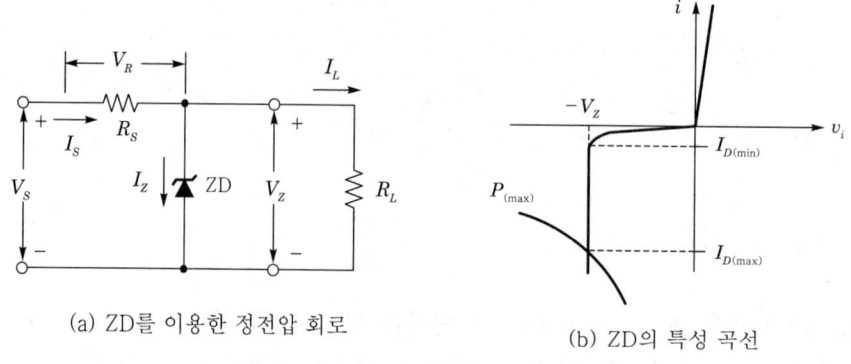

(a) ZD를 이용한 정전압 회로   (b) ZD의 특성 곡선

〈그림 8-14〉 제너 다이오드 정전압 회로

한편, 부하 저항 R_L이 증가했을 때 출력 전압을 일정하게 유지하려면 I_L을 감소시켜야 한다. 이것은 다이오드 전류 I_Z가 부하 전류 I_L의 감소만큼 증가함으로써 이루어진다. 여기서, $V_R \geq V_Z$, $R_S = (V_S - V_Z)/(I_Z + I_L)$로 표시할 수 있다.

이와 같은 제너 다이오드 정전압 회로의 특징은 다음과 같다.
① 구조가 간단하다.
② 큰 부하 전류를 공급하기에 부적합하다.
③ 제어할 수 있는 출력 전류의 범위가 다이오드에 의해서 결정되며 I_L의 변동폭은 $I_{D(\max)} - I_{D(\min)}$을 넘지 못한다.

④ 출력 전압은 다이오드에 의해서 결정되며 가변할 수 없다.

⑤ 안정 계수의 값이 불충분하다.

2.4 IC를 사용한 정전압 회로

정류 회로는 같으나 정전압 회로 부분에 IC를 사용한다. 정전압 IC 회로는 3단자용과 4단자용이 있다. 3단자용은 (+) 또는 (−) 전용으로 입력 단자(input), 출력 단자 (output) 및 공통(접지) 단자(common or ground)로 구성되어 있고, 4단자용은 출력 전압을 제어할 수 있는 제어 단자(control)가 첨가된 것이다.

〈그림 8−15〉(a)는 3단자용 정전압 IC 회로이며, 그림 (b)와 같이 회로 요소가 모두 그 내부에 포함되어 있고 외부에는 몇 개의 C, R만을 부가함으로써 회로를 구성할 수 있다. 실용 전원 회로는 정전압 제어, 정전류 제어, 잡음 필터 등의 기능을 가지고 있으며, 열의 영향을 억제하기 위해 비교 증폭기는 차동 증폭 회로를 사용하고 있다.

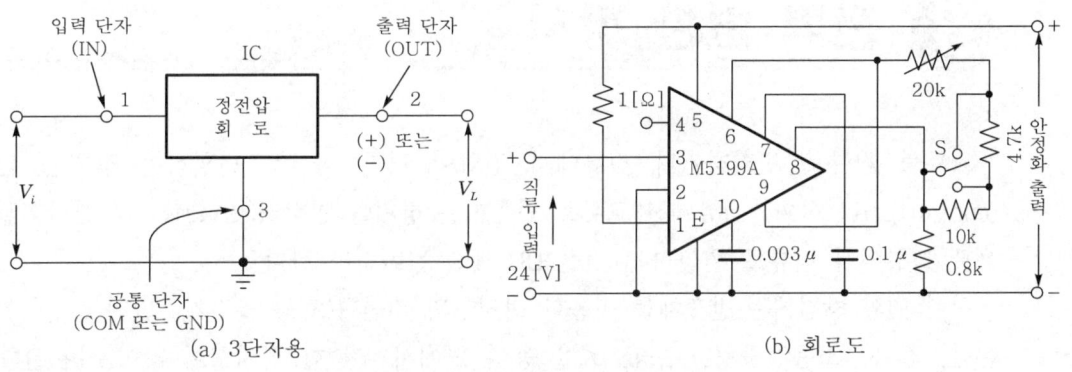

(a) 3단자용   (b) 회로도

〈그림 8−15〉 정전압 IC 회로

2.5 SCR을 사용한 정전압 회로

SCR(silicon controlled rectifier)을 사용한 정전압 회로는 〈그림 8−16〉과 같다. 이 회로는 정류 출력을 사이리스터(thyristor)에 가하고 그 통전 기간을 제어함으로써 안정된 직류 출력을 얻는다. SCR은 전파 정류 파형을 인가하면 그림 (b)와 같이 게이트 펄스의 위치에 따라 통전을 개시하는 위상이 달라지며, 조속히 게이트할수록 출력 전압은 높아진다. 따라서 DC 출력이 저하되면 게이트 펄스의 위상이 빨라지도록 동작시킴으로써 출력 전압을 높게 한다. 이와 같은 원리를 이용해 출력 전압을 안정화시킬 수 있다.

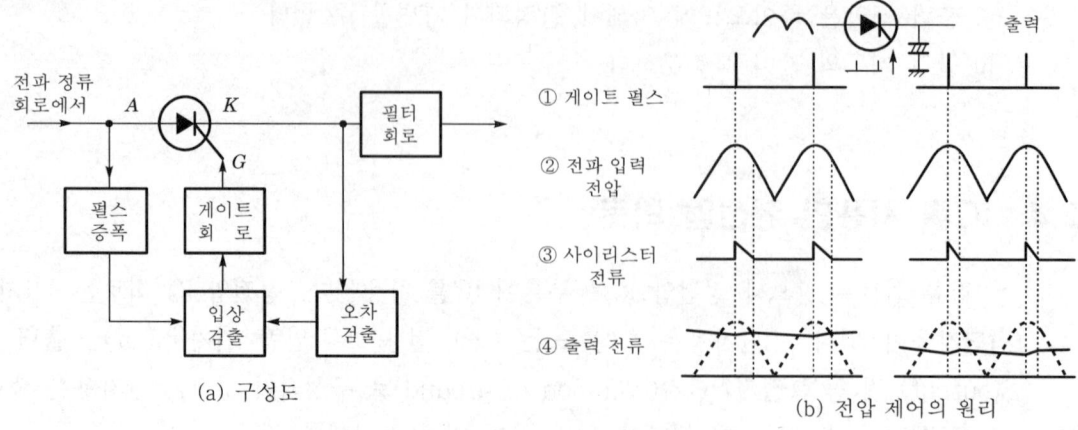

(a) 구성도   (b) 전압 제어의 원리

〈그림 8-16〉 SCR을 사용한 정전압 원리

③ 전력 변환 장치

교류를 직류로 변환하거나 직류에서 전압이 다른 직류로 변환하는 장치를 **컨버터** (converter)라 하며, 직류에서 교류로 변환하는 장치를 **인버터**(inverter)라 한다. 일반적으로 직류에서 직류로 변환하는 것을 **DC-DC 컨버터**라 한다.

전력 변환 방법에는 반도체를 이용한 정지형과 회전형(전동 발전기, 발전동기 등)이 있는데, 잡음, 소음, 중량, 수명, 효율 등의 면에서 우수한 정지형이 많이 사용된다.

여기에서는 대표적인 전력 변환 장치에 대하여 설명한다.

3.1 인버터

인버터는 직류 전력에서 교류 전력을 얻는 장치로, 〈그림 8-17〉에 그 원리도를 나타내었다. 변압하기 위한 트랜스 T는 직류로 사용할 수 없기 때문에 어떠한 방법으로든 직류를 교류로 변환해야 한다. 따라서 스위칭을 사용하여 1차 권선의 전류 방향을 변화시키거나 발진기를 사용해야 한다.

직류 전원으로 구동되는 발진기를 사용하면 1차 권선에 교류가 발생하기 때문에 T로 변압할 수 있고, 2차 권선에서 희망하는 전압의 교류 전력을 얻을 수도 있다. 또, 발진기

도 일종의 전자 스위치라고 생각할 수 있고 트랜지스터나 사이리스터가 사용된다.

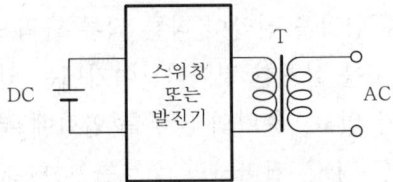

<그림 8-17> 인버터의 원리

〈그림 8-18〉 (a)는 푸시풀형의 발진기를 사용한 인버터의 회로를 나타낸 것이다. 그림 (b)는 각 부의 파형이다. i_{c1}, i_{c2}가 교대로 트랜스 T의 1차 권선 N_2, N_3에 역방향으로 흐르기 때문에 T에서 승압 또는 강압할 수 있다. 출력 전압 v_0는 $(N_5/N_2)V_{CC}$로 되어 파형은 그림 (b)와 같은 구형파가 된다. D 및 R은 발진을 용이하게 하기 위한 바이어스용이다. v_0를 정현파로 하기 위해서는 v_0를 L과 C로 구성되는 LPF에 가해 고조파를 제거해야 한다. 이러한 인버터를 **Royer 회로**라고도 한다. 그 밖에 싱글 인버터, 브리지형 인버터 등이 있으며, 구동 신호를 외부에서 가하는 타려식도 있다.

이와 같은 정지형 인버터의 효율은 80[%] 정도로, 효율이 높다.

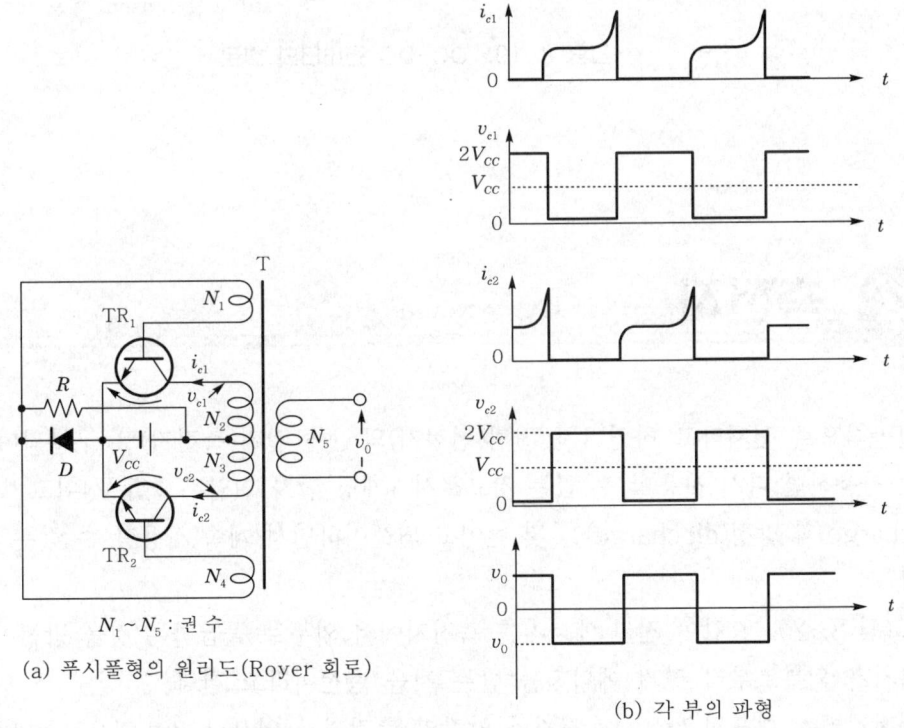

(a) 푸시풀형의 원리도(Royer 회로)

(b) 각 부의 파형

<그림 8-18> 인버터의 회로

3.2 DC-DC 컨버터

DC-DC 컨버터는 직류 입력을 전압이 다른 직류 출력으로 변환시키는 장치이며, 인버터에 정류 회로와 평활 회로를 설치한 것이다. 여기에는 입력의 직류(전지) 전압을 승압하는 경우와 강압하는 경우가 있고, 출력의 일부를 입력에 부귀환하여 안정화시키는 경우도 있다. 〈그림 8-19〉는 DC-DC 컨버터의 회로를 나타낸 것이다.

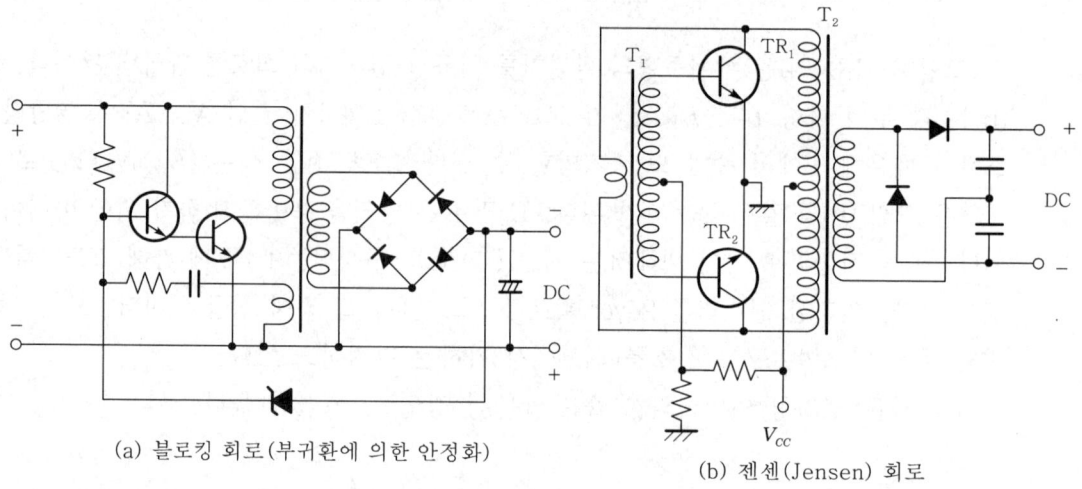

(a) 블로킹 회로(부귀환에 의한 안정화)

(b) 젠센(Jensen) 회로

〈그림 8-19〉 DC-DC 컨버터의 회로

 **축전지**

일반적으로 **전지**라고 하면 1차 전지(건전지)와 2차 전지(축전지)로 구분되며, 전자는 한번 사용하면 다시 사용할 수 없는 것으로서 1개당 단자 전압은 1.5[V]이고, 후자는 충전(charge)과 방전(discharge)을 몇 번이고 되풀이하면서 계속 사용할 수 있는 전지를 말한다.

〈그림 8-20〉과 같이 전기 에너지를 축전지에서 외부로 공급하는 것을 **방전**이라 하고, 축전지가 외부로부터 전기 에너지를 받는 것을 **충전**이라고 한다.

축전지에는 대표적으로 납축전지와 알칼리 축전지가 있으나 일반적으로는 납축전지가 널리 사용되고 있다.

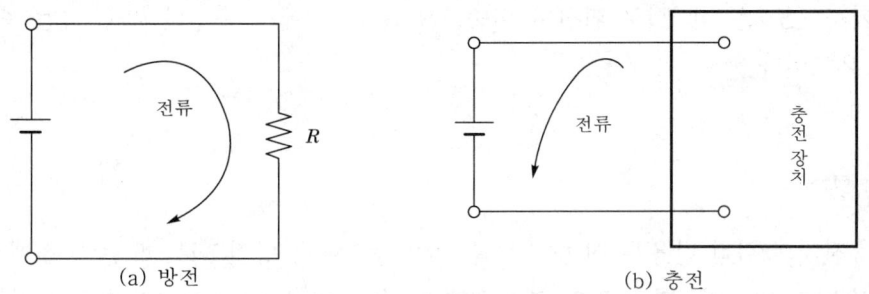

(a) 방전	(b) 충전

<그림 8-20> 충·방전

4.1 납축전지

[1] 구조

납축전지의 구조는 〈그림 8-21〉과 같이 양극판에는 이산화납(PbO_2)을, 음극판에는 순납(Pb)을 사용하고, 묽은 황산(H_2SO_4)을 비중 약 1.23 정도 넣은 것으로서 음극과 양극에 DC 발전기를 연결하여 충전하고 부하를 연결하여 방전시킨다.

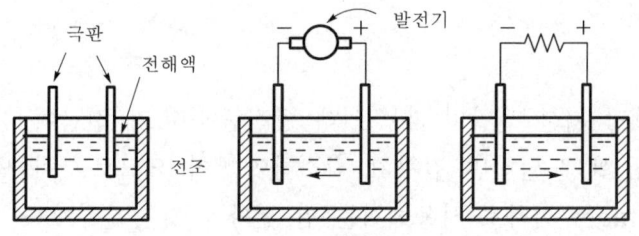

<그림 8-21> 납축전지의 구조

겨울철의 결빙을 방지하기 위해서는 묽은 황산의 비중을 높이고, 양극과 음극의 접촉을 방지하기 위하여 격리판(separator)으로 막아야 한다.

전해액은 진한 황산에 증류수를 섞어서 그 농도를 27~39[%](비중 1.2~1.3)로 만든 묽은 황산을 사용한다.

전해액으로 사용되는 묽은 황산은 무색, 무취의 투명한 액체로서 그 비중은 온도가 높으면 커지고 온도가 낮으면 작아지는데, 매 1[℃]에 대한 비중의 차이는 0.0007이다. 이 것은 용액이 20[℃]일 때의 비중을 표준으로 한 것으로, t[℃]일 때의 비중을 측정하여 20[℃]의 비중으로 환산하면 다음과 같은 식을 얻을 수 있다.

$$S_{20} = S_t + 0.0007(t - 20) \tag{8.30}$$

여기서, S_{20}은 20[℃]로 환산한 비중, S_t는 t[℃]에서 측정된 비중, t는 측정 시의 전해액 온도이다.

[2] 화학 반응

납축전지의 화학 반응은 식 (8.31)과 같이 충전에서 방전으로, 또는 방전에서 충전으로 변화시킬 수 있으며, 단지 전기 분해로 인한 수소 및 산소 가스의 기화로 인하여 증류수를 보충하기만 하면 된다.

$$PbO_2 + 2H_2SO_4 + Pb \xrightarrow[충전]{방전} PbSO_4 + 2H_2O + PbSO_4 \qquad (8.31)$$

  (양극) (전해액) (음극)   (양극)   (물)   (음극)

따라서 축전지가 방전되면 양극과 음극이 황산납($PbSO_4$)이 되고 물이 생기므로 극판색과 전해액 농도가 달라진다. 그리고 충전되면 (+) 극판은 적갈색이 되고 음극판은 회백색이 되며 전해액의 비중은 높아진다.

한편, 축전지가 완전히 충전되면 개당 단자 전압은 약 2.4[V] 정도가 되는데 온도가 상승하면 기전력도 높아진다. 평균 온도 계수는 0.000398[V/℃] 정도가 된다.

[3] 규 격

축전지는 1개당 기본 전압이 2[V]인데 방전됨에 따라 전압이 강하하여 어느 값(즉, 방전 정지 전압)에 도달하면 갑자기 감소하여 0이 되므로, 이 방전 정지 전압(final discharge voltage) 이하로 사용해서는 안 된다.

(1) 용량(capacity)

축전지의 용량은 방전 정지 전압(고정용은 1.8[V], 이동용은 1.7[V] 정도)에 도달할 때까지 낼 수 있는 전기량을 말하는 것으로 암페어시(Ah)와 와트시(Wh)로 표시하는데, 전자는 방전 전류와 방전 시간의 곱이고, 후자는 암페어시와 방전 평균 전압의 곱이다. 따라서 축전지의 방전 전류에 따른 용량 변화는 방전 전류가 크면 용량이 저하되는 것을 나타내고 방전 전류가 작을수록 효율적이다.

한편, 축전지의 용량은 극판의 면적이 넓고 두께가 두꺼우며 다공도가 클수록, 또 전해액의 농도가 높고 온도가 높을수록 커짐을 알 수 있다. 또한 면적을 넓게 하는 방법으로는 극판 수를 많게 하면 되고 전해액의 비중은 1.2~1.3 정도가 적당하며 지나치면 격리판에 손상을 줄 염려가 있다.

(2) 효율(efficiency)

축전지의 효율은 완전 충전된 축전지를 방전시켜 방전 정지 전압에 도달할 때까지 뽑아 쓴 전기량과 이것을 다시 완전 충전하는 데 필요한 전기량과의 비로 표시한다. 보통 이 전기량의 비를 **암페어시 효율**이라고 하며 방전율, 온도, 경년 등에 따라 다르다. 효율은 일반 축전지에서는 86~90[%] 정도이고, 알칼리 축전지에서는 75~80[%] 정도이다.

(3) 시간율(time rate)

축전지의 용량은 그 방전 시간에 따라 달라지며 일반적으로 10시간 동안의 방전 전류로 표시하는데, 이것을 **방전 시간율**이라고 한다.

4.2 충전 방식과 종류

[1] 충전 방식

축전지의 충전 요령은 축전지가 방전 정지 전압까지 내려갔을 때 〈그림 8-22〉와 같이 회로를 연결하고, 가변 저항기를 조정하여 충전 전류가 규정치로 유지되도록 조정하여야 한다.

충전 전류는 3시간율을 최대로 하고 20시간율을 최소로 하며 보통 10시간율에 의한 것이 이상적이다. 충전되는 동안 전지의 단자 전압, 전해액의 비중, 가스의 발생 상황 등을 검사하여 충전 완료 상태가 되면 전원 스위치를 끊는다.

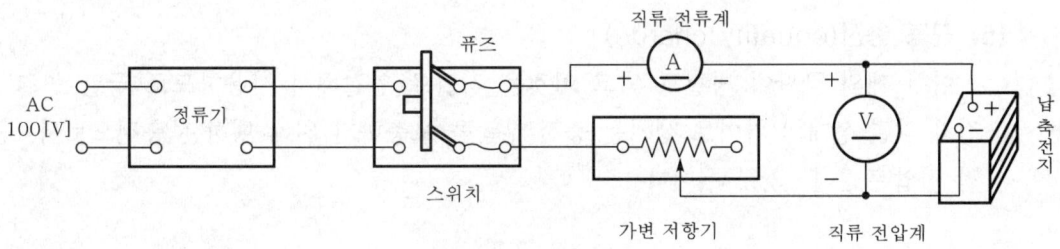

〈그림 8-22〉 충전 방식

[2] 충전 종류

(1) 초충전(initial charge)

축전지를 제조한 후 최초로 행하는 충전을 말하며, 10시간율 전류의 20~30[%]의 적은 전류로서 70-80시간 동안 충전된다.

초충전할 때 주의할 사항으로는 극판의 단락, 절연 불량, 접속 여부 등을 충분히 살핀 다음 충전을 시작하여 일정한 시간마다 전압, 비중, 온도를 측정 기록하여 정상 상태를 확인하여야 한다.

(2) 평상 충전(normal charge)

규정된 충전 전류로, 충전 시의 단자 전압이 소정의 값에 도달하고 또 전해액의 비중이 소정의 값으로 되어 더 이상 변화되지 않을 때까지 행하는 보통 충전 방식을 말한다.

(3) 속충전(quickly charge)

급속히 충전할 경우 축전지 단자 전압이 2.4[V]에 도달할 때까지는 평상 충전 전류의 2배로 충전하고, 그 이후는 평상 충전 전압으로 충전하는 방식이다.

(4) 과충전(over charge)

축전지의 극판에 백색 황산납이 생겼을 때 그것이 경미하면 평상 충전이 끝난 다음 충전 전류를 1/2 정도로 줄여서 계속 충전함으로써 전해액 속에 생기는 기포로 백색 황산납을 씻어 내리는 충전 방식이다.

과충전을 요하는 경우로는 규정 용량 이상으로 방전하였거나 방전 후 즉시 충전하지 않았을 때 또는 축전지를 오랫동안 사용하지 않았거나 극판에 백색 황산납이 생겼을 때 주로 행하며, 매일 충·방전을 행하는 전지는 매월 1회 정기적으로 행하고 가끔 충·방전을 시키는 전지는 매월 2회 정기적으로 과충전을 행하는 것이 좋다.

(5) 균등 충전(equality charge)

여러 개의 극판이 병렬로 되고 이것을 직렬로 연결해서 사용하므로 극판 연결 상태나 전지 연결 상태의 차이로 생기는 충전 부족을 보충하기 위해 행하는 충전으로서, 균등 충전 전압은 2.4~2.5[V]이다.

(6) 부동 충전(floating charge)

〈그림 8-23〉과 같은 부동 방식에서 전지를 충전기에 접속하고 여기에 부하를 병렬로 연결하여 충전과 방전을 동시에 행하는 방식으로서, 표준 부동 충전 전압은 2.15~ 1.17[V]가 가장 좋다. 즉, 축전지와 부동기(정류기 또는 직류 발전기)를 병렬로 접속함으로써 평상시에는 부동기에서 부하 전류를 공급하고, 정전 시에는 축전지에서 부하 전류를 공급하는 전원 공급 방식이다.

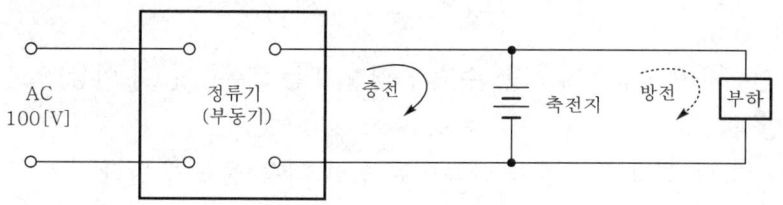

<그림 8-23> 전원 부동 방식

부동 방식의 종류는 다음과 같다.

- 단순 부동 방식 : 부동기의 전압을 일정하게 조정해 놓고 부하 전류가 증가하면 축전지로부터의 방전이 증가하고, 부하 전류가 감소하면 축전지에 충전 전류가 흘러서 방전을 보상하는 방식이다.
- 정밀 부동 방식 : 부하는 항상 부동기에서 공급하고, 부동기의 출력 측에 있는 자동 전압 조정 장치에 의해 충전을 행하는 방식이다.
- 부분 부동 방식 : 부동 시간을 제한하여 부동하는 방식으로, 축전지와 정류기를 병렬로 접속하여 부하 전류는 주로 정류기에서 공급하는 방식이다.
- 전 부동 방식 : 24시간 연속해서 부동하는 방식으로, 축전지를 항상 충전 상태로 하고 모든 부하 전류를 정류기만으로 공급하는 방식이다.

이러한 부동 방식은 교류 전원으로부터 정류기를 통하여 정류되는 축전지를 동시에 부하에 병렬로 공급하는 방식으로서 축전지를 단독으로 사용할 때와 비교해 다음과 같은 특징을 갖는다.

① 축전지의 수명이 길어진다.
② 축전지의 용량이 비교적 적어도 된다.
③ 정류기에 맥동이 포함되어 있어도 축전지가 흡수하여 맥동률을 좋게 한다.
④ 부하에 대한 전압 변동이 적고 직류 출력 전압이 안정하다.
⑤ 안정성이 있고 보수가 용이하다.
⑥ 이동용 무선 기기의 전원 설비, 전화국 전원 등에 이용된다.

[3] 축전지의 고장과 주의점

(1) 축전지의 고장

축전지는 그 사용법에 따라 적당히 취급하면 수명도 길고 효율도 양호하지만 충전이나 방전 또는 보관을 잘못하면 수명이 짧아지고 효율이 저하되는데, 그 주요 원인은 다음과 같다.

① 온도 저하, 자기 방전, 방전 전류 과대, 비중의 괴대, 극판의 노출 등에 의한 백색 황

산납의 생성

② 과대 전류의 충·방전에 의한 수축과 팽창 또는 고온(45[℃] 이상)으로 사용할 경우 극판의 만곡

③ 과대 전류의 통과나 극판의 만곡으로 인한 작용 물질의 탈락

④ 극판의 만곡으로 인한 극판의 단락

⑤ 전해액 중에 불순물이 있거나 전해액이 너무 진할 때 극판의 부식

⑥ 전해액 중에 불순물이 있을 때 생기는 국부 방전

(2) 축전지 취급상의 주의점

① 축전지의 전압이 약 1.8[V], 비중 1.14가 되면 방전을 정지시키고 곧 충전을 한다. 즉, 방전된 상태로 방치하지 말아야 한다.

② 극판이 전해액 면에서 노출되지 않을 정도로 전해액을 보충해 두어야 한다.

③ 충전은 규정 전류로 규정 시간에 한다.

④ 전해액의 비중, 온도는 규정치가 되도록 하고 불순물이 들어가지 않도록 한다.

⑤ 충전 시는 일정한 상태에 도달하면 정지하고 과충전이 되지 않도록 한다.

⑥ 전지는 일광 직사가 되는 장소에 두는 것을 피하고 통풍이 양호한 장소에 두어야 한다.

4.3 니켈-카드뮴 축전지

니켈-카드뮴 축전지는 알칼리 축전지에 속한다. 알칼리 축전지는 미국의 에디슨 (Edison)과 스웨덴의 융그너(Jüngner)에 의해 발명된 것으로, 전자를 에디슨형, 후자를 융그너형이라고 한다.

이 축전지는 납축전지에 비하여 기전력이 낮고 값이 비싸다는 결점을 가지고 있지만, 최근에는 수명이 길고, 과충전, 과방전에 강하다는 장점 때문에 널리 사용되고 있다.

[1] 원 리

양극은 수산화니켈에 흑연을 첨가한 것과 엷은 순니켈판을 그대로 다공으로 된 관 속에 넣고, 음극은 카드뮴에 철분을 첨가하여 역시 다공으로 된 관 속에 넣는다.

니켈-카드뮴 축전지의 충·방전 시의 화학 변화는 다음과 같다.

$$2NiO(OH) + Cd + 2H_2O \underset{충전}{\overset{방전}{\rightleftarrows}} 2Ni(OH)_2 + Cd(OH)_2 \qquad (8.32)$$

　(양극)　　　(음극)　　　　　　(양극)　　　(음극)

납축전지와는 달리 전해액은 충·방전 반응에는 관여하지 않으며, 비중의 대소와 용량과는 관계가 없다고 볼 수 있다.

기전력은 화학 변화를 기초로 하였을 때 양극 전위는 $0.49[V]$, 음극 전위는 $-0.83[V]$가 되므로 약 $1.32[V]$가 된다. 그러나 실제 사용되는 기전력은 이보다 낮은 $1.2[V]$를 공칭 전압으로 한다.

[2] 충·방전

(1) 충 전

비중 1.18~1.23인 전해액 상태에서 5시간율의 전류로서 14~15시간 충전되고, 일단 방전시켰다가 다시 같은 방법으로 충전된다. 이 과정을 몇 번 반복하면 완전히 충전된다. 납축전지와는 달리, 원래 전해액을 주입했더라도 이와 같은 충전이 필요하며, 이를 **초충전**이라고 한다. 그리고 납축전지는 서서히 충전하는 편이 효율적인 데 반해, 초기에 대전류를 흘려 충전하는 것이 효율적이다.

(2) 방 전

전류를 5시간율(용량을 5로 나눈 값) 정도에서 사용하는 것이 적합하고, 1시간율 이상의 대전류나 20시간율 이하의 소전류 방전은 부적당하다. 납축전지와는 달리 방전 상태가 바닥까지 가더라도 지장이 없다.

(3) 특 징

니켈-카드뮴 축전지는 전압이 $0[V]$가 될 때까지 완전히 방전시키고 전해액을 충분히 넣은 다음 외부를 청결히 하여 건냉소에 보관해야 하는데, 장기간 보관하더라도 성능의 감소에는 아무런 영향을 주지 않는다. 이러한 점이 정기적으로 보충 충전을 필요로 하는 납축전지와 비교해 우수한 점이다. 그러나 재사용 시에는 각별히 초충전의 과정을 반복하여야 한다.

[3] 취급상의 주의점

① 극판 및 용기를 거칠게 취급하지 말아야 한다.
② 공기 내의 이산화탄소를 흡수하여 전해액이 변질되는 것을 막기 위해서 액 마개는 밀폐 상태로 두어야 한다.
③ 액면이 규정 준위가 되도록 가끔 확인해야 한다.
④ 전해액이 누출되지 않도록 해야 한다.

⑤ 고온인 곳에 방치되지 않도록 주의해야 한다.

⑥ 용기 내에 이물질이 들어가지 않도록 해야 한다.

⑦ 과전류를 흘리지 않도록 해야 한다.

1 <그림 8-24>의 정류 회로에 정현파의 교류 전압을 가했을 때 부하 저항에 가한 직류 전압 V_d와 리플 백분율 γ를 구하라. (단, 전원 트랜스 2차 측의 교류 전압의 실효치 V_e는 100[V]로 하고, 트랜스와 정류기에는 손실이 없는 것으로 한다.)

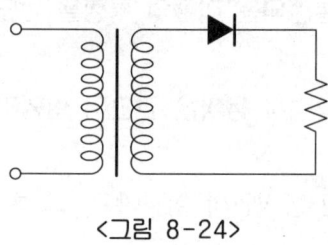

<그림 8-24>

2 <그림 8-25>에 나타낸 전파 정류 회로의 부하 저항 R_L의 양단에 생기는 출력 전압 v의 리플 백분율을 구하고, 또 v의 제3 고조파 성분이 0인 것을 수식을 사용하여 증명하라. (단, 다이오드가 도통할 때의 회로 저항을 R로 하고, 다이오드 D_1과 D_2는 이상적인 스위칭 동작을 하는 것으로 한다.)

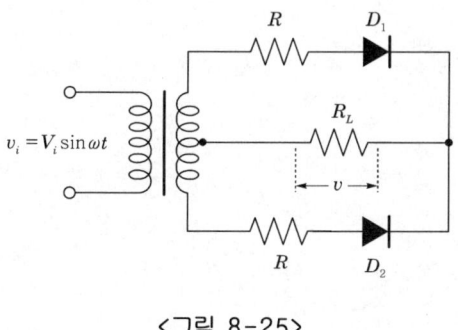

<그림 8-25>

3 <그림 8-26>과 같은 초크 입력형 평활 회로에 반파 정류파를 가했을 때, 리플이 얼마만큼 감소하는지 구하라. (단, f=50[Hz], L=10[H], C=100[μF], R_L=5[kΩ]으로 한다.)

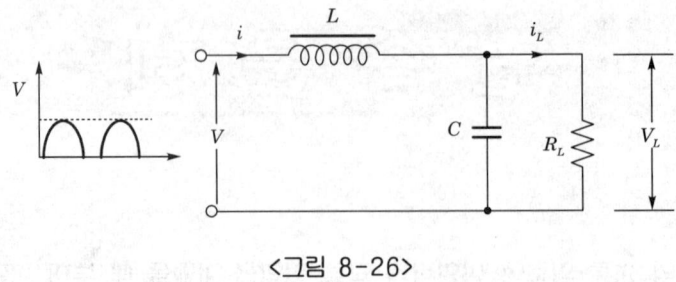

<그림 8-26>

4 2배전압 정류 회로(반파 정류형)란 어떤 회로인지, 반도체 다이오드를 사용한 회로도를 그려서 설명하고, 그 정류 회로에서 발생되는 리플의 특징을 간단히 기술하라.

5 DC-DC 컨버터의 원리도를 그려서 동작을 간단히 설명하고, 특징을 기술하라.

6 부동 충전 방식이란 어떤 충전 방식인지 설명하고, 그 특징을 2가지 들어라.

7 축전지의 효율과 부동을 간단히 설명하라.

8 정류 회로 중 평활 회로에서 콘덴서 입력형과 쵸크 입력형을 서로 비교하라.

9 일반적으로 납축전지의 취급상 주의할 사항을 기술하라.

제9장 ●●●●●

이동 통신

1 개 요

　이동 통신의 역사는 아주 오래되었으며, 1912년 타이타닉(Titanic)호의 조난 통신에서 보여주었던 것처럼 이동 통신은 해상에 있어서의 조난, 안전 통신을 목적으로 한 분야로 무선 통신 실현의 초기부터 도입되었다. 그러던 중 이동 통신이 널리 도입되기 시작한 것은 제2차 세계대전 이후로, 그 것은 전쟁중의 레이더 개발 등과 함께 초단파 기술 및 소형 회로 기술의 발전이 있었기 때문에 가능했다. 게다가 자동차에 쉽게 탑재시키기도 하고, 포켓벨 수신기처럼 인간이 간단하게 휴대할 수 있도록 소형 단말기가 실현된 것은 트랜지스터 등의 반도체 출현 이후이다. 그리고 약 15년 사이에 많은 나라에서 공중 자동차 전화 서비스나 무선 호출 서비스 등이 시작되었다.

　그 이후, 사회가 고도로 발전해 감에 따라 급격한 수요에 대처하기 위해 각국에서 활발한 연구개발이 추진되었기 때문에 오늘날 전국 규모의 대용량으로 무선 주파수를 유효하게 이용할 수 있는 비교적 저렴한 이동 통신 방식이 실현될 수 있었다.

2 이동 통신의 분류

　전파를 이용하는 통신은 이동 통신에 한하지 않고 고정 통신, 방송, 측위 등 광범위하게 걸쳐 있다. 또, 선파는 동일 시각에 동일 장소에서 동일 주파수를 여러 목적으로 사

용할 수 없으므로 각종 업무나 지역별로 할당되는 주파수의 질서 정연한 이용이 전제가 된다.

```
전기 통신 사업용 ─┬─ 육상 이동 통신용
                 │    ├─ 자동차 전화(휴대 전화 등)
                 │    ├─ 무선 호출기(포켓 벨, pager)
                 │    ├─ 코드리스 전화(소전력형)
                 │    ├─ 열차 공중전화
                 │    ├─ 간이 육상 이동 무선전화 통신(컨버니언스 라디오폰)
                 │    ├─ 육상 이동 무선 데이터 통신(텔레터미널 시스템)
                 │    └─ 공항 내 이동 무선
                 │
                 ├─ 해상 이동 통신용
                 │    ├─ 선박 전화
                 │    ├─ 해사 위성 통신(인마새트 시스템)
                 │    └─ 항만 무선전화 통신
                 │
                 └─ 항공 이동 통신용
                      ├─ 항공기 공중전화(국내편)
                      └─ 공항 데이터 링크

자영 통신용 ─┬─ 공공 업무용
             │    ├─ 국가기관(경찰, 수방·도로관리 등)
             │    ├─ 지방자치제(소방, 방화행정무선 등)
             │    └─ 공익기관(도로관리, 전기, 가스, 수도 등)
             │
             └─ 일반 업무/개인용
                  ├─ 업무용 자영 통신(택시, 철도, 신문·방송 등)
                  ├─ TRS 시스템(육상 운수, 제조 판매 등)
                  ├─ 차량 위치 등 자동 표시 시스템(AVM 시스템)(택시 배차, 버스
                  │    운행 관리 등)
                  ├─ 간이 업무용 무선
                  ├─ 구내 무선국(구내 데이터 전송 시스템 등)
                  ├─ 특정 소전력 무선국(구내 데이터 전송 시스템, 이동체 식별, 무선
                  │    LAN 등)
                  ├─ 개인용 무선
                  ├─ 아마추어 무선
                  └─ 시민 라디오
```

<그림 9-1> 이동 통신 시스템의 분류

　　이동 통신은 사용 영역에 따라 육상, 해상, 항공 이동 통신으로 구분하며 기지국은 지상 또는 위성 등에 설치된다. 이 중에서 가장 많은 수요를 가지고 있는 육상 이동 통신은 단파에서 마이크로파대까지 실용화되어 있다. 그 용도를 보면 자동차 전화, 무선 호출, 코드리스 전화 등이다.

　　따라서 **이동 통신**이란 자동차, 열차, 선박, 항공기 등 이동체와 고정된 지점 간 또는 이동체 상호간을 연결하는 통신으로서 보통 LF, MF, HF, VHF, UHF 대의 전파가 사용된다.

　　이동 통신의 최대 특징은 서비스의 분류 요소가 다양하다는 점이다. 이 것은 공중전화 서비스망과의 접속을 전제로 하는 공중 이동 통신과 전용 이동 통신으로 크게 구별할 수 있다.

　　후자의 경우로는 경찰, 소방, 구급, 도로 관리 등의 업무용 이동 통신 이외에 구급, 안전 등의 긴급 통신, 개인 무선, 아마추어 무선 등이 해당된다. 현재 사용되고 있는 주된 아날로그계의 이동 통신 미디어는 〈그림 9-1〉과 같이 전기 통신 사업용과 자영용으로 크게 분류된다.

　　한편 주파수대별로 주요 사용을 분류해 보면 〈표 9-1〉과 같다.

<표 9-1> 주파수대별 대표적인 용도

주파수	파장	명칭	주된 용도
3kHz~30kHz	100km~10km	VLF	오메가(무선 항행)
30kHz~300kHz	10km~1km	LF	기상 통보, 선박 및 항공기 항행용 비컨, 데카(무선 항행)
300kHz~3MHz	1km~100m	MF	중파 방송, 선박 통신(전신, 전화)*, 라디오부이, 로란(무선 항행), 선박 및 항공기 통신*, 표준 전파, 해상 보안*
3MHz~30MHz	100m~10m	HF	단파 방송, 국제 통신*, 공중 통신*, 경찰*, 해상 보안*, 선박 및 항공기 통신*, 시민밴드*, 아마추어 무선, 고주파 이용 설비, 표준 전파
30MHz~300MHz	10m~1m	VHF	TV 방송, FM 방송, 국제 해상, 무선 전화*, 연안 무선 전화*, 육상 및 해상 이동 통신 업무*, 재해 대책 통신*, 항공기 통신*, 텔리미터, 포켓벨*, 아마추어 무선
300MHz~3GHz	1m~10cm	UHF	TV, 육상 이동 통신*, 공중 통신*, 기상용 레이더, 텔리미터, 위성 통신, 위성 방송, 전파 천문, 우주 연구
3GHz~30GHz	10cm~1cm	SHF	공중 통신용 마이크로파 중계, 항공, 선박, 기상용 레이더, 전파고도계, 속도계, 위성 통신, 위성 방송, 전파 천문, 우주 연구
30GHz~300GHz	1cm~1mm	EHF	각종 레이더, 간이 무선, 각종 위성 통신, 전파 천문, 우주 연구

* 표시는 이동 통신 관련 용도

국제전자통신규약에서는 9[kHz]~400[GHz]까지의 주파수대를 육상 이동, 해상 이동, 항공 이동, 방송 우주 등의 업무별로 세분해 놓고 있다. VHF/UHF대에서의 이동 통신에 할당되어 있는 주된 주파수대는 60[MHz]대, 150[MHz]대, 250[MHz]대, 400[MHz]대, 800[MHz]대이다.

앞으로의 새로운 이동 통신용 주파수대로서 준마이크로파대인 1~3[GHz]대가 주를 이룰 것으로 전망되고 있다.

③ 이동 통신의 특징

이동 통신은 고정 통신과 비교해 다음과 같은 차이점을 갖는다.

① 자동차, 선박, 항공기 등의 이동체 및 움직이는 인간에 대해 어디에서도 사용할 수 있다는 것이 이동 통신의 특징이며, 이 때문에 이동 통신 시스템과 이동기(移動機) 단말 간의 통신에는 무선 통신이 이용된다(이동 통신 시스템 측의 무선 장치가 설치되어 있는 장소를 보통 **기지국**이라고 한다).

② 이동 통신은 모든 통신 기술을 집적화(集積化)한 것이다. 교환 방식, 무선 방식(기기, 안테나, 전파 전파, 제어 방식 등), 단말기기 및 소형 경량화를 위한 부품에 이르기까지 모든 기술이 조화를 이루고, 또 상호간에 정합이 이루어져야 한다.

③ 무선 회선 설계에 관해서는 기지국과 이동국 간은 반드시 가시 거리 범위에 한정하지 않고 일반적으로는 지형, 건물에 의한 복잡한 영향을 받기 때문에 마이크로파 회선의 경우와는 크게 다르다. 실제로 전계 강도의 장소에 따른 변동은 상당히 커서, 20[dB] 이상에 이르는 것도 있다.

④ VHF, UHF대에서 이동 통신에 할당되어진 주파수는 수 [MHz] 내지 수십 [MHz]으로, 절대량으로서는 매우 적기 때문에 주파수 유효 이용을 의식한 시스템 설계 시 중요하다.

⑤ 하나의 기지국에 대하여 다수의 단말기가 소속되기 때문에 단말기의 경제성, 신뢰성은 매우 중요한 요소가 된다.

 이동 통신 채널의 특징

육상 이동 통신 시스템에서는 송신 안테나와 수신 안테나가 가시 영역 내에서 직진 전파 경로에 의해 신호가 전달되는데, 전파 경로상의 지형 지물에 의하여 전파의 반사나 회절이 생기고, 이에 부가하여 이동체가 움직인다는 특성 때문에 고정 통신 시스템과는 구별되는 여러 특징들을 갖는다.

(1) 페이딩(fading)

반사나 회절 등으로 전파의 전송 경로가 다양해, 각각 다른 경로로 들어온 신호들이 서로 간섭을 일으켜 이동체의 움직임에 따라 수신 신호 레벨의 변동(20~30[dB] 정도)이 생기게 되는데, 이를 다중 경로에 의한 **페이딩**이라 하고, 이의 통계 확률적인 특성은 Rayleigh 분포를 갖는다.

Rayleigh 페이딩의 특성은 주파수에 대하여 선택적(frequency selective)이기 때문에, 즉 주파수가 다른 두 신호가 동일한 다중 경로로 수신되었더라도 각 파장에 대한 상대적인 크기들이 다르기 때문에 그 페이딩 특성도 다르다. 상관 관계가 거의 없는 페이딩을 갖는 주파수 간격을 **코히어런스**(coherence ; 간섭성) **대역폭**이라 하며, 도심지에서는 대략 100~300[kHz] 정도이다. 그러므로 송신 신호의 점유 주파수 대역폭이 코히어런스 대역폭을 넘게 되면, 주파수 선택적 페이딩이 문제가 된다. 또, 전파 경로가 큰 건물이나 언덕 등에 의해 가려짐으로써 페이딩이 생기는데, 이의 특성은 시간적으로는 느리게 변동하는 Log-Normal 분포를 갖는다.

(2) 도플러 확산(doppler spread)

한 신호가 여러 입사각을 통하여 수신되므로 수신 신호 주파수가 변하는 현상을 도플러 확산이라고 한다. 이 도플러 확산에 의한 주파수 변화를 도플러 편이(doppler shift)라고 하는데, 이 도플러 편이는 이동체의 속도에 비례한다. 예를 들면 900[MHz]에서 시속 80[km]로 달리는 경우의 도플러 편이는 대략 100[Hz]에 퍼져 있게 된다. FM 방식에서는 수신 신호가 우-우-하는 Rumbling을 일으킨다.

(3) 인접 채널 및 동일 채널 간섭

이동국의 이동에 따라 인접 채널에서 작동중인 이동체 간의 송신기와 수신기의 상대적인 위치가 가까워질 수 있으므로 인접 채널 간섭(adjacent channel interference)이 일어난다. 그러므로 인접 채널 송신기로부터의 강한 간섭을 막기 위해서는 수신기의 선택도가 아주 높아야 한다. 고정 통신 시스템에서는 이런 채널 간의 간섭 문제를 고정된 송·수신 위치에 따른 적절한 주파수 배정으로 극소화시킬 수 있지만, 그렇지 못한 이동 통신에서는 셀룰러(cellular) 방식으로 해결하고 있다.

셀룰러 시스템에서는 같은 셀 내에서 주파수가 재사용되므로, 수신기의 선택도에 상관없이 동일 채널 간섭(co-channel interference)이 일어날 수 있다. 그러므로 이 문제가 협대역 셀룰러 시스템의 용량을 결정하는 중요한 요인이 되고 있다.

(4) 지연 확산(delay spread)

이동 통신 채널을 통하여 디지털(데이터나 음성) 신호를 수신할 때는 전파 경로의 길이가 다른 다중 경로 전파 현상 때문에 각 경로에 따른 신호가 수신기에 동시에 도달되지 않는다. 따라서 한 신호가 여러 경로를 통하여 수신 시간 지연이 달라지는 현상을 **지연 확산**이라고 한다. 이 도달 시간의 차이가 수신 데이터 심벌 간의 간섭(intersymbol interference)을 일으켜 수신기가 데이터를 정확하게 복원하는 것을 어렵게 만든다. 도심지에서의 지연 확산이 대략 $3{\sim}10[\mu s]$ 정도이므로 복잡한 신호 처리 기법(등화기)을 사용하지 않을 경우 전송 속도는 $50{\sim}100[kbps]$ 정도로 제한된다.

(5) 수신 전력 감쇠도

자유 공간에서는 전파 신호의 수신 전력이 송·수신 거리의 제곱 관계로 감쇠하지만 도심지에서는 일반적으로 감쇠율이 거리의 3제곱에서 4제곱 사이에서 비례하는 것으로 알려져 있다. 이러한 경로 손실(path loss)을 수신 전력 감쇠라고 한다.

이와 같은 수신 전력 감쇠로 넓은 지역을 서비스하기 위해 강력한 송신 출력이 요구되지만, 동일한 주파수를 이용하는 기지국들을 제곱 법칙이 적용되는 것보다 더 근접하게 설치할 수 있다. 즉, 수신 가능 지역의 범위가 보다 확실하게 구별되어지기 때문이다. 이러한 특징을 이용한 것 중 대표적인 것이 바로 셀룰러 시스템의 개념이다.

5 이동 통신 시스템의 기본 구성

이동 통신 시스템의 기본 구성은 〈그림 9-2〉와 같이 이동국(MS ; mobile station), 기지국(BS ; base station), 이동통신교환국(MSC ; mobile switching center), 무선중

계회선(radio frequency channel) 및 운용보전국(OMC ; operation and maintenance center)으로 된다.

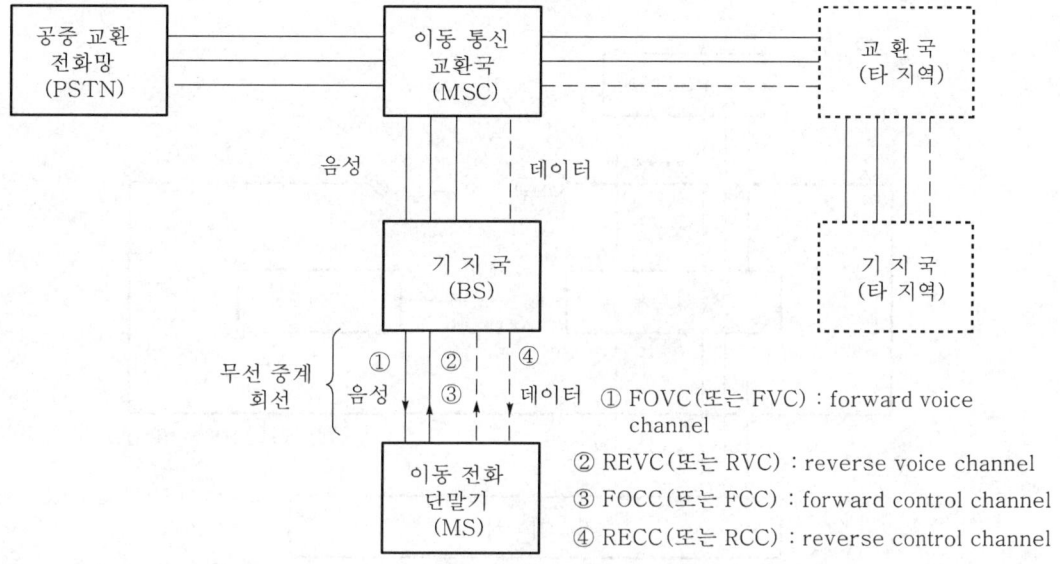

<그림 9-2> 이동 통신 시스템의 계통도

이동통신교환국(MSC/MTSO/MTX)은 공중교환전화망(PSTN ; public switched telephone network)과 연계되어 이동 통신 가입자들에 대하여 중앙 통제 및 교환 기능, 가입자들의 데이터베이스 관리 및 호 처리 기능을 수행한다.

기지국(cell site/base station)은 이동 통신 교환기에서 전송된 각종 데이터와 음성 신호를 무선 송·수신 장치로 송신 및 수신함으로써 이동 전화 단말기와의 정보 제어, 음성 신호의 통신 및 신호 강도의 측정 기능을 수행한다.

이동 전화 단말기(mobile station/mobile telephone)란 차량 및 휴대용 통신 장치를 의미하는 것으로, 기지국과 이동국 사이에 설정되는 무선에 의한 통신로인 무선 중계 회선은 데이터용 제어 채널과 통화용 음성 채널로 구성된다.

5.1 이동통신교환국(MTSO 또는 MSC)

이동통신국에 설치된 교환기의 구성은 <그림 9-3>과 같다. 공중교환전화망(PSTN)과 연결되어 이동 통신 가입자들에게 회선 교환 서비스를 제공하는 통화로부와 가입자와 시스템에 관한 각종 데이터를 제어하는 제어부로 구성된다.

제어부의 주요 기능은 다음과 같다.

① 가입자의 위치, 등록 등과 관련된 가입자 관리를 위한 데이터, 시스템 및 서비스 지역 구성과 관련된 데이터, 과금(통화 도수) 및 통계 데이터를 관리하는 데이터베이스 관리 기능

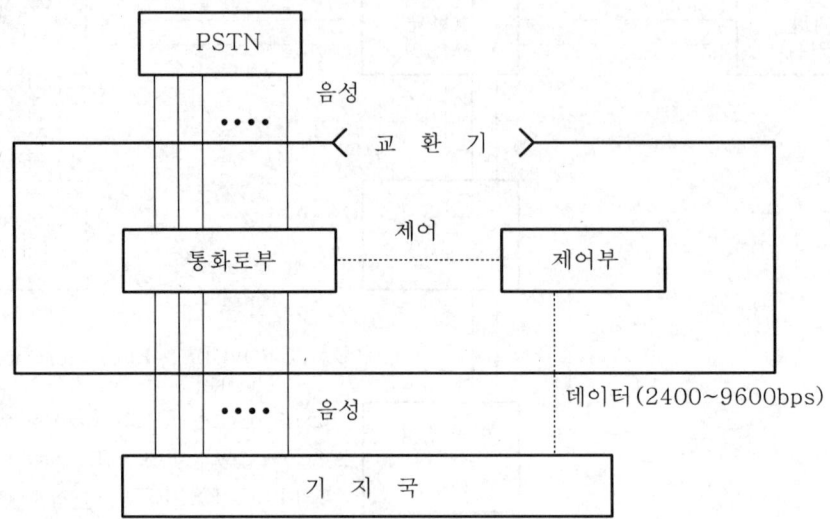

〈그림 9-3〉 이동 통신 교환국의 구성도

② 호 처리 기능
③ 교환기와 기지국 사이의 데이터 교신 기능
④ 시스템 운용 자료 수집 및 조정 제어 기능

통화로부의 주요 기능은 다음과 같다.
① 통화로 관리 기능
② 공중교환전화망(PSTN) 및 기지국과의 호 접속 교환(디지털 정보 교환) 기능

5.2 기지국(BS)

기지국은 〈그림 9-4〉와 같이 무선 송·수신 장치, 제어 장치 및 안테나로 구성된다. 기지국은 이동국에서 발신하는 무선 신호를 수신하여 MTSO로 전송하고, MTSO에서 전송한 신호를 무선 신호로 이동국에 전송하는 기능을 수행한다. 각 장치의 주된 기능은 다음과 같다.
① 제어 장치는 교환기와 단말기 사이의 데이터 중계, 자동 제어 및 신호 채널 구성, 단말기 위치 확인 기능

② 무선 송·수신 장치는 이동국과 통화로 설정에 필요한 각종 신호와 통화용 음성 신호를 전파로 복사하고 단말기에서 복사된 각종 신호와 통화용 음성 신호를 수신하는 기능

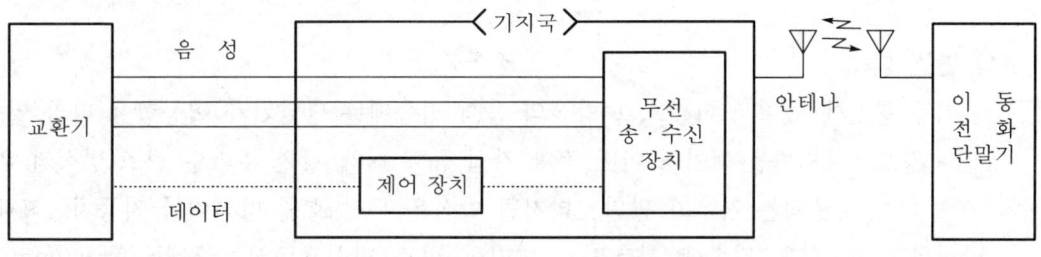

<그림 9-4> 기지국의 구성도

5.3 단말기

단말기는 <그림 9-5>와 같이 제어 유닛(control unit)과 송·수신 장치 및 안테나로 구성되며, 각 장치의 주된 기능은 다음과 같다.
① 제어 유닛은 송·수신 장치를 제어하는 기능
② 송·수신 장치는 기지국에서 전송된 음성 및 데이터 신호를 수신해서 처리하고, 단말기에서 통화로 설정에 필요한 각종 신호와 음성을 전파로 전송하는 기능

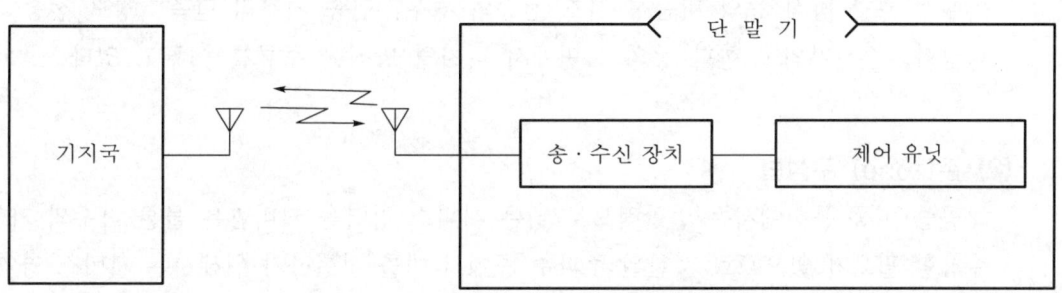

<그림 9-5> 단말기의 구성도

6 이동 통신의 주요 기술

현재의 이동 통신 방식으로는 자동차 전화로 대표되는 양방향 통신과 무선 호출 방식으로 대표되는 단방향 통신이 있다. 전자는 코드리스 전화처럼 사용되는 장소가 특별히 정해진 것과 자동차 전화처럼 광범위하게 사용되는 것이 있기 때문에 크게는 이상과 같이

3가지 방식으로 분류된다. 먼저 이 3가지 방식에 공통적으로 이용되는 주요 기술에 대해 아래에 설명한다.

(1) 변조 방식

이동 통신에 있어서 아날로그 방식의 음성 전송에는 단말기가 이동함에 따라 발생되는 전계 강도의 큰 변동(페이딩)이나 전파 간섭 등에 대해 강한 주파수 변조 방식과 위상 변조 방식이 사용되는 경우가 많다. 디지털 방식은 무선 호출 방식이나 자동차·휴대 전화 방식의 제어 신호 전송에 사용되고 디지털 변조 방식으로서는 FSK(frequency shift keying ; 주파수 변조 방식)가 주로 사용되고 있다. FSK는 증폭기의 비선형성의 영향을 받기가 쉽다는 특징이 있으며, 증폭기의 고효율성이 필요한 이동 통신에 적합하다. FSK 의 일종인 MSK(minimum shift keying)에서 변조 베이스 밴드 신호를 대역 제한해서 변조 스펙트럼의 협대역화를 도모한 방법을 GMSK(Gaussian minimum shift keying)라 한다. 유럽의 디지털 자동차·휴대 전화 시스템에 채용되고 있다.

한편 PSK(phase shift keying)도 이동 통신에 도입되어 사용되고 있으며, 일본이나 북미의 디지털 자동차·휴대 전화 방식에는 GMSK보다도 협대역인 $\pi/4$ 시프트 QPSK (quadrature phase shift keying)가 채용되고 있다. 또한 비화성, 내간섭성 또는 팩시밀 리 등의 데이터 전송에 유리한 디지털 변조 방식을 이동 통신 방식에 적용하고 있다.

무선 호출 방식 등의 비음성 신호 전송의 경우, 전송 시간의 단축, 정보 전송 신호의 다양화, 수신기의 소형화 등의 측면에서 디지털 방식이 주류를 이루고 있다.

(2) 존(zone) 구성법

공중 이동 통신에서는 일반적으로 넓은 서비스 영역을 커버함은 물론 다수의 가입자를 수용할 필요가 있으므로 제한된 주파수 중에서 이를 실현하기 위해서는 서비스 영역을 다 수의 존으로 분할하여 분할한 영역 내에 각각의 기지국을 설치함에 따라 주파수를 지리적 으로 떨어진 존에서 재이용함으로써 주파수의 유효 이용을 도모하는 방법이 일반적으로 채택되고 있다.

이와 같이 서비스 영역을 복수의 존으로 분할하여 커버하는(서비스를 제공하는) 방법을 **소존 구성** 또는 **셀 방식**이라 한다(〈그림 9-6〉).

소존 구성을 채용한 경우는 하나의 기지국에서 서비스하는 경우와 비교해 보면 다음과 같은 특징이 있다.

① 소존으로 분할함에 따라 두 개의 떨어진 존에서는 같은 주파수를 다른 통신에 동시에 이용할 수 있어 주파수 유효 이용을 꾀할 수가 있다.

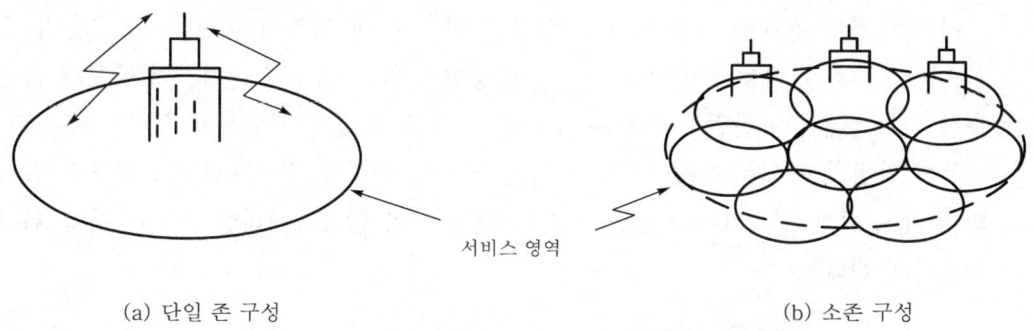

(a) 단일 존 구성　　　　　　　　　　　　　　(b) 소존 구성

〈그림 9-6〉 존 구성의 비교

② 송신 출력의 저감을 꾀할 수 있다.

③ 서비스 영역의 형상, 크기 등을 비교적 자유롭게 할 수 있다.

④ 접속 제어가 복잡해지기 때문에 시스템에 고도의 기능이 요구된다.

　소존 구성을 채용한 경우의 존 모양으로서는 원형 존이 주를 이루었지만 주파수 이용 효율의 향상을 더욱 높이기 위해 지향성 안테나를 이용한 선형 존(섹터 존) 구성도 채용되고 있다(〈그림 9-7〉).

　부채꼴 존 구성의 이점으로서는 간섭 방향이 실질적으로 지향성 방향으로 한정될 수 있다는 점 등이 있다.

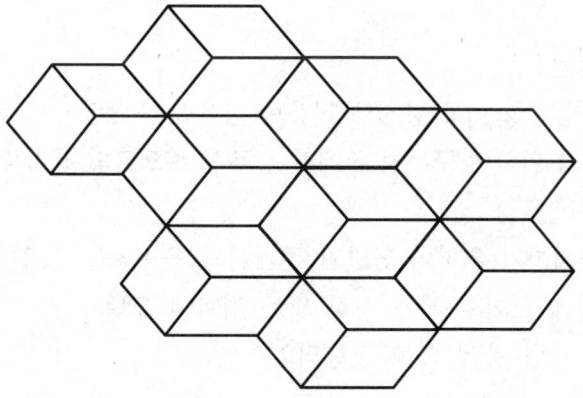

〈그림 9-7〉 선형 존 구성(섹터 존 구성) 예

(3) 위치 등록(roaming)

　이동 통신의 경우 단말기가 움직이며 돌아가는 성질을 가지고 있기 때문에 단말기에 대해 착신 접속이나 호출을 실시하는 경우에는 서비스 영역 전체에 대해 호출을 행하지 않는 한, 시스템 측에서 호출 영역 단위의 단말기의 현 위치를 알 필요가 있다.

서비스 영역 전체에 대해 호출을 행하는 일은 부재 지역에 대한 무효 호출의 증가 및 시스템의 무효 처리를 동반하게 되므로 합당하지 않는 경우가 많다. 이 때문에 많은 이동 통신 시스템에서는 단말기의 위치 정보를 시스템 측에서 기억하고 있다.

특히 양방향형 이동 통신에서는 단말기가 호출 영역을 벗어나면 자동적으로 시스템 측의 위치 정보가 갱신되는 기능을 가지고 있는 것이 많다. 이러한 기능을 통상 **위치 등록 기능**이라 한다.

이번에는 주로 양방향형 이동 통신 방식에 사용되는 중요한 기술에 관해서 기술한다.

(4) 멀티채널 액세스 방식(MCA ; multi channel access)

호출 손실(호손)을 적게 하고 무선 주파수를 보다 유효하게 사용하기 위해서는 단말기에 의해 사용할 수 있는 주파수를 한정하지 않고 가능한 한 많은 채널을 사용할 수 있도록 하는 것이 바람직하다.

각 단말기에 복수의 무선 주파수를 공통으로 소유할 수 있게 함으로써 발·착신 시에는 빈 채널을 할당받아 사용하는 방법을 **MCA 방식**이라 한다. 현재는 PLL(phase locked loop)을 사용한 주파수 합성 기술(synthesizer)의 발달에 따라 수천 채널 단위로 전환이 가능한 단말기를 낮은 비용으로 실현할 수 있게 되었다.

또한 최근에는 코드리스 전화에도 간섭이나 오접속 방지를 위하여 사용되고 있다.

(5) 통화중 채널 전환

소존 방식을 양방향형 이동 통신에 적용한 경우에는 단말기가 무선 존을 이용한 경우에도 통신을 계속하기 위하여 구무선 존에서 신무선 존으로의 통화중 채널 전환을 행할 필요가 있다.

이 기능을 실현시키기 위하여 단말기 존에서의 움직임을 검출할 필요가 있는 바, 이것은 기지국 수신기에 있어서 레벨 측정 또는 전파의 도달 시간을 측정하여 단말기까지의 거리를 측정하는 방법 등에 의해 실현되었다.

(6) 다중 액세스 방식

아날로그 방식에서는 주파수 분할 다중 액세스(FDMA)가 주로 이용되었다. 디지털화와 함께 시분할 다중 액세스(TDMA)와 부호 분할 다중 액세스(CDMA)도 개발되어 실용화되고 있다.

 셀룰러 이동 전화 시스템

7.1 셀룰러(Cellular) 개념

[1] 개 요

가입자 용량의 한계를 극복하고 자동차의 이동에 따른 통화 단절 등을 개선하기 위해서 800[MHz] 대역을 이용하는 셀룰러 개념은 셀(cell)을 증가시켜 가면서 다른 지역에서 동일한 주파수를 동시에 사용하여 주파수 이용 효율을 높임으로써 개선된 서비스를 제공하는 주파수 재사용(frequency reuse)과 한 개의 셀을 여러 개의 셀로 세분함으로써 통화량의 증대를 도모하는 셀 분할(cell-splitting)로 요약할 수 있다.

[2] 주파수 재사용

주파수 재사용은 주파수 간의 간섭 효과가 무시될 수 있도록 충분한 거리를 두고 동일한 주파수, 즉 채널 세트를 사용하는 것으로, 이는 카폰 시스템뿐만 아니라 방송국과 그 외 무선 통신에서도 많이 사용되고 있다. 이 방법은 고출력의 송신기가 전 지역을 담당하던 기존의 **IMTS**(improved mobile telephone service) 방식과는 달리 세분된 지역을 담당하는 소출력의 여러 개의 송신기로 구성되어 있다. 이 세분된 지역을 셀(cell), 송신기가 설치된 국을 **셀 사이트**(cell site), **기지국**(land site), **베이스 스테이션**(base station)이라 한다.

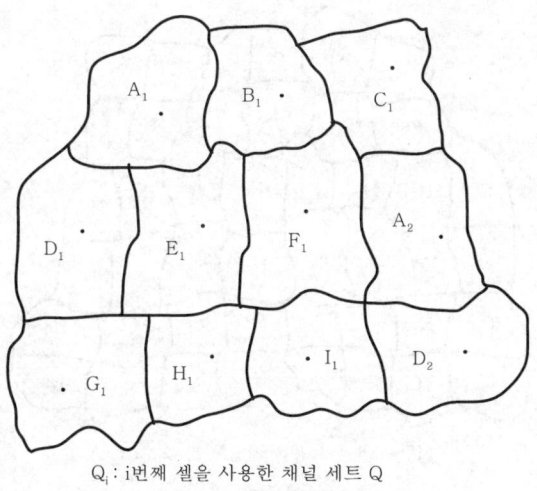

Q$_i$: i번째 셀을 사용한 채널 세트 Q
· : 송신기 위치

〈그림 9-8〉 셀의 배열

〈그림 9-8〉에 나타낸 셀의 배열은 원칙적으로 송신기 사이의 간격이 일정할 필요도, 특정한 모양을 가질 필요도 없다. 한 지역 내에서 통화 수요가 증가하여 할당된 채널을 초과하는 경우, 그림에서 A_1, B_2와 같이 충분한 거리를 둔 셀에 동일한 주파수의 채널 세트를 동시에 할당해서 사용함으로써 주파수 이용 효율을 극대화할 수 있다.

[3] 셀 분할

하나의 셀 내에서 하나의 세트만을 사용하는 경우, 통화 수요가 증가하여 셀의 용량을 초과하면 〈그림 9-9〉(a)는 〈그림 9-8〉의 셀 F_1이 H_3, I_3, B_6, C_6으로 셀 분할된 초기 단계이며, 〈그림 9-9〉(b)는 지역 내 통화 수요가 계속 증가되어 다른 셀들도 셀 분할이 이루어져 전 지역이 보다 작은 셀들로 변형된 단계이다.

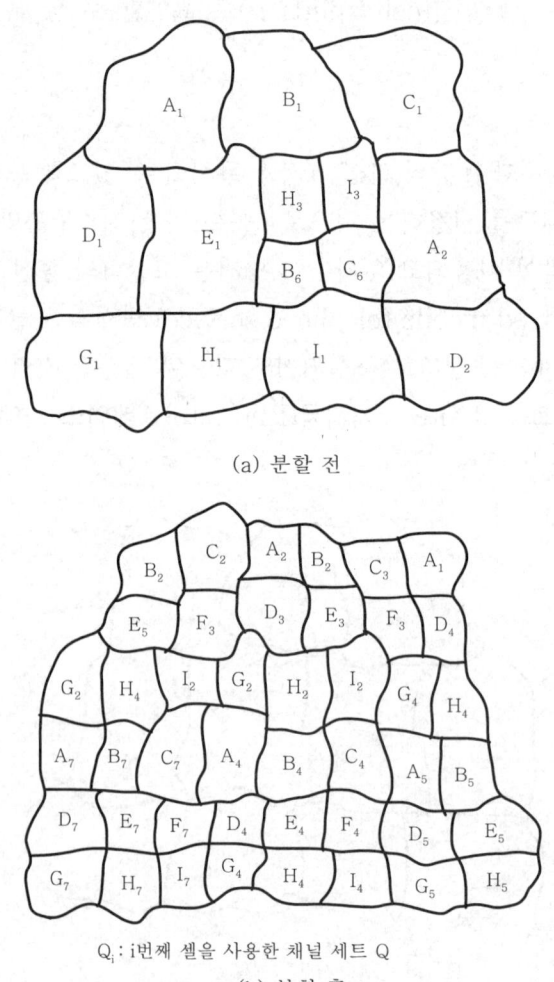

(a) 분할 전

Q_i : i번째 셀을 사용한 채널 세트 Q

(b) 분할 후

〈그림 9-9〉 셀 분할 과정

이렇게 함으로써 주파수 대역을 증가시키지 않고 단지 셀 분할만을 함으로써 통화 수요를 충족시킬 수 있다.

[4] 셀 구성 방법

(1) 시스템 계획 시 고려 사항

통화 품질 및 통화 수요를 충족시키기 위하여 주파수 재사용 시, 특히 다음 사항들을 신중히 고려해야만 한다.

① 전자파의 방사 방해 및 방해 전자파의 영향을 최소로 한 기지국의 위치를 선정한다.

② 원하는 이득을 얻기 위한 기지국의 안테나 선정 및 간섭을 최소로 하는 채널 할당이 고려되어야 한다.

③ 통화 시 양호한 품질을 얻기 위한 기지국과의 통화로를 선정한다.

(2) 셀의 모형

기지국에서 무지향성 송신 안테나를 사용하는 경우, 안테나의 방사 영역은 실제로는 원형(circle)이나, 기하학적으로 셀 모양을 원형으로 하지는 않는다. 왜냐하면 원형 배열은 셀 사이의 공백이나 중복으로 비경제적이기 때문이다. 이러한 문제를 해결하기 위한 셀의 모형을 〈그림 9-10〉에 나타냈다.

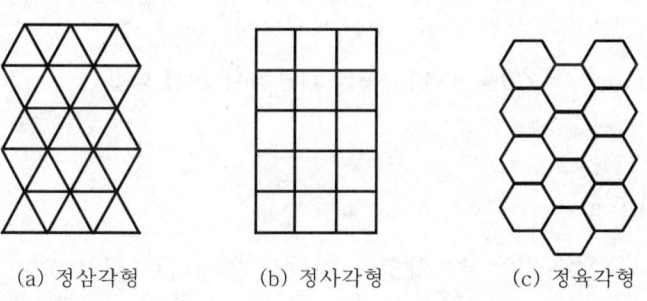

(a) 정삼각형   (b) 정사각형   (c) 정육각형

〈그림 9-10〉 셀의 모형

셀 구성은 〈그림 9-10〉 (a)와 (b)의 모양으로도 설계될 수 있으나 경제적인 이유 때문에 셀 중심에서 정점까지의 거리에 있어 일정한 (c)의 경우가 면적이 가장 크므로 일정한 지역 내에서 셀 및 기지국 수가 가장 적은 정육각형으로 셀 모양을 나타내고 있다.

(3) 채널 세트의 재할당

편이 변수 i, j를 사용해서 동일 채널 세트를 갖는 셀을 구성하는 방법을 〈그림 9-11〉에 나다냈다. 그림은 기준 셀의 각 변에서 i 셀 개만큼 수직으로 이동시킨 후 반시계 방향

으로 60° 회전하여 j 셀 개수만큼 이동시켜 동일 세트들을 구성한 것으로, $i=3$, $j=2$의 예이다. 이 때

$$N = i^2 + i \cdot j + j^2 \tag{9.1}$$

이며, $i=3$, $j=2$일 때 $N=3$으로 최소치가 된다.

여기서 N은 한 서비스 지역 내 셀의 총 개수이다.

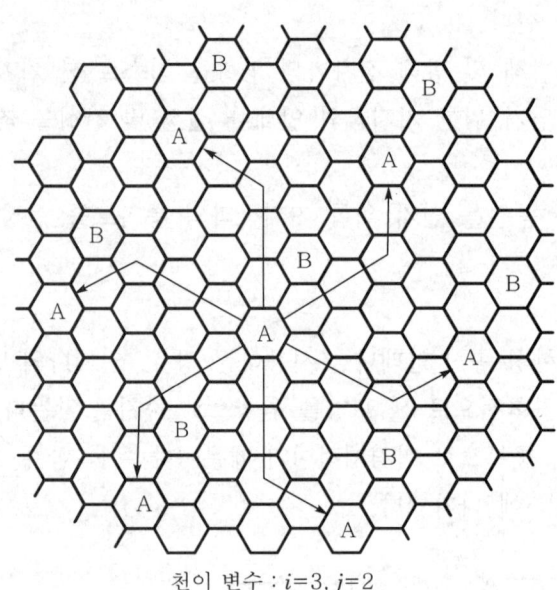

천이 변수 : $i=3, j=2$

〈그림 9-11〉 동일 채널 세트 선정 방법

[5] 기지국 안테나

기지국 안테나의 구성은 무지향성과 지향성 안테나로 구분할 수 있다.

(1) 무지향성 안테나

가격이 저렴, 한 개의 셀에 한 개의 안테나만을 사용하므로 매우 경제적이다. 그러나 모든 방향으로 전파가 방사되므로 주파수의 재사용 범위에 제한을 받는다. 따라서 채널 세트당 채널 수를 크게 할 수 없으므로 가입자 수가 적은 곳에 적합하다.

(2) 지향성 안테나

가격이 비싸고 지향 각도에 따라 4~7개씩의 안테나 또는 그 이상을 설치하므로 시설비가 비싸다. 그러나 전파 방사가 일정하므로 주파수 재사용이 가능하며 1개 채널 세트당

채널 수를 크게, 즉 i 값과 j 값을 작게 할 수 있다. 따라서 카폰 간의 간섭이 작고 가입자 수가 많은 곳에 적합하다.

(3) 경비 절감을 위한 기지국

① 무지향성 기지국 : $N=i^2+i \cdot j+j^2=12$ (단, $i=2$, $j=2$)

② 120° 지향성 기지국 : $N=i^2+i \cdot j+j^2=7$ (단, $i=1$, $j=1$)

③ 60° 지향성 기지국 : $N=i^2+i \cdot j+j^2=4$ (단, $i=2$, $j=0$)

(4) 지향성과 무지향성 기지국

〈그림 9-12〉 (b)의 무지향성 기지국은 "Center-excited cell pattern"으로 구성되며 무지향성 안테나를 사용한다. 일반적으로 시스템을 구성하는 경우에는 경제적인 이유 때문에 지향성 기지국보다는 무지향성 기지국이 주로 설치되고 있다. 그림 (c)의 지향성 기지국은 "Corner-excited cell pattern"으로 구성되고 120° 지향성 안테나를 사용하며, 카폰 간의 간섭이 작고, 채널 세트 수를 감소시킬 수 있다는 특징을 갖는다.

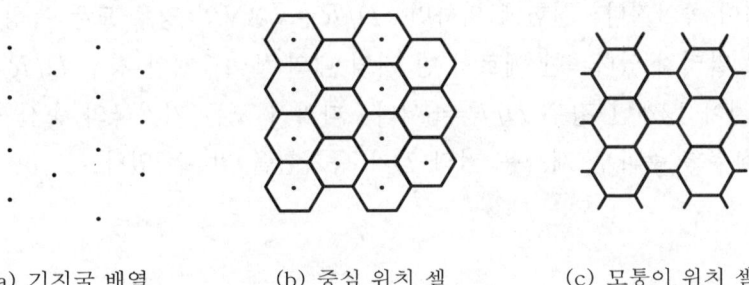

(a) 기지국 배열   (b) 중심 위치 셀   (c) 모퉁이 위치 셀

〈그림 9-12〉 기지국

[6] 셀룰러 개념의 주요 파라미터

시스템 설계 시 주요 파라미터는 양호한 통화 품질, 저렴한 가격 등을 고려하여 다음 사항들을 결정해야만 한다.

(1) 기지국 위치 허용 범위

셀 중심에서 셀 반경이 1/4 이내에 위치하도록 설치되어야 한다.

(2) 최대 셀 반경

가격 및 전송 품질에 영향을 미치는 최대 셀 반경은 주로 송신기 출력에 의해 결정되며 송신기 출력의 증가는 RF 신호 대 잡음비를 개선시킴으로써 선송 품질을 높이고 기지국

의 수를 줄일 수 있으나 가격 상승이 뒤따르게 된다. AMPS 시스템에서 이를 고려할 때 카폰 안테나의 출력은 10[W]가 가장 적절한 것으로 알려져 있으나, 실제 국외는 물론 국내에서 시판되는 카폰의 안테나 출력은 모두 3[W]로 되어 있다.

한편, 기지국에서의 안테나 이득은 6~8[dB], 높이는 100~200피트, 카폰의 안테나 이득은 일반적으로 3[dB], 21인치 이하이다. 결론적으로 최대 셀 반경은 송신기의 출력, 안테나의 이득과 높이, 지역적인 환경에 의해 결정된다고 할 수 있다. 실험에 의하면 필라델피아의 경우 최대 셀 반경은 8마일로 알려져 있다.

(3) 최소 셀 반경

이론적으로는 셀 분할 과정이 무한이 가능하지만 실제로는 셀 반경이 1마일 이하가 되면 여러 가지 기술적인 문제가 발생하게 된다.

(4) 동일 채널 재사용비(D/R ; Cochannel reuse ratio)

동일 채널 재사용비(D/R)가 작으면 가격이 저렴하고 대용량이긴 하지만 D/R이 크면 전송 품질이 좋아진다. 실험에 의하면, $D/R = \sqrt{3N}$인 경우 모든 특성을 적절히 만족하는 것으로 알려져 있다, 한 예로서 한 지역 내의 셀이 7개인 경우 $D/R = 4.6$이며, 한 지역 내의 셀이 12개인 경우 $D/R = 6$이다. 따라서 모든 기지국의 송신 출력이 같다면 N 값이 커질수록 주파수 재사용 거리 D가 증가함을 알 수 있다.

7.2 시스템의 구성

셀룰러 이동전화시스템(cellular mobile telephone system)은 차량(또는 휴대)용 이동 전화 단말기, 무선기지국, 그리고 이동전화교환국(MTSO ; mobile telephone switching office)으로 구성된다. 이들은 서로 통화 회선과 데이터 링크로 연결되어 있으며 각 단말기의 통화 시에는 한 쌍의 송·수신 무선 채널을 사용하지만 이 무선 채널은 그 지역에 할당된 채널이라면 어떤 채널로든지 통화가 가능하다.

셀룰러 이동 전화 시스템의 각 구성 요소의 기능과 특성을 현재 우리나라에서 사용하고 있는 북미 AMPS 계열의 아날로그 시스템을 기본으로 알아본다.

[1] 이동 전화 단말기

(1) 구 성

① 무선 송·수신기(시스템별 사용 주파수가 상이하다) : 송신의 주파수 대역은 825~845

[MHz]이며, 수신의 주파수 대역은 870~890[MHz]이다(A-band : 825~835 [MHz] /870~880[MHz], B-band : 835~845[MHz]/880~890[MHz]).

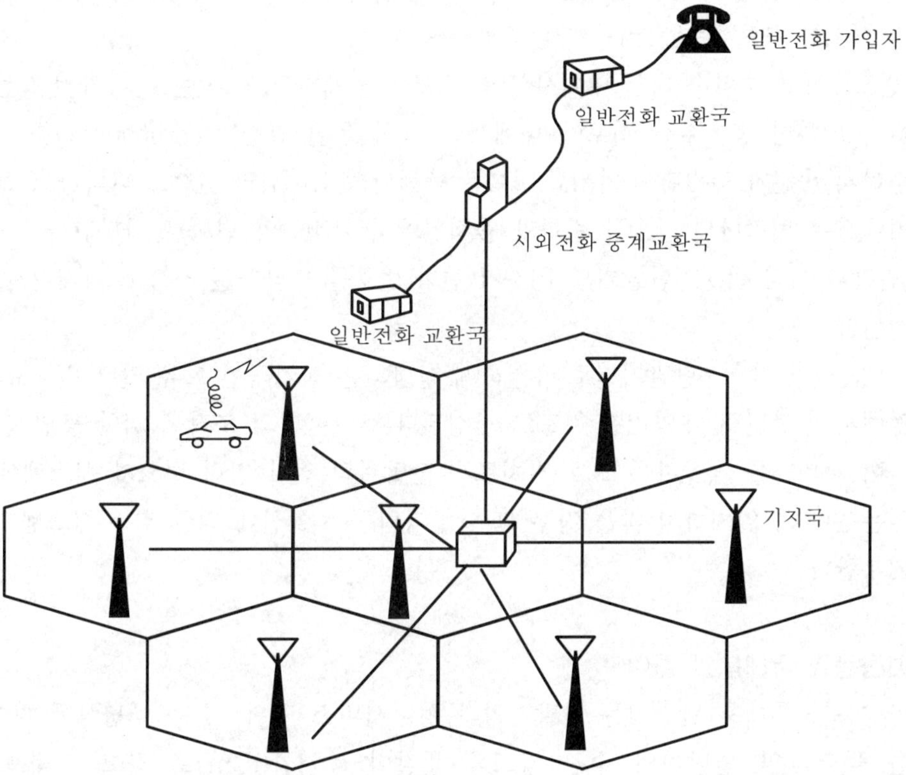

일반전화 가입자

일반전화 교환국

시외전화 중계교환국

일반전화 교환국

기지국

(a) 개념도

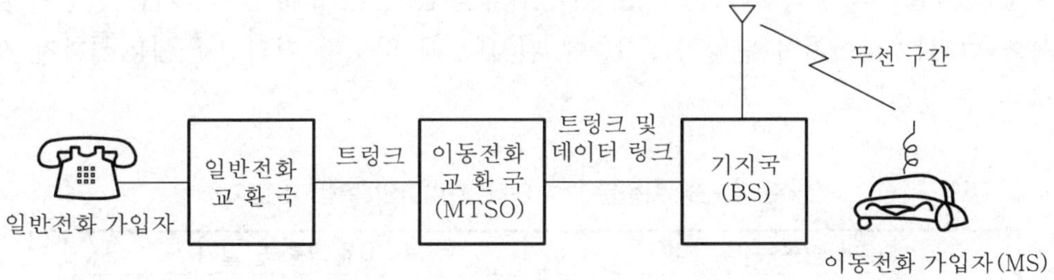

무선 구간

일반전화 가입자 — 일반전화 교환국 — 트렁크 — 이동전화 교환국 (MTSO) — 트렁크 및 데이터 링크 — 기지국 (BS)

이동전화 가입자(MS)

(b) 기본 구성도

<그림 9-13> AMPS의 구성도

② 안테나 : 송·수신 겸용 무지향성 안테나를 사용하고, 송신 주파수 대역의 중심 주파수 835[MHz]에 동조된다.

③ 제어 장치 : 핸드셋과 받침대로 구성되며, 키패드, 조정 스위치, 표시 램프, 송·수신 기 인터페이스 회로로 이루어진다.

(2) 규 격

① 출력 : 단말기의 공칭 출력은 레벨 −0부터 레벨 −7까지 8단계의 가변 폭을 가지고 제어 채널과 음성 채널의 출력을 기지국의 메시지를 통해서 조정하게 되는데, 각 단계마다 4[dB] 차로 총 28[dB]까지 조정 가능하다.

② 변조 : 채널 주파수 대역 내에서 전력 소모를 억제하고 펄스 변조 시의 비직선성을 개선하기 위하여 송·수신 회로망 내에서 2 : 1의 음절 압신기(compander)를 사용한다. 따라서 송신기 입력단의 2[dB] 변화는 출력단의 1[dB]의 변화로 나타나고 반대로 수신기에서는 입력단의 1[dB] 변화가 출력단에서 2[dB]의 변화로 나타난다.

③ 단말기 지정 번호 : 단말기의 10자리 전화 번호를 나타내는 것으로 34개 2진 비트로 구성된다.

④ 전자 일련 번호 : 단말기별로 유일하게 할당되는 전기적인 고유 일련 번호로서 제작 과정에서 지정된 32개의 2진 비트로 구성된다. 이는 임의 조작에 의한 불법 단말기에 대하여 서비스를 제한하는 보호 장치로서 단말기의 전자 일련 번호가 시스템에 등록되어 있는 번호와 일치하지 않을 경우 그 단말기의 착·발신에 의한 호는 시스템에서 처리를 거부한다.

(3) 차량용과 휴대용의 차이

차량용과 휴대용 단말기는 단말기의 특성, 서비스 범위, 설계 개념상에 차이가 있다. 예를 들어, 양 단말기의 수신 감도를 똑같이 −117[dBm]로 하고 휴대용 단말기의 C/I(carrier to interference ratio)는 10[dB], 차량용 단말기의 C/I는 18[dB]로 하면, 차량용 단말기의 통화 범위는 약 9.6 [km]가 되는 반면 휴대용 단말기는 빌딩이 높을수록 통화 범위는 넓어지며 단말기가 3층에 위치할 때 비슷한 거리인 8.8[km]까지 서비스를 받을 수 있다.

<표 9-2> 차량용과 휴대용 단말기의 특성 비교

차량용 단말기	휴대용 단말기
2차원 시스템	3차원 시스템
통화 채널 전환이 필요	통화 채널 전환이 불필요
이동으로 인한 신호 페이딩이 심함	페이딩이 없거나 약함
해발고의 상승에 따라 이득이 변화	빌딩 높이에 따라 이득이 변화
다중 경로 반사로 인한 손실 발생	빌딩 침투로 인한 손실 발생
$C/I \geq 18[dB]$	$C/I \geq 10[dB]$
전력 손실이 문제가 되지 않음	전력 손실이 주요 문제임
단말기 등의 다양화가 관건	소형 경량화가 관건

[2] 무선 기지국

(1) 기 능

단말기와 이동전화교환국을 연결시켜 주는 역할을 한다.

① 단말기 측 연결 : 송신 주파수의 대역은 870~890[MHz](A-band : 870~880[MHz], B-band : 880~890[MHz])이며, 수신 주파수의 대역은 825~845[MHz](A-band : 825~835[MHz], B-band : 835~845[MHz])이다. 이 때 송·수신 간격은 45[MHz]이며 국가별(시스템별) 사용 주파수가 상이하다.

② 이동전화교환국 연결 : 교환기와 기지국을 연결하는 유선망(T-1-carrier)과 기지국과 단말기를 연결하는 무선망(마이크로웨이브)으로 접속된다.

(2) 구 성

무선 송·수신기, 안테나, 제어 장치, 데이터 터미널, 전원 장치 등

(3) 서비스 영역

① 신호 도달 범위에 따른 제한 : 기지국의 서비스 영역을 지점 간 경로 손실 예측 모델에 의한 데이터를 컴퓨터에 저장한 후 지역별 서비스 가능 여부를 판단하는 것으로, 판단의 기준은 통화 시간 유지의 신뢰 수준을 얼마로 하느냐에 따라 달라진다.

예를 들어, 신뢰 수준을 50[%]로 할 때보다 90[%]로 하게 되면 서비스 지역이 감소된다.

② 통화량 감당 능력에 따른 제한

[3] 이동전화교환국

(1) 기 능

① 각 기지국에서 발·착신되는 호 처리
② 각 기지국의 효율적 운용을 위한 중앙 통제
③ 공중 전화망 교환기와의 연결 기능
④ 단말기, 기지국의 출력 제어
⑤ 과금 자료 수집 기능

(2) 구 성

제어부, 통화로부, 주변 기기 등

(3) 시스템 용량

① 통화량 부하에 의한 용량 제한 : 통화량은 시간당 발생 호 수와 발생 호의 점유 시간에 따라 결정되며, 이 통화량과 교환기의 물리적 중계 회선 수에 따라 용량이 제한된다.

② 제어 능력에 의한 용량 제한 : 위치 확인, 호출, 재시도 지정, 음성 채널 할당 및 통화 채널 전환에 관련된 제어 능력에 따라 용량이 제한된다.

[4] 데이터 링크

(1) 기 능

채널 할당 및 통화 채널 전환 등의 목적으로 이동전화교환기로부터의 데이터를 기지국으로 전송하는 통로이며, 반대로 단말기로부터의 발생 호를 처리하기 위하여 역방향 제어 채널을 통해 기지국에서 수집된 데이터를 이동전화교환기로 전송하는 통로이다.

(2) 종 류

① 유선 : T-1-carrier(24채널)를 기지국에 수용된 채널 수에 따라 소요를 결정하고 긴급 전환이 가능한 예비 회선을 확보할 수 있으며, PSTN 전용선 혹은 운용회사 자가 시설 이용이 가능하다.

② 무선 : 마이크로웨이브 방식의 데이터 링크를 구성하는 것으로, 경제적일 뿐만 아니라 문제점도 적고 대규모 시스템에 적합하다. 또 800[MHz]대도 사용 가능하나 대역 폭(10[kbps])이 좁고, 혼선을 야기할 가능성이 있다.

7.3 시스템의 동작

[1] 단말기의 초기 동작

① 초기화 절차는 가입자가 이동 전화 단말기를 작동시키면 단말기는 자동적으로 수신 상태로 전환되며 333개 채널(대역폭 10[MHz]인 경우) 중 신호 채널로 지정된 설정 채널 (21개 set-up channel)을 차례로 탐색(scan)한다. 이 때 설정 채널 중 전파 세력이 가장 큰 주파수에 동조하는데, 이는 주변 인접 기지국 간 설정 채널은 주파수가 모두 상이하기 때문에 가장 가까운 거리 기지국을 선택하기 위함이다.

② 이 경우, 통화중은 아니지만 자기를 호출하면 항상 응답할 수 있는 대기 상태가 된다.

③ 이 상태는 기지국이 단말기의 위치를 알기 위한 별도의 전파 발사 조치가 불필요하나, PSTN 가입자가 이동 전화 단말기를 호출할 때 호출 시간(paging)이 더 길어진다.

④ PSTN 가입자의 발신에 의한 통화 증가 시 단말기의 자율 등록 기능이 필요하다.

[2] 단말기 측 발신 통화

① 상대방의 전화 번호를 단말기에 입력한 후 송신한다('SND(send)' 버튼을 누름).

② 단말기는 미리 선택된 채널을 통해서 기지국으로 정보를 송신한다.

③ 기지국에서는 최적 안테나(최상의 음성 채널이 연결된 지향성 안테나)를 선택한다.

④ 데이터 링크를 통해 이동전화교환국(MTSO)으로 호 처리를 요청한다.

⑤ MTSO는 최적 중계 회선을 선택한 후 교환 기능에 따라 호 처리하여 PSTN과 연결한 후 일반 전화망으로 착신 처리를 수행한다.

[3] PSTN 가입자 발신 통화

① PSTN 가입자가 단말기의 번호를 다이얼링한다.

② PSTN 교환기는 이 호를 MTSO로 전송한다.

③ MTSO는 해당 기지국으로 호출 메시지를 송신한다.

④ 기지국은 설정 채널을 통해서 단말기에 호출 메시지를 송신한다.

⑤ 단말기는 자기 번호가 식별되면 즉시 기지국에 응답한다.

⑥ 기지국의 지시에 따라 지정받은 음성 채널에 주파수를 동조한 후 착신 신호음을 송출한다.

[4] 통화 종료

① 이동 전화 가입자가 단말기의 통화를 종료한다.

② 단말기는 특정 신호 톤(10[kHz])을 일정 시간(1.8초) 동안 기지국으로 송출한다.

③ 단말기의 송신 회로를 차단시킨다.

④ 기지국은 통화 종료 신호를 접수한 후 해당 음성 채널을 유휴(idle) 상태로 복구시키고 교환국으로 그 상태를 통보한다.

⑤ 단말기는 다시 수신 대기 상태로 전환된다(가장 강한 설정 채널에 동조된다).

7.4 시스템의 운용

[1] 서비스 영역 확대 방법

(1) 송신 출력 증가

채널의 송신 전력을 증가시키면 서비스 영역이 증대되며, 이 때 증대된 서비스 영역의 면적은 다음과 같이 구할 수 있다.

송신 출력 P_{t1}인 기지국에서 r_1만큼 떨어진 지점에서의 수신 전력 P_{r1}과 서비스 면적 A_1은 각각 다음과 같다.

$$P_{r1} = a P_{t1} \quad r_1^{-4} \tag{9.2}$$
$$A_1 = \pi r_1^2 \tag{9.3}$$

(2) 기 타

기지국 안테나 높이 증가, 고이득 또는 지향성 안테나 사용, 수신 한계 레벨 감소, 저잡음 수신기 사용, 다이버시티 수신기 사용, 기지국 위치 선정, 중계기 사용 지형에 알맞은 안테나의 사용 등

[2] 음영 지역 해소 방법

(1) 중계기 사용

중계기는 서비스 지역 내에 있는 전파 음영 지역을 해소시키기 위하여 전파 음영 지역에 있는 단말기와 기지국 사이에 중계 역할을 수행하는 송·수신기이다.

(2) 반사기 사용

반사기는 수신 신호의 방향을 전환시키기 위해서 사용한다.

(3) 다이버시티 사용

다이버시티 방식에는 공간 다이버시티, 주파수 다이버시티, 편파 다이버시티, 각도 다이버시티 등이 있다.

[3] 누설 급전선의 사용

① 터널이나 차폐된 지역에서 누설 급전 기법을 사용할 필요가 있다.
② 누설 도파관, 누설 동축 급전선

7.5 주파수 관리 및 채널 할당

[1] 주파수 관리

주파수 관리라 함은 사용 인가받은 주파수 자원(예 : 10[MHz])에 대하여 규칙에 따라 채널 번호를 부여하고 이 채널을 설정 채널(예 : 21개)과 음성 채널(예 : 312개)로 분류한

후 비교적 장기간 동안 통화량에 비례하여 각 기지국에 분배하는 것을 말하며, **고정 채널 할당**(fixed channel assignment)이라고 한다.

그러나 기지국에 채널을 고정적으로 할당하지 않고 312개 채널을 모든 기지국이 이동국에 바로 할당할 수도 있는데, 이는 **가변**(non-fixed) **채널 할당**이라고 한다.

(1) 설정 채널

설정 채널은 통화가 이루어지도록 하는 채널로서 **제어 채널**이라고도 한다. 시스템에 설정 채널이 반드시 있어야 하는 것은 아니지만, 설정 채널 없이 시스템을 운용할 때는 모든 채널(10[MHz] 대역폭에서 333개)을 음성 채널로 사용할 수 있으나 단말기는 계속 전 채널을 감시함으로써 자기를 호출하는 신호를 탐지해야 할 뿐만 아니라 가입자가 통화를 시도할 때에는 모든 채널을 조사해야 한다.

AMPS 셀룰러 이동 전화 시스템에서의 설정 채널은 총 채널 중 21개를 제어 채널로 사용한다. 또, 설정 채널은 단말기의 통화 시도용 **접속 채널**(access channel)과 PSTN 일반 전화 가입자 발신 시도용 **호출 채널**(paging channel)이 있는데, 통화량이 적은 시스템에서는 접속 채널과 호출 채널을 동일 채널로 사용하기도 하기 때문에 설정 채널을 접속 채널 또는 호출 채널이라고도 한다.

(2) 음성 채널

이동 전화 단말기는 수신된 기지국 신호의 전계 강도에 따라 기지국을 선택하여 호를 시도하면 선택된 기지국은 설정 채널용 무지향성 안테나(보통 3개)로 통화 시도 요청 신호를 수신한 후 수신된 단말기 신호의 전계 강도를 측정한다. 이 중에서 MTSO는 가장 강한 신호가 들어온 섹터에 있는 채널 하나를 선택하여 음성 채널로 할당한다.

[2] 고정 채널 할당 방식(기지국에 할당하는 것)

(1) 인접 채널 할당(adjacent-channel assignment)

채널 간의 관계를 **이웃 채널**(neihboring-channel)과 **근접 채널**(next channel)로 분류해, 이들을 **인접 채널**이라 한다. 하나의 채널이 중심 기지국에 할당되면 이 인접 채널(이웃, 근접)로 분류된 채널은 중심 기지국에 사용해서는 안 되며, 이웃 기지국에 사용할 때에도 일정한 규칙에 따라 사용해야 한다.

(2) 채널 공유

채널 공유 방식은 단기적으로 통화량을 처리하는 기법으로, 7셀, 3섹터 시스템에서 사

용한다. 즉, 어떤 기지국이 통화량이 증가하여 서비스 제공에 과부하가 걸리면 기지국 내에서 섹터별로 구분된 채널을 단기간 공유함으로써 통화량을 처리하는 방식이다.

(3) 채널 차용

채널 차용은 특정 기지국에 통화량이 많을 때 장기적으로 타 기지국으로부터 채널을 차용해서 사용하는 방식으로, 동일 기지국 내의 타 섹터로부터도 차용이 가능하다.

(4) 섹터화

하나의 기지국을 120°, 60°, 45° 등으로 섹터화하여 각 섹터에 기지국이 자신의 보유 채널을 서브셋(subset)으로 구분하여 할당하는 방식이다.

(5) 이중(underlay-overlay) 셀의 배열

두 개의 서비스 그룹이 두 개의 상이한 셀 재사용 기법에 따라 채널을 재사용하는 것으로, 하나의 셀 기지국(cell site)에서 두 개의 서비스 지역을 구분하여 사용하는 것이다. 즉, 이중 셀(dual cell)은 셀의 내부/외부로 구분되며, 단말기의 위치에 따라 다른 채널을 사용하고, 중첩 셀(overlay cell)은 하나의 셀에 두 개의 기지국을 설치하여 두 개의 기지국이 기능을 분담하여 운용한다.

[3] 채널 할당

통화량과 전파 간섭을 고려하여 이동국에 대해 채널을 적응적으로 할당하며, **소형 셀**(micro-cell)에 적응 채널을 할당하면 가입자 수용 용량을 3~4배, **대형 셀**(macro-cell)에 적응 채널을 할당하면 가입자 수용 용량을 1.5배 증가시킬 수 있다.

(1) 가변(non-fixed) 채널 할당 알고리듬의 종류
① 고정 채널 알고리듬(FCA ; Fixed Channel Algorithm) : 기지국에 고정적으로 할당된 채널만을 가지고 서비스 지역(셀) 내 이동국에 채널을 할당하는 것으로, 가장 일반적인 알고리듬이다.
② 동적 채널 할당(DCA ; Dynamic Channel Assignment) : 각 기지국에 채널이 고정적으로 할당되어 있지 않으므로 312개 채널 중 전체 시스템 상태에 따라 유동적으로 채널을 할당하는 방식이다.
③ 혼합 채널 할당(HCA ; Hybrid Channel Assignment) : 일부 채널은 고정적으로 할당하고 나머지 채널은 유동적으로 채널을 할당해서 사용한다.

④ 차용 채널 할당(BCA ; Borrowing Channel Assignment) : 시스템이 정상일 때에는 고정 채널로 할당된 채널을 사용하고 채널이 부족할 때에는 인접 기지국애 할당된 채널에서 차용해서 사용하는 방식이다.

(2) 채널 할당 개념의 발전

<표 9-3> 채널 할당 개념의 발전

구 분		특 징	적용 시스템
고정 채널 할당 (FCA)		• 통화량 분석으로 고정 채널을 할당한다. • 기지국에 적정 채널 할당으로 경제성을 도모한다. • 통화량 변동에 따른 대처 능력이 미흡하다.	• AMPS • TACS • NMT (macro-cell)
동적 채널 할당 (DCA)	통화량 기준	• 통화량에 따른 시변적 채널을 할당한다. • 채널 간 재사용 거리의 유지가 필요하다. • 기지국 과다 채널을 보유한다.	• ADC • GSM • JDC (micro-cell)
	통화량/ 간섭 기준	• 전파 간섭 영향은 BER 값에 의해 파악한다. • 할당 채널은 전파 간섭 허용 한계 내에서만 사용한다. • 채널 간 재사용 거리의 유지가 불필요하다. • 수초 내로 신속한 채널을 할당한다.	• DECT • CT3 (micro-cell/ pico-cell)
서비스 간 (inter-service) 채널 할당		• 동일 채널을 상이한 서비스가 공유된다. • AI 기법으로 서비스 간 채널의 전파 간섭 상황을 파악할 수 있다. • 서비스당 최적 채널을 부여한다. • 주파수 이용을 극대화한다.	(일본 우정성 연구)

<표 9-4> 셀의 소형화 추세

구 분	Macro-cell	Micro-cell	Pico-cell
할당 주파수 대역	11.34	1.26	1.26
채널 수	1134	126	126
채널 할당 방법	FCA	DCA	DCA
송신 출력(W)	6	0.6	0.03
안테나 형태	Sector	Omni	Omni
주파수 재사용 계수	7, 4	Adaptive	Adaptive
기지국 반경	1.5	0.15	0.03
통화량(Erlang/km^2)	18.2	66	3000
가입자 수/km^2 (기준 통화량 : 0.027Erl)	674	2444	111111

* 참고 : (1) 시스템 할당 주파수 12.6[MHz]를 기준으로 계산한다.
　　　　 (2) 총 주파수의 10[%]를 micro-cell, pico-cell에 할당한다.

7.6 시스템의 수용 용량

[1] 시스템의 총 가입자 수

시스템에 가입할 수 있는 총 가입자 수는 다음과 같이 표시된다.

$$Q_i = f(B, T, N), \quad Q_t = \sum_{i=1}^{n} Q_i \tag{9.4}$$

여기서 Q_t는 전체 기지국의 최번 시 총 시도 호수, Q_i는 셀당 최번 시 총 시도 호수, B는 호손(Blocking)율, T는 가입자당 평균 통화 시간(분), N은 무선 채널 수, n은 셀 수이다. 이 때 다음과 같은 관계가 성립한다.

$$M_i = f(Q_i, \eta_c), \quad M_t = \sum_{i=1}^{n} M_i = \frac{Q_t}{\eta_c} \tag{9.5}$$

여기서 M_t는 시스템의 총 가입자 수, M_i는 셀당 가입자 수, η_c는 가입자의 평균 통화 비율이다.

예를 들어 시스템의 최번 시 총 시도 호수를 17200호, 가입자의 평균 통화 비율을 0.6이라 하면 시스템의 가입 용량은 $M_t = 17200/0.6 = 28667$이 된다.

[2] 셀당 최대 채널 수용 수

어떤 기지국에 할당할 수 있는 최대 무선 채널 수는 그 기지국의 서비스 지역 내에서 발생하는 최번 시 총 시도 호수(BHCA ; busy hour call attempts)와 가입자의 평균 통화 시간(ACT ; average call time)과 밀접한 관계가 있으며, 이는 가입자의 호 습성에 따라 결정되는 통계치가 된다.

이 때 기지국의 최번 시 총 시도 호수를 Q_i, 평균 통화 시간을 T라 하면, 발생 통화량 A(offered traffic)는 다음과 같은 관계가 성립한다.

$$A = \frac{Q_i \times T}{60} \quad (어랑) \tag{9.6}$$

예를 들어, 기지국의 최번 시 총 시도 호수가 3000호, 평균 통화 시간이 1.76분, 호손율이 2[%]일 때, 발생 통화량은 $A = (3000 \times 1.76)/60 = 88$(어랑)이 된다.

이를 어랑(Erlang) B(blocked-calls-cleared) 표에서 찾으면 기지국이 수용할 수 있는 무선 채널 수는 $N = 100$채널이 된다.

 각종 이동체 통신 시스템

8.1 주파수 공용 시스템(TRS)

이번에는 TRS(trunked radio system)의 대표적인 TRS 육상 이동 통신 시스템에 대하여 설명하고자 한다. 이 시스템은 1970년 미국에서 처음 개발되어 상용화된 것으로, 다수의 무선국이 통신을 하는 경우, 각 무선국에 다수의 채널(국)을 공유시켜 다수의 채널 중에서 빈 채널을 임의로 선택하는 기능을 갖게 하여 모든 채널이 동시에 사용될 확률을 낮춤으로써 주파수의 이용 효율을 높이도록 한 시스템이다. 즉, 주파수 공용 시스템은 단일 채널의 업무용 무전기와 달리 여러 개의 채널을 가입자가 공동으로 이용함으로써 채널을 효율적으로 공용하는 무선 통신 방식으로서 미국의 TRS, 일본의 MCA(multi channel access) 시스템 등이 있다.

〈그림 9-14〉는 TRS의 기본 개념도를 나타낸 것으로, TRS 제어국(중계국), 지령국(기지국), 각 이동국으로 구성된다. 지령국, 이동국은 다수의 군으로 나누어지고, 그 군에 속한 무선국 상호간의 통신을 가능케 한다. 다수의 이동국 중에서 호출할 국을 선택하기 위하여 각 이동국은 미리 식별 번호(ID ; identification code)를 부여받는다.

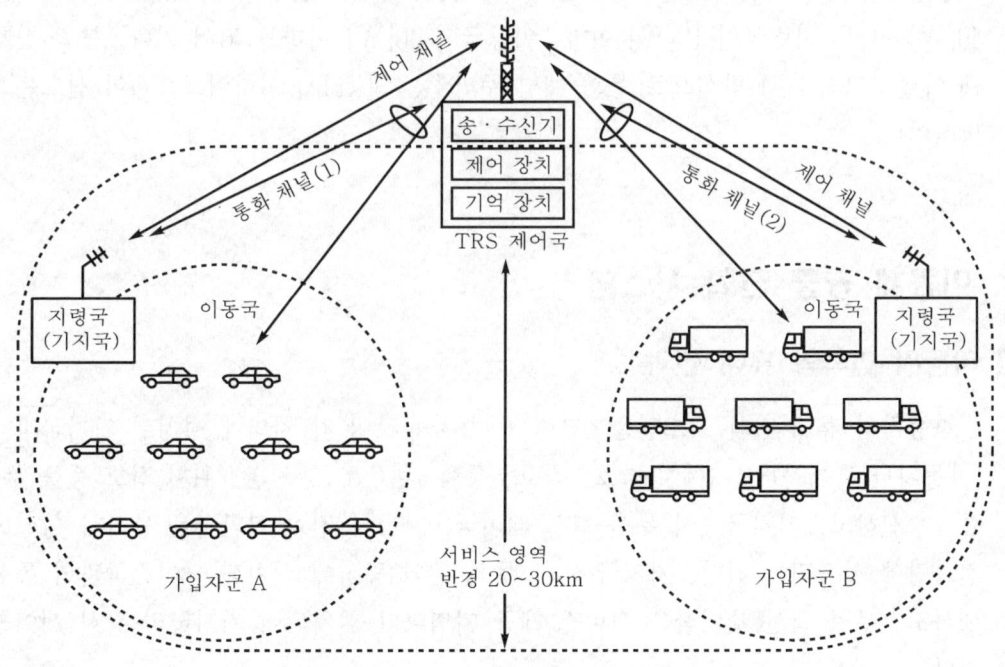

〈그림 9-14〉 TRS 육상 이동 통신 시스템

TRS 제어국은 통화중이 아닌 채널에는 빈 채널 신호를 송출한다. 이동국은 다수의 채널 중에서 빈 채널을 찾아내기 위하여 각 채널의 수신 주파수를 일정 주기로 순환 전환하여 각 채널의 사용 상황을 검출한다.

이동국 무전기의 송수화기를 들면(press talk switch를 누르면) 빈 채널 신호를 검출할 수 있는 채널로 전환하든가 정지하여 그 채널로 TRS 중계국과 회선이 구성되고, TRS 제어국은 이동국과 중계국 또는 이동국 상호간의 중계를 가능케 하는 것이다.

지령국에서 송신하는 경우에는 빈 채널에 전환하여 정지시키는 파일럿(pilot) 신호를 송출하여 통화중이 아닌 모든 이동국의 전환 기능을 정지시킨 후에 호출하려는 이동국의 ID 코드를 송출하고, 해당 이동국에서 응답을 표시하는 파일럿 신호를 수신하면 회선이 구성되어 통화가 가능하게 된다.

최근에는 통화 신호뿐만 아니라 최대 40문자 정도의 문자 메시지를 전송할 수 있도록 하여 이동국의 수신자가 부재중이더라도 연락 내용을 수신 기억시켜 둠으로써 수신자가 돌아와서 액정 디스플레이(display)로 확인할 수 있는 것도 있다. 데이터 전송용 시리얼 인터페이스(serial interface) 내장형인 경우에는 팩시밀리(facsimile)나 프린터(printer)를 접속하여 사용할 수도 있다.

TRS 육상 이동 통신 시스템의 서비스 영역(service area)은 대략 20~30[km]의 대존 방식이고, 사용 주파수는 제어국이 800[MHz]대, 지령국과 이동국은 900[MHz]대이다. 대용량 시스템에서는 6.25[kHz] 간격으로 1600채널이 할당되고, 송신 전력은 제어국이 40[W] 이하, 지령국이 10[W] 이하, 이동국이 30[W] 이하로 되어 있다. 통화 신호는 현재 아날로그의 FM 방식으로 통화 채널 주파수는 3[kHz] 이하이고, 제어 신호는 디지털 방식이다.

8.2 이동체 공중 전화 시스템

[1] 자동차 전화와 휴대 전화

자동차와 휴대 전화 시스템은 〈그림 9-15〉와 같이 각 지역에 설치된 기지국과 이동국(자동차나 휴대자) 사이에서 발호, 착호, 통화, 존(zone) 전환, 위치 정보 등을 무선으로 송·수신하고, 기지국에서 무선 회선 제어국, 자동차 전화 교환국을 통과하여 일반 가입 전화망에 접속되어 있다. 기지국은 각 무선 존의 중심에 설치되어 이동국과의 통신을 실행하고, 무선 회선 제어국은 서비스 제공 지역마다 설치되어 기지국의 감시 제어를 실행한다.

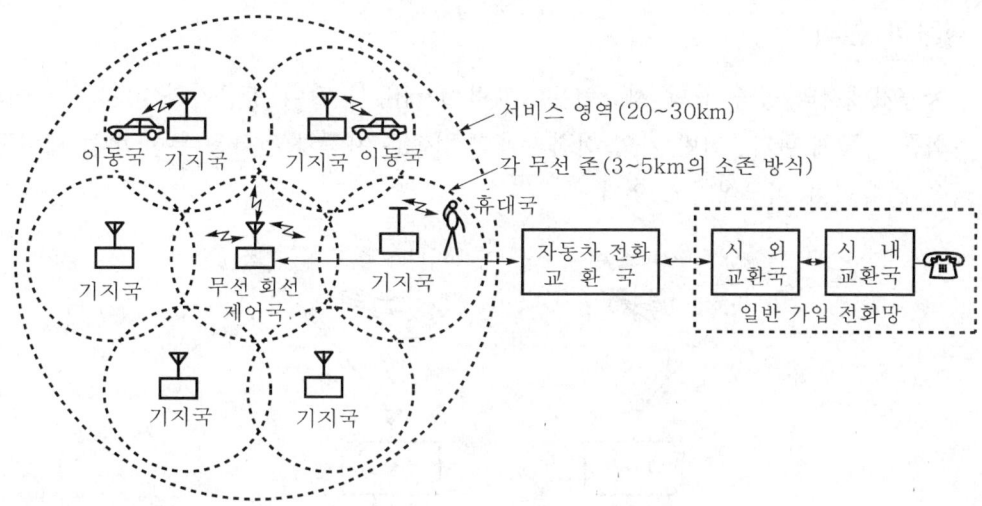

<그림 9-15> 자동차 및 휴대 전화

송신 주파수는 기지국이 800[MHz]대, 이동국은 900[MHz]대이고, 대용량 시스템에서는 송·수신 간격 55[MHz], 대역폭 25[MHz], 통화 채널은 6.25[kHz] 간격이며, 2000채널이 배치되고 있다. 송신 전력은 기지국이 25[W], 5[W], 이동국이 1[W]이다. 통화 신호는 현재 아날로그의 FM 방식이고, 통화 채널 주파수는 3[kHz] 이하이다. 제어 신호는 부호화된 FSK 방식으로 되어 있다.

한편, 아날로그 통신 방식을 디지털화함으로써 도청이 어렵고, 비화성이 우수하며, 데이터나 화상의 전송이 용이하게 된다.

세계적으로는 ITU-R(구 CCIR)에 의하여 장래의 공중 육상 이동 통신 시스템(FPLMTS ; future public land mobile telecommunication system)을 1992년부터 세계 통일 규격으로 추진하고, 사용 주파수를 1.8~2.2[GHz] 사이에서 세계 공통(대역폭 230[MHz] 이하)으로 채택함에 따라 휴대 전화기를 세계 어느 곳에서 가지고 있어도 통화가 가능하게 된다. 또한 아날로그 방식에서는 한 개의 무선 존이 반경 5[km] 이내의 서비스 영역인 것에 대하여 FPLMTS에서는 반경 500[m]로 소형화함으로써 인접하지 않은 존에서 동일 주파수를 중복해서 이용할 수 있다는 이점이 있고, 주파수의 이용 효율이 높기 때문에 아날로그 방식보다도 회선 수를 증가시키는 것이 가능하며, 소전력이므로 전화기를 소형, 경량화할 수도 있다.

이러한 FPLMTS는 발음상의 까다로운 점을 해결하고 많은 관계자들에게 쉽게 이해될 수 있도록, FPLMTS가 사용하려는 주파수 대역(2000[MHz] 대), 도입 시기(2000년경) 및 데이터 전송 속도(최대 2000[kbps])를 고려한 IMT-2000(International Mobile Telecommunication)이라는 이름을 병행하여 사용하도록 하고 있다.

[2] 항공기 전화

항공기에서의 공중 전화 시스템은 〈그림 9-16〉과 같이 항공기와 기지국 사이의 무선 통화를 가능케 한다. 일반 가입 전화망과의 접속은 자동차 전화용 무선 회선 제어국, 교환 국을 경유하여 이루어지고 있다.

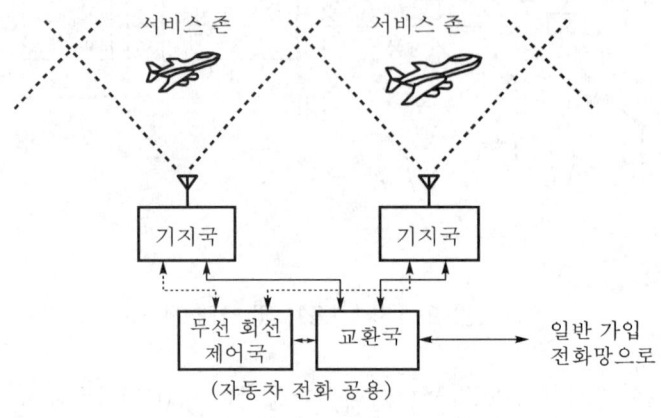

<그림 9-16> 항공기 전화

송신 주파수는 기지국이 800[MHz]대, 이동국이 900[MHz]대이며, 송·수신 간격은 55[MHz], 통화 채널은 25[kHz] 간격으로 80채널이 배치되고 있다. 송신 전력은 기지국이 40[W], 이동국(항공기)이 10[W]이다. 변조 방식 등은 자동차 전화와 동일하다.

일본의 경우 항공기 전화는 자국의 국내편 여객기를 대상으로 한 항공기 발신 전용 공중 전화로, 1986년 4월 NTT에 의해 서비스가 개시되었다. 이 시스템은 서비스 개시 당초부터 최신 선박 전화 시스템과 같이 제어 교환계 장치를 자동차 전화 시스템과 공용으로 하여 경제화를 도모하고 있다. 서비스 영역은 고도 5000[m] 이상의 상공으로, 상공의 공역을 6개의 무선 기지국으로 커버하고 있다.

한국에서는 공항 주변 지역에 국한하여 공항 업무와 관련된 지상과 항공기, 항공사의 사무실과 지상 이동 단말기(작업 차량, 종사원) 상호간의 항공기 운항 관리를 위한 통신 목적으로 공항 무선 전화 서비스를 1985년 12월부터 개시하였는데, 이 또한 무선 통신 서비스의 일종이라 할 수 있다.

공항 무선 전화는 공중 통신망(PSTN)과 접속되지 않고, 지역적으로 한정된 서비스로서 한국통신에 의해 김포 국제공항에서 처음으로 서비스가 개시되었다. 공항 무선 전화 서비스는 항공사 사무실의 단말기 핸드셋(hand set)을 이용하여 기지국을 경유한 후 항공기 이·착륙 시 항공기 간 연락 및 기내 사고 또는 위급 환자 발생 시 사무실과의 연락을 취하기 위한 지대공 통신(VHF 사용), 공항 내 사무실과 차량, 작업원 간의 연락 및 항공 화물 운송 연락을 취하기 위한 지대지 통신(UHF 사용)으로 구분된다.

[3] 선박 전화

선박에서 공중 전화 시스템은 연안을 항행하는 선박을 대상으로 한 것으로서 〈그림 9-17〉과 같다.

이동국(선박)과 기지국(해안국) 사이는 150[MHz], 250[MHz]대를 사용하고, 기지국에서 일반 가입 전화망과의 접속은 자동차 전화용의 무선 회선 제어국(800[MHz]대)과 교환국을 경유하여 행한다. 송·수신 간격은 9[MHz], 통화 채널은 12.5[kHz] 간격이고, 315채널이 배치되어 있다.

송신 전력은 기지국이 20[W], 이동국이 5[W]이며, 서비스 영역은 기지국에서 50[km]로 되어 있다. 변조 방식 등은 자동차 전화와 동일하다.

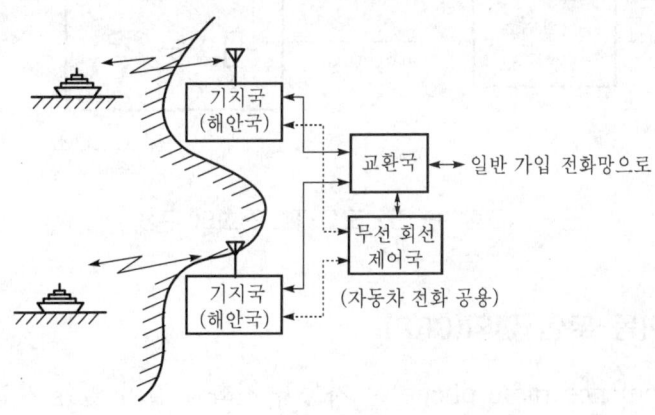

〈그림 9-17〉 선박 전화

내항 선박 전화는 연안을 항해하는 선박을 대상으로 일반 전화망과의 접속을 가능하게 하는 것으로, 일본의 경우 NTT에서 1964년 11월부터 150[MHz]대를 이용한 수동 교환 방식으로 서비스를 개시했다. 그 후, 접속 시의 서비스 품질 향상 및 가입자 용량의 증대에 대응하기 위해 250[MHz]대를 사용한 자동 교환 접속에 의한 시스템이 1979년 3월부터 서비스를 개시했다. 게다가 1988년 11월에는 비용 절감을 꾀하기 위해 제어 교환계 장치를 자동차 전화 방식과 통합한 새로운 시스템이 서비스를 개시했다.

한국에서는 1962년 항만 지역에 자가 통신 설비의 허가를 얻은 민간 통신 업체가 항만 내 수동식 교환기를 설치하여 정박중인 선박과 육상의 해운, 항만 관계 기관과 일반 전화 가입자를 연결하여 전화 서비스를 시작한 것이 그 효시라고 볼 수 있다.

1988년 9월 항만 자동 전화망이 개통됨으로써 항만 통신의 유선 자동화 시대가 열렸다. 1991년 12월에는 무선 방식인 주파수 공용 통신망이 개통되어 해상에서도 육지와 직접 자동 통화가 가능해졌다.

[4] 코드리스 전화

코드리스 전화는 〈그림 9-18〉과 같이 고정 전화의 가입자선 옥내 배선의 일부를 무선화한 것으로, 일정한 범위 내에서 자유롭게 가지고 다니면서 사용할 수 있도록 한 전화이다. 송신 출력은 코드리스 전화기 및 접속 장치 어느 것이라도 10[mW] 이하로, 일정 거리를 두고 측정한 전계 강도의 세기에 따라 아주 약한 전파형, 소전력형으로 나눌 수가 있다. 소전력형은 잘못된 과금, 오접속 등이 발생되는 일이 없도록 멀티채널 액세스 방식을 채용하여 개인 식별 번호(ID)를 부여하고 있다.

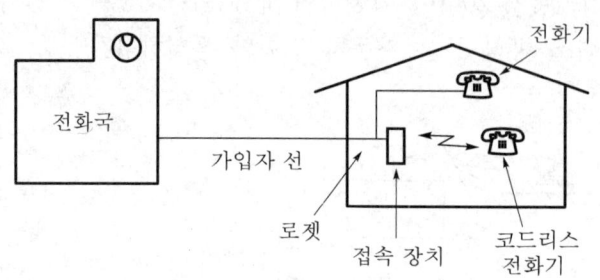

〈그림 9-18〉 코드리스 전화의 구성

[5] 간이 육상 이동 무선 전화(CRP)

CRP(convenience radio phone)는 자동차 전화와 같이 일반 가입 전화망과 접속하여 통화할 수 있는 간이 육상 이동 무선 전화 시스템이다. 이 시스템의 기지국은 이동국에 대하여 위치 등록이나 존(zone) 간의 제어 등을 하지 않는 이동국 주체의 간이 시스템으로 지방 도시에 적합하다. 구체적으로는 〈그림 9-19〉와 같이 일반 가입 전화망에 접속되어 있는 기지국과 이동국 사이는 TRS에 의한 채널을 설정하고, 통화 시간에 제한을 둠으로써 주파수의 이용 효율을 높이고 있다.

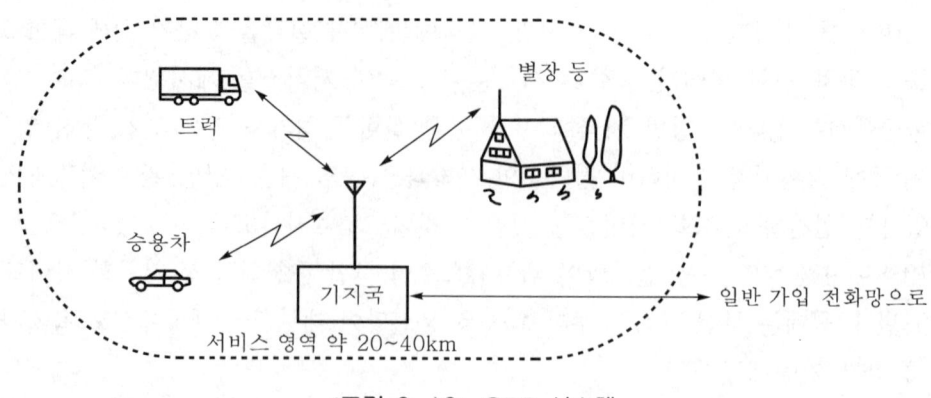

〈그림 9-19〉 CRP 시스템

송신 주파수는 기지국이 800[MHz]대, 이동국이 900[MHz]대이고, 통화 채널은 12.5 [KHz] 간격이며, 수십 채널 이상이 배치된다.

변조 방식은 PM이다. 송신 전력은 기지국이 40[W] 이하, 이동국이 5[W] 이하이고, 서비스 영역은 20~40[km]의 대존 방식이다.

8.3 텔레터미널 시스템

텔레터미널(tele-terminal) 시스템은 〈그림 9-20〉과 같이 기지국이나 차량 또는 부재 중인 세일즈맨(salesman) 등이 휴대하는 단말 장치(단말국) 등의 사이를 무선으로 연결하여 각 사용자의 사무실이나 컴퓨터 등과 쌍방향의 데이터 통신을 행하는 것이다. 이 시스템은 〈그림 9-20〉과 같이 공동이용센터(교환국), 텔레터미널 기지국, 사용자 컴퓨터 센터, 단말국으로 구성된다.

텔레터미널 시스템은 쌍방향 데이터 통신 이외에 데이터베이스의 정보 검색, 메시지 교환과 센서를 이용한 무인 탐지, 원격 조작 등의 텔레미터나 VAN(부가가치 통신망), LAN(기업 내 정보통신망) 등과 접속하는 등 다양한 비즈니스 분야에 응용할 수 있다.

특히 무인 탐지의 구체적인 예로는 파킹미터(parking meter)와 자동판매기의 일원적 관리, 전기·가스·수도 등의 자동 검침 등 광범위한 용도로 사용될 것으로 기대되고 있다.

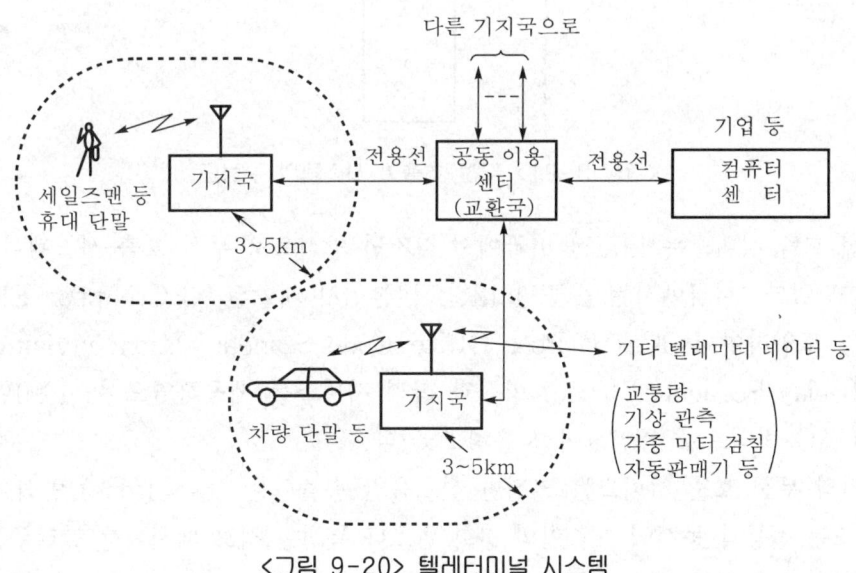

〈그림 9-20〉 텔레터미널 시스템

8.4 무선 호출 시스템

무선 호출 시스템(paging system)은 기존의 전화망 등의 전송 매체를 이용하여 무선 호출기(pager) 일명 삐삐를 소지하고 있는 가입자를 호출하거나 간단한 데이터 서비스를 제공하는 시스템을 말한다.

이 시스템의 구성은 〈그림 9-21〉과 같이 가입자에게 호출 신호나 문자 정보를 송신하는 중앙 기지국 및 주변 기지국들인 BS(Base Station)와 BS로부터 송신된 정보를 수신하는 단말기(무선 호출기)들로 구성된다.

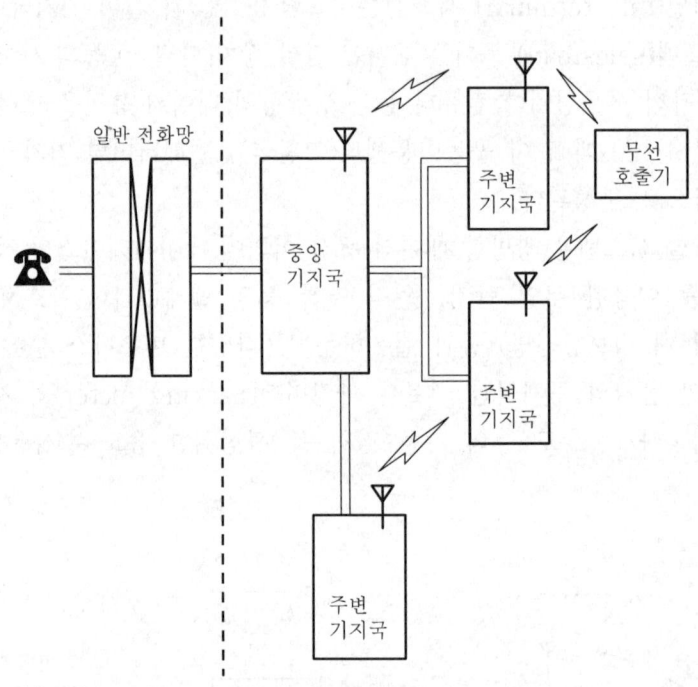

〈그림 9-21〉 무선 호출기 시스템의 구성도

무선 호출 서비스는 1973년 미국에서 디지털 방식으로 무선 호출 시스템이 사용되면서 본격화되었다. 한국에서는 1982년 12월, 일본에서 개발된 NEC(Nippon Electric Co.) 방식을 도입하여 POCSAG(Post Office Code Standardzation advising Group)와 GSC(Golay Sequential Code) 방식과 함께 서비스를 제공하였으며, 1990년 1월부터는 POSCAG 방식으로 통일하여 사용하고 있다.

초기의 무선 호출 서비스는 일정한 신호음만 송출하는 신호음(tone) 방식이었지만, 신호음 또는 진동과 동시에 호출인의 전화 번호나 특정한 정보 메시지를 알려주는 전화 번호 표시(display) 방식으로 전환되었다. 무선 호출 문자 서비스는 호출자가 PC나 교환원을 통해 한글, 한자, 영문 및 숫자로 구성된 메시지를 전달할 수 있는 서비스이다.

무선설비규칙 제106조에 규정되어 있는 무선 호출국의 무선 설비는 다음 각 호의 조건에 적합하여야 한다.

① 사용 주파수는 26.1[MHz] 이상 50[MHz] 이하, 72[MHz] 이상 76[MHz] 이하, 138[MHz] 이상 143.6[MHz] 이하, 146[MHz] 이상 173[MHz] 이하, 273[MHz] 이상 328.6[MHz] 이하 및 335.4[MHz] 이상 470[MHz] 이하로서 정보통신부 장관이 따로 지정하는 것일 것

② 통신 방식은 단향 통신 방식일 것

③ 기타 정보통신부 장관이 따로 정하여 고시하는 기술적 조건에 적합할 것

1 이동체 통신 시스템을 상세히 분류하라.

2 이동 통신 시스템의 기본 구성에 대해 간단히 설명하라.

3 이동 무선 통신에 사용되는 TRS(trunked radio system) 방식의 원리를 기술하고, 그 특징을 3가지 들어라.

4 이동 통신 시스템의 구성에서 존(zone)의 개념을 기술하고, 존의 방식에 대하여 설명하라.

5 이동체 공중 전화의 종류를 열거하라.

6 자동차 전화의 이동국과 일반 가입 전화망 사이는 어떻게 접속되는지 설명하라.

7 셀룰러 이동 전화 시스템의 구성을 들고 각각 설명하라.

8 주파수 관리의 개념을 기술하고 할당 방식의 종류를 열거하라.

9 텔레터미널(tele-terminal) 시스템의 개요에 대하여 설명하라.

10 무선 호출 시스템의 기본 구성도를 그리고, 동작을 간단히 설명하라.

제10장 •••••

위성 통신

1 통신 위성

　인공 위성은 통신 위성, 방송 위성, 기상 위성, 지구 탐사 위성, 무선 항법 위성, 과학 위성 등 다양한 용도로 널리 이용되고 있다. 통신 위성은 현재 국제 통신의 기간 전송 매체로서 널리 활용되고 있는데 국내 통신용, 이동체 통신용, 낙도 간 통신용, 비상 재해 시 긴급 통신용 등에도 일부 사용되고 있다.

　통신 위성의 시대는 1962년에 미국이 발사한 텔스타(Telstar) 1호와 릴레이(Relay) 1호로부터 시작되었다. 일본에서는 다음 해인 1963년에 릴레이 1호를 이용하여 미국과의 사이에서 태평양을 횡단한 TV 중계를 시험적으로 행하였다. 1965년에는 세계 최초의 정지형 상업 통신 위성 얼리 버드(Early Bird)가 대서양 상에 발사되었다. 그 후에도 많은 통신 위성이 발사되었으며, 오늘날에는 세계 곳곳의 사건을 거의 실시간으로 일반 가정의 TV에서 시청할 수 있게 되었다.

　통신 위성은 본질적으로는 전파의 중계기이다. 지구국으로부터 송신되는 전파의 빔을 우주에서 수신하고 증폭하여 다시 한번 더 다른 지구국으로 반송한다. 그 주파수는 전리층에서 반사되지 않는 UHF 이상의 주파수가 사용되며, 수 GHz에서 수십 GHz가 주로 사용된다.

　지상에서 위성으로의 업링크(uplink)와 위성에서 지상으로의 다운링크(downlink)는 서로 간섭을 피하기 위해 사용 주파수를 바꿔준다.

　통신 위성은 지구와 같은 각속도로 적도상을 회전하는데, 지구상에서는 정지하고 있는 것처럼 보이는 정지 위성과, 적도 이외의 일정한 궤도를 회전하는 궤도 위성이 있다. 이 궤도 위성은 지구로부터의 고도에 따라 비행 속도가 다르며, 원 또는 타원 궤도를 그리고

있다.

초기의 통신 위성은 실험 위성과 같이 타원 주회 궤도를 취하고 지구상 1000~8000 [km]의 저고도를 비행하였다. 정지 위성은 편리하기는 하나 거리가 멀다. 저고도인 주회 위성은 방사 전력과 수신 감도가 모두 낮아도 괜찮지만 통신 가능한 시간이 한정되기 때문에 통신이 항상 시행될 수 있도록 하기 위해서는 복수의 위성을 발사하고, 지상에 추미 장치를 설치하지 않으면 안 된다.

이와 같은 장·단점을 고려할 때 정지 위성에 장점이 많이 있기 때문에 오늘날 특별한 예외를 제외하고는 통신 위성 대부분이 정지 위성을 채택하고 있다. 그 가장 큰 이유는 송·수신국 모두 복잡하고 고가인 위성 추미 장치가 불필요하다는 것이다.

② 위성 통신 방식

위성 통신 방식(satellite communication system)은 〈그림 10-1〉과 같은 통신 위성을 무선 중계국으로 하여 지구 간의 통신을 행하는 전송 방식이며, 위상 위성 방식과 정지 위성 방식이 있다.

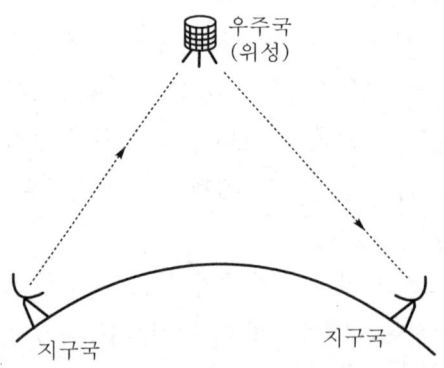

우주국
(위성)

지구국   지구국

〈그림 10-1〉 위성 통신 방식

위상 위성 통신 방식(phased satellite communication system)은 지구를 도는 궤도상에 몇 개의 통신 위성을 등간격으로 쏘아 이것들을 추적하여 2지구국 사이에서 동기시키는 순서대로 전환하면서 통신하는 방식이다.

이 방식에는 저고도 위성이 사용되며, 적도 궤도, 경사 궤도, 극 궤도 등 궤도 배치의 자유도가 높다. 위성의 추미나 전환 제어가 필요하며, 궤도 위성에 비하면 실용성에서는

뒤떨어지지만 저고도 위성의 이용으로 전송 지연이 단축될 경우 2단 중계 접속도 가능해져 한국−남미 간과 같이 정지 위성으로는 직접 커버할 수 없는 원거리 위성 통신이 가능하다는 점에서 주목되고 있는 방식이다.

정지 위성 통신 방식(stationary satellite system)은 적도상의 상공 고도 35860[km]인 곳에 지구의 회전에 동기되어 동쪽으로 회전하는 통신 위성을 이용하는 방식이다. 지상에서 보면 상대적으로 정지 위치를 유지함으로써 고정적으로 배치한 지구국 안테나에 의해 통신할 수가 있으므로 실용성이 높아 현재 가장 널리 사용되고 있다.

〈그림 10−2〉에 나타내었듯이 1개의 정지 위성으로 지표의 대략 1/3이 커버되므로 3개의 위성으로 전 세계를 감싸는 통신망을 구성할 수 있다.

단, 고도가 높고 전파 지연이 크므로 전화 전송의 경우에는 통화 품질상 2단 이상의 중계 접속은 곤란하다. 따라서 1개의 위성으로 커버되지 않는 대지 간 통신에는 지표 통신을 함께 이용할 필요가 있다.

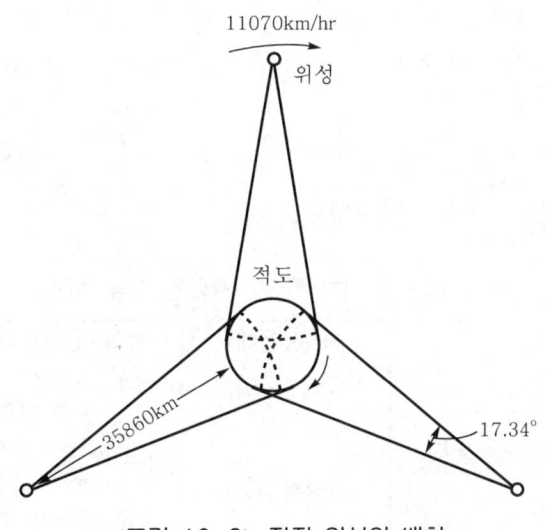

〈그림 10-2〉 정지 위성의 배치

우주 통신을 행하기 위해 전파는 지구의 대류권과 전리층을 통과하지 않으면 안 된다. 전파는 낮은 주파수에서는 전리층에서 흡수되고, 임계 주파수 이하에서는 반사된다.

한편, 20[GHz] 정도 이상의 높은 주파수에서는 대류권 내에서의 흡수가 많아지는 바, 특히 비나 안개에 의한 감쇠가 문제가 된다. 따라서 우주 통신에 알맞은 주파수 범위가 한정되는데, 가장 실용적인 영역은 1~20[GHz]의 범위이다.

이 영역을 전파의 창(radio window)이라고 한다.

③ 위성 통신의 특징

위성 통신의 특징으로는 다음과 같은 점을 들 수 있다.

① 물리적 특징

- 지상의 재해에 의한 영향을 쉽게 받지 않는다(고신뢰성).
- 하나의 위성으로 전국을 커버할 수 있다(서비스 영역의 광역성).
- 지구국을 설치하면 곧바로 회선을 구성할 수 있다(신속성).

② 이용 면에서의 특징

- 각 구간에 할당되는 회선 수를 필요에 따라 쉽게 변경할 수 있다(회선 설정의 유연성).
- 동일 내용의 정보를 복수 지점에서 동시에 수신할 수 있다(동보성).
- 동일 채널을 다른 방향 또는 다른 구간에 적당히 사용할 수 있다(멀티액세스성).

이상과 같은 특징에서 생각할 수 있는 위성 통신의 이용 형태를 〈표 10-1〉에, 망 구성의 개념을 〈그림 10-3〉에 나타내었다.

<표 10-1> 위성 통신의 특징과 이용 형태

이용 형태	전화 · 64[kb/s]형	고속 · 광대역
임시 회선	• 모임 등의 감시 전화 • 특설 공중 전화	텔레비전 신호 중계
가입자 회선	• ISDN 서비스의 조기 전국 확대 • 독립 방지용 전화	광대역 서비스의 조기 확대
이동체 통신 회선	• 선박 통신 • 육상 이동 통신	—
국간 중계 회선 II (위성 단독 회선)	낙도 등에의 중계선	광대역 서비스의 조기 확대
국간 중계 회선 I	공통 우회 중계 (트래픽 변동에 대해 유연하게 운용)	광대역 서비스의 조기 확대
위성 통신 전용 서비스	위성 디지털 통신 서비스(SDCS) 위성 비디오 통신 서비스(SVCS) (동보 통신, 반이중 통신, 단방향 통신 등)	

물리적인 특징
회선 구성의 신속성
광 역 성
고 신 뢰 성

이용 면에서의 특징
회선 설정의 유연성
동 보 성
멀 티 액 세 스 성

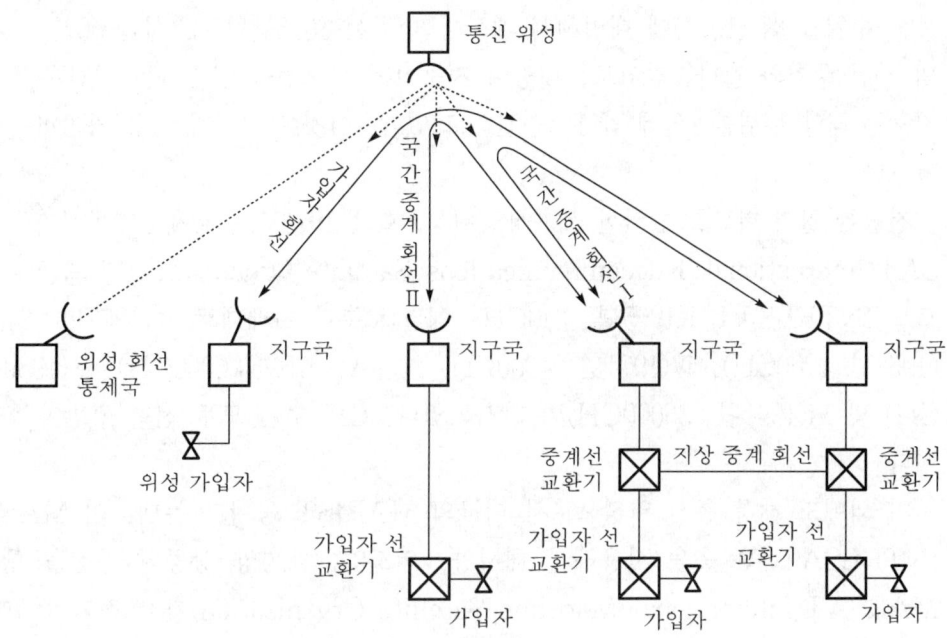

<그림 10-3> 위성 통신을 이용한 망 구성

4 정지 위성

적도상에 정지하고 있는 통신 위성은 지구국이 최저 앙각 5°인 안테나를 사용할 경우 전 지표의 약 38[%]를 전망할 수 있다. 따라서 정지 위성은 북위 76°와 남위 76° 이상의 극지를 제외한 지구상의 1/3 이상의 넓은 서비스 영역을 갖게 된다. 따라서 지구상에 서로 120°씩 떨어진 3개의 통신 위성이 있다면 극지를 제외한 전 세계의 통신을 커버할 수 있다. 위성의 궤도는 케플러의 법칙(Kepler's law)에 의해 정의되며, 타원 또는 원의 형태를 이룬다. 그 제3 법칙에 의하면 궤도 반경이 a인 위성의 공전 주기 T는 다음 식에 의한다.

$$T = 2\pi\sqrt{\frac{a^3}{\mu}} \tag{10.1}$$

단, μ는 (만유인력 상수)×(지구의 질량)=$3.986013 \times 10^5 [\text{km}^3/\text{s}^2]$, a는 위성의 적도상의 고도+지구 적도 반경=$35786.045 + 6378.155[\text{km}] = 42164.2[\text{km}]$이다. 따라서 이

들의 수치를 식 (10.1)에 대입해서 계산하면 T는 86164[s]=23시간 56분이 되며, 지구의 자전 주기와 같다. 참고로, 태양이 지구상의 자오선을 일주하는 시간은 24시간이며, 지구는 태양 주위를 1일에 약 1° 공전하고 있다. 이것은 지구가 361° 자전하는 시간에 해당한다.

전술한 얼리 버드를 발사한 세계상업위성조합은 1973년에 국제전기통신기구 INTEL-SAT(International Telecommunications Satellite Organization)으로 되어, 얼리 버드도 INTELSAT Ⅰ(1965년 : 240CH=채널)로부터 차례대로 Ⅱ(1967년 : 240CH), Ⅲ(1968년 : 1200CH), Ⅳ(1971년 : 4000CH), Ⅳ-A(1975년 : 6000CH), Ⅴ(1980년 : 12000CH) 및 Ⅵ(1991년 : 35000CH)이 발사되었다. CH 수는 모두 전화 쌍방향 환산 공칭치이다.

이 외에도 해사 통신 위성으로서 미국의 MARIST 등이 있는데, 이 MARIST 또는 INTELSAT Ⅴ 등을 사용해서 대서양, 인도양, 태평양 상공의 통신을 행하는 IN-MARSAT(International Maritime Satellite Organization)가 조직되어 있다.

일본에서는 국내 통신용으로 1977년에는 시험적으로 CS 'Sakura'가, 1983년에는 CS-2호가, 1988년에는 CS-3호가, 1989년에는 JCSAT(일본통신 위성사)와 SCC(우주통신사)의 '슈퍼 버드'가 각각 발사되었다.

위성 통신은 당초에는 마이크로파 중에서도 낮은 쪽의 수 GHz대를 사용하고 있었는데 최근 들어, 통신과 TV 등의 다양한 미디어의 전송 수요를 충족시키기 위해 대역폭과 채널 수를 증가함으로써 12~14[GHz]의 중계기(Transponder)를 탑재하고 있다.

위성 통신의 이점은 상술한 바와 같이 상당수 들 수 있지만 결점도 몇 가지 있다.

첫째, 신호가 중계되는 데 약 0.25초가 소요된다. '여보세요!'하고 말을 걸어 '네네!'하고 응답하는 데 약 0.5초가 소요되므로 대화가 느슨하게 된다.

둘째, 지상국에서 위성을 바라보고 있는 연장선상에 태양이 존재하면 태양 잡음의 간섭을 정면으로 받아, 수신 시의 잡음이 급격히 증가한다.

셋째, 정지 위성의 경우 자세와 위치 제어에 연료를 필요로 하기 때문에 고가인 위성에도 연료 단절에 의한 수명의 단축이 야기된다.

또한 정지 위성은 적도상의 일정 고도에 배열되며, 폐지가 된 위성도 포함해서 과밀 상태로 되어간다. 4° 간격으로 위성을 적도상에 배열하면 90개를 허용할 수 있는데, 서비스 영역은 대륙에 집중되기 때문에 혼잡스럽게 되고, 2° 간격으로 되면 위성 간의 평균 거리는 1500[km] 이하가 된다. 안정된 위성 간 거리를 유지하게 되면 배치할 장소가 차츰 없어지게 된다.

5 통신 위성의 기본 구성

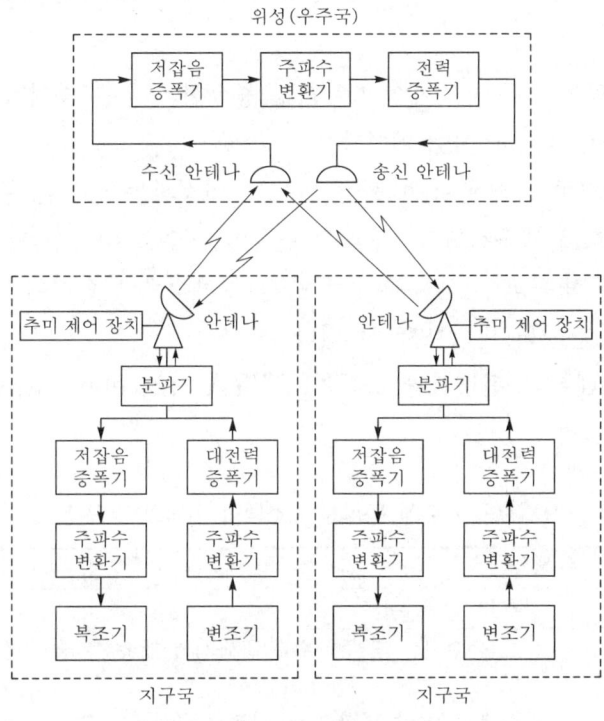

<그림 10-4> 위성 통신의 기본 구성도

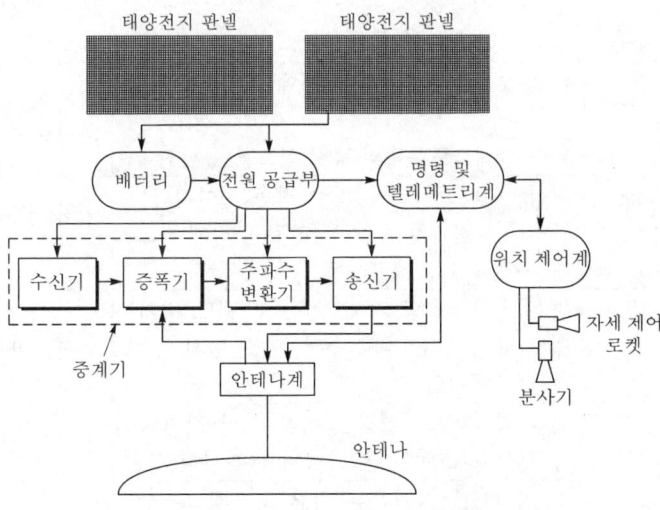

<그림 10-5> 위성체 구조의 블록도

통신 위성은 그 본래의 임무인 통신을 행하기 위한 통신 시스템과 이것을 지원하는 버스 시스템으로 분류된다. 통신 시스템은 안테나, 중계기 등의 통신계이며, 그 외에는 모두 버스 시스템에 속한다.

〈그림 10-4〉와 〈그림 10-5〉는 위성 통신의 기본 구성도와 위성체 구조의 블록도를 나타낸 것이다.

통신 위성의 임무는 통신 중계이므로 가장 중요한 부품은 중계기 중에서도 저잡음 증폭기(LNA ; low-noise amplifier)이다.

LNA는 업링크로 감쇠된 신호를 증폭하고, 이것과는 상이한 주파수로 변환하여 다운링크에 실어 신호를 재송신한다. 주파수 변환에는 수신 주파수를 직접 송신 주파수로 변환하는 1회 변환 방식과 수신 주파수를 중간 주파수로 변환하여 증폭한 다음 다시 송신 주파수로 변환하는 2회 변환 방식이 있다.

LNA에는 종래부터 진행파관 증폭기(TWTA ; traveling-wave tube amplifier)가 주로 사용되고 있다.

<표 10-2> 위성 통신체 시스템의 기능과 주요 특성

시스템	구성도		기 능	주요 특성
통신 시스템	안테나계		• 신호의 송 · 수신	송신 전력, 대역폭, 수신 성능 지수(G/T)
	중계 기계		• 신호를 수신한 후 주파수를 변화시켜 재송신한다. • 수신부, 주파수 변환부, 송신부로 구성된다.	
버스 시스템	전원계	전원 발생부	• 태양 전지 판넬로 전원을 생성한다. • 배터리 전원을 연결한다.	수명 초기 전력, 춘분·추분·동지·하지 시의 전력 운용, 수명 말기의 전력, 태양 전지로 100W 정도 출력을 얻는다.
		전원 공급부	• 발전된 전력을 각 전자 장치에 요구하는 전압으로 변환하여 공급한다.	
	텔레메트리 및 명령계		• 위성 상태를 보고하는 텔레메트리 신호를 송신한다. • 위성 관제소로부터의 명령 신호를 수신한다.	위치 및 속도의 측정 정도, 텔레메트리 수, 명령어 수
	자세 제어계		• 위성의 궤도상 위치 및 자세를 제어한다. • 안테나를 정확하게 지구국으로 향하게 하고, 태양 전지판을 태양으로 향하게 한다.	Roll, Pitch, Yaw 축의 정확도
	추진계		• 위성 발사 시 및 자세 변동 시 궤도 위치 • 궤도 위치 유지, 자세 수정, 궤도 변경 및 초기 궤도에서의 전개	추진, 비추진력, 추진제량
	열제어계		• 위성 각 부품의 열적 안정을 위한 장치 • 각 서브 시스템의 온도 범위를 적절히 유지	위성의 평균 온도 범위
	구체계		• 각 기기들을 유지하는 기본 구조체 • 발사 및 궤도상 환경에서의 위성의 지지	공진 주파수, 구조 강도

TWTA는 특히 10[GHz] 이상으로 출력 신호 전력에 대한 전력 소비가 적고 저잡음이라는 이점이 있으나, 전자관이기 때문에 트랜지스터에 비해 수명이 짧다.

오늘날에는 고체 증폭기로 갈륨 비소 전계 효과 트랜지스터(GaAs FET)와 고전자 이동도 트랜지스터(HEMT)의 사용 범위가 확대되고 있으며, 10[GHz] 이하에서 주로 사용되고 있는데, 그것보다도 고주파가 되면 잡음이 커진다. 반도체 증폭 소자의 특징은 저잡음이고 입·출력 신호 직선성이 양호하며 수명이 길다는 것이다. 위성 탑재 기기는 신뢰성이 생명이기 때문에 항상 고체 소자의 성능 향상을 도모하고 있다.

통신 위성체의 각 시스템의 구성과 기능 및 주요 특징을 정리하면 〈표 10-2〉와 같다.

6 지구국

위성 통신의 지구국은 대략 다음과 같이 구성되어 있다.
- 안테나부(파라볼라 안테나, 급전계, 추미 장치)
- 고주파부(송신기, 수신기, 믹서)
- 변·복조부(중간 주파 증폭기, 변조기, 복조기)
- 베이스 밴드부(인터페이스 기기), 감시 제어부(패널, 자동 계측/제어 기기)
- 전원부(전원 장치, 비상용 전원)

지구국의 안테나는 대형인 경우에는 반사경을 가진 파라볼라형이 많이 사용되는데, 필요에 따라 위성 추미 장치를 갖춘 것도 있다.

6[GHz](업링크)/4[GHz](다운링크)의 VSAT(very small aperture terminal)는 더욱 간편한, 즉 지름 1[m] 정도인 안테나와 출력이 수 W 정도인 송신기를 조합한 형식이지만, 추미 장치는 없으며 설치 장소에 맞추어 수동으로 적당한 각도로 설정해서 고정한다.

주파수가 높아지고 파장 λ가 짧아지면 안테나의 치수는 작아진다. 파라볼라형 형상인 안테나의 빔 폭(전력 반치 폭) $\theta° = 65\lambda/l$로 나타낸다. l은 안테나의 지름이며, λ와 l과는 같은 길이의 단위로 측정된다. 따라서 동일 빔 폭을 얻는 안테나에서는 파장이 짧아지면 지름도 작아진다. 밀리미터파를 사용한 위성 통신에서는 반사경이 수십 cm 정도가 되고, 우산과 같이 접을 수도 있으며 휴대하기가 편리하다.

 신호 전송과 S/N

통신 위성과 서로 떨어진 2개의 지구국 사이에 있는 송·수신계(링크 : link)와의 관계는 〈그림 10−6〉에 나타낸 바와 같다. 이들에 대하여 해석해 보기로 하자.

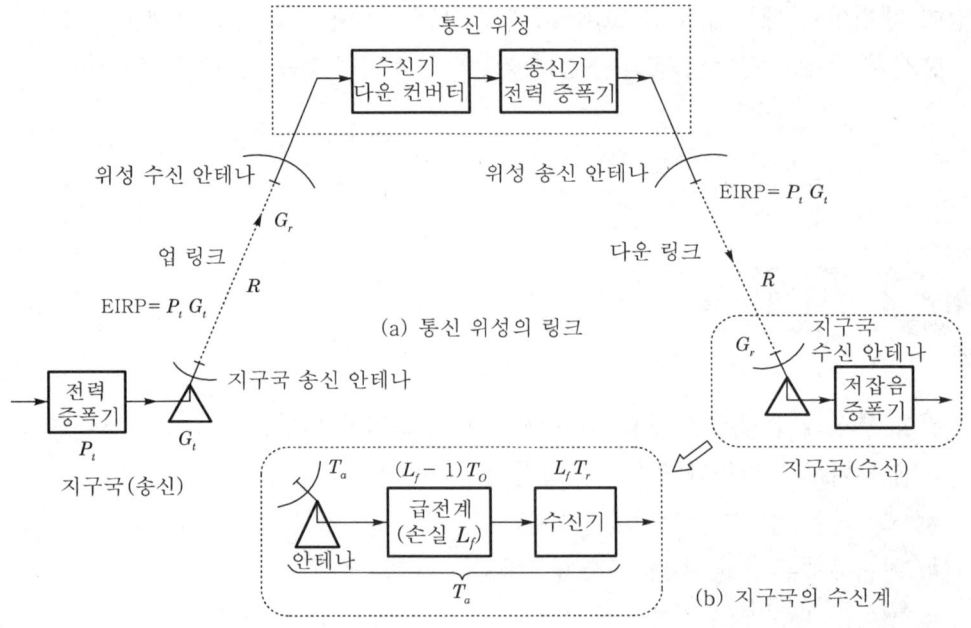

〈그림 10-6〉 위성 통신의 기본적인 링크 구성

7.1 송신계

〈그림 10−8〉 (a)와 같이 지구국의 송신 안테나로부터 자유 공간을 거쳐 위성의 수신 안테나에 수신되는 경우(업링크)를 살펴본다. 송신 안테나로부터 거리 R에 있는 위성에서의 단위 면적당 전력(수신 전력 밀도) $P_d[\text{W/m}^2]$는 송신 전력을 $P_t[\text{W}]$로 하면

$$P_d = \frac{P_t}{4\pi R^2} \tag{10.2}$$

로 되고, 송신국에서 이득 G_t의 안테나로부터 방사했을 때의 수신 전력 밀도 $P[\text{W}]$는

$$P = \frac{P_t G_t}{4\pi R^2} \tag{10.3}$$

로 된다.

이것을 위성 측에 있어서 개구면이 A_r이고 수신 안테나 효율 η의 안테나로 수신하면 위성의 수신 전력 P_r[W]는

$$P_r = \frac{P_t G_t A_r \eta}{4\pi R^2} \tag{10.4}$$

이 된다.

한편, 물리적으로 A[m^2]의 개구 면적을 가진 안테나의 이득 G는 파장을 λ[m]로 하면 $G = 4\pi A \eta / \lambda^2$과 같이 주어지는데, 수신 안테나 이득을 G_r로 할 경우 $A_r \eta = \lambda^2 G_r / 4\pi$ 이면 된다. 따라서 P_r은 다음 식과 같이 표현할 수 있다.

$$P_r = P_t \, G_t \, G_r \left(\frac{\lambda}{4\pi R}\right)^2 \tag{10.5}$$

식 (10.4)와 식 (10.5)의 $P_t G_t$는 EIRP(effective isotropically radiated power ; 실효 방사 전력)라고 하는데, 이는 위성의 방향에 지향되는 전력 집중의 비율을 나타내며, 차원은 [W]이다. 또한 식 (10.5)의 괄호 항은 그 역수가 $L_p = (4\pi R / \lambda)^2$으로서 자유 공간 내의 전파(傳播) 손실이다.

또한 이상의 수식은 동시에 입장을 바꾸어 위성으로부터 송신계(다운링크)에 대해서도 성립한다.

7.2 수신계

수신계의 잡음 전력을 안테나의 입력단에 있는 것으로 간주하면, 환산한 값 P_n[W]는 다음과 같이 된다.

$$P_n = kT_e B \tag{10.6}$$

여기서 k는 볼츠만의 상수(1.38×10^{-23}[J/K]), T_e는 등가 잡음 온도[K], B는 사용 주파수의 대역폭[Hz]이다.

지구국의 수신계에 대하여 등가 잡음 온도 T_e[K]는 〈그림 10-3〉(b)로부터 다음 식과 같이 나타낼 수 있다.

$$T_e = T_a + (L_F - 1)\, T_0 + L_F T_r \tag{10.7}$$

여기서 T_a는 안테나계의 등가 입력 잡음 온도[K], L_F는 급전계의 손실($L_F > 1$), T_0는 주위 온도[K], T_r은 수신기의 잡음 온도[K]이다.

T_a에는 외부 잡음(대기 잡음, 우주 잡음 등)이 들어온다. 이와 같은 잡음은 저앙각에서는 커지기 때문에 지상국의 안테나 앙각은 5° 이상으로 한다.

식 (10.5)와 식 (10.6)으로부터 수신계의 S/N을 구한다. 위성 통신에서는 S/N을 반송파 대 잡음비(C/N)로서 취하는 것이 보통인데, 여기에서도 C/N으로 표현한다.

$$\frac{C}{N} = \frac{P_r}{P_n} = \frac{P_t G_t}{kBL_P}\left(\frac{G_r}{T_e}\right) \tag{10.8}$$

C/N을 나타내는 위 식 중에서 괄호 이외의 파라미터는 송신 측의 방식과 전파(傳播) 거리로 결정되는 수치이다. C/N은 G_r/T_e에 비례하고, G_r/T_e는 수신계의 양호함을 나타내는 파라미터이다.

통신 방식에 따라서 결정되는 시스템 이득을 G_s로 하면 수신계의 S/N은

$$S/N = G_s\left(\frac{C}{N}\right) \tag{10.9}$$

이 된다.

디지털 통신인 경우에는 S/N 대신 BER이 사용된다.

8 위성 통신의 변조 방식

위성 통신에서는 아날로그 신호이든 디지털 신호이든 베이스 밴드 신호를 변조하여 지구국에서 위성에 업링크로 전송하며, 다운링크로 위성에서 다른 지구국에 중계되어 복조됨으로써 베이스 밴드 신호가 취출된다. 이에는 지금까지 기술한 변조 방식이 사용되지만 채널당 코스트를 저감할 필요가 있기 때문에 신호 전송 효율이 높은 통신 방식이 사용된다. 그러나 주로 사용되고 있는 방식은 아날로그에서는 FM 변조, 디지털에서는 PSK 변조로서 BPSK와 QPSK가 주로 사용된다.

위성 통신에서는 특정한 1기의 통신 위성을 경유해서 많은 지구국이 채널을 설정하는 것이 일반적으로 행하여지는데, 이것을 **다원 접속**(MA ; multiple access)이라고 한다. 다원 접속을 경제적으로 실행하기 위해서는 중계기를 어떻게 효과적으로 이용할 것인지에

대한 해답을 찾아야 한다. 바꾸어 말하면 중계기는 본질적으로 유한하면서 고가인 전송로이며, 그것을 점유하는 자원으로서의 시간, 대역폭 및 전력 등 각 요소의 최적 배분을 구해야 하는 것이다.

이와 같은 관점에서 다음 3가지 다원 접속 방식을 들 수 있다.

① 주파수 분할 다원 접속(FDMA ; frequency division multiple access)

② 시 분할 다원 접속(TDMA ; time division multiple access)

③ 주파수 확산 다원 접속(SSMA ; spread spectrum multiple access) 또는 부호 분할 다원 접속(CDMA ; code division multiple access)

위 3가지 방식을 〈그림 10-7〉에 도해하였다. 먼저, FDMA는 1대의 중계기 대역폭의 범위 내에서 지구국에 서로 상이한 주파수를 할당하고 독립된 쌍방향 채널을 구성하는 방식이다. FDMA의 장점은 일반적으로 접속 순서가 간단하기 때문에 장치 자체도 간단하다는 것이다.

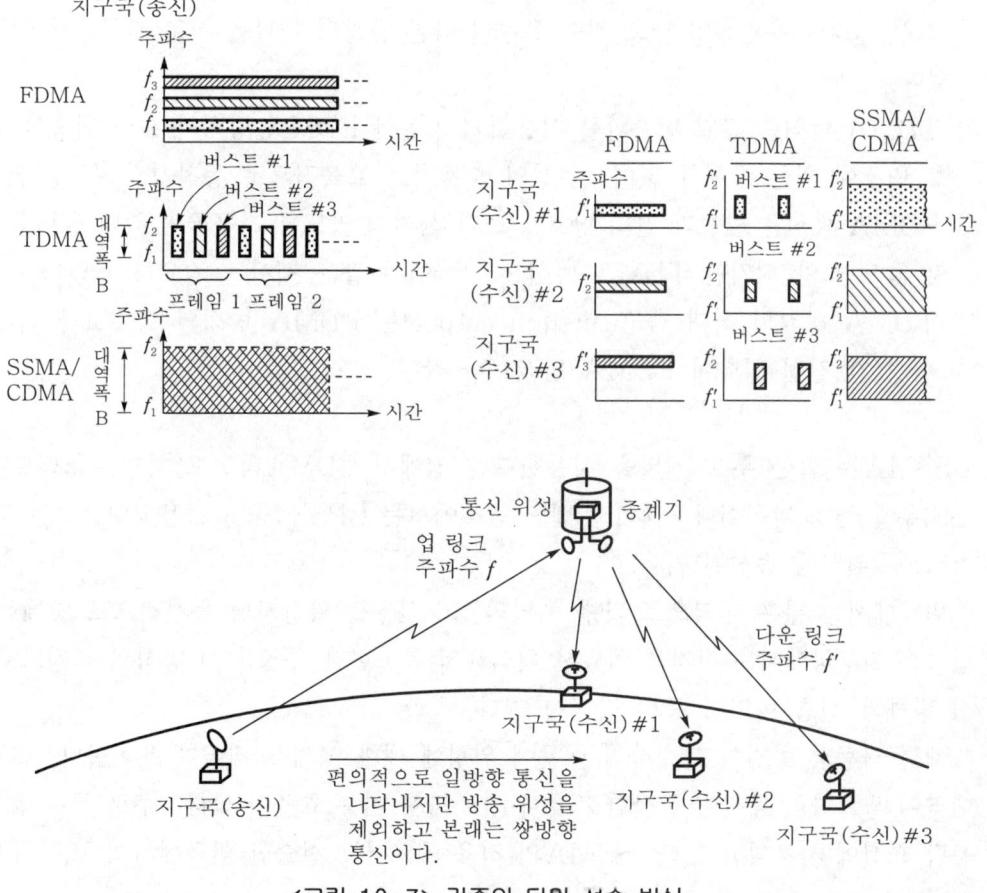

〈그림 10-7〉 각종의 다원 접속 방식

단, 결점으로는 공통된 중계기로 복수의 반송파를 증폭하기 때문에 상이한 채널 간의 신호 누설에 의한 혼변조가 있다는 것이다. 이것에 의한 방해를 막기 위해 중계기는 직선성이 양호한 좁은 대역에 한정해서 사용된다. 인텔새트의 아날로그 전화 회선은 FM에 의해 FDMA 방식을 사용하고 있다.

TDMA는 동일한 반송파를 사용하고, 주기(프레임)마다 각 지구국은 할당된 타임 슬롯(시간창) 사이에 신호(버스트)를 모아서 시 분할로 송·수신한다. 동기는 보통의 경우 기준국이며, 여기에서 송신되는 버스트를 기준으로 해서 각 국은 정해진 지연 시간에 따라 송·수신을 행한다.

TDMA는 어느 특정한 지구국에서는 1개의 채널마다 소구간 신호를 취급하기 때문에 디지털 통신에만 적용할 수 있다. 동기를 취할 필요는 있으나 주파수 분할의 필요는 없기 때문에 혼변조의 우려는 없다. 통신 용량의 변화에도 대응할 수 있을 뿐만 아니라 채널의 유연성이 있기 때문에, ISDN(integrated services digital network)에도 적합하다.

현재 사용되고 있는 인텔새트와 CS-3(일본 서비스용)에는 TDMA가 사용되고 있다. 따라서 TDMA 방식은 다음과 같은 점에서 FDMA 방식에 비해 뛰어나다고 할 수 있다.
① 회선 설정에 유연성이 있고 전송 용량이 다른 용량의 채널을 서로 혼합해서 사용할 수 있다.
② TDMA 방식은 단일 반송파를 사용하기 때문에 FDMA 방식과 같이 반송파 간의 상호 변조에 의한 방해가 없어, 위성의 중계기를 효율적으로 동작시킬 수 있다.
③ FDMA 방식은 반송파 간의 상호 변조가 생기지 않도록 지구국의 최대 출력을 제어하지 않으면 안 되지만 TDMA 방식으로는 이와 같은 제어는 필요하지 않다.
④ TDMA 방식의 최대 출고(through output)는 FDMA 방식의 경우보다 더 크다.
⑤ 위성 간 간섭 영향이 FDMA 방식보다 작다.

SSMA는 확산 부호 계열을 사용한다는 점에서 CDMA라고도 하며, 스펙트럼 확산(SS)부호 변조 방식이다. 베이스 밴드 변조에서는 BPSK 등이 사용되며, 그런 다음 SS 처리 후 위성에 송신된다.

위성에서는 넓은 대역으로 다수 채널의 SS 신호를 확산시켜 동시적으로 중계한다. 수신하는 지구국에서는 이것을 역확산 처리해서 복조한다. SS가 이 방식의 특징으로, 내간섭 방해와 신호 비익성 등의 장점이 있다.

채널 다중화 방법이 단순하기 때문에 위성에 대한 액세스 제어가 용이하다. 그러나 광대역이 필요하며 통신이 한산한 경우에는 주파수 이용 효율이 낮다. 주로 특수 용도의 소용량 회선에 사용되고 있다. SSMA의 적용 예로서는 전술한 미국에서의 VSAT와 일본의 슈퍼 버드 통신 위성이 있다.

SS 방식을 사용함으로써 베이스 밴드보다 상당히 넓은 주파수 대역폭을 점유하지만, S/N을 낮게 억제할 수 있고, 출력 전력도 절약된다. 위성에서는 태양 전지가 기전력인데, 태양 전지의 파돌(수광면)을 크게 하면 페이로드(payload)가 증가하기 때문에 로켓 발사 비용과 제조비가 높아진다. SS를 채용함으로써 소전력으로 S/N이 높은 다원 접속을 실현할 수가 있으며, 비용 대비 효과가 양호하다.

⑨ CDMA 방식

9.1 CDMA 방식의 기본 개념

CDMA(또는 SSMA) 방식에서는 각 지구국으로부터 스펙트럼 확산된 동일 주파수의 반송파를 송신하여 확산에 사용하는 부호 계열을 각 채널마다 다르게 함으로써 반송파 간의 분리 식별을 실현한다.

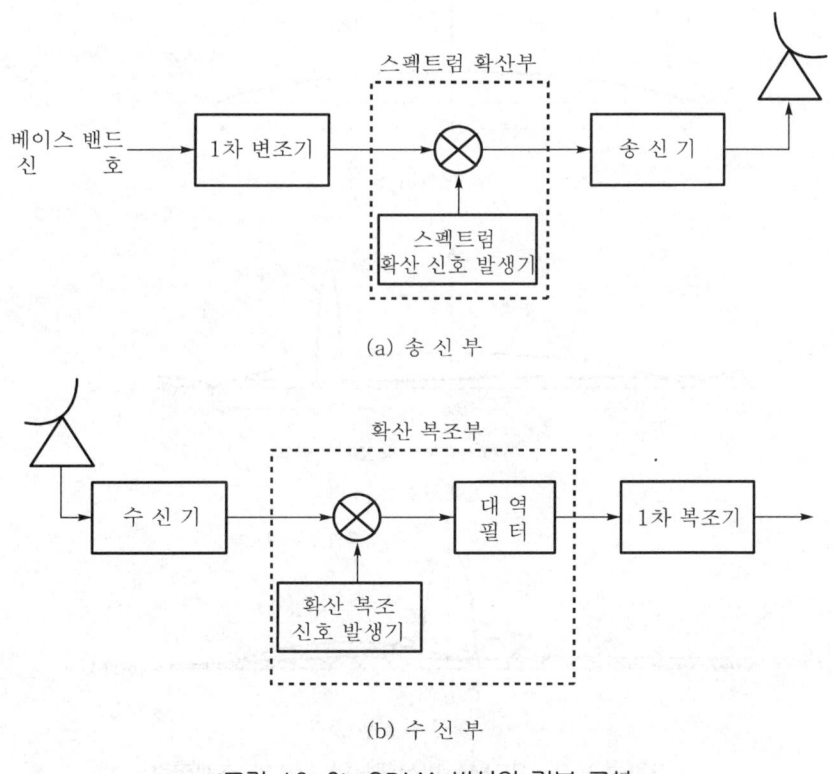

(a) 송 신 부

(b) 수 신 부

〈그림 10-8〉 CDMA 방식의 기본 구성

즉, 이 방식에서는 모든 채널이 위성 중계기의 전체 대역을 동시에 점유한다. 〈그림 10 -8〉에 CDMA 방식에 사용되는 송·수신기의 기본 구성을 나타내었다.

CDMA 방식에서, 송신 신호는 두 개의 신호 처리 과정을 거쳐 발생된다. 우선 반송파 는 베이스 밴드 신호에 의해 디지털 변조(1차 변조)를 받는다. 그런 다음, 이 디지털 변조 파는 확산용 신호에 의해 스펙트럼 확산(2차 변조)되어 위성을 향해 송출된다.

한편, 수신부에서는 우선 수신기 내에서 발생되는 확산용 신호와 수신 신호 사이의 상 관을 조사한다. 수신기 내에서 발생되는 확산용 신호의 부호 계열과 그 위상이 목적으로 하는 채널의 확산에 사용된 신호의 것과 일치할 경우 상관 처리 후에 그 채널의 1차 변조 파가 복원된다.

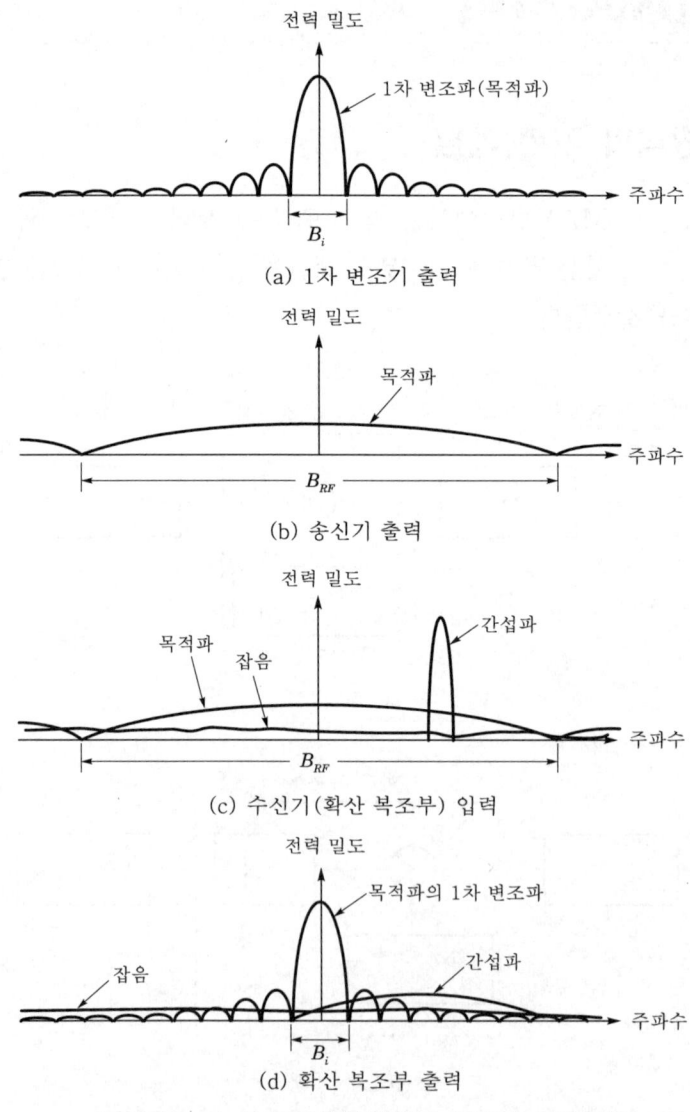

〈그림 10-9〉 CDMA 방식에서의 신호의 스펙트럼

다른 채널의 스펙트럼 확산파는 상관 처리 후에는 잡음 상태의 성분이 된다. 또한 전송계의 열잡음은 상관 처리 후에도 잡음 상태이고 그 전력 스펙트럼 밀도는 변하지 않는다. 더욱이 간섭파가 중첩된 경우, 간섭파는 상관 처리에 의해 반대로 확산되며 결과적으로 잡음 상태의 성분이 된다. 〈그림 10-9〉는 각 부 신호의 스펙트럼을 이용하여 이상에서 설명한 과정을 나타낸 것이다.

앞에서 설명했듯이 CDMA 방식으로 확산 복조 과정에서 희망파가 원래의 대역 내로 압축되는 한편, 열잡음 및 다른 채널 반송파의 전력 스펙트럼 밀도는 일정하게 유지되기 때문에 신호의 C/N이 개선된다. 이 C/N의 개선량, 즉 확산 복조부의 출력 C/N의 입력 C/N에 대한 비율을 **처리 이득**이라고 한다. 처리 이득은 베이스 밴드 신호의 대역폭 B_i에 대한 스펙트럼 확산파의 점유 대역폭 B_{rf}의 비, B_{rf}/B_i로 주어진다. 그런데 열잡음에 대한 신호 대 잡음 전력 밀도비(C/N_0)는 확산 복조 과정에서 아무런 개선이 없다. 처리 이득은 위성 중계기를 동시에 점유하는 다른 채널의 신호 및 그 밖의 간섭파 전력의 몇 퍼센트가 간섭 성분으로 희망파의 베이스 밴드 대역 내에 들어오는가를 나타낸다.

CDMA 방식은 일반적으로 FDMA 방식이나 TDMA 방식에 비해 위성 중계기 내에서 동시에 통신이 가능한 채널 수가 적으며, 중계기당의 채널 용량이라는 점에서는 매력이 없다. 오히려 CDMA 방식은 랜덤 액세스에의 적합성, 내간섭성, 비화성, 이동 통신에서 문제가 되는 주파수 선택성 페이딩에 대한 내성 등의 특징을 볼 때 매력적인 다원접속 방식이다.

9.2 대표적인 확산 방식

CDMA 방식을 실현하기 위한 가장 기본적인 기술인 스펙트럼 확산 기술로서는 직접 확산(DS ; direct sequence) 방식, 주파수 호핑(FH ; frequency hopping) 방식, 시간 호핑(TH ; time hopping) 방식, 이들 방식을 두 가지 이상 동시에 이용하는 각종 하이브리드(hybrid) 방식 등이 있다.

DS 방식은 확산용 부호 계열에 의해 반송파를 변조함으로써 스펙트럼 확산을 행하는 방식이다. 스펙트럼 확산용 변조 방식으로서 가장 널리 이용되고 있는 것은 2상 PSK이다. 실제의 장치에서는 베이스 밴드 신호와 확산용 부호 계열과의 배타 논리합을 취한 신호로 반송파를 2상 PSK 변조하는 송신기 구성이 채용되는 경우가 많다. 대역 확산의 정도(처리 이득)는 확산용 부호 계열의 부호 속도에 의해 정해진다.

FH 방식은 다수의 반송파 주파수를 이용하여 확산용 부호 계열과 1 대 1 대응하는 패턴으로 사용 주파수를 호핑시킴으로써 스펙트럼 확산을 행하는 방식으로, 원리적으로는 다치 FSK에 지나지 않는다.

FH 방식에서는 대역 확산의 정도(처리 이득)는 선택 가능한 주파수의 수에 의해 정해지며 주파수 호핑률(hopping rate)과는 무관하다.

TH 방식은 확산용 부호 계열에 의해 반송파를 단속함으로써 스펙트럼 확산을 행하는 방식이다. TH 방식은 반송파의 중심 주파수와 일치하는 연속파에 의해 쉽게 방해되기 때문에 내간섭성이 나쁘다. 그 때문에 일반적으로는 다른 확산 방식, 예를 들면 FH 방식과 조합되어 사용된다.

하이브리드 방식은 두 개 이상의 확산 방식을 조합하는 방식으로, 그 처리 이득은 조합되는 각 확산 방식의 처리 이득의 곱으로 주어지므로 간단한 장치로 큰 처리 이득을 실현할 수 있다.

확산용 부호 계열에는 다음의 조건들이 만족되어야 한다.
① 급준한 자기 상관 특성을 가질 것
② 상호 상관이 작은 부호 계열이 다수 존재할 것
③ 계열의 일부분을 추출했을 때 어느 부분도 똑같은 통계적 성질을 가질 것

대표적인 부호 계열로서는 최대 길이 계열(M 계열)과 Gold 계열을 들 수 있다.
그 이외에도 각종의 부호 계열이 제안되어 있다.

9.3 CDMA 신호의 동기

CDMA 방식에는 수신 신호에 사용되는 스펙트럼 확산용 부호 계열의 위상에 수신기 내에서 발생하는 확산 복조용 부호 계열의 위상을 동기시킬 필요가 있다.

초기 접속 시의 동기 포착 과정에서는 동기 확립의 고속화가 필요한 데 비해, 정상시의 동기 유지 과정에는 동기의 안정성이 중요하기 때문에 양 과정에서 다른 동기 방법이 사용되는 경우가 많다.

동기 포착의 가장 단순한 방법으로는 슬라이딩 상관기(sliding correlator)법이 있다. 동기 포착을 고속화하는 방법으로 동기 포착용의 특별한 확산용 부호 혹은 신호를 이용하는 방법, 탭(tap)이 달린 지연선 정합 필터를 이용하는 계열 추정법 등이 제안되고 있다.

한편, 동기 유지 방법으로는 타우−디더(Tau-Dither) 트래킹(tracking)과 지연 록(delay lock) 트래킹이 제안되고 있다.

 저궤도 통신 위성

위성 통신에 사용하던 궤도는 대다수가 정지 궤도(GEO-synchronous orbit)를 이용하였으며, 이 궤도는 지구의 자전 속도와 동기되어 있어 지상에서 바라보면 항상 동일한 위치에 있는 것처럼 되어 위성 통신망을 구축하는데 3개의 위성만 가지면 아주 유리한 면이 있으나, 정지 궤도와 지상 간의 전송 거리가 무려 36,000[km]에 달하여 전파 지연이 약 0.25초가 발생하고 전송 손실 또한 매우 커서 지상의 위성 지구국 설비를 초대형으로 구축해야 하는 단점이 있다. 따라서 위성과 지상의 휴대용 이동 위성 단말기와의 전파 지연을 줄이고 전송 손실을 감소시키고자 위성의 궤도 높이를 낮추어 전파 거리를 짧게 하고 시스템을 소형화시키는 방법의 연구 개발이 시도되고 있다.

이러한 저궤도 통신 위성(low earth orbit-communication satellite, LEO-satellite)은 고도 수백~수천 km의 궤도에 여러 개의 위성을 띄워 위성 간 링크를 통해 통신을 수행하기 위한 위성으로서, 지구를 일주하는 시간은 1시간에서 수시간이며 지구 탐사 위성, 기상 위성 등의 관측 위성과 이동 통신 위성 등이 있다.

〈표 10-3〉에 LEO와 GEO 위성 방식의 차이점을 나타내었다.

<표 10-3> LEO와 GEO 위성 방식의 비교

항목＼방식	LEO 위성 방식	GEO 위성 방식
위성 고도	약 300~1,500[km]	36,000[km]
위성 수	약 18~66개	3개
장 점	• 전파 지연 시간이 감소한다. • 전송 손실이 적다. • 이동국의 안테나 크기가 감소한다. • 극지방에서의 통신이 가능하다.	• 3개의 위성으로 전 세계 위성 통신 서비스가 가능하다. • 위성의 추적이 불필요하다. • 1일 24시간 연속 통신이 가능하다. • 통신 회선의 에러율이 적다.
단 점	• 위성 수가 증가하여 투자비가 상승한다. • 통화중 핸드오버가 자주 발생되어 호 처리가 복잡해진다. • 반알렌 방사대의 영향을 받는다.	• 전파 지연 시간이 증가한다(최소 238[ms], 최대 278[ms]). • 정지 궤도 위성은 36,000[km] 상공에 위치하므로 업링크 전파와 다운링크 전파의 전송 손실이 매우 크다. • 포인트-투-포인트 망의 구성만이 가능하다. • 극지방은 통신 서비스 대상 지역에서 제외된다.

저궤도 위성 통신 시스템은 수십 종에 이르고 있으며, 그 중 대표적인 것이 이리듐, 글로벌스타, 아이코, 오디세이 등이다.

이리듐(Iridium) 시스템은 지상 780[km] 상공에 위성 66개(예비 위성 7개 별도)를 띠워 전 세계에 음성 전화, 무선 데이터, 팩스, 무선 호출 등의 이동 통신 서비스를 제공하는 시스템으로, 미국의 모토롤라 사가 주관하고 있다.

<표 10-4> 저궤도 위성 통신 시스템

시스템 명칭	사업자	망 구축 및 특징
이리듐 (Iridium)	Motorola	① 위성 수 : 66기 ② 망 구축 : 780[km]의 고도에 6개의 극궤도를 구성하고 궤도당 중량 680[kg]인 위성 11기 배치 ③ 다원 접속 기술 : TDMA ④ 특징 : 위성 간 링크(ISL ; Inter-Satellite Link)와 위성에서의 교환 기능(OBS ; on board switching)을 갖도록 설계하여 지구국 부하를 감소시킴(1.6[GHz] 대역을 사용하고 대형 위성을 이용).
글로벌스타 (Global Star)	LQSS	① 위성 수 : 48기 ② 망 구축 : 1,414[km]의 고도에 경사각 52°인 8개의 원 궤도를 구성하고 궤도당 중량 250[kg]인 위성 6기 배치 ③ 다원 접속 기술 : CDMA ④ 특징 : 위성이 중계기 역할만 수행하고 위성 간 통신은 없기 때문에 지상망을 통해 통신로가 구성됨(1.6[GHz] 대역을 사용하고 대형 위성을 이용).
아이코 (ICO)	INMAR SAT	① 위성 수 : 12기 ② 망 구축 : 10,355[km]의 고도에 중량 1,275[kg]인 위성 12기 배치 ③ 다원 접속 기술 : CDMA ④ 특징 : 중궤도 주회 위성 12기를 발사하여 지구 전역을 커버함.
오디세이 (Odyssey)	TRW(미)	① 위성 수 : 12기 ② 망 구축 : 10,354[km]의 고도에 경사각 56°인 3개의 원 궤도를 구성하고 궤도당 중량 1,134[kg]인 위성 4기 배치 ③ 다원 접속 기술 : CDMA ④ 특징 : 12개의 위성을 3개의 중궤도 상에 배치하여 세계 주요 9개 지역을 커버함.

글로벌스타(Globalstar)는 1,414[km]의 8개 궤도에 궤도당 각각 6기의 위성을 발사해 총 48기(예비 위성 8기 별도)의 위성으로 서비스하는 시스템이다. 미국의 위성 전문 업체인 스페이스 시스템(Space System) 및 로럴(Loral) 사와 퀄컴(Qualcomm) 사에 의해 공

동으로 GLP(globalstar limited partnership)라는 별도의 회사를 설립하여 사업을 추진하고 있다. GLP는 로럴, 퀄컴, 스페이스 시스템 사를 위시하여 12개 사업자가 참여하고 있다.

글로벌스타가 이리듐과 다른 점은 위성 간 교환 기능을 제공하지 않고 단지 단말기나 지상의 지구국에서 발사된 전파를 중계하는 역할만을 담당한다는 것이다. 따라서 교환 및 모든 통화 처리는 지상의 관문국에서 담당하게 되는 것이다.

아이코(ICO ; intermediate circular orbit)는 국제해사위성기구인 인마셋(INMAR-SAT)이 주도하고 있는 프로젝트로, 위성은 3개의 ICO 궤도면에 각 4기씩 총 12기를 배치하여 전송 지연 감소와 안정된 서비스를 제공할 수 있다고 한다.

ICO의 주요 투자 업체로는 INMARSAT 회원국인 각국 정부 기관과 기관 통신 사업자들이 참여하고 있다.

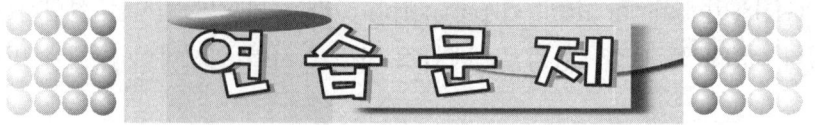

1 위성 통신 방식의 종류를 들고, 각각 설명하라.

2 지름이 1[m]인 파라볼라 안테나에 부착된 VSAT에 의해 4[GHz]의 위성 중계 전파(다운링크)를 수신할 경우 안테나의 빔 폭(전력 반치 폭)은 몇 도가 되는가?

3 안테나의 이득 G_D는 안테나의 수평 및 수직 빔 폭을 각각 θ[rad]로 한 경우, $G_D = 4\pi/\theta^2$로 구할 수 있다. [문제 2]에서 구한 빔 폭으로부터 안테나 이득을 구하라.

4 위성 통신의 장점과 단점을 5가지 이상 열거하라.

5 어느 위성 TV의 지구 송신국은 청천 시 300[W]의 출력을 이득 60[dB] 안테나에 의해 신호 주파수 14[GHz]로 37000[km] 고도의 위성에 신호를 전송하고 있다. 위성의 안테나 이득을 45[dB]로 할 경우 위성이 수신하는 전력을 구하라.

6 통신 위성 탑재 수신기가 안테나(등가 잡음 온도 15[K])에 도파관(손실 0.2[dB]), 전치 증폭기(이득 25[dB], 등가 잡음 온도 6[K]), TWTA(이득 20[dB], 잡음 지수 4[dB]), 믹서 및 IF 증폭기(이득 80[dB], 잡음 지수 10[dB])가 차례로 접속되고 있다. 이 IF 증폭기의 출력단에서의 시스템 등가 잡음 온도를 구하라.

7 단일 반송파에 의한 위성 통신 시스템에 있어서, 지구국에서 위성까지의 거리가 37506[km]이고 자유 공간 손실이 206.9[dB], 업링크 주파수가 14.25[GHz], 반송파의 EIRP가 80[dBW](0[dB]=1[W]), 위성의 (G_r/T_e)가 1.6[dB/K], 볼츠만 상수가 −228.6[dB·W/K·Hz]이고, 잡음 대역폭이 75.6[dB·Hz](36[MHz])이다. 이 시스템의 C/N을 구하라.

8 [문제 7]과 같은 위성 통신 시스템에 있어서, 위성에서 지구국까지의 다운링크 주파수가 11.95[GHz], 위성의 EIRP가 44[dB·W], 자유 공간 손실이 205.5[dB], 지구국의 (G_r/T_e)가 34.3

[dB/K] 및 잡음 대역폭이 75.6[dB·Hz]이다. 이 시스템의 C/N을 구하라.

9 다원 접속 방식의 종류를 들고 각각 설명하라.

10 위성 통신에 있어서 저궤도 위성과 고궤도 위성의 특징을 비교 설명하라.

MEMO

제11장 ●●●●●

전파 항법 장치

1 전파 항법의 개요

전파 항법(electronic navigation)이란 선박, 항공기 등의 이동체가 목적지까지 안전하고 확실하게, 그리고 효율적으로 항행하기 위하여 전파를 이용하는 항법이다. 전파 항행을 하기 위하여 사용되는 장치를 **전파 항법 장치** 또는 **전파 항행 원조 시설**(electronic aid to navigation, radio facilities for navigational aid)이라고 부른다.

전파에는 직진성, 정속도성 및 반사성의 성질이 있고, 그 전파(傳播) 특성은 비교적 안정되어서 기상의 영향을 받는 일이 적기 때문에 천체 관측에 의한 천문 항법과 비교해 전파 항법이 현저히 우수하다.

이동체가 안전하게 항행하기 위해서는 지리상의 현재 위치를 알고 있어야 하는데, 이를 위해서는 지상의 전파 발사원으로부터의 전파를 수신하여 방위와 거리를 구하거나, 이동체로부터 전파를 발사하여 목표물에서의 반사파를 토대로 방위와 거리를 구하고 있다. 항공기에서는 고도와 속도를 아는 것이 중요한 만큼, 이를 위한 장치도 사용하고 있다. 전파를 사용하지 않는 자립(自立) 항법의 하나로서 관성 항법이 있는데, 이것은 뉴턴의 운동 법칙을 토대로 한 것이다.

전파 항법 장치 중에는 전파 항법 이외의 용도로 사용되는 것도 있다.

다음에 전파 항법 장치의 종류와 용도에 대하여 기술한다.

① 방위 측정 : NDB(non-directional beacon ; 무지향성 라디오 비컨), VOR(VHF omni-directional radio range ; 초단파 전 방향성 레인지 비컨) 회전식 라디오 비컨, 전 방향성 회전 비컨, AN식 레인지 비컨, 도플러식 방위 측정 장치, ADF(automatic direction finder ; 자동 방향 탐지기), VOR 수신 장치 등

② 거리 측정 : DME(distance measuring equipment ; 거리 측정 장치), DME 수신 장치

　　기상(機上) 장치를 **질문기**(interrogator), 지상(地上) 장치를 **응답기**(transponder)라고 한다.

③ 위치 측정 : RADAR(radio direction and ranging ; 선박용, 항공기용), ASR (airport surveillance radar ; 공항 감시 레이더), ARSR(air route surveillance radar ; 항공로 감시 레이더), SSR(secondary surveillance radar ; 2차 감시 레이더), ORSR (oceanic route surveillance radar ; 양상(洋上) 항공로 감시 레이더), 3차원 레이더, LORAN(long range navigation), 데카(decca navigation system), 오메가(OMEGA), TACAN(tactical air navigation system), VOR/DME, VORTAC (VOR+TACAN), NNSS(navy navigation satellite system), GPS/NAV-STAR(global positioning system/navigation system with time and ranging ; 전 세계 측위 시스템), 각 수신 장치

　　SSR 지상 장치를 **질문기**, 기상 장치를 **ATC 응답기**라고 한다.

④ **고도 측정** : 전파 고도계(radio altimeter)

⑤ **속도 측정** : 도플러 레이더(doppler radar)

⑥ **착륙 원조** : ILS(instrument landing system ; 계기 착륙 장치), GCA(ground controlled approach ; 지상 제어 진입 장치), MLS(microwave landing system ; 마이크로파 착륙 장치), 마커 비컨, 각 수신 장치

본 장에서는 이들 중 대표적인 것에 대하여 설명하기로 한다.

2 레이더

레이더는 전파를 이용해서 방위 측정(direction) 또는 탐지(detection) 및 거리 측정(ranging)을 하는 장치이다. 레이더에는 선박용, 항공기용, 기상 관측용, 강우량 관측용, 공항, 항공로 감시용 등 다종 다량의 것이 있지만, 여기서는 주로 선박용 레이더에 대하여 기술하고, 항공기 등의 고속 측정에 사용되는 도플러 레이더에 대해서는 10절에서 기술한다.

2.1 레이더의 원리

전파는 정속도 $c(\fallingdotseq 3\times10^8[\mathrm{m/s}])$로 직진하고 물체에 닿으면 반사하는 성질이 있다. 따라서 예리한 지향성의 전파(마이크로파)를 발사하여 되돌아오는 반사파에는 ① 물체(목표물, 타깃)의 방위, ② 목표물까지의 거리, ③ 반사 강도의 데이터가 포함되어 있다. 이러한 세 개의 데이터를 정리해서 CRT(cathode ray tube ; 브라운관)에 표시하는 장치가 레이더이다. 목표물의 방위는 안테나를 수평면 내로 360° 회전함으로써 얻어지지만, 안테나를 상하로 이동하면 목표물의 앙각과 부각을 구할 수 있다. 목표물까지의 거리를 R, 전파가 왕복하는 시간을 t로 하면, $t=2R/c$에서 $R=ct/2$가 되고, t를 측정해서 목표물까지의 거리를 구할 수 있다.

목표물의 방위는 안테나의 방향으로부터 구할 수 있다.

> **예제 1** 레이더 안테나로부터 송신된 펄스가 $4[\mu\mathrm{s}]$ 후에 목표물로부터 반사 펄스로 수신되었을 때 목표물까지의 거리는?

풀이 목표물까지의 거리 $R=\dfrac{ct}{2}$ [m]이므로

$$R=\frac{3\times10^8\times4\times10^{-6}}{2}=600\,[\mathrm{m}]$$

2.2 레이더의 주파수와 전파 형식

레이더에는 거의 마이크로파가 사용된다. 선박용으로 3[GHz]대 (S밴드), 5[GHz]대 (C밴드) 또는 9[GHz]대 (X밴드)가 사용된다. 주파수가 높을수록 분해능이 향상되어 안테나 이득이 높게 되지만, 기상의 영향(비, 눈 등)이 커지고 동시에 고전력의 발생이 어려워져 수신기의 잡음 지수도 커진다. 따라서 대체로 원거리 탐지용에 5[GHz], 3[GHz]대를, 중·근거리용에 9[GHz]대를 사용한다. 항공용 ARSR은 큰 탐지 거리가 요구되어 1.3[GHz]대 (L밴드)가, 또 높은 분해능이 요구되는 ASDE(공항 지면 탐지기)에서는 24 또는 33[GHz]대 (K, Ka밴드)가 사용된다.

레이더에서는 일반적으로 펄스 변조파가 발사된다. CW(continuous wave ; 지속파)에서는 목표물로부터의 에코(반사파, 수신 펄스)가 발사파와 중첩되어 에코를 얻을 수 없게 된다.

펄스 변조파를 사용함으로써 적은 소비 전력으로 집중해 강력한 첨두 전력이 얻어진다.

최소 탐지 거리와 거리 분해능이 향상하는 등의 이점이 생긴다. 펄스 변조파의 전파 형식은 「P0N」이고, 송신 전력은 첨두 전력으로 표시된다. 발사 전파의 파형을 〈그림 11-1〉에 나타내었다. 이 그림에서 다음 식이 성립된다.

$$P_p \cdot \tau = P_m \cdot T, \quad P_p = \left(\frac{T}{\tau}\right) P_m = \frac{P_m}{D}, \quad D = \frac{\tau}{T} = \frac{P_m}{P_p} \tag{11.1}$$

단, D는 충격 계수이다. P_p는 측정할 수 없기 때문에 P_m을 측정하고, 검파 파형으로부터 오실로스코프로 D를 구해서 위 식에 의해 P_p를 구할 수 있다. τ는 $0.05 \sim 1[\mu s]$, T는 $500 \sim 2000[\mu s]$ 정도로 선택된다. 레이더에서는 펄스 휴지 기간($T - \tau$)에 반사 펄스를 수신하고 있다.

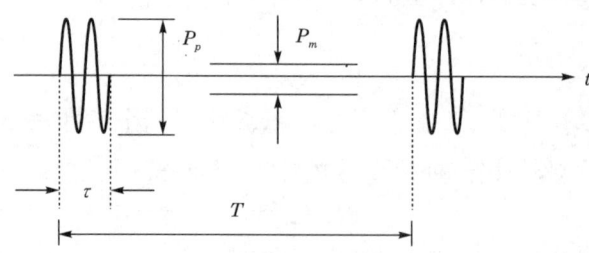

P_p : 첨두 전력, P_m : 평균 전력
T : 펄스 반복 주기, τ : 펄스 폭

〈그림 11-1〉 발사 전파의 파형

예제 2 레이더 송신기에서 펄스 폭 $0.2[\mu s]$, 펄스 반복 주파수 1000[Hz], 평균 전력 140[W]인 경우의 첨두 전력을 구하라.

풀이 $P_p = \dfrac{P_m}{D} = \dfrac{P_m}{\tau f} = \dfrac{140}{0.2 \times 10^{-6} \times 1000} = 700 \times 10^3 [\mathrm{W}] = 700[\mathrm{kW}]$

2.3 레이더의 구성

〈그림 11-2〉는 레이더의 구성도를 나타낸 것이다. 마이크로파의 고주파 펄스를 만들기 위해서는 마그네트론에 발진할 때만 직류 고압을 가해서 발진시키든지, 고체화 고주파 여진기 출력을 클라이스트론으로 전력 증폭해야 한다. 여기에서는 전자에 대하여 기술한다.

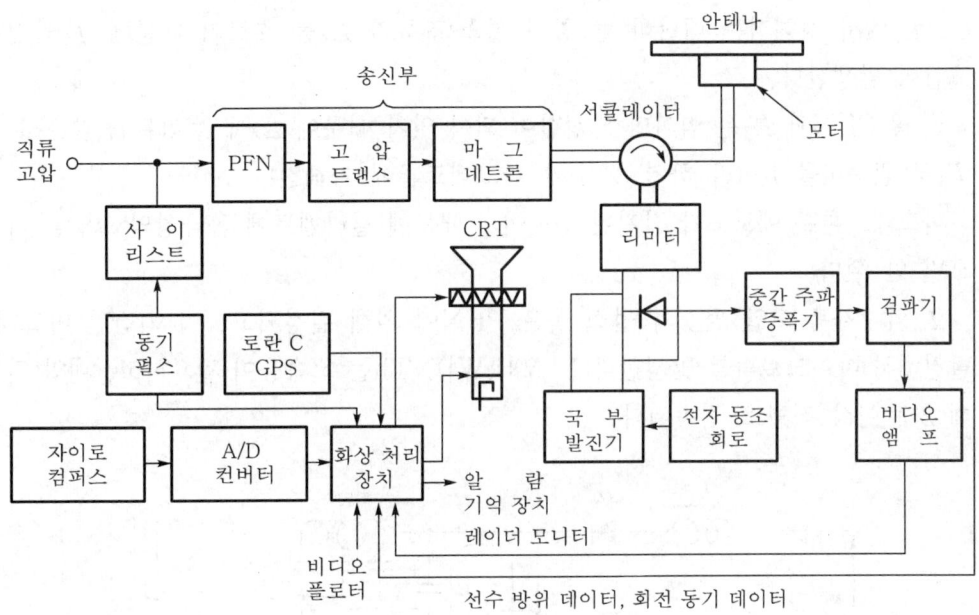

<그림 11-2> 레이더의 구성도

송신부에서 마이크로파의 고주파 펄스를 만들고, 서큘레이터를 통해 지향성의 예리한 안테나(scanner라고도 한다)로부터 고주파 펄스를 발사한다. 이 때 수신기에서는 송신 에너지는 들어가지 않는다. 안테나는 매분 15~40회 정도(X밴드 레이더는 매분 24회가 많다)의 속도로 360° 회전한다.

목표물로부터의 에코는 동일 안테나로 포착되고, 국부 발진기 출력과 혼합되어 30~60[MHz]의 중간 주파로 변화된다. 증폭, 검파 후에 영상 증폭기로 증폭되고, 여러 가지 데이터 등과 함께 화상 처리된 후 CRT에 가해짐으로써 지시된다. 그리고 화상 처리 장치에는 선수(船首) 방위 데이터, 회전 동기 데이터, 위치 데이터, 자이로(gyro) 신호 등이 더해짐으로써 거리 마커, 전자 커서 등과 함께 CRT에 표시된다.

CRT의 편향 코일에는 톱날파가 더해져서, 텔레비전과 마찬가지로 전면 소인이 행해진다. CRT 상의 방위 눈금과 안테나의 방위는 일치하도록 되어 있다.

2.4 송신부

<그림 11-3>은 라인형 펄스 변조기의 원리도이다. $a-b$ 단자에 직류 고압 V가 더해지면 L_1, D_1, C, L_2를 통해서 C에 2[V]의 전압(L_1, C에 의한 공진 충전을 위함)으로 충전되어 Th의 양단에 가해진다. Th의 게이트에 펄스가 가해지면 도통하고, C 및 PFN(펄스 성형 회로 : pulse forming network)의 전하가 Th, L_2를 통해서 방전된다. 이 때

C, L_2에서 정해지는 대단히 큰 공진 펄스 전류가 L_2를 흐르기 때문에 T_2의 2차 측에 고압이 발생한다.

C 및 PFN과 L_2는 임피던스 정합이 되어 있기 때문에 L_2에 걸리는 전압은 V가 되고 T_2의 권수비를 n이라 하면 V/n가 마그네트론에 가해진다.

마그네트론은 애노드가 접지된 구조이기 때문에 필라멘트에 음극성의 고압을 가하지 않으면 안 된다.

T_2의 2차측 고압 펄스의 펄스 폭은 PFN에 의해 결정되고, 이 기간만 마그네트론이 발진해서 마이크로파를 발생한다($1 \sim 50$[kW]). Th는 고속용이 필요하고, 내압 관계로 인해 2개 이상 직렬로 접속된다.

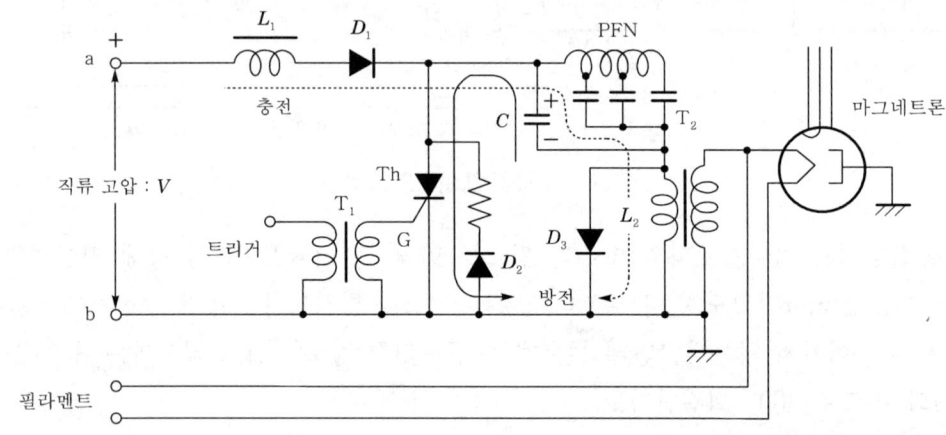

L_1 : 직류 리액터, D_2 : 역전압 방지 다이오드, D_3 : 플라이 호일 다이오드,
T_1 : 게이트 펄스 트랜스, T_2 : 고압 펄스 트랜스(n : 1), Th : 사이리스터,
C : 방전용 콘덴서, PFN : 펄스 성형 회로

<그림 11-3> 라인형 펄스 변조기

2.5 송 · 수신 전환부

일반 레이더에서는 안테나를 송 · 수신으로 공용해서 사용하고 있다. 이 때문에 송신할 때에는 고에너지의 송신 펄스가 수신기에 가해지지 않도록 하고, 또 수신할 때에는 미약한 수신 펄스가 모두 수신기에 들어오도록 하지 않으면 안 된다. 이러한 목적으로 사용되는 것이 송 · 수신 전환부이고, 서큘레이터(circulator)와 리미터로 구성된다(종래는 ATR관 및 TR관이 사용되었다).

<그림 11-4>는 송 · 수신 전환부의 구성도이다. 마그네트론에서 만들어진 고주파 펄스가 ①에 가해지면 ②를 지나 안테나에 공급되고, ③에는 들어가지 않는다. 목표물로부터

의 수신 펄스는 ②에서 ③을 지나 수신기에 공급되고, ①에는 들어가지 않는다. 타선(他船) 레이더로부터의 송신 펄스가 ②에 가해지면 ③에 들어가지만, 리미터가 작동되어 수신기의 믹서 다이오드(mixer diode)가 보호된다.

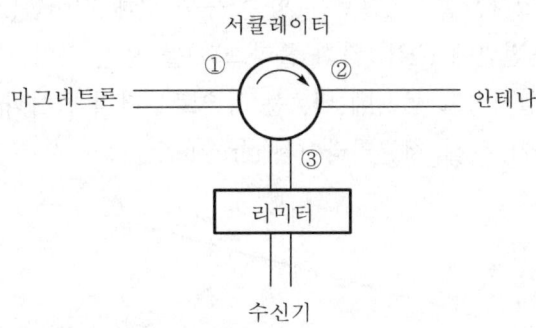

<그림 11-4> 송·수신 전환부의 구성도

2.6 안테나부

안테나부는 안테나, 회전용 모터, 도파관 회전 접합부, 선수 방위 신호 발생기, 원 편파 변환 장치(circularizer) 등으로 구성된다. 중소형 레이더에서는 송·수신부를 내장한 것도 많다.

안테나 이득은 실효 복사 전력을 크게 하고, 지향성을 예리하게 하기 위해 큰 쪽이 바람직하다. 이를 위해서는 안테나 형상을 크게 하는 것이 좋지만, 장비상의 한도가 따른다. 지향성에는 수평면 및 수직면 지향성이 있고, 수평면 지향성은 레이더 성능의 하나인 방위 분해능에 관계되고, 지향성이 예리하게 될수록 향상된다.

빔의 형태로서는 펜슬(pencil) 빔(항공기용, 기상 관측용), 팬 빔(fan beam)(선박용) 등이 있지만, 주방사 방향 이외의 빔, 즉 사이드 로브(side lobe)를 작게 하지 않으면 위상(僞像)이 생긴다.

레이더에 사용되는 안테나에는 원형 파라볼라, 파라볼릭 실린더형, 슬롯 어레이형 등이 있지만, 선박용으로는 슬롯 어레이형이 많다. 원형 파라볼라에서는 펜슬 빔(빔 단면이 원형)으로, 파라볼릭 실린더형 및 슬롯 어레이형에서는 세로로 긴 팬 빔(긴 원형)으로 된다. <그림 11-5>에 슬롯 어레이형 안테나의 구조를 나타내었다.

이것은 그림과 같이 전계에 대해 θ의 각도로 슬롯(홈)을 수십 개 설치한 것으로, 각 슬롯의 간격은 λ_g(관내 파장)의 반분으로 선정된다. θ가 클수록 전계는 강하게 되지만, 수직 편파 성분이 많아지기 때문에 θ는 그다지 크게 할 수 없다(15° 정도까지). 수평면

지향성을 예리하게 하기 위해 도파관의 선단에서는 θ를 작게, 중앙부에서는 θ를 크게 해야 한다. 이 안테나에서는 수평 편파가 되고 수직면 지향성과 비교하면 수평면의 지향성이 훨씬 예리하다. 다른 안테나에 비해 소형이고 풍압의 영향이 작으며, 안테나 효율이 높은 특징을 갖고 있다. 실질적으로는 방수 등을 위해 레이돔(radome ← radar dome)으로 얻거나, 안테나 전면에 FRP(강화 플라스틱)를 붙인 것이 사용된다. 또, 안테나 후방에 금속 반사기를 설치하고 동시에 비, 눈 등으로부터의 반사파를 작게 해서 목표물의 영상을 보기 쉽게 하기 위해 서큘러라이저(circularizer)가 사용된다.

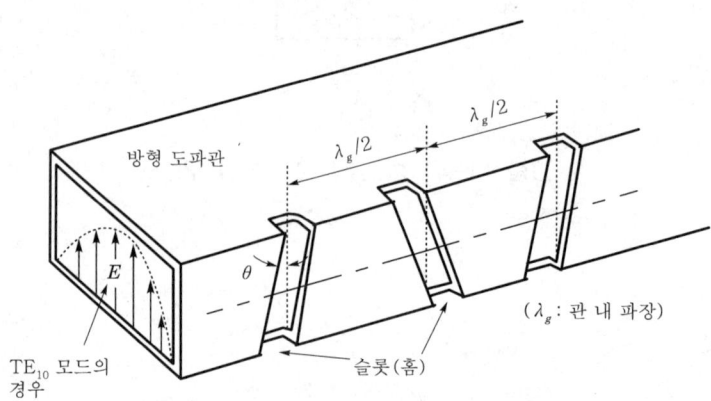

<그림 11-5> 슬롯 어레이형 안테나

2.7 수신부

레이더의 수신기는 슈퍼헤테로다인 방식을 채용하고 있지만, 선박용 레이더에서는 거의 RF가 설치되지 않고, 수신 펄스는 직접 믹서에 가해져 $30 \sim 60[\text{MHz}]$의 중간 주파수로 변환된 후에 증폭된다. 최대 탐지 거리를 크게 하고 변형을 낮게 하기 위해 저잡음, 고이득 및 광대역의 증폭이 필요하다.

[1] 구 성

수신부는 믹서, 국부 발진기, SAW 필터, 중간 주파 증폭기, 검파기 및 비디오 앰프 (영상 증폭기) 등으로 구성된다. 수신부는 목표물로부터의 미약한 수신 펄스를 저잡음, 저변형으로 고이득 증폭을 하기 위한 것이다. 부속 회로로서 FTC 회로, STC 회로, 수동 이득 조정(감도 조정), 전자 동조 회로 등이 있다. <그림 11-6>은 수신부의 구성도를 나타낸 것이다.

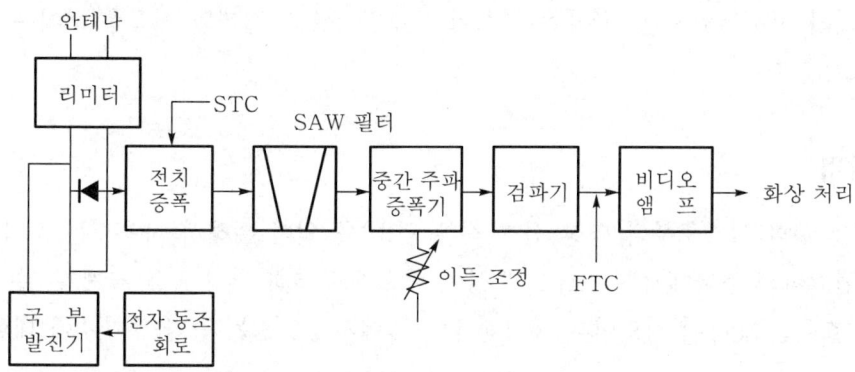

<그림 11-6> 수신부의 구성도

[2] 믹 서

레이더용 믹서로서, 대표적인 것은 실리콘 점접촉 다이오드이지만, 현재는 이것보다도 직렬 저항이 작고 저잡음이며 기계적 쇼크에 강한 쇼트키 다이오드 또는 마이크로파 IC가 많이 사용되고 있다. 믹서에서 중요한 것은 잡음 지수가 작고 변환 손실이 작아야 한다는 것이다. 이 단에서의 잡음 지수는 수신기의 감도를 좌우하고, 변환 손실은 후단 중간 주파 증폭기의 이득에 관계한다.

[3] 국부 발진기

이전에는 레이더의 국부 발진기로 반사형 클라이스트론이 사용되고 있었지만, 수명과 보수의 문제점 때문에 현재는 건 다이오드(gunn diode)가 주로 사용된다. 건 다이오드는 전극 간의 전계가 약 3[kV/cm]을 넘으면 마이크로파가 발생하는 2단자 부성 저항 소자 중 하나이다. 이것과 가변 용량 다이오드를 조합해서 리액턴스를 변환시키면 발진 주파수 가 변화하기 때문에, 이 특성을 이용해서 전자 동조(수동)를 할 수 있다.

[4] 중간 주파 증폭기

중간 주파 증폭기는 전치 증폭기, SAW 필터, 고이득 증폭기 등으로 구성되며, 미약한 수신 펄스를 충분한 진폭까지 증폭하는 것을 목적으로 하고 있다. 이 단에서 중요한 것은 중간 주파 펄스(30, 60[MHz])를 저변형으로 고이득 증폭할 수 있는 것, 저잡음인 것 및 위상 특성이 좋은 것이다.

중간 주파 증폭기의 잡음 지수와 이득은 최대 탐지 거리에 관계하고, 변형, 위상 특성 은 분해능에 관계한다. 펄스파는 넓은 점유 주파수 대역폭을 가지기 위해 송래는 스태거

증폭기가 사용되었지만, 현재는 특성이 우수한 SAW 필터와 저잡음 고이득 증폭기가 사용되고 있다.

[5] 검파기

중간 주파 펄스로부터 영상 신호(직류 펄스)를 얻기 위해서 사용되는 포락선 검파기이다. 펄스파의 검파에서는 주파수 특성이 중요하고 부하 저항 R을 크게 할 수 없기 때문에 검파 효율은 50[%] 정도이다. 〈그림 11-7〉에서 L, C는 중간 주파수에 대한 필터이다.

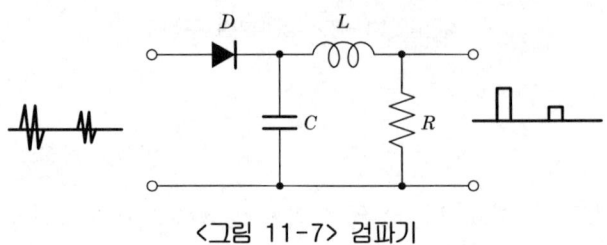

〈그림 11-7〉 검파기

[6] 비디오 앰프

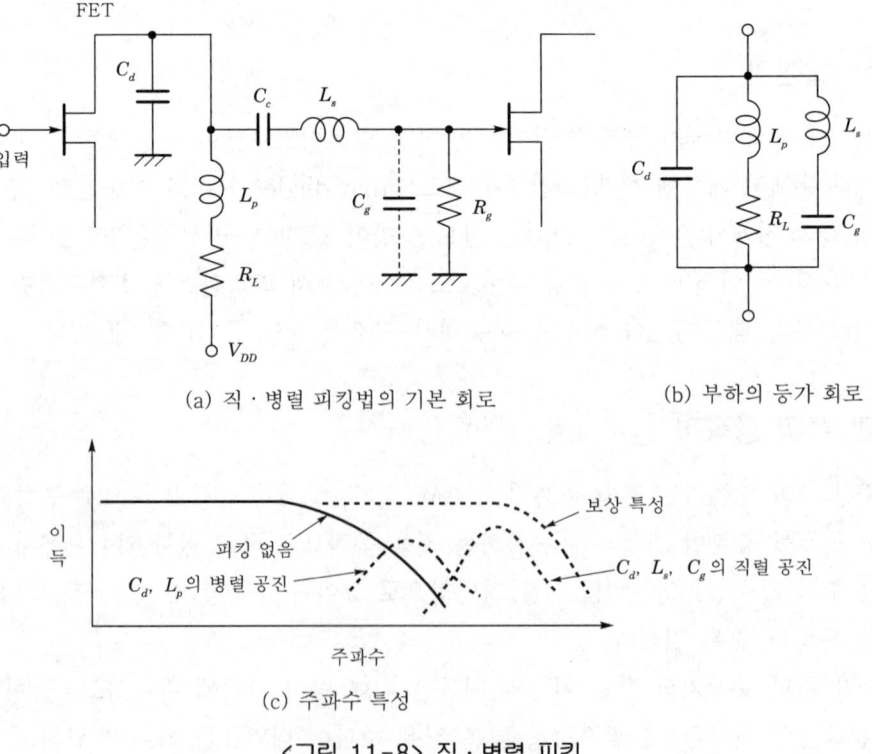

(a) 직·병렬 피킹법의 기본 회로

(b) 부하의 등가 회로

(c) 주파수 특성

〈그림 11-8〉 직·병렬 피킹

비디오 앰프의 목적은 CRT를 휘도 변조하기에 충분한 진폭까지 영상 신호를 증폭하는 것이지만, 펄스파의 증폭을 위해 충분한 대역폭이 요구된다(DC~10[MHz]). 이를 위해 고역 이득의 저하 원인이 되는 접합 용량이나 분포 용량의 영향을 작게 하고, 고역 보상을 행하는 피킹(peaking)법과 캐스코드 증폭기, 광대역 증폭용 IC 등이 사용된다. 직렬 피킹, 병렬 피킹 및 직·병렬 피킹법에서는 피킹 코일이 사용되고, 이미터 피킹법에서는 정전 용량이, 전압 귀환법에서는 인덕턴스가 사용된다.

〈그림 11-8〉 (a)에는 직·병렬 피킹법의 기본 회로를, (b)에는 부하의 등가 회로를 나타내었다.

피킹법의 원리는 접합 용량이나 분포 용량과 피킹 코일로 동조 회로를 구성하여 고역 이득의 저하를 보충하는 것이다. 그림 (c)에는 주파수 특성을 나타내었다.

[7] 전자 동조 회로

마그네트론의 발진 주파수가 변동하면, 중간 주파수가 변동해서 수신기 출력이 저하되어 목표물을 CRT에 지시할 수 없게 된다. 수신 펄스와 국부 발진 주파수의 차를 항상 정확한 중간 주파수에 맞추기 위해 전자 동조 회로가 필요하다. 이것은 MIX 출력이 정확한 중간 주파수가 되도록, 가변 용량 다이오드의 바이어스 전압을 변화시킴으로써 건(gunn) 발진기의 주파수를 변화시키는 것이다.

도플러 효과를 이용해서 이동하는 목표만을 CRT 상에 지시하는 MTI(moving target indication ; 이동 목표 지시)에서는 발사 주파수 및 국부 발진 주파수의 안정도가 특히 중요하다(ARSR, ASR용).

[8] STC 회로

STC(sensitivity time control) 회로는 해면으로부터의 반사에 의해 근거리의 목표물을 잘 볼 수 없게 되는 것을 막기 위해 사용되는 것으로, **해면 반사 억제 회로**라고 부른다. 이것은 〈그림 11-9〉와 같은 전압을 전치 증폭기의 바이어스 전압에 중첩해서 가함으로써 근거리에서 수신기의 이득을 저하시킨다.

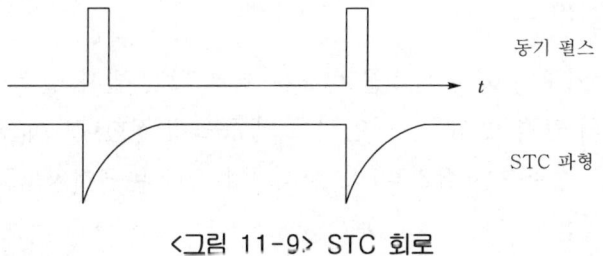

동기 펄스

STC 파형

〈그림 11-9〉 STC 회로

[9] FTC 회로

FTC(fast time constant) 회로는 비나 눈 등으로부터 반사파에 의해 목표물을 볼 수 없게 되는 것을 방지하기 위해 사용되는 것으로, **우설 반사 억제 회로**라고 부른다. 비나 눈 등으로부터의 반사파는 연속적인 것이 되고 미분함으로써 진폭이 작게 되는 것을 이용하는 것으로, 검파된 파형을 〈그림 11-10〉의 미분 회로로 미분한다.

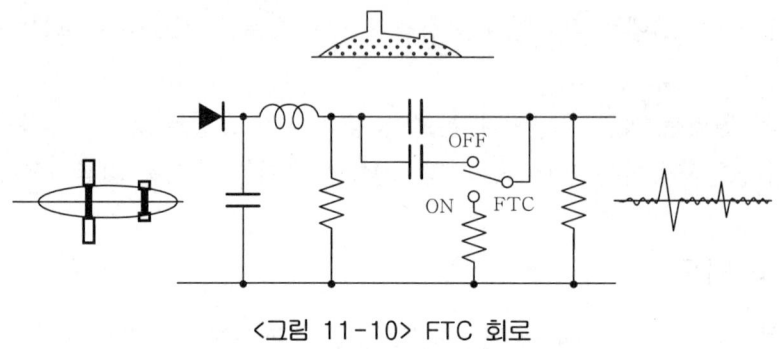

〈그림 11-10〉 FTC 회로

2.8 지시부

반사 펄스로부터 얻어진 데이터를 사용 목적에 따라 CRT 상에 표현하는 것이 지시기의 목적이며, 다양한 지시 방식이 있다. 일반적으로는 목표물의 위치나 형태, CRT의 영상이 가장 보기 좋게 대응하고 있는 PPI(plan position indication ; 평면 위치 표시) 방식이 채용되고 있다.

[1] 구 성

〈그림 11-2〉와 같이 동기 펄스 발생기, CRT, 화상 처리 장치, A/D 컨버터, 자이로 컴퍼스(gyro compass), 알람 등으로 구성된다. 지시부에서 중요한 것은 안테나의 방위와 CRT의 방위 눈금이 일치하는 것, CRT의 휘도가 충분한 것, 영상이 선명한 것 등이다.

[2] 동기 펄스 발생기

레이더 시간의 기준이 되는 펄스를 만드는 부분으로, 발사 펄스의 반복 주기, 톱날파의 주기, 거리 마커의 간격 및 STC 전압의 주기 등을 결정한다. 이 펄스는 수정 발진기에서 만들어지고, 반복 주파수는 탐지 거리(range)에 따라 바뀌어지므로 0.5~2[kHz] 정도로 선정된다.

[3] 화상 처리 장치

화상 처리 장치는 고속의 IC 메모리와 각종 연산을 수행하기 위한 마이크로프로세서 (MPU) 및 각종 신호를 만드는 회로로 구성된다.

수신한 에코, 로란 C 등으로부터의 위치 데이터, 선수 방위 데이터, 회전 동기 데이터, 비디오 플로터 등으로부터의 위도, 경도선, 해안선 표시 데이터 및 자이로 신호 등을 TV 신호로 변환하여 표시하기 위해서 메모리와 마이크로프로세서가 내장되어 있다.

CRT에 표시되는 것으로는 목표물로부터의 영상, 고정 거리 마커, 가변 거리 마커 (VRM), 전자 커서(EBL), 방위 눈금, 진 방위선, 선수선, 타선의 위치와 진로를 나타 내기 위한 플롯 이외에 알파벳 문자나 숫자가 있다.

고정 거리 마커의 거리 간격, VRM의 수치, 목표물까지의 거리와 방위 등은 CRT의 네 모퉁이에 디지털로 표시된다.

그 밖에 영상을 정지, 확대 및 이심(離心 ; off-center라고 한다)시키는 것도 가능하다. 이것들은 모두 메모리와 마이크로프로세서의 작용에 따른다.

각종 신호를 만드는 회로에는 거리 마커 발생기(고정, 가변), CRT 소인용 톱날파 발생 기 등이 있다. 톱날파에는 우수한 직진성과 정확한 주기가 요구되고, 주기는 측정 레인지 가 바뀜(0.5~120마일)에 따라 변화한다.

[4] CRT

종래의 PPI 레이더는 잔광성을 가진 CRT를 사용, 편향 코일을 회전시켜서 휘선을 회 전시키고, 영상을 수초에 걸쳐 표시했었다.

현재는 TV 신호로 변환한 후, 고속 소인해서 표시하기 때문에 잔광성을 가진 CRT는 사용되지 않는다.

현재 사용되는 CRT에는 흑백과 컬러가 있으며, 모두 고휘도이고 빛을 차단하는 후드 (hood)를 필요로 하지 않는다. 이 때문에 데이라이트 레이더(daylight radar)라고 불린 다. CRT는 7~28인치 크기의 것이 사용된다.

[5] 방위의 지시 방법

방위의 지시 방법에는 **상대 방위 지시**와 **진방위 지시**가 있다. 전자는 CRT의 진상이 항상 선수가 되도록 지시하는 방식이다. 항해중에는 지리상의 방위가 중요하고, CRT의 진상이 항상 자북이 되도록 진방위 지시가 사용된다. 이를 위해 자이로 컴퍼스와 A/D 컨버터가 필요하다.

2.9 레이더의 성능

[1] 레이더 방정식

레이더 방정식은 송신 전력, 파장, 안테나 이득, 거리, 목표물(타깃)의 질과 크기, 수신기의 감도 등의 관계를 나타낸 것이다.

안테나 이득 G, 송신 전력 $P_t[\mathrm{W}]$로 했을 때, $R[\mathrm{m}]$ 떨어진 목표물에서의 전력 밀도 S_1은

$$S_1 = \frac{G \cdot P_t}{4\pi R^2} \ [\mathrm{W/m^2}] \tag{11.2}$$

로 된다.

전파가 목표물에 도달되면 반사의 비율을 나타내는 정수를 σ(레이더 단면적, 유효 반사 단면적이라고 한다)로 하고, 목표물로부터는 $\sigma \cdot S_1[\mathrm{W}]$가 되는 반사가 있다. 이 반사파가 레이더에 돌아왔을 때 안테나에서의 전력 밀도 S_2는

$$S_2 = \frac{\sigma \cdot S_1}{4\pi R^2} = \left(\frac{\sigma}{4\pi R^2} \right) \cdot \left(\frac{G \cdot P_t}{4\pi R^2} \right) [\mathrm{W/m^2}] \tag{11.3}$$

이 된다. 안테나의 실효 면적을 $A_e[\mathrm{m^2}]$라 하면 안테나에 집중된 전력(수신 전력) P_r은

$$P_r = S_2 \cdot A_e = \frac{\sigma G P_t A_e}{(4\pi R^2)^2} \ [\mathrm{W}] \tag{11.4}$$

이 된다. 파라볼라 안테나에서는 $G = 4\pi A_e / \lambda^2$(λ : 파장)이기 때문에

$$P_r = \frac{\sigma G^2 P_t \lambda^2}{(4\pi)^3 R^4} \ [\mathrm{W}] \tag{11.5}$$

이 된다. 수신기에서 탐지할 수 있는 최소 수신 전력을 $P_{r\min}$, 최대 탐지 거리를 $R_{\max}$라 하면

$$\left.\begin{aligned} R_{r\min} &= \frac{\sigma G^2 P_t \lambda^2}{(4\pi)^3 (R_{\max})^4} \ [\mathrm{W}] \\[2mm] R_{\max} &= \sqrt[4]{\frac{\sigma G^2 P_t \lambda^2}{(4\pi)^3 P_{r\min}}} \ [\mathrm{m}] \end{aligned}\right\} \tag{11.6}$$

와 같이 된다. 이것을 **레이더 방정식**이라고 한다.

[2] 최대 탐지 거리(maximum detectable range)

목표물을 탐지할 수 있는 최대 한도의 거리를 **최대 탐지 거리**(R_{max})라 하며, 이것을 크게 하기 위해서는 P_t, G, λ를 크게 하고, $P_{r min}$을 작게 하면 된다. $P_{r min}$은 수신기의 감도에 관계되고, 이것은 내부 잡음에 지배된다. λ가 짧을수록 G는 커지지만 비나 눈 등으로 인한 감쇄가 크게 된다.

이외에 펄스 폭 τ를 넓게 하고 주기 T를 짧게 한다. 결국 충격 계수를 크게 하면 R_{max}가 커지게 된다. 이것은 송신 에너지를 크게 하고, 반사 에너지도 커지기 때문이다. 그러나 τ를 넓게 하면 아래에 설명하는 최소 탐지 거리가 크게 되어 바람직하지 않다.

[3] 최소 탐지 거리(minimum detectable range)

목표물로부터의 반사파를 탐지할 수 있는 최소 한도의 거리를 **최소 탐지 거리**(R_{min})라 하며, 가능한 한 작은 쪽이 바람직하고, 다음과 같은 것에 의해 결정된다.

(1) 펄스 폭

전파는 $\tau [\mu s]$의 사이에 $300 \cdot \tau [m]$ 진행한다. 즉, $150 \cdot \tau [m]$를 왕복한다. $\tau [\mu s]$의 펄스를 발사한 경우, 이 기간은 수신할 수 없기 때문에 $150 \cdot \tau [m]$ 이내에 있는 목표물의 탐지는 불가능하다.

따라서 $R_{min}[m] = 150 \cdot \tau [\mu s]$와 같이 표현되고, τ가 좁을수록 R_{min}이 작게 된다. 이것은 다음에 기술하는 거리 분해능과 같다.

(2) TR관의 이온 소멸 시간

수소 가스를 봉입한 **TR관**은 송신 에너지가 가해지지 않아도 곧바로 방전을 정지하지 않고, 약간 지연되어 방전을 정지한다. 이것은 이온 소멸 시간이 0이 아니기 때문에 일어나는 것으로, 수신이 다소 지연되어 이온 소멸 시간에 상당하는 거리만큼 R_{min}가 커지게 된다.

이외에 CRT의 스폿(휘점)의 크기나 안테나 빔의 사각(死角)도 영향을 미친다.

예제 3 펄스 폭이 $0.1[\mu s]$일 때의 최소 탐지 거리를 구하라.

풀이 펄스 폭을 작게 하면 근거리만을 탐지할 수 있다. 따라서 최소 탐지 거리 R_{min}는
$$R_{min} = 150 \cdot \tau = 150 \times 0.1 = 15 [m]$$

[4] 거리 분해능

안테나와 목표물을 잇는 일직선상의 2개의 목표물이 CRT 상에서 분리되어 표시할 수 있는 두 목표물 간의 거리를 **거리 분해능**(distance resolution)이라고 한다.

2개의 목표물로부터의 반사 펄스가 겹치는 이유는 〈그림 11-11〉에 나타낸 것처럼 목표물 A, B의 전연 사이의 거리 d가 $150 \cdot \tau$보다 작은 경우에는 A의 반사 펄스의 후연과 B의 반사 펄스의 전연이 겹쳐 CRT 상에 하나로 되기 때문이다. 따라서 거리 분해능 d는 $d[\text{m}] = 150 \cdot \tau[\mu\text{s}]$로 표현되고, τ가 작을수록 거리 분해능이 향상된다.

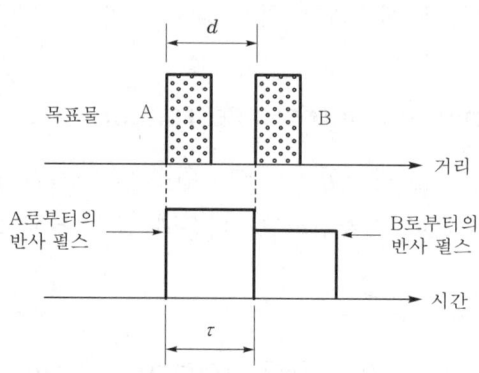

$\tau[\mu\text{s}]$를 거리로 바꾸면 $150 \cdot \tau[\text{m}]$

〈그림 11-11〉 거리 분해능

[5] 방위 분해능

안테나로부터 동일 거리에 있는 방위가 다른 2개의 목표물이 CRT 상에서 분리되어 표시할 수 있는 두 목표물 간의 각도를 **방위 분해능**(bearing resolution)이라고 한다. 안테나 빔 중에 있는 2개의 목표물은 떨어져 있어도 CRT 상에서는 겹쳐져 하나로 표시된다. 방위 분해능은 안테나의 수평면 내의 빔폭 θ에 의해 결정되고, θ가 작을수록 향상된다. θ는 안테나의 수평 방향의 길이가 클수록 작게 된다.

> **예제 4** 레이더에서의 방위 확대 효과, 거리 눈금에 의한 오차에 대하여 설명하라.

풀이 ① 방위 확대 효과에 의한 오차는 안테나 빔 폭 θ가 0이 아니기 때문에 생기는 것으로, 〈그림 11-12〉에서 목표물의 폭을 C라 하면, 빔이 A부터 B까지 이동하는 사이 CRT에 목표물이 투영되어 나오기 때문에 C가 D까지 확대되고, 그 영향은 θ의 약 1/2씩 양측에 확대되어 나타난다.

또, 스폿(휘점)의 크기가 크다고 읽혀지면 오차가 커진다.

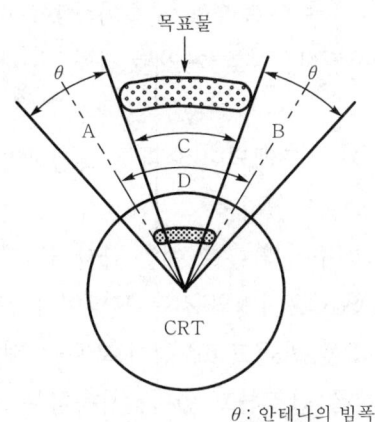

목표물

θ : 안테나의 빔폭

<그림 11-12> 방위 확대 효과

② 거리 눈금에 의한 오차 : CRT의 소인에 사용되는 톱날파의 직선성이 양호하지 않은 경우는 거리 눈금(가변, 고정)에 오차가 발생한다. 또, 제조상의 눈금 펄스의 오차와 보간법에 의한 인위적 오차도 있다.

③ 방위 측정 장치

표적이 없는 장소를 이동체가 항행하는 경우, 진행 방향을 알면 안전하게 빨리 목적지에 도착할 수 있어 경제적이다. 이를 위해 지상에 방위를 측정하기 위한 무선 설비가 설치되어 이동체는 이 전파를 수신함으로써 방위 측정을 할 수 있다. 두 곳에서 발사하는 전파를 수신함으로써 위치를 측정할 수도 있다.

3.1 무지향성 라디오 비컨

무지향성 라디오 비컨은 일반적으로 NDB라고 하며, 항공기가 방향 탐지를 할 수 있도록 지상에 설치한 무지향성 무선 표식으로, 옛날부터 이용되고 있다. 이것은 160~415[kHz], 1650~1750 [kHz]의 주파수를 사용해서 무지향성의 수직 편파를 항상 발사하고 있다. 항공기는 자동 방향 탐지기(ADF)로 수신해서 비컨국의 방위를 측정한다.

NDB에서는 1020[Hz]의 가청 주파수에 의한 모르스 부호로 국 부호(알파벳 2 또는 3

문자) 2회, 계속해서 1020[Hz] 연속파의 전송이 30초간 진폭 변조되어 발사된다(A2B 파). 이하, 이러한 것이 반복된다. 유효 거리는 전력, 주파수, 시간대 등에서 차이가 나지만 400[km] 정도이다.

특히 야간은 전리층 반사파도 도래되어 오차를 발생하기 때문에 유효 거리는 짧아진다. 또, 공전의 영향에 의한 오차도 있다.

〈그림 11-13〉에 송신기의 구성과 부호 예를 나타내었다. 수정 발진기로부터 종단 전력 증폭기까지, 또 변조기는 DSB 송신기와 같은 모양이다. 자동 전건 장치는 비컨국의 식별을 위한 국 부호와 연속 부호를 만들고, 스위치 회로를 제어함으로써 저주파 발진기 출력을 키잉(ON, OFF)하여 진폭 변조하고 있다. 사용하는 안테나는 수직 접지형과 T형 안테나 등이고, 무지향성의 수직 편파를 발사한다.

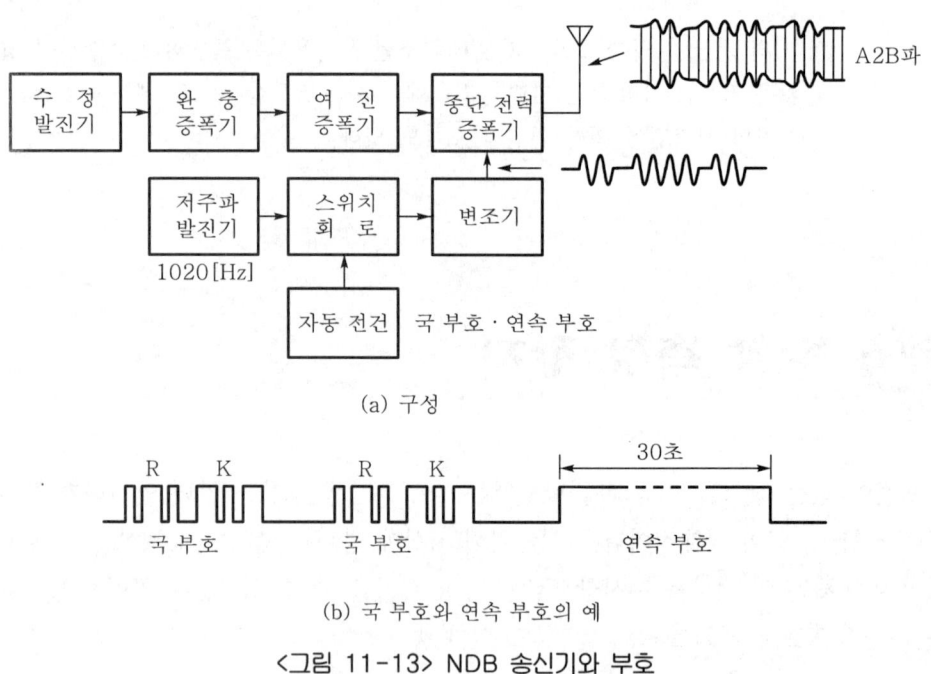

(a) 구성

(b) 국 부호와 연속 부호의 예

〈그림 11-13〉 NDB 송신기와 부호

3.2 방향 탐지기

비컨국으로부터 발사되고 있는 전파를 지향성이 있는 안테나로 수신해서 비컨국의 방위를 측정하기 위해 사용되는 장치를 **방향 탐지기**라 하는데, 이는 안테나(일반적으로는 직교 틀형 안테나와 수직 안테나), 수신기 및 방위 지시 장치(CRT와 미터)로 구성된다. 자동화한 것을 **ADF**(자동 방향 탐지기)라고 한다.

[1] 방향 탐지의 원리

틀형 안테나에는 〈그림 11-14〉에 나타낸 것과 같은 수평면 지향성이 있기 때문에, 안테나를 360° 회전시켜서 수신 출력의 최대점이 최소점을 찾는 것에 의해 전파 발사원(비컨국)의 방위를 구할 수 있다.

그러나 안테나 유기 전압의 최대점 및 최소점은 2개씩 존재하기 때문에 180°의 부정확성이 있는데, 이대로는 방위 결정을 할 수가 없다. 그렇기 때문에 단일 방향의 결정(**센스 결정**이라고 한다)을 위해 틀형 안테나에 접근해서 수직 안테나(**센스 안테나**라고 한다)를 배치하고, 이것의 유기 전압을 $\pi/2$ 이상으로 한 다음 틀형 안테나의 유기 전압과 합성한다. 이것에 의해 그림 (c)와 같은 하트형의 단일 지향성을 얻을 수 있는데, 이것을 **카디오이드**(cardioid) **특성**이라고 한다.

이 특성에는 최대점과 최소점이 각각 1씩밖에 없기 때문에, 비컨국의 방위를 결정할 수 있는 것이다.

최대점을 이용하면 기전력의 변화가 작기 때문에, 일반적으로는 최소점을 이용해서 방위를 결정하고 있다.

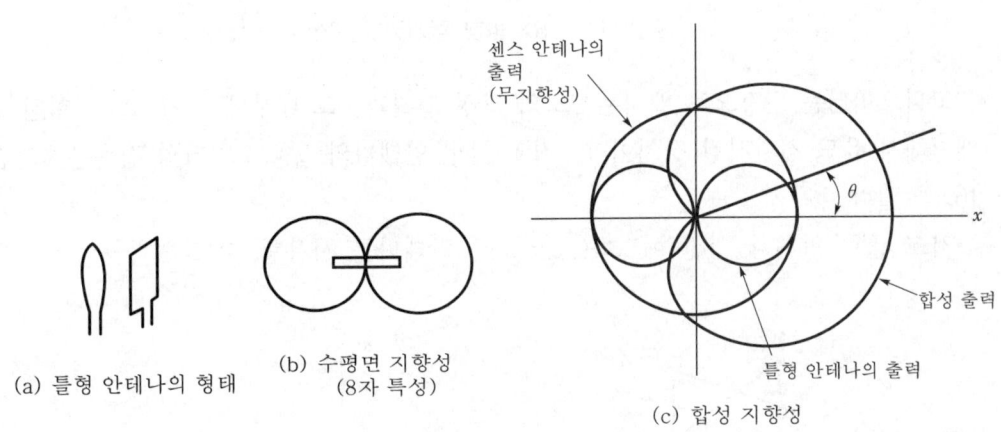

(a) 틀형 안테나의 형태 (b) 수평면 지향성 (8자 특성) (c) 합성 지향성

〈그림 11-14〉 틀형 안테나

틀형 안테나의 유기 전압을 $V_1 \cos \theta$ (θ : x축에서의 각도), 센스 안테나의 유기 전압을 V_2라 하고, $V_1 = V_2$로 조정해서 합성하면

$$V_1 \cos \theta + V_2 = V_1(1 + \cos \theta) \qquad (11.7)$$

로 되어, 카디오이드 특성을 얻을 수 있다.

$\theta = 0°$에서 $2V_1$, $\theta = 180°$에서 0이 되지만 V_1과 V_2가 같지 않으면 완전히 0으로 되지 않는다.

[2] 방향 탐지기의 구성

〈그림 11-15〉에 방향 탐지기의 구성도를 나타내었다. 비컨국의 방위는 틀형 안테나를 회전해서 지시기에 의해 출력의 최소점을 찾고, 그 때의 안테나 방향으로부터 구할 수 있다.

그러나 중량이 있는 틀형 안테나를 회전시키는 일은 실용적이지는 않다. 이 때문에 안테나를 회전시키는 대신 2개의 틀형 안테나를 직교시킨 **직교 틀형 안테나와 고니오미터**(goniometer)를 접속하고, 서치 코일(search coil)을 회전시키고 있다. 이와 같은 안테나를 **벨리니토시(Bellini-Tosi) 안테나**라고 한다.

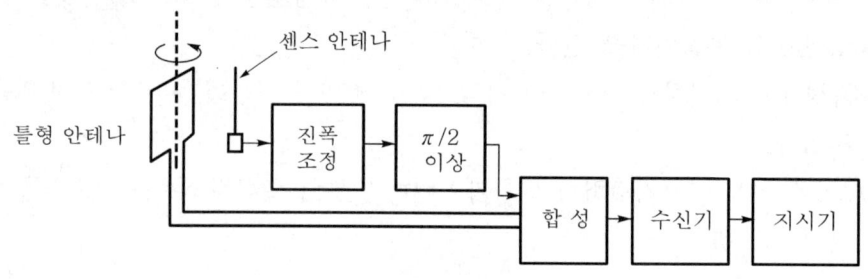

〈그림 11-15〉 방향 탐지기의 구성

고니오미터는 직각으로 배치된 2조의 고정 코일과, 그 내부에 서치 코일 (회전 코일)을 배치해서 유도 결합시킨 장치이다. 직교 틀형 안테나와 고니오미터의 접속은 〈그림 11-16〉과 같다.

직교 틀형 안테나 대신 애드콕(Adcock) 안테나를 사용할 수도 있다.

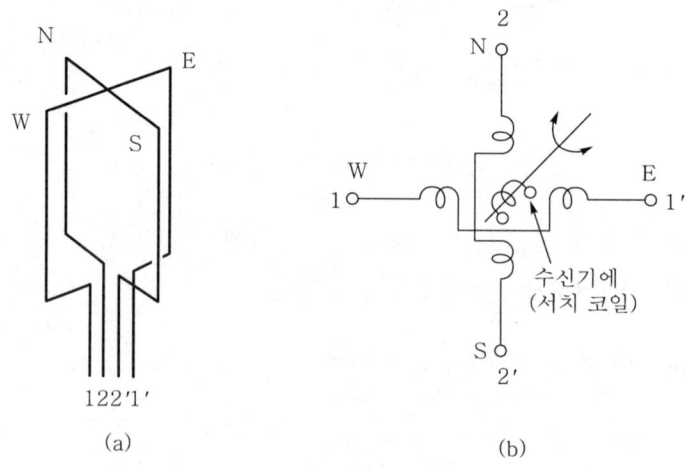

(a)   (b)

〈그림 11-16〉 직교 틀형 안테나와 고니오미터

[3] 방향 탐지기의 오차

(1) 안테나 효과에 의한 것

틀형 안테나의 수직 부분은 기하학적으로 좌우 대칭으로 만들어지지만, 전기적으로는 분포 용량이 있기 때문에 평형이 안 되고 최소점이 불명확하게 된다.

(2) 수신기의 내부 잡음에 의한 것

내부 잡음이 크면 최소점이 불명확하게 된다.

(3) 변위 전류 효과에 의한 것

루프 코일의 권선 사이에 존재하는 분포 용량 때문에 가상 루프가 생기고, 합성 전압의 최소점이 어긋난다.

(4) 근접 물체에 의한 요란에 의한 것

안테나에 근접해 있는 물체(배, 마스트, 스테 등)에 의해 비컨국의 전파가 혼란스러워지기 때문에 생기는 것으로, **근접 물체 요란 오차**라고 한다.

(5) 야간 효과(편파 효과)에 의한 것

야간에서의 전리층 반사판의 수평 편파 성분 때문에, 최소점이 불명확하게 되거나 어긋난다. 뿐만 아니라 시간에 의해 그 상태는 끊임없이 변동된다. 이와 같은 오차를 **야간 오차**(편파 오차)라 하는데, 이 오차는 애드콕 안테나를 채용함으로써 줄일 수 있다.

(6) 벨리니토시 안테나의 기하학적인 비대칭성에 의한 것

이것에는 4분원 오차, 2분원 오차, 8분원 오차가 있다.

이외에 전파의 산란, 굴절 또는 파면의 변동 등에 의한 오차가 존재한다.

[4] 도플러식 방위 측정 장치

도래 전파가 도플러 효과에 의해 주파수의 엇갈림이 생기는 것을 이용해서 방위 측정을 행하는 것이다. 〈그림 11-17〉과 같이 1개의 안테나를 수평면 내에서 O를 중심으로 속도 v로 회전시키면서 전파를 수신하는 경우, N점(자북)의 방향으로부터 도래하는 주파수 f의 전파 $V_c \sin \omega t$를 N점에서 수신하면, 도플러 효과가 일어나지 않기(송·수신점 사이의 거리가 변하지 않는다) 때문에 $f_N = f$로 된다.

같은 전파를 E점에서 수신하면 t_1초만큼 늦어지기 때문에 $V_c \sin \omega t(t - t_1)$이 수신된다. 이 때의 각(角)주파수 ω_B는 c를 전파(빛)의 속도로 해서

$$\omega_B = \frac{d\omega(t - t_1)}{dt} = \omega - \frac{\omega dt_1}{dt} = \omega - \frac{\omega v}{c} = \omega\left(1 - \frac{v}{c}\right) \tag{11.8}$$

이 된다.

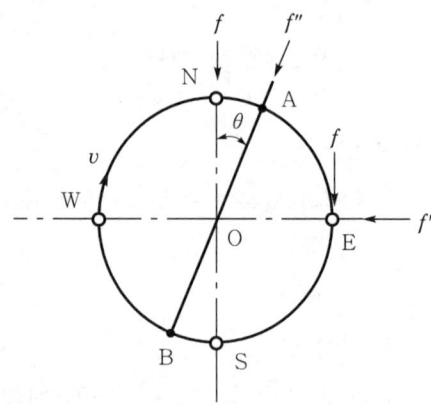

<그림 11-17> 수평면 내의 안테나 회전과 전파 수신

그러므로 E점에서 수신된 주파수는 $f_E = \omega_B / 2\pi$이고, $\omega / 2\pi = f$에 의해 $f_E = f(1 - v/c)$가 된다. S점에서는 $f_s = f$, W점에서는 $f_w = f(1 + v/c)$가 된다. 따라서 안테나를 회전시키면서 f를 수신하면 주파수 변조된 것이 되어 <그림 11-18> (a)와 같이 변화한다. 마찬가지로 E의 방향으로부터 도래하는 전파에서는 E점 및 N점에서는 주파수가 변화하지 않고 S점부터 낮아지거나 N점에서 높아지게 된다(그림 (b)).

여기서, N점에서 θ가 되는 각도로부터 도래하는 전파를 고려할 경우, 원주상의 A점 및 B점에서는 주파수의 변화는 없고, 이것들에 직각인 원주 상의 점에서 최대의 어긋남이 되며, 그 변화는 그림 (c)와 같다. 이것으로부터 주파수 변조된 수신파와 안테나의 회전 기준 신호와의 위상차 ϕ를 구하면 $\theta = \phi$이기 때문에 전파의 도래 방향을 알 수 있다.

안테나의 회전 속도 v를 크게 하면 할수록 주파수 편이가 크게 되지만, 대형 안테나를 고속 회전시키는 것은 불가능하기 때문에, 실제는 <그림 11-19>와 같이 수십 개의 안테나를 원주상에 등간격으로 배치하고, O점에 케이블을 모아 O점에서 전자 스위치(다이오드 스위치)에 의해 전환되고 있다. 이로써, 기계적 회전과 동일한 효과를 얻고 있다. 또 θ는 v와 무관하며 안테나의 개수는 많은 쪽이 좋다.

실용화되어 있는 것으로는 수직 안테나의 개수가 32개, 중심에 보조 안테나를 1개 설치하고, 높이는 8[m], 지름은 40[m]이다. 보조 안테나는 고정되어 있고 도플러 효과도 발생되지 않기 때문에 회전 기준 신호를 얻을 수 있다.

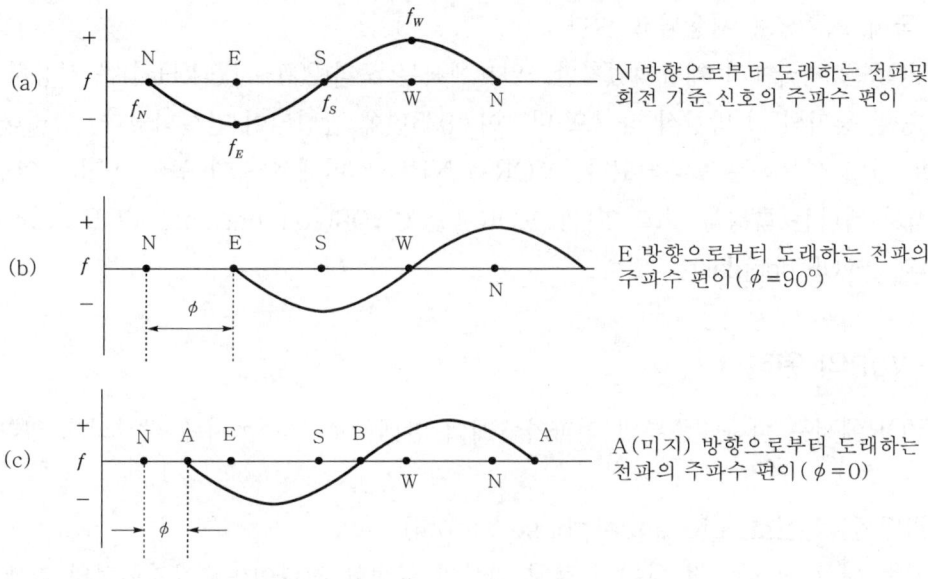

N 방향으로부터 도래하는 전파및
회전 기준 신호의 주파수 편이

E 방향으로부터 도래하는 전파의
주파수 편이($\phi = 90°$)

A(미지) 방향으로부터 도래하는
전파의 주파수 편이($\phi = 0$)

<그림 11-18> 방위에 대응하는 주파수 편이

따라서 수신기를 2대 준비하고, 1대에는 32개로부터 전환한 출력을, 또 1대에는 보조 안테나로부터의 출력을 가한 후, 양 중간 주파를 위상 검파해서 방위 신호를 얻고, 디지털 신호 처리를 함으로써 지시기에 의해 방위를 디지털로 표시한다.

도플러식은 벨리니토시 안테나와 애드콕 안테나를 사용하는 방위 측정기와 비교해 오차가 적고(±2° 이내), 큰 유기 전압을 얻을 수 있다는 이점이 있으며, 이동국 이외에서 많이 사용되고 있다.

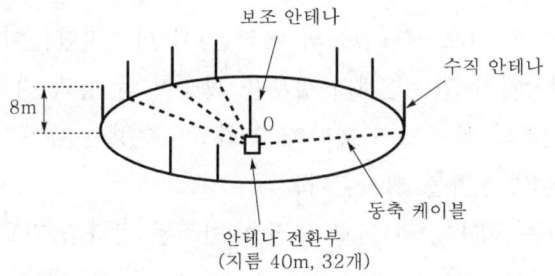

<그림 11-19> 실제 안테나의 구조

3.3 VOR

VOR(초단파 전 방향성 레인지 비컨)은 VHF(108~118[MHz])의 전파를 발사하고, 항공기에 전 방향에 대한 비행 코스를 주는 항행 원조 시설이며 국제민간항공기관(ICAO)

의 국제 표준으로 채용되고 있다.

VOR은 미국에서 개발되었지만, 일본에서는 중파(200~400[kHz])를 사용하는 VOR 과 동일 원리의 전 방향식 라디오 비컨이 1935년에 발명되어 건설되었다. 그러나 전쟁 발발로 인해 실용화는 보류되었다. VOR은 NBD에 비해 확도가 높고 공전의 영향에 의한 오차가 적다는 특징을 갖고 있다. VOR에는 **C-VOR**(conventional VOR ; 재래형, 표준형)과 **D-VOR**(dopplar)이 있다.

[1] C-VOR의 원리

VOR에서는 다음 2종류의 전파가 1개의 안테나로부터 동시에 발사되고 있다.

(1) 기준 위상 신호(reference phase signal)

기준 위상 신호는 전 방위에 걸쳐 위상이 일정한 전파이며, 무지향성의 안테나로부터 발사된다. 이 전파는 30[rps](revolution per second ; 매초의 회전 수)로 회전하는 톤 보일 및 픽업 코일에 의해 30[Hz]로 주파수 변조된 부반송파(9660[Hz])로 VHF의 반송파를 AM함으로써 만들어지고, 고주파 브리지를 통해 4개의 앨포드 안테나(Alford antenna)에 동상으로 공급함으로써 수평 편파로 발사된다. 이 전파를 수신하면 360°의 어떤 방위라도 30[Hz]의 신호는 동위상이다.

(2) 가변 위상 신호(variable phase signal)

VHF 송신기의 출력의 일부는 변조 제거기에서 AM 성분이 제거되고, 일정 진폭의 반송파로 되어 용량형 고니오미터(일종의 바리콘)에 더해진다. 이 고니오미터를 30[rps]로 회전시켜, $\pi/2$ 위상차가 있는 2개의 성분을 꺼내어 앞 항과 마찬가지로 고주파 브리지를 통해 대각선상의 2조의 앨포드 안테나에 가하고, 수평면 내에서 30[rps]의 속도로 360° 회전하는 8자 특성의 전파를 발사한다.

이로써, 이 전파는 30[Hz]의 신호로 진폭 변조된 것과 등가로 되고, 검파하면 30[Hz]의 신호를 발생하게 된다.

이 전파는 (a)와 공통의 안테나로부터 발사되지만, 급전 방법이 다르고 고니오미터를 회전시키고 있기 때문에 8자 특성으로 360° 회전하는 지향성이 되어 수평 편파가 된다. 기상(機上)의 VOR 수신기로 이들 전파를 수신하면, 모두 30[Hz]의 신호를 발생하지만, 방위에 따라 30[Hz]의 신호 위상이 다르기 때문에, 이 위상을 측정함으로써 방위를 알 수 있다. 〈그림 11-20〉에 방위와 위상의 관계를 나타내었다.

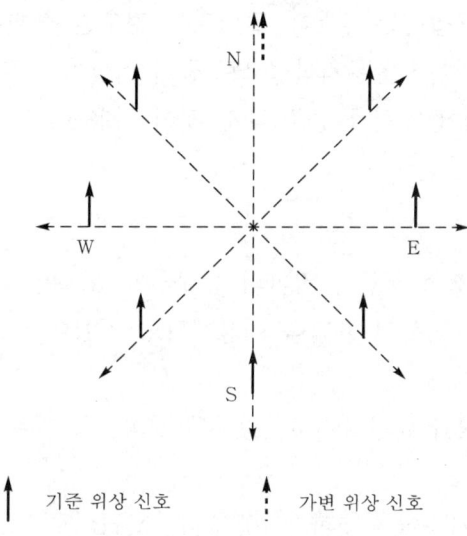

기준 위상 신호   가변 위상 신호

<그림 11-20> 방위와 위상의 관계

(3) C-VOR, D-VOR 수신기

〈그림 11-21〉에 VOR 구성도의 한 예를 나타내었다.

VOR 수신기(기상 장치)는 일반적으로 ILS의 로컬라이저용 수신기와 함께 1개의 케이스에 담겨 있다(VOR/ILS 수신 장치).

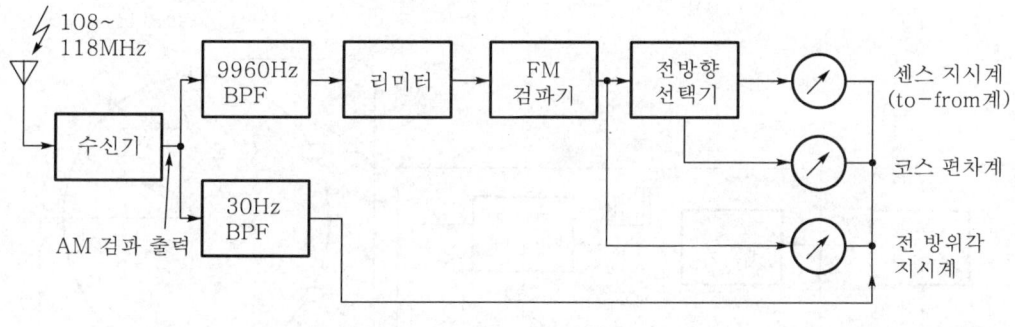

<그림 11-21> VOR 수신기

① VOR의 전파를 슈퍼헤테로다인 수신기로 수신하여 AM 검파하면 2종류의 신호를 얻을 수 있다. 1개는 9960[Hz]의 FM파이고, 또 1개는 30[Hz]의 가변 위상 신호이다.
② FM파는 9960[Hz]의 BPF로 선택되고, 진폭 제한 후 FM 검파된다. 이 검파 출력은 30[Hz]의 기준 위상 신호이다.
③ 30[Hz]의 기준 위상 신호와 가변 위상 신호는 위상 비교되고, 방위를 측정해서 여러 가지의 지시계로 지시된다. 지시계의 종류로서는 전 방위각 지시계(360°의 방위 눈금이 있는 것), 코스 편차계(VOR에서 설성된 코스로부터의 편이량을 나타내는 것), 센스

지시계(VOR국에 근접하는 경우와 멀어지는 경우를 식별하는 것)가 있다.

④ 수신 안테나로서는 수평면 무지향성으로 공기 저항이 작은 것이 바람직한데, 일반적으로는 수직 꼬리날개에 매립 E형을 갖춘 것이 사용된다.

[2] D-VOR의 원리

C-VOR에서는 설치 장소 부근에 전파의 장해물이 있으면 방위의 오차가 생긴다. 이러한 단점을 개량한 것으로 도플러 효과를 이용한 D-VOR이 있는데, 이것이 많이 사용되고 있다.

D-VOR도 C-VOR과 마찬가지로 2종류의 전파, 즉 기준 위상 신호와 가변 위상 신호를 발사한다.

① 가변 위상 신호는 지름이 약 5파장(108~118[MHz]로 13.9~12.7[m])의 원주상에 50개의 앨포드 안테나를 등간격으로 배치해 두고, 반송파보다 9960[Hz] 높은 주파수의 전파를 안테나 전환기를 이용해서 30[rps]로 순차 전환해 급전함으로써 만들어진다.

② 이와 같이 하면 수신점에서 상대 거리의 변화로부터 도플러 효과에 의해 주파수가 변화하기 때문에, 30[Hz]의 신호로 변조된 FM파가 된다. 이 때 안테나의 배치로부터 등가적으로 주파수 편이가 ±480[Hz]로 되기 때문에 변조 지수는 16이 된다. 이 전파를 수신하면 방위에 따라 30[Hz]의 위상이 변화하게 된다.

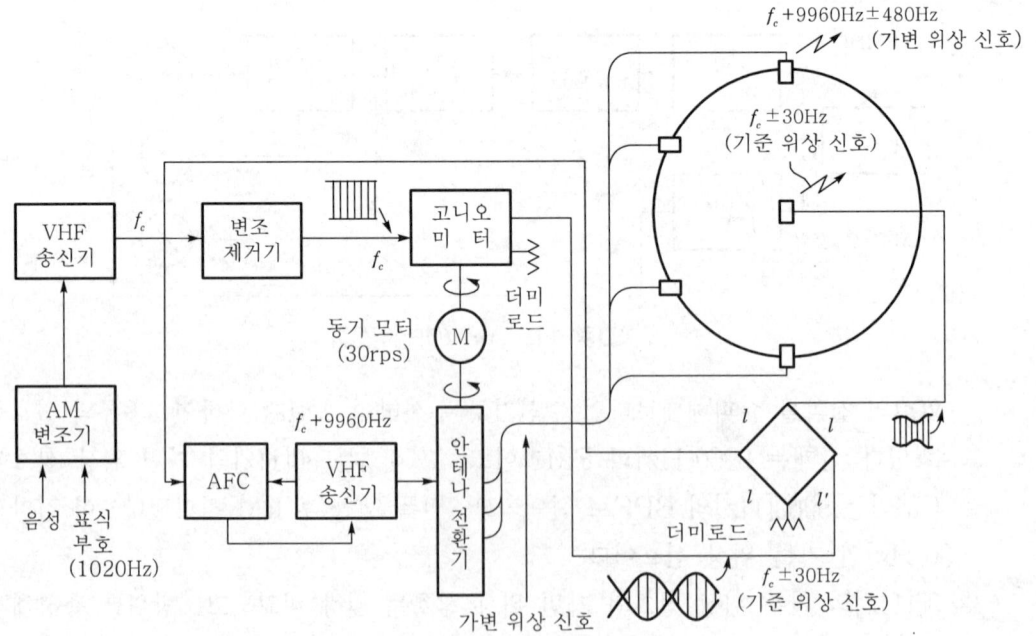

<그림 11-22> D-VOR 송신기의 구성

③ 기준 위상 신호는 원형에 배치된 안테나(가변 위상 신호용)의 중심에 앨포드 안테나를 놓고, 30[Hz]로 AM된 전파를 발사해서 만들어지며, 어느 방위라도 30[Hz]의 신호는 동위상이 된다.

④ 방위는 이들 2개의 30[Hz] 신호의 위상을 측정해서 구할 수 있다. D-VOR에서는 기준 위상 신호와 가변 위상 신호의 변조 방식이 C-VOR과 반대로 되어 있지만, VOR 수신기는 이와 무관하게 사용할 수 있다.

〈그림 11-22〉에 D-VOR 송신기의 구성도를 나타내었다. 고니오미터 및 안테나 전환기는 다이오드에 의한 순전자식인 것이 사용되고 있다.

VOR에는 이상의 것 외에도 **P-VOR**(precision VOR)이 있지만, 여기서는 생략한다.

DME

DME는 항행중의 항공기에 대해 지상 DME국으로부터의 거리 정보를 알려주기 위한 항행 원조 시설이다. 항공기에는 **인터로게이터**(interrogator ; 질문기)라 불리는 송·수신기가 있고, UHF대의 질문 펄스를 발사하면 지상의 트랜스폰더(transponder ; 응답기)가 이것을 수신해서 자동으로 응답 펄스를 발사한다.

이 펄스를 질문기로 수신해서 펄스가 2점 사이를 왕복하는 시간을 측정하여 거리를 구하고 있다.

DME는 일반적으로 VOR과 함께 설치되어, 거리와 방위를 측정할 수 있도록 VOR/DME로서 운용된다. DME는 거리와 방위를 측정할 수 있는 군용의 타칸(TACAN)의 거리 측정부(DMET라 한다)에 상당하고, DME만 설치하는 경우는 거의 없고 VOR 등과 함께 설치된다.

다음에 거리 측정의 원리를 설명한다. 〈그림 11-23〉에 질문, 응답 펄스의 시간 관계를 나타내었다.

① 기상으로부터 질문 펄스를 발사하면 기상-지상 장치 사이의 거리(경사 거리)를 R로 해서 $(R/c) \times 10^6 [\mu s]$ 후에 지상에서 수신된다(c : 광속).

② 응답기는 펄스를 수신한 후, 일정의 지연 시간($50[\mu s]$)을 가해서 응답 펄스를 발사한다. 이 펄스는 질문기로 $(R/c) \times 10^6 [\mu s]$ 후에 수신된다.

③ 질문 펄스를 발사하고 나서 응답 펄스가 수신될 때까지의 시간 t_p는 $(2R/c) \times 10^6 + 50$

[μs]이기 때문에, 거리는 $R = 1.5 \times 10^2 (t_p - 50)$이 된다. R을 해리(NM ; nautical mile)로 나타내면, $R = (t_p - 50)/12.3$NM이 된다. 여기서 1해리는 1852[m]이다.

④ t_p를 계측하고, 50[μs]의 시간을 고려해서 R을 지시기(미터 또는 디지털)로 지시하면 바로 읽을 수 있다.

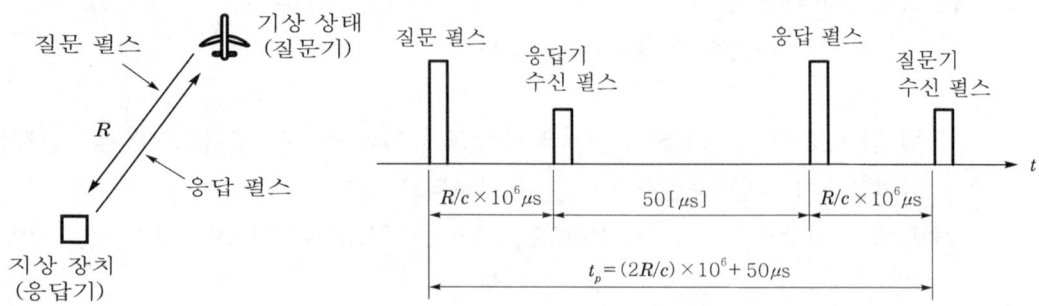

<그림 11-23> 질문 · 응답 펄스의 시간 관계

최근에는 디지털 DME도 많아졌고, VOR/DME국(또는 VORTAC국)까지의 거리 이외에 항공기의 대지 속도나 필요한 시간까지 디지털 표시가 가능한 것도 있다.

DME에서 사용되는 주파수는 960~1215[MHz](1[MHz] 간격에서 252 채널)이고, 질문기와 응답기의 주파수 차는 63[MHz]로 선정되고 있다. 질문기의 안테나로서는 수직 편파용 브레드 안테나가 많이 사용된다.

5 쌍곡선 항법 장치

쌍곡선 항법은 「2정점으로부터의 거리 차가 일정한 점의 궤적은, 그 2정점을 초점으로 하는 쌍곡선이 된다」라고 하는 쌍곡선의 원리를 응용한 것으로, 선박 또는 항공기에 위치 정보를 알려주기 위해 사용된다. 종류로는 로란 A, 로란 C, 데카 및 오메가가 있고, 항행 원조 시설로서 이용되고 있다.

쌍곡선 항법의 특징은 정밀도가 높고, 원거리에서도 위치 측정이 가능하며, 전리층의 영향에 의한 오차가 작다는 것 등이며, 이러한 특징들을 기반으로 해 지속적인 개발이 이루어지고 있다.

5.1 로란 A

로란 A(표준 로란)는 1950[kHz](채널 1), 1850[kHz](채널 2), 1900[kHz](채널 3), 1750[kHz](채널 4)의 주파수 펄스파(펄스 폭 약 40[μs], 펄스 반복 주기는 각각 약 30[ms], 40[ms], 50[ms])를 첨두 전력 100~200[kW]로 발사하고 있다. 유효 범위는 해상에서 주간에는 약 700해리, 야간에는 약 1500해리 정도이다.

[1] 로란 A의 원리

〈그림 11-24〉의 (a)에서 2개의 송신소 A, B로부터 동시에 펄스 전파를 발사한 경우, 시간차가 0으로 되는 점 a_1, a_2, …를 이으면 선분 AB의 수직 이등분선이 된다. 그림 (b)에서 b_1, b_2, …는 시간차가 특정한 일정치가 되는 점으로, 이들을 이으면 쌍곡선이 된다. 이와 같이 시간차가 일정한 점을 잇는 곡선을 그리면 그림 (c)와 같은 **시간차 곡선** (위치선)을 얻을 수 있다.

A, B를 이은 선을 **기선**, 이 수직 이등분선을 **중심선**이라고 한다. 이 시간차를 측정함 으로써 어느 위치 선상에 있는가를 알 수 있지만 위치는 불명확하다.

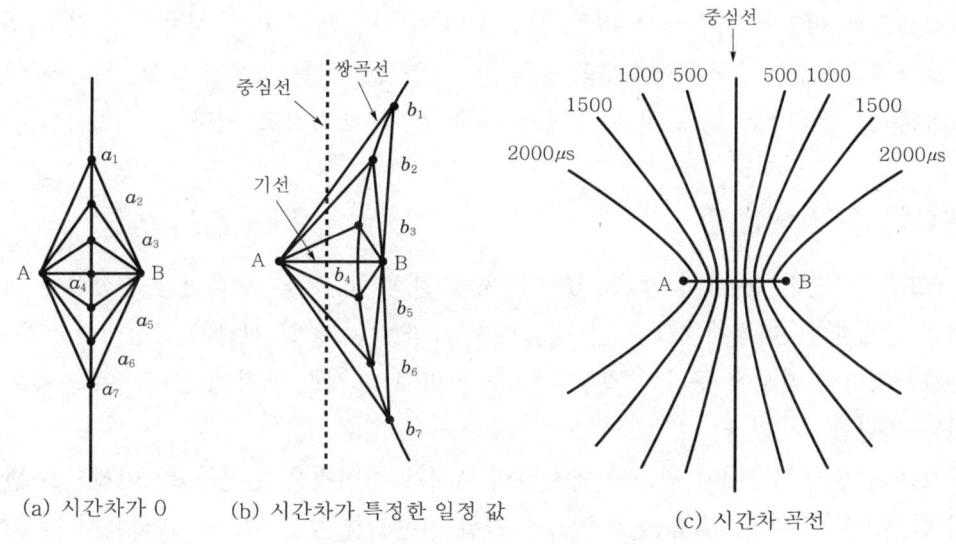

(a) 시간차가 0   (b) 시간차가 특정한 일정 값   (c) 시간차 곡선

〈그림 11-24〉 시간차 곡선(위치선)

위치를 알기 위해서는 또 하나의 로란국 C가 필요하고, 〈그림 11-25〉와 같이 송신소 B, C에서의 시간차 곡선을 이용해야 한다. 우선 A, B국 전파의 시간차를 측정해서 위치 선을 결정한 다음 B, C국 전파의 시간차를 측정해서 위치선을 결정한다. 이 때 측정점의 위치는 두 위치선의 교점에 의해 구해진다.

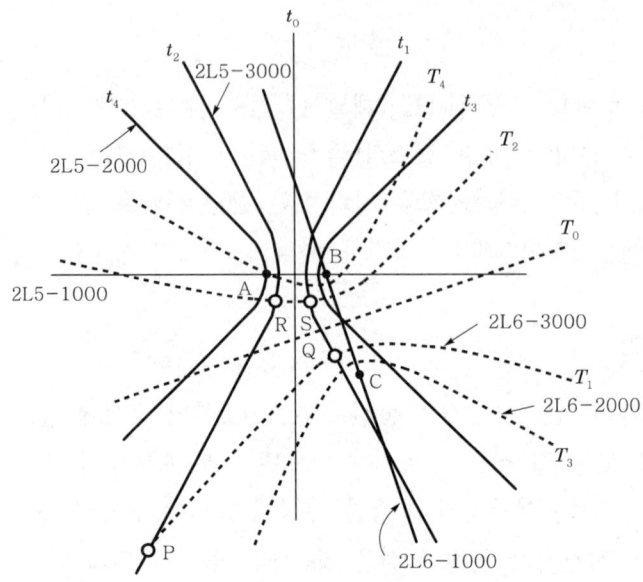

<그림 11-25> 2개의 시간차 곡선에 의한 위치 측정

A, B국 전파의 시간차가 t_2, B, C국 전파의 시간차가 T_1이면 t_2의 위치선과 T_1 위치 선의 교점 P를 구하는 위치가 된다. 해상도에 위치선을 그은 것을 **로란 차트**라 하고, 일 반적으로는 이것을 사용해서 위치 결정을 하지만 로란 수표를 사용하는 것도 있다.

로란국은 1개의 주국 B에 2개의 종국 A, C를 설치하는 경우가 많고, B국에서는 2개의 전파(동일 주파수로 펄스 반복 주기가 다른 것)를 발사하고 있다.

[2] 펄스의 송신 방법

<그림 11-24> (c)에서 알 수 있는 것처럼 일정 시간차의 쌍곡선은 중심선에 대해 대칭 으로 존재한다. 따라서 <그림 11-25>에서 t_1과 t_2는 동일 시간차 곡선이며, T_1과 T_2도 마찬가지이기 때문에 구하는 측정점은 P 이외에 Q, R, S가 있는데, 어느 것이 정확한 지는 판단할 수 없다.

그래서 우선 B국에서 펄스를 발사하여 A국에서 이것을 수신하고, 이것으로 반복 주기 의 반분과 부호 지연(coding delay)을 가한 시간만큼 늦은 펄스를 A국에서 발사한다. 이 때의 펄스의 시간 관계를 <그림 11-26> (a)에, 시간차 곡선을 그림 (b)에 나타내었다.

이와 같이 하면 특정의 시간차에 대한 위치선은 1개만으로 되고, 시간차가 커짐에 따라 주국에 근접한 쌍곡선이 된다. 따라서 <그림 11-25>에서 각 시간차가 t_2 및 T_1이면 단 지 위치 P 하나만 결정된다.

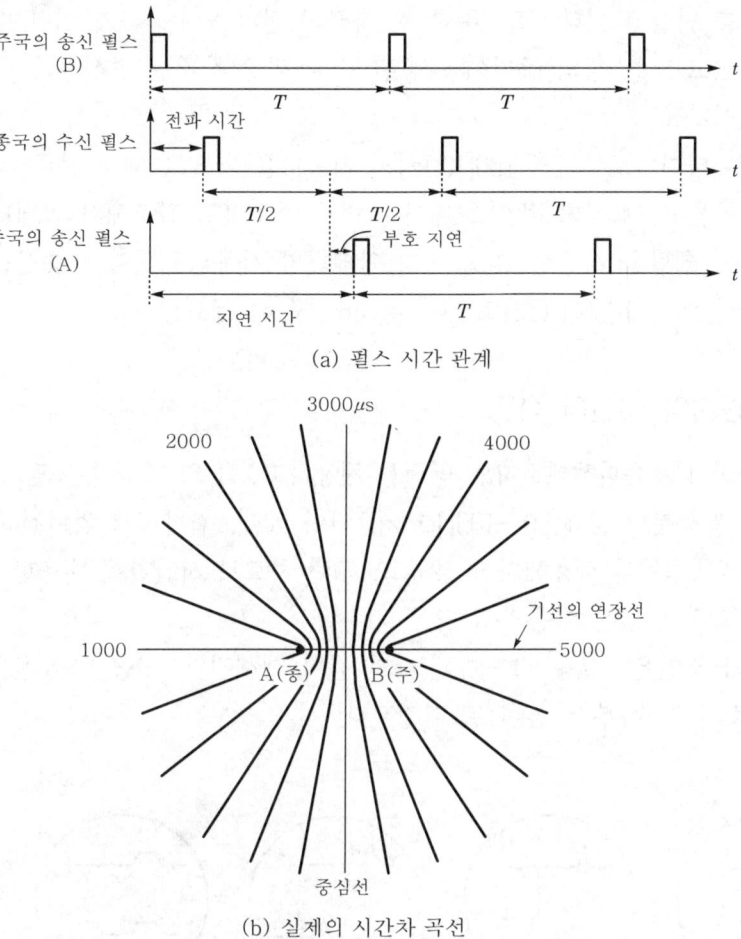

(a) 펄스 시간 관계

(b) 실제의 시간차 곡선

<그림 11-26> 펄스의 시간 관계와 시간차 곡선

로란국에는 식별 부호가 없는 대신 발사 주파수를 채널 번호로, 펄스 반복 주기를 S, L, H 및 0~7까지의 숫자로 구별하고 있다.

예를 들면 2L5-M(1850[kHz], 기본 주기 40[ms], 개별 주기 39.5[ms], 주국), 이것의 종국은 2L5-S와 같이 나타낼 수 있다. 또, 시간차 곡선에는 2L5-2000과 같이 기입되는데, 2000은 시간차[μs]를 나타낸다.

[3] 송신 장치

로란 송신 장치는 타이머, 스위칭 장치, 송신기 및 송·수신 안테나로 구성된다. 로란국에서는 상당히 정확한 시간 간격의 펄스파를 발사하지 않으면 안 된다. 이것을 실현하기 위해 타이머를 사용하고 있다.

타이머는 100[kHz]의 고안정 수정 발진기를 기초로 지속파와 펄스 발사 및 감시용 트

리거 펄스를 만들고 있다. 또, 주국 및 자국의 전파를 수신하기 위한 수신기도 타이머에 포함되어 있고, 펄스파의 동기에 사용된다. 스위칭 장치는 송신기와 타이머를 전환하기 위한 장치이다.

송신기는 타이머로부터의 100[kHz]의 지속파를 기초로 해서 분주, 체배에 의해 송신 주파수를 만들고, 트리거 펄스로 제어된 펄스 변조기로 변조해서 안테나에 발사한다. 송신 안테나는 철탑을 사용한 $\lambda/4$ 접지 안테나가 사용되고, 펄스 송신을 위해 Q를 작게 하고 있다(높이는 1850[kHz]로 $\lambda/4 = 46.25$[m] 정도).

[4] 로란 수신기와 시간차 측정

로란 수신기는 슈퍼헤테로다인 방식을 채용하고, IF의 대역폭은 펄스를 충실하게 증폭하기 때문에 충분히 넓게(50~100[kHz]) 되어 있다. 검파해서 얻어진 주국 및 종국 펄스의 시간차를 CRT를 사용해서 측정하고, 로란 차트로 시간차에 대응한 위치선을 구한다. 시간차의 측정 방법은 다음과 같다.

① CRT의 소인은 〈그림 11-27〉 (a)와 같이 행해진다. 소인 속도는 매초 20~33.3회 (상부 소인 1~하부 소인 4)로 설정된다.

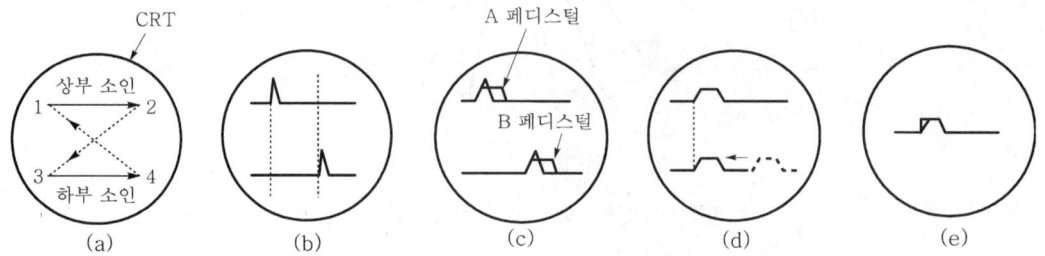

〈그림 11-27〉 CRT의 소인

② 이 때, 주·종국의 펄스를 CRT에 가하면 그림 (b)와 같이 상하에 2개의 펄스가 나타난다. 상부 소인 선상의 펄스가 주국의, 하부 소인 선상의 펄스가 종국의 신호이며, 이들의 시간차를 측정한다.

③ 저속 소인으로 해서 A 및 B 페디스털(pedestal)을 발생시켜 A 페디스털의 좌단에 주국의 펄스를, B 페디스털의 좌단에 종국의 펄스를 그림 (c)와 같이 포갠다.

④ B 페디스털을 이동해서 A 페디스털과 시간차가 나지 않도록 지연 조정기를 회전시킨다. 이 때 중속 소인으로 해서 펄스를 그림 (d)와 같이 확대해서 정확하게 해야 한다.

⑤ 고속 소인으로 하면 그림 (e)와 같이 소인선은 1개로 되기 때문에 정밀 지연 조정기를 조정해서 B 페디스털을 A 페디스털의 좌단에 완전하게 일치시킨다. 이 때, 지연 조정기에 직결한 시간차 지시기로부터 시간차를 직접 읽을 수 있다.

[5] 로란국의 배치와 특징

로란 송신소는 경제적인 이유로 1개의 주국과 2개의 종국을 조합해서 설치된다. 이 경우의 주국은 **2중국**이라고 부르고, 펄스 반복 주기가 다른 2종류의 펄스파를 동시에 발사하고 있다(예를 들면 2L5와 2L6).

일본 근처에는 1850[kHz]가 사용되어 전 세계로 수십 국 배치되고 있다. 주국과 종국의 간격(기선 길이)은 송신소의 수와 관계되며, 일반적으로 200~400해리로 선정된다. 1개의 주국과 2개 또는 3개의 종국을 **체인**(chain)이라고 한다.

로란 A 전파의 전파 양식은 그 주파수에서 지표파와 전리층 반사파가 된다. 지표파는 주야에 상관없이 안정되어 있기 때문에, 이것을 이용한 위치 측정의 오차는 작지만 유효 거리는 짧다(약 700해리). 로란 차트는 지표파를 기초로 해서 작성되어 있다. 전리층 반사파는 야간에 원거리까지 전파하므로 유효 거리는 길어지지만(약 15000해리), 전파의 통로 길이가 길어지기 때문에 오차는 커진다. 로란 A에서는 육상에서의 유효 거리가 해상과 비교해서 훨씬 짧다.

측정 정밀도는 200해리에서 1/6해리(약 300[m]), 1500해리에서 5해리(약 9.3[km]) 정도이다.

예제 5 <그림 11-28>과 같이 로란국이 배치되어 있다. P점에서 양국의 전파를 수신할 때의 시간차를 구하라. (단, 펄스 반복 주기는 50[ms], 부호 지연 시간은 1[ms]로 한다.)

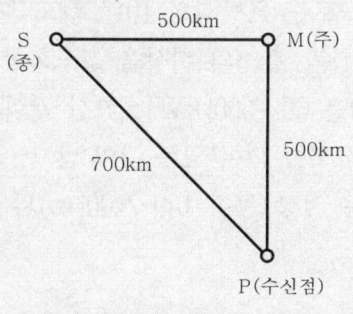

<그림 11-28> 로란국의 배치

풀이 M국의 전파가 P점에 도달하는 시간 t_{MP}는

$$t_{MP} = 500 \times 10^3 / 3 \times 10^8 \text{ [s]} = 500 \times 10^3 \times 10^6 / 3 \times 10^8 \text{ [}\mu\text{s]}$$

이고, M국의 전파가 S국에 도달하는 시간 t_{MS}는 t_{MP}와 같다. S국은 M국의 전파를 수신한 후, 주기 T의 1/2과 부호 지연 D를 가해서 전파를 발사하고 있기 때문에,

이것이 P점에 도달하는 시간 t_{SP}는

$$t_{SP} = t_{MP} + T/2 + D + 700 \times 10^3 \times 10^6 / 3 \times 10^8$$

이 된다. 따라서 시간차 t는 다음과 같이 된다.

$$t = t_{SP} - t_{MP} = T/2 + D + 700 \times 10^3 \times 10^6 / 3 \times 10^8$$

$$= 25 \times 10^3 + 10^3 + 7 \times 10^3 / 3 = 28.3 \times 10^3 \, [\mu s]$$

5.2 로란 C

로란 A보다 긴 유효 거리와 높은 정밀도를 얻고 싶다는 욕구에 의해 로란 C(CYTAC)가 미국에서 개발되었다. 펄스파를 발사해서 위치를 측정하는 원리는 로란 A와 같지만 다음과 같은 차이점이 있다.

① 유효 거리를 길게 하기 위해 파장(100[kHz])을 사용한다.

② 주국, 종국과도 다중 펄스를 송신하고 있다.

③ 측정 정밀도를 올리기 위해 두 펄스의 시간차 측정 외에 100[kHz]의 무선 주파수의 위상을 비교하고 있다.

유효 거리는 송신 전력이나 안테나에도 관계되지만, 지표파를 이용하는 경우에는 육상에서 약 1200해리, 해상에서 약 2000해리, 또 전리층 반사파(야간)를 이용하는 경우 오차는 크게 되지만 약 3200해리까지 도달할 수 있다. 측정 정밀도는 지표파를 이용한 경우로, 수백 미터가 되고, 로란 A방식의 10배 정도 향상되어 있다.

다중 펄스를 사용해서 각 펄스의 위상을 코드화함으로써 자동 추적 수신이 가능하다. 송신 전력(첨두 전력)은 60~300[kW], 기선 길이는 500~1000해리로 설정된다. 수신기는 자동 지시가 가능하도록 되어 있는 것이 많고, 로란 A도 이용할 수 있다(로란 C/A 수신기). 송신 안테나는 지상 높이 180~400[m]의 지선식 수직 안테나가 사용된다.

[1] 펄스의 송신 방법

로란 C의 주파수는 모두 100[kHz]를 사용하고, 송신소의 식별은 펄스 반복 주기에 따라 행해진다. 로란 C에서는 기본 주기(S, L, H, SS, SL, SH, SC(S와 동일)), 개별 주기(0~7)가 사용되는데, 로란 A 수신기에서도 이용할 수 있도록 로란 A와 같거나 그 정수배로 되어 있다.

동일 체인의 주국과 종국의 펄스 반복 주기는 동일하지만, 주국과 종국을 구별하기 위해 주국은 8개의 다중 펄스 다음에, 0.5[ms] 또는 2[ms]의 간격을 두어 1개의 펄스를 추가하고, 종국은 8개의 펄스를 송신한다.

〈그림 11-29〉에 2개의 종국을 가진 로란 C국의 펄스 송신 방법을 나타내었다. 주국 M에서 1~9의 다중 펄스가 발사되고 t_1초 후에 종국 X로 수신된다. X국에서는 t_1에 부호 지연 D_1을 더하고 나서 1~8의 다중 펄스를 발사한다. 같은 방법으로 종국 Y에서는 전파 시간 t_2에 부호 지연 D_2를 더해서 1~8의 다중 펄스를 발사한다. 이 때 $D_1 < D_2$로 설정한다.

다중 펄스는 1[ms]의 간격으로 8개를 1군으로 해서 구성하고, 1개의 펄스 폭은 약 200 [μs]이다. 이 1개의 펄스 파형을 〈그림 11-30〉(a)에 나타내었다.

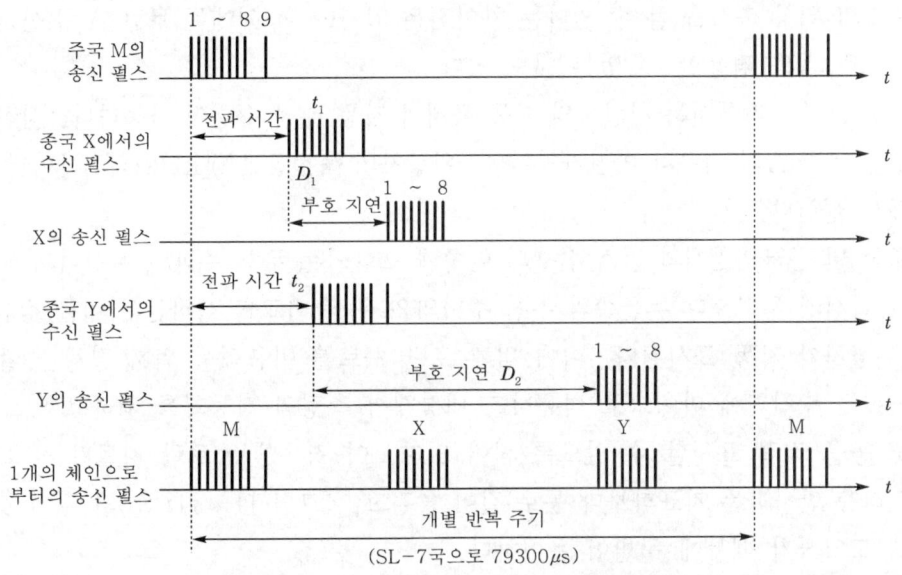

〈그림 11-29〉 로란 C의 펄스 송신 방법

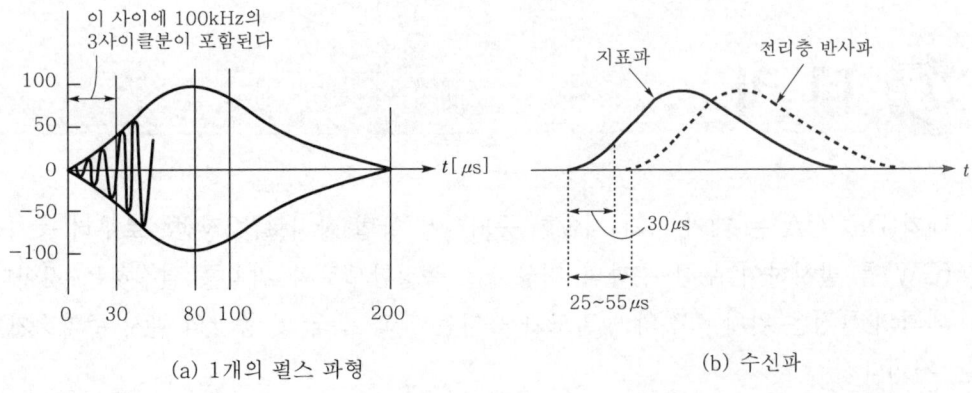

(a) 1개의 펄스 파형   (b) 수신파

〈그림 11-30〉 펄스 파형과 수신파

펄스의 상승 30[μs] 시간 내에는 100[kHz]의 무선 주파수의 3사이클 분량이 포함되고, 이것을 이용해서 위상차 측정을 행한다(100[kHz]의 주기는 10[μs], 3사이클에서는 30[μs]). 이렇게 함으로써 지표파로부터 지연되어 도달하는 전리층 반사파를 구별해서 측정할 수 있기 때문에 정밀도를 높일 수 있다. 로란 C의 송신 펄스는 그림과 같이 상승과 하강이 완만하므로 점유 주파수 대역폭은 20[kHz] 이내가 된다(로란 A에서는 50~100[kHz]).

[2] 로란 C 수신기

로란 C 수신기는 로란 A 수신기와 비교해 ① 무선 주파수, ② 정밀 측정을 위해 무선 주파수의 위상 측정을 할 수 있다는 차이점은 있지만 이 외에는 로란 A 수신기와 동일하고, 로란 A와 겸용할 수 있는 것도 있다.

로란 C 수신기에서는 시간차의 자동 표시와 자동 추적 수신이 가능하다. 시간차 측정의 요령은 로란 A의 경우와 마찬가지이고, 위상차의 측정은 100[kHz]의 3사이클 분량을 이용해서 행한다.

주국 및 종국의 2개의 펄스 신호의 한쪽에 포함되는 무선 주파와 수신기의 국부 발진파를 동기시켜 두고, 다른 한쪽의 무선 주파와의 위상 비교를 행하는(사이클 정합) 것에 의해 위상차가 자동 표시된다. 이에 의해 로란 차트를 이용해서 위치 결정을 할 수 있다. 최근에는 수신기에 마이크로 컴퓨터를 내장해서 측정의 자동화를 꾀하고 있으며, 위도, 경도 등을 직접 표시할 수 있도록 되어 있다. 이 경우에는 로란 차트가 필요없다.

전리층 반사파는 지표파보다 통로 길이가 길고, 〈그림 11-30〉 (b)와 같이 25~55[μs] 늦게 도달하기 때문에 구별이 용이하다.

⑥ 데 카

데카(DECCA)는 데카 사가 개발한 중거리용 항법 장치로, 2정점으로부터 동기한 지속파(CW)를 발사하여 무선 주파의 위상차를 측정함으로써 위치를 결정하는 것이다.

데카의 특징은 위치 측정의 정밀도가 높다는 것과 주국 및 종국의 발사 주파수가 다르다는 것이다.

발사 주파수는 100[kHz] 전후의 장파가 사용되고, 지표파를 이용해서 위상차 측정을 행하지만, 전리층 반사파는 이용할 수 없고 유효 거리는 1000[km] 정도이며, 선박과 항공기에서 사용되고 있다.

6.1 데카의 원리

로란과 같은 쌍곡선의 원리를 이용한 것으로, 지속파를 사용하고 있다. 〈그림 11-31〉에서 주국 M과 적종국 R을 잇는 선(기선)의 수직 이등분선 상에서는 M 및 R까지의 거리가 같기 때문에 위상차가 0이 된다.

거리차 l에 대한 위상각 θ는 $\theta = \omega t = 2\pi ft = 2\pi (c/\lambda)t = 2\pi l/\lambda$로 표현되고, θ가 일정하게 되는 점의 궤적은 쌍곡선이 된다. 이 쌍곡선은 **위치선**이라고 부른다. 그림의 P 점에서의 θ는 $\theta = 2\pi(MP - PR)/\lambda$이고, θ가 이 값이 되는 점은 1개의 쌍곡선 상에 다수 존재한다. P 점이 기선 위의 O' 점에 있을 때에는 $\theta = 2\pi(MO' - O'R)/\lambda$이 되고 $\theta = 2\pi$에서는 $MO' - O'R = \lambda$이므로, $OO' = \lambda/2$가 된다. 같은 방법으로 $\theta = 4\pi$에서는 $MO'' - O''R = 2\lambda$, $OO'' = \lambda$, $O'O'' = \lambda/2$가 된다. 이와 같이 기선 위에서는 $\lambda/2$ 간격으로 θ가 0으로 되어 있다. O 점에 대응하는 O' 점에서는 2π, O'' 점에서는 4π만큼 위상이 가산되고 있다. 데카 차트는 위상차가 0이 되는 위치선을 지도상에 그린 것이다.

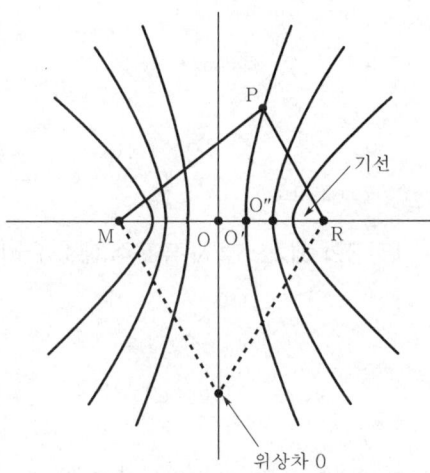

〈그림 11-31〉 데카에서의 위치선

데카 수신기에서 주국 및 종국으로부터의 전파를 수신하고, 위상차계에 의해 위상차를 측정하여 데카 차트에서 위치선을 결정한다.

다시 주국과 다른 종국으로부터의 전파를 수신하여 위치선을 구하고, 2개의 위치선의 교점으로부터 위치를 결정한다.

6.2 데카국의 배치와 발사 전파

데카에서는 1개의 주국에 3개의 종국이 거의 성형으로 배치되고, 1개의 데카 체인이 구성되어 있다. 3개의 종국은 각각 적(赤)종국(R), 녹(綠)종국(G), 자(紫)종국(P)으로 구별되고, 기선 길이는 120~200[km] 정도로 설정된다.

〈그림 11-32〉에 배치도를 나타내었다. 주국과 각 종국은 조파 관계에 있는 다른 주파수를 발사하고, 주국은 84~86[kHz], 적종국은 112~115[kHz], 녹종국은 126~129[kHz], 자종국은 70~72[kHz]를 사용한다. 이들의 최대공약수를 **기본 주파수** f라 하고, 주국은 $6f$, 적종국은 $8f$, 녹종국은 $9f$, 자종국은 $5f$를 사용하며, $f=14.018 \sim 14.318$[kHz]이다.

또, M과 R, M과 G, M과 P인 주파수 각각의 최소공배수를 **비교 주파수**라 하고, 값은 다음과 같다.

① M과 R의 비교 주파수 : $6f \times 4 = 8f \times 3 = 339$[kHz]

② M과 G의 비교 주파수 : $6f \times 3 = 9f \times 2 = 254.25$[kHz]

③ M과 P의 비교 주파수 : $6f \times 5 = 5f \times 6 = 423.75$[kHz]

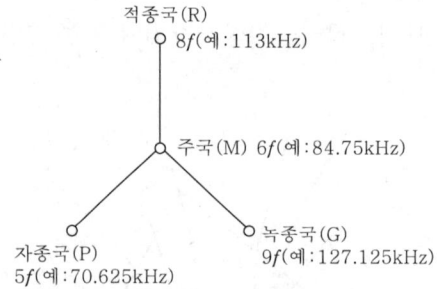

〈그림 11-32〉 데카국의 배치와 발사 주파수(예 : $f=14.125$[kHz])

6.3 데카 차트

데카 차트는 M과 R, M과 G 및 M과 P의 각각에 대해 f 및 비교 주파수 $24f$, $18f$, $30f$에 대한 위상차 $0(0, 2\pi, 4\pi, \cdots)$의 위치선을 지도상에 그려서 만든다. f에 대한 위치선 사이의 구역을 **존**(zone)이라 하고, 비교 주파수에 대한 위치선 사이의 구역을 **레인**(lane)이라 한다. 존 및 레인의 폭은 수신 지점에 따라 달라지고 기선상에서는 $\lambda/2$ 간격이 된다.

〈그림 11-33〉에 데카 차트의 한 예를 나타내었다. 주국과 3개의 종국에서 가능한 위치

선은 3조가 있고, 각각의 위치선은 각 종국의 색에 따라 인쇄된다. 각 존에는 주국의 방향으로부터 $A \sim J$의 문자(존 기호)가 붙여져 있어 존의 식별이 가능하다.

레인은 비교 주파수로 만들어지기 때문에 존보다는 훨씬 세밀하게 되고, 1개의 존 내에서의 레인의 수는 적에서 24, 녹에서 18, 자에서 30이 된다. 레인에는 적은 $0 \sim 23$, 녹은 $30 \sim 47$, 자는 $50 \sim 79$로 주국 측에서부터 번호(레인 번호)가 붙여진다. 기선상에서의 존 간격은 $\lambda/2$이기 때문에 11[km], 레인의 간격은 $M-R$에서 443[m], $M-G$에서 590[m], $M-P$에서 354[m]가 된다.

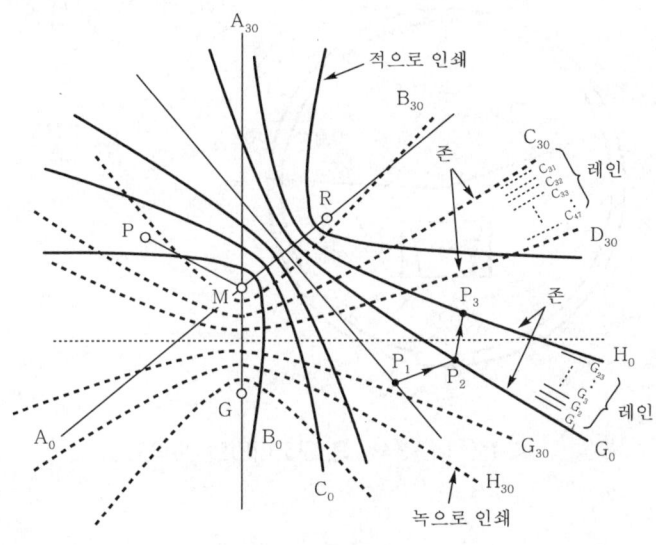

<그림 11-33> 데카 차트의 예

6.4 디코미터와 위상차 측정

디코미터(decometer)는 위상차 지시계로, 이중 눈금으로 이침식(二針式 ; 두 바늘식)으로 되어 있다. 외측의 눈금으로 장침(長針)을 사용하여 레인 번호를 읽고, 내측의 눈금으로 단침(短針)을 사용하여 레인을 100등분해서 읽는다. 장침이 1눈금 움직일 때에 단침은 1회전하도록 되어 있다. $M-R$에 있어서의 레인에 대해서는 442.5[m]의 1/100의 정밀도로 읽을 수 있다.

<그림 11-33>에서 $P_1 \rightarrow P_2$로 진행하면 디코미터의 장침이 1회전하고, $P_2 \rightarrow P_3$에서 다시 1회전해 계속해서 회전 수가 늘어가도록 되어 있다($P_3 \rightarrow P_2$로 진행되면 감산된다). 결국 1존마다 장침이 1회전하고, 회전 수는 디코미터 중앙 밑에 표시된다($A \sim J$).

디코미터에는 적, 녹 및 자용의 3종류가 있다.

〈그림 11-34〉에 적 디코미터를 나타내었다. 외측의 눈금은 녹 디코미터에서 30~47, 자색에서 50~79와 같이 설정된다. 수신기에는 3종국의 디코미터 및 레인 식별 미터가 설치되어 있다.

최근의 데카 수신기는 마이크로 컴퓨터를 내장하고, 데카 체인의 전파로부터 위도, 경도를 계산해서 직접 LED display로 표시하도록 되어 있다. 이 때문에 데카 차트 없이도 간단하게 위치를 구할 수 있다. 또, 항해 추적 표시와 기록도 가능하다.

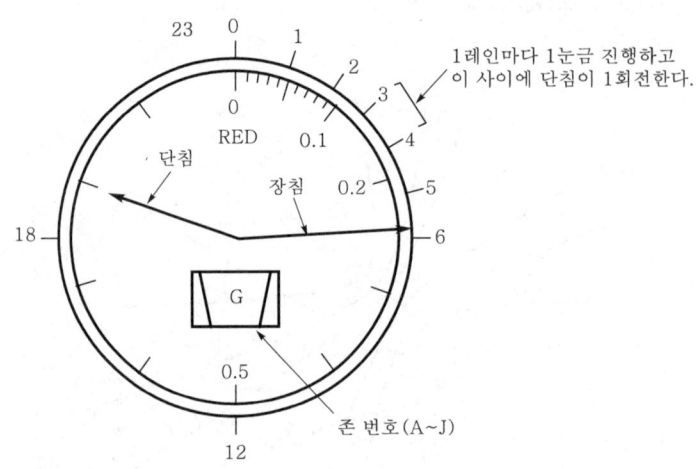

〈그림 11-34〉 적 디코미터의 개략도

6.5 위치 측정

데카에 의한 이동체의 위치 측정은 다음과 같이 수행된다.

① 1개의 데카 체인에서의 주국과 1개의 종국으로부터의 전파를 수신하고, 종국의 색에 대응하는 디코미터와 데카 차트로부터 위치선을 구한다.

② 같은 방법으로 주국과 또 1개의 종국으로부터의 전파를 수신해서 위치선을 구하고, ①의 위치선과의 교점을 구한다.

이들을 측정할 때에는 레인 식별 미터가 필요하다. 데카에서는 유효 범위 밖에서 유효 범위 안으로 들어왔을 때, 어느 레인 상에 있는가를 식별할 수 없다.

이 식별을 가능하게 하기 위해 데카국에서는 레인 식별 신호를 송신하고 있다. 레인 식별 미터는 이 전파에 의해 정확한 레인을 표시한다.

 오메가

오메가는 VLF의 지속파를 사용한 쌍곡선 항법의 하나로, 데카와 같은 방법으로 두 국으로부터의 전파 위상차를 측정해서 위치 결정을 행한다. 오메가는 그리스 문자의 최후 문자이고, 발사 주파수의 스펙트럼이 최저가 되며, 완성된 최량(최후)의 방식이란 점에서 붙여진 이름이라고 한다.

또한 오메가는 안정된 전파 특성을 갖고 있어, 초원 거리까지 전파하는 10.2~13.6[kHz](λ=29.4~22.1[km])라는 초장파가 사용되기 때문에 유효 거리가 5000~6000해리로 크고 정밀도는 1해리 정도이다. 전파 양식으로서는 지표와 전리층(주간은 D층, 야간은 E층) 사이를 도파관으로 간주해서 전파하는 것이라고 생각하면 된다. 오메가국은 전 세계에 8국이 설치되어 있고, 지구상의 어느 위치에서도 위치 측정이 가능하다.

7.1 오메가의 원리

2개의 오메가국에서 발사되는 지속파의 위상차를 측정해서 위치선을 결정하고 또 1개의 위치선과의 교점으로부터 위치를 결정하는 것으로, 데카의 원리와 동일하다. 위상차가 0인 위치선의 간격을 **레인**(lane)이라 하고, 수신기로 이것의 1/100까지 읽을 수 있다.

오메가국(A~H)으로부터 발사되는 전파의 주파수는 모두 동일하고, 위상차의 측정을 가능하게 하기 위해 각 국의 펄스 송신 시간을 약 1초씩 물리고 있다.

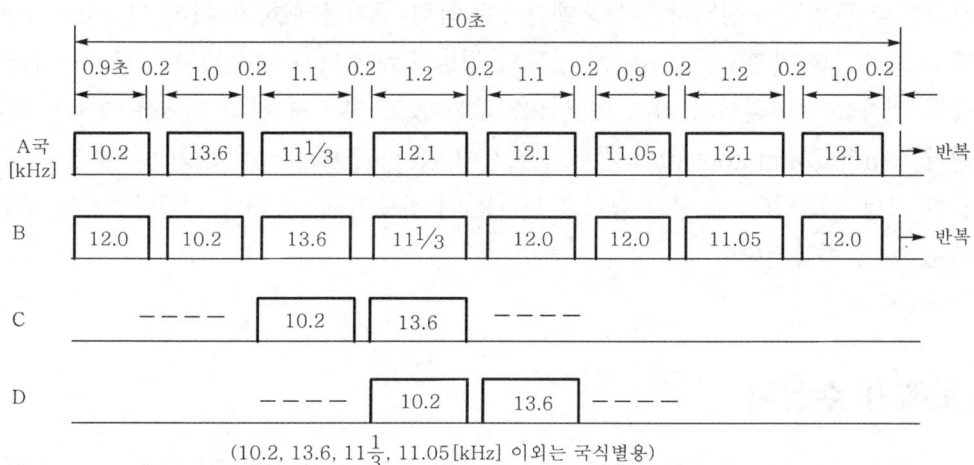

(10.2, 13.6, $11\frac{1}{3}$, 11.05[kHz] 이외는 국식별용)

<그림 11-35> 오메가국의 신호 형식(일부)

발사하는 전파는 위상차 측정용의 10.2[kHz], 레인 식별용의 13.6[kHz], 11⅓[kHz], 11.05[kHz] 및 국 식별용 주파수이고, 각 국의 송신 신호 형식(format)은 〈그림 11−35〉와 같이 되어 있다. 10초 주기로 반복되는 송신 신호의 개시 시각은 세계 표준시로 동기해 있고, 각 국의 주파수 위상은 동일하다.

위치선을 구하기 위해서는 각 국으로부터의 10.2[kHz]를 수신해서 국 식별을 행한다. 여기에는 각 국의 10.2[kHz]의 송신 시간이 다른 것을 이용한다. 다음으로 레인의 식별은 출발 지점에서 오메가 차트로부터 레인 번호를 구하고, 수신기에 세트하는 것에 의해서 레인 통과마다 레인 번호가 자동적으로 갱신될 수 있게 된다. 이것이 불가능할 경우에는 레인 식별용 전파를 이용하고, 폭이 넓은 브로드 레인(broad lane)을 다음과 같이 해서 구한다. 10.2[kHz]와 13.6[kHz]는 3 : 4의 관계로 되어 있다.

10.2[kHz]의 3번째의 레인과 13.6[kHz]의 4번째 레인은 일치하기 때문에 10.2[kHz]의 레인 폭의 3배(또는 13.6[kHz]의 레인 폭의 4배)의 레인을 얻을 수 있다. 이것은 두 주파수의 차 3.4[kHz]에 의해 생기는 레인이라 할 수 있으며, 레인 폭은 약 24해리로 넓어진다. 같은 방법으로 10.2[kHz]의 9번째와 11⅓[kHz]의 10번째의 레인이 일치하기 때문에 약 72해리의 브로드 레인이, 또 11.05[kHz]의 39번째와 11⅓[kHz]의 40번째의 레인이 일치하기 때문에 약 286해리의 브로드 레인이 얻어진다. 이것들을 이용해서 레인의 식별이 가능하다.

7.2 오메가 송신국

오메가 송신기는 timing and control 장치, 고안정 주파수 표준기, 송신기, 안테나 및 모니터국 등으로 구성된다. 각 오메가국은 독립 동기를 행하기 위해 세슘(cesium) 빔 주파수 표준기를 갖추고, 5×10^{-12} 정도의 정밀도로 전파가 발사되고 있다. 모니터국은 타국의 전파를 수신해서 동기의 어긋남을 감시하고, 자국의 위상 제어를 행하기 위해 설치된다. timing and control 장치는 신시사이저(synthesizer)에 의해 5종류의 주파수를 만들어 키잉하고 있다. 송신기 출력은 150[kW] 정도이고, 안테나는 일반적으로 우산형 top road 등이 사용된다.

7.3 오메가 수신기

오메가 수신기는 수신부, 고안정 수정 발진기, 신시사이저, 시 분할 신호 전환파 발생부 및 위상차 측정부 등으로 구성된다. 2국 사이의 위상차 측정은 1국의 전파와 수신기

내의 기준 발진기와의 위상차 Φ_2를 측정해서 메모리해 두고, 또 1국과 기준 발진기와의 위상차 Φ_2를 측정해서 $\Phi_1 - \Phi_2$를 구하면 된다. 정확한 위상차를 구하기 위해서는 정밀도가 높은 타임 베이스(time base)를 가진 발진기가 필요하다. 최근에는 수신기에 내장된 마이크로컴퓨터를 사용해서 위도, 경도를 직접 표시할 수 있다. 이 경우는 오메가 차트와 전파 보정표를 필요로 하지 않는다.

7.4 오메가의 특징

VLF를 사용하기 때문에 전파 특성이 안정되며, 원거리, 해면 밑(15[m])에서도 이용할 수 있다. 그리고 기선 길이가 길기 때문에 레인 수가 많아지고(기선 길이 5000해리로 630개) 정밀도도 향상된다. 또, 주야는 물론 계절 변화에 의해 전리층이 변동하여 오차를 발생하기 때문에 보정이 필요하다.

8 ILS

ILS는 항공기의 착륙 원조 시설의 하나로, 착륙 강하중 항공기에 대해 가장 좋은 착륙 코스를 주기 위해 지상으로부터 수평 및 수직의 유도 전파와 착륙점까지의 거리를 지시하는 전파를 발사한다. ILS 지상 시설은 로컬라이저(localizer), 글라이드 패스(glide path) 및 마커 비컨(maker beacon)으로 구성되고, 기상 시설은 ILS 수신기, 지시기 및 마커 비컨 수신기로 구성된다. ILS 수신기로 로컬라이저 및 글라이드 패스의 지향성 전파를 수신하고, 착륙 코스의 어긋남에 대해서는 크로스 포인터(cross pointer), LOC/Glideslope Indicator 등으로 지시한다. 또, 마커 비컨 수신기로 마커 비컨 전파를 수신해서 착륙점까지의 거리를 확인한다.

8.1 ILS의 원리

로컬라이저, 글라이드 패스 및 마커 비컨은 일반적으로 〈그림 11-36〉과 같이 배치된다.

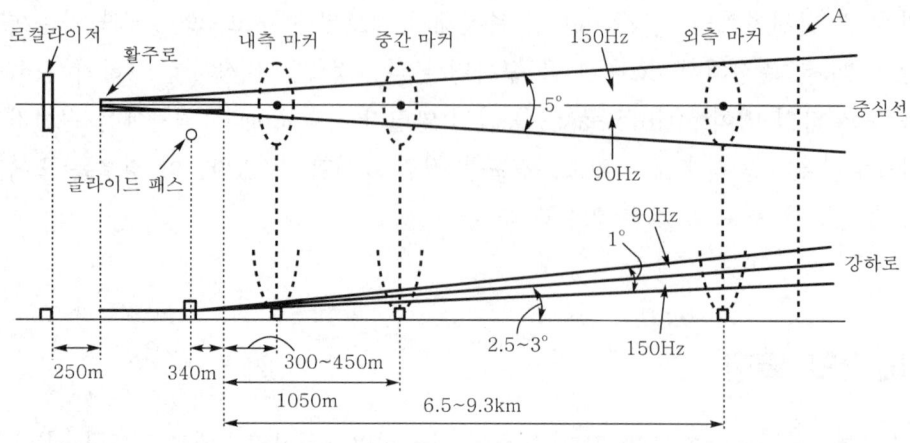

<그림 11-36> ILS의 배치

로컬라이저(localizer)는 90[Hz] 및 150[Hz]의 변조 신호로 변조된 108~112[MHz]의 전파이고, 활주로를 향해서 중심선으로부터 우측은 150[Hz]의 신호가 강하게 수신되고, 반대로 중심선으로부터 좌측은 90[Hz]의 신호가 강하게 수신되며, 중심선상에서는 어느 쪽이라도 강도가 같게 되도록 지향성으로 발사된다. 또, 식별 부호(1020[Hz]의 모르스 부호)와 음성으로 변조할 수 있다.

글라이드 패스(glide path)는 90 및 150[Hz]의 변조 신호로 변조된 328.6~335.4 [MHz]의 전파로서, 강하로의 중심선으로부터 위쪽은 90[Hz]의 신호가 강하게 수신되고, 아래쪽은 150[Hz]의 신호가 강하게 수신되도록 지향성이 발사되며, 코스 폭은 약 1° 로 되어 있다.

이와 같이 각 중심선으로부터 벗어나 진입하면 90 또는 150[Hz]의 신호 강도가 변하기 때문에, 이것을 검출하여 <그림 11-37>과 같은 크로스 포인터로 지시함으로써 항공기가 상하, 좌우 어느 쪽으로 코스가 벗어나 있는가를 알 수 있다.

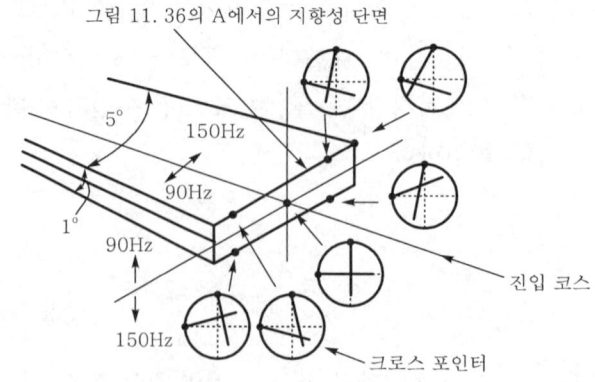

<그림 11-37> 크로스 포인터

마커 비컨(marker beacon)은 착륙 자세의 항공기에 활주로까지의 거리를 확인시켜 주기 위해서, 75[MHz]의 전파를 식별 부호로 키잉한 신호로 AM하고, 〈그림 11-36〉의 장소에서 부채 모양의 지향성으로 발사한다. 내측(inner), 중앙(middle) 및 외측(outer) 마커는 각각 3000[Hz], 1300[Hz] 및 400[Hz]로 변조되고, 항공기는 마커 수신기를 사용해서 신호 주파수 및 램프의 점등으로 그 지점(거리)을 확인할 수 있다. 내측 마커는 실제로는 거의 설치되지 않는다.

8.2 ILS 송신 장치와 안테나

로컬라이저 송신기는 90 및 150[Hz]로 AM된 성분과 평형 변조된 측파대 성분을 만들고 AM 성분을 반송파 안테나에, 측파대 성분을 측파대 안테나에 공급해서 합성함으로써 〈그림 11-36〉과 같은 지향성을 얻는다. 안테나로는 코너 반사경(corner reflector)을 가진 다이폴 어레이형과 앨포드 안테나가 사용된다. 송신 전력은 200[W] 정도이고 송신기는 고체화되어 있다.

글라이드 패스도 로컬라이저와 같은 방법으로 AM 성분과 측파대 성분을 만들고, 각각 반송파 안테나 및 측파대 안테나에 공급한다. 안테나는 코너 리플렉터가 붙은 다이폴형을 상하로 배치한다. 송신 전력은 10[W] 정도이다.

마커 비컨은 각각 2~5[W]로 2개의 수평 다이폴 안테나에서 발사된다.

8.3 ILS 수신기

ILS 수신기는 로컬라이저 수신기(VOR과 공통)와 글라이드 패스 수신기를 포함하고, 각 계측부로부터의 출력을 크로스 포인터(코스 지시계) 등에 더해서 코스에서의 벗어남을 지시한다. 각 수신기는 슈퍼헤테로다인 방식이고, 국부 발진기는 PLL 신시사이저를 사용하고 있다.

로컬라이저용 수신 안테나는 매립 E형 안테나 등의 수평 편파용이, 글라이드 패스(**글라이드 슬롭**이라고도 한다)용은 half 루프 안테나 등의 수평 편파용이 사용된다.

ILS 이외의 착륙 원조 시설로는 MLS와 GCA가 있다. GCA는 SRE(surveillance radar element ; 감시 레이더)와 PAR(precision approach radar ; 정측 진입 레이더) 및 무선 전화 장치(VHF, UHF)를 조합시킨 것이다. GCA는 다음 절에서 좀더 구체적으로 살펴보기로 한다.

MLS는 5[GHz]대의 마이크로파를 사용하고, 착륙 강하 직전 또는 강하중에 수평 및 수직의 유도를 하고, 또한 착륙 기준점까지의 거리를 지시하여 복수기의 진입 경로를 설정하는 착륙 원조 시설이다. ILS와 비교해서 넓은 진입로에 대해 정밀한 3차원 착륙 정보를 전하기 때문에 고정밀도이고, 이륙 시에 수평의 유도를 줄 수도 있다. 거리 정보를 전하기 위해 DME/P(960~1215[MHz])가 사용된다.

MLS는 ILS를 대신해서 1988년부터 사용하기 시작했다.

8.4 GCA

[1] GCA의 구성

GCA는 ILS와 마찬가지로 악천후로 인해서 시계가 분명하지 않아도 항공기를 안전하고 확실하게 착륙시키기 위한 착륙 원조용 시설이다. GCA에는 여러 가지 형식이 있으나 기본적으로는 2쌍의 레이더, 즉 탐색용 레이더 및 정측용 레이더와 무선 전화 및 부속 장치로 구성된다.

일반적으로 GCA에 의한 진입 착륙 조작은 다음과 같다. 우선, 관제관은 비행기에서 반경 약 50[km] 이내의 관제 영역 내에 들어온 항공기를 탐색 레이더로 잡고, 그 위치를 측정한다. 다음에 활주로에서 10~15[km] 떨어진 지점까지 탐색 레이더와 무선 전화로 유도하고, 여기서 대체로 소정의 고도와 비행 방향이 잡혀지도록 한다. 여기서부터는 정측용 레이더로 항공기의 위치를 정밀히 감시하면서 무선 전화로 조종사에게 지시해서 소정의 코스를 이용해 착륙할 수 있도록 유도한다. 따라서 항공기에는 특별한 장치를 설치할 필요가 없다.

[2] 탐색 레이더

탐색 레이더는 공항에서 약 50[km] 이내에 들어온 전 항공기의 탐색을 목적으로 하고 있으며, 항공기의 식별을 용이하게 한 2, 3개 점을 제외하면 일반 레이더와 다를 것이 없다. 무선 주파로서 2700~2900[MHz]대를 사용하고 〈그림 11-38〉에 표시한 것과 같은 수직면지향성으로 수평 방향 5°의 반치 폭을 갖는 안테나로부터 매분 30회 정도로 회전시키면서 전 방향으로 전파를 발사한다.

송신기는 첨두 전력 500[kW] 전후의 것이 많고, 또 수신기의 지시 방식은 PPI 방식을 사용한다. 항공기의 방위와 거리는 표시면의 상(像)으로 측정한다. 관제관은 탐색용 레이더의 지시기를 보면서 무선 전화로 항공기를 15[km] 부근의 권 내로 유도한다.

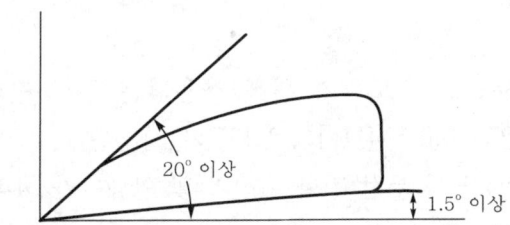

<그림 11-38> 탐색용 레이더 안테나 수직면 내 지향성

[3] 정측용 레이더

탐색 레이더에 의해 착륙점으로부터 약 15[km]의 지점까지 유도된 항공기는 여기서 정측용 레이더에 의해 정밀하게 측정되어 올바른 강하로에 따라 비행해서 착륙되도록 유도한다. 정측용 레이더는 무선 주파수 9000[MHz]를 사용한다. 강하로는 보통 2.5~3°의 각도로 활주로 연장선상의 공간에 정해진 착륙 코스이므로 강하로 상에서 항공기의 위치를 정하기 위해서는 활주로 중심선으로부터 좌, 우의 방위각과 활주로 면에 대한 고저각을 계속해서 알아야 한다. 이 때문에 GCA의 정측용 레이더에는 방위각용 안테나와 고저각용 안테나가 설비되어 있다.

분해능을 좋게 하기 위해 양 안테나로부터 매우 예민한 빔을 발사시킴으로써 이 빔을 <그림 11-39>에 표시한 것처럼 상하·좌우로 주사하고, 그 중에서 항공기를 잡아 강하로에서의 편위를 측정하는 것이다. 측정 결과는 무선 전화로 조종사에게 연락해서 소정의 착륙 코스로 유도한다. 지시기로서는 잔광성을 갖는 관을 사용하며 고저각의 지시와 방위각의 지시를 한다.

표시 방식은 안테나의 주사 범위를 수배로 확대하여 표시하는 MTI법이 사용된다. 비행장에는 일반적으로 주위에 건물과 기타 구조물들이 많아서 이들의 상이 지시기에 나타나면 항공기와의 식별이 곤란해진다. 그래서 정지하고 있는 물체는 지시하지 않도록 하고 이동하는 물체만 나타나도록 고안되어 있다. 이 방식을 **MTI 이동 방식**이라고 한다.

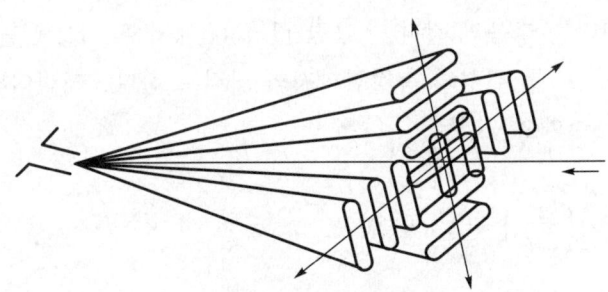

<그림 11-39> 정측용 레이더의 빔 주사

[4] 무선 전화

항공기를 올바른 코스로 유도하기 위해 사용되는 무선 전화로는 주파수 118~144 [MHz]의 VHF 및 250~400[MHz]의 UHF가 사용된다.

따라서 GCA에는 VHF의 무선 전화 수신기 및 안테나가 설비된다. 이 무선 전화에는 보통 진폭 변조를 사용하고 있다.

⑨ 위성 항법

주회 위성이 이동하면 도플러 효과에 의해 발사 주파수가 변화하는 것을 이용해서 관측점의 위치를 결정하는 방법과, 인공 위성으로부터 발사된 시각과 위치 신호를 수신한 시각과의 차를 측정함으로써 위성과 이동체 사이의 거리를 구해 위치를 결정하는 방법이 있다. 전자에는 NNSS가 있고, 후자에는 미국의 GPS/NAVSTAR과 구 소련의 GLONASS가 있다.

9.1 NNSS

NNSS는 군용으로서 미국 해군 등이 개발한 위성 항법 시스템의 하나이며, 1967년부터 이용 기술의 일부가 민간에 개방되어 측위와 측지 등에 이용되고 있다. NNSS용의 인공 위성은 고도 약 1000[km]에서 극 궤도상을 주기 약 107분으로 주회하고, 2분마다 위성의 정확한 궤도(위치) 정보를 149.988[MHz]와 399.968[MHz]로 송신하고 있다. 이와 같은 위성은 현재 6개 배치되어 운용되고 있는 바, 전 지구상에서 이용할 수 있다.

위치 측정의 원리는 다음과 같다. 〈그림 11-40〉에서 A, B, C를 2분마다 위성의 위치로 하고, r_1, r_2, r_3를 위성과 측정점까지의 거리로 한다. 캐리어의 주파수를 f_0라 하면 수신되는 도플러 주파수 Δf는

$$\Delta f = \left(\frac{f_0}{c}\right)\left(\frac{dr}{dt}\right) \quad (c : 광속) \tag{11.9}$$

이 되어, r의 변화율에 비례한다. 이것을 시간에 대해 적분(적산 카운트)하면, 그 값은

$$S = \int_{A'}^{B'} \Delta f dt = \int_{A'}^{B'} \frac{f_0}{c} \cdot \frac{dr}{dt} dt = \frac{f_0}{c}(r_2 - r_1) \tag{11.10}$$

이 된다.

단, A′, B′는 각각 위성의 위치 A 및 B로부터 송신된 전파가 측정점에 도달한 시각이다. 결국 도플러 편이량을 2회 적분함으로써 2분 동안의 위성과 측정점 간의 거리차 $r_2 - r_1 = S \cdot c/f_0$를 구할 수 있다. 그리고 거리차 $r_2 - r_1$인 점의 궤적은 회전 쌍곡면이 되기 때문에, B→C의 적산 카운트로부터 구해진 다른 회전 쌍곡면과 지표면과의 교점으로부터 측정점의 위치를 구할 수 있다. 이 측정 정밀도는 0.1해리 정도라고 하지만, 연속적으로 항상 측정할 수는 없고 1일에 15~20회가 된다. 또, 측정점이 고속으로 이동하고 있는 경우에는 오차가 커지기 때문에 보정이 필요하다.

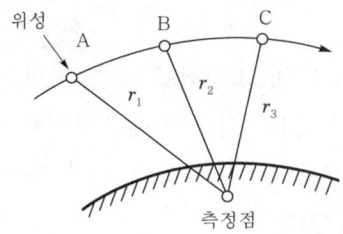

<그림 11-40> 위치 측정의 원리

9.2 GPS/NAVSTAR, GLONASS

NNSS의 단점을 개량한 전 세계 측위 시스템인 GPS/NAVSTAR, GLONASS는 항상 어느 지점에서도 순간 측위가 가능하고 높은 측정 정밀도를 얻을 수 있다는 특징을 갖고 있지만, 두 시스템 모두 군사용으로 개발된 것이다.

GPS는 위성으로부터 보내져 오는 코드(데이터)를 수신 해독해서 위성과 수신점의 거리를 측정하고, 위치를 계산한다. 이 코드에는 2종류가 있으며, P 코드(Y 코드로 변경 예정)에 의한 공칭 정밀도는 수평 방향 18[m], 수직 방향 28[m]이지만, 이것은 군사용으로 한정되어 기밀 취급된다. C/A 코드에 의한 표준 방위 측정 서비스는 민간용으로 개방되어 무료로 이용할 수 있다.

선박에서는 GPS 항법 장치를 이용해서 위치 측정을 행하고 있다. 최근, 차재용 GPS 항법 시스템과 휴대용 GPS 수신기가 국내 각 사로부터 개발되어, 세계 어디에서라도 현재 위치와 고도를 알 수 있게 되었다. 항공기용 최신 항법 시스템으로서 INS(관성 항법 장치) 대신 GPS가 이용될 것으로 전망된다.

또, 이상의 전파 항법으로서의 이용 외에 GPS 위성으로부터의 수신 데이터의 처리 방법에 의해서는 수 cm 오더의 정밀도를 확보하는 것도 가능하기 때문에, 측량 등에도 이용되고 있다.

GPS 위성은 고도가 약 21000[km], 주기가 약 12시간으로 6개의 다른 원궤도에 24개(내부 예비 3개) 비치되어 시스템이 구성된다(각 궤도에 각각 4개씩 비치되지만, 모두 저속도의 주회 위성이다). 이 시스템에서는 항상 4개 이상의 위성으로부터의 전파를 수신할 수 있도록 되어 있고, 모든 위성은 동일 주파수(L_1대＝1575.42[MHz]와 L_2대＝1227.6[MHz])의 전파로 항법 신호(시각 신호와 궤도 데이터)를 발사하고 있다. L_1대에서는 P 코드(precision code)와 C/A 코드(coarse and access code, clear acquisition code)가 발사되고, L_2대에서는 P 코드만이 발사되고 있다. P 코드는 부호화된 항법 신호가 클록 속도(clock rate) 10.2[Mbps]의 의사 잡음 부호(PN 부호)로 스펙트럼 확산(주파수 확산, 에너지 확산) 변조된다.

C/A 코드는 클록 속도 1.023[Mbps]로 같은 방법으로 변조된다.

각 위성의 의사 잡음 부호는 각각 다르기 때문에, 동시에 여러 개의 위성 전파를 수신해도 각 위성의 식별이 가능하다. C/A 코드에 의한 측위의 공칭 정밀도는 수평 방향 100[m], 수직 방향 160[m]로 한다.

측위의 원리는 위성의 시각과 측정점의 수신기 시각이 일치해 있는 것으로서, 위성에서 발사된 시각과 수신된 시각과의 차를 광속과의 곱으로 구하면 거리가 구해지기 때문에, 위성을 중심으로 한 구면이 구해지고, 다른 위성으로부터의 전파를 수신해서 구해진 구면과의 교점으로부터 위치가 구해지는 것이다. 3~4개의 위성을 이용함으로써 3차원의 측위가 가능하게 된다.

GPS에서의 측위 정밀도는 시각의 정밀도에 직접 관계하기 때문에, 각 위성에는 매우 정확한 시계가 여러 개(세슘 원자 시계와 루비듐(rubidium) 원자 시계가 각 2개) 탑재되어 있다.

측위 정밀도는 수신점에서 본 각 위성의 위치에 따라서도 변화한다. 위성 무리가 분산해(떨어져) 있으면 정밀도가 높고, 근접해 있으면 정밀도는 낮아진다. 각 위성의 위치에 따라 결정되는 측위 정밀도의 척도로서 HDOP(horizontal dilution of precision ; 수평 측위 정밀도 저하율)가 있으며, 이 값이 작을수록 정밀도가 높다는 것을 의미한다.

실용화되고 있는 GPS 수신 장치로는 측위 결과를 수치에 의한 위도, 경도로 표시하는 것이 일반적이지만, CRT 상에 해안선 등과 함께 배의 위치로 표시하는 것도 있다. 또, 고도, 목적지까지의 거리, 방위, 속도, 예정 코스에서의 오차 등도 표시할 수 있다. 차재 용으로는 전국 지도와 고속 도로 안내 등이 들어 있는 CD-ROM과 맵 카드(map card)와 표시기를 사용해서 지도상에 현재 위치, 진행 방향 등을 표시할 수 있도록 되어 있다.

GPS 이외의 측위 시스템으로서 유럽 우주 기관(ESA)의 NAVSAT(민간용)과 정지 위성을 이용한 미국의 GEOSTAR 시스템 등이 있다.

10 도플러 레이더

도플러 레이더는 도플러 효과를 이용해서 항공기의 대지 속도와 편류각을 측정할 수 있는 레이더이고, 도플러 내비게이터(doppler navigator)라고 하는 자립 항법 장치의 일부분을 구성한다. 여기서는 대지 속도의 측정 원리에 대해서 기술한다.

<그림 11−41>과 같이 항공기가 대지 속도 v로 비행하면서 O 점에서 $A \sin 2\pi ft$가 되는 전파를 비행 방향에 대해 θ의 각도로 대지를 향해 발사할 경우 P 점에서 반사해서 O 점으로 돌아오는 전파는 $A' \sin[2\pi f(t+T)+\varphi]$가 된다. 단, A'는 수신파의 진폭, T는 OP 사이의 왕복에 요하는 시간, φ는 반사에 의한 위상의 변화이다.

수신되는 전파의 주파수 f_r은 OP 사이의 거리를 D로 해서 다음과 같이 된다.

$$f_r = \frac{1}{2\pi} \cdot \frac{d}{dt}[2\pi f(t+T)+\varphi]$$

$$= \frac{1}{2\pi}\left(2\pi f + 2\pi f \frac{dT}{dt}\right) = f\left(1 + \frac{2v}{c}\cos\theta\right) \tag{11.11}$$

단, $dT/dt = (2/c)(dD/dt)$, $dD/dt = v\cos\theta$ 이다. 따라서 도플러 주파수 f_D는

$$f_D = f_r - f = \frac{2vf\cos\theta}{c}$$

가 된다.

f, θ 및 c는 기지이기 때문에 대지 속도는

$$v = \frac{cf_D}{2f\cos\theta} = \frac{\lambda f_D}{2\cos\theta} \tag{11.12}$$

로부터 구할 수 있다.

이 원리는 자동차 등의 속도 측정용으로서 응용할 수 있으며 실용화되고 있다. 대지 속도를 적분하면 비행 거리를 구할 수 있고, 기수 방향 기준의 데이터와 조합하면 자력

으로 위치 측정을 할 수 있는 도플러 항법이 된다. 도플러 레이더에는 펄스파를 사용하는 것과 지속파(FM파)를 사용하는 것이 있는데, 이에는 8.8[GHz] 또는 13.3[GHz]가 사용된다.

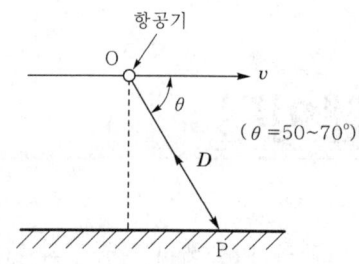

<그림 11-41> 대지 속도의 측정 원리

 전파 고도계

비행중의 항공기로부터 바로 밑으로 전파를 발사해서 지표면과 해면으로부터 반사해서 돌아오기까지의 시간을 측정해서 고도를 구하는 장치를 **전파 고도계**라 한다. 전파 고도계에는 펄스 방식, FM(FM-CW) 방식 및 AM-FM-CW 방식 등이 있지만, 여기에서는 펄스 방식과 FM 방식에 대해서 기술한다.

11.1 펄스 방식

펄스 방식은 레이더와 같은 방법으로 폭이 좁은 펄스파를 발사한 후 반사해서 돌아오기까지의 시간 t를 측정해서 고도 h를 $h = ct/2$에 의해 구한다. 표시 방법에는 CRT에 반사 펄스를 원형상으로 투영해 내는(J스코프라고 한다) 방법과 카운터를 사용해서 t를 계측하여 디지털 표시하는 방법이 있다.

주파수는 4.3[GHz](440[MHz]도 있다)를 사용해서 1[kW] 정도의 출력으로 발사되므로, 측정 범위는 50~5000피트 정도가 된다. 측정 정밀도는 ±5피트 정도이지만, 이 정밀도를 향상시키기 위해서는 펄스 폭을 좁게 하면 된다.

안테나는 송신용과 수신용이 기체(機體)의 하부에 격리되어 부착된다.

11.2 FM 방식

삼각파 또는 톱날파로 FM된 지속파(CW)를 발사하면, 대지로부터 반사되어 돌아오는 시간에 비례한 주파수의 어긋남을 동반한 주파수가 수신된다. 이 수신파와 발사 전파의 일부를 혼합하면 비트 주파수(차의 주파수)를 얻을 수 있다. 비트 주파수 f_b는 고도 h(되돌아오는 시간)에 비례하기 때문에 f_b를 측정함으로써 h를 구할 수 있다. 이 모양을 〈그림 11-42〉에 나타내었다.

그림과 같이 수신파는 송신파에 대해 $2h/c$만큼 늦어지고, 혼합해서 얻어지는 f_b는 그림 (b)와 같이 되어 h에 비례한다. f_b의 값은

$$\frac{f_b}{2h/c} = \frac{\Delta f}{1/4f_s} = 4\,f_s\,\Delta f, \quad \therefore\ f_b = 4 f_s\,\Delta f\,\frac{2h}{c} \tag{11.13}$$

가 된다.

단, Δf는 신호파에 의한 주파수 편이이고, f_s는 신호파의 반복 주파수이다.

f_s, Δf 및 c는 기지이기 때문에, f_b를 주파수 카운터로 계측하고 교정해서 지시하면 고도를 구할 수 있다. 송신 주파수로서 440[MHz], 4.3[GHz]가 있지만, 4.3[GHz]가 많이 사용된다.

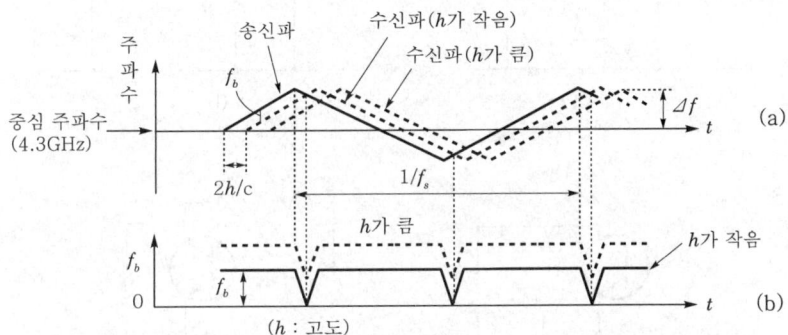

〈그림 11-42〉 전파 고도계의 원리(FM 방식)

1 레이더의 특성을 몇 가지 들고 간단히 설명하라.

2 레이더에 사용되는 PPI 방식이란 어떤 방식인지, 그 개요를 설명하고 브라운관 면에 목표물을 나타내는 방법을 기술하라.

3 <그림 11-43>은 광대역 증폭 회로(CR 결합 증폭 회로)의 고역 주파수대의 이득을 보상하는 회로의 예를 나타낸 것이다. 그림 (a), (b), (c), (d)의 고역 보상 회로의 명칭을 기술하고, 고역 주파수에서 이득을 보상할 수 있는 이유를 간단히 설명하라. (단, 그림은 결합 용량, 전원 회로 등은 생략한다.)

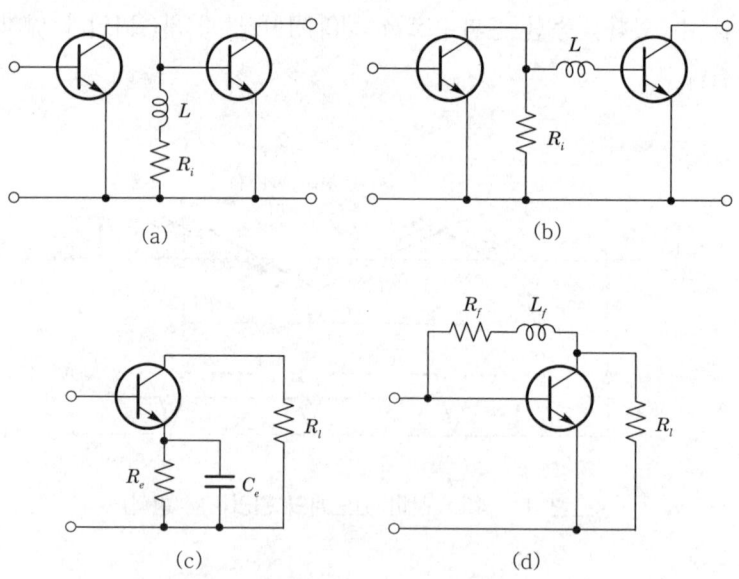

L, L_f : 인덕턴스, R_e, R_f : 저항, R_l : 부하 저항, C_e : 정전 용량

<그림 11-43>

4 선박용 레이더의 기본적인 구성도를 그려라. 또, 거리 분해능을 간단히 설명하고, 거리 분해능과 펄스 폭의 관계를 기술하라.

5 레이더의 탐지 거리 및 분해능에 대하여 설명하라.

6 선박에 설치하고 있는 중파용 방위 측정기에 관한 다음 사항에 대해서 기술하라.
  (1) 야간 오차가 발생하는 원인
  (2) 교정 곡선이 필요한 이유

7 도플러식 방위 측정 장치에 대하여 그 원리와 특징을 기술하라.

8 DME의 원리를 설명하라.

9 항공 항행 원조에 사용되는 도플러 VOR의 지상 설비(단, 1개의 부반송파를 사용한 방식의 것)의 기본적 계통도(식별 신호에 관계되는 것을 제외한다)를 그리고, 그 구성 및 동작에 대하여 간단히 설명하라. 또, 도플러 VOR 전파의 특성 개요를 기술하라.

10 로란 A(표준 로란) 방식과 로란 C 방식의 서로 다른 점을 들고, 주국 및 종국의 구성, 전파의 발사 방법 및 시간차 측정에 대하여 비교 설명하라.

11 로란 C에 대하여 설명하라.

12 데카 항행 방식의 원리에 대하여 설명하라.

13 전파 항법의 오메가 방식에 대하여 그 원리를 설명하고 특징을 2가지 기술하라.

14 쌍곡선 항법의 원리에 대하여 설명하라.

15 항공기의 항행 원조에 사용되는 ILS의 개요 및 그 원리에 대하여 설명하라.

16 인공 위성을 이용하는 NNSS 항법 시스템의 개요를 간단히 설명하라. 또 이 시스템의 측위 원리를 기술하고, 특징을 3가지 열거하라.

17 도플러 레이더에서 항공기의 대지 속도가 구해지는 원리를 수식을 사용하여 설명하라.

18 GCA란 무엇이며 여기에 사용되는 정측용 레이더에 대하여 설명하라.

19 전파 고도계의 개념을 기술하고, 종류를 들어 설명하라.

20 도플러 레이더에 대해 설명하라.

제12장 ●●●●●

전송 이론과 전파

1 전송 이론과 전송

〈그림 12-1〉과 같이 전파(傳播) 매질인 공간에 전파를 방사하기 위해서는 안테나, 그리고 송신기에서 안테나에 급전하거나 안테나에서 수신기에 급전하기 위해서는 급전선이 필요하다.

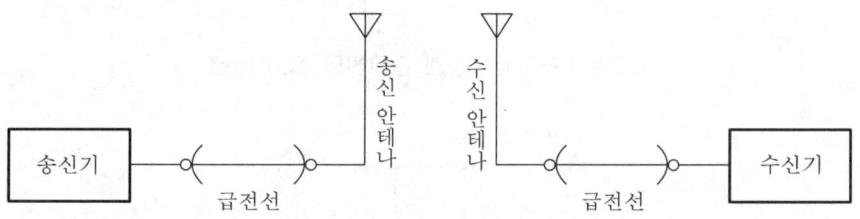

<그림 12-1> 송·수신계

(1) 특성 임피던스

급전선은 〈그림 12-2〉와 같이 특성 임피던스 Z_0이고, Z_0는 순저항의 특성 저항 R_0와 급전선의 특성을 나타내고 있다. 급전선의 종단에 부하 저항 R_L을 접속하면 급전선에서는 에너지가 손실되지 않고 전송되며, 전 에너지는 부하에서 소비되기 때문에 급전선의 입력단에서 보면 마치 우측의 선로에서 소비되고 있는 것처럼 보인다.

급전선의 어느 점에서 절단해 보더라도 마찬가지이다. 그러나 전송 선로가 나타내는 $Z_0(=R_0)$가 그 구간에서 에너지를 소비하고 있는 것은 아니다.

안테나의 방사 저항에 있어서도 안테니의 입력단에서 순저항으로 간주할 수 있다면 안

테나는 옴손(ohm loss ; 저항손)의 저항에 의한 열손실을 제외하고 에너지는 거의 모두 공간으로 방사된다.

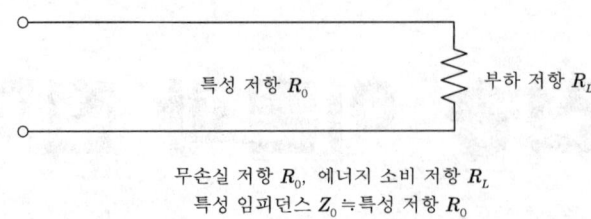

무손실 저항 R_0, 에너지 소비 저항 R_L
특성 임피던스 Z_0늑특성 저항 R_0

<그림 12-2> 급전선의 특성 임피던스

이와 같은 전송 선로에서 특성 임피던스 Z_0는 〈그림 12-3〉 또는 〈그림 12-4〉에 있어서 단위 구간의 직렬 임피던스 $Z(=R+j\omega L)$와 병렬 어드미턴스 $Y(=G+j\omega C)$에 의해 $Z_0 = Z/Y$로 나타낼 수 있다.

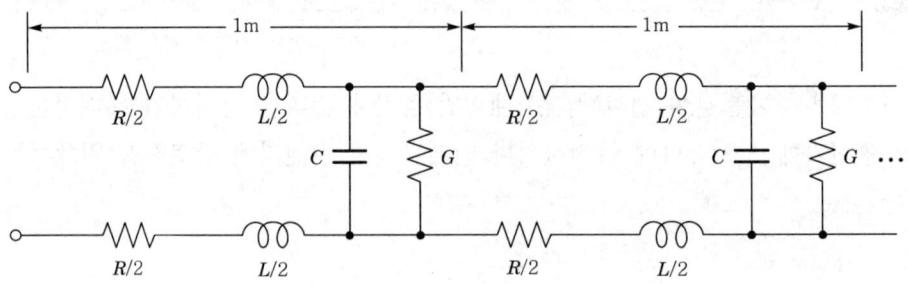

<그림 12-3> 평형형 급전선의 등가 회로

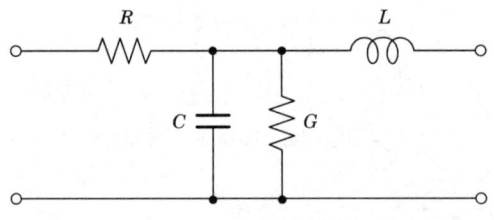

<그림 12-4> 불평형형 급전선의 등가 회로

이와 마찬가지로 부하 저항에 공급되는 전원에 있어서도 전원의 내부 임피던스에서 전력을 소비하는 일은 없다. 임피던스가 정합하고 있으면 모든 에너지는 부하에 공급된다. 이 때의 전력이 유능 전력이다. 임피던스가 정합하고 있지 않으면 반사에 의한 전달이 적다. 그렇다고 해서 전원에서 소비되는 경우는 없다.

(2) 임피던스의 정합

안테나의 입력단이 나타내는 임피던스와 급전 선로의 출력단이 나타내는 임피던스를 임

피던스 변환 회로로 정합시키는 것은 안테나 입력단에서의 반사에 의해 되돌아가는 반사 전력을 방지하기 위함이다. 〈그림 12-5〉에서 임피던스 변환 회로를 트랜스의 권선 횟수 n_0 대 n_L 비가 전압비로, 그 제곱비가 임피던스비가 되어, 특성 저항 R_{EX} 의 전송 선로를 사용하면 $R_{EX}^2 = R_0 \cdot R_L$ 로서 정합한다.

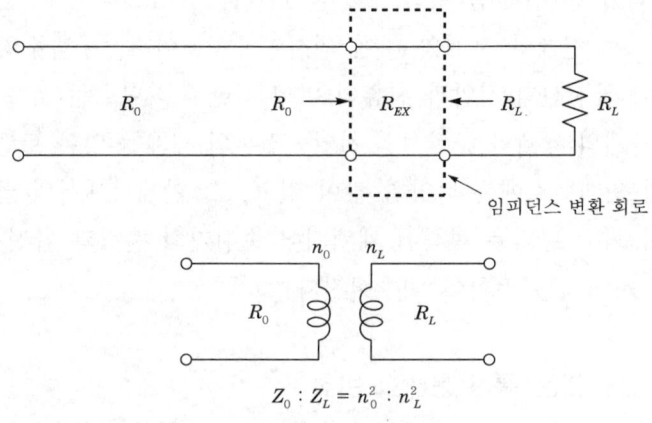

〈그림 12-5〉 임피던스 정합

(3) 급전선의 특질

급전선은 무손실이 아니며, 단위 길이(1[m])당에서 직렬인 손실 저항 R 과 인덕턴스 L_1, 이들과 병렬의 누설 컨덕턴스 G 와 커패시턴스 C 가 있다. 〈그림 12-3〉은 평형형 급전선의 등가 회로를, 〈그림 12-4〉는 불평형형 등가 회로를 각각 나타낸 것이다. 〈그림 12-6〉과 같이 급전 선로의 형상은 주파수에 따라 여러 가지가 있으며 주파수에 의해 큰 변화가 있다. 그림에서 각 형은 L, C 그 자체는 주파수에 의한 변화는 없으나 리액턴스 $j\omega L$ 과 $1/j\omega C$ 은 주파수에 따라 크게 변하며, 저항은 표피 저항에 의해 주파수의 제곱근에 비례한다.

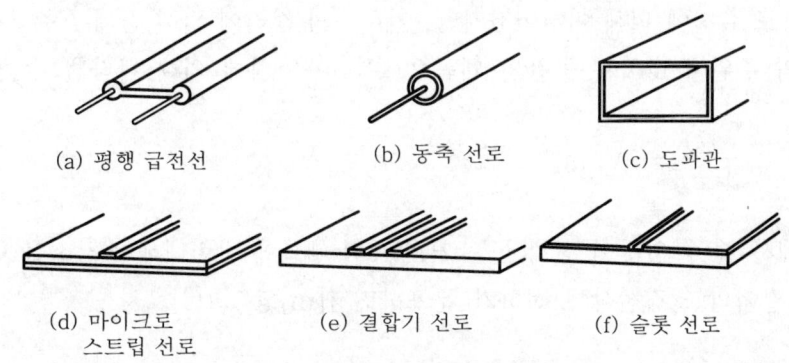

〈그림 12-6〉 파장·전송 선로의 형상

가령, 지름이 $D=1$[mm]인 동선의 경우, 1[m]당의 저항은 주파수 f를 100[MHz]의 단위로 할 때 $R=0.83\sqrt{f}/D$[Ω/m]에서 $R=0.83$[Ω/m], 1[MHz]에서 $R=0.83$[Ω/m], 10[GHz]에서 $R=8.3$[Ω/m]가 된다.

이와 같이 주파수가 높아지면 전류가 흐르는 범위는 표면의 얇은 층에 집중되기 때문에 대응하는 표면적이 큰 급전선 형식으로 설치된다.

공간 임피던스는 전계와 자계의 비에 의하여 120π이며, 주파수와는 관계가 없다. 이 공간 임피던스와 급전선의 전압과 전류의 비에 의한 임피던스는 서로 다르다. 안테나와는 전파의 전계·자계의 세계와 급전선의 전압·전류의 세계를 잇는 트랜스듀서이다. 안테나의 전기적 입력 임피던스에는 다양한 값이 있고, 그 안테나에서의 급전선은 전송 주파수에 대해 손실이 최소로 되는 형식이 채택되어 송신기의 출력과 급전선, 급전선의 출력과 안테나의 입력 사이에는 정합이 이루어진다.

(4) 급전선의 한계에 의한 통신 형태의 변화

1994년까지의 기술에서는 수십 GHz 이상에서 100[THz](T는 테라의 단위에서 10^{12}이기 때문에 1×10^{14}[Hz]) 이하의 원거리용 급전선의 전망이 서 있지 않았다. 1960년대에 일시적으로 밀리파의 통신이 연구되어 송·수신기를 완성하였으나 밀리파의 급전선 한계에서 통신은 한걸음 도약하고 광통신으로 이행하였다. 광은 주파수로 200[THz], 파장으로 1.5[μm]의 적외선이다.

무선 기기는 샤논의 모델에서 보았듯이 시스템이다. 송신에서 수신까지의 계에 단절 부분 또는 계의 일부에 시스템의 성능을 크게 저하시키는 미해결 부분이 있는 경우에는 다른 관점에서 새로운 시스템을 확립할 필요가 있다.

(5) 정보 전송로에서 전자파를 사용하는 이유(전하, 전류의 분포와 거리 특성)

전자파의 세계에서는 이른바 전파 외에도 정전계와 정자계가 있고, 이들 변화에 의한 정보 전송도 유선에 의해 이루어졌지만, 가우스의 정리에 의해 전계 E는 1점의 전하 Q가 거리 R의 주위에 미치는 공간의 왜곡으로서 다음 식에 의해 나타낼 수 있다.

$$E=\frac{Q}{4\pi\varepsilon R^2}\ [\text{V/m}] \tag{12.1}$$

이 식에서 알 수 있듯이 전계 E는 거리 R의 제곱에 반비례해서 감소를 나타낸다. 이것이 무한 길이의 일직선상에 전하가 분포하면 1[m]당 Q[C]로서

$$E=\frac{Q}{2\pi\varepsilon R}\ [\text{V/m}] \tag{12.2}$$

가 되며, 전계는 거리에 반비례한다.

또한 전하가 무한대의 평판에 $1m^2$당 $Q[C]$가 분포되어 있으면, 평판에서의 거리와는 관계없이 일정한 전계가 된다.

$$E = \frac{Q}{\varepsilon} \ [\text{V}/\text{m}] \tag{12.3}$$

이 경우 식 (12.1)의 점전하의 점에 대한 반세계는 무한대의 구면이며, 이 반세계의 구면에 $-Q$의 전하가 균등하게 분포해 있고, 그 $(-)$ 부호 전하 분포와의 사이에 전계가 존재한다. 식 (12.2)에서의 반세계는 무한대의 원, 식 (12.3)의 반세계는 상대하는 무한 원방의 무한대 평판이다.

만약 전하가 입체 공간 내에 균일하게 속박된 채 분포되어 있으면 이상의 유추에 의해 전계는 0이 된다. 현실적으로 균일하게 분포되도록 하기 위해서는 전하를 멈추게 해두는 셈이지만, 도체에서는 불가능한 것이다.

전하와 마찬가지로 전류 소편 Idl에 있어서도 분포 상태에 의해 자계 H는

$$E = \frac{Idl}{4\pi R^2} \ [\text{A}/\text{m}] \tag{12.4}$$

이고, 충분히 긴 직선상을 $I[A]$가 흐르고 있을 때에는

$$H = \frac{Idl}{2\pi R} \ [\text{A}/\text{m}] \tag{12.5}$$

이며, 대형 평면을 $1m^2$의 전류 밀도 $I[A]$가 흐르고 있을 때에는 다음과 같이 된다.

$$H = I \ [\text{A}/\text{m}] \tag{12.6}$$

만약 입체 공간 내를 균일하게 전 방향으로 흐르고 있다면 자계는 0이다.

또한 정과 부의 전하, Q와 $-Q$가 쌍이 되어 존재하는 다이폴인 경우에는

$$E = \frac{Q}{4\pi\varepsilon R^2} \ [\text{V}/\text{m}] \tag{12.7}$$

이다.

그런데, 같은 다이폴에서도 전하가 진동하고 있고, 상술한 정지 상태가 아니며, 왕복해서 진동 전류 $i(=I\cos\omega t)$의 상태로 되어 있으면 헤르츠 다이폴에서의 방사가 되어

$$E = \frac{i}{4\pi R} [\text{V}/\text{m}] \tag{12.8}$$

로 된다.

이 식은 분명히 R에 반비례한 전계가 된다. 이것에서 이해할 수 있듯이 정전계를 완만하게 진동시키더라도 다이폴에서는 $1/R^3$로 급격히 거리 R에 대해 감쇠되는 전계밖에 얻을 수 없으나, 고주파의 진동으로 하면 $1/R$의 전계를 얻을 수 있다. 이로써, 전자파의 불가사의한 성질이라 할 수 있는, 즉 고주파 진동이 가지는 의미의 깊이가 얼마나 깊은지, 또 이 전파의 공간을 뛰어넘어 전파하는 성질이 정보의 전송에 어떻게 이용되는지를 알 수 있는 것이다.

 전파 전파의 기초

2.1 방사 전자계

전류 I가 길이 l의 소편에 흐르고 있을 때의 전자계 기본식은 미소 길이$(l < \lambda/10)$인 경우 일정한 고주파 전류 I가 흐르고 있으면 전자계는 다음 식으로 나타낼 수 있다. 방사 방향의 전계 성분은 〈그림 12−7〉의 화살표를 정의 방향으로 하고 있으며, 자유 공간에서의 전자계이다. 전류 소편이 도체 표면에 수직으로 있으면 2배의 값이 된다.

$$E_r = \frac{30/\lambda l I}{\pi} \cdot \frac{\cos\theta}{\gamma^3} - \{\cos(\omega t - \beta\gamma) - \beta\gamma\sin(\omega t - \beta\gamma)\} \qquad (12.9)$$

접선 방향의 전계 성분 E_t는

$$E_t = \frac{30/\lambda l I}{2\pi} \cdot \frac{\cos\theta}{\gamma^3} - \{\cos(\omega t - \beta r) - \beta r\sin(\omega t - \beta t)$$
$$- \beta^2 r^2 \cos(\omega t - \beta r)\} \qquad (12.10)$$

로 되고, 수평 성분의 자계 H는 다음과 같이 된다.

$$H = \frac{1}{4\pi} l I \frac{\sin\theta}{r^2} - \{\sin(\omega t - \beta r) + \beta r\cos(\omega t - \beta r)\} \qquad (12.11)$$

만약, θ가 $\pi/2$[rad], 90°이면 수직 안테나의 전파를 지상에서 수신한 경우로, $E_r = 0$, E_t는 수직 방향의 성분이 된다. 거리 r이 5λ보다 충분히 멀면 다음과 같이 된다.

$$E_r = 0 \tag{12.12}$$

$$E_t = \frac{60\pi lI}{\lambda R} \sin\theta \cos(\omega t - \beta r) \tag{12.13}$$

$$H = -\frac{E_t}{120\pi} \tag{12.14}$$

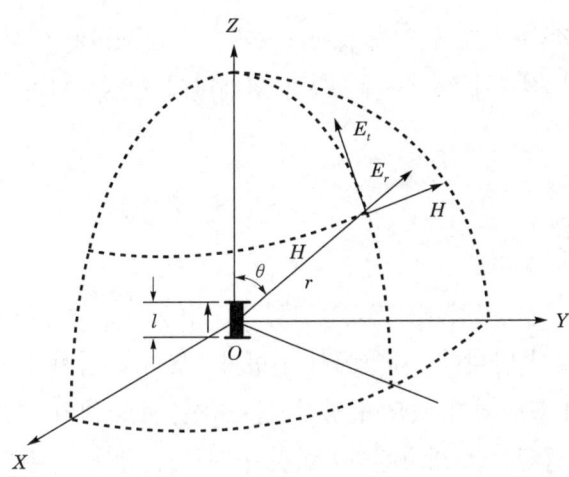

<그림 12-7> 전류 소편에 의한 방사

2.2 지구와의 관계

지구를 도체로 간주할 경우 도체 표면에 있어서 도체에 수평인 전계는 0이라는 조건에 의해 〈그림 12-8〉과 같이 지구를 거울로 한 안테나를 구성할 수 있다. 해안과 하천 가운데 있는 땅의 경우는 물론 내륙에 있어서도 지하의 깊은 곳은 지하수가 충만해 있기 때문에 도체로 간주된다.

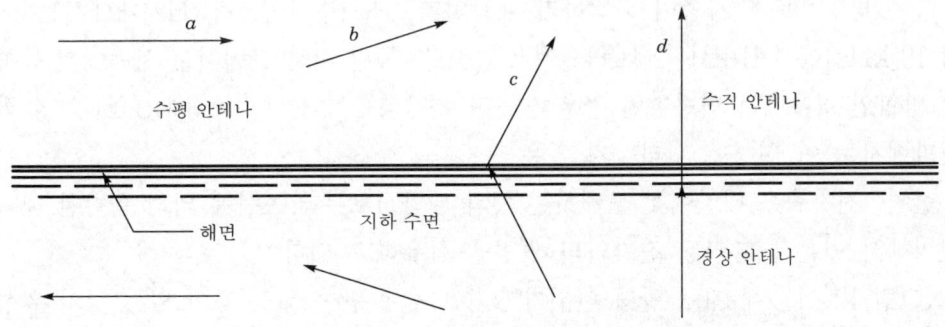

<그림 12-8> 지구에 의한 경상 안테나

사막 지대라면 지표에 접지선을 둘러침으로써 접지선과 깊은 지하수를 용량 결합시켜 접지를 행한다. 〈그림 12−8〉에 표시된 화살표는 전류의 방향이다.

〈그림 12−8〉에서 a의 수평 안테나인 경우에는 발생한 경상(鏡像) 안테나에 의해 지표에서는 두 안테나로부터 같은 거리가 되며, 지표 가까이에서는 평행한 전계는 존재하지 않는다. 존재하는 전계는 d의 수직 안테나에 의한 전계, 즉 도체에 수직인 전계 성분이 되는 셈이다.

여기에서, 파장과의 관계에 의해 장파·중파, 즉 3[MHz] 이하인 주파수, 파장으로 하여 100[m] 이상인 전파에 있어서는 수직 안테나에 한정된다는 것을 알 수 있다.

2.3 전리층의 상황

지구 표면의 대기는 〈그림 12−9〉, 〈그림 12−10〉, 〈그림 12−11〉과 같이 전파 전파에서 볼 때 단순한 것이 아니다. 태양에서의 방사, 특히 흑점이라 일컫는 장소는 핵 융합로로, 수소에 헬륨이 합성되어 있으며 방사되는 X선, 수소핵의 정전하를 가진 양자, 전자, 중성자 등이 태양 공간으로 방사된다. 이것이 지구 근방에 도달하면, 상공의 희박한 대기가 X선의 작용에 의해 전리된다. 그 전리 기체와 태양으로부터 도래한 하전 입자가 지구의 남극과 북극 부근에 있는 커다란 자극에 의해 지구 둘레에서 발생된 자장과의 상호 작용에 의해 〈그림 12−9〉, 〈그림 12−10〉에 나타낸 전하의 분포 밀도층을 형성하고 있다.

이들 그림의 전하 밀도층은 총칭하여 1958년 인공 위성 엑스폴로러에 의한 관측에서 미국의 과학자 James Alfred Van Allen(1914년~)에 의해 반 알렌대라고 명명되었다.

태양의 핵 융합 활동인 흑점의 공역(空域)에서 방사된 양자(수소 분자에서 전자를 제거한 수소핵)가 지구에 도래하여, 지구의 지자기가 북극에서 남극을 향하는 방향을 정(正)으로 하고, 힘(F)=전류(I)×자속 밀도(B)의 벡터 외적이 가리키는 방향, 동쪽으로 양자가 구부러져 적도를 따르도록 회전한다.

동쪽 방향으로 양자층이 회전하기 때문인지, 초저주파인 10[kHz]대에서는 1000[km]당 10[kHz]에서 1[dB], 20[kHz]에서 2[dB], 동일 지점 간에서는 서쪽에서 동쪽을 향하는 방향인 경우에는 역방향인 경우보다 전파 감쇠율이 작다. 또 30[kHz] 이상 및 남북의 전파에서는 이 현상이 나타나지 않는다.

한편, 전자층은 태양에서 도래하는 것과 태양으로부터 X선에 의해 희박한 대기 가스가 전리해서 이온과 분리된 전자와의 쌍방을 함유하고 있다.

〈그림 12−11〉에 지구 반경 단위가 5.6인 곳에 방송 위성 등이 있는 정지 위성의 궤도 위치를 나타내었다.

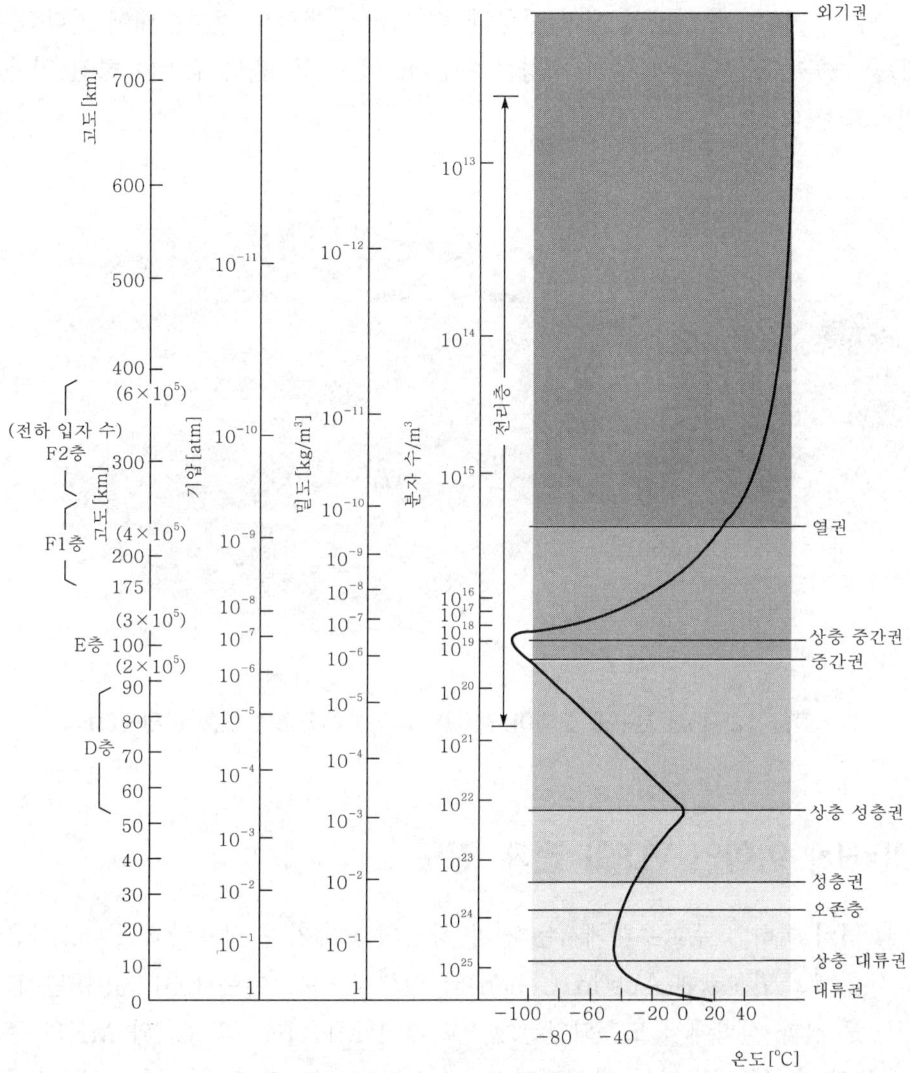

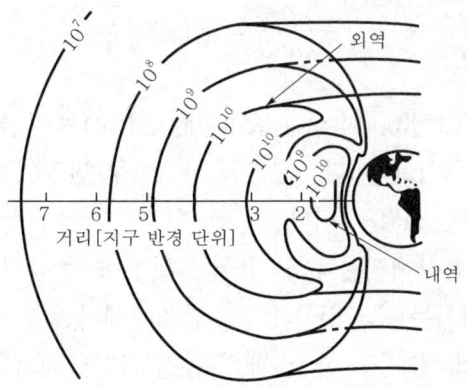

<그림 12-9> 전리층을 포함한 상층의 정수도

<그림 12-10> 전하 밀도도(NASA) 양자+전자

〈그림 12-9〉에는 상공의 대기 상황과 30[MHz] 이하의 주파수대에 커다란 영향을 주는 D층, 중파에서 단파에 걸쳐 영향을 주는 E · F_1 · F_2 층의 위치와 하전 입자의 밀도를 병기하고 있다.

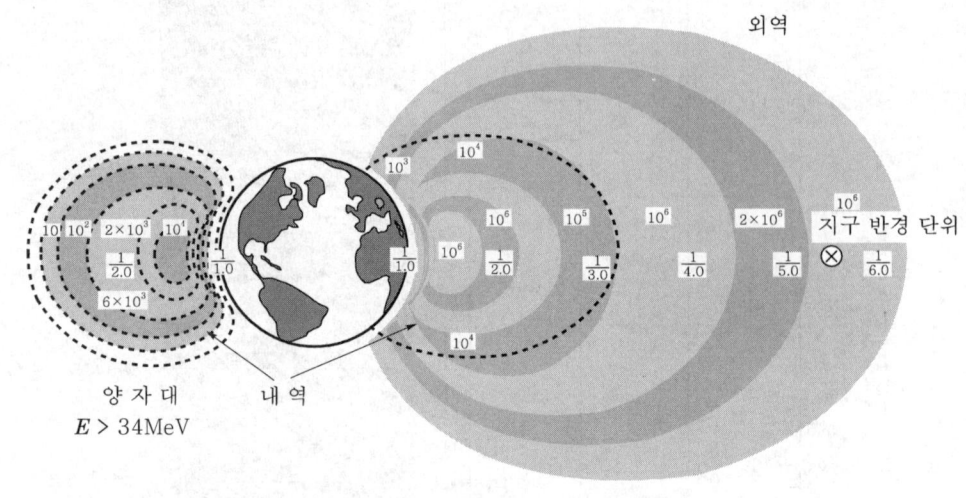

〈그림 12-11〉 지구의 좌측이 양자층(우측에 전자층의 대를 나타낸다)

2.4 30[kHz] 이하인 VLF의 전계 강도

30[kHz] 이하인 주파수대에서는 전파 항법의 오메가가 실용되고 있다. 사용되고 있는 실험식은 오스틴 · 코헨(Austin-Cohen)의 실험식으로, 이는 1901~1915년에 걸친 주간의 VLF 전파 실험에서 도출되었는데, 그 후 1[MHz]까지의 LF와 MF의 주간 전파에도 적용할 수 있다는 것이 확인되었다. 수신점에서의 전계 $E[\mu V/m]$는 다음과 같다.

$$E = \frac{H_e I \times 377 \times 10^3}{\lambda R} \sqrt{\frac{\theta}{\sin \theta}} \exp\left(\alpha \frac{R}{\sqrt{\lambda}}\right) \tag{12.15}$$

여기서, R은 거리[km](500[km]$<R<$10000[km]로서 성립한다), θ는 지구 반경에 대한 각도 거리$=R/R_E$[rad]이다. 단, R_E는 지구 반경(6380[km]), λ는 파장[km](f를 주파수[kHz]로 하면 $300/f$)이다.

α는 감쇠 계수로, 해상에서는 1.5×10^{-3}, 해안 또는 습지에서는 9×10^{-3}, 구릉에서는 $(3\sim4)\times10^{-2}$, 산악에서는 $(5\sim6)\times10^{-2}$, 건조지에서는 2.8×10^{-2}, 시가지에서는 $(4\sim10)\times10^{-2}$ 정도의 값이 된다. 또한 이 때의 송신 안테나에서의 방사 전력 P_t[kW]는 다음과 같다.

$$P_t = \frac{H_e I_m}{\lambda} \cdot \frac{377}{298} \tag{12.16}$$

여기서 H_e는 안테나의 실효고[m], I_m은 안테나 기지의 최대 전류[A]이다.

식 (12.16)은 안테나에 있어서 방사 전력을 전류와 실효고로 표현한 식인데, 실효고 H_e는 LF와 MF에 있어서는 거의 〈그림 12-12〉와 같이 수직부의 전류 i[A]는 측정치인 I_m[A]과 기지치 h[m], 수평부의 길이 l[m] 및 $\beta = 2\pi/\lambda$[rad/m]로부터 다음 식에 의해 구할 수 있다.

$$i = \frac{I_m \sin \beta l}{\sin \beta (h + l)} \tag{12.17}$$

실효고 H_e[m]는 사다리꼴형의 면적으로서 다음 식에 의해 구할 수 있다.

$$H_e = \frac{(I_m + i)h}{2 I_m} \tag{12.18}$$

감쇠 계수 α는 10^{-2}과 10^{-3}의 오더로서 불명확하기 때문에 식 (12.15), (12.16)을 정리하여 대수치로서 α를 구하는 식으로 한다.

$$\alpha = \left(12.84 - \ln E - \ln \lambda - \ln R + \ln H_e + \ln 1 + \frac{\ln \theta - \ln \sin \theta}{2} \right) \frac{\sqrt{\lambda}}{R} \tag{12.19}$$

거리 R[km]를 상이한 지점에서 동시에 E[μV/m]를 측정하여 통계적으로 α를 구한다. α가 결정되면 목적으로 한 지점 R의 전계 E는 예측할 수가 있다.

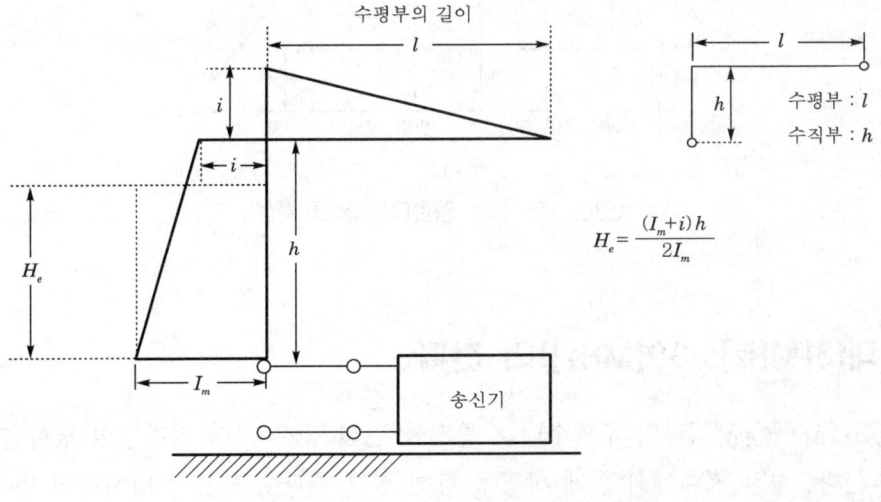

〈그림 12-12〉 역L형 안테나의 실효고

2.5 LF대에서 MF대(30[kHz]~3[MHz])의 전파

안테나에서 1[kW]의 전력이 방사된 경우, 전리층의 영향을 포함한 오랜 기간 실측치로서 1974년 CCIR(international radio consultative committee ; 국제무선통신자문위원회)의 보고가 있다.

$$E\,[\mathrm{dB}\mu] = 80.2 - 10\log R - 0.00176 f^{0.26} R \tag{12.20}$$

〈그림 12-13〉은 150[kHz]에서 1500[kHz] 사이에 대한 변화를 수년간의 중간치를 그림으로 나타낸 것이다.

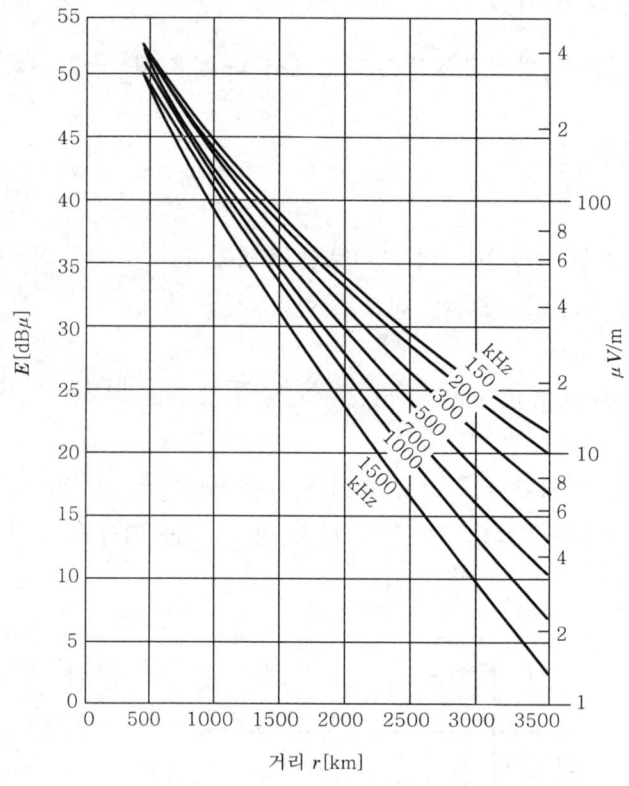

〈그림 12-13〉 중파대의 전파 특성

2.6 HF대(3[MHz]~30[MHz])의 전파

3[MHz]~30[MHz]의 주파수대는 통신국 간의 중간 지대 전리층의 영향을 상당히 많이 받는다. 중간 지대에서 곧게 상공을 향해 점차 주파수를 높여 방사하면 먼저 돌아오는 것은 E층으로, 주파수를 더욱 높이면 E층을 돌파하고, F층에서 돌아온다. 이와 같이 수

직 발사된 주파수의 전파가 그 주파수 이상으로 되면 전리층을 반사하지 않고 통과(투과)하는 주파수를 **임계 주파수**(critical frequency) f_c라고 한다. 모든 전리층은 각기 다른 임계 주파수를 갖고 있으며, D층, E층, F층 순으로 높다.

〈그림 12-14〉의 1000~0[km] 사이에서 Φ_2에 대해 MUF(maximum usable frequency ; 최고 사용 가능 주파수)로 하면

$$MUF = f_c \sec \Phi_2 \tag{12.21}$$

MUF의 85[%]치를 FOT(frequency of optimum traffic) 또는 OWF(optimum working frequency ; 최적 사용 주파수)라 한다.

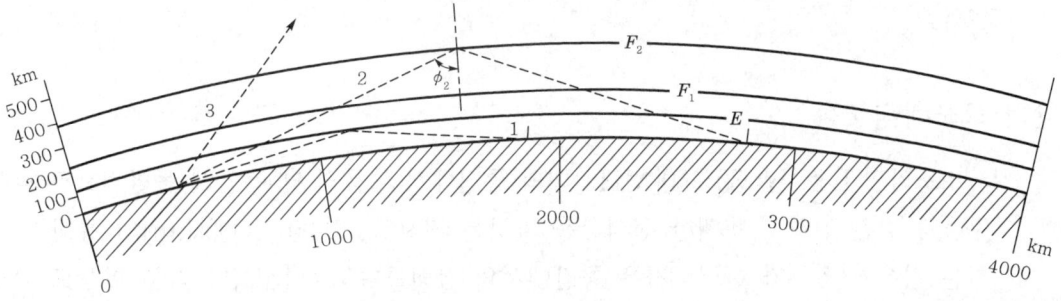

〈그림 12-14〉 MUF의 설명도

F$_2$에서의 Φ_2는 단파대에 이용하고, 보다 낮은 2[MHz] 이하의 주파수에서는 E층에 의한 반사를 이용한다. 주파수가 높을수록 감쇠가 낮기 때문에, 가급적 높은 주파수의 통신을 원하지만 전리층의 상황 변동에 따라서는 전파가 투과하고 반사해 오지 않을 우려가 있기 때문에 대개는 통신이 계속되길 원하고 FOT로 행하게 된다. 낮은 쪽의 한계는 LUF(lowest useful frequency ; 최저 유효 주파수)인데, 이보다 낮으면 흡수가 많으며 전력 면에서도 비경제적이다. 1회의 반사에 의한 것을 1홉이라 하며, E층에서는 최대 2000[km], F층에서는 최대 4000[km]가 된다. 멀티홉인 경우에는 이보다 좁은 공간의 간격인데, 복수 회 반사의 반복에 의한다.

전리층은 태양 흑점의 주기 10~12년의 기간 중 전하 밀도에 최대, 최소의 변동이 있으며, 태양 활동의 최성기에서는 임계 주파수가 12[MHz], 최저기에서는 6[MHz]라고 하는 바와 같이 약 2배의 변동이 있다

예제 1 전리층 E층의 임계 주파수를 10[MHz]라 하고 입사각 60°로 입사시킬 때, 최고 사용 가능 주파수(MUF)는 얼마인가?

풀이　MUF는 식 (12.21)에 의해서 $f_c = 10[\text{MHz}]$, $\Phi_2 = 60°$이므로

$$\text{MUF} = 10 \times 10^6 \times \sec 60°$$

$$= 10 \times 10^6 \times \frac{1}{\cos 60°} = 10 \times 10^6 \times 2 = 20[\text{MHz}]$$

2.7　VHF(30~300[MHz]), UHF(300~3000[MHz])의 전파

VHF(30~300[MHz]), UHF(300~3000[MHz])의 주파수대에 있어서는, 가시 거리 (line of sight) 내의 전파를 기본으로 하고 있다. 특기 사항으로 다음과 같은 것을 들 수 있다.

[1] 스포라딕 E층

스포라딕 E층이란 30~60[MHz]대의 통신에서 여름의 낮 동안에 돌발적으로 발생하는 구름과 같은 진하고 빽빽한 전리층을 말하는 것으로, 1000, 2000[km]의 통화를 가능케 하는 경우가 있는가 하면, 자유 공간에서의 감쇠보다도 80[dB]나 적은 현상도 발생하는 등, 결코 안정하다고 할 수 없다. 이 주파수대에서는 수십[km] 정도가 일반적인 통신 공간이다.

[2] 유성 버스트 통신

유성 버스트 통신은 50~80[MHz]대로, 특히 35~50[MHz]에 실험국이 집중되어 있다. 북반구에서는 지구의 자전과 교점의 관계로 인해 오전 4시경에 유성이 E층의 100 [km] 고도 부근에서 전리주를 만들고, 오후 4시경에는 최저 −40[%]로 내려가는데, 계절적으로는 여름에 +60[%] 활동이 상승한다.

무게 수 mg의 먼지에 의한 이온화 현상을 이용하는 셈이지만, 1회에 수분의 1초 정도의 통신로 설정 시간밖에 없으나 수가 많기 때문에 이용이 가능하다. 지구 표면의 2지점의 대기권 중앙 상공에서 좌측 또는 우측으로 100[km] 편위한 곳을 핫스폿(hot spot)이라 하고, 5소자인 팔목 안테나로 2스폿을 커버한다. 200[W] 송신 전력의 FSK 변조로서 2000보(부호/초 : [bps] 또는 [b/s])로 개시, 정지, 재송신의 방법으로 수분 늦은 평균 1.5~0.1[bps]의 통신 속도이다.

3 가시 거리 내 통신

3.1 가시 거리의 조건

전파로 길이를 R[m], 지구 반경을 $R_E = 6370 \times 10^3$[m], 송신 안테나 높이를 h[m]로 한 경우 R은 다음과 같이 나타낼 수 있다.

$$R^2 + R_E{}^2 = (h + R_E)^2, \quad h \ll R_E$$

$$R = \sqrt{2R_E h}$$

지구 대기는 지표에 가까울수록 밀도가 크기 때문에, 표준 대기에서는 R_E 대신 kR_E를 가상 지구 반경으로 한 경우에 $h=4/3$로 하고 있다. h를 m로 나타내면 가시 거리 R[km]는 다음과 같이 된다.

$$R = 4.11 \sqrt{h} \tag{12.22}$$

만일 송·수신 안테나의 설치 높이가 각각 h_T, h_R[m]이고, 지표에서 각각 안테나까지의 전파로 길이를 R_T, R_R[km]로 하면 $R_T + R_R = R$[km]이고,

$$R = 4.1(\sqrt{h_T} + \sqrt{h_R}) \tag{12.23}$$

로 된다.

이것으로 송·수신 지점 사이에서 전망할 수 있는지 어떤지를 판단하고, 그런 다음 전파로 내에서 지표와 아슬아슬하게 떨어진 장소에서 어느 정도 여유가 있는지를 구한다.

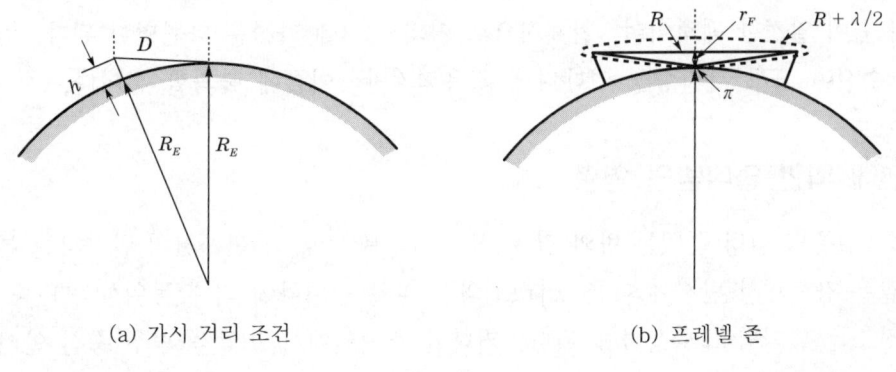

(a) 가시 거리 조건   (b) 프레넬 존

〈그림 12-15〉

> **예제 2** 초단파 통신에서 송·수신 안테나의 높이가 각각 32[m], 25[m]일 때 전파가 도달될 수 있는 거리는 얼마인가?

풀이 전파의 가시 거리 R은 식 (12.23)에 의해서 $h_1 = 32$[m], $h_2 = 25$[m]이므로

$$R = 4.1(\sqrt{32} + \sqrt{25}) = 43.8[\text{km}]$$

3.2 전파로 근방 반사면의 영향과 대책

[1] 프레넬존

송·수신점 간의 무선 회선은 가능한 한 멀리 떨어뜨리고 싶기 때문에, 중간 거리에서 대지 또는 해면의 반사면에 접근하여 아슬아슬한 경우가 많다. 전파의 최단 거리 R인 직접로는 반사면에 도달하지 않게 해야 하는데, 이는 바로 아래 근방에 반사면이 있을 때의 상황이다. 송신 안테나의 빔에서 방사되는 전파는 반사면에 도달하는 성분도 있다. 이 성분은 아슬아슬한 반사에 가깝기 때문에 반사에 있어서 위상이 π[rad] 반전한다. 반사파의 통로인 송신 안테나에서 반사점을 경유하여 수신 안테나까지의 전통로 길이가 직접로보다 반파장 정도만 길면 통로 길이분에 대해 π[rad], 합계 2π[rad]에서 전계가 배로 된다. 반면, 아슬아슬하면서 통로차 길이가 없을 때에는 전계가 0이 되기 때문에 비교적 불안정하다. 통로차 $0 \sim \lambda/2$ 범위를 **제1 프레넬존**(fresnel zone)이라고 한다.

송·수신 안테나를 잇는 직선이 대지와 가장 접근하는 거리를 R_1, R_2라 할 경우, 그 직선의 점을 중심으로 하여 직선과 수직인 반경 $r_F = \sqrt{\lambda R_1 R_2 / R}$의 원을 제1 프레넬존이라 하는데, 이 존에 대지가 걸리지 않도록 해야 한다. 순기하학적으로는 송신 안테나 점과 수신 안테나 점의 2심 좌표에 있어서 2점 간의 거리 R에 $\lambda/2$를 더한 $R + \lambda/2$의 거리 합이 일정한 궤적이며, 입체적으로 거의 구면에 가까운 타원면이 된다. 이 경우에는 송·수신이 모두 무지향성 안테나에 적용되지만, 이론에 불과할 뿐이다.

[2] 해면에 의한 멀티빔의 형성

프레넬존의 설명에 있는 바와 같이 직접파와 반사파, 해면에서의 반사파는 특히 직접파와 같은 강도로서 반사에 따른 π[rad]와 전파로 길이차에 의해 동위상과 반대 위상의 공간 장소는 멀티빔을 형성하게 된다. 커다란 스케일에서 보았을 경우 송신 안테나 지점에서의 패턴 계수 F는 h_t, h_r를 각각 송신 및 수신 안테나 높이로, R을 양자 간의 전파 거리로 하면

$$F = \sin \frac{2\pi h_t h_r}{\lambda R} \tag{12.24}$$

로 되고, $\theta_n[\text{rad}]$를 각 빔의 중심으로 하면

$$\theta_n = \frac{h_r}{R} = \frac{n\lambda}{4h_t} \tag{12.25}$$

로 된다. 이에 의해 λ가 짝수인 경우에는 빔의 골짜기(null)에서, 홀수인 경우에는 빔의 피크 각도에서, $\lambda/4h_t$를 하나의 목표로 하여 수신 안테나 높이를 정하면 된다.

[3] 공간 다이버시티

안정된 수신을 원할 경우 수신 안테나를 2년, 2개의 통로차를 $\pi[\text{rad}]$의 반파장이 되도록 하여 수신하고, 수신기의 입력단을 2계통으로 해서 검파 후 음성 신호에 의해 합성한다.

 # 자유 공간 내 전파계의 요소

4.1 자유 공간 내 전파의 감소(UHF, SHF대)

방사 전력 P_t를 이득 G_t의 안테나에서 방사하면 지향 방향의 송신 전력은 $P_t G_t$이다. 이 때 이득 G_t는 절대 이득이라고 하며, 다이폴(절대 이득 1.64)에 대한 상대 이득과 구별된다. 절대 이득 G_t는 안테나 실효 면적을 A_t로 하면 G_t와의 사이에 다음의 관계식이 성립한다. 단, 미소 다이폴의 절대 이득은 1.5이다.

$$G_t = \frac{4\pi A_t}{\lambda^2} \tag{12.26}$$

그리고 $P_t G_t$가 R의 거리를 전파하면 이 공간에서의 전력 밀도는

$$\frac{P_t G_t}{4\pi R^2} = \frac{P_t A_t}{R^2 \lambda^2} \tag{12.27}$$

로 되고, 수신 안테나의 실효 면적 A_r에 의한 수신 전력 P_r은

$$P_r = \frac{P_t A_t A_r}{R^2 \lambda^2} \tag{12.28}$$

로 된다. 따라서 P_r/P_t는 이 송·수신계의 전력 감쇠율 α로서 다음과 같이 된다.

$$\alpha = \frac{P_r}{P_t} = \frac{A_r A_t}{R^2 \lambda^2}$$

한편, $f\lambda = c$(c는 광속), 또한 송·수신 안테나가 모두 이론적인 등방성(isotropic) 안테나인 경우에는 $A_r = A_t = 0.08\,\lambda^2$이기 때문에

$$\alpha = \frac{0.0064\lambda^4}{R^2 \lambda^2} = \frac{0.0064\,c^2}{R^2 f^2} \tag{12.29}$$

이다. 또, c와 R을 km로 표현하면

$$\alpha = \frac{0.0064 \times 3^2 \times 10^{10}}{R^2 f^2} \tag{12.30}$$

이고, α를 정의 감쇠치로 하고 dB로 표현하면 다음과 같이 나타낼 수 있다.

$$\alpha = 32.4 + 20\log f + 20\log R \tag{12.31}$$

4.2 파라볼라 안테나의 이득 계산

안테나의 전 면적에 걸쳐 균일 방사되고 있지 않기 때문에 0.54의 계수를 실제의 면적에 곱해서 실효 면적을 산출하고 그 것으로부터 이득을 계산한다.

D를 지름으로 하는 원형 파라볼라의 이득 G는 다음과 같다.

$$G = 0.54\left(\frac{\pi D}{\lambda}\right)^2 = 0.54\left(\frac{\pi D f}{c}\right)^2$$

여기서 f를 MHz로 표현하면

$$G = 0.54\left(\frac{\pi D f}{3 \times 10^2}\right)^2 = 0.54\left(\frac{\pi}{3 \times 10^2}\right)^2 D^2 f^2 \tag{12.32}$$

이고, G를 dB, f를 MHz, D를 m로 표현하면 다음과 같이 나타낼 수 있다.

$$G = 20\log f + 20\log D - 42.3 \tag{12.33}$$

4.3 안테나의 빔폭과 이득의 관계

안테나 3[dB] 폭의 수평 빔폭을 $\theta[°]$, 수직 빔폭을 $\phi[°]$로 했을 때 앞에서 설명한 불균일 방사 등의 안테나 손실을 고려한 이득의 실용치는 다음과 같다.

$$G = \frac{32000}{\theta \phi} \tag{12.34}$$

이 값의 $10 \log$가 이득의 dB치로 된다.

4.4 나이프 에지(Knife Edge) 회절의 감쇠량

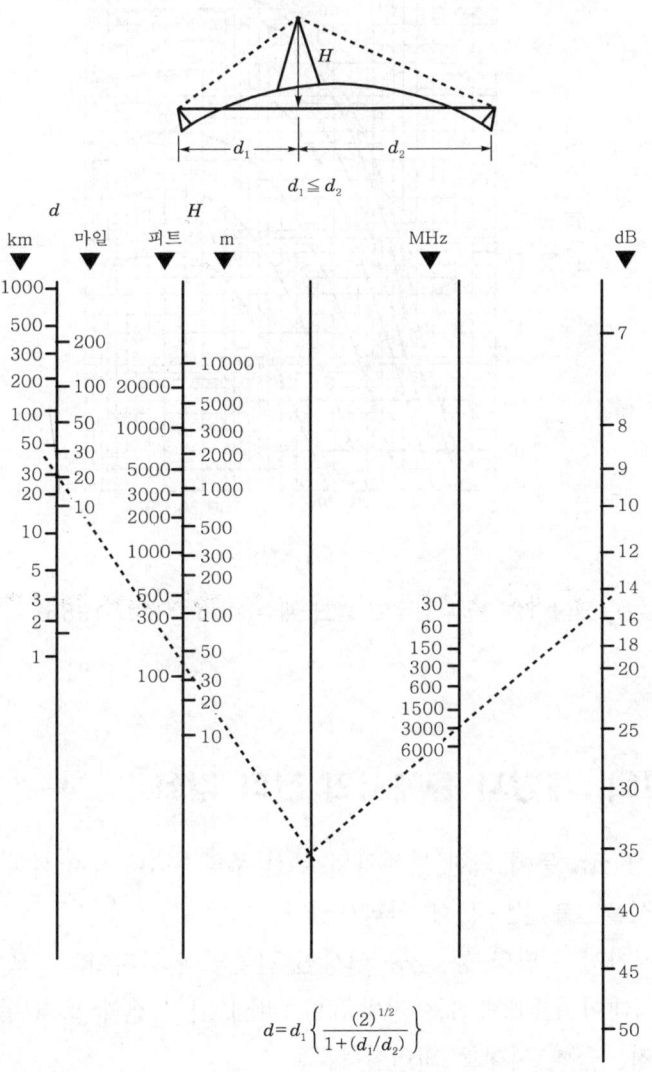

$$d = d_1 \left\{ \frac{(2)^{1/2}}{1 + (d_1/d_2)} \right\}$$

<그림 12-16> 나이프 에지 회절 감쇠 그래프

가시 거리 효과가 없는 경우, 전파 도중에 산악 등이 있고 자유 공간의 가시 거리인 경우에 1957년 ATT의 *Bell System Technical Journal*, Vol.36, No.3, Fig.7에 있는 Bullington의 계산 그래프를 〈그림 12-16〉에 나타내었다.

4.5 강우에 의한 전파 감쇠

〈그림 12-17〉에 CCIR의 1986년 자료에서 강우의 감쇠 계수를 다시 게재한다.

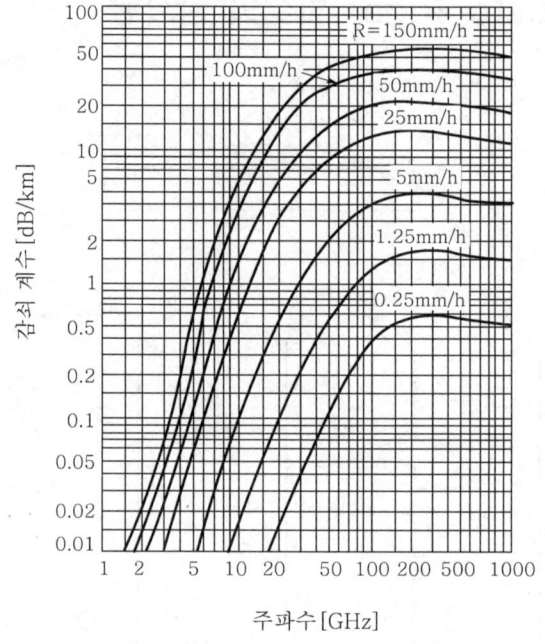

<그림 12-17> 강우의 감쇠 계수(CCIR Rec. 1986)

4.6 시가지, 교외, 개방지 등에서의 전파 감쇠

Tanimura, Hata 등에 의한 자동차의 무선 주파수대에 있어서의 전파 손실 거리 특성에 대한 실험식을 〈표 12-1〉에 나타내었다.

표 중에서 시가지는 빌딩 등, 2층 이상인 건물의 밀집지이고, 교외는 수목, 가옥이 산재하는 전원 지대이며, 개방지는 전방 300~400[m]의 전파 도래 방향에 높은 수목과 건물이 없는 농지, 들녘 지대를 의미한다.

<표 12-1> 전파 손실 거리 특성의 실험식

	$L_p = 65.25 + 26.16 \log_{10} f_c - 13.82 \log_{10} h_b - \alpha(h_m)^* + (44.9 - 6.55 \log_{10} h_b) \log_{10} r$ [dB]
시가지	이동국 안테나 높이에 대한 보정항 중·소도시 　$\alpha(h_m) = (1.11 \log_{10} f_c - 0.7) h_m - (1.56 \log_{10} h_c - 0.8)$ 대도시 　$\alpha(h_m) = 8.29(\log_{10} 1.54 h_m)^2 - 1.1 : f_c \leq 200$[MHz] 　　　　　$= 3.2(\log_{10} 11.75 h_m)^2 - 4.97 : f_c \geq 400$[MHz]
교외지	$L_{ps} = L_p\{시가지\} - 2\{\log_{10}(f_c/28)\}^2 - 5.4$[dB]
개방지	$L_{po} = L_p\{시가지\} - 4.78(\log_{10} f_c)^2 + 18.33 \log_{10} f_c - 40.94$[dB] 단, 　$L_p,\ L_{ps},\ L_{po}$: 다이폴 안테나 간의 전파손 　f_c : 주파수 ·· 150~1500[MHz] 　h_b : 기지국 실효 안테나 높이[m] ······················· 30~200[m] 　h_m : 이동기 안테나 높이[m] ······························· 1~10[m] 　r : 거리[km] ·· 1~20[km]

기지국 실효 안테나 높이는 그 안테나에서 3[km]에 있는 지점을 시점으로 하고, 15 [km]까지의 구간 건물을 포함한 토지의 기복을 평균하여 이것을 평균 지표 높이로 하는 데, 이 때의 높이를 실효 높이로 하고 있기 때문에 MF 이하인 주파수에서의 안테나 실효 높이에 대한 정의와는 차이가 있다.

5 전계로부터 수신 전압, 수신 전력 구하는 방법

이번에는 <그림 12-18>과 같은 각종 안테나에 공통으로 적용되는 계산 방법으로 도래 파의 전계 강도 E_r에서 수신 안테나의 출력단 A에 유기된 전압과 급전선의 단자 B에 유 도되는 전압을 계산하고자 한다.

아울러 실용 레벨치인 각종의 dB 표시 및 전력치의 환산을 행하고, 수신계의 설계 기초 인 레벨 다이어그램의 작성 기법을 수신기 입력단까지로 한정해 소개한다.

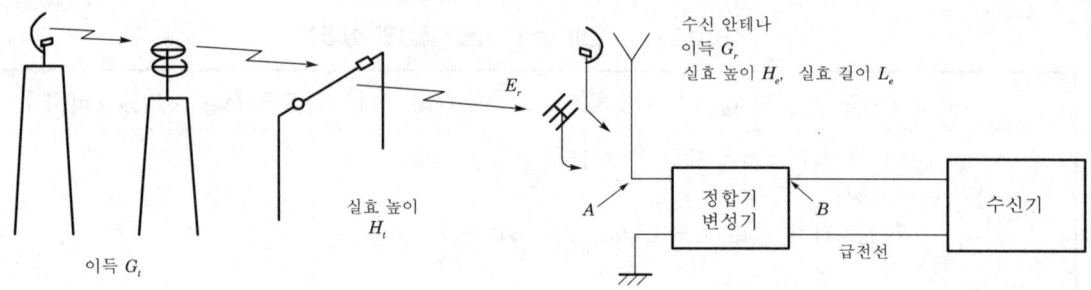

<그림 12-18> 각종 안테나에 의한 송·수신계의 모델도

5.1   전계 강도와 수신에서의 실효 길이·실효 높이

전계 강도가 E_r[V/m]인 전파 신호를 안테나로 수신할 경우, 안테나 단자에 유기되어 나타나는 수신 전압 V_a는 안테나의 실효 길이 L_e와 그 공간에서의 전계 강도와의 곱으로 구할 수 있다. LF, MF 및 중단파인 경우에서의 수신 전압 V_a는 지표 가까이의 전계 강도 E_r이 수직 편파의 전계이기 때문에 실효 길이 대신 실효 높이 H_e가 사용된다. 즉, 다음과 같이 된다.

$$V_a = E_r\, L_e$$
$$V_a = E_r\, H_e \tag{12.35}$$

반파장 다이폴의 실효 길이 L_e는 λ[m]$/\pi$이기 때문에 수신 전압 $V_a = E_r(\lambda/\pi)$이지만, μV의 단위로 V_a, E_r을 표현하면 다음과 같이 된다.

$$V_a[\mu V] = E_r[\mu V/m] \cdot \frac{\lambda[m]}{\pi} \tag{12.36}$$

이 표현 방법에서 데시벨(dB ; deceibel) 표현으로, 즉 1[μV]를 0[dB]로 하는 dBμ의 단위에 의한 표현으로 환산하면 다음과 같이 된다.

$$20 \log V_a = 20\, \log E_r + 20\, \log\left(\frac{\lambda}{\pi}\right)\ [\mathrm{VdB}\mu] \tag{12.37}$$

전계 강도 E_r을 이미 dBμ로 나타낸 수치 E_{rM}으로 하면, 안테나 유기의 수신 전압을 VdBμ로 표현한 수치 V_{aM}은 다음과 같이 나타낼 수 있다.

$$V_{aM} = E_{rM} + 20\, \log\left(\frac{\lambda}{\pi}\right)\ [\mathrm{VdB}\,\mu] \tag{12.38}$$

예제 3 주파수 60[MHz]인 반파장 다이폴 안테나의 실효 길이를 구하라.

풀이 파장 $\lambda = \dfrac{c}{f} = \dfrac{3\times10^8}{60\times10^6} = 5\,[\mathrm{m}]$이므로

실효 길이 $L_e = \dfrac{\lambda}{\pi} = \dfrac{5}{\pi} \fallingdotseq 1.6\,[\mathrm{m}]$

5.2 전력 레벨과 임피던스

이상의 계산을 보면 전압만을 환산한 것처럼 보이나, 사실은 전력 레벨도 나타내고 있다. 데시벨 표시로 하면, 원래는 전압이든 전류이든 계산 결과로 나올 수 있는 데시벨 값은 1[μV]를 0[dB]로 환산한 dBμ 값으로 되어 있다. 또 하나의 의미는, 그 회로에 있어서 더욱 정확하게는 그 회로의 임피던스 값에서 1[μV]의 전압이 되는 전력도 나타내고 있다는 것이다.

따라서 다양한 계산 결과, 나올 수 있는 dBμ의 수치는 동일 임피던스일 경우 전력값도 즉시 판명될 수 있다. 즉, 10[dBμ]라 하면 1[μV]를 0[dB]로 하는 전압을 표시한 것으로, 전력값으로 해도 1[μV] 시 전력값의 10[dB], 즉 10배라는 의미도 내포하고 있다.

이것을 좀더 상세히 설명하면, 앞에서 전계 강도의 기준치 1[μV/m]인 전력이란, 이 공간 1제곱미터를 매초당 통과하는 전력, 즉 전력 밀도를 나타내는 것으로, 그 값은 공간의 임피던스가 120π[Ω]이라는 사실에서 다음 식

$$\frac{(1\mu\mathrm{V})^2}{120\pi} = \frac{10^{-12}}{120\pi} = 2.65\times10^{-15}\,[\mathrm{W}] = 2.65\,[\mathrm{fW/m^2}] \tag{12.39}$$

과 같이 미약한 전력 밀도를 나타낸다. 뿐만 아니라 전파(傳播) 방향도 고려한 통과 전력으로 할 경우 전자기학에서 말하는 포인팅 벡터(poynting vector)인 것이다.

이것을 반파장 다이폴 안테나로 수신하면 수신 전압을 산출할 수 있는데, 전파의 파장에 따라 대응하는 반파장 다이폴 안테나의 길이가 다르기 때문에 이들 식에 있는 λ/π의 항에서 알 수 있듯이, 그에 따라 수신 전압과 수신 전력도 주파수에 따라 변하게 된다. 식 (12.38)에서 $\lambda=\pi$인 때에 공간의 전계치와 수신 전압치의 수치가 같아지며, 이보다 짧은 파장, 즉 주파수가 높아지면 수신 전압이 작아지고, 반대로 주파수가 낮아지면 수신 전압치는 커지는 것이다. 반파장 다이폴 안테나의 임피던스는 73.13[Ω]으로서 공간의 120π와는 다르다.

따라서, 이 안테나의 수신 전력 P_r은 다음 식으로 나타낼 수 있다.

$$P_r = \frac{V_r^{\,2}}{73.13} = \frac{(E_r \cdot L_e^{\,2})}{73.13} \ [\mathrm{W}] \tag{12.40}$$

지금, $1[\mu\mathrm{V}]$인 전계 강도의 파장이 $\pi[\mathrm{m}]$인 전파를 반파장 다이폴 안테나로 수신하면 수신 전압은 $1[\mu\mathrm{V}]$가 되기 때문에

$$P_r = 1.37 \times 10^{-14} \ [\mathrm{W}] \tag{12.41}$$

단, $\lambda = \pi[\mathrm{m}]$, 전계 강도$=1[\mu\mathrm{V}]$

로 되는데, 식 (12.41)에서 보면 전력이 크다.

즉, **실효 길이**란 안테나에서 발생하는 전압치가 그 공간의 전계 강도에 대한 비례 계수인 것이다. 임피던스가 다른 장소에서의 전압치 관계를 나타낸 것이므로 에너지 면에서는 파장에 따라 차이가 있다. 여기서 실효 길이, 실효 높이가 갖는 의미를 재인식해 주길 바란다.

5.3 안테나 이득과 실효 면적

이번에는 안테나에 사용하는 실효 길이와 다른 계통의 정의인 안테나의 이득, 그리고 이득으로부터 유도되는 그 안테나의 실효 면적(수신 유효 면적이라고도 한다)에 대하여 고찰해 보기로 한다.

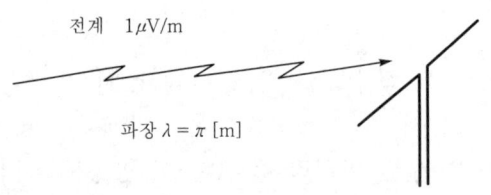

전계 $1\mu\mathrm{V/m}$

파장 $\lambda = \pi\,[\mathrm{m}]$

반파장 다이폴 안테나
이득 $G = 1.64$
실효 길이 $\lambda/\pi = 1$
실효 면적 $A = G\lambda^2/4\pi = 1.29\,\mathrm{m}^2$

수신 전력

실효 길이로부터　　$1.37 \times 10^{-14}\,\mathrm{W}$
실효 면적으로부터　$3.42 \times 10^{-15}\,\mathrm{W}$: 약 6dB 차

〈그림 12-19〉 반파장 다이폴 안테나에 의한 수신 전력

먼저, 앞에서 설명한 예와 같은 파장 $\pi[\mathrm{m}]$와 전계 강도 $1[\mu\mathrm{V}]$의 경우에 대하여 검증해 보겠다. 반파장 다이폴 안테나의 이득 $G=1.64$, 실효 면적 $G = G\lambda^2/4\pi$에서 $A = 1.29[\mathrm{m}^2]$, 이들 조건에서 전계 강도 $1[\mu\mathrm{V}]$의 수신 전력 P_r을 계산하면 다음과 같다.

$$P_r = 전력 \ 밀도 \times 실효 \ 면적 = \frac{(1\mu V)^2}{120\pi} \times 1.29$$

$$= 3.42 \times 10^{-15} [\text{W}] = 3.42 [\text{fW}] \tag{12.42}$$

이로써, 실효 길이·실효 높이·실효 면적에 대한 의미는 짐작할 수 있을 것으로 생각한다(〈그림 12-19〉 참조).

한편, P_r을 **수신 유능 전력**이라고도 한다.

5.4 급전선의 임피던스와 실용 수치 계산

수신에 있어서 안테나로부터 수신기에 신호를 유도하기 위해서는 임피던스 정합 변환하여 VHF인 경우에는 75[Ω], UHF인 경우에는 50[Ω]의 동축 케이블을 통해서 전송한다. 변성기의 성질에는 1차와 2차의 권선비가 N_1 대 N_2이면 1차 측의 전압 V_1에 대하여 2차 측의 전압 V_2는

$$V_2 = V_1 \left(\frac{N_2}{N_1} \right) [\text{V}] \tag{12.43}$$

1차 측의 전류 I_1에 대하여 2차 측의 전류 I_2는

$$I_2 = I_1 \left(\frac{N_1}{N_2} \right) [\text{A}] \tag{12.44}$$

1차 측의 임피던스 Z_1에 대하여 2차 측의 임피던스 Z_2는

$$Z_2 = Z_1 \left(\frac{N_2}{N_1} \right)^2 [\Omega] \tag{12.45}$$

으로 나타낼 수 있는데, 마치 전압의 제곱에 전력이 비례하는 것과 유사하다. 변성기의 목적은 임피던스가 상이한 입력에서 출력으로 전력을 손실하지 않고 전송하는 데 있다.

임피던스 73.13[Ω], 실효 길이(λ/π)인 반파장 다이폴 안테나에 의한 전계 강도 E_r인 전파를 수신하는 경우 임피던스 정합한 75[Ω]의 전송 선로상의 전압치 V_1으로 하여 구하면

$$V_1 = E_r \left(\frac{\lambda}{\pi} \right) \sqrt{\frac{75}{73.13}} [\text{V}] \tag{12.46}$$

와 같이 되고(〈그림 12-20〉 참조), 전계의 단위를 μV로 하여 dBμ로 나타내는 계산을 행한다. 즉,

$$20 \log V_1 = 20(\log E_r + \log \lambda - \log \pi) + 10(\log 75 - \log 73.13)$$

또는

$$V_{rM}[\text{V, dB}\mu] = E_{MI}[\text{V/m, dB}\mu] + 20 \log \lambda - 9.833 \qquad (12.47)$$

$f\lambda = 3 \times 10^8$에서 $\lambda = 3 \times 10^6/(F \times 10^6)$로 하면 식 (12.47)은 다음과 같이 나타낼 수 있다. 여기서 f는 Hz, F는 MHz의 단위이다.

$$V_{rM}[\text{dB}\mu] = E_{MI}[\text{dB}\mu] + 20(\log 3 + 2 - \log F) - 9.833$$
$$= E_{MI}[\text{dB}\mu] - 20 \log F + 39.709 \qquad (12.48)$$

같은 방법으로 50[Ω]의 전송 선로인 경우에는 식 (12.47)로부터 다음과 같이 나타낼 수 있다.

$$V_{rM}[\text{dB}\mu] = E_{MI}[\text{dB}\mu] + 20(\log 3 + 2 - \log F) - 11.594$$
$$= E_{MI}[\text{dB}\mu] - 20 \log F + 37.948 \qquad (12.49)$$

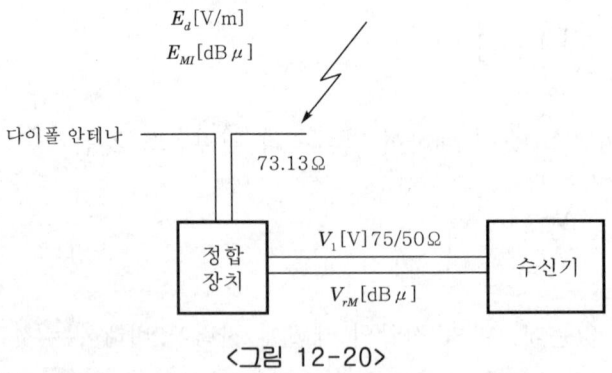

〈그림 12-20〉

5.5 수신 전력과 dBm 단위

수신 전력을 나타내는 데 있어 통상적으로 사용하는 단위는 dBm인데, 이 것은 1[mW]를 0[dB]로 하는 단위이다. 수신 신호의 실제 전력 레벨로서는 지나치게 크다고 할 수

있다. 가령, −50[dBm], −100[dBm]이라고 하는 수치가 사용되고 있다고 할 경우, 수신기에 있어서 0[dBm]의 수치는 감도상으로는 포화 범위로서, 오히려 강한 신호 레벨에 대하여 수신기를 보호하는 회로의 동작 범위에 든다고 할 수 있다.

식 (12.47)과 식 (12.49)를 사용하여 dBμ에서 dBm으로 단위를 변환해 보기로 하자. 앞에서도 정의한 바와 같이 dBμ는 1[μV]를 0[dB]로 하고, dBm은 1[mW]를 0[dB]로 하고 있기 때문에 마이크로와 밀리의 차를 dB로 환산할 때 나오는 30[dB]을 그대로 가감하여 읽어서는 안 된다.

지금, 50[Ω]의 선로에서 1[μV]라고 하면 그 전력값은 $10^{-12}/50 = 2 \times 10^{-14}$[W]이다. 이것이 0[dB$\mu$]이다. 따라서 같은 선로에서 1[mW]와의 배율은 $2 \times 10^{-14}/10^{-3} = 2 \times 10^{-11}$이다. 이것을 데시벨로 환산하면 $10 \log(2 \times 10^{-11}) = -107$[dB]가 된다.

75[Ω]의 선로에 있어서는 0[dBμ]와 1[mW]의 배율이 1.333×10^{-11}으로 되는데, 이것은 −108.75[dB]에 해당한다. 그러므로 데시벨 계산에서 이와 같은 환산 수치는 다음과 같이 나타낼 수 있다.

$$P[\text{dBm}] = P[\text{dB}\mu] - (50[\Omega]\text{일 때 } 107 \text{ 또는 } 75[\Omega]\text{일 때 } 108.75) \quad (12.50)$$

1 미소 다이폴 안테나의 길이를 $L[m]$로 하고, 방사 저항 $R = 80\pi^2 L^2 / \lambda^2$에 의해 안테나의 실효 면적(수신 유효 면적이라고도 한다) $3\lambda^2 / 8\pi$을 유도하라.

2 절대 이득 G_a, 상대 이득 G_r로 나타낸 안테나에 의해 P의 전력을 방사했을 때, 거리 R에서의 전계는 각각 $E_a = \sqrt{30 G_a P} / R$, $E_r = \sqrt{4 P G_r P} / R$이다. 이것에 의해 이 안테나의 절대 이득 $G_a = 1.64 G_r$이 됨을 유도하라.

3 〈그림 12–21〉 회로의 1차 회로, 2차 회로 모두 공진 상태로 하고, Z_0와 R의 정합 조건이 다음의 관계라는 것을 나타내어라.

$$Z_0 = \omega^2 M^2 / R \quad 345$$

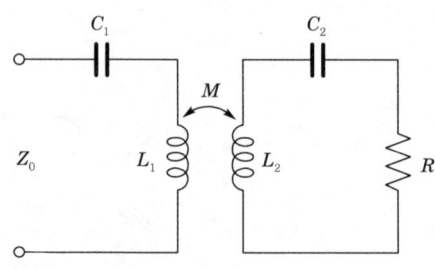

L_1, L_2: 자기 인덕턴스
M: 상호 인덕턴스
C_1, C_2: 정전 용량

〈그림 12–21〉

4 〈그림 12–22〉는 구면 지구인데, 등가 지구 반경 KR_E인 경우 높이 h에 있는 A점의 안테나에서 그림에서의 $C \cdot B$ 간의 전망 거리 R을 h와 KR_E로 나타내는 근사식을 구하라.
(단, $(1 - \cos\theta) = 2\sin^2(\theta/2)$)

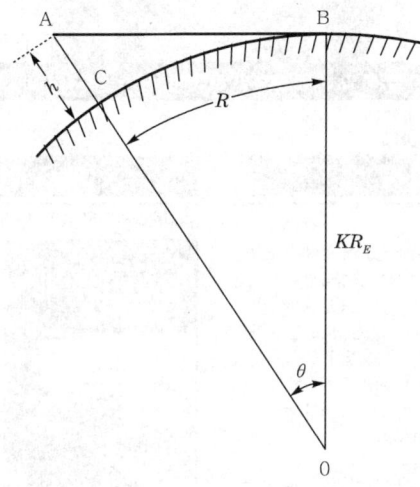

<그림 12-22>

5 <그림 12-23>에서 무급전 반사판을 사용한 중계에서 T로부터 R까지의 구간에 대해 반사판을 포함한 손실 L은 $T-M$ 방향 및 $M-R$ 방향의 반사판 이득을 G_t 및 G_r로 하고, $T \cdot M$ 간 및 $M \cdot R$ 간의 각각의 공간 전송 손실을 Γ_t와 Γ_r로 나타냈을 때 $T \cdot R$ 간의 구간 손실 $L_M = \Gamma_t \Gamma_r (1/G_1 G_2 G_t G_r)$ 및 전파(傳播) 손실 $L = \Gamma_t \Gamma_r (1/G_t G_r)$의 관계를 유도하라.

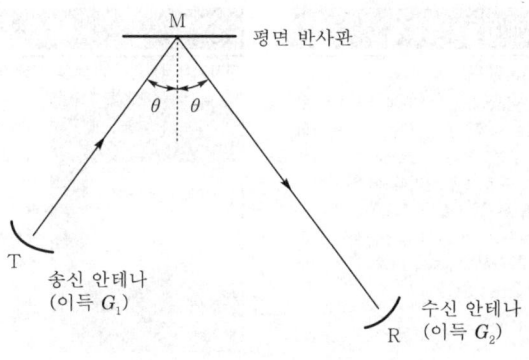

<그림 12-23>

6 임피던스 Z_a(=방사 저항 R_a+손실 저항 R_r+리액턴스 jX_a)인 수신 안테나가 급전선을 통해 수신기에 접속되어 있다. 안테나에서 수신기 측을 바라보는 급전선의 임피던스 $Z_1 = R_1 + jX_1$이다. 수신 안테나에 V의 전압이 유기되었을 때 R_1에서 취출할 수 있는 최대 전력은 $V^2/4R_1$이 됨을 유도하라.

경기도 파주시 교하읍 문발리 출판문화정보산업단지 536-3 TEL:031)955-0511 FAX:031)955-0510

패스 통신선로 산업기사

구기준 著/4·6배판/1,000p/정가 30,000원

이 책은 최단 시일 내에 통신선로 산업기사 필기 시험에 대비할 수 있도록 출제기준 항목별로 상세히 요점정리한 수험서입니다. 각 단원별로 예상문제, 매년 중점적으로 출제되고 있는 빈도 높은 문제 및 이후 계속해서 출제될 가능성이 높은 문제를 엄선하여 구성하였습니다. 마지막 정리가 필요한 수험생들에게 최적의 지침서가 될 것입니다.

패스 전자회로설계 산업기사

김기준·박건우 共著/4·6배판/760p/정가 28,000원

전자회로설계 산업기사는 2002년도에 신설된 현대 사회에서 요구하는 기술분야에 대한 미래지향적인 자격 종목으로서 그 중요성은 매우 높다고 할 수 있습니다. 이 책은 좀더 쉽고 빠른 시간에 자격 검정을 대비할 수 있는 수험서로서 출제 기준 항목별로 요점 정리를 하였으며, 빈도 높은 문제 및 이후 계속 출제될 가능성이 높은 문제를 최단 기간 내에 학습할 수 있도록 하여 가장 능률적으로 자격 시험에 대비할 수 있도록 하였습니다.

C 언어를 이용한 80C196KC와 MicroMouse

송봉길 외 2인 共著/4·6배판/508p/정가 28,000원/PCB 기판 첨부, CD 포함

이 책은 마이크로 컨트롤러를 배우는 데 가장 어려운 부분인 C 언어를 이용하여 컴파일러를 세팅하는 부분을 초보자와 중급자에게 유용하도록 상세히 설명하였습니다. 그리고 이 책에서 사용하는 PCB 기판을 부록으로 첨부하여 이 보드를 이용하여 테스트 보드를 꾸며 보고, 마이크로마우스를 본문에 실어주어 응용력을 키울 수 있도록 하였습니다.

예제로 배우는 제어용 DSP

김도윤 著/4·6배판/412p/정가 20,000원/부록 CD 1매 포함

이 책은 다음과 같은 일을 하고자 하시는 분들께 적합합니다. 1. 마이크로컨트롤러를 이용하여 DC 모터를 제어하고자 할 때 2. 기존에 사용하던 마이크로컨트롤러를 좀더 빠른 마이크로컨트롤러로 대치하고자 할 때 3. 다양한 통신 기능을 가진 마이크로컨트롤러가 필요할 때 4. PWM 파형 생성, A/D 변환기, 시리얼 통신, 엔코더 카운팅 기능들을 원칩으로 구현하고자 할 때 5. 마이크로 마우스, 축구 로봇 등 소형 로봇을 제작하고자 할 때 6. 이 밖의 각종 제어기 설계용으로 마이크로컨트롤러를 사용하고자 할 때

자동화를 위한 센서공학

김원회·김준식 共著/4·6배판/364p/정가 15,000원

본 교재에서는 Codevision AVR과 IAR C 컴파일러를 중심으로 다루었으며, 특히 C 언어의 사용을 중심으로 설명하였다. 프로세서마다 니모닉이 다르고 소스 프로그램 관리가 어려운 어셈블리 언어에 비해 C 언어로 프로그램을 작성하면 새로운 프로세서로 변경하는 경우에도 소스 프로그램을 조금만 수정함으로써 바로 실행 가능한 프로그램을 만들 수 있다.

패스 전자산업기사

전자기사검정연구회 編/4·6배판/1,180p/정가 30,000원

이 책은 출제기준 항목별로 요점정리를 상세하게 하여 내용을 체계적으로 파악할 수 있게 하였으며 적중성 높은 문제들을 엄선하여 기본 문제와 그에 따른 응용, 파생 문제에 대한 해석 능력을 배양할 수 있도록 하였다. 각 문제마다 상세한 해설을 하였으므로 혼자 공부하기에도 역시 어려움이 없도록 하였다. 부록에는 최근에 출제된 전자산업기사 문제를 수록하여 최근의 출제 경향을 쉽게 파악할 수 있도록 하였다.

PIC16F84의 기초 +α

이희문 著/4·6배판/634p/정가 20,000원/부록 CD 1매 포함

- 여러 가지 실용 표시소자를 다루고 있다.
- 자주 쓰이는 루틴을 독립시켰다.
- 활용도 높은 예제를 다루었다.
- MPLAB-IDE를 구체적으로 설명했다.
- CCS-C를 통한 C언어 프로그래밍을 다루었다.
- 다양한 PIC 시리즈를 활용할 수 있도록 향후 공부할 방향을 제시했다.

AVR ATmega128 마이크로컨트롤러

송봉길 著/심귀보 監修/4·6배판/760p/정가 39,000원/부록 CD 1매 포함

이 책은 펌웨어엔지니어가 되고 싶은 분들을 위하여 마이크로컨트롤러의 사용법을 AVR ATmega128을 예로 들어 소개한 것이다. 마이크로컨트롤러는 제조회사마다 동작하는 명령어나 동작 신호가 상이한 것도 있지만 그 기본적인 개념은 거의 동일하다. 이 책을 통하여 AVR ATmega128의 기본적인 사용법을 배움으로써 다른 마이크로컨트롤러에 대해서도 쉽게 이해할 수 있을 것이다.

경기도 파주시 교하읍 문발리 출판문화정보산업단지 536-3 TEL:031)955-0511 FAX:031)955-0510

실무자를 위한 전자회로 333

김정호 著/국배판/464p/정가 30,000원

본서는 실용회로에 응용회로를 가미시킨 실제의 회로들로 직접 제품화에 적용이 가능하며 동작원리를 일부 변경하면 다른 회로에 응용할 수 있는 내용을 담고 있다.

전자회로를 추구하는 학생이나 초보자들에게 많은 도움을 주고 전문 기술자에게도 관련 제품을 개발하는 데 참고가 될 수 있으며, 본서에 소개된 회로에 구상을 하여 좀더 나은 회로로 발전시켜 사용할 수도 있다.

무선설비산업기사(작업형 실기)

백주기 · 박종선 共著/4 · 6배판/720p/정가 20,000원

이 책은 무선설비산업기사 자격 취득을 위해 공부하는 수험생들의 요구를 충족시키고자 산업기사 실기 자격시험에 대비하기 위한 기본 이론과 시험과정에 맞는 자료를 엄선하여 내용을 정리하였으며, 기출문제와 예상문제를 더하여 보다 자세한 실험과정과 해설을 첨부하였습니다. 또한 장비 동작뿐만 아니라 제작한 회로를 측정하는 방법에 더욱 치중하여 회로측정방법을 그림을 통하여 자세하게 설명하였고, 스펙트럼 분석기는 사진을 이용하여 보다 상세히 설명하였습니다.

디지털 논리회로 설계와 실험

이기학 · 백주기 共著/4 · 6배판/400p/정가 18,000원

본 교재는 디지털 논리회로를 설계하는 능력 배양, IC 소자의 이해, 실험능력에 초점을 맞추었으며, 응용회로보다는 기초회로 설계와 실험에 역점을 두었다. 기초실험에 있어서는 기본 이론과 설계의 이해를 도모하기 위하여 실험과정과 설명을 병행하여 좀더 편리하게 실험할 수 있도록 배려하였고, 교재의 실험은 기초실험과 응용실험 2가지로 분류하여 먼저 기초회로를 설계하고 실험한 후 응용회로를 설계하고 실험할 수 있도록 구성하였다.

정보통신기사실기(작업형)

이태현 외 2인 共著/4 · 6배판/816p/정가 25,000원/부록 CD 1매 포함

본서는 현장에서 경험하고 가르쳐 온 내용 중에서 산업인력공단의 출제기준에 맞는 자료들을 엄선하여 정보통신기사 실기 전반에 걸쳐 체계적이고 상세한 정리를 하였으며, 기출문제 및 예상문제를 첨부하였습니다. 특히 작업형 실기는 측정장비 운용 및 조작이 중요시되므로 1대 장비에 대하여 여러 종류의 예로 그 사용법을 다루었고, 매 장마다 특징과 단점을 기술하여 자격증 취득 시의 어려움을 해소하였습니다.

통신선로기능사

기술검정연구회 著/4 · 6배판/668p/정가 19,000원

이 책은 통신선로기능사의 이론 전반에 관해 체계적이고 상세하게 정리하였다. 현재까지 출제된 문제 중에서 새로운 출제기준에 맞추어 엄선된 문제만을 각 장마다 수록하였으며, 실제 문제를 각 단원별로 수록함은 물론, 수험생 여러분의 이해를 돕기 위해 최근 출제문제를 부록으로 수록하였다. 최근 자격시험 문제가 실무 위주로 출제됨을 감안하여 이 점에 역점을 두고 집필하였다.

무선설비기사(작업형 실기)

백주기 · 이승대 共著/4 · 6배판/752p/정가 20,000원

이 책은 무선설비기사 자격 취득을 위한 작업형 실기 대비뿐만 아니라 대학에서 자격대비를 위한 실습교재로 채택할 수 있도록 기초실험 내용을 추가하였으며, 실험을 통해 여러 장비들의 자세한 동작법을 설명하였고, 기본 이론에 대한 실험과정을 실제 사진과 그림으로 제시하여 학생들이 쉽게 이해할 수 있도록 하였습니다.

실용 ATM-LAN 기술

氷井正武 · 都丸著介 共著/박지환 · 김지관 共譯/4 · 6배판/240p/정가 10,000원

본서에서는 기존 LAN에서 ATM-LAN으로의 유연한 이행기술, ATM-LAN이 시스템 평가 기술 등 메이커와 사용자 모두에게 흥미를 줄 수 있는 과제에 대해 언급하고 있다. 통신 기술자뿐만 아니라, ATM-LAN에 흥미를 가지고 있는 일반 기술자들에게도 필요한 지식으로 많은 도움이 될 것이다.

무선설비실기/실습

신인철 編著/4 · 6배판/550p/정가 16,000원

- 실업계 고등학교 및 직업훈련 전 과정에 필요한 이론과 실기에 역점을 두고 집필하였다.
- 한국산업인력공단에서 공개된 문제를 수록하여 출제경향을 쉽게 파악할 수 있도록 하였다.
- 회로 해설 및 배치도, 측정법 등을 알기 쉽게 설명하였다.
- 특히, 국내 최초로 항공전자정비 기능사 공개문제를 수록하였다.
- 부록으로 TTL과 C-MOS IC의 규격과 핀 접속도를 종류별로 엮었다.

※ 본사의 사정에 따라 정가가 변동될 수 있습니다.

패스 전기자기학 1

전자기사검정연구회 編/4·6배판/510p/정가 15,000원

- 출제기준 항목별로 요점정리를 상세하게 하여 내용을 체계적으로 파악할 수 있게 하였다.
- 적중성 높은 문제들을 엄선하여 기본문제와 그에 따른 응용문제들을 다양하게 실어 출제범위 내의 핵심내용을 완전히 이해 및 응용, 그 파생 문제에 대한 해석능력을 배양할 수 있도록 하였다.
- 각 문제마다 상세히 해설하여 혼자 공부하기에 어려움이 없도록 하였다.

패스 회로이론 2

전자기사검정연구회 編/4·6배판/527p/정가 15,000원

- 출제기준 항목별로 요점정리를 상세하게 하여 내용을 체계적으로 파악할 수 있게 하였다.
- 적중성 높은 문제들을 엄선하여 기본문제와 그에 따른 응용문제들을 다양하게 실어 출제범위 내의 핵심내용을 완전히 이해 및 응용, 그 파생 문제에 대한 해석능력을 배양할 수 있도록 하였다.
- 각 문제마다 상세히 해설하여 혼자 공부하기에 어려움이 없도록 하였다.

패스 전자회로 3

전자기사검정연구회 編/4·6배판/420p/정가 15,000원

- 출제기준 항목별로 요점정리를 상세하게 하여 내용을 체계적으로 파악할 수 있게 하였다.
- 적중성 높은 문제들을 엄선하여 기본문제와 그에 따른 응용문제들을 다양하게 실어 출제범위 내의 핵심내용을 완전히 이해 및 응용, 그 파생 문제에 대한 해석능력을 배양할 수 있도록 하였다.
- 각 문제마다 상세히 해설하여 혼자 공부하기에 어려움이 없도록 하였다.

패스 물리전자공학 4

전자기사검정연구회 編/4·6배판/510p/정가 15,000원

- 출제기준 항목별로 요점정리를 상세하게 하여 내용을 체계적으로 파악할 수 있게 하였다.
- 적중성 높은 문제들을 엄선하여 기본문제와 그에 따른 응용문제들을 다양하게 실어 출제범위 내의 핵심내용을 완전히 이해 및 응용, 그 파생문제에 대한 해석능력을 배양할 수 있도록 하였다.
- 각 문제마다 상세히 해설하여 혼자 공부하기에 어려움이 없도록 하였다.

패스 전자계측 5

전자기사검정연구회 編/4·6배판/400p/정가 15,000원

- 출제기준 항목별로 요점정리를 상세하게 하여 내용을 체계적으로 파악할 수 있게 하였다.
- 적중성 높은 문제들을 엄선하여 기본문제와 그에 따른 응용문제들을 다양하게 실어 출제범위 내의 핵심내용을 완전히 이해 및 응용, 그 파생문제에 대한 해석능력을 배양할 수 있도록 하였다.
- 각 문제마다 상세히 해설하여 혼자 공부하기에 어려움이 없도록 하였다.

패스 전자계산기일반 6

전자기사검정연구회 編/4·6배판/237p/정가 10,000원

- 출제기준 항목별로 요점정리를 상세하게 하여 내용을 체계적으로 파악할 수 있게 하였다.
- 적중성 높은 문제들을 엄선하여 기본문제와 그에 따른 응용문제들을 다양하게 실어 출제범위 내의 핵심내용을 완전히 이해 및 응용, 그 파생 문제에 대한 해석능력을 배양할 수 있도록 하였다.
- 각 문제마다 상세히 해설하여 혼자 공부하기에 어려움이 없도록 하였다.

LCD ENGINEERING

노봉규 외 17명 共著/4·6배판/370p/정가 15,000원

이 책은 LCD 관련 엔지니어나 디스플레이 과목을 수강하는 4학년 대학생과 디스플레이 분야를 전공하는 대학원생이 LCD 분야를 쉽고 빠르게 이해할 수 있도록 돕기 위한 것이다. 초판은 1998년 6월에 출간했으며 이번에는 초판에서 부족한 부분을 보충하고 그동안 개발된 신기술도 추가하였다. 그리고 초판에서 취약했던 LCD 모듈과 LCD 외 다른 평판 표시 소자 부분을 보강하였다.

알기 쉬운 디지털 회로

Hideharu Amano · Yoshiyasu Takefuji 共著/이종선 譯/4·6배판/184p/정가 10,000원

이 책은 시판되고 있는 IC를 이용하여 실제의 회로를 조립할 수 있도록 회로 예나 예제를 풍부하게 담았으며, 최신 디바이스에 관한 지식을 풍부하게 도입했고, 설계 예도 디바이스를 활용한 것을 수록함과 동시에 최근 중요시되고 있는 PLA에 관한 설계법을 첨가했다. 이 책은 논리학이나 전자회로의 기초가 없는 독자들도 이해할 수 있도록 되어 있지만 그 내용 자체는 모두 실질적 도움을 지향하고 있어 상당한 수준의 기술을 내포하고 있다.

경기도 파주시 교하읍 문발리 출판문화정보산업단지 536-3 TEL:031)955-0511 FAX:031)955-0510

마이크로 로봇 바이블

윤지녕 著/4·6배판/600p/정가 20,000원/부록 CD 1매 포함

이 책의 내용은 전국대회 2회 우승에 빛나는 저자의 마이크로마우스 MANIAC-3을 근간으로 하고 있으며, 책에 소개되는 MARO-10 시스템 역시 MANIAC-3을 골격으로 그 성능과 안정성을 이어받고 있다. 마이크로마우스는 단순한 시스템이 아니라서 많은 주변지식 및 노하우와 인내를 필요로 한다. 짧은 시간 내에 원하는 성과를 얻기는 힘들겠지만 방향을 제시하는 데 이 책은 큰 도움이 될 것이다.

패스 전자기사

전자기사검정연구회 編/4·6배판/1,348p/정가 35,000원

- 상세한 요점정리 : 출제기준 항목별로 요점정리를 상세히 하여 내용을 체계적으로 파악할 수 있게 하였다.
- 적중도 높은 문제 엄선 : 적중성 높은 문제들을 엄선하여 기본문제와 그에 따른 응용, 파생 문제에 대한 해석능력을 배양할 수 있도록 하였다.
- 상세한 해설을 덧붙인 문제 : 각 문제마다 상세한 해설을 하였으므로 혼자 공부하기에 어려움이 없도록 하였다.

센서 제작 아이디어

中山昇 著/월간 전자기술 편집부 譯/4·6배판/310p/정가 10,000원

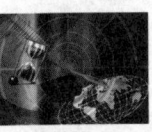

여러 가지 현상을 전기신호로 변환하는 각종 센서를 사용한, 아이디어가 풍부한 제작 실례를 소개하고 있다.

주요 내용은 다음과 같다.

- 테스터의 그레이드 업 ■도통 체커 ■만능 실험용 전원 ■전자 퓨즈 ■용량계 ■적산 시간계 ■리모트 온도계 ■전자 모래 시계 ■고온 디지털 온도계 ■습도계 ■대기압계 이외 총 50여 종의 제작 실례를 소개한다.

전자 공작 입문

住廣尙三 著/월간 전자기술 편집부 譯/4·6배판/174p/정가 10,000원

전자 공작을 즐겁게 하기 위해 필요한 땜납 기술, 부품 지식, 회로도 읽는 법 등 공작에 관한 기본적인 내용을 알기 쉽게 해설하고 있다. 제1장 공작을 시작하기 전에, 제2장 공작에 필요한 공구, 제3장 프린트 기판의 공작 방법, 제4장 케이스의 가공 기술, 제5장 케이스 수납, 케이스 내의 배선, 제6장 그 밖의 가공 기술, 제7장 자료편으로 구성되어 있다.

전자실기/실습

신인철 編著/4·6배판/784p/정가 20,000원

- 실업계 공·사립 고등학교 1, 2, 3학년 전자과 교과과정에 맞추어 엮었다.
- 전자기기, 전자계산기 등의 공개문제를 수록하여 자격시험에 대비하는 수험생들의 편의를 도모하였다.
- 회로의 작동을 쉽게 이해할 수 있도록 자세히 해설하였다.
- 중요 요점은 요구사항을 두어 학생들이 스스로 연구하고 측정할 수 있도록 하였다.

PLC 제어기술 이론과 실습

김원희·공인배·이기호 共著/4·6배판/412p/정가 15,000원

이 책은 이론과 실습을 분리하여 실습편에서는 요구사항, 실습목표, 구성기기, 관련 이론, 실습 회로, 회로 설계 원리 및 동작설명 등으로 전개하여 능률적인 실습이 가능하도록 배려하였습니다. 더욱이 모든 실험실습이 어느 장소에서나 신속히 이루어질 수 있도록 PLC 교육용 전문 실험실습장치인 DYES-2101 콤팩트형 PLC-공압 트레이너로 요소모델 번호를 병기하였습니다. 그리고 매커트로닉스, 생산자동화의 산업기사는 물론 기능사 국가 기술자격 시험에 대비할 수 있도록 관련문제를 집중적으로 수록하였습니다.

홈 일렉트로닉스

中山昇 著/월간 전자기술 편집부 譯/4·6배판/334p/정가 10,000원

현재는 기술의 발달, 반도체의 진보에 의해 생활이 매우 편리해짐에 따라 돈만 있으면 원하는 기계를 얻을 수도 있다. 표면상 생활이 풍요로워진 것 같지만, 반면 우리들 스스로가 직접 만들어 봄으로써 얻을 수 있는 즐거움이나 창조의 기쁨은 상실되어 가고 있다. 따라서 이 책에서는 일례를 들어 간단히 제작할 수 있는 부가장치를 소개한다. 그 응용범위가 넓기 때문에 스스로 생각하고 본인이 원하는 것을 만들 때 활용하기 바란다.

자동차

中山昇 외 1인 著/이영실 譯/4·6배판/276p/정가 10,000원

자동차에 관계된 여러 가지 편리한 액세서리들을 오너 드라이버가 직접 제작할 수 있도록 풍부한 제작실례를 소개하고 있다. 제1장 전원관계에 대한 아이디어, 제2장 조명관계에 대한 아이디어, 제3장 감시장치에 대한 아이디어, 제4장 히터와 냉각에 대한 아이디어, 제5장 기타 액세서리, 제6장 무선관계에 대한 액세서리, 제7장 개조의 예와 트러블 대책에 대한 내용을 담고 있다.

※본사의 사정에 따라 정가가 변동될 수 있습니다.

경기도 파주시 교하읍 문발리 출판문화정보산업단지 536-3 TEL:031)955-0511 FAX:031)955-0510

최신 아마추어 무선용어

JA1ISN 西田和明, JH1GOX 佐久間光夫 共著/정해선 編譯/4·6배판/212p/정가 8,000원

아마추어 무선에서 사용되는 운용용어, 기술용어, 법적용어를 되도록 많이 수록하였다. 일부 많은 사람이 좋은 뜻으로 사용하는 속어도 수록하였다. 본문 다음에 한영대조 색인을 수록하여 한영사전으로서의 기능을 갖추도록 하였다. 부록으로 아마추어 무선의 운용에 꼭 필요한 방대한 양의 자료를 정선하여 수록하였다.

진공관 앰프 제작 길라잡이

이찬영 著/4·6배판/212p/정가 13,000원

진공관의 기초지식부터 제작까지 그리고 제작 또는 사용중인 제품 중에서 부분 변화로 다각적인 사운드와 업그레이드 방법들을 상세히 풀이하였다. 따라서 매니아 또는 진공관 앰프를 처음 만드는 초보자 여러분들에게 좋은 지침서가 될 것이다.

초보자를 위한 전자기초 입문

岩本洋 著/이영실 譯/4·6배판/198p/정가 12,000원

전자공학의 중심인 증폭회로로서 가장 많이 사용되고 있는 전류귀환 증폭회로가 어떤 방식으로 구성되었는지를 상세히 해설했다. 또한 각각의 소단원마다 '복습' 문제를 실어 내용을 완전히 이해할 수 있도록 한 것은 이 책의 특징이라 할 수 있다. 전자공학의 기초를 학습한다는 관점에서 상세한 이론은 피하고 내용에 따라 처음에는 정성적인 학습으로 이해를 깊게 하고 그후에 정량적인 학습을 할 수 있도록 진행했다. 그림은 삽화를 그리거나 그림 중에 설명을 추가하여 이해하기 쉽도록 하였다.

도해 시퀀스 디지털 회로

大浜庄司 著/김실 譯/4·6배판/220p/정가 10,000원

본서는 로직 시퀀스 제어를 이해하려고 디지털 회로를 처음 배우는 사람들을 위해 집필한 것으로, 기초부터 실제까지 알기 쉽게 해설한 참고서이다. 해설방법은 지금까지의 경험을 토대로 여러 가지 연구를 한 데 모아 디지털 회로를 읽는 방법에 주안점을 두고, 동작순서를 그림과 도면으로 설명했다. 독학으로 디지털 회로를 배우려는 사람, 공업계 학교, 대학, 대학교의 전기·전자공학과 학생, 신입사원교육 연수용 교재로 활용할 수 있다.

햄(HAM) 자격취득을 위한 전파법규 예상문제

이동규 著/4·6배판/222p/정가 6,000원

현대 산업의 발전을 기초로 정보통신의 발달과 더불어 전파를 이용한 취미인 아마추어 무선을 즐기고자 하는 분들이 비약적으로 증가하고 있다. 이에 본서는 자격증을 쉽게 따기 위한 분들을 위한 수십 년 간의 햄 경력 및 전파법 중 운용 규칙 개정위원, 자격시험 문제출제위원, 연맹 과목 면제 강습강사 등의 다양한 경험을 바탕으로 과년도 출제문제 위주로 알기 쉽게 전파법을 요약하고 핵심문제를 정리하였다.

센서 회로 설계 및 실험 실습

지일구, 김한근, 김종오 共著/4·6배판/274p/정가 12,000원

본서는 전자 공학, 제어 공학, 자동화, 메카트로닉스 등을 공부하는 공학도들이 한 학기 동안 센서 회로를 실험할 수 있는 분량으로 준비되었다. 반도체 센서를 위주로 하여 온도 센서, 광 센서, 홀 센서, 적외선 센서, 초음파 센서 등으로 구성되어 있으며, 회로는 아날로그 증폭 회로 또는 OP-Amp를 주로 사용하여 부하를 구동하도록 하였다.

알기 쉬운 전자기계기초

조양구 譯/4·6배판/192p/정가 9,000원

전자기계제어의 기본이 되는 논리회로나 디지털 제어에 관해서 '블랙박스'로 취급하지 않고 실제로 동작하는 값을 사용하였으며, 또한 그 동작 원리나 특징을 기술하였다.

만화로 배우는 모빌 햄

江頭剛之 著/이동규 譯/4·6배판/140p/정가 6,000원

이 책은 자동차에 아마추어 무선의 트랜시버를 탑재하여 즐기는 방법에 대해 해설한다. 모르는 것, 즉 예를 들면 '트랜시버를 어떻게 자동차에 설치하면 좋은가', '안테나를 어떻게 자동차에 설치하면 좋은가', '전원은 어디에서 어떻게 배선하면 되는가' 등이다. 또 아마추어 무선의 경험이 없는 모빌 개국을 한 사람은 '어떻게 대화해야 하는가'도 몰랐을 것이다. 이 책에서는 위의 내용을 소개하였다.

※본사의 사정에 따라 정가가 변동될 수 있습니다.

경기도 파주시 교하읍 문발리 출판문화정보산업단지 536-3 TEL:031)955-0511 FAX:031)955-0510

제어 계측 공학

홍선학 著/4·6배판/392p/정가 15,000원

본서는 우리가 취급하는 아날로그 현상을 계측하여 신호 변환 과정을 거쳐 컴퓨터 응용 분야에서 필요한 디지털 데이터로 변환하는 일련의 과정에 대한 설명으로 시작하고 있다. 실험을 통해서 제작하고 측정한 결과로 다루어졌으며, 전체적인 내용은 기본적인 사항을 수록하였다. 따라서 대학 및 산업체 현장에서 전자 공학 및 제어 계측 분야를 처음 공부하는 사람들에게는 다소 어려울 수 있는 내용도 포함되었지만, 많은 복습문제와 연습문제들을 함께 수록함으로써 학습의 흥미와 효과를 높일 수 있도록 하였다.

햄 액세서리 제작

中山昇 著/이동규 監譯/4·6배판/334p/정가 10,000원

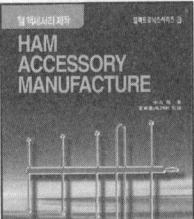

- 제1장 전원관계의 아이디어 제작
- 제2장 마이크와 스피커 관계의 아이디어 제작
- 제3장 송수신 전환에 관한 아이디어 제작
- 제4장 송신용 파워 앰프와 수신용 프리 앰프
- 제5장 필터, 커플러 듀플렉서
- 제6장 측정/감지 장치의 아이디어 제작
- 제7장 표시 장치에 관한 아이디어 제작
- 제8장 안테나 관련 아이디어 제작
- 제9장 그 외의 아이디어 제작

통신 이론

양윤석 著/4·6배판/324p/정가 12,000원

이 책은 1·2장에 푸리에 급수, 푸리에 변환 및 시스템 특성, 3·4장에 진폭 변조와 각 변조 설명, 5·6장에 아날로그 펄스 변조의 종류 및 특징과 여러 변조 시스템의 성능 분석, 7·8장에 정보의 통계적 이용과 해석을 위한 랜덤 과정 및 디지털 전송부호의 종류와 특징, 9·10장에 디지털 전송부호의 종류와 특징, 11장에 디지털 변조 특징, 12장에 스펙트럼 확산 통신 방식의 종류와 특징, 13장에 여러 가지 코드의 특징과 착오 제어 방법 등을 설명하였다.

오디오 비주얼

中山昇 著/박승만 譯/4·6배판/304p/정가 10,000원

이 책은 전기 지식이 별로 없는 사람이라도 전기 회로를 제작해 봄으로써, 전기를 보다 직접적으로 이해할 수 있도록 가장 일반적으로 사용하고 있는 오디오/비디오 기기를 중심으로 설명하였다. 또한 처음으로 전자공작을 해보려는 사람은 키트를 이용하는 것이 좋다. 이런 분들을 위해 초보자라도 제작이 가능하도록 몇 가지 키트를 소개하고 있다.

그림으로 이해하는 전자기학

하시모토 마시히로 著/박승만 譯/4·6배판/191p/정가 7,500원

전자기학의 개요를 시각적으로 이해할 수 있도록 최소한의 내용만을 개론 형식으로 정리하여, 이 책만으로도 전자기학을 체계적으로 이해할 수 있도록 하였다. 또한 각 단원 끝에 연습문제를 마련하여 전자기학의 물리적 힘의 크기를 체험할 수 있도록 하였다.

전자 디스플레이

松本正一 著/강원호 외 2인 共譯/4·6배판/352p/정가 15,000원

이 책은 평판 패널형 전자 디스플레이의 여러 종류인 LCD(액정 디스플레이), PDP(플라스마 디스플레이), ELD(일렉트로 루미네선스 디스플레이), VFD(형광표시관 디스플레이), LED(발광 다이오드 디스플레이)와 지금까지 이용되어 온 CRT(브라운관 디스플레이)는 물론 대화면 디스플레이와 입체 디스플레이에 대하여 기초에서부터 응용까지 개략적이고 간결하게 정리 해설하였다.

전자기기의 트러블 대책

福永利紀 著/한동순 譯/4·6배판/358p/정가 13,000원

이 책은 생산 현장에서 활약하고 있는 현장 엔지니어 여러분을 대상으로 전자기기에 대한 이해를 도모하기 위해 실제자료를 토대로 전자의 기초 지식, 전자회로의 동작과 부품, 소자 및 이들의 진단방법, 대책에 대해 이해하기 쉽도록 재미있게 해설을 정리하였다.

전자계산기 일반(무선설비기사 4)

강길범 著/4·6배판/432p/정가 10,000원

각 장마다 다양한 예상문제를 수록하여 시험에 대비하는 모든 분들이 보다 많은 문제를 풀어봄으로써 실전에 대비하도록 하였다. 또한 출제기준에 맞추어 문제를 난이도에 따라 적절히 배치하였으며, 최근 과년도 문제를 수록하여 시험문제의 흐름을 한눈에 알 수 있도록 하였다.

전자통신기기

정가 : 18,000원

검
인

저 자 : 임승하 · 구기준   2006. 2. 27   초판 1쇄인쇄
발행인 : 이 종 춘   2006. 3. 3   초판 1쇄발행

발행처 :  성안당 .com

주 소 : 경기도 파주시 교하읍 문발리
        출판문화정보산업단지 536-3
전 화 : (031)955-0511
팩 스 : (031)955-0510
등 록 : 1973.2.1 제13-12호

© 2006 임승하, 구기준   ISBN 89-315-3187-7

독자 상담 서비스 : 080-544-0511   홈 페이지 : **www.cyber.co.kr**

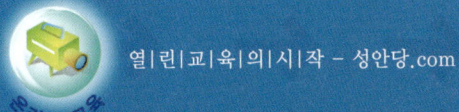

열|린|교|육|의|시|작 - 성안당.com

www.cyber.co.kr

철저한 수강자 중심 교육

@인터넷 동영상 강의

온라인 교육은 **성안당**이 함께합니다.

✔ 입증된 저자 직강 ✔ 고화질·고음질 등 최상의 온라인 서비스 ✔ 1:1 원격 교육방식을 통한 철저한 회원 관리

속독·기억 / 한자분야	소방분야	환경분야	컴퓨터분야
IT분야	통신분야	건축분야	인문 / 실용분야
사회복지사 분야	안전분야	전기분야	공무원분야

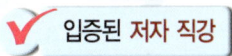

성안당과 함께 하는 **인터넷 동영상 강의** 여러분의 실력을 **쑥쑥!!**

속독/기억/한자 인문 분야

초스피드 속독법

강사
손동조 선생

수강기간
100일

수강료
290,000원
(할인 수강료)
190,000원

교재
15,000원

초스피드 기억법

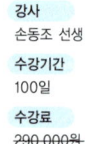

강사
손주남 선생

수강기간
100일

수강료
590,000원
(할인 수강료)
200,000원

교재
23,000원

한자 100일 연상 기억법

강사
손주남 선생

수강기간
100일

수강료
50,000원

교재
13,000원

한자 부수별 연상기억법

강사
손주남 선생

수강기간
60일

수강료
10,000원

교재
13,000원

인문/실용 분야

국어능력검정시험, 국어상담사, 문장사

강사
남영신 선생

수강기간
60일

수강료
150,000원

교재
13,000원

이 책은 쉽고 효과적으로 국어 여행을 할 수 있도록 돕기 위해서 만든 안내서이다. 소리 표기 방법이나 두음법칙, 띄어쓰기와 같이 많이 쓰고 있지만 잘못 사용할 수 있는 어법을 다양한 사례로 설명하고 있다. 또한 기존의 딱딱한 문법책의 틀에서 벗어나 일상에서 쓰이고 있는 국어를 토대로 하여 기초부터 전문분야까지 두루 재미있게 해설하였다.

사회복지사 분야

사회복지사 자격증

강사
박봉운 선생
박동일 선생

수강기간
60일

수강료
200,000원

교재
20,000원

이 책은 사회복지사 1급 시험을 대비하기 위한 자격 수험서로 인간행동과 사회환경, 사회복지조사론 등 8과목을 1권에 모은 문제집이다. 과목의 핵심 요점과 필수 문제를 종합적으로 정리하였고, 문제 유형과 출제 경향을 완전히 파악할 수 있도록 핵심 포인트 해설로 일목 요연하게 내용을 설명하여 수험생이 좀더 쉽고 체계적으로 학습할 수 있도록 하였다.

공무원 분야

9급 공무원 한국사

강사
김대식 선생

수강기간
60일

수강료
50,000원

교재
각 15,000원

교과서와 여러 참고서의 내용을 한 권으로 집대성한 이 책은 한국사의 흐름과 갈래를 한눈에 통시대적으로 파악할 수 있도록 내용을 구성하여 단시간에 한국사 전체의 맥을 잡을 수 있게 하였다. 7차 교육 과정의 체제와 내용으로 '국사'와 '한국 근·현대사'를 철저히 교육 과정에 반영하였고, 특히 근·현대사 부분은 검인정 5종 교과서를 종합하여 출제될 수 있는 부분을 망라하였다.

안전 분야

건설안전 (산업)기사 실기 (동영상)

강사
김희연 선생

수강기간
60일

수강료
150,000원

교재
18,000원

산업안전 (산업)기사 실기 (동영상)

강사
김희연 선생

수강기간
60일

수강료
150,000원

교재
25,000원

위험물관리 산업기사 · 기능사 (동영상)

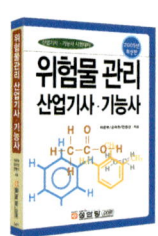

강의 준비중

교재
25,000원

위험물관리 산업기사 · 기능사 실기

강의 준비중

교재
20,000원

신경향 건설안전 (산업)기사

강사
김희연 선생

수강기간
100일

수강료
200,000원

교재
30,000원

신경향 산업 안전 (산업)기사

강사
김희연 선생

수강기간
100일

수강료
200,000원

교재
30,000원

since1973 도서출판·IT
성안당 .com
cyber.co.kr www.sungandang.com

경기도 파주시 교하읍 문발리 출판문화정보산업단지 536-3

Tel : (031)955-0511   Fax : (031)955-0510

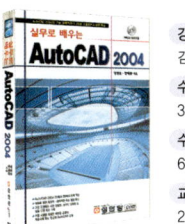

성안당 인터넷 동영상 강의

환경 분야 Ⅰ

수질환경

➔ 수질환경(산업)기사

강사	이승원 선생
수강기간	100일
수강료	200,000원
교재	35,000원

➔ 수질환경(산업)기사 실기
(실험 동영상 포함)

강사	이승원 선생
수강기간	100일
수강료	150,000원
교재	25,000원

➔ 수질환경(산업)기사 실기
실험 동영상

강사	평혜림 선생
수강기간	100일
수강료	50,000원
교재	25,000원

➔ 30일 특강 수질환경(산업)기사

강의 준비중

교재	30,000원

대기환경

➔ 대기환경(산업)기사

강사	이승원 선생
수강기간	100일
수강료	200,000원
교재	35,000원

➔ 대기환경(산업)기사 실기
(실험 동영상 포함)

강사	이승원 선생
수강기간	100일
수강료	150,000원
교재	20,000원

➔ 대기환경(산업)기사 실기
실험 동영상

강사	이철한 선생
수강기간	100일
수강료	50,000원
교재	20,000원

➔ 30일 특강 대기환경(산업)기사

강의 준비중

교재	28,000원

폐기물

➔ 폐기물처리(산업)기사

강사	이승원 선생
수강기간	100일
수강료	200,000원
교재	30,000원

➔ 폐기물처리(산업)기사 실기

강사	이승원 선생
수강기간	100일
수강료	150,000원
교재	10,000원

이 책은 성안당의 인터넷 동영상 강의 교재로, 국가기술검정(환경분야)의 다양한 출제경향과 깊이를 가늠하여 출제경향과 수험서의 이질적 공백을 최소화하는데 전력을 다하였다.

특히 암기위주의 단편적인 수험서를 탈피하기 위해서 보편적인 원리와 법칙에 입각한 공정의 이해와 수식의 전개과정, 기초개념을 토대로 한 응용과 단위환산기법에 주력하였다.

토양환경

➔ 토양환경기사

강사	이승원 선생
수강기간	100일
수강료	150,000원
교재	25,000원

➔ 토양환경기사 실기

강사	이승원 선생
수강기간	100일
수강료	150,000원
교재	25,000원

이 책은 한국산업인력공단의 출제기준에 의거하여 각 단원을 정리하였고, 암기위주의 단편적인 수험서를 탈피하기 위하여 개념과 원리를 보다 세심하게 정리하였으며, 공정의 경우는 독자의 이해를 극대화하기 위해 그 흐름을 도시화 하였다.

특히, 서술형 주관식 또는 기술사시험에 응시할 수 있는 자료로 활용할 수 있도록 각 단원을 서술형 답안지 형태로 편집하였을 뿐만 아니라 용어의 정리를 보다 철저하게 하여 독자들이 사전을 찾는 수고스러움이 없도록 하다. 그리고 반드시 암기해 두어야 할 중요한 내용이나 용어는 진한 고딕체로 표시하여 출제가 예상되는 중요 단원을 한 눈에 파악할 수 있도록 하다.

성안당 .com
www.cyber.co.kr www.sungandang.com

경기도 파주시 교하읍 문발리 출판문화정보산업단지 536-3

Tel : (031)955-0511 Fax : (031)955-0510

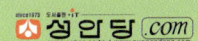  

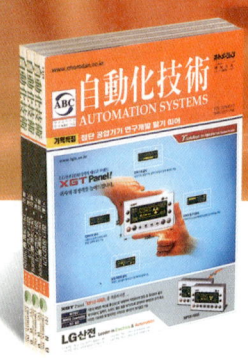

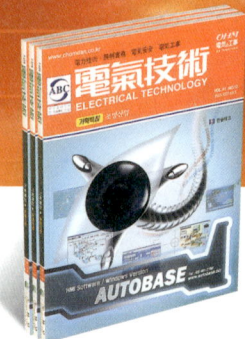

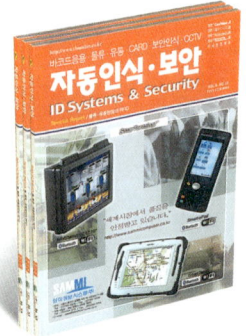
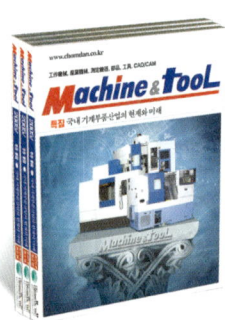